U0781276

高等院校土建类专业"十四五"规划教材

混 凝 土 结 构

（第5版·新形态教材）

主　编　侯治国　李九阳

副主编　唐佳军

主　审　滕智明

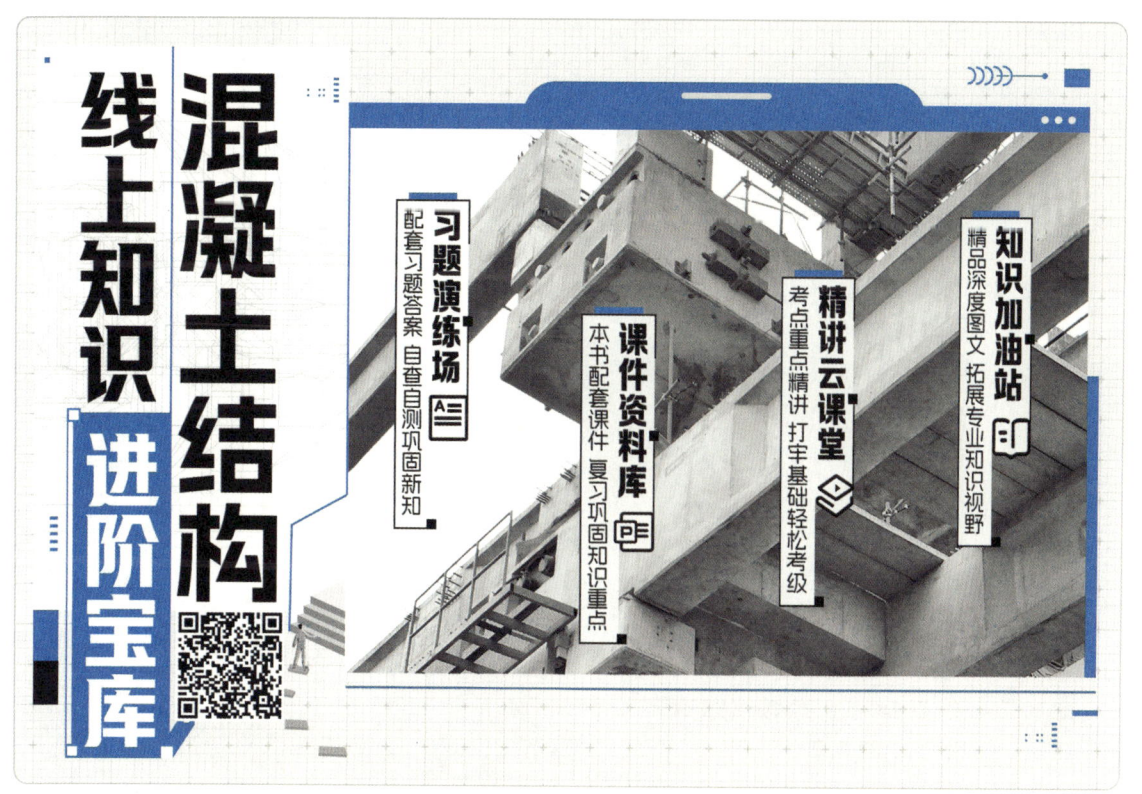

线上知识进阶宝库

混凝土结构

习题演练场
配套习题答案 自查自测巩固新知

课件资料库
本书配套课件 复习巩固知识重点

精讲云课堂
考点重点精讲 打牢基础轻松考级

知识加油站
精品深度图文 拓展专业知识视野

武汉理工大学出版社

·武　汉·

【内容简介】

本书是根据高等学校土建类专业"混凝土结构"课程的教学要求编写的教材,全书共 12 章,主要内容包括:绪论、钢筋和混凝土材料的力学性能、钢筋混凝土结构的设计方法、受弯构件正截面承载力计算、受弯构件斜截面承载力计算、受扭构件承载力计算、受压构件承载力计算、受拉构件承载力计算、钢筋混凝土构件的变形和裂缝宽度验算、预应力混凝土构件、梁板结构、单层工业厂房。每章正文后均配有思考题和习题。

本书除可作为高等学校土建类专业教材外,还可作为土木建筑工程技术人员的参考书。

图书在版编目(CIP)数据

混凝土结构/侯治国,李九阳主编. —5 版. —武汉:武汉理工大学出版社,2024.8
ISBN 978 - 7 - 5629 - 7059 - 0

Ⅰ.① 混… Ⅱ.① 侯… ② 李… Ⅲ.① 混凝土结构-高等学校-教材 Ⅳ.① TU37

中国国家版本馆 CIP 数据核字(2024)第 108163 号

项目负责人:汪浪涛 高 英   责 任 编 辑:汪浪涛
责 任 校 对:余士龙   封 面 设 计:博壹臻远
出 版 发 行:武汉理工大学出版社(武汉市洪山区珞狮路 122 号)
邮   编:430070
网   址:http://www.wutp.com.cn
经   销:各地新华书店
印   刷:荆州市精彩印刷有限公司
开   本:787×1092 1/16
印   张:23.75
插   页:2
字   数:593 千字
版   次:2024 年 8 月第 5 版
印   次:2024 年 8 月第 1 次印刷
印   数:1~3000 册
定   价:58.00 元

前 言
（第 5 版）

为了满足我国高等学校土建类专业培养应用型人才教学改革的需要，贯彻以应用为主，具有建筑结构设计的基本知识，能够理解设计意图，正确指导现场施工的精神，值本教材出版发行近 260000 册之际，作者在第 4 版的基础上，按我国新修订的《混凝土结构设计规范》《建筑地基基础设计规范》《混凝土结构通用规范》《工程结构通用规范》等标准和规范，对部分内容作了修改，以反映我国混凝土结构在土木工程中的新发展。本次修订对基础理论仍以应用为目的，教学内容简明扼要。在修订中除保持原书的特点外，内容上增加了一些工程实例，以便学生走出校门即能开展工作，即所谓"上手要快"，通过理论学习打下一定理论基础，以便学生在工作中不断提高，即所谓"留有后劲"，力求做到学以致用。

全书共分 12 章，主要内容包括：绪论、钢筋和混凝土材料的力学性能、钢筋混凝土结构的设计方法、受弯构件正截面承载力计算、受弯构件斜截面承载力计算、受扭构件承载力计算、受压构件承载力计算、受拉构件承载力计算、钢筋混凝土构件的变形和裂缝宽度验算、预应力混凝土构件、梁板结构、单层工业厂房。除对基本构件作了较详尽的叙述并配有典型例题和一定数量的思考题、习题（线上资源，扫二维码进入练习）外，还配有肋梁楼盖、排架结构实例，以备工程技术人员报考注册工程师之用。

本书第 5 版由长春工程学院李九阳教授主持修订，长春工程学院唐佳军讲师参与了本书例题的修订和校对工作。

本书第 4 版由长春工程学院侯治国教授、周庆杰高级工程师主持修订（2011 年 12 月），长春工程学院设计院韩芳高级工程师为本书做了绘图和校对工作。

本书第 3 版由长春工程学院侯治国教授主持修订（2006 年 5 月），湖南城市学院陈伯望教授、吉林建筑工程学院王志先副教授、平顶山工学院李玉副教授、昆明理工大学刘玶副教授、石家庄铁道学院孟丽军副教授、西南科技大学姚勇副教授、湖北工程学院童友枝副教授、安阳工学院张玲副教授、西华大学伍平讲师等参加了部分章节的修订，并对全书的修订提出了宝贵意见。吉林建筑工程学院建筑装饰学院路立娜为本书做了全面的校对和绘图，参与绘图的还有冯涌、陈岩、袁红等。

本书第 2 版由长春工程学院侯治国教授修订（2002 年 9 月），太原理工大学阳泉学院郝迎秋、淮南工业学院毛喜芳为本书做了绘图和校对工作。

本书第 1 版由原长春建筑高等专科学校侯治国教授主编（1997 年 9 月）。各章节参编人员为长春建筑高等专科学校侯治国（绪论，第 3、4、5、6、7 章）、原湖南城建高等专科学校陈伯望（第 1、9 章）、胡乃君（第 10、11 章）、原福建建筑高等专科学校张小云（第 2、8、12 章）。

本书由清华大学滕智明教授主审。

由于编者水平有限，书中仍难免存在不妥之处，恳请读者批评指正。

编 者

2024 年 3 月

目　　录

0　绪论 ··· (1)

　0.1　钢筋混凝土的一般概念 ···························· (1)

　0.2　钢筋混凝土的主要优缺点 ·························· (2)

　0.3　钢筋混凝土的应用和发展简况 ······················ (2)

　0.4　学习本课程需要注意的问题 ······················ (3)

　思考题 ··· (4)

1　钢筋和混凝土材料的力学性能 ···················· (5)

　1.1　混凝土的强度指标 ······························ (5)

　　1.1.1　立方体抗压强度 $f_{cu,k}$ 和强度等级 ·············· (5)

　　1.1.2　轴心抗压强度标准值 ························ (6)

　　1.1.3　轴心抗拉强度标准值 f_{tk} ···················· (7)

　　1.1.4　复合应力状态下混凝土的强度 ················ (8)

　1.2　混凝土的变形性能 ······························ (11)

　　1.2.1　混凝土在一次短期荷载下的变形 ·············· (11)

　　1.2.2　混凝土在多次重复荷载作用下的变形 ·········· (13)

　　1.2.3　混凝土的弹性模量、变形模量 ················ (14)

　　1.2.4　混凝土的徐变 ···························· (15)

　　1.2.5　混凝土的收缩与膨胀 ······················ (16)

　1.3　钢筋 ·· (17)

　　1.3.1　钢筋的品种与级别 ························ (17)

　　1.3.2　钢筋的力学性能 ·························· (18)

　1.4　钢筋与混凝土的黏结 ···························· (20)

　　1.4.1　黏结的作用及产生原因 ···················· (20)

　　1.4.2　黏结强度及影响因素 ······················ (21)

　　1.4.3　保证钢筋和混凝土间的黏结措施 ·············· (22)

　思考题 ··· (25)

2　钢筋混凝土结构的设计方法 ······················ (27)

　2.1　结构设计的基本要求 ···························· (27)

　　2.1.1　结构的功能要求 ·························· (27)

   2.1.2　结构的极限状态 ·· (28)

   2.1.3　混凝土结构设计方法 ·· (28)

  2.2　结构上的作用、作用效应和结构抗力 ······················ (29)

   2.2.1　结构上的作用 ·· (29)

   2.2.2　作用效应 S ·· (31)

   2.2.3　结构抗力 R ·· (32)

  2.3　概率极限状态设计法 ·· (33)

   2.3.1　功能函数与极限状态方程 ·································· (33)

   2.3.2　结构可靠度与失效概率 ···································· (34)

   2.3.3　结构构件的可靠指标 β ······························ (34)

   2.3.4　目标可靠指标及安全等级 ·································· (35)

  2.4　极限状态实用设计表达式 ······································ (36)

   2.4.1　承载力极限状态设计表达式 ······························ (36)

   2.4.2　正常使用极限状态设计表达式 ···························· (38)

  2.5　结构耐久性的规定 ·· (38)

  思考题 ·· (40)

  习题 ·· (40)

3　受弯构件正截面承载力计算 ·· (41)

  3.1　受弯构件正截面配筋的基本构造要求 ······················ (42)

   3.1.1　受弯构件截面的形式和尺寸 ······························ (42)

   3.1.2　受弯构件的钢筋 ·· (43)

   3.1.3　钢筋的保护层 ·· (44)

   3.1.4　钢筋的间距 ·· (45)

   3.1.5　截面的有效高度 ·· (45)

  3.2　梁正截面受弯性能的试验分析 ······························ (46)

   3.2.1　适筋梁的工作阶段 ·· (46)

   3.2.2　受弯构件正截面各阶段应力状态 ·························· (47)

   3.2.3　钢筋混凝土受弯构件正截面的破坏形式 ·················· (48)

   3.2.4　适筋梁与超筋梁、少筋梁的界限 ························ (50)

  3.3　单筋矩形截面的承载力计算 ···································· (53)

   3.3.1　基本假定 ·· (53)

   3.3.2　基本公式及其适用条件 ···································· (54)

   3.3.3　截面设计 ·· (55)

   3.3.4　截面强度复核 ·· (61)

  3.4　双筋矩形截面的承载力计算 ···································· (63)

   3.4.1　基本计算公式及其适用条件 ······························ (63)

   3.4.2　截面设计 ·· (64)

　　3.4.3　截面强度复核 ·· (68)

　3.5　单筋 T 形截面的承载力计算 ··· (70)

　　3.5.1　基本计算公式 ··· (71)

　　3.5.2　截面设计 ·· (74)

　　3.5.3　截面强度复核 ·· (76)

　思考题 ·· (80)

　习题 ·· (82)

4　受弯构件斜截面承载力计算 ·· (85)

　4.1　无腹筋梁的受剪性能 ··· (85)

　　4.1.1　斜裂缝引起的梁受力状态的变化 ································· (85)

　　4.1.2　斜截面的破坏形态 ··· (87)

　　4.1.3　影响无腹筋梁受剪承载力的因素 ································· (88)

　　4.1.4　无腹筋梁斜截面受剪承载力计算 ································· (89)

　4.2　有腹筋梁斜截面受剪承载力计算 ··· (90)

　　4.2.1　腹筋的作用 ··· (90)

　　4.2.2　有腹筋梁的破坏形态 ·· (91)

　　4.2.3　斜截面抗剪承载力计算公式 ·· (91)

　　4.2.4　斜截面受剪承载力计算方法和步骤 ······························ (96)

　4.3　保证斜截面受弯承载力的构造要求 ····································· (104)

　　4.3.1　抵抗弯矩图 ·· (105)

　　4.3.2　弯起钢筋的弯起点 ·· (106)

　　4.3.3　纵向受拉钢筋截断时的延伸长度 ·································· (107)

　　4.3.4　纵向钢筋在支座处的锚固 ·· (108)

　　4.3.5　箍筋及弯起钢筋的构造 ··· (112)

　　4.3.6　钢筋细部尺寸 ·· (114)

　思考题 ··· (119)

　习题 ··· (120)

5　受扭构件承载力计算 ·· (122)

　5.1　纯扭构件承载力计算 ·· (122)

　　5.1.1　开裂扭矩 ·· (122)

　　5.1.2　矩形截面纯扭构件配筋计算 ······································· (124)

　　5.1.3　T 形、I 形截面纯扭构件配筋计算 ······························· (127)

　5.2　弯、剪、扭构件的承载力计算 ··· (128)

　　5.2.1　扭矩对受弯、受剪承载力的影响 ·································· (128)

　　5.2.2　弯、剪、扭构件承载力的计算公式 ······························ (128)

　　5.2.3　弯、剪、扭计算公式的适用条件 ·································· (129)

　　　思考题 ··· (133)

　　　习题 ··· (134)

6　受压构件承载力计算 ··· (135)

　　6.1　轴心受压构件承载力计算 ··· (136)

　　　　6.1.1　纵筋及普通箍筋柱 ··· (136)

　　　　6.1.2　纵筋及螺旋式箍筋柱 ··· (142)

　　6.2　偏心受压构件正截面承载力计算 ··· (145)

　　　　6.2.1　偏心受压构件的破坏特征 ··· (145)

　　　　6.2.2　附加偏心距 ·· (147)

　　　　6.2.3　偏心距调节数和弯矩增大系数 ··· (147)

　　　　6.2.4　矩形截面偏心受压构件正截面承载力计算 ······································· (150)

　　　　6.2.5　I 形截面偏心受压构件的正截面承载力计算 ···································· (167)

　　　　6.2.6　截面承载能力 N 与 M 的相关曲线 ·· (173)

　　6.3　偏心受压构件斜截面受剪承载力计算 ··· (174)

　　6.4　偏心受压构件构造要求 ·· (175)

　　　思考题 ··· (177)

　　　习题 ··· (177)

7　受拉构件承载力计算 ··· (179)

　　7.1　轴心受拉构件正截面承载力计算 ··· (179)

　　7.2　偏心受拉构件正截面承载力计算 ··· (179)

　　　　7.2.1　计算公式 ·· (179)

　　　　7.2.2　截面设计 ·· (181)

　　7.3　偏心受拉构件斜截面承载力计算 ··· (184)

　　　思考题 ··· (185)

　　　习题 ··· (185)

8　钢筋混凝土构件的变形和裂缝宽度验算 ··· (186)

　　8.1　概述 ··· (186)

　　8.2　受弯构件的挠度验算 ·· (187)

　　　　8.2.1　基本知识 ·· (187)

　　　　8.2.2　荷载效应标准组合作用下受弯构件的短期刚度 B_s ·························· (188)

　　　　8.2.3　矩形、T 形、倒 T 形和 I 形截面受弯构件的长期刚度 B_l ·················· (191)

　　　　8.2.4　受弯构件挠度验算 ··· (192)

　　8.3　裂缝宽度验算 ·· (196)

　　　　8.3.1　裂缝间距 ·· (196)

　　　　8.3.2　平均裂缝宽度 w_m ·· (198)

　　8.3.3　最大裂缝宽度 w_{max} ⋯⋯⋯⋯⋯⋯⋯⋯⋯⋯⋯⋯⋯⋯⋯ (199)
　8.4　钢筋的代换 ⋯⋯⋯⋯⋯⋯⋯⋯⋯⋯⋯⋯⋯⋯⋯⋯⋯⋯⋯⋯ (201)
　　8.4.1　代换原则 ⋯⋯⋯⋯⋯⋯⋯⋯⋯⋯⋯⋯⋯⋯⋯⋯⋯⋯⋯⋯ (201)
　　8.4.2　钢筋代换应注意的事项 ⋯⋯⋯⋯⋯⋯⋯⋯⋯⋯⋯⋯ (201)
　思考题 ⋯⋯⋯⋯⋯⋯⋯⋯⋯⋯⋯⋯⋯⋯⋯⋯⋯⋯⋯⋯⋯⋯⋯⋯⋯ (202)
　习题 ⋯⋯⋯⋯⋯⋯⋯⋯⋯⋯⋯⋯⋯⋯⋯⋯⋯⋯⋯⋯⋯⋯⋯⋯⋯⋯ (202)

9　预应力混凝土构件 ⋯⋯⋯⋯⋯⋯⋯⋯⋯⋯⋯⋯⋯⋯⋯⋯⋯⋯ (204)

　9.1　预应力混凝土的基本概念 ⋯⋯⋯⋯⋯⋯⋯⋯⋯⋯⋯⋯⋯ (204)
　　9.1.1　概述 ⋯⋯⋯⋯⋯⋯⋯⋯⋯⋯⋯⋯⋯⋯⋯⋯⋯⋯⋯⋯⋯⋯ (204)
　　9.1.2　预应力混凝土的基本概念 ⋯⋯⋯⋯⋯⋯⋯⋯⋯⋯⋯ (204)
　　9.1.3　预应力混凝土结构的优缺点 ⋯⋯⋯⋯⋯⋯⋯⋯⋯⋯ (205)
　　9.1.4　全预应力和部分预应力混凝土 ⋯⋯⋯⋯⋯⋯⋯⋯ (206)
　　9.1.5　预应力混凝土结构的应用 ⋯⋯⋯⋯⋯⋯⋯⋯⋯⋯⋯ (206)
　9.2　施加预应力的方法和锚具 ⋯⋯⋯⋯⋯⋯⋯⋯⋯⋯⋯⋯⋯ (206)
　　9.2.1　先张法 ⋯⋯⋯⋯⋯⋯⋯⋯⋯⋯⋯⋯⋯⋯⋯⋯⋯⋯⋯⋯⋯ (206)
　　9.2.2　后张法 ⋯⋯⋯⋯⋯⋯⋯⋯⋯⋯⋯⋯⋯⋯⋯⋯⋯⋯⋯⋯⋯ (207)
　　9.2.3　夹具和锚具 ⋯⋯⋯⋯⋯⋯⋯⋯⋯⋯⋯⋯⋯⋯⋯⋯⋯⋯ (208)
　　9.2.4　制孔器和灌浆 ⋯⋯⋯⋯⋯⋯⋯⋯⋯⋯⋯⋯⋯⋯⋯⋯⋯ (211)
　9.3　预应力混凝土材料 ⋯⋯⋯⋯⋯⋯⋯⋯⋯⋯⋯⋯⋯⋯⋯⋯⋯ (212)
　　9.3.1　预应力钢筋 ⋯⋯⋯⋯⋯⋯⋯⋯⋯⋯⋯⋯⋯⋯⋯⋯⋯⋯ (212)
　　9.3.2　混凝土 ⋯⋯⋯⋯⋯⋯⋯⋯⋯⋯⋯⋯⋯⋯⋯⋯⋯⋯⋯⋯⋯ (213)
　9.4　张拉控制应力和预应力损失 ⋯⋯⋯⋯⋯⋯⋯⋯⋯⋯⋯ (213)
　　9.4.1　张拉控制应力 σ_{con} ⋯⋯⋯⋯⋯⋯⋯⋯⋯⋯⋯⋯⋯⋯ (213)
　　9.4.2　预应力损失 ⋯⋯⋯⋯⋯⋯⋯⋯⋯⋯⋯⋯⋯⋯⋯⋯⋯⋯ (214)
　　9.4.3　预应力损失值组合 ⋯⋯⋯⋯⋯⋯⋯⋯⋯⋯⋯⋯⋯⋯⋯ (218)
　9.5　预应力混凝土轴心受拉构件 ⋯⋯⋯⋯⋯⋯⋯⋯⋯⋯⋯ (218)
　　9.5.1　轴心受拉构件应力分析 ⋯⋯⋯⋯⋯⋯⋯⋯⋯⋯⋯⋯ (218)
　　9.5.2　预应力混凝土轴心受拉构件的计算 ⋯⋯⋯⋯⋯ (223)
　　9.5.3　设计例题 ⋯⋯⋯⋯⋯⋯⋯⋯⋯⋯⋯⋯⋯⋯⋯⋯⋯⋯⋯⋯ (227)
　思考题 ⋯⋯⋯⋯⋯⋯⋯⋯⋯⋯⋯⋯⋯⋯⋯⋯⋯⋯⋯⋯⋯⋯⋯⋯⋯ (231)
　习题 ⋯⋯⋯⋯⋯⋯⋯⋯⋯⋯⋯⋯⋯⋯⋯⋯⋯⋯⋯⋯⋯⋯⋯⋯⋯⋯ (231)

10　梁板结构 ⋯⋯⋯⋯⋯⋯⋯⋯⋯⋯⋯⋯⋯⋯⋯⋯⋯⋯⋯⋯⋯⋯ (233)

　10.1　概述 ⋯⋯⋯⋯⋯⋯⋯⋯⋯⋯⋯⋯⋯⋯⋯⋯⋯⋯⋯⋯⋯⋯⋯ (233)
　10.2　整体现浇式单向板肋梁楼盖 ⋯⋯⋯⋯⋯⋯⋯⋯⋯⋯ (235)
　　10.2.1　单、双向板的划分 ⋯⋯⋯⋯⋯⋯⋯⋯⋯⋯⋯⋯⋯⋯ (235)
　　10.2.2　楼盖的结构布置 ⋯⋯⋯⋯⋯⋯⋯⋯⋯⋯⋯⋯⋯⋯⋯ (236)

　　　10.2.3　单向板肋梁楼盖的计算简图 ·· (238)

　　　10.2.4　单向板楼盖的内力计算——弹性计算法 ······································ (241)

　　　10.2.5　单向板楼盖的内力计算——塑性计算法 ······································ (244)

　　　10.2.6　连续板的截面计算与构造 ·· (248)

　　　10.2.7　次梁计算与构造要求 ··· (252)

　　　10.2.8　主梁的计算与构造要求 ·· (252)

　　　10.2.9　单向板肋形楼盖设计例题 ··· (255)

　10.3　双向板肋梁楼盖 ··· (264)

　　　10.3.1　概述 ··· (264)

　　　10.3.2　双向板的计算 ··· (264)

　　　10.3.3　双向板的构造 ··· (269)

　　　10.3.4　双向板支承梁的计算特点 ··· (271)

　10.4　楼梯 ··· (273)

　　　10.4.1　概述 ··· (273)

　　　10.4.2　现浇板式楼梯的计算与构造 ·· (274)

　　　10.4.3　现浇梁式楼梯的计算与构造 ·· (279)

　　　10.4.4　折线形楼梯计算与构造 ··· (280)

　思考题 ··· (282)

　习题 ·· (283)

11　单层工业厂房 ··· (295)

　11.1　单层工业厂房的结构组成与受力特点 ·· (295)

　　　11.1.1　结构组成 ·· (295)

　　　11.1.2　受力特点 ·· (297)

　11.2　单层工业厂房的结构布置与支撑布置 ·· (298)

　　　11.2.1　结构布置 ·· (298)

　　　11.2.2　支撑布置 ·· (300)

　　　11.2.3　抗风柱布置 ··· (304)

　　　11.2.4　圈梁、连系梁、过梁和基础梁的布置 ·· (305)

　11.3　单层工业厂房铰接排架的内力分析与组合 ·· (306)

　　　11.3.1　排架计算简图 ··· (306)

　　　11.3.2　排架荷载计算 ··· (310)

　　　11.3.3　排架内力分析 ··· (314)

　　　11.3.4　排架内力组合 ··· (318)

　11.4　单层工业厂房排架柱设计 ··· (319)

　　　11.4.1　单层工业厂房排架柱的计算长度 ··· (320)

　　　11.4.2　柱的吊装验算 ··· (320)

　11.5　牛腿设计 ·· (321)

11.5.1　短牛腿的受力特点、破坏形态与计算简图 ……………………（322）

11.5.2　牛腿尺寸的确定 ………………………………………………（322）

11.5.3　牛腿的配筋计算与构造要求 ……………………………………（323）

11.6　柱下单独基础设计 ……………………………………………………（325）

11.6.1　基础底面尺寸的确定 ……………………………………………（325）

11.6.2　基础高度的确定 …………………………………………………（327）

11.6.3　基础底板配筋计算 ………………………………………………（328）

11.6.4　基础的构造要求 …………………………………………………（330）

11.7　单层工业厂房设计实例 ………………………………………………（332）

思考题 ……………………………………………………………………………（358）

习题 ………………………………………………………………………………（359）

参考文献 ……………………………………………………………………………（365）

0 绪 论

0.1 钢筋混凝土的一般概念

钢筋混凝土是由钢筋和混凝土两种力学性能不同的材料组成。混凝土抗压强度较高,抗拉强度却很低;钢筋的抗拉和抗压强度均很高。因此,将两种材料合理地组合在一起,混凝土主要承受压力,钢筋主要承受拉力,这样,两种材料可以各自发挥其优势,成为具有良好工作性能的钢筋混凝土构件或结构。

图 0.1(a)、(b)所示为两根截面尺寸、跨度、混凝土强度皆相同的简支梁。一根为素混凝土梁;另一根则在梁的受拉区配有适量钢筋。由试验知:两者的承载力和破坏形式有很大差别。素混凝土梁由于混凝土抗拉能力低,在荷载作用下,梁将由于受拉区混凝土断裂而被破坏[图 0.1(a)]。这时,受压区混凝土的抗压强度却远远没有得到利用。如果在梁的底部受拉区配置适量的钢筋,构成钢筋混凝土梁,在荷载作用下,受拉区混凝土仍将开裂,但钢筋的存在可以代替开裂的混凝土承受拉力,因而梁可以继续增加荷载,直到钢筋到达其屈服强度,梁才达到破坏荷载。钢筋混凝土梁的承载力比素混凝土梁有很大提高,破坏时,钢筋的抗拉强度和混凝土的抗压强度均得到了充分的利用。

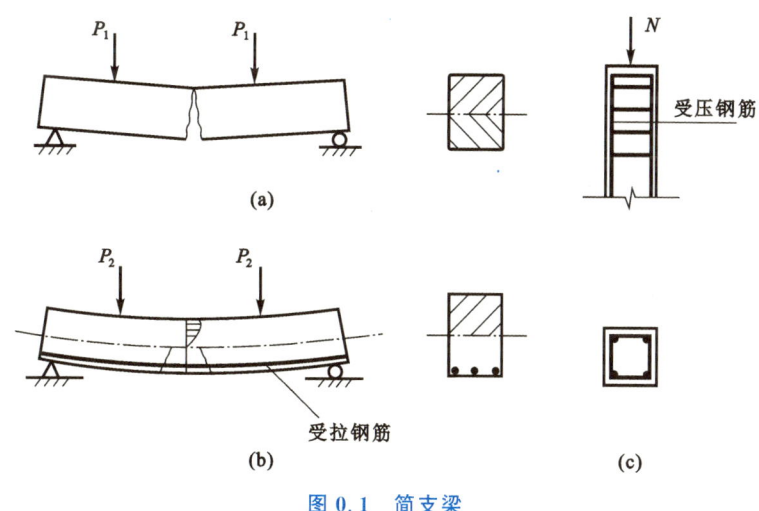

图 0.1 简支梁

又如图 0.1(c)所示的受压柱中,通常也配置钢筋,以协助混凝土承受压力,从而减小柱的截面尺寸,提高柱的承载能力,同时还增加柱的延性。

钢筋与混凝土这两种力学性能不同的材料之所以能结合在一起有效地共同工作,主要原因:首先,由于混凝土硬化后钢筋与混凝土的接触面上存在黏结强度,使两者牢固地黏结在一起,相互间不致滑动,且能整体工作;其次,钢筋与混凝土两种材料的温度线膨胀系数非常接近,钢筋为 $1.2\times10^{-5}/℃$,混凝土为 $(1.0\sim1.5)\times10^{-5}/℃$,当温度变化时,两者间不会因温度变化产生较大的相对变形而破坏它们之间的结合;最后,钢筋至构件边缘间的混凝土保护层起着防止钢筋锈蚀的作用,当混凝土保护层具有足够的密实性和厚度时,能够保证结构的耐久性,使钢筋与混凝土长期可靠地共同工作。

0.2　钢筋混凝土的主要优缺点

钢筋混凝土除了能合理利用钢筋和混凝土两种材料的性能外,尚有下列优点:

(1)耐久性。在钢筋混凝土结构中,混凝土的强度随时间的增长而有所增长,且钢筋受到混凝土的保护而不锈蚀,所以钢筋混凝土的耐久性很好。处于侵蚀性介质或受海水浸泡的钢筋混凝土结构,经过合理的设计以及采取特殊的措施,一般也能满足工程需要。

(2)耐火性。混凝土是不良导热体,遭火灾时,钢筋因有混凝土包裹而不致过快升温到失去承载力的程度,因而比钢、木结构耐火性能好。

(3)整体性。钢筋混凝土结构特别是现浇的钢筋混凝土结构,由于其整体性好,又具有较好的延性,有利于抗震、抗爆。

(4)可模性。混凝土可根据设计需要浇筑成各种形状和尺寸的结构,适用于形状较复杂的结构,如带肋的屋面板、空心板以及空间壳体等。

(5)就地取材。混凝土中占比例较大的砂、石等材料,产地多,就地取材比较容易。由于钢筋混凝土结构构件合理地利用了钢筋和混凝土这两种材料的受力特点,在一定条件下可代替钢结构,因而能节约钢材,降低造价。

由于钢筋混凝土具有上述一系列优点,因而在国内外的工程建设中得到了广泛的应用。

然而,钢筋混凝土结构也存在一些主要缺点:

(1)自重大。普通钢筋混凝土结构的自重比钢结构的大。过大的自重,不仅对于设计大跨度结构、高层建筑以及结构抗震很不利,而且在施工中也会增加材料的运输费用,并使构件吊装、连接都很不便。

(2)费工大、模板用料多、施工周期长。建造整体式的钢筋混凝土结构比较费工,同时又需模板和支撑,且混凝土需在模板内进行一段时间的养护,致使工期延长,同时施工还受到气候的限制。

此外,钢筋混凝土隔热、隔音的性能较差,加固或拆修也较困难,而且,混凝土还存在着抗拉强度低、抗裂性能差的缺陷。

0.3　钢筋混凝土的应用和发展简况

钢筋混凝土结构在建筑工程中的应用,已有 150 多年的历史。早期混凝土结构所用的混凝土强度和钢筋强度都很低,只能用作小型钢筋混凝土梁、板、柱、拱和基础等构件。20 世纪20 年代以后,出现了预应力混凝土结构、装配式钢筋混凝土结构和薄壁空间结构,混凝土结构有了很大发展。

在计算理论方面,从 20 世纪 40 年代到 50 年代中期,钢筋混凝土结构构件的计算方法已有了很大改进,从开始采用考虑混凝土塑性性能的破坏阶段设计方法到采用更为合理的极限状态设计方法。目前,在建筑结构中已采用了以概率理论为基础的可靠理论,使极限状态设计方法更趋完善。由于计算机和有限元计算方法的广泛采用,以及混凝土和钢筋混凝土弹塑性变形性能的深入研究、现代测试技术的发展,钢筋混凝土结构的计算理论和设计方法将会向更高阶段发展。

在材料方面,过去一般采用立方体抗压强度在 $20 \sim 50 \mathrm{N/mm^2}$ 的中等强度混凝土。近年来,国内外高性能混凝土的研究突飞猛进,$100 \mathrm{N/mm^2}$ 的混凝土已经在高层和超高层建筑中得到了广泛的应用。2003 年,在沈阳远吉大厦的施工中使用了 C100 混凝土,成为当时我国应用于工程 的最高强度的混凝土,实验室 28d 强度最高达到 $116.3 \mathrm{N/mm^2}$;在贵和大厦、皇朝万鑫大厦等建筑中也都使用了 C100 混凝土。掺入钢纤维的混凝土,抗折强度可以达到 $50 \mathrm{N/mm^2}$;为了减轻结构自重,各种轻质混凝土也应运而生;为了环境可持续发展,利用工业废料制成的各种再生骨料混凝土近年来也成为研究的热点。

在混凝土结构方面,苏联及加拿大分别建成了 533m 及 549m 高的预应力混凝土电视塔;我国建成了天津 597m 高的高银大厦、上海 580m 高的上海中心大厦、深圳 555m 高的平安国际金融中心等,这些建筑进入中国最高十大建筑排行榜。

0.4 学习本课程需要注意的问题

本课程研究的是由钢筋和混凝土两种材料组成的构件,而且混凝土是非均匀、非连接、非弹性材料。由于钢筋混凝土是由两种力学性能不同的材料组成,如果两种材料在强度搭配和数量比值上的变化超过一定界限,会引起受力性能的改变,这是钢筋混凝土构件所具有的特点,学习时应加以注意。

本课程不仅要解决强度和变形的计算问题,而且要进一步解决构件的设计问题,包括结构方案、构件选型、材料选择和构造要求等,这是一个综合性问题。对同一问题,往往有多种可能的解决办法。因此,在学习本课程时,要注意培养对多种因素进行综合分析和综合应用的能力。

与其他学科一样,钢筋混凝土构件的计算方法是建立在科学实验基础上的。但由于混凝土材料的物理力学性能比较复杂,目前还没有建立起比较完善而又实用的强度理论,本学科对实验的依赖性更强。因此,在学习过程中要重视构件的实验研究结果,了解实验中的规律性现象,正确理解建立公式时所采用的基本假定的实验依据,应用公式时要注意适用范围和限制条件。

构造处理和有关规定,是长期科学实验和工程实践经验的总结,是对计算必不可少的补充。在设计结构和构件时,计算与构造是同等重要的。学习时要防止重理论轻实践、重计算轻构造的思想,要充分重视对构造规定和要求的理解,并明白其中的道理。

钢筋混凝土结构是一门实践性很强的课程,在学习中一方面要通过课堂教学和教学中的各个实践性环节,学会运用本课程的基本知识和基本理论进行结构设计,解决设计中的构造问题;另一方面要有计划、有针对性地到施工现场、预制构件厂去参观,留心观察已有建筑物的结构布置、受力体系、截面尺寸、配筋构造和施工工艺,积累感性知识,增加工程经验。

本课程还要学习有关规范。例如,《混凝土结构设计规范》(GB 50010)(以下简称《规范》)、《建筑结构荷载规范》(GB 50009)(以下简称《荷载规范》)、《建筑结构可靠性设计统一标准》(GB 50068)(以下简称《统一标准》)、《混凝土结构通用规范》(GB 55008)(以下简称《通用规范》)、《工程结构通用规范》(GB 55001),这是在力学课中不曾遇到的问题。设计规范是国家颁布的关于结构设计计算和构造要求的技术规定和标准,是具有约束性和立法性的文件;是贯彻国家的技术经济政策,保证设计质量、设计方法和审批工程的统一依据;是工程设计人员必须遵守的规定。我国新修订的设计规范反映了我国近 40 年来在结构工程方面的科学技术水平和工程经验的总结,同时也汲取了有关国际标准的先进成果。在学习过程中要理解它、熟悉它和应用它。

思 考 题

0.1　钢筋混凝土结构有哪些优缺点?

0.2　钢筋与混凝土两种物理力学性能不同的材料,为何能共同工作?

0.3　学习本课程应注意哪些问题?

本章练习

1 钢筋和混凝土材料的力学性能

本章提要

(1) 掌握混凝土在单向应力作用下的强度及其标准值(立方体抗压强度、轴心抗压和轴心抗拉强度),理解复合应力作用下的强度以及混凝土的变形(一次短期荷载作用和多次重复荷载作用的变形、徐变变形等)。根据混凝土的应力、应变关系,确定混凝土的弹性模量、变形模量。

(2) 充分认识钢筋的品种与级别,钢筋的力学性能及其强度标准值。

(3) 根据钢筋与混凝土的相互作用确定钢筋的最小锚固长度,逐步理解钢筋的连接及其基本构造要求。

钢筋混凝土结构是由钢筋和混凝土两种材料组成的,而钢筋混凝土结构构件的受力性能与钢筋和混凝土的力学性能(包括强度和变形)密切相关。为了更好地掌握钢筋混凝土构件的受力性能,正确地进行钢筋混凝土结构的设计与构造,必须对钢筋和混凝土的力学性能及其相互作用有较深入的了解。

1.1 混凝土的强度指标

混凝土是由水泥、砂、石和水按一定比例配合而成。混凝土强度的大小不仅与组成材料的质量和配合比有关,而且与混凝土的硬化条件、龄期、受力情况以及测定其强度时所采用的试件形状、尺寸和试验方法等也有密切的关系。

1.1.1 立方体抗压强度 $f_{cu,k}$ 和强度等级

由于混凝土抗压强度受许多因素影响,因此必须有一个标准的强度测定方法和相应的强度评定标准。

我国《混凝土结构设计规范》(GB 50010—2010)(2024 年版)采用按标准方法制作养护的边长为 150mm 的立方体试件,在 28d 龄期,用标准试验方法(试件的承压面不涂滑润剂,加荷速度每秒 $0.3\sim1.0\text{N/mm}^2$)测得的具有 95% 保证率的抗压强度极限值作为立方体抗压标准强度值,以 $f_{cu,k}$ 表示,并以此作为混凝土强度等级(混凝土强度等级用符号 C 表示)。由于这种试件的强度比较稳定,制作与试验比较方便,因此《规范》把它作为在统一试验方法下度量混凝土强度的基本指标,也是衡量混凝土各种力学指标的代表值。我国混凝土强度等级从 C15 直至 C80 共分 14 个级别,《通用规范》规定:素混凝土结构的强度等级不应低于 C20,钢筋混凝

土结构混凝土的强度等级不应低于 C25。

图 1.1(a)为立方体试件的受力状态,由于混凝土试件的刚度比试验机承压钢板的刚度小得多,而混凝土的横向变形系数大于钢板的横向变形系数,因而试件受压时,其横向变形受到承压面上摩擦阻力的约束,垫板就像"箍"一样把试件的上、下端箍住,最后导致试件形成两个对顶的锥形破坏面,见图 1.1(b)。

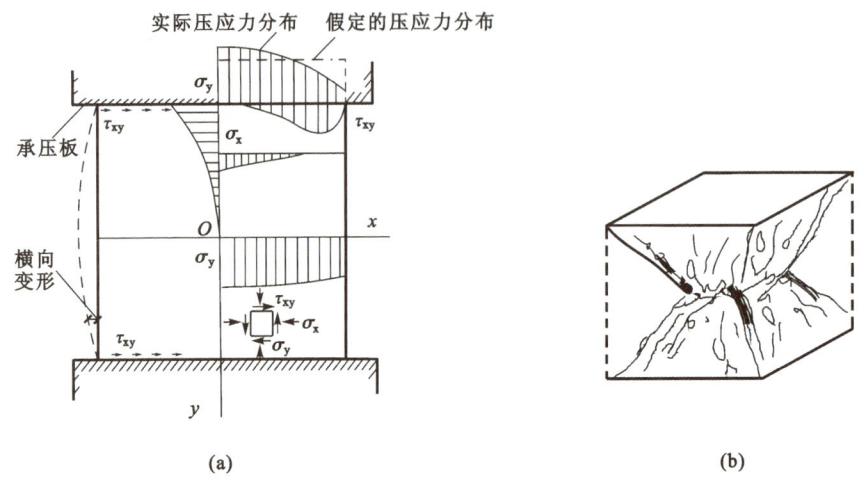

图 1.1　立方体试件抗压强度测试
(a) 立方体试件的受力状态;(b) 破坏形态

对于 C50 及以下混凝土,由于试件的尺寸效应,当采用边长为 200mm 或边长为 100mm 的立方体试件时,须将其抗压强度实测值乘以换算系数转换成标准试件(150mm 边长的立方体)的立方体抗压强度标准值,其换算关系为

$$f_{cu,k}(150) = 0.95 f_{cu,k}(100) \tag{1.1}$$

$$f_{cu,k}(150) = 1.05 f_{cu,k}(200) \tag{1.2}$$

某些国家及地区如美国、日本和欧洲的混凝土协会采用直径为 150mm、高度为 300mm 圆柱体抗压强度作为确定混凝土强度等级的标准,其抗压强度 f_{ck} 与我国标准试件的抗压强度的换算关系为

$$f_{ck} = 0.79 f_{cu,k} \tag{1.3}$$

1.1.2　轴心抗压强度标准值

用棱柱体试件做轴压试验测得的抗压强度称为棱柱体抗压强度或轴心抗压强度。试验时,通常棱柱体的高宽比 h/b 取 $3 \sim 4$,常用的试件尺寸为 100mm × 100mm × 300mm、150mm × 150mm × 450mm。

在图 1.2(a)所示 $h/b=3$ 的棱柱体轴心受压试件中,虽然试件承压面上的摩擦阻力仍然存在,但摩擦阻力对横向变形的约束作用将仅限于试件两端的局部范围内。试件中间约 1/3 区段的横向变形不受约束(σ_x 为拉应力),基本上处于全截面单向均匀受压的应力状态。试件破坏是由于中间区段竖向裂缝的发展,导致混凝土被压酥,因而其抗压强度 f_c 低于立方体抗压强度 f_{cu},两者强度标准值的平均关系为

$$f_{ck} = 0.88 \alpha_{c1} \alpha_{c2} f_{cu,k} \tag{1.4}$$

式中　α_{c1}——棱柱强度与立方强度之比,对 C50 及以下取 $\alpha_{c1}=0.76$,对高强混凝土 C80 取 $\alpha_{c1}=0.82$,中间按线性规律变化插值;

　　α_{c2}——考虑 C40 以上混凝土脆性的折减系数,对 C40 以下取 $\alpha_{c2}=1.0$,对高强混凝土 C80 取 $\alpha_{c2}=0.87$,中间按线性规律变化插值。

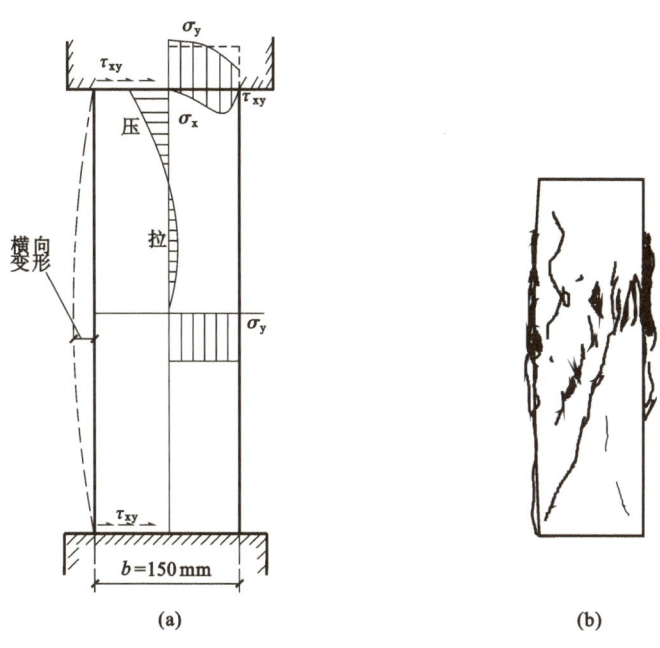

图 1.2　棱柱体抗压强度测试

(a) 棱柱体受压试件的受力状态;(b) 破坏形态

0.88 为考虑实际工程结构构件与实验室试件制作、养护条件、尺寸效应及加荷速度等差异的修正系数。

1.1.3　轴心抗拉强度标准值 f_{tk}

混凝土试件的轴心抗拉强度是确定混凝土抗裂度的重要指标。

混凝土的抗拉强度比抗压强度小得多,一般只有抗压强度的 $5\%\sim10\%$,而且不与立方体抗压强度成正比,f_{cu} 越大,比值 f_t/f_{cu} 越小。

测定混凝土抗拉强度的方法分两种——直接测试法和间接测试法。直接测试法见图 1.3(a),是将 100mm×100mm×500mm 的柱体,在其中心线两端埋设长为 150mm 的变形钢筋,试验机夹住两端伸出的钢筋使试件受拉,破坏时试件中部产生横向裂缝,其平均应力即为混凝土的轴心抗拉强度 f_t。直接测试法因对中比较困难,且离散性大,故国内外多采用立方体或圆柱体试件的劈拉试验来间接测定混凝土的抗拉强度,见图 1.3(b)。劈拉试验对立方体或圆柱体施加线荷载。试件破坏时在破裂面上产生与该面垂直且基本均匀分布的拉应力,其劈拉强度为

$$f_t = \frac{2p}{\pi dl} \tag{1.5}$$

式中　p——破坏荷载;

d——圆柱体直径或立方体边长；

l——圆柱体长度或立方体边长。

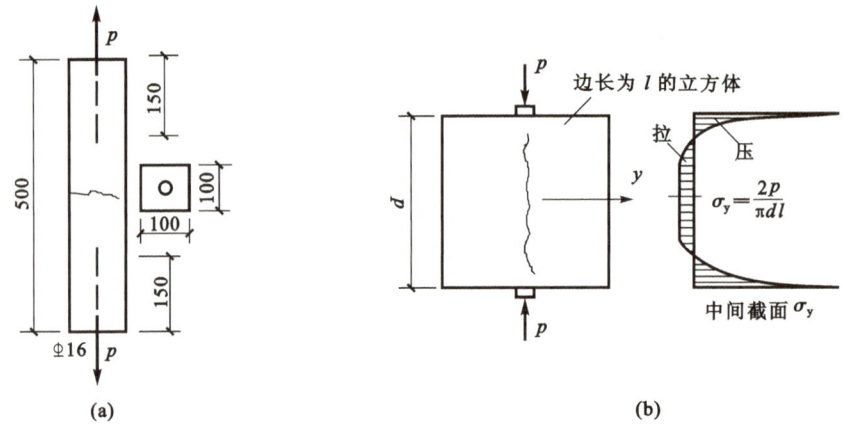

图 1.3　混凝土抗拉强度的测试

（a）轴心受拉试件；（b）劈拉试件

混凝土轴心抗拉强度标准值，据数理统计分析，可按下式计算：

$$f_{tk} = 0.88 \times 0.395 f_{cu,k}^{0.55} (1 - 1.645\delta)^{0.45} \alpha_{c2} \tag{1.6}$$

式中　δ——混凝土立方强度变异系数，当 $f_{cu,k} > 60\text{N/mm}^2$ 时，取 $\delta = 0.1$；系数 0.395 和指数 0.55 是根据原规范确定抗拉强度试验数据再加上我国近年来对高强混凝土研究的试验数据，统一进行分析后得出的。

混凝土强度标准值如表 1.1 所示。

表 1.1　混凝土轴心抗压强度标准值与轴心抗拉强度标准值（N/mm^2）

项次	符号	混凝土强度等级												
		C15	C20	C25	C30	C35	C40	C45	C50	C55	C60	C65	C70	C75	C80
1	f_{ck}	10.0	13.4	16.7	20.1	23.4	26.8	29.6	32.4	35.5	38.5	41.5	44.5	47.4	50.2
2	f_{tk}	1.27	1.54	1.78	2.01	2.20	2.39	2.51	2.64	2.74	2.85	2.93	2.99	3.05	3.11

1.1.4　复合应力状态下混凝土的强度

在混凝土结构中，混凝土很少处于理想的单向应力状态，而往往处于复合应力状态，如双向应力状态或三向应力状态。

1.1.4.1　混凝土的双轴受力强度

双向应力状态（两个平面上作用着法向应力 σ_1 和 σ_2，第三个平面上应力为零）下的混凝土试验曲线如图 1.4 所示。在双向拉应力作用下（第一象限），σ_1 与 σ_2 相互影响不大，混凝土强度与单向拉应力作用下的几乎相同。在双向压应力作用下（第三象限），一向的强度随另一向压应力的增加而增加，双向受压下的混凝土强度比单向受压强度最多可提高 27%（$\sigma_2 = 0.5\sigma_1$ 或 $\sigma_2 = 2\sigma_1$ 时）。在拉、压组合情形下（二、四象限），无论是抗拉强度还是抗压强度都要降低。

当混凝土受到剪应力 τ 和一个方向的正应力 σ 作用时，形成剪压或剪拉复合应力状态，其强度曲线见图 1.5。混凝土的抗剪强度一般随拉应力的增加而减小，随压应力的增加而增大，但当压应力大于 $0.6 f_c$ 时，由于微裂缝的发展，抗剪强度反而随压应力的增加而减小。

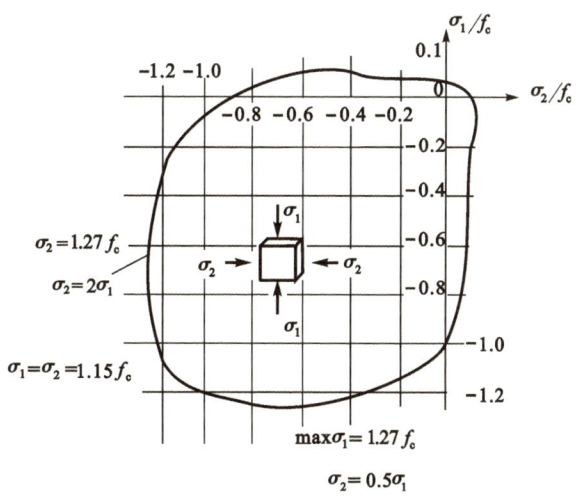

图 1.4　双轴受力强度

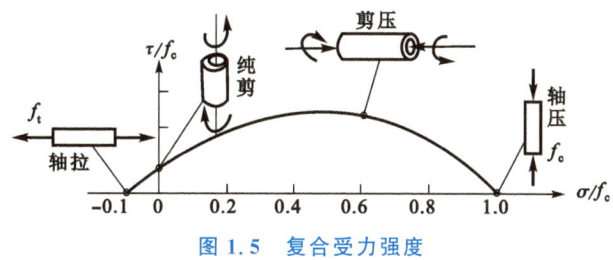

图 1.5　复合受力强度

1.1.4.2　混凝土的三轴受压强度

在三向压力作用下,混凝土强度会大大提高。当混凝土圆柱体受压试件受到侧向液压作用时,如图 1.6 所示,其纵向抗压强度 σ_1 和应变 ε_1 随侧向液压的增大而显著增大,这说明从

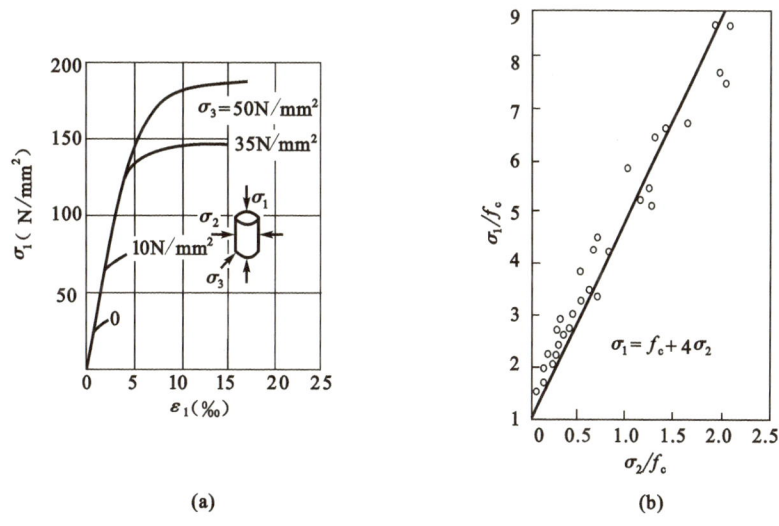

图 1.6　三轴受压强度

（a）受液压作用的圆柱体试件；（b） σ_1 与 σ_2 的试验关系

开始加荷就限制微裂缝的发展,可以极大地提高混凝土的抗压强度,并使混凝土的变形性能接近于理想的塑性状态。试验得出 σ_1 与 σ_2($\sigma_2 = \sigma_3$)的关系为

$$\sigma_1 = f_c + 4\sigma_2 \tag{1.7}$$

1.1.4.3 约束混凝土

对混凝土的横向变形加以约束可以提高其抗压强度,这一原理不仅具有理论意义,而且具有实践意义。它可以用来说明为什么局部受压的混凝土强度比 f_c 和 f_{cu} 大很多,这是因为直接受压的混凝土的横向变形受到外围混凝土的约束,见图 1.7(a),使外围混凝土受拉,其反作用力使中间的混凝土侧向受压,抑制混凝土内部开裂的倾向和体积膨胀,因而其抗压强度比 f_c 提高很多。在一定范围内,试件截面面积 A_b 与局部受压面积 A_l 的比值越大,局部抗压强度就越高。同样的原理,如果用间距较密的螺旋钢筋代替图 1.7(a)中的外围不直接受压的混凝土,即形成约束混凝土。当应力较小时,混凝土的横向变形很小,螺旋筋的作用并不明显;当混凝土纵向压应力超过 $0.8f_c$ 时,横向变形显著增大,体积膨胀使螺旋筋产生环向拉应力,其反作用力使被螺旋筋约束的混凝土受到均匀的侧向压应力,形成三向受压应力状态。采用约束混凝土不仅可以提高混凝土的抗压强度,而且可提高构件的耐受变形能力,这对抗震结构是非常重要的。

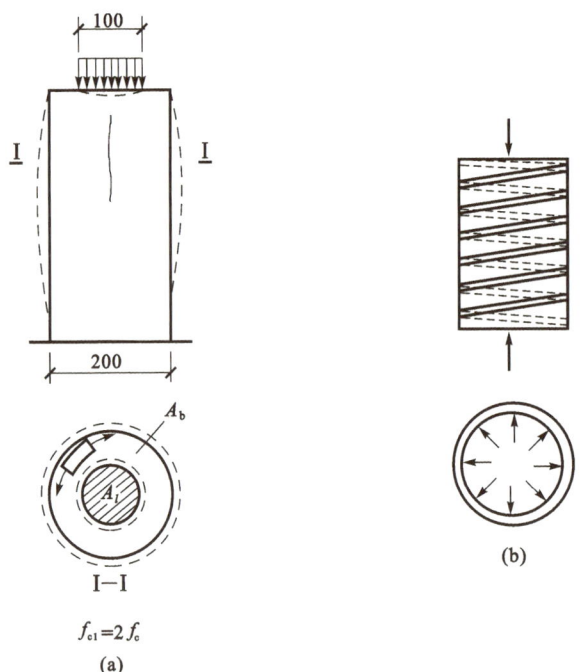

图 1.7 约束混凝土抗压强度测试
(a) 局部受压试件;(b) 约束混凝土

工程中应用约束混凝土的实例很多,如螺旋钢箍柱、钢管混凝土柱均为应用约束混凝土提高其抗压强度的典型范例。

1.2 混凝土的变形性能

混凝土的变形有两类：一类是混凝土的受力变形，包括一次短期荷载下的变形、长期荷载下的变形和多次重复荷载下的变形；另一类是混凝土的体积变形，如收缩、膨胀及温度变化而产生的变形。

1.2.1 混凝土在一次短期荷载下的变形

1.2.1.1 混凝土的应力-应变曲线

混凝土在一次短期荷载下的变形性能，可以用混凝土棱柱体受压时的应力-应变曲线，如图1.8来说明，曲线由上升段和下降段两部分组成。

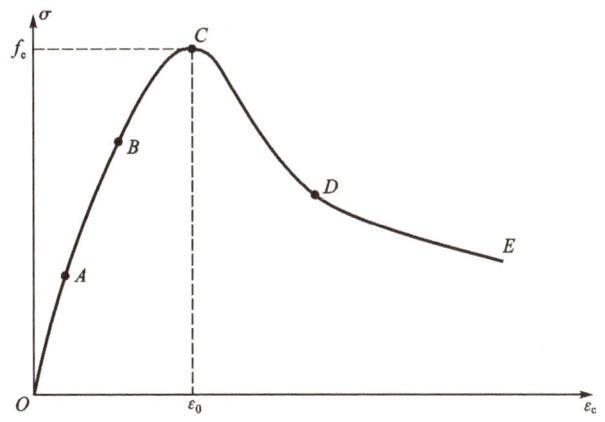

图 1.8 混凝土一次短期荷载下的应力-应变曲线

上升段 OC：在曲线的开始部分 OA 段，混凝土应力很小，$\sigma \leqslant 0.3f_c$，应力应变关系接近于直线，混凝土表现出理想的弹性性质，其变形主要是骨料和水泥结晶体的弹性变形，内部微裂缝没有发展。随着应力增大，混凝土表现出越来越明显的非弹性性质，应变的增长速度超过应力的增长速度，如曲线 AB 段 $\sigma = (0.3 \sim 0.8)f_c$，这是由于水泥胶凝体的粘性流动以及混凝土中微裂缝的发展、新的微裂缝不断产生的结果。在曲线 BC 段 $\sigma = (0.8 \sim 1.0)f_c$，微裂缝随荷载的增加而发展，混凝土的塑性变形继续增加。当应力接近轴心抗压强度 f_c 时，混凝土内部贯通的微裂缝转变为明显的纵向裂缝，试件开始破坏，此时混凝土应力达到最大值 $\sigma_{max} = f_c$，相应的应变不是最大应变而是 ε_0，《规范》对中低混凝土取 $\varepsilon_0 = 0.002$。试件中微裂缝发展过程见图1.9。

下降段 CE：如果试验机的刚度大，使试验机所释放的能量不至于立即将试件破坏，而是随着缓慢的卸荷，应力逐渐减小，应变还可以持续增加，曲线在 D 点出现反弯，此时混凝土达到极限压应变 ε_{cu}。反弯点以后曲线表示的低受荷能力是由破碎试件的咬合力或摩擦力提供的。

在构件受力分析时，对于均匀受压的混凝土棱柱体，由于压应力达到 f_c 时混凝土不能再负担更大的荷载，所以不管有无下降段，极限压应变都按 ε_0 考虑；对于非均匀受压的混凝土构件（如受弯或大偏心受压构件的受压区），当混凝土受压区最外纤维的应力达到 f_c 时，由于最

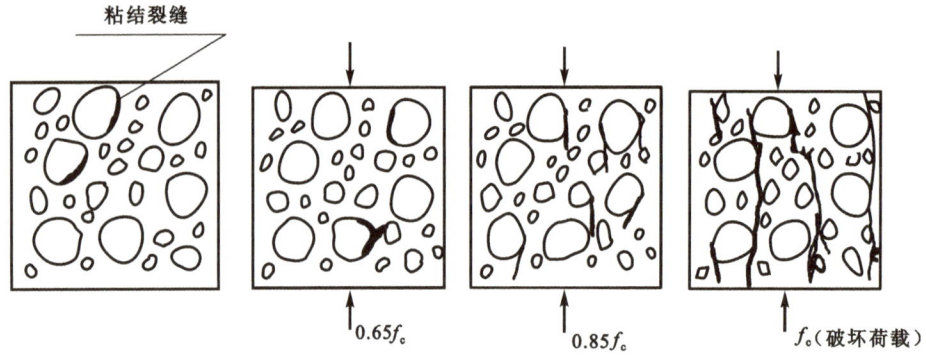

　　　　　　　　　　0.65f_c　　　　　0.85f_c　　　　　f_c（破坏荷载）

图 1.9　混凝土内微裂缝发展过程

外纤维可将部分应力传给附近的纤维,起到卸荷的作用,所以构件不会立即破坏,只有当受压区最外纤维的应变达到极限应变 ε_{cu} 时,构件才会破坏。《规范》对非均匀受压时的中低混凝土极限压应变取 0.0033。

　　混凝土的极限压应变由弹性应变和塑性应变两部分组成。塑性变形部分越大,表示变形能力越大,也就是延性越好。所谓混凝土材料的延性是指混凝土耐受变形的能力或混凝土的后期变形能力,延性好可以防止构件脆性破坏,对抗震结构特别有利。一般低强度等级的混凝土受压时的延性要比高强度等级的混凝土好些;同强度等级的混凝土随加荷速度的降低,延性有所增加;横向钢筋（螺旋筋）的约束作用使混凝土应力-应变曲线的峰值应力和相应的峰值应变均有提高,而以极限应变的提高最为明显,因此,受地震作用的梁、柱和节点区,采用间距较密的箍筋约束混凝土可以有效地提高构件的延性。

　　混凝土受压时的应力-应变曲线（即 σ-ε 曲线）与结构构件计算有密切的关系,为适应构件计算的需要,《规范》采用简化的混凝土 σ-ε 曲线如图 1.10 所示,并规定:当混凝土为轴心受压时,σ-ε 曲线为抛物线,极限压应变取 ε_0,相应的最大压应力取 f_c。对非均匀受压构件,当压应变 $\varepsilon \leqslant \varepsilon_0$ 时,σ-ε 曲线为抛物线;当 $\varepsilon > \varepsilon_0$ 时,σ-ε 曲线为水平线,其极限压应变为 ε_{cu},相应的最大压应力仍取 f_c。

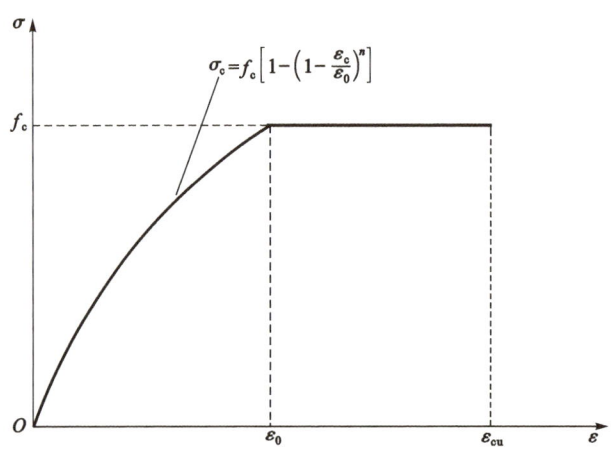

$$\sigma_c = f_c \left[1 - \left(1 - \frac{\varepsilon_c}{\varepsilon_0}\right)^n\right]$$

图 1.10　我国新规范所采用的混凝土 σ-ε 曲线

混凝土受压的应力-应变曲线上升段的表达式，一般采用二次抛物线的形式：

当 $\varepsilon_c \leqslant \varepsilon_0$ 时

$$\sigma_c = f_c \left[1 - \left(1 - \frac{\varepsilon_c}{\varepsilon_0} \right)^n \right] \tag{1.8}$$

当 $\varepsilon_0 < \varepsilon_c \leqslant \varepsilon_{cu}$ 时

$$\sigma_c = f_c \tag{1.9}$$

$$n = 2 - \frac{1}{60}(f_{cu,k} - 50) \tag{1.10}$$

$$\varepsilon_0 = 0.002 + 0.5(f_{cu,k} - 50) \times 10^{-5} \tag{1.11}$$

$$\varepsilon_{cu} = 0.0033 - (f_{cu,k} - 50) \times 10^{-5} \tag{1.12}$$

式中　σ_c——对应于混凝土压应变为 ε_c 时的混凝土压应力。

ε_0——对应于混凝土压应力达到 f_c 时的混凝土压应变，当由式(1.11)计算的 ε_0 值小于 0.002 时，应取为 0.002。

ε_{cu}——正截面处于非均匀受压时的混凝土极限压应变，当按式(1.12)计算的 ε_{cu} 值大于 0.0033 时，应取为 0.0033；正截面处于轴心受压时的混凝土极限压应变应取为 0.002。

$f_{cu,k}$——混凝土立方体抗压强度标准值。

n——系数，当按式(1.10)计算的 n 值大于 2.0 时，应取为 2.0。

混凝土受拉时的应力-应变曲线与受压时相似，见图 1.11。混凝土的极限拉应变 ε_{ctu} 为 $(1 \sim 1.5) \times 10^{-4}$，此值比受压时要小得多。

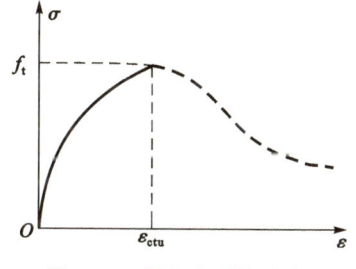

图 1.11　混凝土受拉时的
应力-应变曲线

1.2.1.2　混凝土受压时的横向变形系数

混凝土试件在受压时，除了在纵向产生压缩应变 ε_1，还要产生横向拉应变 ε_2，用横向变形系数 ν_c 来表示两者的比值，即 $\nu_c = \varepsilon_2 / \varepsilon_1$。当纵向压应力小于 $0.5f_c$ 时，ν_c 接近常数，当应力超过 $0.5f_c$ 后，ν_c 显著增大。

材料处于弹性阶段的横向变形系数即泊松比，《规范》取混凝土的泊松比为 0.2。

1.2.2　混凝土在多次重复荷载作用下的变形

混凝土在多次重复荷载作用下，它的变形性质有显著的变化，见图 1.12。

混凝土棱柱体试件经历一次加荷卸荷时，其应力-应变曲线如图 1.12(a)所示的环状：加荷曲线为 OA，卸荷曲线为 AB。其中应变包括三部分：其一是卸荷后立即恢复的应变 ε_{ce}；其二是停留一段时间还能恢复的应变 BB'，称为弹性后效 ε_{ae}；其三是不能恢复的应变 OB'，称为残余应变 ε_{cp}。

混凝土棱柱体试件在多次重复荷载下的应力-应变曲线如图 1.12(b)。这时曲线的形状和变化与加荷时应力的大小有关。当循环应力较小时（如 $\sigma < 0.5f_c$），经过多次重复的加荷、卸荷，其应力-应变曲线越来越闭合，使原来呈环状的曲线闭合趋近于一条直线（如图中的 CD' 和 EF'），且与原点的切线基本平行，此时试件并未破坏，混凝土如同弹性体一样工作。当加荷

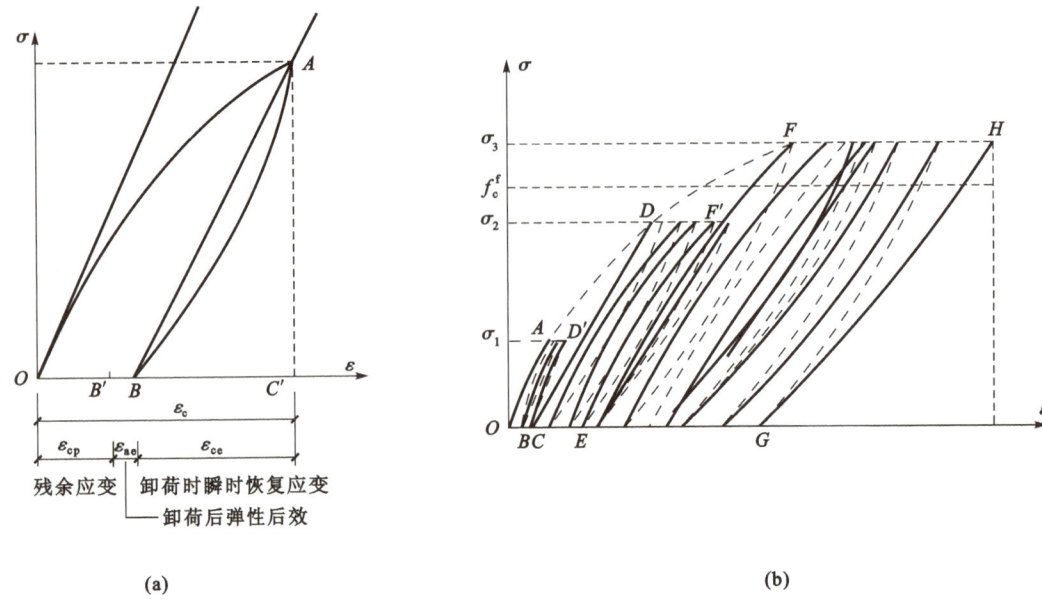

图 1.12　混凝土在多次重复荷载作用下的变形
(a) 混凝土一次加荷卸荷的应力-应变曲线；(b) 混凝土多次重复加荷的应力-应变曲线

应力超过某个限值(如 $\sigma > 0.5 f_c$)，则经过数次循环后，应力-应变曲线也成为直线，但在继续经过多次重复加、卸荷后，曲线从凸向应力轴而逐渐凸向应变轴，塑性变形不断扩展，最后导致混凝土试件疲劳破坏。

由上述可知，加荷时应力大小的不同，使得混凝土试件的应力-应变曲线有着不同的发展过程和结果，介于上述两者之间的界限应力就作为确定混凝土疲劳极限强度 f_c^f 的指标。f_c^f 小于混凝土轴心抗压强度 f_c，并与混凝土的强度等级、荷载的重复次数、重复作用应力的变化幅度等有关，其值在 $0.5 f_c$ 左右。

1.2.3　混凝土的弹性模量、变形模量

在计算钢筋混凝土构件的变形、预应力混凝土构件的预应力和超静定结构的内力时，都需要混凝土的弹性模量。理论上应取通过原点的 σ-ε 曲线的切线的斜率为混凝土的弹性模量，但是它的稳定数值不易测定。《规范》中给出的弹性模量是按下述方法确定的：采用棱柱体试件加荷至 $0.5 f_c$，然后卸荷至零，再重复加荷 $5\sim10$ 次。由于混凝土的弹塑性性质，每次卸荷至应力为零时都存在残余应变，但随着加、卸荷次数的增加，应力-应变曲线渐趋稳定并基本上接近于直线，该直线的斜率即为混凝土的弹性模量 E_c，见图 1.13。

将应力-应变曲线的原点与曲线上任一点 k 的连线 Ok 的斜率称为混凝土的变形模量 E_c' 或割线弹性模量，将弹性应变 ε_{ce} 与总应变 ε_c 的比值称为弹性系数 ν，由图 1.14 可知：

由试验统计分析得出的经验公式

$$E_c = \frac{\sigma_c}{\varepsilon_{ce}} = \frac{10^5}{2.2 + \dfrac{34.7}{f_{cu,k}}} \quad (\text{N/mm}^2) \qquad (1.13)$$

混凝土的变形模量：

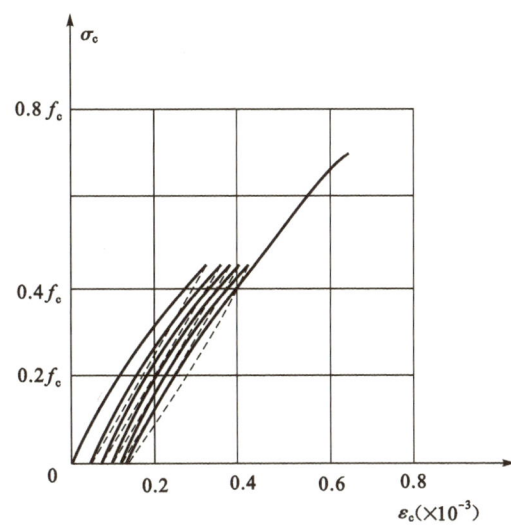

图 1.13 混凝土多次加荷受压时的应力-应变关系

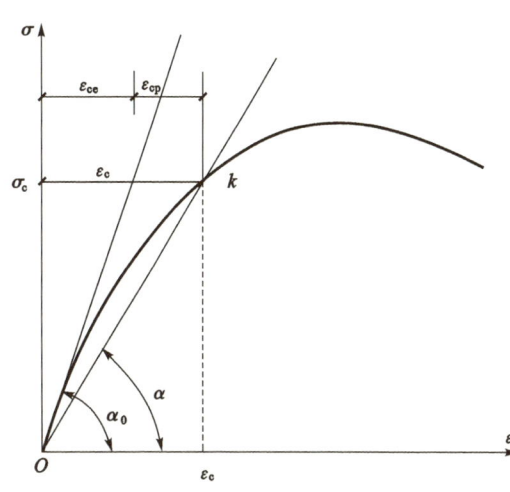

图 1.14 混凝土变形模量的表示方法

$$E_c' = \frac{\sigma_c}{\varepsilon_c} = \frac{\sigma_c}{\varepsilon_{ce} + \varepsilon_{cp}} \qquad (1.14)$$

$$\nu = \frac{\varepsilon_{ce}}{\varepsilon_c} \qquad (1.15)$$

弹性系数 ν 反映了混凝土的弹塑性性质,随着应力 σ 的加大,ν 值减小。引用弹性系数 ν 可将 E_c 和 E_c' 的关系用下式表达

$$E_c' = \frac{\sigma_c}{\varepsilon_c} = \frac{\varepsilon_{ce}}{\varepsilon_c} \cdot \frac{\sigma_c}{\varepsilon_{ce}} = \nu E_c \qquad (1.16)$$

混凝土受拉弹性模量与受压弹性模量取值相同,$\sigma = f_t$ 时的弹性系数 $\nu = 0.5$。

混凝土剪变模量 $G_c = E_c / [2(1+\nu)] \approx 0.4 E_c$。计算时按 $G_c = 0.4 E_c$ 考虑。

混凝土弹性模量 E_c 取值见表 1.2。

表 1.2 混凝土弹性模量 E_c ($\times 10^4 \ \text{N/mm}^2$)

混凝土强度等级	C15	C20	C25	C30	C35	C40	C45	C50	C55	C60	C65	C70	C75	C80
E_c	2.20	2.55	2.80	3.00	3.15	3.25	3.35	3.45	3.55	3.60	3.65	3.70	3.75	3.80

1.2.4 混凝土的徐变

混凝土在荷载长期作用下,即使应力维持不变,它的应变也会随时间继续增长,这种现象称为混凝土的徐变。产生徐变的原因是尚未转化为结晶体的水泥胶体的塑性变形,同时混凝土内部微裂缝在长期荷载作用下的持续发展也导致徐变。

图 1.15 为混凝土棱柱体试件加荷至 $\sigma = 0.5 f_c$ 后使荷载保持不变,测得的变形随时间增长的关系。ε_{ce} 为加荷瞬间产生的弹性变形,ε_{ch} 为随时间增长的收缩变形。由于收缩变形与外荷无关,因此在徐变试验中测得的变形也包含了收缩产生的变形。混凝土的徐变 ε_{cr} 前 4 个月发展较快,6 个月可达最终徐变的 $70\% \sim 80\%$,此后增长逐渐减缓。若在 B 点卸荷,立即恢复的变形为 ε_{ce}',经过一段时间(约 20d)又逐渐恢复的变形为 ε_{ae}',称为弹性后效,最后还留下一部分不能恢复的残余变形为 ε_{cr}'。

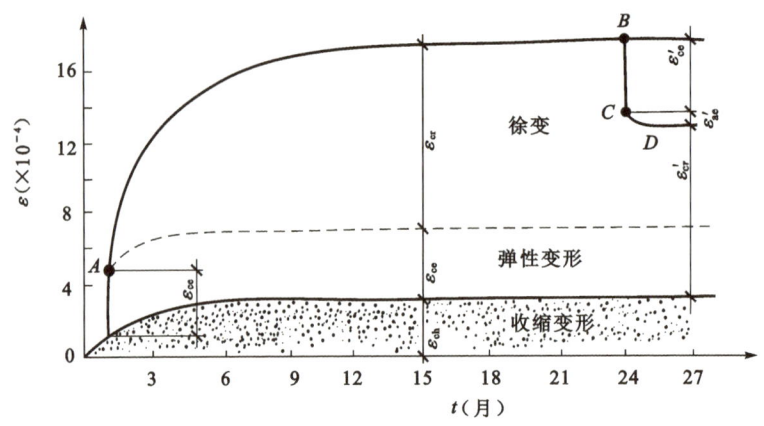

图 1.15　混凝土徐变试件的变形与时间的关系

影响混凝土徐变的因素可分为：

(1) 内在因素；

(2) 环境影响；

(3) 应力条件。

混凝土的组成配比是影响徐变的内在因素。骨料的弹性模量越大,骨料的体积比越大,徐变就越小。水灰比越小,徐变也越小。

养护及使用条件下的温度、湿度是影响徐变的环境因素。养护的温度、湿度越高,水泥水化作用越充分,徐变就越小,蒸汽养护可使徐变减少 20%～25%。试件受荷后所处使用环境的温度越高、湿度越低,徐变就越大。因此高温干燥环境将使徐变显著增大。

应力条件包括施加初应力的水平(σ 与 f_c 的比值)和加荷时混凝土的龄期,是影响徐变的重要因素。加荷时试件的龄期越长,混凝土中结晶体的比例越大,胶体的粘性流动就越小,徐变也越小。加荷龄期相同时,初应力越大,徐变也越大。

混凝土的徐变对钢筋混凝土构件的受力性能有重要影响:使受弯构件在荷载长期作用下挠度增加;长细比较大的偏心受压柱偏心距增大;预应力混凝土构件将产生较大的预应力损失。

1.2.5　混凝土的收缩与膨胀

混凝土在空气中结硬时,体积会收缩;在水中结硬时,体积会膨胀,一般收缩值比膨胀值要大得多。

混凝土从凝结开始就产生收缩,其收缩变形随时间的增长而增长,结硬初期收缩发展较快,以后逐渐变慢,一般两年后趋于稳定,最终收缩应变为 $2 \times 10^{-5} \sim 2 \times 10^{-4}$,见图 1.16。

收缩对钢筋混凝土的危害很大。对一般构件来说,收缩会引起初应力,甚至产生早期裂缝,因为钢筋的存在企图阻止混凝土的收缩,这样将使钢筋受压、混凝土受拉,当拉应力过大时,混凝土便出现裂缝。此外,混凝土收缩也会使预应力混凝土构件产生预应力损失。

从图 1.16 中还可看出:蒸汽养护的收缩值小于常温养护下的收缩值。这是因为混凝土在蒸汽养护过程中,由于高温高湿的条件,大大促进了水泥石的水化作用,加速了其凝结与硬化的时间。同时混凝土在高温条件下,一部分游离水为水泥水化作用快速吸收,而使脱离试件表面蒸发的游离水减少,因此其收缩应变相对减小。

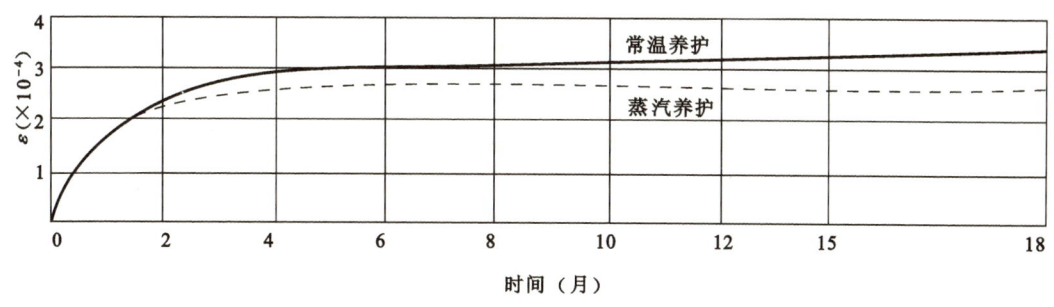

图 1.16 混凝土的收缩变形

减少混凝土收缩裂缝的措施有：

（1）加强混凝土的早期养护；

（2）减少水灰比；

（3）减少水泥用量；

（4）加强混凝土密实振捣；

（5）选择弹性模量大的骨料；

（6）在构造上预留伸缩缝、设置施工后浇带、配置一定数量的构造钢筋等。

1.3 钢 筋

1.3.1 钢筋的品种与级别

混凝土结构中的钢筋在混凝土的保护下，主要承受拉力，有时也承受压力，目前采用的钢筋其表面有光面和变形（月牙纹和螺纹）两类。钢筋按化学成分的不同，也分为碳素钢和普通低合金钢两大类。钢筋的化学成分主要是铁元素，还含有少量的碳、硅、锰和硫、磷等元素。根据含碳量的不同，碳素钢又分为：

（1）低碳钢（含碳量小于 0.25%）；

（2）中碳钢（含碳量 0.25%～0.60%）；

（3）高碳钢（含碳量 0.60%～1.4%）。

随着含碳量的增加，钢筋的强度越高，但塑性和可焊性越来越低。普通低合金钢除了碳素钢所含各种元素外，还加入少量的合金元素锰、硅、钒、钛等，使钢筋强度显著提高，塑性和可焊性能也得到了改善。

《规范》规定，用于钢筋混凝土结构和预应力混凝土结构中的钢筋或钢丝可分为热轧钢筋、中强度预应力钢丝、消除应力钢丝、钢绞线和预应力螺纹钢筋等。

热轧钢筋是由低碳钢、普通低合金钢或细晶粒钢（冶金行业近年来开发的新产品）在高温状态下轧制而成。

低合金化而提高强度的 HRB 系列热轧带肋钢筋，具有较好的延性、可焊性、机械连接性及施工适应性。

余热处理钢筋 RRB 由轧制的钢筋经高温淬水，余热处理后提高强度，其可焊性、机械连接性能及施工适应性稍差，须控制其应用范围，一般可在对延性及加工性能要求不高的构件中使用。

1.3.2　钢筋的力学性能

1.3.2.1　钢筋的应力-应变曲线

钢筋按力学性能的不同,分为有物理屈服点钢筋(一般称作软钢)和无物理屈服点的钢筋(硬钢)。前者包括热轧钢筋和冷轧钢筋;后者包括钢丝、钢绞线及热处理钢筋。

有物理屈服点钢筋的典型应力-应变曲线如图 1.17(a)所示。图中对应于 a 点的应力称为比例极限,在 a 点以前应力应变成正比关系,超过 a 点以后,应变较应力增长为快。到达 b 点,钢筋开始屈服,此时应力不增加而应变继续增加,对应于 b 点应力称为屈服强度 f_y,bc 称为流幅或屈服台阶。过 c 点后,钢筋抵抗外力的能力重新提高,应力又随曲线上升至最高点 d,对应于 d 点的应力称为极限强度 f_t,cd 段称为钢筋的强化阶段。过 d 点后,试件在薄弱处的截面将显著缩小,产生颈缩现象,塑性变形迅速增加,应力随之下降,达到 e 点试件断裂,de 段称为颈缩阶段。

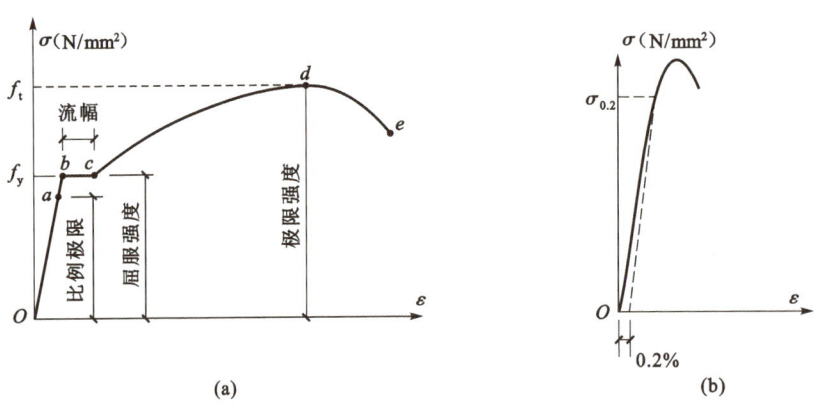

图 1.17　钢筋的应力-应变曲线
(a) 软钢的应力-应变图;(b) 硬钢的应力-应变图

无物理屈服点钢筋的应力-应变曲线如图 1.17(b)所示。由图可见,它没有明显的屈服台阶,其强度很高,但延伸率大为减小,塑性性能降低。设计上取相应于残余应变为 0.2% 的应力($\sigma_{0.2}$)作为假定屈服强度,或称条件屈服点,其值相当于 $0.85\sigma_b$,σ_b 为国家标准的极限抗拉强度。

1.3.2.2　钢筋的强度和变形指标

有物理屈服点的钢筋,当结构构件中某一截面钢筋应力达到屈服强度后,它将在荷载基本不增加的情况下产生持续的塑性变形,构件可能在钢筋尚未进入强化段之前就已破坏或产生过大的变形与裂缝。因此,钢筋的屈服强度是钢筋强度的设计依据。另外,钢筋的屈强比(屈服强度与极限抗拉强度之比)表示结构可靠性的潜力,抗震结构要求钢筋屈强比不大于 0.8,因而钢筋的极限强度是检验钢筋质量的另一强度指标。

无物理屈服点的钢筋由于其条件屈服点不容易测定,因此这类钢筋的质量检验以极限强度作为主要强度指标。

反映钢筋塑性性能的基本指标是伸长率和冷弯性能。伸长率 δ_5 或 δ_{10} 是钢筋试件拉断后的伸长值与原长的比值,它反映了钢筋拉断前的变形能力。伸长率大的钢筋(如有物理屈服点的钢筋)在拉断前有足够的预兆,属于延性破坏。伸长率小的钢筋(如无物理屈服点的钢筋)

塑性差,拉断前变形小,破坏突然,属于脆性破坏。

　　钢筋还应满足冷弯性能要求。冷弯是将钢筋绕一规定直径的辊进行弯曲,见图 1.18,冷弯的两个参数是弯心直径(即辊轴直径)和冷弯角度。当钢筋直径 $d \leq 25\text{mm}$ 时,不同类型钢筋的弯心直径 D 分别为 $1d$ 和 $3d$,冷弯角度分别为 $180°$ 和 $90°$。在达到规定的冷弯角度时,钢筋不应出现裂纹或断裂。因此冷弯性能可间接地反映钢筋的塑性性能和内在质量。

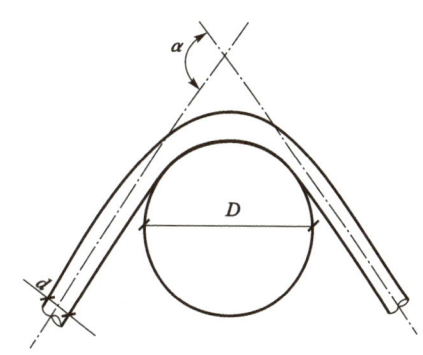

图 1.18　钢筋冷弯

　　屈服强度、极限强度、伸长率和冷弯性能是有物理屈服点钢筋进行质量检验的四项主要指标,而对无物理屈服点的钢筋只测定后三项。

　　普通钢筋强度标准值见表 1.3,预应力钢筋强度标准值见表 1.4,钢筋的弹性模量见表 1.5。

表 1.3　普通钢筋强度标准值(N/mm²)

牌　号	符号	公称直径 d(mm)	屈服强度标准值 f_{yk}	极限强度标准值 f_{stk}
HPB300	Φ	6～22	300	420
HRB400 HRBF400 RRB400	Φ Φ^F Φ^R	6～50	400	540
HRB500 HRBF500	Φ Φ^F	6～50	500	630

表 1.4　预应力钢筋强度标准值(N/mm²)

种　类		符号	公称直径 d(mm)	屈服强度标准值 f_{yk}	极限强度标准值 f_{stk}
中强度预应力钢丝	光面 螺旋肋	Φ^{PM} Φ^{HM}	5、7、9	620 780 980	800 970 1270
预应力螺纹钢筋	螺纹	Φ^T	18、25、32、40、50	785 930 1080	980 1080 1230
消除应力钢丝	光面	Φ^P	5	—	1570
				—	1880
			7	—	1570
	螺旋肋	Φ^H	9	—	1470
				—	1570
钢绞线	1×3 (三股)	Φ^S	8.6、10.8、12.9	— — —	1570 1860 1960
	1×7 (七股)		9.5、12.7、15.2、17.8	— — —	1720 1860 1960
			21.6	—	1860

注:极限强度标准值为 1960N/mm² 的钢绞线作张预应力配筋时,应有可靠的工作经验。

表 1.5   钢筋的弹性模量($\times 10^5 \, \text{N/mm}^2$)

牌 号 或 种 类	弹性模量 E
HPB300 钢筋	2.10
HRB400、HRB500 钢筋 HRBF400、HRBF500 钢筋 RRB400 钢筋 预应力螺纹钢筋	2.00
消除预应力钢丝、中强度预应力钢丝	2.05
钢绞线	1.95

注:必要时可通过试验采用实测的弹性模量。

1.4   钢筋与混凝土的黏结

钢筋与混凝土之所以能够共同工作,是因为混凝土结硬并达到一定的强度以后,两者之间建立了足够的黏结强度,能够承受由于钢筋与混凝土的相对变形在两者界面上所产生的相互作用力。通常把单位界面面积上的这种作用力沿钢筋轴线方向的分力(钢筋与混凝土接触面上的剪应力)称为黏结应力 τ。

1.4.1   黏结的作用及产生原因

黏结作用可用图 1.19 所示的轴心受拉构件的应力分析进行说明。轴向拉力 N 作用在构件端部截面(或裂缝截面)钢筋上,该处钢筋应力 $\sigma_s = N/A_s$,A_s 为钢筋截面面积,混凝土应力 $\sigma_c = 0$。进入构件以后,由于钢筋与混凝土之间具有能抵抗相对变形(滑移)的黏结强度,限制了钢筋的自由拉伸,在界面上产生黏结应力 τ,通过 τ 将部分拉力传给混凝土,使混凝土参与受拉[图 1.19(b)、(c)、(d)]。黏结应力 τ 和钢筋与混凝土之间的应变差($\varepsilon_s - \varepsilon_c$)是对应的[图 1.19(e)]。随距端部截面距离的增大,钢筋应力 σ_s(应变 ε_s)减小,混凝土的拉应力 σ_c(应变 ε_c)增大,二者的应变差($\varepsilon_s - \varepsilon_c$)减小。直到距端部 l_t 处,钢筋应变 ε_s 与混凝土应变 ε_c 相等,相对变形(滑移)消失,黏结应力也消失($\tau = 0$)。设自距端部 l_t 范围内取出长度为 $\mathrm{d}x$ 的微段[图 1.19(f)],由直径为 d 的钢筋的平衡关系,可得

$$\pi d \tau \mathrm{d}x = A_s \mathrm{d}\sigma_s = \frac{\pi d^2}{4} \mathrm{d}\sigma_s \tag{1.17}$$

整理得

$$\tau = \frac{d}{4} \cdot \frac{\mathrm{d}\sigma_s}{\mathrm{d}x} \tag{1.18}$$

上式反映了钢筋与混凝土黏结的本质特征:黏结应力使钢筋应力沿其长度上发生数量上的变化,也就是说没有 τ 就不会产生钢筋应力的增量 $\mathrm{d}\sigma_s$;反之,没有钢筋应力的变化就不存在黏结应力 τ。因此在构件中间区段(距构件端部超过 l_t 的区段)截面上,黏结应力 $\tau = 0$,钢筋应力 σ_s 及混凝土应力 σ_c 均不再发生变化,保持常量。

试验表明,黏结作用的产生主要有三个方面的原因:一是因为混凝土收缩将钢筋紧紧握固而产生的摩擦力;二是因为混凝土颗粒的化学作用产生的混凝土与钢筋之间的胶合力;三是由于钢筋表面凹凸不平与混凝土之间产生的机械咬合力。其中机械咬合作用最大,约占总黏结

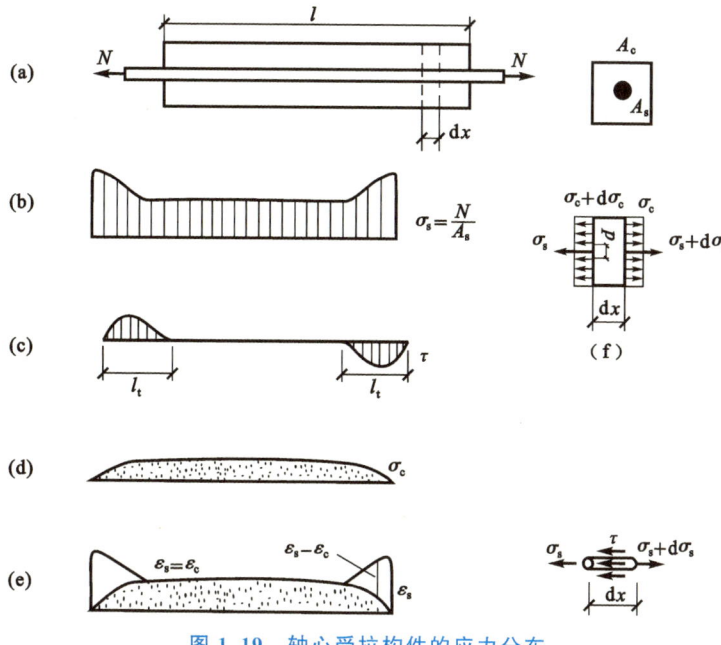

图 1.19 轴心受拉构件的应力分布

力的一半以上。变形钢筋比光面钢筋的机械咬合作用要大得多。另外,钢筋表面的轻微锈蚀也可增加它与混凝土的黏结作用。

1.4.2 黏结强度及影响因素

黏结强度的测定通常采用拔出试验方法,见图 1.20。将钢筋一端埋入混凝土内,在另一端施力将钢筋拔出,钢筋拉拔力到达极限时的平均黏结应力即代表了钢筋和混凝土之间的黏结强度 τ_u,由下式确定

$$\tau_u = \frac{T}{\pi d l} \qquad (1.19)$$

由拔出试验可知,黏结应力按曲线分布,最大黏结应力在离端部某一距离处,且随拔出力的大小而变化;钢筋埋入长度越长,拔出力越大,但埋入过长则尾部的黏结应力很小,甚至为零;变形钢筋的黏结强度比光面钢筋的大,而在光面钢筋末端做弯钩可以大大提高拔出力。

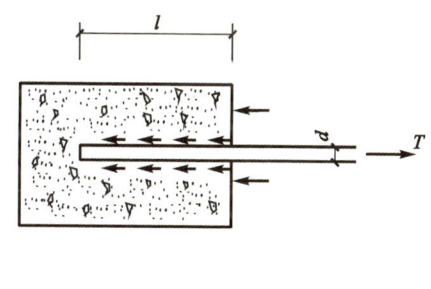

图 1.20 钢筋与混凝土之间的黏结应力

影响钢筋与混凝土黏结强度的因素很多,其中主要的有混凝土强度、保护层厚度、横向配筋、横向压力及浇筑位置等。

黏结强度随混凝土强度的提高而提高,但不与立方体强度成正比,而与混凝土劈拉强度 f_t 成正比。增加保护层厚度可提高混凝土的劈裂抗力,保证黏结强度的发挥。横向钢筋的存在约束了微裂缝的发展,使黏结强度得到提高,因此在较大直径钢筋的支座锚固区和搭接长度范围内,均应设置一定数量的横向钢筋,以防止黏结劈裂破坏。当钢筋的锚固区作用有横向压

力时,横向压力同样对微裂缝起着约束作用,并使钢筋与混凝土之间摩擦阻力增大,因而可以提高黏结强度。黏结强度与浇筑混凝土时钢筋所处位置有关,浇筑深度超过 300mm 的"顶部"水平钢筋,由于水分气泡逸出,混凝土泌水下沉,在钢筋底面将形成不与钢筋紧密接触的强度较低的疏松空隙层,它削弱了钢筋与混凝土的黏结作用。

1.4.3　保证钢筋和混凝土间的黏结措施

1.4.3.1　保证锚固黏结应力的可靠传递

锚固黏结应力如图 1.21 所示。图 1.21(a) 为一悬臂梁,受拉钢筋必须在支座中具有足够的锚固长度 l_a,以通过该长度上黏结应力的积累,使钢筋在靠近支座处发挥作用。图 1.21(b) 为钢筋的搭接接头,它通过钢筋与混凝土之间的黏结应力来传递钢筋与钢筋之间的内力,故必须有一定的搭接长度 l_l,才能保证钢筋内力的传递和钢筋强度的充分利用。

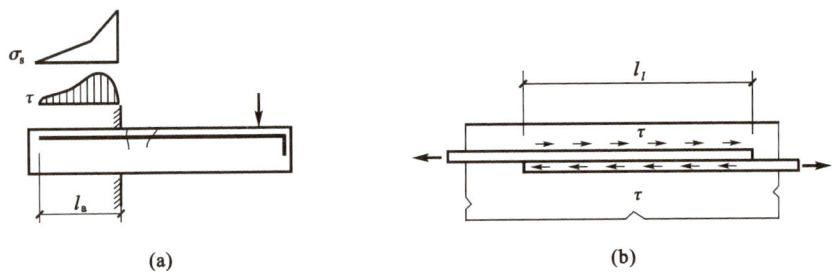

图 1.21　钢筋与混凝土的锚固黏结应力图

在考虑到上述产生黏结的原因和影响黏结强度的各种因素后,《规范》规定,当计算中充分利用钢筋的抗拉强度时,受拉钢筋的基本锚固长度 l_{ab} 应按下式计算

$$l_{ab} = \alpha \frac{f_y}{f_t} d \tag{1.20}$$

式中　l_{ab}——受拉钢筋的基本锚固长度;

　　　f_y——锚固钢筋的抗拉强度设计值,对预应力钢筋,以预应力钢筋抗拉强度设计值 f_{py} 代入;

　　　f_t——混凝土轴心抗拉强度设计值,当混凝土强度等级高于 C60 时,按 C60 取值;

　　　d——锚固钢筋的直径;

　　　α——锚固钢筋的外形系数,按表 1.6 采用。

表 1.6　锚固钢筋的外形系数 α

钢筋类型	光面钢筋	带肋钢筋	螺旋肋钢丝	三股钢绞线	七股钢绞线
α	0.16	0.14	0.13	0.16	0.17

注:光面钢筋其末端应做成 180°弯钩,弯后平直长度不应小于 $3d$,但作受压钢筋可不作弯钩。

一般情况下受拉钢筋的锚固长度可取基本锚固长度,当采取不同的埋置方式和构造措施时,锚固长度应按下式计算,且不应小于 200mm:

$$l_a = \zeta_a l_{ab} \tag{1.21}$$

式中　l_a——受拉钢筋的锚固长度;

　　　ζ_a——锚固长度修正系数,按钢筋的锚固条件按下列规定采用:

(1) 当钢筋的公称直径大于 25mm 时取 1.1;

(2) 对环氧树脂涂层带肋钢筋取 1.25;

(3) 施工过程中易受扰动的钢筋取 1.1;

(4) 当纵向受力钢筋的实际配筋面积大于其设计计算面积时,取设计计算面积与实际配筋面积的比值,但对有抗震设防要求及直接承受动力荷载的结构构件不得考虑此项修正;

(5) 锚固区混凝土配置箍筋且保护层厚度不小于 $3d$ 时,修正系数可取 0.8;大于 $5d$ 时,修正系数可取 0.7,中间按内插法取值,此处 d 为纵向受力钢筋直径;

(6) 当纵向受拉钢筋末端采用弯钩或机械锚固措施时,包括弯钩或锚固端头在内的锚固长度(投影长度)可取为 l_{ab} 的 60%。弯钩和机械锚固的形式(图 1.22)和技术要求应符合表 1.7 的规定。

表 1.7　钢筋弯钩和机械锚固的形式和技术要求

锚固形式	技 术 要 求
90°弯钩	末端 90°弯钩,弯钩内径 $4d$,弯后直段长度 $12d$
135°弯钩	末端 135°弯钩,弯钩内径 $4d$,弯后直段长度 $5d$
一侧贴焊锚筋	末端一侧贴焊长 $5d$ 同直径钢筋
两侧贴焊锚筋	末端两侧贴焊长 $3d$ 同直径钢筋
焊端锚板	末端与厚度 d 的锚板穿孔塞焊
螺栓锚头	末端旋入螺栓锚头

注:① 焊缝和螺栓长度应满足承载力要求;

② 螺栓锚头和焊接锚板的承压净面积不应小于锚固钢筋截面面积的 4 倍;

③ 螺栓锚头的规格应符合相关标准的要求;

④ 螺栓锚头和焊接锚板的钢筋净间距不宜小于 $4d$,否则应考虑群锚效应的不利影响;

⑤ 截面钢的弯钩和一侧贴缝锚筋方向宜向内侧偏置。

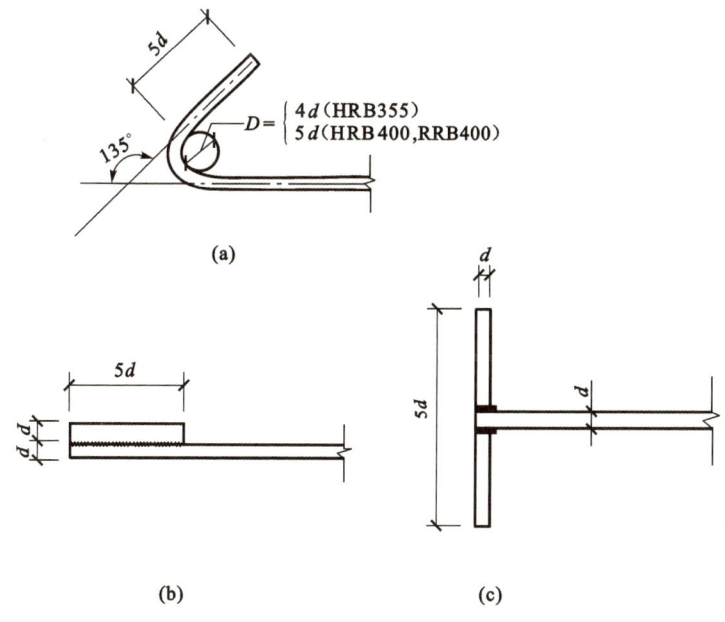

图 1.22　弯钩和机械锚固的形式和技术要求

(a) 90°弯钩;(b) 135°弯钩;(c) 一侧贴焊锚筋

1.4.3.2　钢筋的连接

在构件中由于钢筋长度不够,往往需要连接接头。接头可采用机械连接接头、焊接接头和绑扎搭接接头(下称搭接接头)。

搭接接头可视为锚固的一个特例,但搭接接头的受力情况更为不利。由于搭接范围内两根钢筋贴近且同时受力,钢筋与混凝土间的黏结作用被削弱,钢筋间的混凝土易被磨碎或剪坏。因此,如果同一截面内钢筋搭接接头的百分率过大或搭接钢筋的横向间距过密时,锚固作用将会严重下降。所以,搭接钢筋接头应错开布置。钢筋绑扎搭接接头连接区段的长度为1.3 倍搭接长度,凡搭接接头中点位于该连接区段长度内的搭接接头均属于同一连接区段。同一连接区段内纵向钢筋搭接接头面积百分率为该区段内有搭接接头的纵向受力钢筋截面面积与全部纵向受力钢筋截面面积的比值(图1.23)。

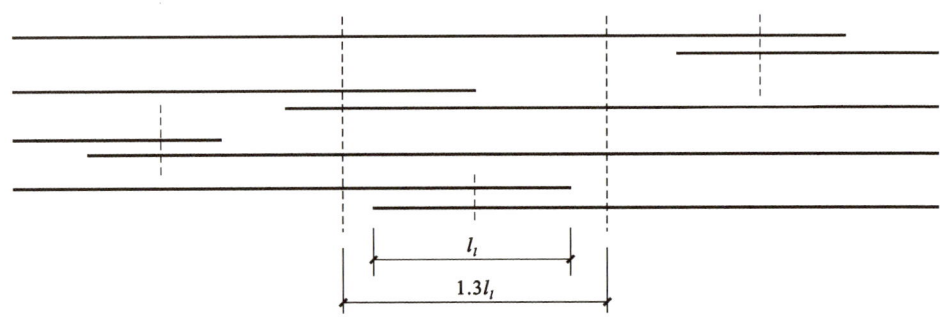

图 1.23　同一连接区段内纵向受拉钢筋的绑扎搭接接头

注:图中所示同一连接区段内的搭接接头钢筋为两根,当钢筋直径相同时,钢筋搭接接头面积百分率为50%。

位于同一连接区段内的受拉钢筋接头面积百分率:对梁类、板类及墙类构件,不宜大于25%;对柱类构件不宜大于50%。当工程中确有必要增大受拉钢筋搭接接头面积百分率时,对梁类构件,不宜大于50%;对板类、墙类及柱类构件,可根据实际情况放宽。

纵向受拉钢筋绑扎搭接接头的搭接长度应根据位于同一连接区段内的钢筋搭接接头面积百分率,按式(1.22)计算

$$l_l = \zeta_l l_a \geqslant 300\text{mm} \tag{1.22}$$

式中　l_a——纵向受拉钢筋的搭接长度;

　　　ζ_l——纵向受拉钢筋搭接长度修正系数,按表1.8采用。

表 1.8　纵向受拉钢筋搭接长度修正系数

纵向钢筋搭接接头面积百分率(%)	≤25	50	100
搭接长度修正系数 ζ_l	1.2	1.40	1.6

注:当纵向钢筋搭接接头面积百分率为表的中间值时,ζ_l 按表中间内插法取用。

1.4.3.3　钢筋的弯钩

光面钢筋的黏结性能较差,故除直径12mm 以下的受压钢筋及焊接网或焊接骨架中的光面钢筋外,其余光面钢筋的末端均应设置弯钩,见图1.24。

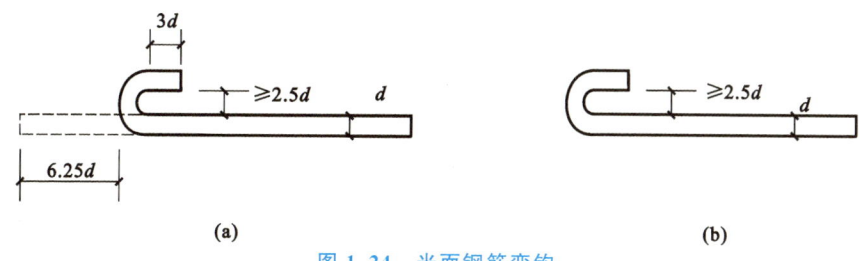

图 1.24　光面钢筋弯钩

（a）手工弯标准钩；（b）机器弯标准钩

本 章 小 结

为了学习钢筋混凝土结构的设计与构造，必须对钢筋和混凝土两种材料的力学性能并对其在混凝土结构中的作用有较深入的了解。

（1）混凝土的强度等级，系指标准试件（边长为 150mm 的立方试块）在标准条件下养护 28d 后，用标准方法加压测得的具有 95% 保证率的抗压强度作为立方强度的标准值，亦称混凝土的强度等级。对于非标准试件（如边长为 200mm 或边长为 100mm）须将其抗压强度实测值乘以尺寸效应系数，才能得出标准试件的强度等级。

（2）混凝土的变形分两类，即受力变形和体积变形。

荷载作用下的变形又分为一次短期荷载下的变形（从中得出 σ-ε 的关系曲线以及拉、压应变值）、长期荷载下的变形以及重复荷载下的变形。在应力不太大的重复荷载作用下，每重复一次其塑性变形将衰减一次，由此，可根据不太大的重复应力作用下的 σ-ε 关系曲线得到混凝土的弹性模量。

在荷载长期作用下，即使应力保持不变，混凝土的变形也会随时间的增长而增长，这种变形称为混凝土的徐变。徐变对构件基本上是有害的，应尽量减小混凝土的徐变。

（3）掌握钢筋的品种、级别、形式和应用范围，了解钢筋的力学性能及其强度标准值，为结构计算打下基础。

（4）根据钢筋与混凝土的黏结作用，确定钢筋的最小锚固长度，逐步掌握钢筋在构件中的合理构造要求。

思 考 题

1.1　混凝土的立方体抗压强度是如何确定的？它与非标准试块尺寸有什么关系？

1.2　如已知边长 150mm 混凝土立方体试件抗压强度平均值 $f_{cu}=20N/mm^2$，试估算下列混凝土强度的平均值：

（1）100mm 边长立方体抗压强度；

（2）棱柱体试件的抗压强度；

（3）构件的混凝土抗拉强度。

1.3　绘制混凝土棱柱体试件在一次短期加荷下的应力-应变曲线，并指出曲线的特点及 f_c、ε_0、ε_{max} 等特征值。

1.4　混凝土的弹性模量与弹塑性模量有何区别？弹性系数与应力大小有何关系？

1.5　什么叫混凝土的徐变？混凝土的收缩和徐变有何本质区别？

1.6　绘制有物理屈服点钢筋的应力-应变曲线，并指出各阶段的特点及各转折点的应力名称。

1.7　受拉钢筋锚固长度 l_a 与哪些因素有关,如何确定？受压钢筋锚固长度为何小于 l_a？

1.8　《规范》对机械连接接头提出了哪些要求？

1.9　一对称配筋的钢筋混凝土构件,其支座之间的距离固定不变。试问由于混凝土的收缩,在混凝土及钢筋中将产生什么应力？

本章练习

2 钢筋混凝土结构的设计方法

本章提要

在以后各章中,将对构件或结构进行设计。本章重点应注重理解下述几个问题:

了解结构设计的功能要求,以及满足功能要求的设计方法——以概率理论为基础的极限状态设计方法。

理解结构上的作用、作用效应、结构抗力及其分布概率,从而明确度量结构可靠度的含义。

了解荷载的分类、荷载的代表值、荷载的标准值与设计值;材料强度的标准值、设计值及其在计算中的应用。

初步理解内力组合的含义,为结构设计打下基础。

2.1 结构设计的基本要求

2.1.1 结构的功能要求

结构设计的目的,是使所设计的结构能满足各种预定的功能要求,对建筑结构应具备的功能要求是:

(1) 安全性

建筑结构在正常施工和正常使用时应能承受可能出现的各种荷载、外加变形、约束变形的作用,以及在偶然事件(如地震等)发生时以及发生后能保持结构必需的整体稳定性,不发生倒塌。

(2) 适用性

建筑结构在正常使用时,应能满足预定的使用要求,如不发生影响正常使用的变形和裂缝宽度。

(3) 耐久性

建筑结构在正常维护下,材料性能虽随时间变化,但仍能满足预定的功能要求。如不发生由于保护层碳化或裂缝宽度开展过大导致钢筋的锈蚀,混凝土不发生严重风化、老化、腐蚀而影响结构的使用寿命。

上述功能要求概括起来称为结构的可靠性。即:结构在规定的时间内(设计基准期为 50 年),在规定的条件下(正常设计、正常施工、正常使用和正常维护),完成预定功能的能力。

结构计算可靠度采用的设计基准期 T 为 50 年。尚需说明,设计基准期与结构的寿命虽有一定的联系,但不等同。因为当使用年限达到或超过设计基准期后并不意味着结构立即就要报废,不能再使用了,而只是指它的可靠度在逐渐降低。

2.1.2　结构的极限状态

结构能满足功能要求,称结构"可靠"或"有效";否则,称结构"不可靠"或"失效"。区分结构工作状态的"可靠"与"失效"的界限是"极限状态"。极限状态是结构或其构件能够满足前述某一功能要求的临界状态。超过这一界限,结构或其构件就不能满足设计规定的该项功能要求,而进入失效状态。

结构极限状态分为两类,它们均有明确的标志或限值。

2.1.2.1　承载能力极限状态

这种极限状态对应于结构或其构件达到最大承载能力或达到不适于继续承载的不可恢复的变形。当结构或其构件出现下列状态之一时,即认为超过了承载能力极限状态:

(1) 整个结构或结构的一部分作为刚体失去平衡(如倾覆、滑移和飘浮);

(2) 结构构件或连接因材料强度破坏(包括疲劳强度被超过的破坏),或因过度的塑性变形而不适于继续承受荷载;

(3) 结构转变为机动体系;

(4) 结构或构件丧失稳定(如压屈等)。

2.1.2.2　正常使用极限状态

这种极限状态对应于结构或其构件达到正常使用或耐久性能的某项规定限值。当结构或其构件出现下列状态之一时,即认为超过了正常使用极限状态:

(1) 影响正常使用或外观的变形;

(2) 影响正常使用或耐久性能的局部损坏(包括裂缝);

(3) 影响正常使用的振动;

(4) 影响正常使用的其他特定状态。

2.1.3　混凝土结构设计方法

按《规范》和《统一标准》的规定,采用了概率理论为基础的极限状态设计方法,以可靠指标度量结构构件的可靠度,采用分项系数的设计表达式进行设计。

《规范》要求结构构件应根据承载能力极限状态及正常使用极限状态的要求,分别按下列规定进行计算或验算:

(1) 所有结构构件均应进行承载力计算,在必要时尚应进行结构的倾覆、滑移和飘浮验算。

(2) 对使用上需控制变形的结构构件,应进行变形验算。

(3) 对使用上要求不出现裂缝的构件,应进行混凝土拉应力验算;对使用上允许出现裂缝的构件,应进行裂缝宽度验算。

要求(1)是保证结构的安全,(2)和(3)是保证结构的适用和耐久。通常是先按承载能力极限状态要求设计结构构件,必要时再按正常使用极限状态要求对构件进行核算。

2.2　结构上的作用、作用效应和结构抗力

2.2.1　结构上的作用

2.2.1.1　作用的定义及其分类

所谓结构上的作用，是指施加在结构上的集中或分布荷载，以及引起结构外加变形或约束变形的原因。前者称直接作用（习惯上称荷载），后者称间接作用（如地基变形、混凝土收缩、温度变化或地震等引起的作用）。

《荷载规范》将结构上的荷载分为三类：

（1）永久荷载（恒荷载）

在结构使用期间，其值不随时间变化，或其变化与其平均值相比可以忽略不计，或其变化是单调的并能趋于限值的荷载。例如，结构自重、土压力、预应力等。

注：自重是指材料自身所受重力产生的荷载（重力）。

（2）可变荷载（活荷载）

在结构使用期间，其值随时间变化，且其变化与平均值相比不可以忽略不计的荷载。例如，楼面活荷载、屋面活荷载和积灰荷载、吊车荷载、风荷载、雪荷载等。

（3）偶然荷载

在结构使用期间不一定出现，一旦出现，其值很大且持续时间很短的荷载。例如，爆炸力、撞击力等。

2.2.1.2　荷载的代表值

在结构设计时，应根据各种极限状态的设计要求采用不同的荷载代表值。永久荷载以其标准值作为代表值；对于可变荷载，应根据设计要求采用标准值、组合值、频遇值或准永久值作为代表值。荷载标准值是荷载的基本代表值，其他代表值是以其标准值乘以相应的系数后得出。

1. 荷载标准值

荷载标准值是指在结构使用期间，在正常情况下可能出现的最大荷载值。由于最大荷载是随机变量，故荷载标准值原则上应根据荷载的设计基准期最大荷载概率分布的某一分位系数（使其保证率达到95%）而确定。但是，有些荷载并不具备充分的统计资料，只能结合工程经验，经分析判断确定。《荷载规范》对各类荷载标准值的取法，规定如下：

（1）永久荷载标准值

对于结构或非承重构件的自重，由于变异性不大，一般以其平均值作为荷载标准值，即可按结构构件的设计尺寸和材料或结构构件单位体积（或面积）的自重平均值确定。对于自重变异性较大的材料，在设计中应根据其对结构有利或不利的情况，分别取其自重的下限值或上限值。《荷载规范》附录A给出了材料的自重，对某些变异性较大的材料，则分别给出其自重的上限值和下限值。

（2）可变荷载标准值

《工程结构通用规范》已给出了各种可变荷载标准值的取值，设计时可直接查用。为便于

学习应用,摘录民用建筑楼面均布活荷载和屋面活荷载,见表2.1、表2.2。

表 2.1　民用建筑楼面均布活荷载标准值及其组合值、频遇值和准永久值系数

项次	类　　别		标准值 (kN/m²)	组合值系数 ψ_c	频遇值系数 ψ_f	准永久值系数 ψ_q
1	(1) 住宅、宿舍、旅馆、医院病房、托儿所、幼儿园		2.0	0.7	0.5	0.4
	(2) 办公楼、教室、医院门诊室		2.5	0.7	0.6	0.5
2	食堂、餐厅、试验室、阅览室、会议室、一般资料档案室		3.0	0.7	0.6	0.5
3	礼堂、剧场、影院、有固定座位的看台、公共洗衣房		3.5	0.7	0.5	0.3
4	(1) 商店、展览厅、车站、港口、机场大厅及其旅客等候室		4.0	0.7	0.6	0.5
	(2) 无固定座位的看台		4.0	0.7	0.5	0.3
5	(1) 健身房、演出舞台		4.5	0.7	0.6	0.5
	(2) 运动场、舞厅		4.5	0.7	0.6	0.3
6	(1) 书库、档案库、储藏室(书架高度不超过2.5m)		6.0	0.9	0.9	0.8
	(2) 密集柜书库(书架高度不超过2.5m)		12.0	0.9	0.9	0.8
7	通风机房、电梯机房		8.0	0.9	0.9	0.8
8	厨房	(1) 餐厅	4.0	0.7	0.7	0.7
		(2) 其他	2.0	0.7	0.6	0.5
9	浴室、卫生间、盥洗室		2.5	0.7	0.6	0.5
10	走廊、门厅	(1) 宿舍、旅馆、医院病房、托儿所、幼儿园、住宅	2.0	0.7	0.5	0.4
		(2) 办公楼、教室、餐厅、医院门诊部	3.0	0.7	0.6	0.5
		(3) 教学楼及其他可能出现人员密集的情况	3.5	0.7	0.5	0.3
11	楼梯	(1) 多层住宅	2.0	0.7	0.5	0.4
		(2) 其他	3.5	0.7	0.5	0.3
12	阳台	(1) 可能出现人员密集的情况	3.5	0.7	0.6	0.5
		(2) 其他	2.5	0.7	0.6	0.5

表 2.2　屋面均布活荷载标准值及其组合值、频遇值和标准永久值系数

项次	类　　别	标准值 (kN/m²)	组合值系数 ψ_c	频遇值系数 ψ_f	准永久值系数 ψ_q
1	不上人的屋面	0.5	0.7	0.5	0
2	上人的屋面	2.0	0.7	0.5	0.4
3	屋面花园	3.0	0.7	0.6	0.5
4	屋顶运动场地	4.5	0.7	0.6	0.4

屋面均布活荷载,不应与雪荷载同时考虑。

作用于楼面上的活荷载,并非以表2.1中所给的标准值同时满布在所有楼面上,因此,在确定梁、墙、柱和基础的荷载标准值时,应将楼面活荷载标准值予以折减。

(1) 设计楼面梁时,表2.1中的折减系数为:

① 第1(1)项当楼面梁从属面积超过25m²时,应取0.9;

② 第1(2)～7项当楼面梁从属面积超过50m² 时应取0.9；

③ 第8项时单向板楼盖的次梁和槽形板的纵肋应取0.8,对单向板楼盖的主梁应取0.6,对双向板楼盖的梁应取0.8；

④ 第9～12项应采用与所属房屋类别相同的折减系数。

(2)设计墙、柱和基础时,表2.1中的折减系数：

① 第1(1)项应按表2.3规定采用；

② 第1(2)～7项应采用与其楼面梁相同的折减系数；

③ 第8项对单向板楼盖应取0.5,对双向板楼盖和无梁楼盖应取0.8；

④ 第9～12项应采用与所属房屋类别相同的折减系数。

注：楼面梁的从属面积应按梁两侧各延伸二分之一梁间距的范围内的实际面积确定。

表 2.3　活荷载按楼层的折减系数

墙、柱、基础计算截面以上的层数	1	2～3	4～5	6～8	9～20	>20
计算截面以上各楼层活荷载总和的折减系数	1.00 (0.9)	0.85	0.70	0.65	0.60	0.55

注：当楼面梁的从属面积超过25m² 时,采用括号内的系数。

2. 荷载准永久值

荷载准永久值系指可变荷载中比较呆滞的部分值(例如住宅中较为固定的家具、办公室的设备),它在规定的期限内具有较长的总持续期 T_x,它对结构的影响犹如永久荷载。可变荷载准永久值为可变荷载标准值乘以荷载准永久值系数 ψ_q。ψ_q 可查表2.1、表2.2。如住宅的楼面活荷载标准值为2kN/m²,准永久系数 $\psi_q=0.4$,则活荷载准永久值为：$2\times0.4=0.8$kN/m²。

3. 荷载频遇值

对可变荷载,在设计基准期内,被超越的总时间仅为设计基准期一小部分的荷载值,或在基准期内其超越频率为某一给定频率的作用值。因此,频遇荷载值为可变荷载标准值乘以频遇系数 ψ_f(详见表2.1、表2.2)。

4. 荷载组合值

当两种或两种以上可变荷载在结构上同时作用时,由于所有荷载同时达到其单独出现时可能达到的最大值的概率极小,因此,除主导荷载(产生最大荷载效应的荷载)仍可以其标准值为代表值外,其他伴随荷载均应取小于其标准值的组合值为荷载代表值。

2.2.2　作用效应 S

结构由于各种作用原因,引起内力(如轴力、弯矩、剪力、扭矩等)和变形(如挠度、转角、裂缝等),则内力和变形称为"作用效应",用 S 表示。当作用为荷载时,其效应也称为"荷载效应"。荷载 Q 与荷载效应之间,一般近似按线性关系考虑

$$S=CQ \tag{2.1}$$

式中　C——荷载效应系数,如受均布荷载 q 作用的简支梁,跨中弯矩为 $M=\dfrac{1}{8}ql_0^2$,此处 M 相当于荷载效应 S；q 相当于荷载 Q；$\dfrac{1}{8}l_0^2$ 则相当于荷载效应系数；l_0 为梁的计算跨度。

由于荷载是随机变量,故荷载效应也为随机变量,它的变化规律与结构可靠度的分析关系密切。

2.2.3　结构抗力 R

2.2.3.1　结构抗力 R 的概念

结构抗力是指结构或构件承受作用效应的能力,如构件的承载力、刚度等,用 R 表示。影响结构抗力的主要因素有:

(1)材料性能(f)的不定性:主要是指材质因素以及工艺、加荷、环境、尺寸等因素引起的结构中材料性能(如强度、弹性模量)的变异性;

(2)构件几何参数(a)的不定性:主要是指尺寸偏差和安装误差等引起的构件几何参数的变异性;

(3)计算模式(p)的不定性:主要是指抗力计算所采用的基本假设和计算公式不精确等引起的变异性。

由上述因素(均为随机变量)综合影响而形成的结构抗力 R 也是随机变量,一般认为服从对数正态分布。

2.2.3.2　材料强度标准值 f_k

各种材料强度标准值的取值原则是:在符合规定质量的材料强度实测总体中,标准强度应具有不小于 95% 的保证率,即按概率分布的 0.05 分位数确定。

混凝土强度标准值,如第 1 章所述,混凝土强度等级是由混凝土立方体强度标准值($f_{cu,k}$)确定的,即 $f_{cu,k}=\mu_{f,cu}-1.645\sigma_{f,cu}$,保证率为 95%。假定混凝土轴心抗压强度及轴心抗拉强度的变异系数与立方体强度的变异系数相同。根据第 1 章给出的构件中混凝土强度平均值与立方体强度试验平均值之间的关系,便可得出混凝土轴心抗压强度的标准值 f_{ck} 及轴心抗拉强度标准值 f_{tk}。各种混凝土强度等级的 f_{ck}、f_{tk} 均列于表 1.1,设计时可直接查用。

关于钢筋强度的标准值,由于国家标准规定的热轧钢筋的屈服强度绝大多数符合保证率不小于 95% 的取值要求,为了使结构设计采用的钢筋强度与国家规定的钢筋出厂检验强度相一致,《规范》以国家标准规定的屈服强度废品值(保证率为 97.75%)作为确定钢筋强度标准值的依据。各种钢筋强度的标准值列于表 1.3、表 1.4,设计时可直接查用。

2.2.3.3　材料强度设计值 f

1.混凝土强度设计值

混凝土强度设计值由混凝土强度标准值除以混凝土材料分项系数 γ_c 求得,混凝土材料分项系数 $\gamma_c=1.4$。

γ_c 是通过对轴心受压构件进行可靠度分析求得,以满足可靠指标 β 的要求。

各种强度等级的混凝土强度设计值(f_c、f_t)列于表 2.4。

表 2.4　混凝土强度设计值（N/mm²）

强度种类	混凝土强度等级													
	C15	C20	C25	C30	C35	C40	C45	C50	C55	C60	C65	C70	C75	C80
轴心抗压 f_c	7.2	9.6	11.9	14.3	16.7	19.1	21.1	23.1	25.3	27.5	29.7	31.8	33.8	35.9
轴心抗拉 f_t	0.91	1.10	1.27	1.43	1.57	1.71	1.80	1.89	1.96	2.04	2.09	2.14	2.18	2.22

2. 钢筋强度设计值

钢筋抗拉强度设计值 f_y 由钢筋强度标准值除以钢筋材料分项系数 γ_s 求得。各类热轧钢筋材料分项系数 γ_s 的取值大致为 1.11；各类预应力钢筋材料分项系数为 1.4，即 $f_y = \dfrac{f_{yk}}{\gamma_s}$ 或 $f_{py} = \dfrac{f_{ptk}}{\gamma_s}$。

各类钢筋材料强度设计值（f_y、f_y'、f_{py}、f_{py}'）列于表 2.5、表 2.6。

表 2.5 普通钢筋强度设计值（N/mm²）

牌 号	抗拉强度设计值 f_y	抗压强度设计值 f_y'
HPB300	270	270
HRB400、HRBF400、RRB400	360	360
HRB500、HRBF500	435	410

表 2.6 预应力钢筋强度设计值（N/mm²）

种 类	极限强度标准值 f_{ptk}	抗压强度设计值 f_{py}	抗压强度设计值 f_{py}'
中强度预应力钢丝	800	510	
	970	650	410
	1270	810	
消除预应力钢丝	1470	1040	
	1570	1110	410
	1860	1320	
钢绞线	1570	1110	
	1720	1220	390
	1860	1320	
	1960	1390	
预应力螺纹钢筋	980	650	
	1080	770	410
	1230	900	

注：当预应力钢筋的强度标准不符合表 2.6 的规定时，其强度设计值应进行相应的比例换算。

2.3 概率极限状态设计法

以概率理论为基础的极限状态设计方法，简称为概率极限状态设计法，又称为近似概率法。此法是以结构的失效概率或可靠指标来度量结构的可靠度。

2.3.1 功能函数与极限状态方程

结构构件完成预定功能的工作状态，可用下列结构功能函数 Z 来描述

$$Z=g(x_1,x_2,x_3,\cdots,x_n) \tag{2.2}$$

式中,$x_i(i=1,2,3,\cdots,n)$ 称为"基本变量",如荷载、材料性能、几何参数、计算公式精确性等因素。

当

$$Z=g(x_1,x_2,x_3,\cdots,x_n)=0 \tag{2.3}$$

时,则称式(2.3)为"极限状态方程"。

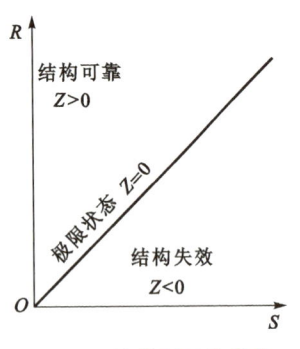

图 2.1　结构所处的状态

若功能函数 Z 仅与两个基本变量(荷载效应 S 和结构抗力 R)有关时,且极限状态呈线性方程,则结构的功能函数即为

$$Z=g(S,R)=R-S \tag{2.4}$$

显而易见:

当 $Z>0$ 时,$R>S$,结构能完成预定功能,处于可靠状态(图 2.1);

当 $Z=0$ 时,$R=S$,结构处于极限状态,此时,$Z=R-S=0$ 为极限状态方程;

当 $Z<0$ 时,$R<S$,结构不能完成预定功能,结构处于失效状态,也就是不可靠状态。

2.3.2　结构可靠度与失效概率

结构在规定的时间内,规定的条件下,完成预定功能的概率,称为结构的可靠度。可见,可靠度是对结构可靠性的一种定量描述,亦即概率度量。

结构能够完成预定功能的概率也称为"可靠概率"(p_s);相对的,结构不能完成预定功能的概率称为"失效概率"(p_f)。两者互补,即

$$p_s+p_f=1$$

因此,也可以采用 p_s 或 p_f 来度量结构的可靠性,而一般习惯采用失效概率 p_f。

设基本变量 R、S 均为正态分布,则结构的功能函数

$$Z=R-S$$

亦为正态分布,见图 2.2 所示。

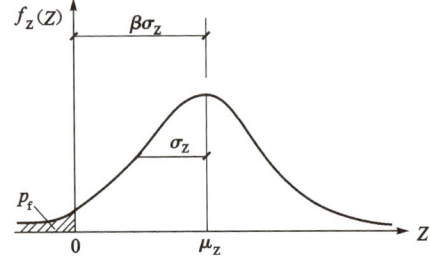

图 2.2　Z 的概率密度函数

在图 2.2 中,$Z<0$ 部分(阴影)面积即为失效概率 p_f。用失效概率 p_f 来度量结构的可靠性具有明确的物理意义,能够较好地反映问题实质,因而已为工程界所公认。但是,计算 p_f 在数学处理上比较复杂,因此,《统一标准》采用可靠指标 β 来度量结构的可靠性,计算分析较为方便。

2.3.3　结构构件的可靠指标 β

可靠指标 β 是度量结构可靠性的一种量化的指标,它与 p_f 具有数值上一一对应的关系。现说明如下:

已知 $Z=R-S$,现设 μ_Z、μ_R、μ_S 分别为 Z、R、S 的平均值;σ_Z、σ_R、σ_S 分别为 Z、R、S 的标准差;R 与 S 相互独立。则有

$$\mu_Z = \mu_R - \mu_S \tag{2.5}$$

$$\sigma_Z = \sqrt{\sigma_R^2 + \sigma_S^2} \tag{2.6}$$

设 $\mu_Z = \beta \sigma_Z$，则

$$\beta = \frac{\mu_Z}{\sigma_Z} = \frac{\mu_R - \mu_S}{\sqrt{\sigma_R^2 + \sigma_S^2}} \tag{2.7}$$

可靠指标 β 与失效概率 p_f 的对应关系，如表 2.7 所示。

由表 2.7 可知，β 值越大，p_f 就越小，即结构越可靠。因此，β 被称为"可靠指标"。

表 2.7　β 与 p_f 的对应关系

β	p_f	β	p_f
1.0	1.59×10^{-1}	3.2	6.4×10^{-4}
1.5	6.68×10^{-2}	3.5	2.33×10^{-4}
2.0	2.28×10^{-2}	3.7	1.1×10^{-4}
2.5	6.21×10^{-3}	4.0	3.17×10^{-5}
2.7	3.5×10^{-3}	4.2	1.3×10^{-5}
3.0	1.35×10^{-3}		

2.3.4　目标可靠指标及安全等级

由上述可知，在正常条件下，失效概率 p_f 尽管很小，但总是存在，所谓"绝对可靠"（$p_f = 0$）是不可能的。因此，要确定一个适当的可靠度指标，使结构的失效概率降低到人们可以接受的程度，即做到既安全可靠又经济合理。于是，《统一标准》规定：

$$\beta \geqslant [\beta] \tag{2.8}$$

式中　$[\beta]$——目标可靠指标，见表 2.8。

表 2.8　不同安全等级的目标可靠指标 $[\beta]$

破坏类型	安　全　等　级		
	一级	二级	三级
延性破坏	3.7	3.2	2.7
脆性破坏	4.2	3.7	3.2

$[\beta]$ 值的大小，主要取决于构件的破坏类型以及建筑物的重要性程度。

当结构构件属延性破坏时，由于破坏之前有明显的变形或其他预兆，目标可靠指标可取略小一些；而当结构构件属脆性破坏时，因脆性破坏比较突然，破坏前无明显的变形或其他预兆，目标可靠指标应取大一些。

此外，根据建筑物的重要性不同，一旦发生破坏时对生命财产的危害程度以及对社会影响的不同，《统一标准》将建筑结构分为三个安全等级[①]：

一级——破坏后果很严重的重要建筑物；

二级——破坏后果严重的一般建筑物；

---

①　建筑物中部分结构构件的安全等级，可根据其重要程度适当调整，见《规范》第 3.2.1 条。

三级——破坏后果不严重的次要建筑物。

对于承载力极限状态,上述三个安全等级的目标可靠指标见表2.8。

【例题 2.1】 某钢筋混凝土轴拉构件,其受拉承载力极限状态方程为 $Z=R-S=0$。已知荷载效应(轴向拉力 N)服从正态分布,且其平均值 $\mu_S=125kN$,标准差 $\sigma_S=9.1kN$;抗力 R 也服从正态分布,其平均值 $\mu_R=180.4kN$,标准差 $\sigma_R=14.1kN$。目标可靠指标 $[\beta]=3.2$。试计算该构件的可靠指标 β。

【解】 求可靠指标 β 并校核

$$\beta=\frac{\mu_R-\mu_S}{\sqrt{\sigma_R^2+\sigma_S^2}}=\frac{180.4-125}{\sqrt{14.1^2+9.1^2}}=3.3>[\beta]=3.2 \qquad (满足)$$

通过上述分析可知,按可靠指标的设计方法可直接计算结构的可靠度。但这种方法只能在基本变量 R 及 S 的概率分布、统计参数等为已知的条件下,才是可行的。若结构的极限状态方程中的基本变量多于两个或两个以上,且基本变量不服从正态分布和极限状态方程为非线性时,则计算工作是相当复杂的。对于一般结构构件,直接根据目标可靠指标进行设计是过于烦琐和没有必要的。因此,《统一标准》给出了以概率极限状态设计方法为基础的实用设计表达式。

2.4 极限状态实用设计表达式

2.4.1 承载力极限状态设计表达式

2.4.1.1 设计表达式

《规范》规定:结构构件的承载力设计值应采用下列极限状态设计表达式

$$\gamma_0 S \leqslant R \tag{2.9}$$
$$R=R(\cdot)=R(f_c,f_s,a_k\cdots) \tag{2.10}$$

式中 R——结构构件的承载力设计值,即抗力设计值;

$R(\cdot)$——结构构件的承载力函数;

f_c、f_s——混凝土、钢筋的强度设计值,见第2.2.3.3节所述;

a_k——几何参数;

γ_0——结构构件的重要性系数,对安全等级为一级、二级、三级的结构构件,应分别取1.1、1.0、0.9;

S——内力组合设计值,即荷载效应组合设计值,按《工程结构通用规范》的规定进行计算。

2.4.1.2 内力组合设计值 S

内力(荷载效应)组合是指在所有可能同时出现的诸荷载(如恒荷载、楼屋面活荷载、风荷载)组合下,确定结构或构件内产生的总效应(内力)。

当作用于结构上的可变荷载有两种或两种以上时,荷载不可能同时以其最大值出现,此时的荷载代表值采用组合值,即通过荷载组合值系数进行折减。

荷载以标准值为基本变量,但应考虑荷载分项系数(其值大于1.0)。荷载分项系数与荷载标准值的乘积称为荷载设计值;而荷载设计值与荷载效应系数的乘积则称为荷载效应设计值,即内力设计值。

荷载分项系数是通过可靠度分析,并考虑工程经验确定的。

对于承载能力极限状态荷载效应 S 的基本组合,应从下列组合值中取其最不利值确定:

$$S = \gamma_G S_{GK} + \gamma_{Q1} \gamma_{L1} S_{Q1K} + \sum_{i=2}^{n} \gamma_{Qi} \psi_{ci} \gamma_{Li} S_{QiK} \tag{2.11}$$

式中　γ_G——永久荷载分项系数。当其效应对结构不利时,取 1.3;当其效应对结构有利时,一般情况下取 1.0;对结构的倾覆等验算,应取 0.9。

S_{GK}——按永久荷载标准值 G_K 计算的荷载效应值。

γ_{Qi}——第 i 个可变荷载的分项系数,其中 γ_{Q1} 为可变荷载 Q_1 的分项系数,其取值为:一般情况下取 1.5;对标准值大于 4kN/m^2 的工业房屋楼面结构的活荷载取 1.4。

S_{QiK}——按可变荷载标准值 Q_{iK} 计算的荷载效应值,其中 S_{Q1K} 为诸可变荷载效应中起控制作用者。

ψ_{ci}——可变荷载 Q_i 的组合值系数,按《工程结构通用规范》的规定采用,其值一般为 0.7,见表 2.1。

n——参与组合的可变荷载数。

γ_{L1}、γ_{Li}——第 1 个、第 i 个考虑结构工作年限的荷载调整系数。

注:当对 S_{Q1K} 无法明显判断其效应设计值为诸可变荷载效应设计值中最大者,可轮次以各可变荷载效应为 S_{Q1K},选其中最不利的荷载效应组合;当考虑以竖向的永久荷载效应控制的组合时,参与组合的可变荷载仅限于竖向荷载。

【例题 2.2】 某钢筋混凝土屋架下弦杆,截面尺寸 $b \times h = 200\text{mm} \times 200\text{mm}$,混凝土强度等级 C30,配置 4Φ18 纵向受拉钢筋(图 2.3)。恒载产生的轴向拉力标准值为 $N_{GK} = 130\text{kN}$,屋面活荷载产生的轴向拉力标准值为 $N_{QK} = 65\text{kN}$。构件为一级安全等级。试验算此下弦杆承载力是否满足要求。

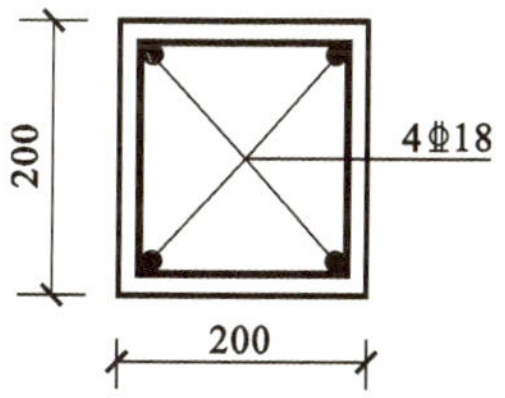

【解】 构件为一级安全等级,故取 $\gamma_0 = 1.1$。

(1)荷载效应设计值 $N(\gamma_0 S = N)$

$N = \gamma_0 (\gamma_G N_{GK} + \gamma_Q N_{QK})$

$= 1.1 \times (1.3 \times 130 + 1.5 \times 65)$

$= 293.2\text{kN}$

(2)抗力设计值 $R(R = N_u)$

图 2.3　例题 2.2 附图

按承载能力极限状态计算抗力设计值时,不考虑混凝土受拉作用。

纵筋 4Φ18,$A_s = 1017\text{mm}^2$。

查表 2.5 得钢筋抗拉强度设计值 $f_y = 360\text{N/mm}^2$。

$$R = N_u = A_s f_y = 1017 \times 360 \times 10^{-3} = 366.1\text{kN}$$

$$\gamma_0 S < R(承载力满足要求)$$

【例题 2.3】 矩形截面简支梁,截面尺寸:$b \times h = 200\text{mm} \times 450\text{mm}$,计算跨度 $l_0 = 5.2\text{m}$。承受均布线荷载:活荷载标准值 8kN/m,恒荷载标准值 9.5kN/m(不包括自重)。求跨中最大弯矩设计值。

【解】 (1) 总荷载设计值 p

活 $q_k = 8kN/m$

恒 $g_k = 9.5 + 0.2 \times 0.45 \times 25 = 11.75kN/m$

$$p = 1.3g_k + 1.5q_k = 1.3 \times 11.75 + 1.5 \times 8 = 27.3kN/m$$

(2) 弯矩设计值

$$M = \frac{1}{8}pl_0^2 = \frac{1}{8} \times 27.3 \times 5.2^2 = 92.27kN \cdot m$$

2.4.2 正常使用极限状态设计表达式

正常使用极限状态主要验算构件变形和裂缝宽度,以满足结构适用性和耐久性要求。正常使用极限状态比承载能力极限状态可靠指标低,故取荷载标准值,不考虑 γ_0,并应按下列表达式进行设计:

$$S \leqslant C \tag{2.12}$$

式中　C——结构或结构构件达到正常使用要求的规定限值,可查规范有关规定。

(1) 对于标准组合,其荷载效应组合 S 的表达式为

$$S = S_{GK} + S_{Q1K} + \sum_{i=2}^{n} \psi_{ci} S_{QiK} \tag{2.13}$$

(2) 对于频遇组合,其荷载效应组合 S 的表达式为

$$S = S_{GK} + \psi_{f1} S_{Q1K} + \sum_{i=2}^{n} \psi_{qi} S_{QiK} \tag{2.14}$$

式中　ψ_{f1}——可变荷载 Q_1 的频遇系数;

　　　ψ_{qi}——可变荷载 Q_i 的准永久值系数。

(3) 对于准永久组合,荷载效应组合 S 的表达式为

$$S = S_{GK} + \sum_{i=1}^{n} \psi_{qi} S_{QiK} \tag{2.15}$$

2.5　结构耐久性的规定

混凝土结构的耐久性应根据环境类别和设计使用年限进行设计,环境类别的划分应符合表 2.9 的要求。设计使用年限为 50 年的混凝土结构,其混凝土材料宜符合表 2.10 的要求。

表 2.9　混凝土结构的环境类别

环 境 类 别	条 件
一	室内干燥环境: 无侵蚀性静水浸没环境
二 a	室内潮湿环境: 非严寒和非寒冷地区的露天环境; 非严寒和非寒冷地区与无侵蚀性的水或土直接接触的环境; 严寒和寒冷地区的冰冻线以下与无侵蚀性的水或土直接接触的环境

环 境 类 别	条　　件
二 b	干湿交替环境； 水位频繁变动区环境； 严寒和寒冷地区的露天环境； 严寒和寒冷地区冰冻线以上与无侵蚀性的水或土直接接触的环境
三 a	严寒和寒冷地区冬季水位变动区环境； 受除冰盐影响环境； 海风环境
三 b	盐渍土环境； 受除冰盐作用的环境； 海岸环境
四	海洋环境
五	受人或自然的侵蚀性物质影响的环境

注：① 室内潮湿环境是指结构表面经常处于结露或湿润状态的环境；
　　② 严寒和寒冷地区划分应符合国家现行标准《民用建筑热工设计规范》(GB 50176)的有关规定；
　　③ 海岸环境和海风环境宜根据当地情况，考虑主导风向及结构所处迎风、背风部位等因素的影响，由调查研究和工程经验确定；
　　④ 受除冰盐影响环境为受到除冰盐雾影响的环境；受除冰盐作用环境指被除冰盐溶液溅射的环境以及使用除冰盐地区的洗车房、停车楼等建筑；
　　⑤ 暴露的环境是指混凝土结构表面所处的环境。

表 2.10　结构混凝土材料的耐久性基本要求

环境等级	最大水灰比	最低强度等级	最大氯离子含量(%)	最大碱含量(kg/m³)
一	0.60	C20	0.30	不限制
二 a	0.55	C25	0.20	3.0
二 b	0.50(0.55)	C30(C25)	0.15	
三 a	0.45(0.56)	C35(C30)	0.15	
三 b	0.40	C40	0.10	

注：① 氯离子含量指其占胶凝材料总量的百分比；
　　② 预应力构件混凝土中的最大氯离子含量为 0.06%，最低混凝土强度等级应按表的规定提高两个等级；
　　③ 素混凝土构件的水胶比及最低混凝土等级的要求可适当放松；
　　④ 有可靠工程经验时，二类环境中的最低混凝土强度等级可降低一个等级；
　　⑤ 处于严寒和寒冷地区二 b、三 a 类环境中的混凝土应使用引气剂，可采用括号中的有关参数；
　　⑥ 当使用非碱活性骨料时，对混凝土的碱含量可不做限制。

本 章 小 结

　　从结构功能入手，在设计基准期内凡能满足功能要求者，称结构为"可靠"或"有效"，否则，称为"不可靠"或"失效"。在"有效"和"失效"间的临界状态，称为结构或构件的极限状态。我国现行《规范》采用了以概率理论为基础的极限状态方法进行设计，以可靠指标度量结构构件的可靠度，根据建筑结构三种不同的安全等级和结构构件不同的破坏特征，采用了不同的可靠度指标，在设计上以分项系数表达式进行设计。

　　荷载分为永久或可变两类,其标准值原则上应根据荷载的设计基准期最大荷载概率分布的某一分位值(例如95％保证率)确定。但是,有些荷载并不具备充分的统计资料,只能结合工程经验,经分析判断确定。

　　结构抗力是指结构或构件承受作用效应(内力或变形)的能力,它与材料强度、截面尺寸和计算模型有关,因此,它是一个随机变量,当引入可靠指标和分项系数后,材料强度采用了定值法进行设计。

　　材料强度设计值是在定值的材料强度标准值确定后,引入材料强度分项系数而得出。

　　荷载设计值是在荷载标准值确定后引入荷载分项系数得出的,当材料强度设计值和荷载设计值确定后,根据可靠度要求,可写出截面承载能力极限状态表达式。

思 考 题

2.1　结构设计的目的是什么? 结构应满足哪些功能要求?

2.2　结构的设计基准期是多少年? 超过这个年限的结构是否不能再使用了?

2.3　何谓极限状态? 结构的极限状态有几类? 主要内容是什么?

2.4　何谓结构可靠性及可靠度?

2.5　何谓结构上的作用、作用效应? 何谓结构抗力?

2.6　结构的功能函数是如何表达的? 当功能函数 $Z>0$、$Z=0$、$Z<0$ 时,各表示什么状态?

2.7　结构可靠指标 β 与失效概率 p_f 两者之间有何关系?

2.8　试说明材料强度平均值、标准值、设计值之间的关系。

2.9　试说明荷载标准值与设计值之间的关系,荷载分项系数如何取值?

2.10　承载能力极限状态表达式是什么? 试说明表达式中各符号的意义。

2.11　可变荷载组合系数 ψ_c、频遇系数 ψ_f 和准永久系数 ψ_q,三者有何不同?

2.12　论述在正常使用极限状态计算时,根据不同的设计要求,应采用哪些荷载组合?

2.13　为满足结构的耐久要求,应采取什么措施?

习 题

2.1　图 2.4 所示悬臂梁,梁端部承受集中恒荷载 P 作用。已知截面抗力:平均值 $\mu_R=20$kN・m,均方差 $\sigma_R=1.9$kN・m;荷载:平均值 $\mu_P=3.6$kN,均方差 $\sigma_P=0.9$kN。不考虑结构尺寸的变异和计算公式的不准确性;不考虑梁自重。

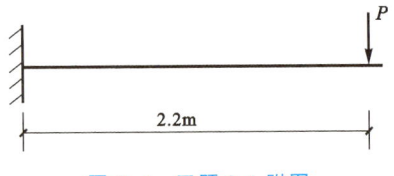

求:可靠指标 β 及失效概率 p_f。

(注:按承受弯矩作用的能力考虑。)

2.2　某钢筋混凝土简支梁,计算跨度 $l_0=6.0$m,在梁上作用恒荷载标准值 $g_k=8$kN/m(包括梁自重),活荷载标准值 $q_k=8$kN/m,准永久值系数 $\psi_q=0.4$,计算跨中最大弯矩设计值 M。

图 2.4　习题 2.1 附图

本章练习

3 受弯构件正截面承载力计算

本章提要

与构件轴线垂直相交的截面称正截面。受弯构件正截面承载力计算,是混凝土结构的重要内容。

截面配筋的基本构造要求(截面尺寸、钢筋保护层厚度、钢筋间距以及截面的有效高度等),适筋梁正截面的三个工作阶段,配筋率对正截面破坏形式的影响,适筋与少筋,适筋与超筋的界限,是正截面计算的前提,应熟记。

本章重点阐述单筋矩形、T 形截面、双筋矩形的配筋计算与截面强度复核等问题为重点,对其计算的步骤、方法及适用条件,应熟练掌握,为后续内容打好基础。

建筑物中的梁、板均为受弯构件,它承受由荷载作用而产生的弯矩和剪力。在弯矩作用下,构件可以发生正截面受弯破坏[图 3.1(a)],在弯矩和剪力共同作用下,构件也可能发生斜截面受剪破坏[图 3.1(b)]。

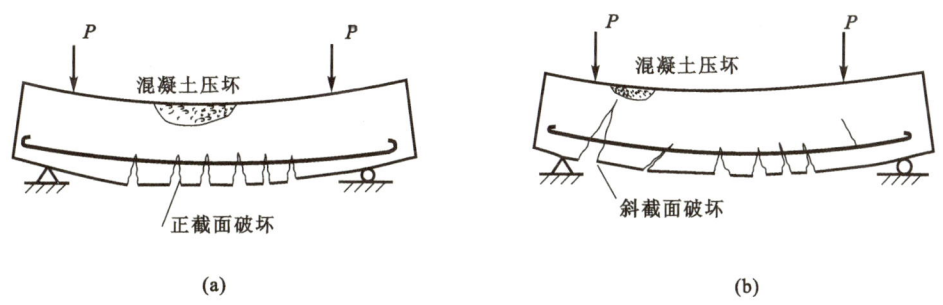

(a)　　　　　　　　　　　　　　　　　　　　**(b)**

图 3.1　受弯构件破坏情况

为保证受弯构件不因弯矩作用而破坏,构件必须有足够的截面尺寸和纵向受力钢筋。如纵向受力钢筋仅放置在受拉区,称作单筋截面[图 3.2(a)、(b)],如在梁的截面上既有受拉钢筋,又有受压钢筋,称作双筋截面[图 3.2(c)]。

为保证斜截面不因弯矩、剪力作用而破坏,构件除有足够的截面尺寸外,尚应配置箍筋,必要时还需配置弯起钢筋。

本章仅研究构件正截面的受弯承载力计算问题。有关斜截面的承载力、构件的变形和裂缝宽度等的计算,将分别在第 4 章和第 8 章讨论。

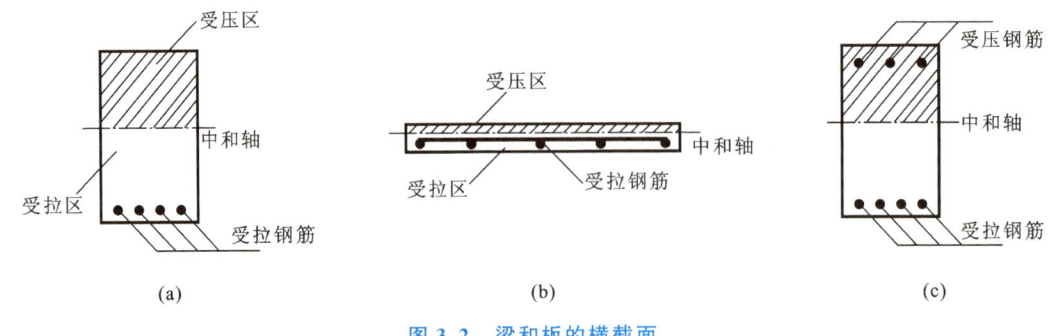

图 3.2 梁和板的横截面

3.1 受弯构件正截面配筋的基本构造要求

一个完整的结构设计,应该是既有可靠的计算依据,又有合理的构造措施。对于在计算中不易详细考虑而被忽略了的因素,以及为了照顾施工方便和可能条件,就必须通过一定的构造措施加以补充。所有这些,对初学者来说,是应该引起注意的。我们甚至可以毫不夸张地说:钢筋混凝土结构的设计任务,一方面在于正确地计算;另一方面在于有正确的构造。

不同的受力构件有不同的构造要求,有关详尽的构造问题,将分散在各章中予以详细阐述,这里只介绍与受弯构件计算有关的基本构造要求。

3.1.1 受弯构件截面的形式和尺寸

梁的截面形式,常见的有矩形、T 形及 I 形等(图 3.3)。板与梁的主要区别在于宽高比不同,板的宽度远大于高度。

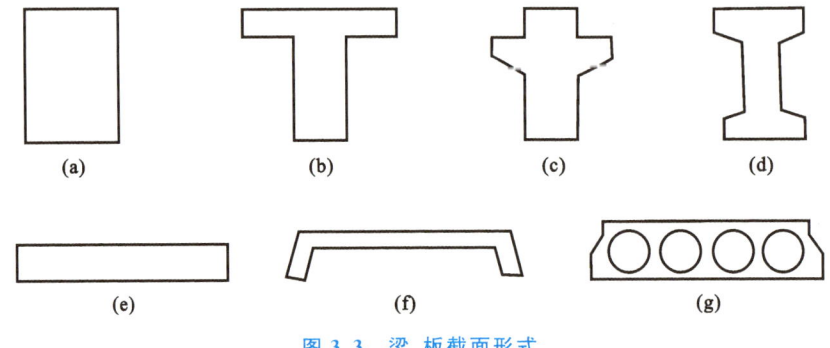

图 3.3 梁、板截面形式

(a)、(e) 矩形;(b) T 形;(c) 花篮形;(d) I 形;(f) ⌐ 形;(g) 空心形

3.1.1.1 梁的截面尺寸

梁的截面尺寸除了满足强度条件外,还应满足刚度要求和施工的方便。从刚度条件看,构件截面高度可根据高跨比 (h/l) 来估计,如简支梁可取梁高为跨度的 $\left(\dfrac{1}{12} \sim \dfrac{1}{8}\right)$。为了施工方便,便于模板周转,梁高 h 一般以 50mm 的模数递增,对于较大的梁(例如 h 大于 800mm),以 100mm 的模数递增。常用的梁高 h 有 250mm、300mm、…、750mm、800mm、900mm、1000mm 等。

梁的高度确定之后,梁的截面宽度 b 可由常用的高宽比估计,例如:

矩形截面梁　$b = \left(\dfrac{1}{2} \sim \dfrac{1}{2.5}\right)h$

T形截面梁　$b = \left(\dfrac{1}{2.5} \sim \dfrac{1}{3}\right)h$

上述要求并非严格规定,宜根据具体情况灵活掌握。在浅梁中,宽度可适当放大。目前常用的梁宽有 120mm、150mm、180mm、200mm、220mm、250mm,之后以 50mm 的模数递增。

3.1.1.2 板的厚度

板的厚度应满足强度和刚度的要求。由工程实践知,板的厚度对整个建筑物混凝土用量的影响很大。因此,选择板厚时,除了满足上述两个条件外,还应考虑经济效果和施工的方便。从刚度条件看,板的厚度不宜小于表 3.1 的规定。

表 3.1　现浇钢筋混凝土板的最小厚度(mm)

板 的 类 别		最小厚度
单向板	屋面板	60
	民用建筑楼板	60
	工业建筑楼板	70
	行车道下的楼板	80
双 向 板		80
密肋板	面板	50
	肋高	250
悬臂板(根部)	悬臂长度不大于 500mm	60
	悬臂长度 1200mm	100
无梁楼板		150
现浇空心楼板		200

注:悬臂板的厚度指悬臂根部的厚度。

3.1.2 受弯构件的钢筋

受弯构件的钢筋有两类,即受力钢筋与构造钢筋。受力钢筋由承载力计算确定,构造钢筋是考虑在计算中未估计到的影响(例如温度变化、混凝土收缩应力等)和施工需要而设置的。

3.1.2.1 梁

梁中一般布置四种钢筋,即纵向受力钢筋、箍筋、弯起钢筋和架立钢筋(图 3.4)。

纵向受力钢筋布置于梁的受拉区,承受由弯矩作用而产生的拉力。有时在梁的受压区,也配置纵向受力钢筋与混凝土共同承受压力。

箍筋除保证斜截面强度外,还用来固定纵向受力钢筋的位置。

弯起钢筋是为保证斜截面强度而设置的,一般可将纵向受力钢筋弯起而形成,有时也专门设置弯起钢筋,以满足斜截面的需要。

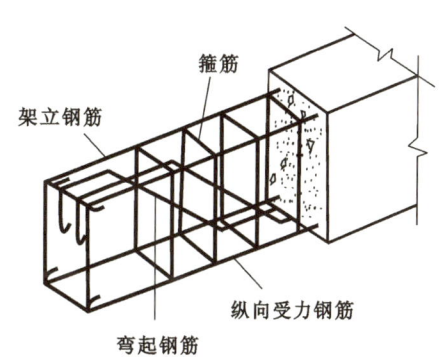

图 3.4　梁内钢筋布置

架立钢筋布置于梁的受压区,它平行于纵向受拉钢筋,以固定箍筋的正确位置,承受由于混凝土收缩及温度变化而产生的拉力。如在受压区有受压纵向钢筋时,受压钢筋可兼作架立钢筋。架立钢筋的直径与梁的跨度有关,其直径不小于表 3.2 的要求。

表 3.2　架立钢筋最小直径

梁的跨度(m)	架立钢筋直径(mm)
$l < 4$	$\phi \geqslant 8$
$4 \leqslant l \leqslant 6$	$\phi \geqslant 10$
$l > 6$	$\phi \geqslant 12$

3.1.2.2　板

板中一般布置两种钢筋,即受力钢筋与分布钢筋(图 3.5)。

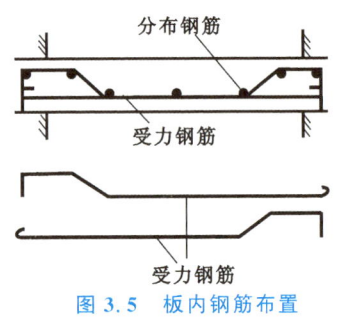

图 3.5　板内钢筋布置

受力钢筋沿板的跨度方向设置,承担由弯矩作用而产生的拉力。分布钢筋与受力钢筋垂直,设置在受力钢筋的内侧,其作用是:

（1）将荷载均匀地传给受力钢筋;

（2）抵抗因混凝土收缩及温度变化而在垂直受力钢筋方向所产生的拉力;

（3）浇筑混凝土时,保证受力钢筋的设计位置。

如在板的两个方向均配置受力钢筋,则两个方向的钢筋均可兼作分布钢筋。

3.1.3　钢筋的保护层

为了防止钢筋锈蚀,保证钢筋与混凝土间有足够的黏结强度。受力钢筋外缘至构件边缘的距离,称作混凝土保护层的厚度,见表 3.3。

表 3.3　混凝土保护层厚度 c(mm)

环 境 等 级	板 墙 壳	梁　　柱
一	15	20
二 a	20	25
二 b	25	35
三 a	30	40
三 b	40	50

注:① 混凝土强度等级不大于 C25 时,表中保护层厚度应增加 5mm;
　　② 钢筋混凝土基础应设置混凝土垫层,其纵向受力钢筋的混凝土保护层厚度应从垫层顶面算起,且不小于 40mm。

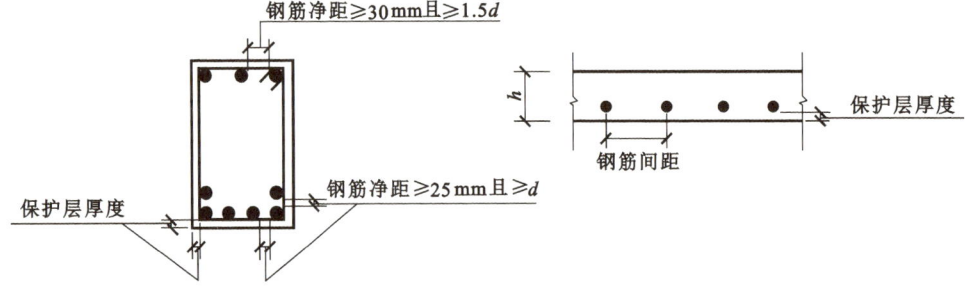

图 3.6　梁、板纵向钢筋保护层厚度及间距

3.1.4 钢筋的间距

为了便于浇筑混凝土和保证钢筋周围混凝土的质量,使钢筋与混凝土间有可靠的黏结力,钢筋的间距不能太小,在板中为使钢筋受力均匀,间距也不能太大。

梁中纵向受力钢筋净距:在构件下部不应小于纵向钢筋直径 d,也不应小于 25mm;在构件的上部不应小于纵向钢筋直径 $1.5d$,且不小于 30mm(图 3.6)。如受力钢筋较多,因钢筋间距受到限制,一排不能放下,纵向钢筋可放置两排乃至三排,但必须上下对齐,不得错位排列。

板中采用绑扎钢筋作配筋时,其受力钢筋的间距:当板厚 $h \leqslant 150mm$ 时,不应大于 200mm;当板厚 $h > 150mm$ 时,不应大于 $1.5h$,且不应大于 250mm。

3.1.5 截面的有效高度

在梁、板受拉钢筋位置确定之后,在进行截面设计、强度复核时,考虑到混凝土受拉区已出现裂缝(详见 3.2 节所述),不再承受拉力,截面的抵抗弯矩为受拉钢筋的拉力与受压混凝土的压力形成的力矩。所以,截面高度只能采用其有效高度 h_0。所谓有效高度系指受拉钢筋的重心至混凝土受压边的垂直距离(图 3.7)。它与受拉钢筋的直径及摆放有关。

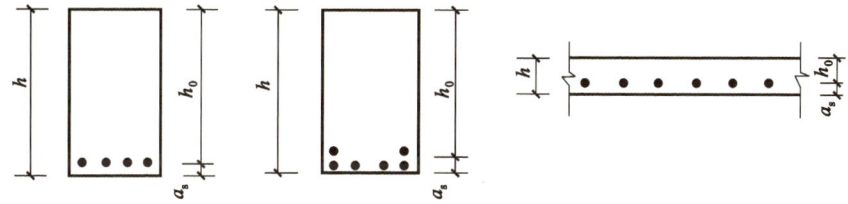

图 3.7 梁、板截面有效高度

板 板中受力钢筋直径一般为 8～12mm,平均直径按 10mm 计算,在正常环境下,当混凝土强度等级小于等于 C25 时,混凝土保护层厚度为 $c = 15 + 5 = 20mm$,则其有效高度为:

$$h_0 = h - 20 - \frac{d}{2} = h - 25mm$$

梁 梁中受拉钢筋直径一般为 12～25mm,平均按 20mm 计算,在正常环境下,当混凝土强度等级小于等于 C25 时,混凝土保护层厚度为 $c = 20 + 5 = 25mm$,假定箍筋直径为 8mm,则其有效高度为:

当受力钢筋一排放置时

$$h_0 = h - 25 - \frac{d}{2} - 8 = h - 43 [为稍偏安全,一般按 h_0 = h - (40\sim45)计算]$$

当受力钢筋二排放置时

$$h_0 = h - (60 \sim 70)$$

综上所述,有效高度可统一写为

$$h_0 = h - a_s \qquad\qquad (3.1)$$

式中　a_s——受力钢筋重心至受压混凝土边缘的垂直距离。

3.2　梁正截面受弯性能的试验分析

由于钢筋混凝土材料本身的弹塑性特点,因此,按材料力学的公式对其进行强度计算,不符合钢筋混凝土受弯构件的实际情况。为了了解钢筋混凝土受弯构件的破坏过程,应研究其截面应力及应变的变化规律,从而建立起计算公式。

3.2.1　适筋梁的工作阶段

由于研究的是梁正截面承载力计算问题,因此,在试验中应该避免剪力的影响,通常是在简支梁上加两个对称的集中荷载(图 3.8)。这样,在两个集中荷载之间的一段就形成了只有弯矩没有剪力的"纯弯段"(忽略自重)。我们所测得的数据是从"纯弯段"而得的。试验时,荷载从零分级增加,每加一级荷载后,除观察梁的外形变化外,还要用仪表量测梁的挠度、混凝土纵向纤维及钢筋的应变,一直到梁破坏。

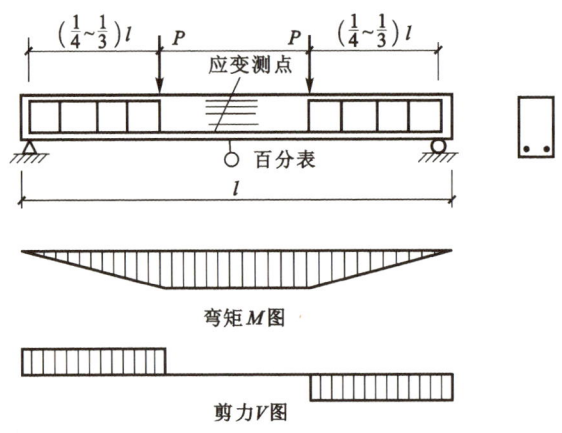

图 3.8　在简支梁上加两个对称集中荷载的试验

图 3.9 是一根配置适量低碳钢的钢筋混凝土梁在对称荷载作用下弯矩与挠度的关系,纵坐标为相对于梁在某一荷载下的弯矩 M 与破坏时所承担的弯矩 M_u 的比值,M/M_u 为无量纲值,横坐标为梁跨中挠度 f 的实测值。

由图 3.9 可见,当弯矩较小时,梁的受拉区尚未出现裂缝,挠度与弯矩接近直线变化,称作第 Ⅰ 阶段。当弯矩超过开裂弯矩 M_{cr} 后,梁的受拉区已出现裂缝。随着裂缝的出现与开展,挠度的增长速度比开裂前为快,弯矩与挠度不呈直线变化,梁进入第 Ⅱ 阶段。

在整个第 Ⅱ 阶段,受拉混凝土逐步退出工作,其所承担的拉力也逐步转移给钢筋,钢筋的应力随弯矩的增加而增加。当弯矩增加到 M_y 时钢筋屈服,标志着第 Ⅱ 阶段结束,梁的工作转入第 Ⅲ 阶段。

梁的工作进入第 Ⅲ 阶段后,弯矩增加不多,裂缝急剧开展,挠度也迅速增加,钢筋的应变也有较大的增长,但其应力维持屈服强度不变。当弯矩增加到 M_u 时,受压混凝土的应变到达弯曲受压时的极限应变,梁的正截面发生破坏。

由图 3.9 可见,在 M/M_u-f 关系曲线上有两个明显的转折点 1 与 2,将梁的工作过程划分

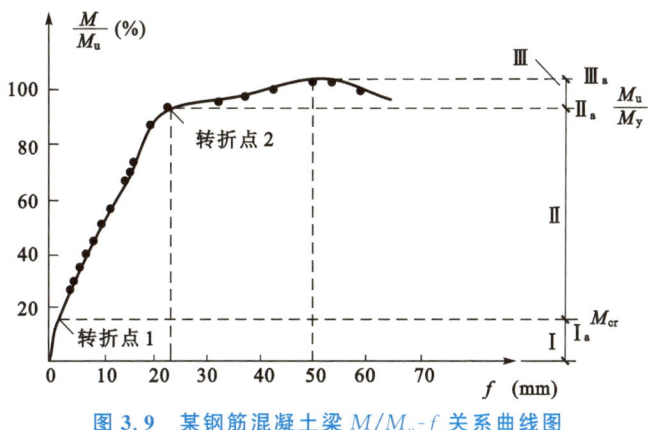

图 3.9 某钢筋混凝土梁 M/M_u-f 关系曲线图

为三个阶段。每个阶段挠度和 M/M_u 的变化关系各不相同。第Ⅰ阶段梁的挠度增长速度较慢,第Ⅱ阶段由于梁带着裂缝工作,挠度增长速度较之前为快。第Ⅲ阶段由于钢筋屈服,挠度急剧增加,直到梁破坏。下面分析"纯弯段"内正截面各阶段应力与应变的变化情况。

3.2.2 受弯构件正截面各阶段应力状态

3.2.2.1 第Ⅰ阶段

开始增加荷载时,弯矩很小,量测到梁截面上各个纤维应变也很小,变形的变化规律符合平截面假设。由于应力很小,梁的工作情况与匀质弹性体相类似,拉力由钢筋与混凝土共同承担,钢筋应力很小。受拉与受压混凝土均处于弹性工作阶段,应力分布为三角形。

当弯矩逐渐增大,应变也随之加大。由于混凝土受拉强度很低,在受拉边缘处混凝土已产生塑性变形,受拉区应力已呈曲线状态。

在弯矩增加到开裂弯矩 M_{cr} 时,受拉区边缘纤维应变到达混凝土受拉极限应变 $\varepsilon_{t,max}$（$0.0001\sim0.00015$）,梁处于即将出现裂缝的极限状态,此即第Ⅰ级阶段末,以 I_a 示之（图 3.10）。此时受拉钢筋应力 $\sigma_s = E_s \varepsilon_{x,max} = 20\sim30 \text{N/mm}^2$。受压区混凝土的应变相对其受压极限应变仍很小,基本上仍处于弹性工作阶段,应力图形接近于直线变化。

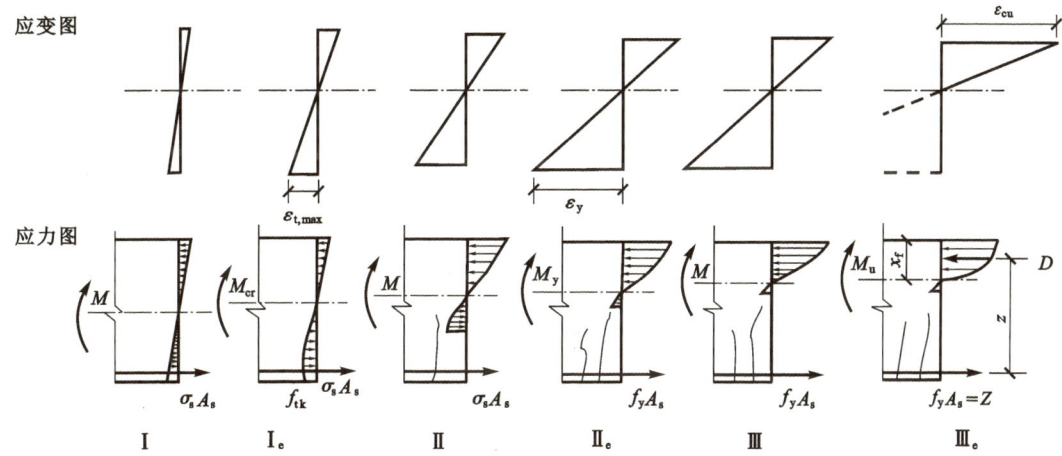

图 3.10 钢筋混凝土梁正截面三个工作阶段

由于受拉混凝土塑性变形的出现与发展，I_e 阶段中和轴的位置较 I 阶段初期略有上升。I_e 的应力图形将作为计算构件开裂弯矩 M_{cr} 的依据。

3.2.2.2　第 Ⅱ 阶段

当 $M = M_{cr}$，在"纯弯段"抗拉能力最薄弱的截面处将首先出现第一条裂缝，这标志梁由第 I 阶段转化为第 Ⅱ 阶段工作。在裂缝截面处的混凝土退出工作，其所承担的拉力转移给钢筋承担，钢筋应力比混凝土开裂前突然加大，故裂缝一经出现就具有一定的宽度，并沿梁高延伸到一定的高度，中和轴的位置也随之上升，受压高度将因此而逐渐减少。

在第 Ⅱ 阶段中，随着弯矩的增加，钢筋与混凝土的应变也随之增加，裂缝宽度也加宽并向受压区延伸，但应变规律仍符合平截面假设。由于混凝土受压区高度的减少，导致受压面积的减少。在弯矩继续增加的情况下，受压混凝土的应力与应变不断增加，受压混凝土的塑性性质将表现得越来越明显，应变的增长速度越来越快，受压区的应力图形由直线变化转变为曲线变化。当弯矩增加到使钢筋的应力恰好到达屈服强度 f_y 时，称作第 Ⅱ 阶段末，以 $Ⅱ_e$ 表示（图 3.10），这时截面所能承担的弯矩为 M_y。

正常工作的梁，一般都处于第 Ⅱ 阶段。故第 Ⅱ 阶段的应力状态将作为正常使用阶段变形和裂缝宽度计算的依据。

3.2.2.3　第 Ⅲ 阶段

钢筋屈服之后，梁进入第 Ⅲ 阶段，这时钢筋将继续变形而应力 f_y 保持不变。故进入第 Ⅲ 阶段后，即使弯矩稍有增加，钢筋应变也会骤然加大，混凝土的裂缝宽度随之扩展，且更加向受压区延伸，中和轴再次上升，受压高度更加减少，混凝土的应力与应变再次加大，而且混凝土的塑性特征表现得更加明显，因而受压应力图形更趋丰满（图 3.10）。当弯矩增加到正截面能承受的最大弯矩时，混凝土压应变到达弯曲受压极限应变 ε_{cu}。此时，受压区混凝土已丧失承载能力，说明梁已经破坏，称作第 Ⅲ 阶段末，用 $Ⅲ_e$ 表示。其后，试验表明：一般情况下，梁的变形还能继续增加，但承担的弯矩随梁变形的增加而降低（图 3.10）。最后，受压区混凝土被压碎甚至崩落，梁的正截面完全破坏。

在整个第 Ⅲ 阶段中，钢筋承担的总拉力 Z 与混凝土承担的总压力 D，始终保持不变。但是由于中和轴上升，受压区高度减少而使内力臂略有增加，故截面破坏时，梁所承担的弯矩 M_u 较第 Ⅱ 阶段末所承担的弯矩 M_y 有所增加。第 Ⅲ 阶段末为正截面承载力"极限状态"计算的依据。

必须注意：由试验资料还可以看到，随着梁内纵向钢筋数量的不同，正截面将会有不同的破坏形式。上述梁的应力状态，系指梁内纵向钢筋的数量既不太多，也不太少，即是在所谓"适量配筋"条件下发生的。

3.2.3　钢筋混凝土受弯构件正截面的破坏形式

大量试验表明：随着纵向受拉钢筋配筋率 ρ 的不同，受弯构件正截面可能产生三种不同的破坏形式，如图 3.11 所示。

纵向受拉钢筋配筋率，反映纵向受拉钢筋面积与混凝土有效面积的比值

$$\rho = \frac{A_s}{b h_0}$$

（3.2）

式中 A_s——纵向受拉钢筋截面面积；

b——梁的截面宽度；

h_0——梁的截面有效高度（当验算最小配筋时取 h）。

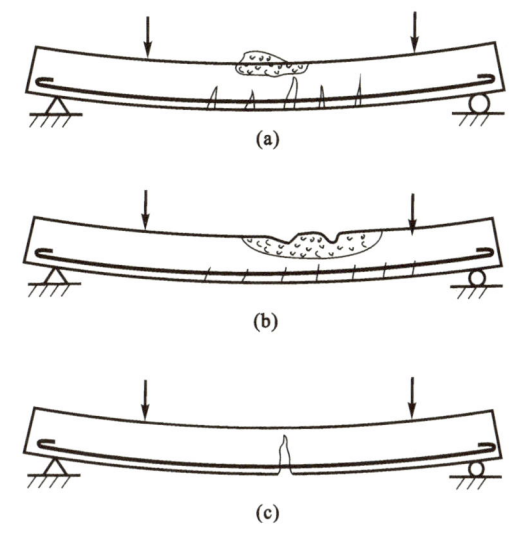

图 3.11 梁的三种破坏情况

（a）适筋梁（塑性破坏）；（b）超筋梁（脆性破坏）；（c）少筋梁（脆性破坏）

3.2.3.1 适筋梁

适筋梁是指在生产实践中广泛应用的含有适量配筋的梁，它的破坏特点如前所述：钢筋首先进入屈服阶段，再继续增加荷载后，混凝土受压破坏，我们称这种破坏为"适筋破坏"。适筋梁的破坏不是突然发生的，破坏前裂缝与挠度有明显的增长，如图 3.11(a)所示，故适筋破坏属延性破坏。适筋梁的钢筋与混凝土均能充分发挥作用，且破坏前有明显的预兆，故正截面承载力计算是建立在适筋梁基础上的。

3.2.3.2 超筋梁

如果在梁内放置的纵向受拉钢筋过多，在荷载作用下，受压混凝土边缘已达到弯曲受压的极限变形，而受拉钢筋的应力远小于屈服强度。此时，由于混凝土已被压碎，不能再承担压力，虽然钢筋尚未屈服，但梁因不能继续承担弯矩而破坏，我们称此种破坏为"超筋破坏"。

超筋破坏是受拉钢筋未屈服，而混凝土先被压坏，故破坏带有一定的突然性，缺乏必要的预兆，具有脆性破坏的性质。梁的破坏是由于混凝土抗压强度的耗尽，钢筋强度没有得到充分利用，因此超筋梁的承载力（M_u）与钢筋强度无关，仅取决于混凝土的抗压强度。因为它破坏时缺乏足够的预兆，设计时不允许出现超筋情况。

3.2.3.3 少筋梁

如在受拉区配置的钢筋过少，开始加荷时，拉力由受拉的钢筋与混凝土共同承担，当继续增加荷载至构件开裂时，裂缝截面混凝土所承担的拉力几乎全部转移给钢筋，使钢筋应力突然剧增。由于钢筋过少，其应力很快到达钢筋的屈服强度，甚至经过流幅而进入强化阶段。此时梁的裂缝开展很大，挠度也不小，而且这种裂缝与挠度是不可恢复的。

基于上述内容，配筋率低于 $\rho_{\min}$ 的梁称为少筋梁，这种梁一旦开裂，即标志着破坏。尽管开裂后仍保留一定的承载能力,但由于梁已严重下垂,这部分承载力实际上是不能利用的。少筋梁的强度取决于混凝土的抗拉强度,属于脆性破坏,因此是不安全的,故在建筑结构中不允许采用。

为将受弯构件设计成适筋梁,要求梁内配筋率 ρ 既不超过适筋梁的最大配筋率 $\rho_{\max}$,亦不小于最小配筋率 $\rho_{\min}$。

3.2.4　适筋梁与超筋梁、少筋梁的界限

综上所述,配筋率的改变将会引起钢筋混凝土破坏性质的改变。根据平截面的应变关系可以得出适筋梁的最大配筋率和最小配筋率。

3.2.4.1　适筋梁与超筋梁的界限

大量试验表明,钢筋混凝土梁的各种形状截面(矩形、T 形、I 形及环形截面),从开始加荷直到破坏,截面的平均应变符合平截面假设。因此,截面的应变始终保持直线变化(图 3.12)。

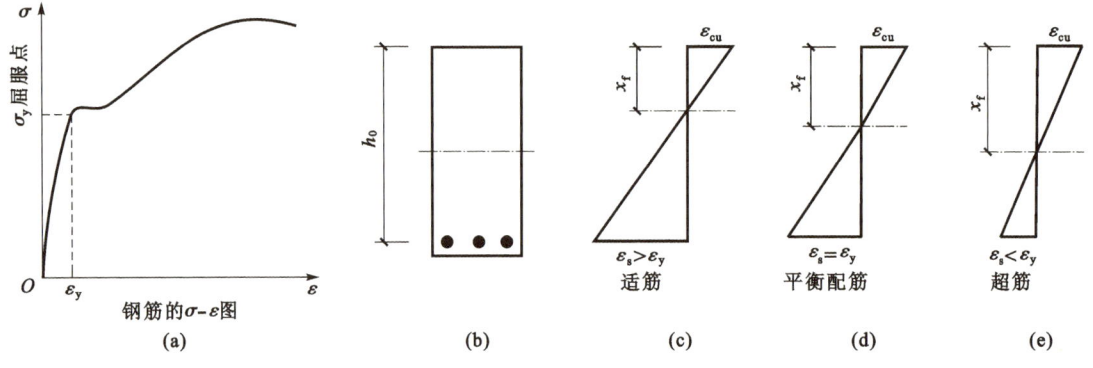

图 3.12　不同配筋率的 ε_y 与 ε_s 的关系

图中符号　ε_s—正截面破坏时钢筋的应变;ε_y—钢筋屈服时的应变;
ε_{cu}—混凝土弯曲受压时的平均极限应变

在配筋率较少的梁中,相应于受拉区钢筋开始屈服的 II_a 阶段距混凝土被压碎的 III_a 阶段较远,钢筋的流动幅度很大,截面破坏时钢筋应变 ε_s 超过钢筋的屈服应变 ε_y[图 3.12(c)]。配筋较多时,II_a 阶段距 III_a 阶段较近,ε_s 接近 ε_y[图 3.12(d)]。当配筋过多时,受压混凝土已被压坏,钢筋尚未屈服,ε_s 小于 ε_y[图 3.12(e)],此时梁成为超筋梁。

由以上分析可知,如果在梁的受拉区放置的钢筋达到这样的程度:在弯矩作用下,钢筋的应变 ε_s 恰好等于钢筋屈服时的应变,即 $\varepsilon_s = \varepsilon_y$,与此同时,受压混凝土的应变也到达极限压应变 ε_{cu},亦即截面的受拉钢筋和受压混凝土同时到达各自的破坏强度值。相应于这时的受拉钢筋配筋率,即为适筋梁的最大配筋率 $\rho_{\max}$。显然,如果配筋率 ρ 大于 $\rho_{\max}$,梁即发生超筋破坏。

截面破坏时,由平衡条件知:钢筋承担的拉力与混凝土承担的压力是相等的。由图 3.12 可知,在一定条件下,受压高度 x 随配筋率 ρ 的增加而增高。因此,当 $\rho = \rho_{\max}$ 时的受压区高度 x_b,将是适筋梁的界限受压高度。

在确定界限受压高度 x_b 以及进行受弯构件正截面承载力计算时,可将梁破坏时混凝土实际曲线应力图形,简化为计算比较方便而又不致产生较大误差的计算应力图形。为此,当混凝土压应力合力 D 的大小及作用位置保持不变,就可以用等效矩形应力图代替实际应力图形

（图 3.13）。设矩形应力图的应力为 $\alpha_1 f_c$，α_1 为矩形应力图的应力与轴心受压强度设计值 f_c 之比值。当混凝土强度等级不超过 C50 时，α_1 取为 1.0；当混凝土强度等级为 C80 时，α_1 取为 0.94，其间按线性内插法取用。

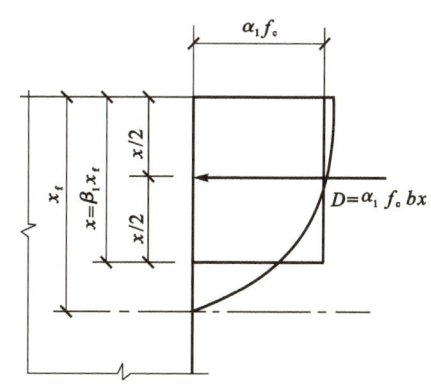

根据上述原则，可以求得按等效矩形应力图计算的受压区高度 x 与按平截面的应变关系确定的实际受压高度 x_f 之间存在着下列关系

$$x = \beta_1 x_f \qquad (3.3)$$

式中　β_1——计算受压高度与实际受压高度之比值。当混凝土强度等级不超过 C50 时，β_1 取为 0.8；当混凝土强度等级为 C80 时，β_1 取为 0.74，其间按线性内插法取用。

图 3.13　等效矩形应力图

在确定了等效（计算）应力图后，根据平截面的基本假定和给定的混凝土弯曲受压极限应变 ε_{cu}，绘制出界限破坏时应力-应变图（图 3.14），由其几何关系，可得实际破坏的相对界限受压高度为

$$\xi_{bf} = \frac{x_{bf}}{h_0} = \frac{\varepsilon_{cu}}{\varepsilon_{cu} + \varepsilon_s} = \frac{1}{1 + \dfrac{\varepsilon_s}{\varepsilon_{cu}}} = \frac{1}{1 + \dfrac{f_y}{\varepsilon_{cu} E_s}} \qquad (3.4)$$

式中　x_{bf}——混凝土界限破坏时的实际受压区高度；

　　　f_y——钢筋受拉强度设计值；

　　　E_s——钢筋弹性模量；

　　　ε_{cu}——混凝土弯曲受压极限应变（其值详见第 1.2.1 节）。

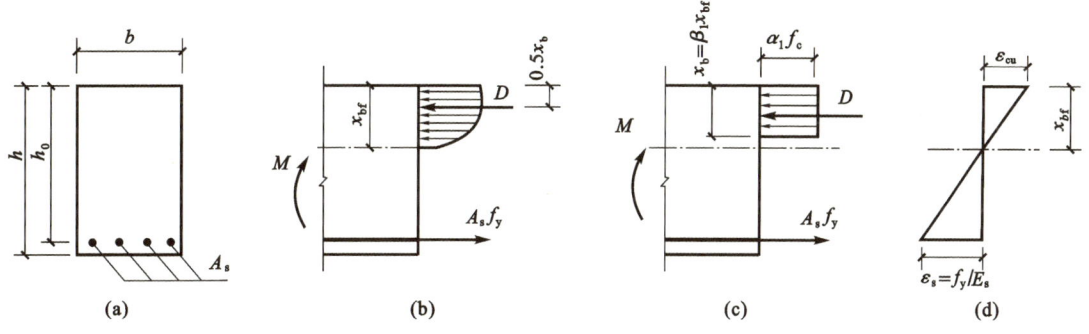

图 3.14　界限破坏的应力-应变图形

对有屈服点钢筋的计算受压区高度，可将 $x_b = \beta_1 x_{bf}$ 代入式（3.4）得

$$\xi_b = \frac{x_b}{h_0} = \frac{\beta_1 x_{bf}}{h_0} = \frac{\beta_1}{1 + \dfrac{f_y}{E_s \varepsilon_{cu}}} \qquad (3.5)$$

对无屈服点钢筋，其计算相对受压高度，由下式计算

$$\xi_b = \frac{x_b}{h_0} = \frac{\beta_1 x_{bf}}{h_0} = \frac{\beta_1}{1 + \dfrac{0.002}{\varepsilon_{cu}} + \dfrac{f_y}{\varepsilon_{cu} E_s}} \qquad (3.6)$$

由式(3.5)、式(3.6)可见,界限相对受压区高度,不仅与钢筋级别有关,还与混凝土强度等级有关。对于热轧钢筋,当混凝土强度等级不超过 C50 时,其相对界限受压区高度可按表 3.4 采用。

表 3.4　混凝土强度等级不超过 C50 的普通钢筋相对界限受压区高度 ξ_b

钢筋牌号	符号	钢筋受拉强度设计值(N/mm²)	E_s(N/mm²)	ξ_b
HPB300	Φ	270	2.1×10^5	0.580
HRB400、HRBF400、RRB400	$\Phi\ \Phi^F\Phi^R$	360	2.0×10^5	0.518
HRB500、HRBF500	$\Phi\ \Phi^F$	435	2.0×10^5	0.482

ξ_b 确定之后,可得出适筋梁界限受压区高度为

$$x_b = \xi_b h_0 \tag{3.7}$$

同时,也可以根据计算应力图形的平衡条件,推导出相当于界限受压区高度时的适筋梁最大配筋率 ρ_{max}。

由图 3.14(c),可得 $\alpha_1 f_c b \xi_b h_0 = A_{smax} f_y$,对于混凝土强度等级不超过 C50 的热轧钢筋,其最大配筋率为

$$\rho_{max} = \frac{A_{smax}}{bh_0} = \frac{x_b}{h_0} \times \frac{\alpha_1 f_c}{f_y} = \xi_b \frac{\alpha_1 f_c}{f_y} \tag{3.8}$$

由式(3.8)可见,适筋梁的最大配筋率 ρ_{max} 与钢筋级别、混凝土的强度有关。为了使用方便,将常用的混凝土等级和具有明显屈服点钢筋的普通混凝土受弯构件的最大配筋率列于表 3.5,以供读者查用。

表 3.5　单筋矩形截面适筋梁最大配筋率 ρ_{max}(%)

钢筋牌号	混凝土强度等级					
	C25	C30	C35	C40	C45	C50
HPB300	2.55	3.07	3.58	4.11	—	—
HRB400、HRBF400、RRB400	—	2.10	2.45	2.81	3.11	3.40
HRB500、HRBF500	—	1.61	1.88	2.15	2.37	2.60

确定了 x_b(或 ξ_b)及 ρ_{max} 值之后,便可以梁的受压区高度 x 及实际配筋率与之比较,如果满足

$$\xi = \frac{x}{h_0} \leqslant \xi_b (x \leqslant x_b) \quad \text{或} \quad \rho = \frac{A_s}{bh_0} \leqslant \rho_{max} \tag{3.9}$$

则梁将不会出现超筋情况。

3.2.4.2　适筋梁的最小配筋率

当配筋率很小的梁即将出现裂缝时,拉力主要由受拉区混凝土承担,可忽略受拉钢筋的作用,而按素混凝土梁考虑。

根据前述 I_c 阶段截面的应力状态,可导出矩形截面素混凝土梁的开裂弯矩为

$$M_{cr} = 0.292 bh^2 f_t \tag{3.10}$$

式中　f_t——混凝土抗拉强度设计值。

由前所述,少筋梁属于脆性破坏,既不经济,也不安全,故在建筑结构中不允许采用。

最小配筋率 $\rho_{\min}$ 为少筋梁与适筋梁的界限。它按下列原则确定:配有最小配筋率 $\rho_{\min}$ 的钢筋混凝土梁在破坏时正截面受弯承载力设计值 M_u 等于同截面同等级的素混凝土梁的正截面所能承担的开裂弯矩 M_{cr}。

《规范》中要求的 $\rho_{\min}$(表 3.6),除考虑上述原则外,还考虑到温度、收缩应力和构造要求以及以往设计经验等因素而确定。

当设计中满足 $\rho \geqslant \rho_{\min}$,梁将不会出现少筋状态。

表 3.6　纵向受力钢筋的最小配筋百分率 $\rho_{\min}$(%)

受力类型			最小配筋百分率
受压构件	全部纵向钢筋	强度等级 500MPa	0.50
		强度等级 400MPa	0.55
		强度等级 300MPa	0.60
	一侧纵向钢筋		0.20
受弯构件、偏心受拉构件、轴心受拉构件一侧的受拉钢筋			0.20 和 $45f_t/f_y$ 中的较大值

注:① 受压构件全部纵向钢筋百分率,当采用 C60 以上强度等级混凝土时,应按表中规定增加 0.10;
② 板类受弯构件(不包括悬臂板)的受拉钢筋,当采用强度等级 400MPa、500MPa 的钢筋时,其最小配筋率应允许采用 0.5 和 $0.45f_t/f_y$ 中的较大值;
③ 偏心受拉构件的受压钢筋,应按受压构件一侧纵向钢筋考虑;
④ 受压构件的全部纵向钢筋和一侧纵向钢筋的配筋率以及轴心受拉构件和偏心构件一侧受拉钢筋的配筋率应按构件的全部面积计算;
⑤ 受弯构件大偏心受拉构件一侧受拉钢筋配筋率应按全部截面面积扣除受压缘面积 $(b_f'-b)h_f'$ 后的截面面积计算;
⑥ 当钢筋沿构件截面周边布置时,"一侧纵向钢筋"是指沿受力方向两个对边一边布置的纵向钢筋。

3.3　单筋矩形截面的承载力计算

3.3.1　基本假定

我国《规范》对正截面承载力的计算采取下列基本假定。

(1)截面应变保持平面

经大量试验,包括各种钢材配筋的各种截面(矩形、T 形、I 形及环形截面)的受弯、偏心受压构件的试验实测结果均表明,从加荷开始直到破坏,混凝土及钢筋平均应变,基本上符合平截面假定。

(2)材料的应力-应变关系

混凝土受压应力-应变关系采用图 1.10 所示的 σ-ε 曲线,其表达式为:

由式(1.8),当 $\varepsilon_c \leqslant \varepsilon_0$ 时,$\sigma_c = f_c\left[1-\left(1-\dfrac{\varepsilon_c}{\varepsilon_0}\right)^n\right]$;

由式(1.9),当 $\varepsilon_0 < \varepsilon_c \leqslant \varepsilon_{cu}$ 时,$\sigma_c = f_c$。

钢筋采用理想的弹塑应力-应变关系,如图 3.15 所示。

当 $\varepsilon_s \leqslant \varepsilon_y$ 时

$$\sigma_s = E_s \varepsilon_s \tag{3.11}$$

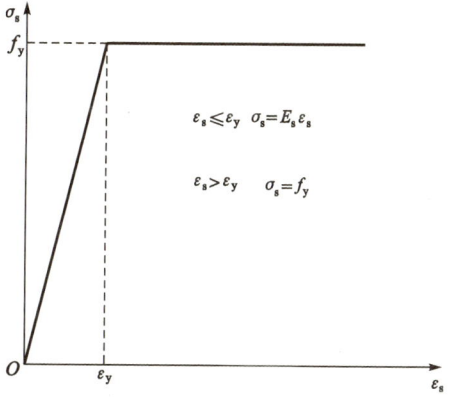

图 3.15　钢筋 σ_s-ε_s 曲线

当 $\varepsilon_s > \varepsilon_y$ 时

$$\sigma_s = f_y \tag{3.12}$$

(3) 不考虑混凝土的受拉强度。

3.3.2　基本公式及其适用条件

根据前述的适筋梁在破坏瞬间的应力状态,用等效受压应力图代替混凝土实际压力图,根据基本假定,则单筋矩形截面在承载能力极限状态下的计算应力图形如图 3.16 所示。这时,受拉区混凝土不承担拉力,全部拉力由钢筋承担,钢筋的拉应力达到其抗拉强度设计值 f_y。

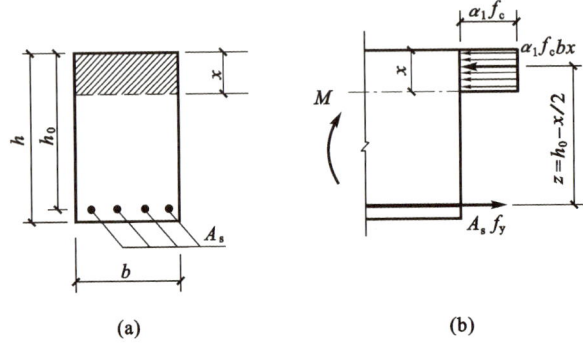

图 3.16　单筋矩形截面正截面计算应力图形

(a) 单筋矩形截面;(b) 等效矩形应力图形

3.3.2.1　基本公式

按图 3.16 所示的计算应力图形,单筋矩形截面受弯构件正截面承载力计算公式,可根据平衡条件推导如下

$$A_s f_y = \alpha_1 f_c b x \tag{3.13}$$

$$M \leqslant M_u = \alpha_1 f_c b x \left(h_0 - \frac{x}{2}\right) \tag{3.14}$$

或

$$M \leqslant M_u = A_s f_y \left(h_0 - \frac{x}{2}\right) \tag{3.15}$$

式中　f_c——混凝土轴心抗压强度设计值;

α_1——系数,当混凝土强度等级不超过 C50 时,α_1 取 1.0,当混凝土强度等级为 C80 时,α_1 取 0.94,其间按线性内插法取用;

b——截面宽度;

x——混凝土受压区高度;

f_y——钢筋抗拉强度设计值;

A_s——纵向受拉钢筋截面面积;

h_0——截面有效高度;

M_u——截面破坏时的极限弯矩;

M——作用在截面上的弯矩设计值。

3.3.2.2　基本公式适用条件

基本公式(3.13)、(3.14)、(3.15)是在适筋条件下建立的。因此,基本公式必须满足下

列条件：

$$x \leqslant \xi_{b} h_{0} \quad (\xi \leqslant \xi_{b}) \tag{3.16a}$$

$$\rho \leqslant \rho_{max} \tag{3.16b}$$

$$\rho \geqslant \rho_{min} \quad (\rho_{min} \text{ 按表 3.6 采用}) \tag{3.17}$$

式(3.16a)中的受压区高度 x 可由基本公式(3.13)得

$$x = \frac{A_{s} f_{y}}{\alpha_{1} f_{c} b} = \frac{A_{s}}{b h_{0}} \times \frac{f_{y}}{\alpha_{1} f_{c}} h_{0} = \rho \frac{f_{y}}{\alpha_{1} f_{c}} h_{0} \tag{3.18}$$

由式(3.18)可看出，随着配筋率 ρ 的增大，受压区高度 x 也增大。

当 $\rho = \rho_{max}$ 时，适筋梁所能抵抗的弯矩达最大值 M_{max}，其值可将界限受压区高度 x_{b} 代入式(3.14)中求得，即

$$M_{max} = \alpha_{1} f_{c} b x_{b} \left(h_{0} - \frac{x_{b}}{2} \right) \tag{3.19}$$

由以上分析，从截面的抵抗弯矩看，适筋梁尚应满足

$$M \leqslant M_{max} = \alpha_{1} f_{c} b x_{b} \left(h_{0} - \frac{x_{b}}{2} \right) \tag{3.20}$$

公式(3.16a)、(3.16b)、(3.20)是从不同角度来说明不使梁出现超筋状态的条件，因而其意义是相同的，目的都是保证纵向受拉钢筋应力到达 f_{y}。因此，只要满足其中任何一个条件，均表明梁不致超筋。

3.3.3 截面设计

截面设计的内容包括：选用构件的材料、确定截面尺寸和钢筋面积等问题。由于基本方程只有两个，不可能通过计算解决上述所有的未知量，故必须增设补充条件。通常的做法是：首先选择材料(钢筋的级别及混凝土强度等级)，假设截面尺寸及钢筋排数，然后计算钢筋的截面面积，并验算适用条件。做到设计的截面经济合理，安全可靠。

选择截面时，应当满足刚度并保证适筋条件。截面尺寸的选用只要满足 $\rho_{min} \leqslant \rho \leqslant \rho_{max}$ 即可。当弯矩 M 的设计值给定时，由基本公式可知，截面尺寸选得大一些，所需的钢筋面积 A_{s} 就小一些；反之，截面尺寸偏小，则 A_{s} 就偏大。显然，合理的截面尺寸应该是使总的造价(包括材料及施工费用)最经济。因此在 ρ_{max} 和 ρ_{min} 之间还存在一个比较能符合上述经济要求的配筋率范围。按照我国的设计经验，板的经济配筋率为 $0.4\% \sim 0.8\%$，梁的经济配筋率为 $0.6\% \sim 1.5\%$。应该说明的是，经济配筋率是一个比较复杂的问题，它牵涉很多因素，如结构形式、材料单价、施工条件等。因此，不能把它绝对化。实际上当 ρ 在经济配筋率附近变动时，对总造价的影响并不很敏感。

选择材料时，应当注意到钢筋与混凝土黏结力的大小。混凝土强度等级高，黏结力大；混凝土强度等级低，黏结力小。如果在低强度的混凝土中，选择高强度钢筋，则钢筋应力没有达到屈服强度时，钢筋与混凝土间的黏结力可能破坏，在构件受拉区产生很大裂缝。故《通用规范》规定：钢筋混凝土结构的混凝土强度等级不宜低于 C25。

当决定截面有效高度时，若无实践经验，可先假设纵向钢筋按一排放置考虑，待计算中再行验算是否合适。

综上所述，截面设计的情况是已知弯矩设计值 M、截面尺寸 $b \times h$、材料强度设计值 f_{c} 和

f_y,要求计算截面所需配置的纵向受拉钢筋截面面积 A_s。

3.3.3.1　基本公式

用基本公式设计截面,其步骤如下:

(1) 将已知的 α_1、f_c、f_y、b、h_0、M 代入式(3.13)、式(3.14)求解截面受压区高度 x 和纵向受拉钢筋截面面积 A_s。

(2) 根据计算的 A_s 在表 3.7 或表 3.10 中查出钢筋的直径及根数,并复核一排能否放得下。如果纵向钢筋需要按两排放置,则应改换梁的有效高度 h_0,重新计算 A_s,并再次选择钢筋的直径及根数。计算中的有关数据可查阅表 3.7 至表 3.10。

表 3.7　钢筋的公称直径、公称截面面积及理论质量

公称直径 (mm)	不同根数钢筋的计算截面面积(mm²)									单根钢筋理论质量 (kg/m)
	1	2	3	4	5	6	7	8	9	
6	28.3	57	85	113	142	170	198	226	255	0.222
8	50.3	101	151	201	252	302	352	402	453	0.395
10	78.5	157	236	314	393	471	550	628	707	0.617
12	113.1	226	339	452	565	678	791	904	1017	0.888
14	153.9	308	461	615	769	923	1077	1231	1385	1.21
16	201.1	402	603	804	1005	1206	1407	1608	1809	1.58
18	254.5	509	763	1017	1272	1526	1780	2036	2290	2.00(2.11)
20	314.2	628	941	1256	1570	1884	2200	2513	2827	2.47
22	380.1	760	1140	1520	1900	2281	2661	3041	3421	2.98
25	490.9	982	1473	1964	2454	2945	3436	3927	4418	3.85(4.10)
28	615.8	1232	1847	2463	3079	3695	4310	4926	5542	4.83
32	804.2	1609	2413	3217	4021	4826	5630	6434	7238	6.31(6.95)
36	1017.9	2036	3054	4072	5089	6107	7125	8143	9161	7.99
40	1256.6	2513	3770	5027	6283	7540	8796	10053	11310	9.87(10.34)
	1963.5	3928	5992	7856	9820	11784	13748	15712	17676	13.42(16.28)

注:括号内为预应力螺纹钢筋的数值。

表 3.8　钢绞线公称直径、公称截面面积及理论质量

种　类	公称直径(mm)	公称截面面积(mm²)	理论质量(kg/m)
1×3	8.6	37.4	0.296
	10.8	59.3	0.462
	12.9	85.4	0.666
1×7 标准型	9.5	54.8	0.432
	12.7	98.7	0.775
	15.2	139	1.101
	17.8	191	1.500
	21.6	285	2.237

表 3.9　钢丝公称直径、公称截面面积及理论质量

公称直径(mm)	公称截面面积(mm²)	理论质量(kg/m)
5.0	19.63	0.154
7.0	38.48	0.302
9.0	63.62	0.499

表3.10　钢筋混凝土板每米宽的钢筋用量表(mm²)

钢筋间距 (mm)	钢筋直径 (mm)											
	3	4	5	6	6/8	8	8/10	10	10/12	12	12/14	14
70	101	180	280	404	561	719	920	1121	1369	1616	1907	2199
75	94.2	168	262	377	524	671	859	1047	1277	1503	1780	2052
80	88.4	157	245	354	491	629	805	981	1198	1414	1669	1924
85	83.2	148	231	333	462	592	758	924	1127	1331	1571	1811
90	78.2	140	218	314	437	559	716	872	1064	1257	1483	1710
95	74.5	132	207	298	414	529	678	826	1008	1190	1405	1620
100	70.6	126	196	283	393	503	644	785	958	1131	1335	1539
110	64.2	114	178	257	357	457	585	714	871	1023	1214	1399
120	58.9	105	163	236	327	419	537	654	798	942	1113	1283
125	56.5	101	157	226	314	402	515	623	766	905	1068	1231
130	54.4	96.6	151	218	302	387	495	604	737	870	1027	1184
140	50.5	89.8	140	202	281	359	460	561	684	808	954	1099
150	47.1	83.8	131	189	262	335	429	523	639	754	890	1026
160	44.1	78.5	123	177	246	314	403	491	599	707	831	962
170	41.5	73.9	115	168	231	295	379	462	564	665	785	905
180	39.2	69.8	109	157	218	279	358	436	532	628	742	855
190	37.2	66.1	103	149	207	265	339	413	504	595	703	810
200	35.3	62.8	98.2	141	196	251	322	393	479	565	668	770
220	32.1	57.1	89.2	129	179	229	293	357	436	514	607	700
240	29.4	52.4	81.8	118	164	210	268	327	399	471	556	641
250	28.3	50.3	78.5	113	157	201	258	314	383	452	543	616
260	27.2	48.3	75.5	109	151	193	248	302	369	435	513	592
280	25.2	44.9	70.1	101	140	180	230	280	342	404	477	550
300	23.6	41.9	65.5	94.2	131	168	215	262	319	377	445	513
320	22.1	39.3	61.4	88.4	123	157	201	245	299	353	417	481

（3）验算基本公式的适用条件。如果求得的受压区高度 $x > \zeta_b h_0$，表明构件的截面尺寸不够，应加大截面，或采用双筋截面；如配筋率 $\rho < \rho_{min}$，表明纵向钢筋过少，应按构造配置纵向受拉钢筋，即

$$A_s \geqslant \rho_{min} b h \qquad (3.21)$$

【例题3.1】　如图3.17所示的钢筋混凝土简支梁，结构的安全等级为Ⅱ级，承受的恒荷载标准值 $g_k = 6kN/m$，活荷载标准值 $p_k = 15kN/m$，混凝土强度等级为C25及HRB400级钢筋，构件处于一级环境，梁的截面尺寸 $b \times h = 250mm \times 500mm$，计算梁的纵向受拉钢筋 A_s。

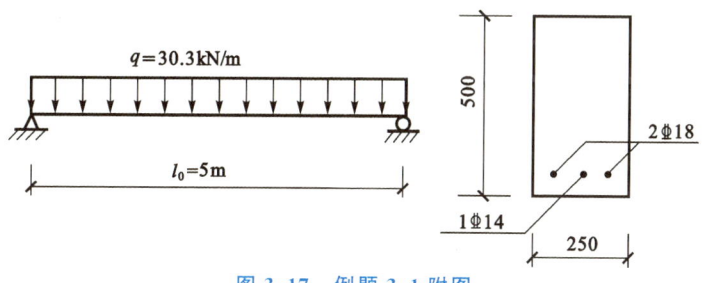

图3.17　例题3.1附图

【解】　查表得出有关的设计计算数据：

$\alpha_1 = 1.0$，$f_c = 11.9 N/mm^2$，$f_y = 360 N/mm^2$，构件的安全等级系数 $\gamma_0 = 1.0$。荷载的分项

系数:恒荷载 $\gamma_G=1.3$,活荷载 $\gamma_Q=1.5$。

梁承受的均布荷载设计值:$q=1.3\times6+1.5\times15=30.3\text{kN/m}$。

截面的弯矩设计值:$M=\dfrac{1}{8}ql_0^2=\dfrac{1}{8}\times30.3\times5^2=94.69\text{kN}\cdot\text{m}$。

设纵向受拉钢筋按一排放置,考虑到截面较小,选择的钢筋直径可能较大,取梁的有效高度为 $h_0=500-40=460\text{mm}$。

由式(3.14)得

$$1.0\times94.69\times10^6=1.0\times11.9\times250\times x\times\left(460-\frac{x}{2}\right)$$

解上式的一元二次方程式,得截面的受压区高度为

$$x=75.4\text{mm}<x_b=\xi_b h_0=0.518\times460=238.3\text{mm}$$

将 x 值代入式(3.13),受拉钢筋的截面面积为

$$A_s=\frac{\alpha_1 f_c bx}{f_y}=\frac{1.0\times11.9\times250\times75.4}{360}=623\text{mm}^2$$

验算 ρ_{min}:

按表 3.6,$\rho_{min}=0.2\%$ 和 $\rho_{min}=0.45\times\dfrac{1.27}{360}=0.159\%$ 两者中取大值,故取 $\rho_{min}=0.2\%$,则

$$\rho_{min}bh=0.002\times250\times500=250\text{mm}^2<A_s=623\text{mm}^2$$

由以上验算,截面符合适筋条件。

选用 2$\oplus$18+1$\oplus$14(图 3.17),实际钢筋截面面积 $A_s=662.9\text{mm}^2$。

一排钢筋所需的梁最小宽度为(假定箍筋直径为 8mm)

$b_{min}=4\times25+2\times18+14+2\times8=166\text{mm}<b=250\text{mm}$,纵筋一排能放下,与原假设相符,不必重算。

3.3.3.2 表格计算

由例题 3.1 可看出:用基本公式设计,需要解一元二次方程,麻烦费事。为了方便计算,可将基本公式编制成计算表格。表格的编制过程及公式的推导如下:

设

$$\xi=\frac{x}{h_0}$$

由式(3.14)得出

$$M=\alpha_1 f_c bx\left(h_0-\frac{x}{2}\right)=\alpha_1 f_c\frac{x}{h_0}bh_0^2\left(1-0.5\frac{x}{h_0}\right)=\alpha_1 f_c bh_0^2\xi(1-0.5\xi)$$

令

$$\alpha_s=\xi(1-0.5\xi) \tag{3.22}$$

则

$$M=\alpha_s\alpha_1 f_c bh_0^2 \tag{3.23}$$

由式(3.15)得出

$$M=A_s f_y\left(h_0-\frac{x}{2}\right)=A_s f_y h_0(1-0.5\xi)$$

令

$$\gamma_s=1-0.5\xi \tag{3.24}$$

则

$$M = A_s f_y \gamma_s h_0 \tag{3.25}$$

由式(3.25),纵向钢筋截面面积为

$$A_s = \frac{M}{f_y \gamma_s h_0} \tag{3.26}$$

由式(3.13),亦可得纵向钢筋截面面积为

$$A_s = \frac{\alpha_1 f_c bx}{f_y} = \frac{x}{h_0} bh_0 \frac{\alpha_1 f_c}{f_y} = \xi bh_0 \frac{\alpha_1 f_c}{f_y} \tag{3.27}$$

式中 α_s——截面抵抗矩系数,对弹性材料它是一个常数,例如矩形截面 $\alpha_s = 1/6$,对具有弹塑性性质的钢筋混凝土构件而言,它将是一个变值;当 $\rho < \rho_{max}$ 时,α_s 随 ρ 的增加而增大。

γ_s——力臂与截面有效高度的比值。

α_s、γ_s 都是相对受压区高度的函数。根据不同的 ξ 值,可由式(3.22)、式(3.24)计算出 α_s 及 γ_s,并编制计算表格(表3.11)。从表中可看出,当已知 ξ、α_s、γ_s 三个数中的某一值时,就可以查出相对应的另外两个系数。

表 3.11 钢筋混凝土矩形和 T 形截面受弯构件强度计算表

ξ	γ_s	α_s	ξ	γ_s	α_s
0.01	0.995	0.010	0.32	0.840	0.269
0.02	0.990	0.020	0.33	0.835	0.273
0.03	0.985	0.030	0.34	0.830	0.282
0.04	0.980	0.039	0.35	0.825	0.289
0.05	0.975	0.048	0.36	0.820	0.295
0.06	0.970	0.058	0.37	0.815	0.301
0.07	0.965	0.068	0.38	0.810	0.309
0.08	0.960	0.077	0.39	0.805	0.314
0.09	0.955	0.085	0.40	0.800	0.320
0.10	0.950	0.095	0.41	0.795	0.326
0.11	0.945	0.104	0.42	0.790	0.332
0.12	0.940	0.113	0.43	0.785	0.337
0.13	0.935	0.121	0.44	0.780	0.343
0.14	0.930	0.130	0.45	0.775	0.349
0.15	0.925	0.139	0.46	0.770	0.354
0.16	0.920	0.147	0.47	0.765	0.359
0.17	0.915	0.155	※ 0.482	0.760	0.365
0.18	0.910	0.164	0.49	0.755	0.370
0.19	0.905	0.172	0.50	0.750	0.375
0.20	0.90	0.180	0.51	0.745	0.380
0.21	0.895	0.188	※ 0.518	0.741	0.384
0.22	0.890	0.196	0.52	0.740	0.385
0.23	0.885	0.203	0.53	0.735	0.390
0.24	0.880	0.211	0.54	0.730	0.394
0.25	0.875	0.219	※ 0.550	0.725	0.400
0.26	0.870	0.226	0.56	0.720	0.403
0.27	0.865	0.234	0.57	0.715	0.408
0.28	0.860	0.241	※ 0.580	0.710	0.412
0.29	0.855	0.248	0.59	0.705	0.416
0.30	0.850	0.255	0.60	0.700	0.420
0.31	0.845	0.262	0.614	0.693	0.426

注:① $M = \alpha_s \alpha_1 f_c bh_0^2$,$\xi = \dfrac{x}{h_0} = \dfrac{A_s f_y}{\alpha_1 f_c bh_0}$,$A_s = \dfrac{M}{\gamma_s f_y h_0}$ 或 $A_s = \xi bh_0 \dfrac{\alpha_1 f_c}{f_y}$;

② 带※号为普通钢筋不同级别的界限受压区受压高度。

利用表 3.11 求 ξ 及 γ_s 有时要用插入法。这时，ξ 及 γ_s 可直接按下列公式计算

$$\xi = 1 - \sqrt{1 - 2\alpha_s} \tag{3.28}$$

$$\gamma_s = 0.5(1 + \sqrt{1 - 2\alpha_s}) \tag{3.29}$$

当已知 α_1、f_c、f_y、b、h_0、M 等条件，用表格公式设计截面的步骤如下：

(1) 由式(3.23)求出系数 α_s，即

$$\alpha_s = \frac{M}{\alpha_1 f_c b h_0^2} \tag{3.30}$$

(2) 根据系数 α_s，从表 3.11 中查出相对应的系数 γ_s、ξ；

(3) 将 γ_s 或 ξ 代入式(3.26)或式(3.27)计算纵向受拉钢筋截面面积 A_s；

(4) 验算适用条件，选择钢筋直径及根数。

【例题 3.2】 用表格公式计算例题 3.1 的纵向受拉钢筋截面面积。

【解】 假设纵向钢筋按一排放置，有效高度 $h_0 = 500 - 40 = 460$mm。

由式(3.30)，求出系数 $\alpha_s = \dfrac{M}{\alpha_1 f_c b h_0^2} = \dfrac{1.0 \times 94.69 \times 10^6}{11.9 \times 250 \times 460^2} = 0.150$。

根据 $\alpha_s = 0.150$，在表 3.11 中查得 $\xi = 0.163 (<\xi_b = 0.518)$。

将 $\xi = 0.163$ 代入式(3.27)，A_s 为

$$A_s = \xi b h_0 \frac{\alpha_1 f_c}{f_y} = 0.163 \times 250 \times 460 \times \frac{1.0 \times 11.9}{360} = 620 \text{mm}^2$$

$$\frac{A_s}{bh} = \frac{620}{250 \times 500} = 0.50\% > \rho_{min} = 0.20\%$$

选择 2⏀18＋1⏀14 的纵向钢筋，实有钢筋截面面积：$A_s = 662.9$mm²。

从例题 3.1、例题 3.2 的对比中可看出，用表格计算 A_s 比用基本公式计算 A_s 简便，两种方法的计算结果基本上是一致的。

【例题 3.3】 图 3.18(a)所示的现浇钢筋混凝土走道板，板厚 $h = 80$mm，构件安全等级 Ⅱ级，板的重力标准值 $g_k = 2$kN/m²，活荷载标准值 $p_k = 3$kN/m²，混凝土的强度等级 C25，钢筋 HPB300 级，计算板的受力钢筋截面面积。

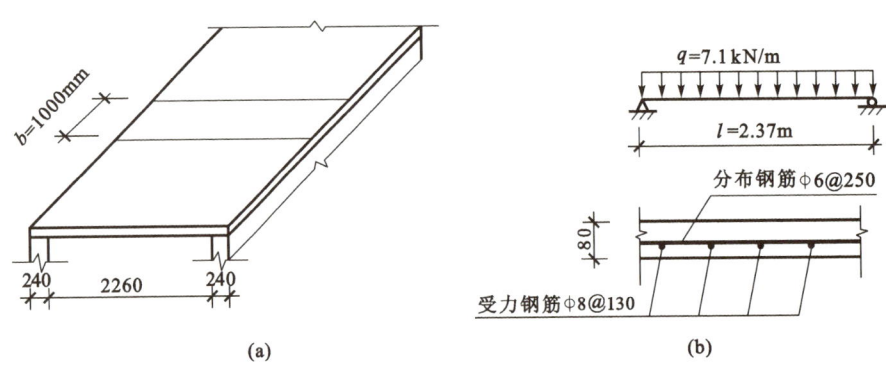

图 3.18　例题 3.3 附图

【解】 沿垂直于板跨度取宽度 $b = 1$m 的板带作为计算单元。因此，板的计算简图为一承受均布荷载的简支梁。

简支梁(板)的计算跨度为：

$l_0 = 1.05 l_n$ 和 $l_0 = l_n + a$ 两个式中取较小值。

式中　l_n——梁(板)的净跨；

　　　a——梁(板)的支承长度。

所以,板的计算跨度为

$$l_0 = 1.05 \times 2.26 = 2.37 \text{m}; \quad l_0 = 2.26 + 0.24 = 2.5 \text{m}$$

板跨取两者中的较小值,$l_0 = 2.37 \text{m}$。

板承受的荷载设计值为

$$q = 1.3 \times 2 + 1.5 \times 3 = 7.1 \text{kN/m}$$

板的最大弯矩设计值为

$$M = \frac{1}{8} q l^2 = \frac{1}{8} \times 7.1 \times 2.37^2 = 4.98 \text{kN} \cdot \text{m}$$

查表得:$f_c = 11.9 \text{N/mm}^2$;$f_y = 270 \text{N/mm}^2$,构件安全等级系数为 $\gamma_0 = 1.0$。

板的有效高度:$h_0 = h - a_s = 80 - 25 = 55 \text{mm}$

$$\alpha_s = \frac{M}{\alpha_1 f_c b h_0^2} = \frac{1.0 \times 4980000}{1.0 \times 11.9 \times 1000 \times 55^2} = 0.138$$

根据 α_s 查表 3.11 得 $\xi = 0.149 < \xi_b$,受拉钢筋截面面积为

$$A_s = \xi b h_0 \frac{\alpha_1 f_c}{f_y} = 0.149 \times 1000 \times 55 \times \frac{1.0 \times 11.9}{270} = 361 \text{mm}^2$$

$$\frac{A_s}{bh} = \frac{361}{1000 \times 80} = 0.45\% > \rho_{min} = \max\left\{0.2\%, 0.45 \times \frac{1.27}{270}\right\} = 0.21\%$$

查表 3.10 选用 $\phi 8@130$,实有钢筋截面面积 $A_s = 387 \text{mm}^2$。配筋如图 3.18(b)所示。

3.3.4 截面强度复核

复核截面强度时,是在已知梁的截面尺寸 $b \times h$,受拉纵向钢筋截面面积 A_s,材料强度设计值 f_c、f_y,构件安全等级,构件所处环境时,验算梁在给定弯矩设计值的情况下是否安全,或计算该截面能承担的极限弯矩 M_u。

解决此类问题,首先应计算截面的极限弯矩 M_u,然后与截面所承担的弯矩设计值 M 进行比较,如满足 $M \leqslant M_u$,则正截面是安全的。

3.3.4.1 基本公式计算

用基本公式复核正截面强度,计算步骤如下:

(1) 根据截面配筋的实际情况,计算截面的有效高度 h_0。

(2) 由式(3.13)计算截面受压区高度 x。

(3) 验算适用条件:如 $x > \xi_b h_0$,应取 $x = \xi_b h_0$ 计算抵抗弯矩 M_u;如 $\rho < \rho_{min}$,应按素混凝土计算 M_u。

(4) 由式(3.14)计算 M_u,并与弯矩设计值比较,从而判断截面是否安全。

【例题 3.4】 验算图 3.19 所示梁的正截面强度是否安全。

已知:截面尺寸 $b \times h = 250 \text{mm} \times 500 \text{mm}$,混凝土 C25,钢筋 HRB400 级,受拉钢筋为 4 Φ 18 ($A_s = 1017 \text{mm}^2$),构件处于正常工作环境,弯矩设计值 $M = 100 \text{kN} \cdot \text{m}$,构件安全等级为 Ⅱ 级。

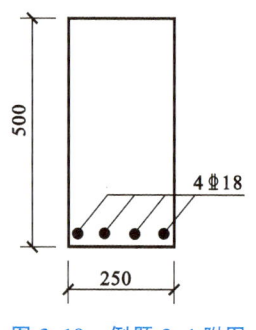

图 3.19　例题 3.4 附图

【解】　梁的有效高度

$h_0 = 500 - 40 = 460\text{mm}$（亦可按钢筋的实际直径计算 h_0）

受压区高度

$$x = \frac{A_s f_y}{\alpha_1 f_c b} = \frac{1017 \times 360}{1.0 \times 11.9 \times 250} = 123\text{mm}$$

验算适筋条件

$$x = 123\text{mm} < \xi_b h_0 = 0.518 \times 460 = 238\text{mm}$$

$$\frac{A_s}{bh} = \frac{1017}{250 \times 500} = 0.81\% > \rho_{\min} = 0.2\%$$

截面的极限抵抗弯矩

$$M_u = \alpha_1 f_c b x \left(h_0 - \frac{x}{2} \right) = 1.0 \times 11.9 \times 250 \times 123 \times \left(460 - \frac{123}{2} \right)$$

$$= 145.8 \times 10^6 \text{N} \cdot \text{mm} = 145.8\text{kN} \cdot \text{m} > M = 100\text{kN} \cdot \text{m}$$

正截面强度足够。

3.3.4.2　表格公式计算

用表格公式复核强度的计算步骤如下：

（1）计算截面的有效高度 h_0；

（2）计算实际配筋率 ρ，并由式(3.18)计算截面的相对受压区高度，其值为

$$\xi = \rho \frac{f_y}{\alpha_1 f_c} \tag{3.31}$$

（3）验算适用条件；

（4）由 ξ 在表 3.11 查出相应的 α_s，按式(3.23)计算截面的极限抵抗弯矩 M_u，并与弯矩设计值 M 比较，判定构件是否安全。

【例题 3.5】　某 L 形钢筋混凝土梁，截面尺寸如图 3.20 所示。混凝土 C25，钢筋 HRB400 级，在梁中配有 6Φ22 的纵向受拉钢筋（$A_s = 2281\text{mm}^2$），截面承受的弯矩设计值 $M = 200\text{kN} \cdot \text{m}$，构件的安全等级为 Ⅱ 级，构件处于正常环境，试验算梁的正截面强度。

【解】　梁的翼缘位于受拉区，计算承载力时不考虑混凝土的抗拉作用，故按矩形截面 $b \times h = 250\text{mm} \times 500\text{mm}$ 计算。

$$h_0 = h - a_s = 500 - 60 = 440\text{mm}$$

$$\rho = \frac{A_s}{bh_0} = \frac{2281}{250 \times 440} = 0.020$$

$$= 2\% > \rho_{\max} = 1.79\%$$

或

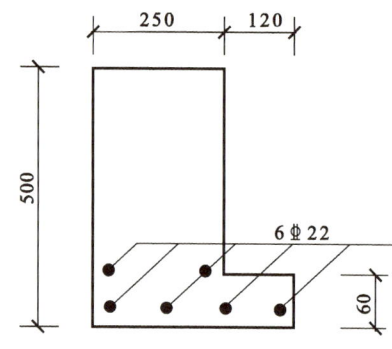

图 3.20　例题 3.5 附图

$$\xi = \rho \frac{f_y}{\alpha_1 f_c} = 0.02 \times \frac{360}{11.9}$$

$$= 0.605 > \xi_b = 0.518$$

由 $\rho > \rho_{\max}$ 以及 $\xi > \xi_b$，均说明该梁已处于超筋状态，故按 $\xi = \xi_b = 0.518$，在表 3.11 中查出 $\alpha_{s,\max} = 0.384$，代入式(3.23)计算截面极限抵抗弯矩 M_u，其值为

$$M_u = \alpha_{s,max}\alpha_1 f_c b h_0^2 = 0.384 \times 1.0 \times 11.9 \times 250 \times 440^2 = 221.17 \times 10^6 N \cdot mm$$
$$= 221.17 kN \cdot m > M = 200 kN \cdot m$$

由上可见,梁的正截面承载力足够。

3.4　双筋矩形截面的承载力计算

当梁承受的弯矩较大,截面尺寸因受使用上的限制,混凝土强度等级又受到施工条件所限不便提高,如再设计成单筋梁,将不会满足适筋的使用条件。这时,可在截面受压区设置受压钢筋,以协助混凝土承受压力。有时,构件在不同的荷载组合下承受变号弯矩的作用,即受拉区与受压区相互调换,也应设计成双筋截面。在截面受拉区和受压区同时配有纵向受力钢筋的梁,称为双筋截面梁(图3.21)。

3.4.1　基本计算公式及其适用条件

3.4.1.1　计算应力图形

在双筋截面梁中,当满足 $x \leqslant x_b$ 时,仍为适筋梁。和单筋适筋梁破坏情形一样,受拉钢筋应力达到 f_y,受压区混凝土应力采用等效矩形应力图形。

如在梁中采用封闭箍筋,受压钢筋不被压屈而侧向凸出。从试验中可以见到,受压钢筋和受压混凝土在相应纤维处的变形相等,即 $\varepsilon_c = \varepsilon_s'$[图3.22(b)],所以受压钢筋的应力

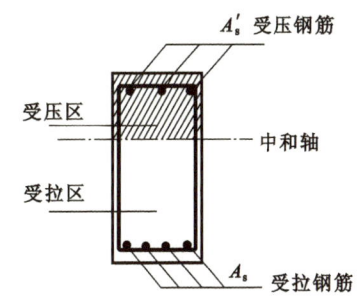

图3.21　双筋截面梁

为 $\sigma_s' = \varepsilon_s' E_s$。根据平截面应变的关系,当取 $a_s' \leqslant 0.5x$ 时,则 A_s' 的纤维应变约为 0.002 [图3.22(b)],于是 $\sigma_s' = \varepsilon_s' E_s = 0.002 \times 2 \times 10^5 = 400 N/mm^2$。对于常用的热轧钢筋,受压强度设计值不会超过 $400 N/mm^2$,其应力可以到达 f_y'。双筋矩形截面的计算应力图形如图3.22 (c)所示。

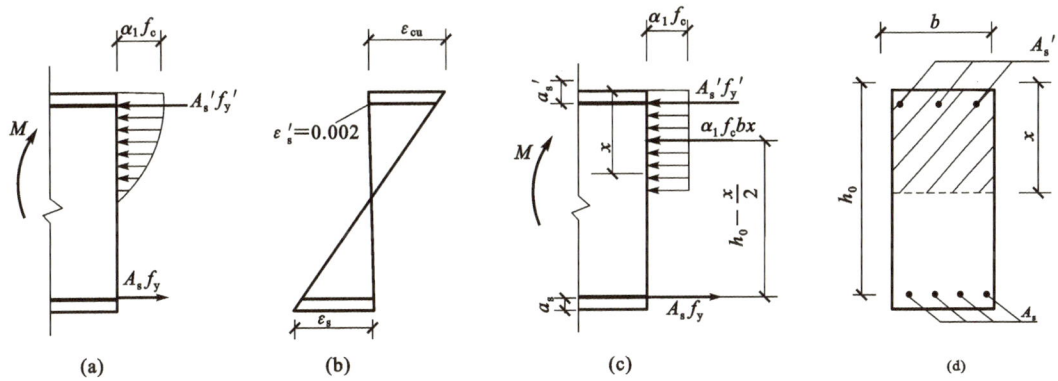

图3.22　双筋截面梁截面应力-应变图

3.4.1.2　基本计算公式

由计算应力图形的平衡条件,可得双筋矩形截面承载力的基本计算公式

$$A_s f_y = A_s' f_y' + \alpha_1 f_c b x \tag{3.32}$$

$$M \leqslant \alpha_1 f_c bx\left(h_0 - \frac{x}{2}\right) + A_s' f_y'(h_0 - a_s') \tag{3.33}$$

式(3.32)、式(3.33)必须满足下列适用条件

$$x \leqslant x_b \quad (\xi \leqslant \xi_b)$$
$$x \geqslant 2a_s' \quad 或 \quad z \leqslant h_0 - a_s' \tag{3.34}$$

式中　a_s'——受压钢筋 A_s' 的重心至受压边缘的距离，一般情况取 40mm。

式(3.16a)是防止双筋梁成为超筋破坏，保证受拉钢筋在梁破坏时能够屈服；式(3.35)是考虑 x 过小，受压钢筋 A_s' 太靠近中和轴，梁在破坏时，受压钢筋不能达到 f_y'。因此，应满足 $z \leqslant h_0 - a_s'$。

3.4.2　截面设计

截面设计系已知 α_1、f_c、f_y、f_y'、M 及截面尺寸 $b \times h$ 等条件，计算所需纵向钢筋的截面面积 A_s 及 A_s'。有时因构造原因，受压钢筋截面面积 A_s' 为已知，仅计算受拉钢筋截面面积 A_s。所以，双筋截面梁的设计，可能有两种情况。

情况 Ⅰ　已知弯矩设计值 M，截面尺寸 $b \times h$，材料强度设计值 f_c、f_y、f_y'，计算纵向钢筋截面面积 A_s、A_s'。

双筋截面是在特定条件下出现的，故设计时应首先验算是否符合式(3.35)的条件，否则，除了截面承担变号弯矩 M 外，不应设计成双筋截面。

$$M > M_u = \alpha_{s,max} \alpha_1 f_c b h_0^2 \tag{3.35}$$

式中　M——截面的弯矩设计值；

$\alpha_{s,max}$——$x = x_b$ 时的截面抵抗矩系数。

由于一般情况下，双筋截面的钢筋用量较多，故截面有效高度 h_0 可按纵向受拉钢筋两排放置考虑，即 $h_0 = h - (60 \sim 70)$。

应用公式(3.32)、式(3.33)计算钢筋截面面积 A_s 与 A_s' 时，由于两式共含有三个未知量 x、A_s、A_s'，故应补充一个条件才能求解。考虑到受压钢筋仅是用来协助混凝土承受压力，因此，计算受压钢筋 A_s' 时，应在充分利用混凝土的强度之后，再由受压钢筋承受混凝土承受不了的压力值。这样的设计，将会使钢筋用量最少，取得较好的经济效果。为此，取 $x = x_b$ 代入式(3.33)计算受压钢筋 A_s'，即

$$A_s' = \frac{M - \alpha_1 f_c b x_b\left(h_0 - \frac{x_b}{2}\right)}{f_y'(h_0 - a_s')} = \frac{M - \alpha_{s,max}\alpha_1 f_c b h_0^2}{f_y'(h_0 - a_s')} \tag{3.36}$$

由式(3.32)，受拉钢筋为

$$A_s = \frac{A_s' f_y' + \alpha_1 f_c bx}{f_y} = \frac{\xi_b \alpha_1 f_c b h_0}{f_y} + A_s' \frac{f_y'}{f_y} \tag{3.37}$$

【例题 3.6】　已知梁的截面 $b \times h = 200\text{mm} \times 400\text{mm}$，弯矩设计值 $M = 120\text{kN·m}$，混凝土 C25，钢筋 HRB400 级（$f_y = f_y' = 360\text{N/mm}^2$），构件安全等级 Ⅱ 级，设计梁的截面。

【解】　受拉钢筋按两排放置，截面有效高度 $h_0 = 400 - 60 = 340\text{mm}$。

从表 3.11 查得：$\xi_b = 0.518$，$\alpha_{s,max} = 0.384$，则单筋矩形截面的极限弯矩为

$$M_u = \alpha_{s,max} \alpha_1 f_c b h_0^2 = 0.384 \times 1.0 \times 11.9 \times 200 \times 340^2 = 105.6 \times 10^6 \text{N·mm}$$

$$=105.6\text{kN}\cdot\text{m}<M=120\text{kN}\cdot\text{m}$$

应按双筋截面进行设计。

由式(3.36)得受压钢筋截面面积为

$$A_s'=\frac{M-\alpha_{s,\max}\alpha_1f_cbh_0^2}{f_y'(h_0-a_s')}=\frac{120\times10^6-105.6\times10^6}{360\times(340-40)}=133\text{mm}^2$$

由式(3.37)得受拉钢筋截面面积为

$$A_s=\frac{\xi_b\alpha_1f_cbh_0}{f_y}+A_s'\frac{f_y'}{f_y}=\frac{0.518\times1.0\times11.9\times200\times340}{360}+133$$

$$=1297\text{mm}^2$$

钢筋选择：受压钢筋直径不宜小于 12，选用 2 Φ 14($A_s'=$ 308mm$^2>$133mm^2)的受压钢筋，并兼作梁的架立钢筋。

受拉钢筋选用 6 Φ 18($A_s=$1526mm$^2>$1297mm^2)，按两排放置(与原假设相符)。

截面配筋如图 3.23 所示。

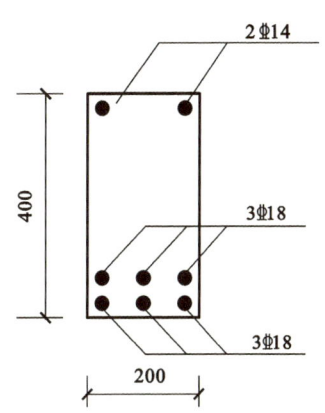

图 3.23　例题 3.6 附图

情况Ⅱ　已知弯矩设计值 M，截面尺寸 $b\times h$，材料强度设计值 f_c、f_y、f_y' 以及受压钢筋截面面积 A_s'，计算截面的受拉钢筋截面面积 A_s。

这种情况与情况Ⅰ的区别是由于变号弯矩或构造上的需要，必须在受压区设置截面面积为 A_s' 的受压钢筋，即 A_s' 为已知。

在情况Ⅰ中，当充分利用混凝土时，才能使钢筋用量最少；在情况Ⅱ中，需充分利用已知的受压钢筋 A_s'，才能使内力臂最大，从而得出受拉钢筋截面面积 A_s 最小。在两个基本计算公式式(3.32)和式(3.33)中，仅 x 和 A_s 两项未知量，可由方程式联立求解。但在实际设计时，通常仍采用表格计算。

双筋矩形截面计算应力图形图 3.24(a)可分解为图 3.24(b)和图 3.24(c)两部分，即

$$M=M_1+M_2$$

图 3.24(b)为受压钢筋 A_s' 和相应的受拉钢筋 A_{s1} 组成的截面所能抵抗的弯矩 M_1。

由　　　　　　　　　　$$A_{s1}f_y=A_s'f_y'\tag{3.38}$$

$$M_1=A_{s1}f_y(h_0-a_s')=A_s'f_y'(h_0-a_s')\tag{3.39}$$

图 3.24(c)为受压混凝土和相应的受拉钢筋 A_{s2} 组成的截面所能抵抗的弯矩 M_2。它相当于单筋截面。

由　　　　　　　　　　$$A_{s2}f_y=\alpha_1f_cbx\tag{3.40}$$

$$M_2=A_{s2}f_y\left(h_0-\frac{x}{2}\right)=\alpha_1f_cbx\left(h_0-\frac{x}{2}\right)\tag{3.41}$$

于是，双筋矩形截面承载力的基本计算公式仍为

$$A_sf_y=\alpha_1f_cbx+A_s'f_y'$$

$$M=M_1+M_2=A_s'f_y'(h_0-a_s')+\alpha_1f_cbx\left(h_0-\frac{x}{2}\right)$$

为了使受拉钢筋在截面破坏时能够屈服，并使受压钢筋能够得到充分利用，基本计算公式

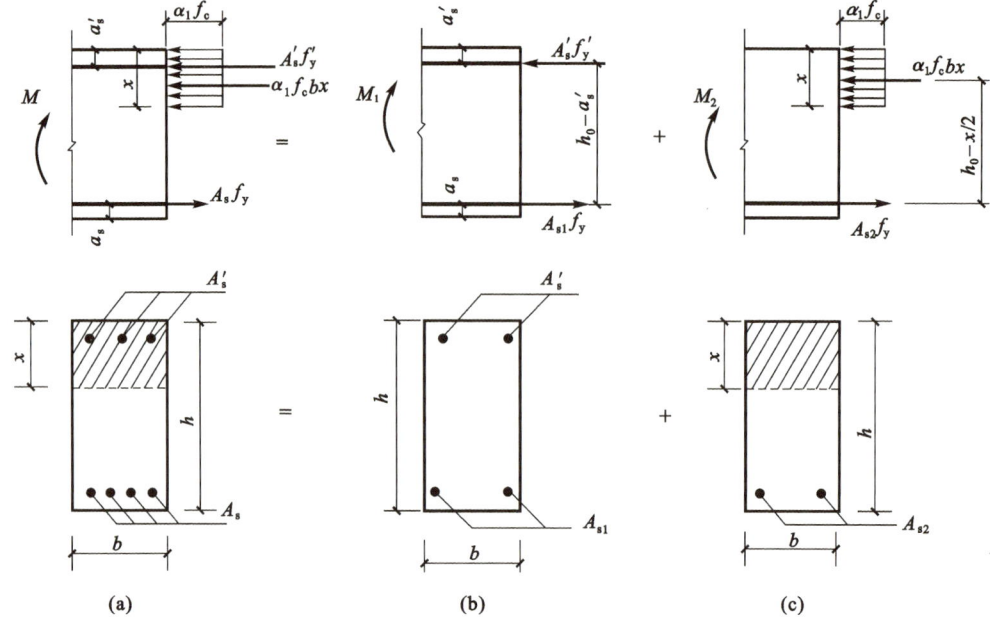

图 3.24　双筋矩形截面应力图形

仍需满足下列条件

$$x \leqslant x_b \quad (\xi \leqslant \xi_b)$$

或

$$\rho_2 = \frac{A_{s2}}{bh_0} \leqslant \rho_{max} = \xi_b \frac{\alpha_1 f_c}{f_y}$$

或

$$M_2 \leqslant \alpha_{s,max} \alpha_1 f_c bh_0^2$$
$$x \geqslant 2a_s'; \quad z \leqslant h_0 - a_s'$$

应用计算表格设计截面的步骤如下:

(1) 根据已有的受压钢筋截面面积 A_s',计算受拉钢筋截面面积 A_{s1} 及其所抵抗的弯矩 M_1,即

$$A_{s1} = A_s' \frac{f_y'}{f_y} \qquad M_1 = A_s' f_y' (h_0 - a_s')$$

(2) 计算受压混凝土及其相应的受拉钢筋截面面积 A_{s2} 所应承担的弯矩 M_2。由 $M = M_1 + M_2$,所以

$$M_2 = M - M_1 = M - A_s' f_y' (h_0 - a_s') \tag{3.42}$$

(3) 按单筋矩形截面的计算公式,计算在弯矩 M_2 作用下所需的受拉钢筋截面面积 A_{s2},即

$$\alpha_{s2} = \frac{M_2}{\alpha_1 f_c bh_0^2} = \frac{M - A_s' f_y' (h_0 - a_s')}{\alpha_1 f_c bh_0^2} \tag{3.43}$$

此时,$\alpha_{s2} \leqslant \alpha_{s,max}$。否则,表明已知的受压钢筋截面面积 A_s' 不够,梁的截面(主要是截面高度)应增大,或按受压钢筋截面面积 A_s' 为未知的情形 I 进行设计。

由 α_{s2} 在表 3.11 中查出相应的 γ_{s2}、ξ_2,并由 ξ_2 计算出受压区高度 $x = \xi_2 h_0$。

① 如 $x \geqslant 2a_s'$,且 $\alpha_{s2} \leqslant \alpha_{s,max}$,梁处于适筋状态,则

$$A_{s2} = \frac{M_2}{f_y \gamma_{s2} h_0} = \frac{M - A'_s f'_y (h_0 - a'_s)}{f_y \gamma_{s2} h_0} \tag{3.44}$$

受拉钢筋截面总面积为

$$A_s = A_{s1} + A_{s2} = A'_s \frac{f'_y}{f_y} + \frac{M_2}{f_y \gamma_{s2} h_0} \tag{3.45}$$

② 如 $x < 2a'_s$，表明已知的受压钢筋截面面积 A'_s 过大，其应力 σ'_s 不能达到强度设计值 f'_y，基本计算公式式(3.32)、式(3.33)已不适用。这时，可假设 $x = 2a'_s$，并按图 3.25 对受压钢筋合力点取矩，得平衡方程为

$$M = A_s f_y (h_0 - a'_s) \tag{3.46}$$

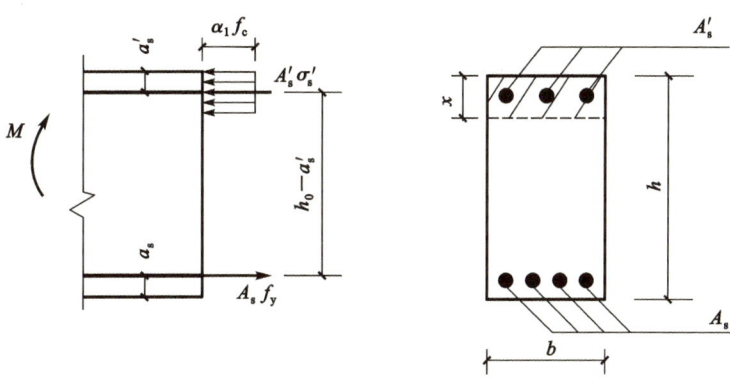

图 3.25 $x < 2a'_s$ 双筋截面应力图形

受拉钢筋截面面积 A_s 可近似地按下式确定

$$A_s = \frac{M}{f_y (h_0 - a'_s)} \tag{3.47}$$

如按式(3.47)计算出的受拉钢筋截面面积 A_s，比在 M 作用下按单筋矩形截面计算出的截面面积 A_s 还要大，则应按单筋矩形截面计算出的钢筋作为受拉钢筋，而不能考虑受压钢筋的作用。

【例题 3.7】 某钢筋混凝土梁，截面如图 3.26 所示。已知：混凝土 C25，钢筋 HRB400 级，截面承受的弯矩设计值 $M = 190 \text{kN} \cdot \text{m}$，$\gamma_0 = 1.0$，在梁的受压区配有 $2 \, \Phi \, 20$($A'_s = 628 \text{mm}^2$)的受压钢筋，试计算该截面所需的受拉钢筋截面面积 A_s。

【解】 因梁的截面较小，弯矩 M 较大，所需的钢筋可能较多，设受拉钢筋按两排放置，截面的有效高度

$$h_0 = 500 - 60 = 440 \text{mm}$$

(1) 受压钢筋 A'_s 及其相应的受拉钢筋 A_{s1}

$$A_{s1} = A'_s \frac{f'_y}{f_y} = 628 \text{mm}^2$$

则

$$M_1 = A_{s1} f_y (h_0 - a'_s) = 628 \times 360 \times (440 - 40)$$
$$= 90.43 \times 10^6 \text{N} \cdot \text{mm} = 90.43 \text{kN} \cdot \text{m}$$

(2) 受压混凝土及其相应的受拉钢筋 A_{s2} 所承担的弯矩 M_2

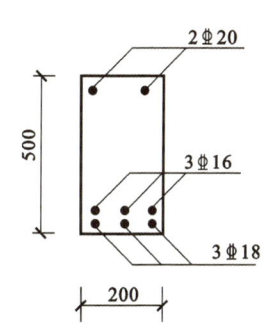

图 3.26 例题 3.7 附图

$$M_2 = M - M_1 = 190 \times 10^6 - 90.43 \times 10^6 = 99.57 \times 10^6 \text{N} \cdot \text{mm}$$

$$\alpha_{s2} = \frac{M_2}{\alpha_1 f_c b h_0^2} = \frac{99.57 \times 10^6}{1.0 \times 11.9 \times 200 \times 440^2} = 0.216$$

查表 3.11 得 $\gamma_{s2} = 0.877, \xi_2 = 0.246 < \xi_b = 0.518$。

受压区高度 $x = \xi_2 h_0 = 0.246 \times 440 = 108\text{mm} > 2a_s' = 80\text{mm}$，所以

$$A_{s2} = \frac{M_2}{f_y \gamma_{s2} h_0} = \frac{99.57 \times 10^6}{360 \times 0.877 \times 440} = 717\text{mm}^2$$

（3）受拉钢筋截面总面积

$$A_s = A_{s1} + A_{s2} = 628 + 717 = 1345\text{mm}^2$$

选用 $3\,\Phi\,18 + 3\,\Phi\,16(A_s = 1366\text{mm}^2)$。

受拉钢筋按两排放置，与原假设相符。配筋详见图 3.26。

【例题 3.8】 一矩形截面梁，$b \times h = 200\text{mm} \times 400\text{mm}$，$M = 120\text{kN} \cdot \text{m}$，在受压区配有 $3\,\Phi\,20(A_s' = 941\text{mm}^2)$ 的受压钢筋，混凝土 C25，钢筋 HRB400 级，$\gamma_0 = 1.0$，构件处于正常环境，试计算该截面所需的受拉钢筋截面面积 A_s。

【解】 设受拉钢筋按两排放置，$h_0 = 400 - 60 = 340\text{mm}$。

受压钢筋 A_s' 相对应的受拉钢筋 A_{s1}

$$A_{s1} = A_s' \frac{f_y'}{f_y} = 941\text{mm}^2$$

$$M_1 = A_{s1} f_y (h_0 - a_s') = 941 \times 360 \times (340 - 40) = 101.6 \times 10^6 \text{N} \cdot \text{mm}$$

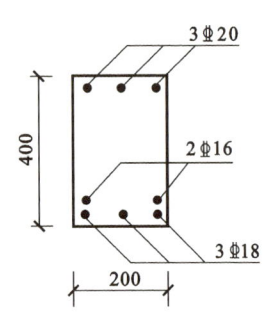

图 3.27　例题 3.8 附图

受压混凝土及其相对应的受拉钢筋 A_{s2}

$$M_2 = M - M_1 = (120 - 101.6) \times 10^6 = 18.4 \times 10^6 \text{N} \cdot \text{mm}$$

$$\alpha_{s2} = \frac{M_2}{\alpha_1 f_c b h_0^2} = \frac{18.4 \times 10^6}{1.0 \times 11.9 \times 200 \times 340^2} = 0.067$$

查表 3.11 得：$\xi_2 = 0.069$。

受压区高度 $x = \xi_2 h_0 = 0.069 \times 340 = 23.46\text{mm} < 2a_s' = 80\text{mm}$，故截面的受拉钢筋 A_s 按式（3.47）计算

$$A_s = \frac{M}{f_y (h_0 - a_s')} = \frac{120 \times 10^6}{360 \times (340 - 40)} = 1111\text{mm}^2$$

不考虑受压钢筋 A_s' 时，按单筋矩形截面计算的受拉钢筋 A_s

$$\alpha_s = \frac{M}{\alpha_1 f_c b h_0^2} = \frac{120 \times 10^6}{1.0 \times 11.9 \times 200 \times 340^2} = 0.436 > \alpha_{s,\max} = 0.384$$

由以上计算可见，当不考虑受压钢筋 A_s' 时，梁的截面尺寸已属不够，故受拉钢筋仍按式（3.47）计算，采用 $A_s = 1111\text{mm}^2$。选用 $3\,\Phi\,18 + 2\,\Phi\,16(A_s = 1165\text{mm}^2)$ 的受拉钢筋，配筋如图 3.27 所示。

3.4.3　截面强度复核

截面的承载力复核是已知材料的强度设计值 f_c、f_y、f_y'，截面尺寸 $b \times h$，钢筋面积 A_s 及 A_s'，弯矩设计值 M，构件安全等级，构件所处环境，要求验算截面能否抵抗已知的弯矩设计值，或者计算该截面受弯承载力。

计算截面的抵抗弯矩时,先由式(3.32)计算出受压区高度 x,然后根据 x 值的不同情况,分别按下列公式计算截面破坏时的抵抗弯矩 M_u。

(1) $x_b \geqslant x \geqslant 2a_s'$,截面处于适筋状态,将 x 代入式(3.33)计算截面的极限弯矩 M_u

$$M_u = \alpha_1 f_c b x \left(h_0 - \frac{x}{2} \right) + A_s' f_y' (h_0 - a_s')$$

(2) $x < 2a_s'$,此时受压钢筋未能得到充分利用,按式(3.46)计算截面极限弯矩,即

$$M_u = A_s f_y (h_0 - a_s')$$

(3) $x > x_b$,截面处于超筋状态。此时,应将 $x = x_b$ 代入式(3.33)计算截面的极限弯矩

$$M_u = \alpha_1 f_c b x_b \left(h_0 - \frac{x_b}{2} \right) + A_s' f_y' (h_0 - a_s') = \alpha_{s,max} \alpha_1 f_c b h_0^2 + A_s' f_y' (h_0 - a_s')$$

将截面的极限弯矩 M_u 与弯矩设计值进行比较,判断截面是否安全。

【例题 3.9】 已知梁的截面 $b \times h = 200\text{mm} \times 500\text{mm}$,混凝土 C25,钢筋 HRB400 级,截面配筋如图 3.28 所示,截面承担的弯矩设计值 $M = 110\text{kN} \cdot \text{m}$,$\gamma_0 = 1.0$,构件处于一类环境,试验算正截面的受弯承载力。

【解】 截面的有效高度:$h_0 = 500 - 60 = 440\text{mm}$

由式(3.32),截面的受压区高度 x 为

$$x = \frac{A_s f_y - A_s' f_y'}{\alpha_1 f_c b} = \frac{(1527 - 509) \times 360}{1.0 \times 11.9 \times 200} = 154.0\text{mm}$$

截面的界限受压区高度 $x_b = \xi_b h_0 = 0.518 \times 440 = 228\text{mm}$。

所以,截面的受压区高度属于

$$x_b \geqslant x > 2a_s' = 80\text{mm}$$

则截面的极限弯矩 M_u 为

$$M_u = \alpha_1 f_c b x \left(h_0 - \frac{x}{2} \right) + A_s' f_y' (h_0 - a_s')$$

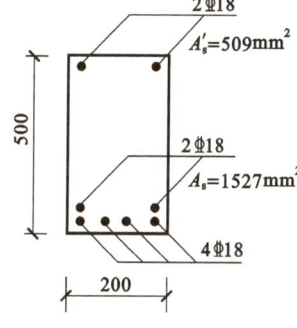

图 3.28　例题 3.9 附图

$$= 1.0 \times 11.9 \times 200 \times 154.0 \times \left(440 - \frac{154.0}{2} \right) + 509 \times 360 \times (440 - 40)$$

$$= 206.3 \times 10^6 \text{N} \cdot \text{mm} = 206.3\text{kN} \cdot \text{m} > M = 110\text{kN} \cdot \text{m}$$

截面强度满足要求。

【例题 3.10】 梁的截面同例题 3.9,在受压区放置 3 Φ 20 的受压钢筋;受拉区放置 5 Φ 18 的受拉钢筋(图 3.29),混凝土 C25,钢筋 HRB400 级,构件处于一类环境,$\gamma_0 = 1.0$,试计算该截面承担的极限弯矩。

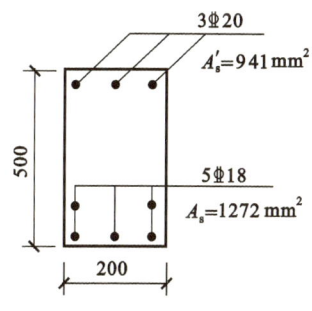

图 3.29　例题 3.10 附图

【解】 截面的有效高度

$$h_0 = 500 - 60 = 440\text{mm}$$

截面受压区高度

$$x = \frac{A_s f_y - A_s' f_y'}{\alpha_1 f_c b} = \frac{(1272 - 941) \times 360}{1.0 \times 11.9 \times 200}$$

$$= 50.1\text{mm} < 2a_s' = 80\text{mm}$$

截面的极限弯矩为

$$M_u = A_s f_y (h_0 - a_s') = 1272 \times 360 \times (440 - 40)$$

$$= 183.2\text{kN} \cdot \text{m}$$

从例题中可以看出:当受压区配置较多的受压钢筋,使受压区高度减少,不仅混凝土不能充分发挥作用,受压钢筋也未能充分发挥作用。所以,过多地放置受压钢筋,对提高截面承载力是不利的。

3.5　单筋 T 形截面的承载力计算

正截面承载力计算是不考虑混凝土抗拉作用的。显然,将矩形截面受拉区的混凝土挖去一部分,并将受拉钢筋集中放置,即形成图 3.30 中的 T 形截面。它和原来的矩形截面受弯承载能力相比,不仅不会降低,而且还节省了被挖去的混凝土,减轻构件自重。工程中肋形楼盖的梁、槽形板、圆孔空心板、薄腹梁等构件,在承载力计算时,均按 T 形截面计算。

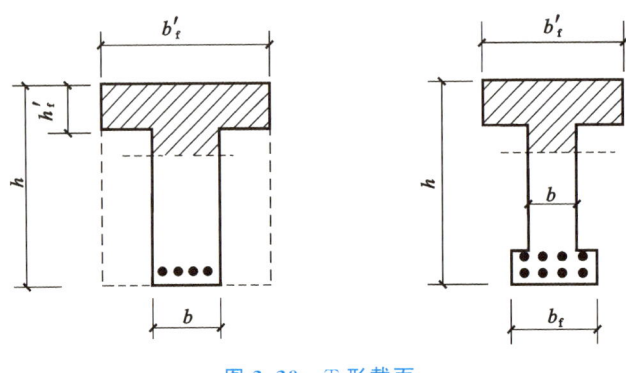

图 3.30　T 形截面

T 形截面伸出部分称为翼缘,中间部分为肋,或称腹板。肋部宽度为 b,受压翼缘宽度为 b'_f,厚度为 h'_f,截面全高为 h。显然,T 形截面的受压区翼缘宽度增大,将使受压区高度 x 减少,内力臂 z 增大,从而使截面的受弯承载能力提高。但试验及理论分析表明:与肋部共同工作的翼缘宽度是有限的。图 3.31(a)为压应力分布图形,距肋部越远,翼缘参与受力程度越小。计算上为了方便,假定距肋部一定范围以内的翼缘全部参与工作,而在这个范围以外的部分,则不参与受力[图 3.31(b)]。这个范围称为翼缘的计算宽度 b'_f。翼缘计算宽度 b'_f 与翼缘传递剪力的能力——翼缘厚度 h'_f、梁的计算跨度 l_0、受力情况(独立梁、肋形楼盖中的 T 形梁)

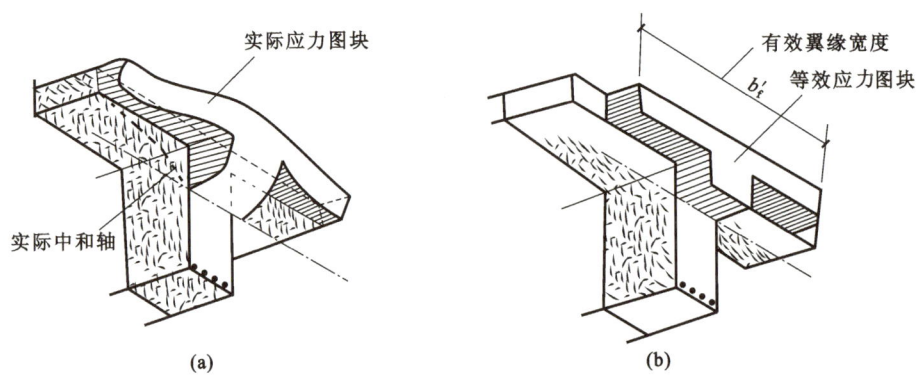

图 3.31　T 形截面压应力分布及计算简图
(a) T 形截面压应力分布图;(b) 简化计算图形

等很多因素有关。《规范》对翼缘计算宽度 b'_f 的取值详见表 3.12,取其三项中的最小值。

表 3.12　受弯构件受压区有效翼缘计算宽度 b'_f

项次	情　　况		T形、I形截面		倒 L 形截面
			肋形梁(板)	独立梁	肋形梁(板)
1	按计算跨度 l_0 考虑		$l_0/3$	$l_0/3$	$l_0/6$
2	按梁(肋)净距 S_n 考虑		$b+S_n$	—	$b+S_n/2$
3	按翼缘高度 h'_f 考虑	$h'_f/h_0 \geqslant 0.1$	—	$b+12h'_f$	—
		$0.1 > h'_f/h_0 \geqslant 0.05$	$b+12h'_f$	$b+6h'_f$	$b+5h'_f$
		$h'_f/h_0 < 0.05$	$b+12h'_f$	b	$b+5h'_f$

注:① 表中 b 为梁的腹板宽度。
② 肋形梁在梁跨内设有间距小于纵肋间距的横肋时,可不考虑表中项次 3 的规定。
③ 加腋的 T 形、I 形和倒 L 形截面,当受压区加腋的高度 $h_h \geqslant h'_f$ 且加腋的长度 $b_h \leqslant 3h_h$ 时,其翼缘计算宽度可按表中 3 的规定分别增加 $2b_h$(T 形截面、I 形截面)和 b_h(倒 L 形截面)。
④ 独立梁受压区的翼缘板在荷载作用下经验算沿纵肋方向可能产生裂缝时,则计算宽度应取腹板宽度 b。

3.5.1　基本计算公式

T 形截面按受压区高度是否进入腹板分为两类:第 1 类 T 形截面,受压区高度在翼缘内 $(x \leqslant h'_f)$,受压面积为矩形[图 3.32(a)];第 2 类 T 形截面,受压区进入梁的腹板 $(x > h'_f)$,受压面积为 T 形[图 3.32(b)]。

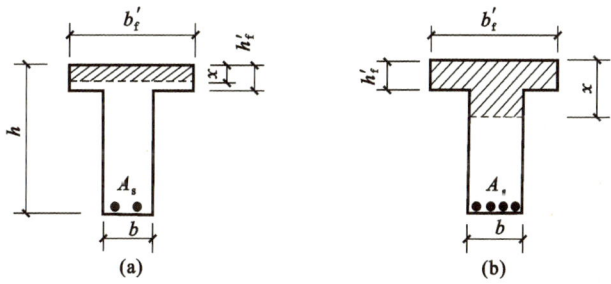

图 3.32　两类 T 形截面

3.5.1.1　两类 T 形截面的判别

当进行 T 形截面受弯构件承载计算时,首先需要判别在给定的条件下属于哪一类 T 形截面。为此,取两类 T 形的界限高度 $x = h'_f$,利用图 3.33 所示的界限应力图形,建立两类 T 形的判别式:

$$\overline{A_s} f_y = \alpha_1 f_c b'_f h'_f$$

$$\overline{A_s} = \frac{\alpha_1 f_c b'_f h'_f}{f_y} \tag{3.48}$$

$$\overline{M} = \overline{A_s} f_y \left(h_0 - \frac{h'_f}{2} \right) = \alpha_1 f_c b'_f h'_f \left(h_0 - \frac{h'_f}{2} \right) \tag{3.49}$$

如果满足

$$A_s \leqslant \overline{A_s} = \frac{\alpha_1 f_c b'_f h'_f}{f_y} \tag{3.50}$$

$$M \leqslant \overline{M} = \alpha_1 f_c b'_f h'_f \left(h_0 - \frac{h'_f}{2} \right) \tag{3.51}$$

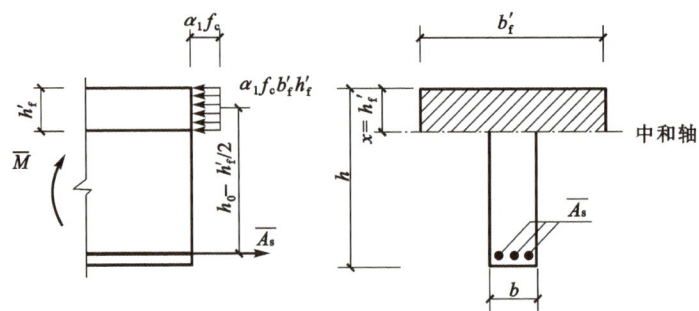

图 3.33 受压区高度 $x=h_{\mathrm{f}}'$ 时截面计算应力图形

$\overline{M}$—中和轴通过翼缘下边缘（$x=h_{\mathrm{f}}'$）时，截面所抵抗的弯矩；$\overline{A_{\mathrm{s}}}$—当 $x=h_{\mathrm{f}}'$ 时，受压翼缘及其相对应的受拉钢筋截面

则表明受压区高度 $x\leqslant h_{\mathrm{f}}'$，属于第 1 类 T 形截面。同理，如果满足

$$A_{\mathrm{s}}>\overline{A_{\mathrm{s}}}=\frac{\alpha_1 f_{\mathrm{c}} b_{\mathrm{f}}' h_{\mathrm{f}}'}{f_{\mathrm{y}}} \tag{3.52}$$

$$M>\overline{M}=\alpha_1 f_{\mathrm{c}} b_{\mathrm{f}}' h_{\mathrm{f}}'\left(h_0-\frac{h_{\mathrm{f}}'}{2}\right) \tag{3.53}$$

则表明受压区高度 $x>h_{\mathrm{f}}'$，属于第 2 类 T 形截面。

设计时，因受拉钢筋未知，用式(3.51)或式(3.53)判别 T 形截面类型；复核强度时，用式(3.50)或式(3.52)判别 T 形截面类型。

3.5.1.2 基本计算公式

A. 第 1 类 T 形截面

截面承载力计算时，由于不考虑混凝土的受拉作用，对于 $x\leqslant h_{\mathrm{f}}'$ 的第 1 类 T 形截面，受压面积是宽度为 b_{f}' 的矩形面积，所以这类截面相当于 $b_{\mathrm{f}}'\times h$ 的矩形截面。这样，如果将 b_{f}' 改换成 b，则单筋矩形截面的承载力计算公式及计算表格，均能适用于第 1 类 T 形截面。

由图 3.34 的平衡条件，可得基本计算公式

$$A_{\mathrm{s}} f_{\mathrm{y}}=\alpha_1 f_{\mathrm{c}} b_{\mathrm{f}}' x \tag{3.54}$$

$$M=\alpha_1 f_{\mathrm{c}} b_{\mathrm{f}}' x\left(h_0-\frac{x}{2}\right) \tag{3.55}$$

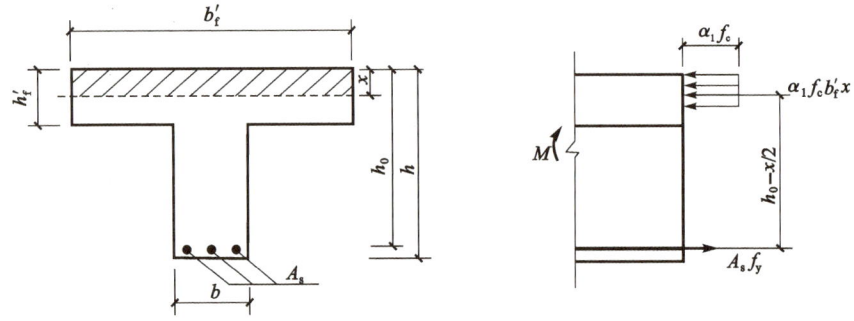

图 3.34 第 1 类 T 形截面应力图形

基本计算公式的适用条件：

(1) $\rho\leqslant\rho_{\max}$

对于第 1 类 T 形截面，受压区高度 x 较小，因此，受拉钢筋不会太多，实际配筋率不可能

超出最大配筋率,即 $\rho \leqslant \rho_{\max}$ 总会得到满足,不必对这个条件进行验算。

（2） $\rho \geqslant \rho_{\min}$

与单筋矩形截面一样,受拉钢筋截面面积应符合 $\rho_{\min}$ 的要求。必须指出的是:对于 T 形截面,计算配筋率 ρ 的宽度应当是梁肋宽度,而不是受压面积的翼缘宽度 b_{f}'。这是因为最小配筋率是根据钢筋混凝土梁的极限弯矩 M_{u} 等于同样截面、同样混凝土强度等级的素混凝土梁的开裂弯矩 M_{cr} 这一条件确定的。而素混凝土梁的开裂弯矩,主要取决于受拉区混凝土所能承担的弯矩。对于肋宽为 b、高度为 h 的素混凝土 T 形截面的开裂弯矩,与 $b \times h$ 矩形截面素混凝土梁的开裂弯矩相比,增加得不多。故此处 $\rho_{\min}$ 仍按肋宽为 b 的矩形截面（$b \times h$）计算。$\rho_{\min}$ 按表 3.6 取值。

B. 第 2 类 T 形截面

受压区进入肋部,即 $x > h_{\mathrm{f}}'$,为第 2 类 T 形截面,建立基本计算公式时,与双筋矩形截面一样,可将 T 形截面的受弯承载力视为由两部分组成（图 3.35）。

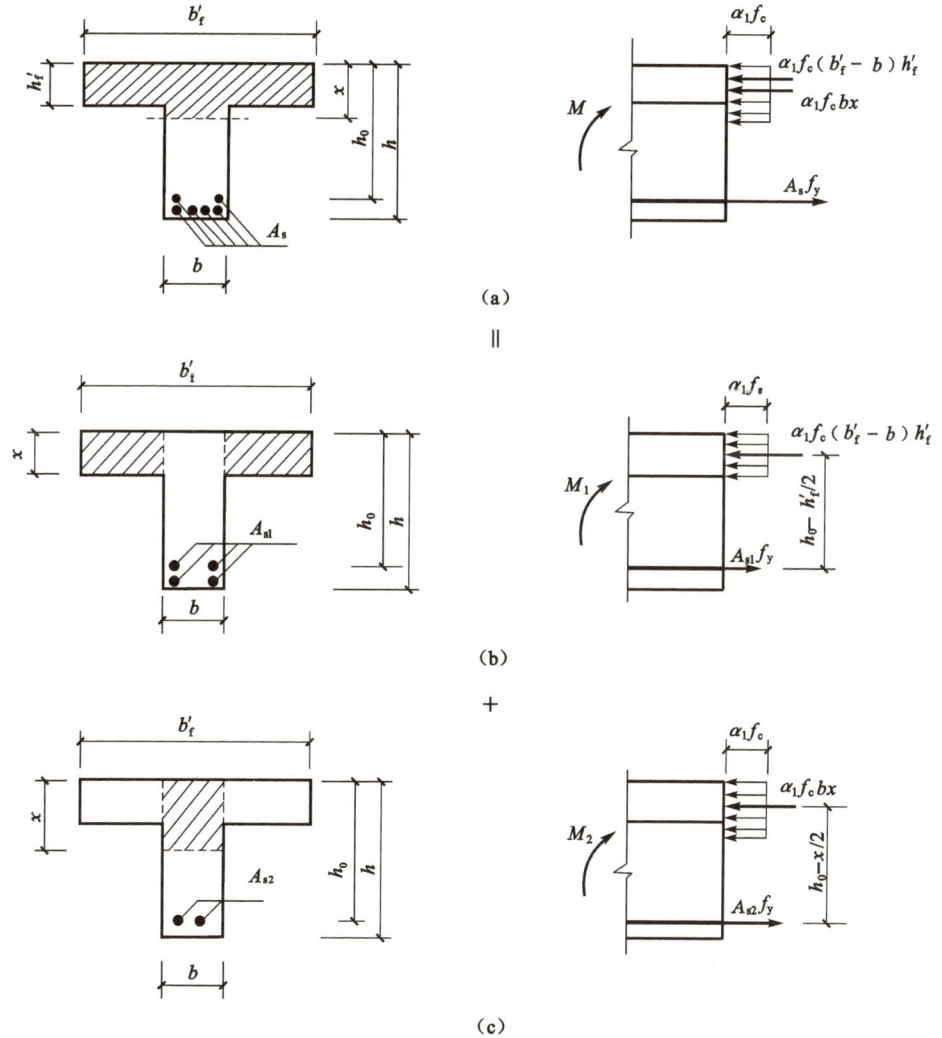

图 3.35　第 2 类 T 形截面应力图形

（1）受压翼缘及其相对应的受拉钢筋 A_{s1} 组成的截面［图 3.35(b)］。

$$A_{s1}f_y = \alpha_1 f_c(b_f' - b)h_f' \tag{3.56}$$

$$M_1 = \alpha_1 f_c(b_f' - b)h_f'\left(h_0 - \frac{h_f'}{2}\right) \tag{3.57}$$

（2）受压梁肋及其相对应的受拉钢筋 A_{s2} 组成的截面［图 3.35(c)］。

$$A_{s2}f_y = \alpha_1 f_c bx \tag{3.58}$$

$$M_2 = \alpha_1 f_c bx\left(h_0 - \frac{x}{2}\right) = \alpha_{s2}\alpha_1 f_c bh_0^2 \tag{3.59}$$

（3）基本计算公式

由上述两部分知：$A_s = A_{s1} + A_{s2}$，$M = M_1 + M_2$，其基本计算公式为

$$A_s f_y = \alpha_1 f_c\left[(b_f' - b)h_f' + bx\right] \tag{3.60}$$

$$M = \alpha_1 f_c\left[(b_f' - b)h_f'\left(h_0 - \frac{h_f'}{2}\right) + bx\left(h_0 - \frac{x}{2}\right)\right] \tag{3.66}$$

第 2 类 T 形截面弯矩较大，所需受拉钢筋较多，因此受压区高度 x 也较大，一般均能满足 $\rho \geqslant \rho_{min}$，可不作最小配筋率验算。

为了充分发挥受拉钢筋的作用，防止超筋破坏，基本计算公式必须满足下列条件之一

$$x \leqslant x_b = \xi_b h_0$$

$$\rho_2 = \frac{A_{s2}}{bh_0} \leqslant \rho_{max} = \xi_b \frac{\alpha_1 f_c}{f_y}$$

$$M_2 \leqslant \alpha_{s,max}\alpha_1 f_c bh_0^2$$

3.5.2　截面设计

已知：截面尺寸 b、h、b_f'、h_f'，材料强度设计值 $\alpha_1 f_c$、f_y、γ_0 和截面承受的弯矩设计值 M，计算截面所需的受拉钢筋截面面积 A_s。

设计时首先用式(3.51)或式(3.53)判别 T 形截面类型，然后按各自类型的计算公式，进行截面设计。

A. 第 1 类 T 形截面。第 1 类 T 形相当于矩形截面，按 $b_f' \times h$ 的单筋矩形截面进行计算。

B. 第 2 类 T 形截面。第 2 类 T 形截面由两部分组成，受拉钢筋截面面积 $A_s = A_{s1} + A_{s2}$。计算步骤如下：

（1）由式(3.56)、式(3.57)计算 A_{s1} 和所承担的弯矩 M_1，即

$$A_{s1} = \frac{\alpha_1 f_c(b_f' - b)h_f'}{f_y}$$

$$M_1 = \alpha_1 f_c(b_f' - b)h_f'\left(h_0 - \frac{h_f'}{2}\right)$$

（2）计算受压肋部及其所承担的弯矩 M_2

$$M_2 = M - M_1 = M - \alpha_1 f_c(b_f' - b)h_f'\left(h_0 - \frac{h_f'}{2}\right)$$

（3）按单筋矩形截面的计算方法，计算在弯矩 M_2 作用下所需的受拉钢筋截面面积 A_{s2}，即

$$\alpha_{s2} = \frac{M_2}{\alpha_1 f_c bh_0^2} = \frac{M - \alpha_1 f_c(b_f' - b)h_f'\left(h_0 - \frac{h_f'}{2}\right)}{\alpha_1 f_c bh_0^2}$$

由 α_{s2} 在表 3.11 中查出相对应的 ξ_2、γ_{s2},计算出受压区高度 $x=\xi_2 h_0$。

若 $x>\xi_b h_0$,则梁的截面尺寸不够,应增加截面尺寸,或改用双筋 T 形截面。

若 $x \leqslant \xi_b h_0$,表明梁处于适筋状态(不可能有 $\rho < \rho_{min}$),截面尺寸满足要求,则

$$A_{s2}=\frac{M_2}{f_y \gamma_{s2} h_0} \quad \text{或} \quad A_{s2}=\xi_2 b h_0 \frac{\alpha_1 f_c}{f_y}$$

(4)截面的受拉钢筋截面面积为 $A_s=A_{s1}+A_{s2}$。

【例题 3.11】 某现浇肋梁楼盖的次梁如图 3.36(a)所示。已知:在梁跨中截面弯矩设计值 $M=110$kN·m,梁的计算跨度 $l_0=6$m,$\gamma_0=1.0$,混凝土 C25,钢筋 HRB400 级,计算梁所需的纵向受拉钢筋截面面积 A_s。

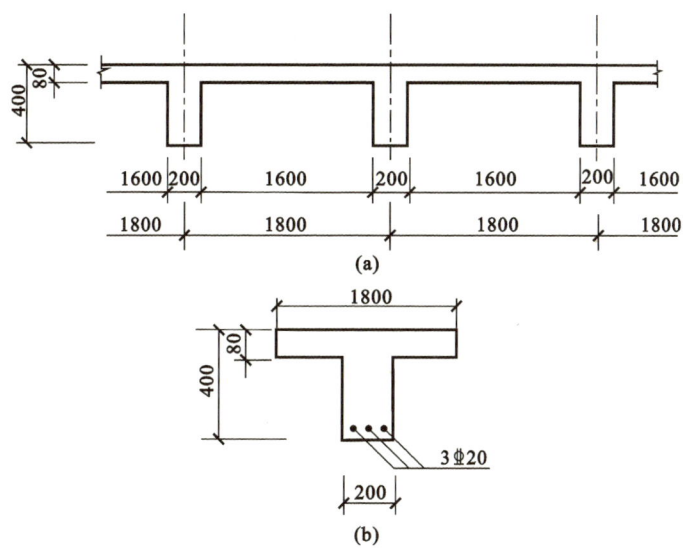

图 3.36 例题 3.11 附图

【解】 设梁的有效高度 $h_0=400-45=355$mm。

确定翼缘计算宽度 b_f':

按表 3.12,当按梁的计算跨度考虑时,$b_f'=\frac{1}{3}l_0=2$m;由梁的净距 S_n 考虑时,$b_f'=b+S_n$ $=0.2+1.6=1.8$m;按翼缘厚度 h_f' 考虑时,$h_f'/h_0=80/355=0.23>0.1$,b_f' 不取值。b_f' 在三项条件中取最小值,则 $b_f'=1.8$m。

由式(3.51),判别 T 形截面的类型

$$\alpha_1 f_c b_f' h_f' \left(h_0-\frac{h_f'}{2} \right)=1.0 \times 11.9 \times 1800 \times 80 \times \left(355-\frac{80}{2} \right)$$

$$=539.78 \times 10^6 \text{N} \cdot \text{mm}$$

$$=539.78 \text{kN} \cdot \text{m} > M=110 \text{kN} \cdot \text{m}$$

由以上验算可知,该截面为第 1 类 T 形,受拉钢筋按 $b_f' \times h$ 的单筋矩形截面计算

由式(3.30)

$$\alpha_s=\frac{M}{\alpha_1 f_c b_f' h_0^2}=\frac{110 \times 10^6}{1.0 \times 11.9 \times 1800 \times 355^2}=0.0407,\text{查得表 3.11,得 } \xi=0.042,\text{则}$$

$$A_s = \xi b_f' h_0 \frac{\alpha_1 f_c}{f_y} = 0.042 \times 1800 \times 355 \times \frac{1.0 \times 11.9}{360} = 887 \text{mm}^2$$

验算配筋率

$$\frac{A_s}{bh} = \frac{887}{200 \times 400} = 1.11\% > \rho_{min} = 0.2\%$$

选用 3 ϕ 20($A_s = 941 \text{mm}^2$)。

所需截面的最小宽度 $b_{min} = 4 \times 25 + 3 \times 20 + 2 \times 8 = 176 \text{mm} < b = 200 \text{mm}$。一排能够放置受拉钢筋,与原假定有效高度相符。截面配筋如图 3.36(b)所示。

【例题 3.12】　已知 T 形截面如图 3.37 所示,承受的弯矩设计值 $M = 560 \text{kN} \cdot \text{m}$,混凝土 C25,钢筋 HRB400 级,试计算梁的受拉钢筋截面面积 A_s。

【解】　设梁的有效高度 $h_0 = 800 - 70 = 730 \text{mm}$。

判别 T 形截面的类型

$$\alpha_1 f_c b_f' h_f' \left(h_0 - \frac{h_f'}{2}\right) = 1.0 \times 11.9 \times 600 \times 100 \times \left(730 - \frac{100}{2}\right)$$

$$= 485.52 \times 10^6 \text{N} \cdot \text{mm}$$

$$= 485.52 \text{kN} \cdot \text{m} < M = 560 \text{kN} \cdot \text{m}$$

属于第 2 类 T 形截面。

计算 A_{s1} 及其所承担的弯矩 M_1

$$A_{s1} = \frac{\alpha_1 f_c (b_f' - b) h_f'}{f_y} = \frac{1.0 \times 11.9 \times (600 - 300) \times 100}{360} = 992 \text{mm}^2$$

$$M_1 = \alpha_1 f_c (b_f' - b) h_f' \left(h_0 - \frac{h_f'}{2}\right) = 1.0 \times 11.9 \times (600 - 300) \times 100 \times \left(730 - \frac{100}{2}\right)$$

$$= 242.76 \times 10^6 \text{N} \cdot \text{mm} = 242.76 \text{kN} \cdot \text{m}$$

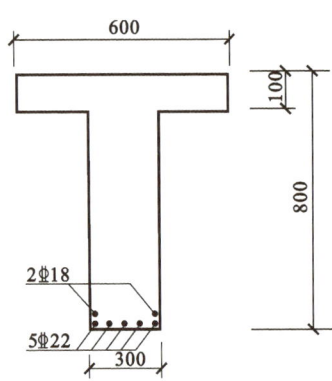

图 3.37　例题 3.12 附图

受压肋部及其所承担的弯矩

$$M_2 = M - M_1 = 560 - 242.76 = 317.24 \text{kN} \cdot \text{m}$$

求 M_2 作用下所需的受拉钢筋截面面积 A_{s2}

$$\alpha_{s2} = \frac{M_2}{\alpha_1 f_c b h_0^2} = \frac{317.24 \times 10^6}{1.0 \times 11.9 \times 300 \times 730^2} = 0.167$$

查表 3.11 得 $\xi_2 = 0.184 < \xi_b = 0.518$,则

$$A_{s2} = \xi_2 b h_0 \frac{\alpha_1 f_c}{f_y} = 0.184 \times 300 \times 730 \times \frac{1.0 \times 11.9}{360}$$

$$= 1332 \text{mm}^2$$

截面的受拉钢筋截面面积 $A_s = A_{s1} + A_{s2} = 992 + 1332 = 2324 \text{mm}^2$。选用 5 ϕ 22 + 2 ϕ 18($A_s = 2409 \text{mm}^2$),钢筋配置如图 3.37 所示。

3.5.3　截面强度复核

已知材料强度设计值,截面尺寸(b、h、b_f'、h_f')及纵向受拉钢筋截面面积 A_s,复核截面的受弯承载力,其计算步骤如下:

（1）根据钢筋布置情况，计算截面的有效高度 h_0；

（2）由式（3.50）或式（3.52）判别 T 形截面属于哪一类；

（3）对第 1 类 T 形截面，按 $b_f' \times h$ 的矩形截面计算；

（4）对第 2 类 T 形截面：

① 计算 A_{s1} 及 M_1： $A_{s1} = \dfrac{\alpha_1 f_c (b_f' - b) h_f'}{f_y}$

$$M_1 = \alpha_1 f_c (b_f' - b) h_f' \left(h_0 - \dfrac{h_f'}{2} \right)$$

② $A_{s2} = A_s - A_{s1}$。

③ 由 $\rho_2 = \dfrac{A_{s2}}{bh}$，计算 $\xi_2 = \rho_2 \dfrac{f_y}{\alpha_1 f_c}$，查表 3.11 得 α_{s2}。

④ 计算受压的梁肋所承担的弯矩 M_2：

当 $\xi_2 > \xi_b$ 时，按超筋梁计算，$M_2 = \alpha_{s2,max} bh_0^2 \alpha_1 f_c$；

当 $\xi_2 \leq \xi_b$ 时，按适筋梁计算，$M_2 = \alpha_{s2} \alpha_1 f_c bh_0^2$。

⑤ 截面的极限弯矩 $M_u = M_1 + M_2$，与截面的弯矩设计值进行比较，如 $M \leq M_u$，则截面承载力已足够。

【例题 3.13】　已知梁的截面尺寸及配筋如图 3.38 所示，构件处于一类环境，混凝土 C25，钢筋 HRB400 级，$A_s = 1520 \text{mm}^2$，截面承担的弯矩设计值 $M = 117 \text{kN} \cdot \text{m}$，验算正截面承载力是否满足要求。

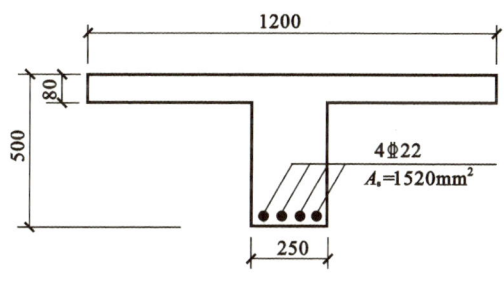

图 3.38　例题 3.13 附图

【解】　截面有效高度

$$h_0 = 500 - 45 = 455 \text{mm}$$

判别 T 型截面类型

$$\overline{A_s} = \dfrac{\alpha_1 f_c b_f' h_f'}{f_y} = \dfrac{1.0 \times 11.9 \times 1200 \times 80}{360} = 3173 \text{mm}^2 > A_s = 1520 \text{mm}^2$$

截面为第 1 类 T 形截面。

承载力验算：

（1）基本公式计算

截面受压区高度

$$x = \dfrac{A_s f_y}{\alpha_1 f_c b_f'} = \dfrac{1520 \times 360}{1.0 \times 11.9 \times 1200} = 38.3 \text{mm} < \xi_b h_0 = 0.518 \times 455 = 235.7 \text{mm}$$

截面承担的弯矩:因 $x < x_b$,而且 $\dfrac{A_s}{b_f'h} = \dfrac{1520}{1200 \times 500} = 0.25\% > \rho_{min} = 0.2\%$,截面为第 1 类 T 形适筋截面,则:

$$M_u = \alpha_1 f_c b_f' x \left(h_0 - \frac{x}{2}\right) = 1.0 \times 11.9 \times 1200 \times 38.3 \times \left(455 - \frac{38.3}{2}\right) \times 10^{-6}$$

$$= 238.4 \text{kN} \cdot \text{m} > M = 117 \text{kN} \cdot \text{m}$$

截面承载力足够。

（2）表格计算

截面配筋率

$$\rho = \frac{A_s}{b_f'h_0} = \frac{1520}{1200 \times 455} = 0.0028$$

相对受压区高度

$$\xi = \rho \frac{f_y}{f_c} = 0.0028 \times \frac{360}{11.9} = 0.085$$

查表 3.11,得 $\alpha_s = 0.081$

$$M_u = \alpha_s \alpha_1 f_c b_f' h_0^2 = 0.081 \times 1.0 \times 11.9 \times 1200 \times 455^2 \times 10^{-6} = 239.5 \text{kN} \cdot \text{m}$$

两种计算方法基本一致,截面承载力满足要求。

【例题 3.14】 梁的截面配筋及尺寸如图 3.39 所示,构件一类环境,截面的弯矩设计值 $M = 355 \text{kN} \cdot \text{m}$,混凝土 C25,钢筋 HRB400 级,验算截面的承载力。

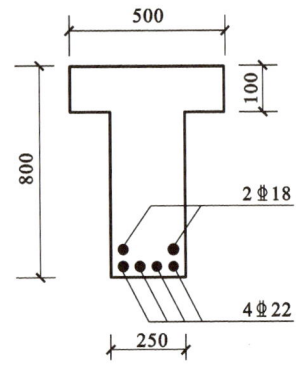

图 3.39　例题 3.14 附图

【解】 截面的有效高度　$h_0 = 800 - 65 = 735 \text{mm}$

由 4Φ22 + 2Φ18 组成的 $A_s = 2029 \text{mm}^2$

判别 T 形截面类型

$$\overline{A_s} = \frac{\alpha_1 f_c b_f' h_f'}{f_y} = \frac{1.0 \times 11.9 \times 500 \times 100}{360}$$

$$= 1653 \text{mm}^2 < A_s = 2029 \text{mm}^2$$

截面属于第 2 类 T 形截面。

计算 A_{s1} 及其所承担的弯矩 M_1

$$A_{s1} = \frac{\alpha_1 f_c (b_f' - b) h_f'}{f_y} = \frac{1.0 \times 11.9 \times (500 - 250) \times 100}{360}$$

$$= 826 \text{mm}^2$$

$$M_1 = \alpha_1 f_c (b_f' - b) h_f' \left(h_0 - \frac{h_f'}{2}\right) = 1.0 \times 11.9 \times (500 - 250) \times 100 \times \left(735 - \frac{100}{2}\right)$$

$$= 203.8 \times 10^6 \text{N} \cdot \text{mm} = 203.8 \text{kN} \cdot \text{m}$$

验算截面所处状态

$$A_{s2} = A_s - A_{s1} = 2029 - 826 = 1203 \text{mm}^2$$

$$\rho_2 = \frac{A_{s2}}{bh_0} = \frac{1203}{250 \times 735} = 0.0065$$

$$\xi_2 = \rho_2 \frac{f_y}{\alpha_1 f_c} = 0.0065 \times \frac{360}{1.0 \times 11.9} = 0.197 < \xi_b = 0.518$$

截面处于适筋状态。

由 $\xi_2 = 0.197$，在表 3.11 中查得，$\alpha_{s2} = 0.178$。

受压梁肋及其所承担的弯矩

$$M_2 = \alpha_{s2}\alpha_1 f_c bh_0^2 = 0.178 \times 1.0 \times 11.9 \times 250 \times 735^2$$
$$= 278.3 \times 10^6 \text{N} \cdot \text{mm} = 278.3 \text{kN} \cdot \text{m}$$

截面的抵抗弯矩

$$M_u = M_1 + M_2 = 203.8 + 278.3 = 482.1 \text{kN} \cdot \text{m} > M = 355 \text{kN} \cdot \text{m}$$

截面的承载力足够。

【例题 3.15】 一承受均布荷载的简支梁，其截面尺寸及配筋如图 3.40 所示，构件一类环境。混凝土 C25，钢筋 HPB300 级，$\gamma_0 = 1.0$，试计算梁所能承担的均布荷载 q（包括梁的自重）。

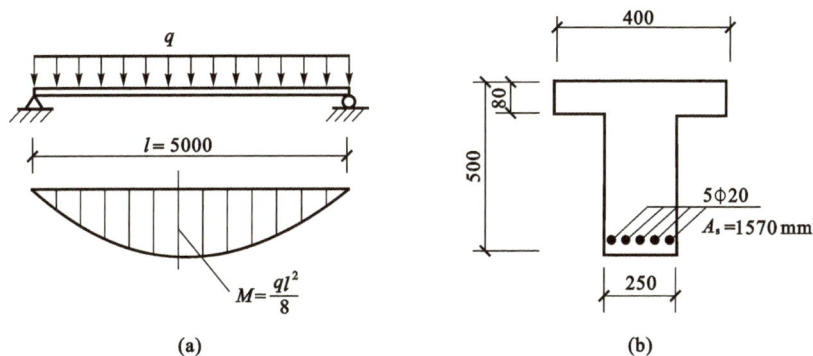

图 3.40 例题 3.15 附图

【解】 截面有效高度

$$h_0 = 500 - 45 = 455 \text{mm}$$

判别 T 形截面类型

$$\overline{A_s} = \frac{\alpha_1 f_c b_f' h_f'}{f_y} = \frac{1.0 \times 11.9 \times 400 \times 80}{270} = 1410 \text{mm}^2 < A_s = 1570 \text{mm}^2$$

该截面属于第 2 类 T 形截面。

A_{s1} 及其所承担的弯矩 M_1

$$A_{s1} = \frac{\alpha_1 f_c (b_f' - b) h_f'}{f_y} = \frac{1.0 \times 11.9 \times (400 - 250) \times 80}{270} = 529 \text{mm}^2$$

$$M_1 = \alpha_1 f_c (b_f' - b) h_f' \left(h_0 - \frac{h_f'}{2} \right) = 1.0 \times 11.9 \times (400 - 250) \times 80 \times \left(455 - \frac{80}{2} \right)$$

$$= 59.3 \times 10^6 \text{N} \cdot \text{mm} = 59.3 \text{kN} \cdot \text{m}$$

$$A_{s2} = A_s - A_{s1} = 1570 - 529 = 1041 \text{mm}^2$$

验算截面所处状态

$$\rho_2 = \frac{A_{s2}}{bh_0} = \frac{1041}{250 \times 455} = 0.0092$$

$$\xi_2 = \rho_2 \frac{f_y}{\alpha_1 f_c} = 0.0092 \times \frac{270}{1.0 \times 11.9} = 0.209 < \xi_b = 0.58$$

截面处于适筋状态。

由 $\xi_2 = 0.209$，在表 3.11 中查得，$\alpha_{s2} = 0.187$。

受压肋部及其所承担的弯矩 M_2

$$M_2 = \alpha_{s2}\alpha_1 f_c b h_0^2 = 0.187 \times 1.0 \times 11.9 \times 250 \times 455^2$$
$$= 115.2 \times 10^6 \, \text{N} \cdot \text{mm} = 115.2 \text{kN} \cdot \text{m}$$

截面的极限弯矩　　$M_u = M_1 + M_2 = 59.3 + 115.2 = 174.5 \text{kN} \cdot \text{m}$

根据截面的极限弯矩与简支梁在均布荷载设计值作用下所产生弯矩相等的条件，即

$$M_u = \frac{q l_0^2}{8}$$

所以，该梁能承担（包括自重）的均布荷载设计值为

$$q = \frac{8M_u}{l_0^2} = \frac{8 \times 174.5}{5^2} = 55.84 \text{kN/m}$$

本 章 小 结

一个完整的设计，应该是既有可靠的计算依据，又有合理的构造措施，而钢筋混凝土结构的构造比较复杂，只能在有关章节中逐一解决。对正截面而言，开始就会接触到与正截面计算有关的基本构造问题，诸如纵向钢筋的间距、钢筋保护层厚度、截面的有效高度，本章均作了较详尽的阐述。

钢筋混凝土为非匀质材料，在不同配筋率条件下，其破坏情况是不同的，少筋、超筋均属脆性破坏。适筋梁破坏时截面材料均得到充分利用，且属延性破坏。因此，设计时只能是适筋，而不能是少筋和超筋，为此应当确定适筋与少筋、适筋与超筋的临界条件，这些条件初学者必须牢牢记住。

适筋梁从开始受力直到截面破坏经历了三个阶段，计算时依据其破坏阶段的应力图形，根据其基本假设，即不考虑混凝土的受拉作用、平截面假设、用等效压应力图形代替实际压应力图形。由截面平衡条件可得出正截面的基本计算公式，并由基本计算公式编算出的表格公式，对截面进行设计和强度复核。

单筋矩形截面是计算的基础，应予牢固掌握。

对于弯矩较大且截面尺寸受到限制的情况，仅靠混凝土承受不了由弯矩产生的压力，此时可采用受压钢筋协助混凝土承受压力，形成了在受压区亦有受力钢筋的双筋截面。受压钢筋应有恰当的位置和数量，使其得到充分利用。当内力改变符号时，亦应设计成双筋截面。

T 形截面是受弯构件中的常见形式，确定其翼缘宽度 b_f'、判别两类 T 形以及各自的适用条件是计算的依据，对 T 形截面有关计算应熟练掌握。

思 考 题

3.1　在梁、板结构中，为何对钢筋的间距提出不同的要求？具体有哪些规定？

3.2　混凝土保护层厚度根据什么条件确定？为何在不同的环境中，其值有不同的要求？

3.3　图 3.41 所示的 M_u/M-f 曲线，Oa、ab、bc 各代表梁处于哪个受力阶段？其受力特点是什么？

3.4　在图 3.41 中，a 点、b 点及 c 点各标志着梁到达哪个状态？过 a 点及 b 点曲线的斜率变化说明了什么？

3.5　试说明界限破坏和界限配筋的概念。为何界限配筋率又称为梁的最大配筋率？

3.6　试说明超筋梁的破坏特征，为何在设计中不允许出现超筋梁？

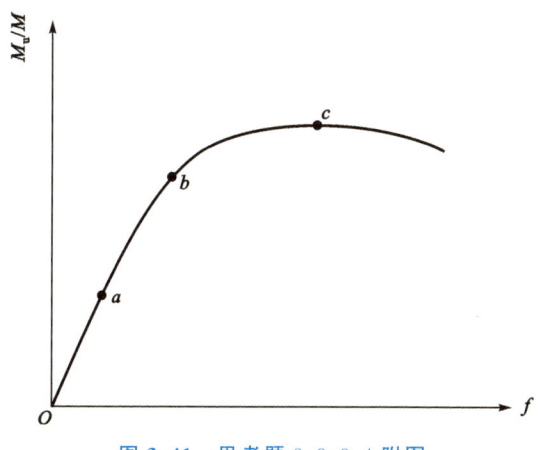

图 3.41 思考题 3.3、3.4 附图

3.7 什么情况下钢筋混凝土梁的极限弯矩会低于同样截面、同样混凝土强度等级素混凝土梁的破坏弯矩？为何在设计中不允许出现少筋状态？

3.8 试回答下列问题：

(1) 混凝土出现裂缝前，钢筋截面面积 A_s 与其应力 σ_s 有无关系？

(2) 混凝土开裂后，钢筋应力增量 σ_s 与配筋率有无关系？

(3) 当配筋率 ρ 一定时，钢筋的屈服强度 f_y 越高，开裂弯矩 M_{cr} 是否越大？

(4) 配置热轧钢筋的钢筋混凝土梁，受拉钢筋屈服后，为何截面的抵抗弯矩仍有所增加？

3.9 受压混凝土等效应力图是根据什么条件确定的？

3.10 试推导相对界限受压区高度 ξ_b 的计算公式。

3.11 在单筋矩形截面中：

(1) 当 $\xi \leqslant \xi_b$ 且 $\rho \geqslant \rho_{min}$，为什么用下列公式计算截面极限弯矩是一致的？

$$M_u = \alpha_1 f_c bx \left(h_0 - \frac{x}{2} \right), \quad M_u = A_s f_y \left(h_0 - \frac{x}{2} \right)$$

(2) 当 $\xi > \xi_b$ 用下列公式计算截面极限弯矩为什么不一致？哪个公式计算是正确的？

$$M_u = \alpha_1 f_c bx_b \left(h_0 - \frac{x_b}{2} \right), \quad M_u = A_s f_y \left(h_0 - \frac{x_b}{2} \right)$$

3.12 为什么双筋截面中仍要满足 $x \leqslant x_b$ 和 $x \geqslant 2a_s'$？

3.13 在双筋截面设计中：

(1) 当 A_s' 为未知，根据什么条件计算 A_s' 及 A_s？

(2) 当 A_s' 为已知，为何会出现 $x > x_b$，设计时如何处理这类问题？

(3) 当 A_s' 为已知，为何会出现 $x < 2a_s'$，设计时又如何处理？

3.14 在截面设计和承载力复核时，应如何判别 T 形截面的类型？

3.15 为何第 1 类 T 形截面必须验算 $\rho \geqslant \rho_{min}$？为什么计算 ρ 时采用梁的肋部宽度 b，而不采用翼缘宽度 b_f'？

3.16 设计第 2 类 T 形截面时，当 $x > x_b$ 时说明什么问题？应采取什么措施？

3.17 当钢筋级别、混凝土强度等级、截面高度一致时：

(1) 试比较图 3.42 各截面承担的极限弯矩是否一致？并说明其原因。

(2) 各截面的 ρ_{min} 是否一致？

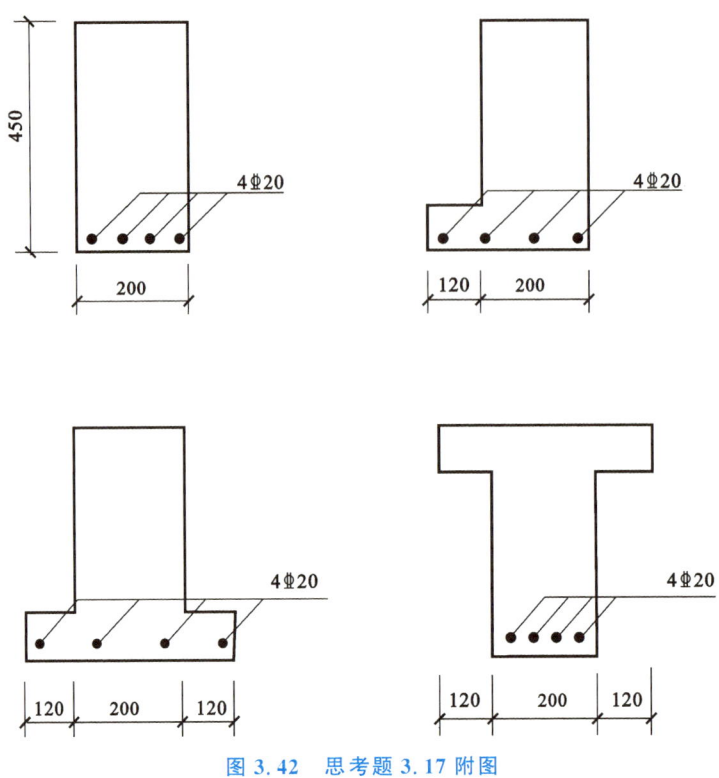

图 3.42　思考题 3.17 附图

习　　题

3.1　已知矩形截面梁，$b \times h = 200\text{mm} \times 400\text{mm}$，弯矩设计值 $M = 75\text{kN} \cdot \text{m}$，混凝土为 C25，钢筋为 HPB300 级，$\gamma_0 = 1.0$，构件一类环境。试分别用基本计算公式和表格计算纵向受拉钢筋截面面积 A_s，并选出钢筋直径及根数。

3.2　某钢筋混凝土梁，截面尺寸 $b \times h = 250\text{mm} \times 700\text{mm}$，承受板传来的均布荷载设计值 37kN/m（未考虑梁的自重），梁的计算跨度 $l_0 = 6\text{m}$，混凝土 C25，钢筋 HRB400 级，施工现场仅有直径 $d \leqslant 22\text{mm}$ 的钢筋，$\gamma_0 = 1.0$，构件处于正常环境。试用基本计算公式及表格计算 A_s，选出钢筋直径及根数。

3.3　预制地沟盖板计算跨度 $l_0 = 1.5\text{m}$，板上有 100mm 厚焦渣层（容积密度 14kN/m^3）、30mm 厚水泥砂浆面层（容积密度 20kN/m^3）。板宽 500mm，板厚 60mm（钢筋混凝土容积密度 25kN/m^3）。地面均布活荷载标准值为 2kN/m^2。混凝土 C30，钢筋 HRB400 级。试用基本计算公式及表格计算 A_s，并画出板的截面配筋图。

3.4　挑檐板厚 $h = 70\text{mm}$，每米宽板承受的弯矩设计值 $M = 6\text{kN} \cdot \text{m}$，混凝土 C25，采用 RRB400 级钢筋。计算板的配筋。

3.5　截面尺寸为 $b \times h = 200\text{mm} \times 450\text{mm}$ 的钢筋混凝土梁，采用 C25 混凝土及 HRB400 级钢筋，截面构造如图 3.43 所示。该梁承受的最大弯矩设计值 $M = 68\text{kN} \cdot \text{m}$，试复核截面是否安全？

3.6　一矩形截面梁，$b \times h = 200\text{mm} \times 500\text{mm}$，配筋如图 3.44 所示。混凝土 C25，钢筋 HRB400 级，试问此梁能承受的弯矩设计值 M 为多少？

3.7　一矩形截面梁，截面尺寸 $b \times h = 200\text{mm} \times 450\text{mm}$，$a_s = 50\text{mm}$，$a_s' = 40\text{mm}$，承担的弯矩设计值 $M = 198\text{kN} \cdot \text{m}$，混凝土 C25，钢筋 HRB400 级，计算梁所需的钢筋截面面积，选择钢筋直径及根数。

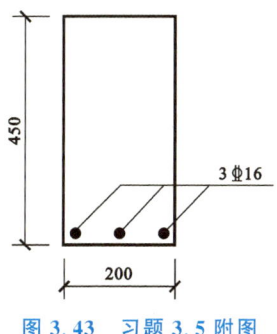

图 3.43 习题 3.5 附图

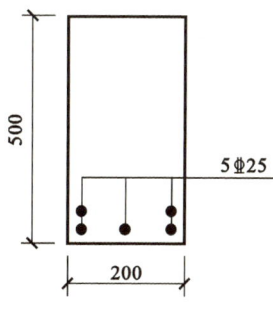

图 3.44 习题 3.6 附图

3.8 一钢筋混凝土简支矩形梁,承担的均布荷载设计值为 46kN/m(包括梁自重),梁的计算跨度 $l_0=$ 5m。因建筑高度的限制,截面尺寸只能用 $b \times h = 200mm \times 420mm$,混凝土 C25,钢筋 HRB400 级,试作下列计算:

(1) 计算梁的钢筋截面面积;

(2) 如在受压区放置 3 ⏀ 16 的钢筋,再计算受拉钢筋的用量,并与(1)作比较,哪一个方案经济,原因何在?

3.9 已知梁截面尺寸 $b \times h = 200mm \times 500mm$,承担的弯矩设计值 $M = 88kN \cdot m$,在梁的受压区放置 $2 \phi 12 (A_s' = 226mm^2)$ 的钢筋,混凝土 C25,受拉钢筋 HPB400 级,试计算钢筋截面面积 A_s。

3.10 梁截面 $b \times h = 200mm \times 400mm$,混凝土 C25,受拉区配有 3 ⏀ 22,受压区放置 2 ⏀ 16 的钢筋,截面承担的弯矩设计值 $M = 90kN \cdot m$,试验算截面是否安全?

3.11 一现浇钢筋混凝土肋梁楼盖,板厚 80mm,次梁肋宽 $b = 200mm$,梁高 $h = 500mm$,计算跨度 $l_0 =$ 6m,次梁净距 $S_n = 2m$,由荷载设计值在梁上产生的弯矩 $M = 85kN \cdot m$,混凝土 C25,钢筋 HPB300 级。计算梁的受拉钢筋截面面积 A_s,选择钢筋直径及根数。

3.12 梁的截面尺寸如图 3.45 所示,承受的弯矩设计值 $M = 620kN \cdot m$,混凝土 C25,钢筋 HRB400 级,计算梁的钢筋截面面积 A_s,选择钢筋直径及根数。

3.13 某 T 形截面梁,截面尺寸如图 3.46 所示,承受的弯矩设计值 $M = 110kN \cdot m$,混凝土 C25,钢筋 HRB400 级,构件安全等级为 Ⅲ 级,试计算截面所需钢筋。

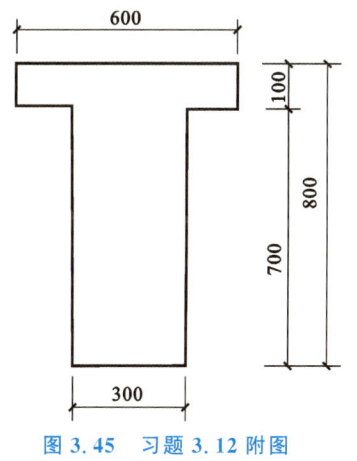

图 3.45 习题 3.12 附图

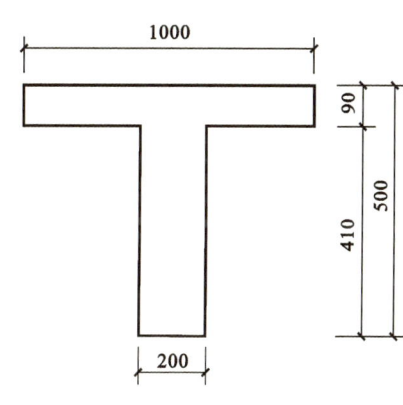

图 3.46 习题 3.13 附图

3.14 梁的截面尺寸及配筋如图 3.47 所示,弯矩设计值 $M = 300kN \cdot m$,混凝土 C25,钢筋 HRB400 级,试验算梁的正截面承载力是否安全?

3.15 如图 3.48 所示的 T 形截面梁,混凝土 C25,钢筋 HRB400 级,试计算该截面能承担的弯矩设计值 M 为多少?

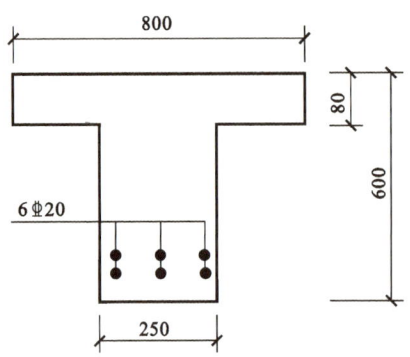 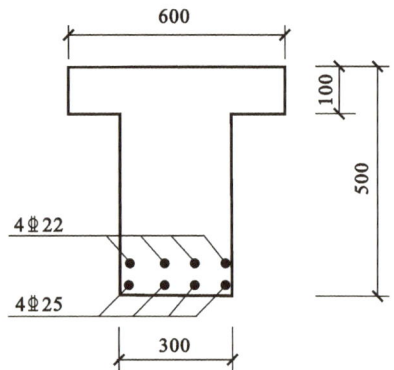

图 3.47 习题 3.14 附图   图 3.48 习题 3.15 附图

本章练习

4 受弯构件斜截面承载力计算

本章提要

受弯构件除可能沿正截面发生破坏外,亦可能在弯矩和剪力共同作用下沿斜截面破坏。本章将从无腹筋梁斜裂缝出现后引起梁内应力状态变化入手,了解其三种破坏形态及其对受剪承载力的影响,进而掌握无腹筋梁受剪承载力的计算。

对于有腹筋梁,由于腹筋的存在,阻止斜裂缝的开展,其受剪承载力较无腹筋梁高,但有腹筋梁随着配筋率不同,其破坏形式不尽相同,由有腹筋梁剪压破坏的特征,可得其抗剪承载力的计算公式,由此式对斜截面受剪承载力进行计算,因此重点掌握以下内容:

(1) 有腹筋梁斜截面受剪承载力的计算公式及其适用条件;

(2) 材料抵抗图的做法,钢筋弯起和截断位置;

(3) 纵向受拉(受压)钢筋进入支座的锚固长度。

通过第3、4章的学习,全面掌握梁(板)的配筋及其施工图的绘制。

受弯构件除了可能沿正截面发生破坏外,在弯矩和剪力共同作用下,梁还有可能发生斜截面的破坏。为防止斜截面的破坏,应使梁有足够的截面尺寸,并配置箍筋和弯起钢筋(迪称梁的腹筋)。箍筋同纵向钢筋和架立钢筋绑扎(或焊接)在一起,形成刚劲的钢筋骨架(图 4.1),使各种钢筋在施工时,保证位置正确。

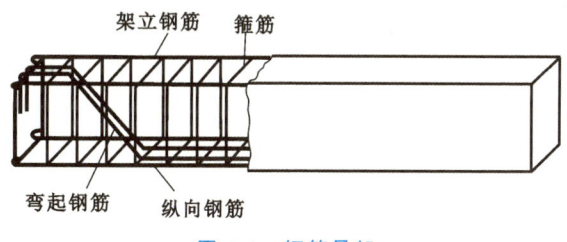

架立钢筋　箍筋

弯起钢筋　纵向钢筋

图 4.1　钢筋骨架

4.1　无腹筋梁的受剪性能

4.1.1　斜裂缝引起的梁受力状态的变化

图 4.2(a)所示的集中荷载作用下的简支梁,随荷载增大,在集中荷载与支座之间陆续出

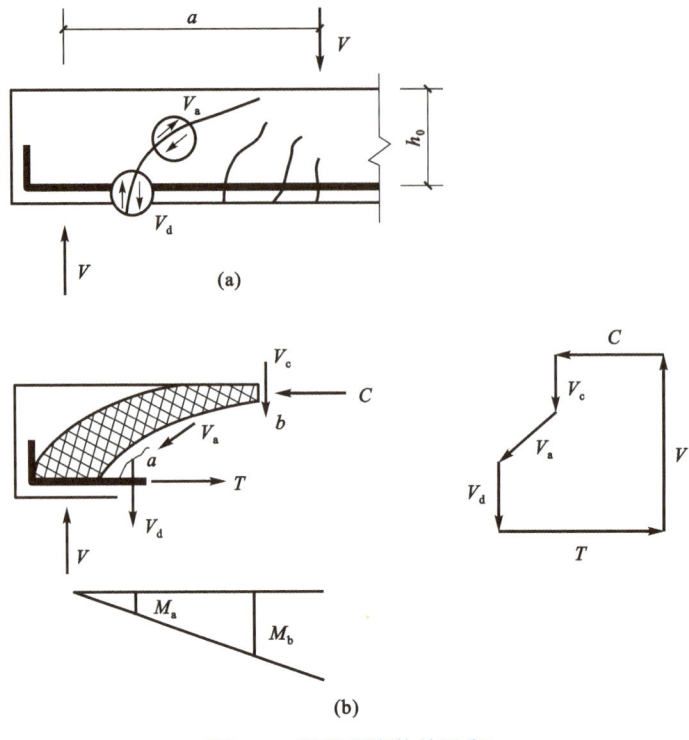

图 4.2　梁端隔离体的平衡

现一些斜裂缝,其中近支座处的一条斜裂缝发展较快,成为导致构件破坏的临界裂缝。图 4.2(b)为从临界斜裂缝取出的梁端隔离体,与支座处剪力 V 平衡的力有压区混凝土承担的剪力 V_c、斜裂缝面上的骨料咬合力 V_a、纵筋的销栓力 V_d,与弯矩 M_b 平衡的是纵筋拉力 T 与混凝土压力 C 组成的力偶。临界裂缝的形成使梁的受力状态发生很大的变化,主要表现在:

① 临界裂缝出现前,与斜裂缝相交的 a 处的纵筋应力 σ_s 取决于 M_a;临界裂缝形成后,a 处的纵筋应力取决于斜裂缝上端 b 处的弯矩 M_b。而 $M_b > M_a$,因此,斜裂缝使 a 处的纵筋应力 σ_s 增大。斜裂缝的水平投影长度越大,主压应力轨迹线的斜率越平缓,M_b 与 M_a 的差值就越大,σ_s 的增量就越大,以致使斜裂缝处的 σ_s 与集中荷载处最大弯矩截面的纵筋应力相近。

② 斜裂缝出现前由整个截面承担剪力 V,斜裂缝出现后主要由 V_c 负担,小部分由 V_a 及 V_d 负担。但是斜裂缝处纵筋应力 σ_s 的增大,使斜裂缝延伸开展,随斜裂缝宽度增大,骨料咬合力 V_a 将减小,乃至消失;同时,由于销栓力的作用,沿纵筋上部出现劈裂裂缝,这种裂缝的出现使纵筋的销栓剪力 V_d 急剧减小,最后剪力 V 将由残留的压区混凝土面积负担,因而在斜裂缝上端混凝土截面上形成很大的剪应力和压应力的集中。

③ 临界斜裂缝形成以后,梁的受力有如一拉杆拱的作用。荷载通过斜裂缝上部混凝土传至支座,相当于拱体,纵筋相当于拉杆。纵筋与混凝土拱体的共同工作完全取决于支座处的锚固。

当构件不能适应上述由于临界斜裂缝引起的受力状态变化时,将会发生斜截面的承载力破坏。在不同的弯矩 M 和剪力 V 组合下,主应力轨迹线的形态将有改变,随着混凝土强度、纵筋配筋率、截面是否有受压翼缘、梁腹高宽比以及纵筋在支座锚固条件的不同,无腹筋梁可能发生斜裂缝顶部压区混凝土在复合受力下的破坏,纵筋屈服或锚固破坏,以及近支座处梁腹混凝土的受压破坏。

4.1.2　斜截面的破坏形态

无腹筋梁的受剪破坏形态及承载力,与梁中弯矩和剪力的组合有关,它可以用一个无量纲参数 $\lambda=\dfrac{a}{h_0}$ 来表示。对于图 4.2 所示集中荷载下的简支梁,剪切破坏一般发生在集中荷载作用处,故 a 为集中荷载至支座截面的距离,h_0 为截面的有效高度。a 与 h_0 的比值称为剪跨比,它是影响无腹筋梁破坏形态的主要参数。

4.1.2.1　斜压破坏

当剪跨比 $\lambda<1$ 时,将会发生斜压破坏。其受力特点是集中荷载与支座反力之间的梁腹混凝土,有如一斜向的受压短柱。破坏时斜向裂缝多而密[图 4.3(a)],梁腹混凝土发生类似于柱体受压破坏的侧向凸出,故称为斜压破坏。这种破坏取决于混凝土的抗压强度。

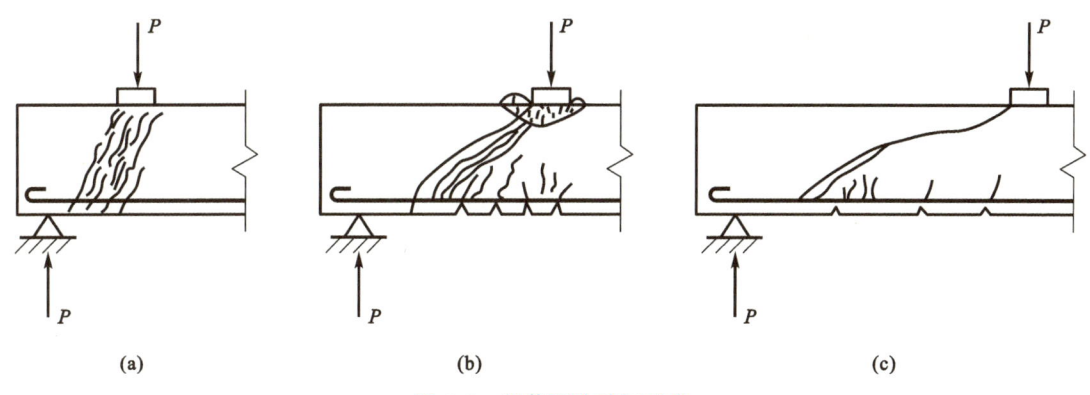

图 4.3　斜截面的破坏形式
(a) 斜压破坏;(b) 剪压破坏;(c) 斜拉破坏

4.1.2.2　剪压破坏

当剪跨比 $1\leqslant\lambda\leqslant3$ 时,发生剪压破坏。这种破坏的特点是斜裂缝出现后,荷载仍可有较大的增长。随荷载增大,陆续出现其他斜裂缝,其中一条发展成临界斜裂缝,最后临界斜裂缝上端集中荷载附近混凝土被压碎[图 4.3(b)],到达破坏荷载。破坏是由于残余截面上混凝土在法向压应力 σ、剪应力 τ 及荷载产生的局部竖向压应力的共同作用下,到达复合受力强度而发生的,称为剪压破坏。

4.1.2.3　斜拉破坏

承受以集中荷载为主的简支梁,当剪跨比 $\lambda>3$ 时,将发生斜拉破坏。其特点是斜裂缝一旦出现就很快发展到梁顶,将梁斜劈成两半,同时沿纵筋产生劈裂裂缝[图 4.3(c)]。破坏是突然的脆性破坏,临界斜裂缝的出现与最大荷载(产生临界斜裂缝)的到达几乎是同时的。破坏是由于受压区混凝土截面急剧减小,在压应力 σ 和剪应力 τ 高度集中情况下发生的主拉应力破坏,梁顶劈裂面比较整齐无压碎痕迹,称为斜拉破坏。

上述三种破坏形态,就其承载力而言,斜压破坏较高,剪压破坏次之,斜拉破坏最弱。同时,不同剪跨比无腹筋梁的破坏形态和承载力虽有不同,但到达破坏荷载时梁的挠度均不大,且破坏后荷载均急剧下降。因此,无腹筋梁的剪切破坏均属脆性破坏,其中以斜拉破坏尤为突然。

4.1.3 影响无腹筋梁受剪承载力的因素

无腹筋梁的受剪承载力受到很多因素的影响,如剪跨比、混凝土强度、纵筋配筋率、结构类型、截面形状等。

① 剪跨比 在直接加载(荷载作用于梁顶面)的情况下,剪跨比是影响集中荷载作用下无腹筋梁抗剪强度的主要因素。随着剪跨比 λ 增大,梁的相对抗剪强度 $\dfrac{V}{f_t b h_0}$ 降低(图 4.4),$\lambda >$ 3 以后,抗剪强度趋于稳定,λ 的影响消失。

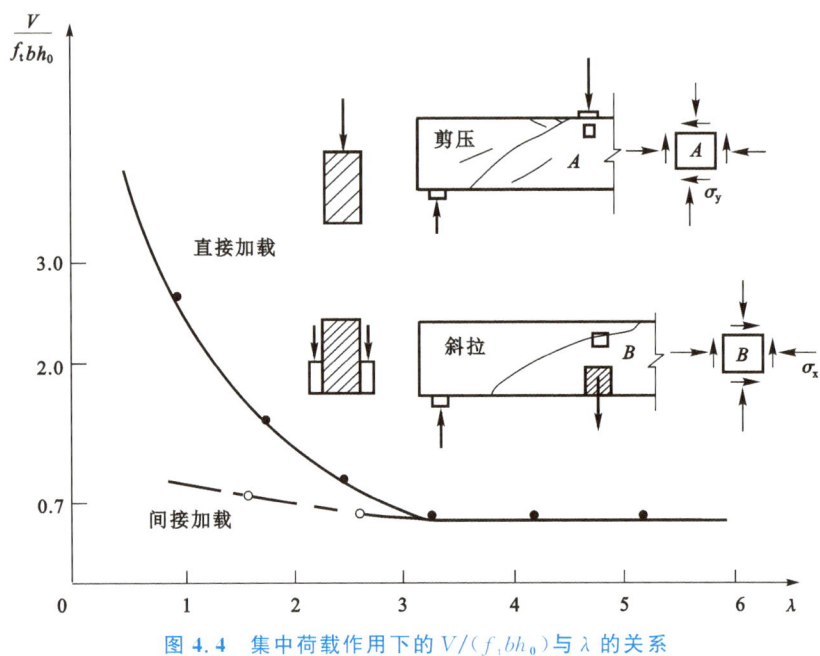

图 4.4 集中荷载作用下的 $V/(f_t b h_0)$ 与 λ 的关系

在间接加载(荷载通过横梁施加于梁的腹部)情况,剪跨比 λ 对抗剪强度的影响明显减小(图 4.4 中虚线)。由于间接加载使梁中产生的竖向拉应力 σ_y 的影响,即使在小剪跨比情况下,斜裂缝也可跨越荷载作用点而直通梁顶,形成斜拉破坏。剪跨比 λ 越小,间接加载比直接加载的抗剪强度降低得就越多。

在均布荷载情况下,剪跨比 $\lambda = \dfrac{a}{h_0}$ 可代换为梁的跨度 l 与有效高度 h_0 的比值,即 $\lambda = \dfrac{l}{h_0}$。图 4.5 为开裂和破坏时支座截面剪力相对值 $\dfrac{V}{f_t b h_0}$ 与 l/h_0 的关系。随 l/h_0 减小,破坏剪力显著提高,而开裂剪力则提高不多。

② 混凝土强度 试验表明,不同破坏形态的无腹筋梁抗剪强度均随混凝土强度的提高而增大。剪切破坏是由于混凝土到达其极限强度,所以剪切强度与混凝土强度为线性关系。

③ 纵筋配筋率 增大纵向钢筋截面面积可延缓斜裂缝的开展,增加受压区混凝土面积,并使骨料咬合力及纵筋的销栓力有所提高,因而间接地提高了梁的抗剪强度。但根据试验资料分析,配筋率较小时,纵向钢筋对截面抗剪强度的影响并不明显;只有在配筋率 $\rho > 1.5\%$ 时,纵向钢筋对梁的抗剪承载力的影响才较为明显。

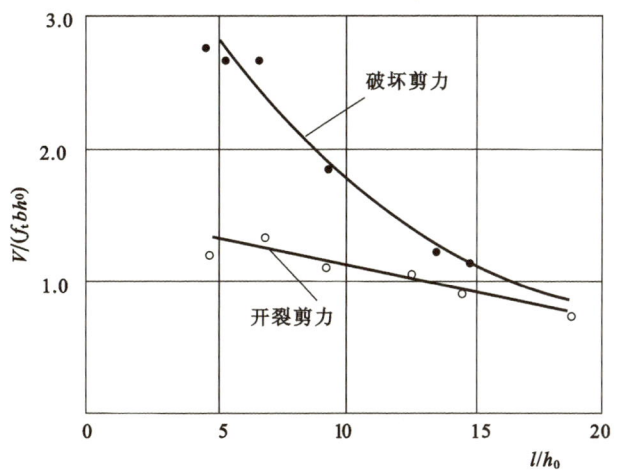

图 4.5 均布荷载作用下 l/h_0 对开裂剪力和破坏剪力的影响

④ 结构类型　试验表明,在同一剪跨比的情况下,连续梁的抗剪强度低于简支梁的抗剪强度。

⑤ 截面形状　T 形和 I 形截面存在有受压翼缘,其斜拉破坏及剪压破坏的抗剪强度比梁腹宽度 b 相同的矩形截面有一定的提高,但对于梁腹混凝土的斜压破坏,翼缘的存在并不能提高其抗剪强度。

⑥ 梁的截面高度　试验表明,当梁的有效高度 $h_0 \leqslant 800\text{mm}$ 时,对截面抗剪强度影响不大;当截面有效高度 $h_0 > 800\text{mm}$ 时,对截面抗剪强度的影响将会有所降低。

4.1.4　无腹筋梁斜截面受剪承载力计算

根据国内的无腹筋梁试验结果及可靠指标的要求,并考虑到计算公式的简单、适用,对无腹筋梁、板的受剪承载力按下列公式计算:

① 不配置箍筋和弯起钢筋的板类受弯构件,其斜截面受剪承载力应符合下列规定:

$$V_c = 0.7\beta_h f_t bh_0 \tag{4.1}$$

② 集中荷载作用下独立梁(包括作用有多种荷载,且其集中荷载产生的支座截面剪力占总剪力值的 75% 以上的情况)

$$V_c = \frac{1.75}{\lambda + 1.0}\beta_h f_t bh_0 \tag{4.2}$$

$$\beta_h = \left(\frac{800}{h_0}\right)^{1/4} \tag{4.3}$$

式中　β_h——截面高度影响系数,当 h_0 小于 800mm 时,取 $h_0 = 800\text{mm}$;当 h_0 大于 2000mm 时,取 $h_0 = 2000\text{mm}$。

λ——计算截面的剪跨比,当 $\lambda < 1.5$ 时,取 $\lambda = 1.5$;当 $\lambda > 3$ 时,取 $\lambda = 3.0$。

式(4.1)和式(4.2)的取值,相当于图 4.6 实测值的偏下线。式(4.1)同时考虑了斜截面的抗裂要求。试验表明:当支座截面剪力设计值小于 $0.7f_t bh_0$ 时,梁在使用阶段一般不会出现斜裂缝。独立梁是指不与楼板整体浇筑的梁。为了简化,称式(4.1)为均布荷载情况,式(4.2)为集中荷载情况。

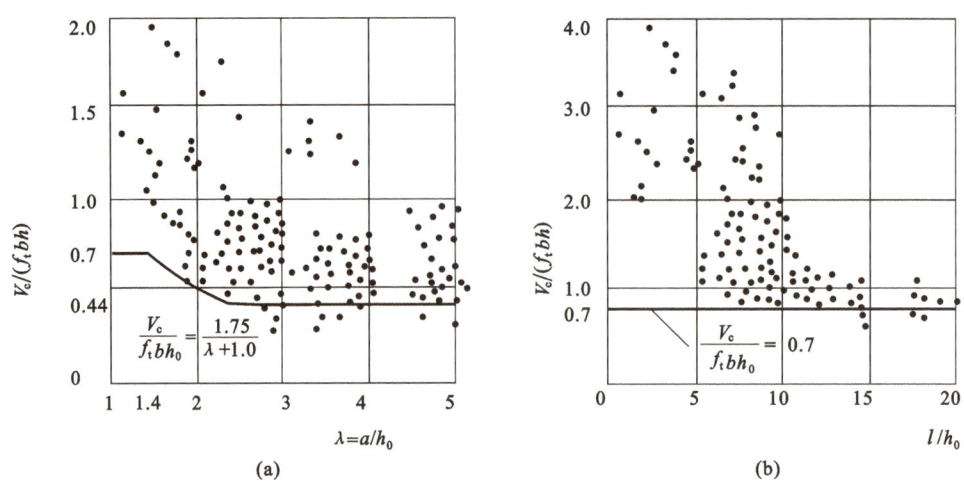

图 4.6　无腹筋梁 V_c 实测值与计算值比较

（a）集中荷载；（b）均布荷载

必须指出：以上虽然分析了无腹筋梁受剪承载力的计算公式，但绝不表示允许在设计中梁不配置箍筋。考虑到剪切破坏有明显的脆性，特别是斜拉破坏，斜裂缝一经出现梁即告破坏，单靠混凝土承受剪力是不安全的。除非有专门规定，一般无腹筋梁应按构造要求配置箍筋。

4.2　有腹筋梁斜截面受剪承载力计算

4.2.1　腹筋的作用

对配有箍筋、弯起钢筋的有腹筋梁，在斜裂缝发生以前，腹筋的应力很小，因而腹筋对阻止斜裂缝的作用也很小。但在斜裂缝发生以后，腹筋可大大加强斜截面的抗剪强度：与斜裂缝相交的腹筋可直接承受剪力；腹筋可阻止斜裂缝开展，加大了破坏前斜裂缝顶端的混凝土残余截面，从而提高了混凝土的抗剪能力；由于腹筋减小了裂缝的宽度，因而也提高了斜截面上的骨料咬合力；腹筋还限制了纵筋的竖向位移，阻止了混凝土沿纵筋的撕裂，提高了纵筋的销栓作用。

无腹筋梁的受力有如一拉杆拱，临界斜裂缝以下的混凝土传递剪力很少，绝大部分荷载由压区混凝土（拱顶）承受，形成梁的薄弱环节。对于配置箍筋的梁，斜裂缝出现后，箍筋的存在改变了梁的受力体系，如图 4.7 所示，斜裂缝的混凝土有如斜压杆，箍筋起到竖向拉杆的作用，将斜裂缝间混凝土传来的荷载悬吊到临界斜裂缝以上的混凝土（受压弦杆）上；纵向受拉钢筋成为受拉弦杆，弯起钢筋的作用，可视为相当于受拉斜腹杆。由此可见，整个有腹筋梁的受力犹如一拱形桁架。

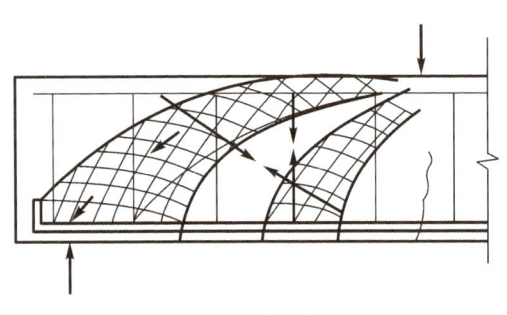

图 4.7　拱形桁架模型

弯起钢筋几乎与斜裂缝垂直,因而传力直接,但由于弯筋一般是由纵筋弯起而成,其直径较粗,根数较少,受力不很均匀;箍筋虽然不与斜裂缝正交,但分布均匀。一般在配置腹筋时,总是先配以一定数量的箍筋,需要时再加配适当的弯筋。

4.2.2 有腹筋梁的破坏形态

有腹筋梁的破坏形态与配箍率有关。由图 4.8 可知,配箍率为:

$$\rho_{sv} = \frac{A_{sv}}{bs} = \frac{nA_{sv1}}{bs} \qquad (4.4)$$

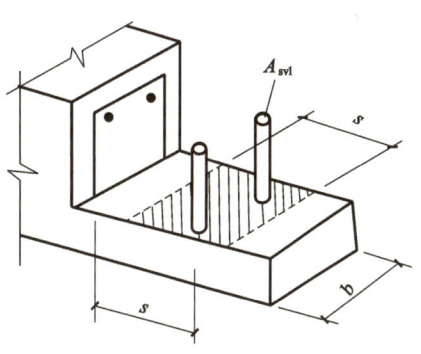

图 4.8 配箍率 ρ_{sv} 的定义

式中 A_{sv}——配置在同一截面内箍筋各肢的全部截面
面积,$A_{sv} = nA_{sv1}$;

n ——在同一截面内箍筋的肢数;

A_{sv1}——单肢箍筋的截面面积;

b ——梁的截面(或肋部)宽度;

s ——沿梁的长度方向箍筋的间距。

随着配箍率不同,有腹筋梁斜截面的剪切破坏与无腹筋梁相似,也可归纳为斜拉破坏、剪压破坏和斜压破坏三种主要破坏形态。

① 当配箍率适当时,斜裂缝出现后箍筋应力增大,箍筋的存在限制了斜裂缝的延伸开展,使荷载有较大的增长。随着荷载的增大,通常箍筋应力先到达屈服,箍筋应力限制斜裂缝开展的作用消失,最后压区混凝土在剪压作用下到达极限强度,梁丧失其承载力,属剪压破坏。这种梁的受剪承载力主要取决于混凝土强度、截面尺寸及配箍率。

② 当配箍率过大时,箍筋应力增长缓慢,在箍筋应力未达到屈服,梁腹混凝土即达抗压强度,发生斜压破坏。其承载力取决于混凝土强度及截面尺寸,再增加箍筋或加配弯筋对斜截面受剪承载力的提高已不起作用。

③ 当配箍率过小时,与正截面受弯的少筋梁一样,斜裂缝一出现,箍筋应力即到达屈服,箍筋对斜裂缝开展的限制作用已不存在,相当于无腹筋梁。当剪跨比较大时,同样会发生斜拉破坏。

4.2.3 斜截面抗剪承载力计算公式

有腹筋梁中箍筋和弯起钢筋的设计方法,与正截面承载力计算中纵向受拉钢筋的设计方法是相似的。用控制最小配箍率来防止斜拉破坏;采用截面限制条件(相当于控制最大配箍率)的方法防止斜压破坏。对于剪压破坏,则给出受剪承载力计算公式,用以确定所需配置的箍筋及弯起钢筋。

图 4.9 为一配置箍筋及弯筋的简支梁发生斜截面剪压破坏时,自图 4.7 中取出的斜裂缝至支座间的一段隔离体,斜截面的内力如图所示。由隔离体竖向力的平衡条件,其抗剪承载力计算公式为

$$V \leqslant V_u = V_c + V_{sv} + V_{sb} \qquad (4.5)$$

式中 V——斜截面剪力设计值;

V_u——斜截面抗剪承载力极限值;

V_c——剪压区混凝土承受的剪力；

V_{sv}——与斜裂缝相交的箍筋承受的剪力；

V_{sb}——与斜裂缝相交弯起钢筋承受的剪力。

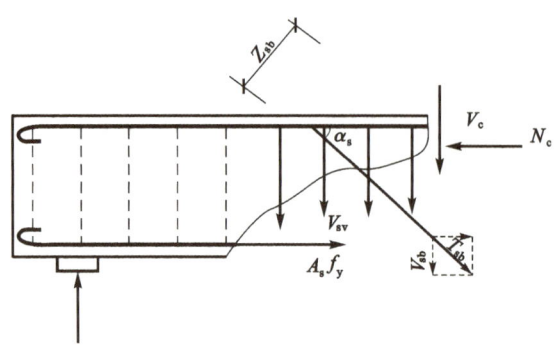

图 4.9　斜截面的内力图形

式中的 V_c 与 V_{sv} 之和，即 $V_{cs}=V_c+V_{sv}$，称为斜截面上混凝土和箍筋的受剪承载力，表达式为

$$V_u=V_{cs}+V_{sb} \tag{4.6}$$

4.2.3.1　混凝土与箍筋的受剪承载力 V_{cs}

1. 矩形、T 形和 I 形截面的一般受弯构件

我国有关单位对承受均布荷载、集中荷载的简支梁，以及连续梁和约束梁作了大量的试验。根据试验的数据分析，认为可以通过两个无量纲 $\dfrac{V_{cs}}{f_t bh_0}$ 和 $\rho_{sv}\dfrac{f_{yv}}{f_t}$ 来综合反映有腹筋梁斜截面抗剪强度的基本规律。

现以承受均布荷载梁的上述两个参数作为纵、横坐标，将实测的数据示于图 4.10 中。根据实测数据的变化趋势，选取偏下限的数值，使其既满足抗剪强度要求，又满足正常使用极限状态斜裂缝宽度不超过允许值。箍筋与混凝土受剪承载力为

$$V_{cs}=0.7f_t bh_0+f_{yv}\frac{A_{sv}}{s}h_0 \tag{4.7}$$

2. 以集中荷载为主的独立梁

由图 4.11 的实测结果，对集中荷载作用下（包括作用有多种荷载，其中集中荷载对支座截面或节点边缘所产生的总剪力值的 75% 以上的情况）的独立梁，箍筋与混凝土的受剪承载力为

$$V_{cs}=\frac{1.75}{\lambda+1.0}f_t bh_0+f_{yv}\frac{A_{sv}}{s}h_0 \tag{4.8}$$

式(4.7)、式(4.8)中：

A_{sv}——配置在同一截面内箍筋各肢的全部截面面积，$A_{sv}=nA_{sv1}$，详见式(4.4)说明；

s——沿构件长度方向箍筋的间距（见图 4.8）；

f_{yv}——箍筋的抗拉强度设计值，详见表 2.5；

f_t——混凝土抗拉强度设计值，按表 2.4 采用；

λ——计算截面的剪跨比，可取 $\lambda=a/h_0$，当 $\lambda<1.5$ 时，取 1.5，当 $\lambda>3$ 时，取 3，a 取集

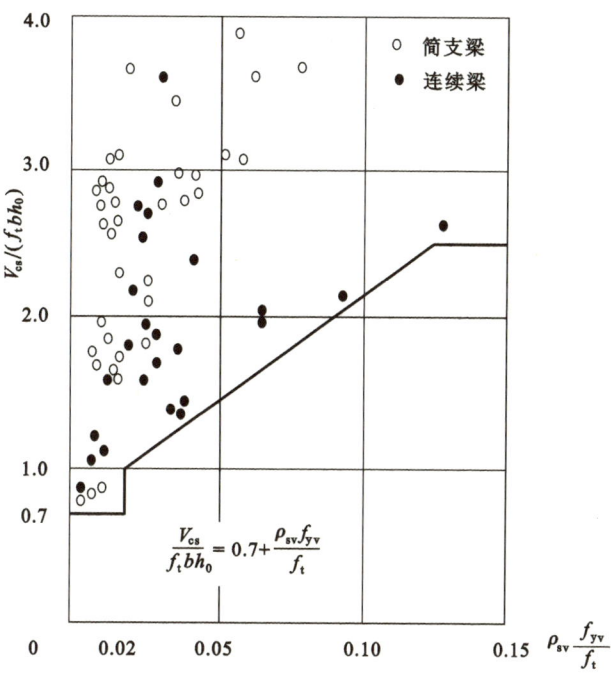

图 4.10 有箍筋的均布荷载梁 $\dfrac{V_{cs}}{f_t bh_0}$ 和 $\rho_{sv}\dfrac{f_{yv}}{f_t}$ 的关系

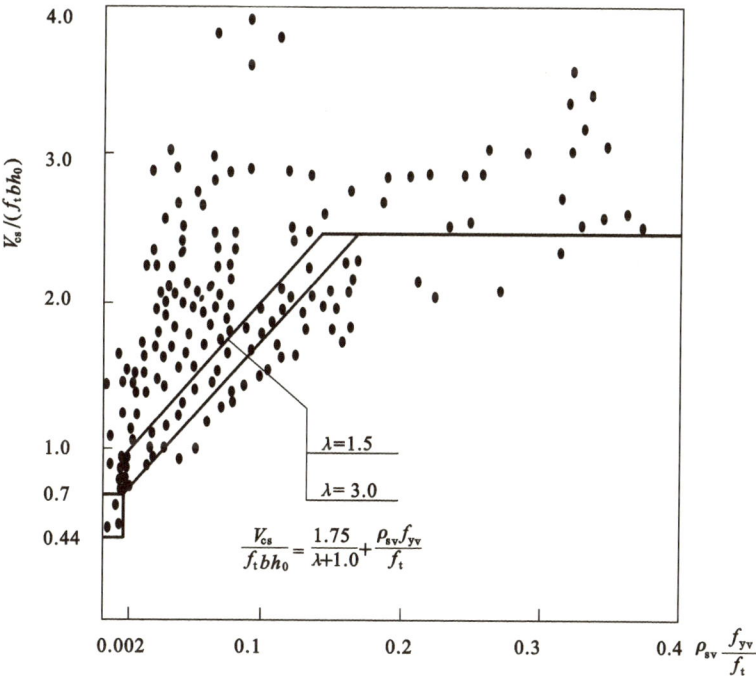

图 4.11 集中荷载作用下 $\dfrac{V_{cs}}{f_t bh_0}$ 和 $\rho_{sv}\dfrac{f_{yv}}{f_t}$ 的关系

中荷载作用点至支座截面或节点边缘的距离。

4.2.3.2　弯起钢筋抵抗的剪力 V_{sb}

弯起钢筋抵抗的剪力,应等于弯起钢筋所承受的拉力 T_{sb} 在垂直于梁轴方向的分力(图 4.9),按下式计算

$$V_{sb} = 0.8A_{sb}f_y\sin\alpha_s \tag{4.9}$$

式中　A_{sb}——同一弯起平面内弯起钢筋的截面面积;

f_y——弯起钢筋的抗拉强度设计值;

α_s——斜截面上弯起钢筋的切线与构件纵向轴线的夹角,一般取 $\alpha_s=45°$,当梁较高时,
　　　取 $\alpha_s=60°$;

0.8——系数,考虑到靠近剪压区的弯起钢筋在斜截面破坏时,其应力达不到 f_y 的不
　　　均匀系数。

已如前述,在设计中一般总是先配置箍筋,必要时再选配适当的弯筋。因此,受剪承载力计算公式又可分为两种情况:

1. 仅配箍筋时

$$V \leqslant V_{cs} \tag{4.10}$$

2. 配有箍筋与弯起钢筋时

$$V \leqslant V_{cs} + V_{sb} \tag{4.11}$$

式中　V——计算截面剪力设计值,按下列规定采用:

a. 支座边缘处截面[图 4.12(a)、(b)中截面 1—1];

b. 受拉区弯起钢筋弯起点处的截面[图 4.12(a)中截面 2—2、3—3];

c. 箍筋截面面积或间距改变处的截面[图 4.12(b)中截面 4—4];

d. 截面尺寸改变处的截面。

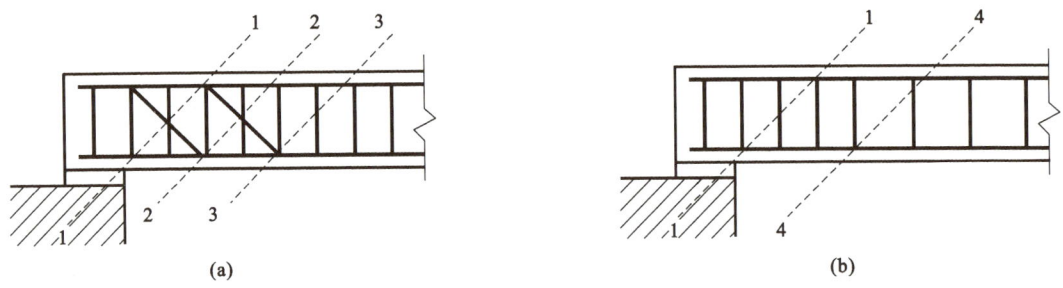

图 4.12　斜截面抗剪强度的计算位置
(a) 弯起钢筋;(b) 箍筋

4.2.3.3　计算公式的适用范围

梁的斜截面承载力计算公式仅适用于剪压破坏情况。为防止斜压破坏和斜拉破坏,还应规定其上、下限值。

1. 上限值——最小截面尺寸

当梁截面尺寸过小,剪力较大时,梁可能发生斜压破坏,这时,即使多配置箍筋也无济于事。因而,设计时为避免斜压破坏,必须对梁的截面尺寸作如下的规定:

当 $\dfrac{h_w}{b} \leqslant 4$ 时

$$V \leqslant 0.25\beta_c f_c bh_0 \tag{4.12}$$

当 $\dfrac{h_w}{b} \geqslant 6$ 时

$$V \leqslant 0.2\beta_c f_c bh_0 \tag{4.13}$$

当 $4 < \dfrac{h_w}{b} < 6$ 时,按线性内插法确定,即:

$$V \leqslant \left(0.35 - 0.025\dfrac{h_w}{b}\right)\beta_c f_c bh_0 \tag{4.14}$$

式中　V——构件斜截面上的最大剪力设计值;

β_c——混凝土强度影响系数,当混凝土强度等级不超过 C50 时,取 $\beta_c = 1.0$,当混凝土强度等级为 C80 时,取 $\beta_c = 0.8$,其间按线性内插法确定;

b——矩形截面的宽度,T 形截面或 I 形截面的腹板宽度;

h_w——截面的腹板高度:矩形截面取有效高度 h_0,T 形截面取有效高度减去翼缘高度,I 形截面取腹板净高。

注:① 对 T 形或 I 形截面的简支受弯构件,当有实践经验时,式(4.12)中系数可改用 0.3;

② 对受拉倾斜的受弯构件,当其有实践经验时,其受剪截面控制条件可适当放宽。

在工程设计中,如不能满足上限值的要求,应加大截面尺寸或提高混凝土强度等级。

2. 下限值——最小配箍率

试验表明:若箍筋配置过少,一旦斜裂缝出现,箍筋中突然增大的拉应力很可能达到屈服强度,造成斜裂缝的加速开展,甚至箍筋被拉断,当剪跨比较大时将导致斜拉破坏。为了避免这种破坏,配箍率的下限值,即最小配箍率应取为:

$$\rho_{sv} = \dfrac{A_{sv}}{bs} \geqslant \rho_{sv,min} = 0.24\dfrac{f_t}{f_{yv}} \tag{4.15}$$

在同样配箍率条件下,间距较密的箍筋,可以减少斜裂缝的宽度;但过细的箍筋又会使得钢筋骨架没有足够的刚度。所以,从斜裂缝及构造要求综合考虑,箍筋的最小直径应满足表 4.1 的要求。

表 4.1　梁中箍筋最小直径

梁高 h(mm)	箍筋直径 d(mm)
$h \leqslant 800$	6
$h > 800$	8

注:梁中配有计算需要的纵向受压钢筋时,箍筋直径尚不应小于 $d/4$(d 为纵向受压钢筋的最大直径)。

还应注意到,如果配箍率满足式(4.15)的要求,但箍筋间距很大,乃至破坏的斜裂缝不与箍筋相交,或相交在箍筋不能充分发挥作用的位置(如非常靠近剪压区),箍筋不能抑制斜裂缝的开展,同样也会出现斜拉破坏。为此,《规范》规定:箍筋和弯起钢筋的最大间距 s_{max} 不得超过表 4.2 的要求。

尚应注意:按计算不需要箍筋的梁,当截面高度大于 300mm 时,应按构造要求沿梁全长设置箍筋;当截面高度为 150~300mm 时,可仅在构件端部各 1/4 跨度范围内设置箍筋,但当在构件的 1/2 的跨度范围内有集中荷载作用时,则应沿梁全长设置箍筋;当截面高度为 150mm 以下时,可不设置箍筋。

表 4.2　梁中箍筋最大间距 s_{max}

梁高 h(mm)	$V > 0.7f_t bh_0$	$V \leqslant 0.7f_t bh_0$
$150 < h \leqslant 300$	150	200
$300 < h \leqslant 500$	200	300
$500 < h \leqslant 800$	250	350
$h > 800$	300	400

4.2.4　斜截面受剪承载力计算方法和步骤

受弯构件斜截面承载力计算,包括截面设计和承载力复核两类问题。

截面设计是在正截面承载力计算完成之后,即在截面尺寸、材料强度、纵向受力钢筋已知的条件下,计算梁内腹筋。

承载力复核是在已知截面尺寸和梁内腹筋的条件下,验算梁的抗剪承载力是否满足要求。

当按计算公式对斜截面设计时,其计算方法和主要步骤如下:

1. 复核截面尺寸

用上限条件式(4.12)至式(4.14)复核已知截面尺寸,如不满足要求,则应加大截面尺寸或提高混凝土的强度等级。

2. 验算是否需要按计算配置腹筋

如果计算截面的剪力设计值满足下述要求,梁内可不按计算配置腹筋;否则,应按计算配置腹筋。

$$V \leqslant 0.7f_t bh_0 \quad 或 \quad V \leqslant \frac{1.75}{\lambda + 1.0}f_t bh_0$$

3. 腹筋的计算

梁内腹筋通常有两类配置方法:第一,只配置箍筋,不设弯起钢筋;第二,既配置箍筋,也配置弯起钢筋。至于采用哪一种方法,视构件的具体情况、V 的大小及纵向钢筋的配置而定。

a. 仅配置箍筋

由式(4.10)可计算出沿梁轴方向单位长度上所需的箍筋面积。

对一般的梁,按下式计算

$$\frac{A_{sv}}{s} = \frac{nA_{sv1}}{s} \geqslant \frac{V - 0.7f_t bh_0}{f_{yv}h_0} \tag{4.16}$$

对集中荷载作用下的独立梁

$$\frac{A_{sv}}{s} = \frac{nA_{sv1}}{s} \geqslant \frac{V - \dfrac{1.75}{\lambda + 1.0}f_t bh_0}{f_{yv}h_0} \tag{4.17}$$

式(4.16)、式(4.17)中含有箍筋肢数 n、单肢箍筋截面面积 A_{sv1}、箍筋间距 s 三个未知量,设计时可根据具体情况,假设箍筋直径 d_{sv}、箍筋肢数 n,计算箍筋的间距 $s(\leqslant s_{max})$。

当梁中配有按计算需要的纵向受压钢筋时,箍筋应符合下列规定:

(1) 箍筋应做成封闭式,且弯钩直线段长度不应小于 $5d$,见图 4.32。

（2）箍筋间距不应大于 $15d$,并不应大于 400mm。

（3）当梁的宽度大于 400mm 时,且一层的受压钢筋多于 3 根;或当梁的宽度不大于 400mm,但一层的纵向受压钢筋多于 4 根,应设置复合箍筋(图 4.13)。

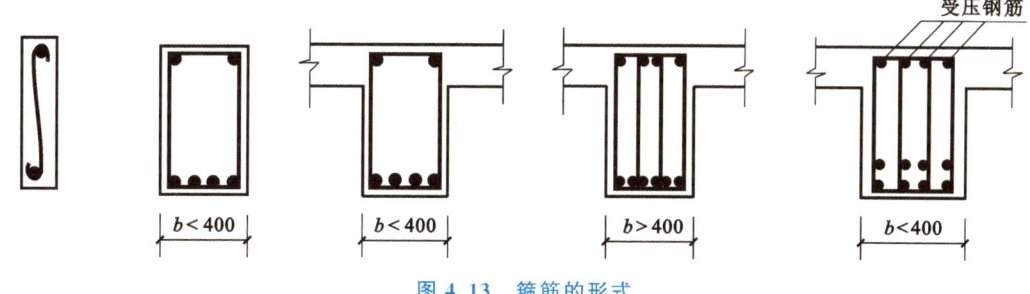

图 4.13 箍筋的形式

箍筋确定之后,尚应按式(4.15)验算最小配箍率,并使箍筋间距符合构造要求。

b. 既配箍筋又配弯起钢筋

当剪力较大时,如果仅用箍筋与混凝土抵抗剪力,势必会使箍筋直径很大,间距很小,这不仅给施工造成一些麻烦,而且也不经济。为此,当纵向钢筋多于两根时,将靠近支座而又不需要抵抗弯矩的纵向钢筋弯起可以承担一部分剪力。但梁底两侧的纵向钢筋不得弯起。

在应用式(4.11)计算弯起钢筋截面面积时,由于未知量太多,不能直接求出。因此,可根据构造要求,并参考以往设计经验,事先假设箍筋的直径、间距和肢数,按式(4.7)或式(4.8)计算箍筋与混凝土共同抵抗的剪力 V_{cs} 。如果 $V_{cs} < V$,则需按计算设置弯起钢筋(图 4.14、图 4.15)。

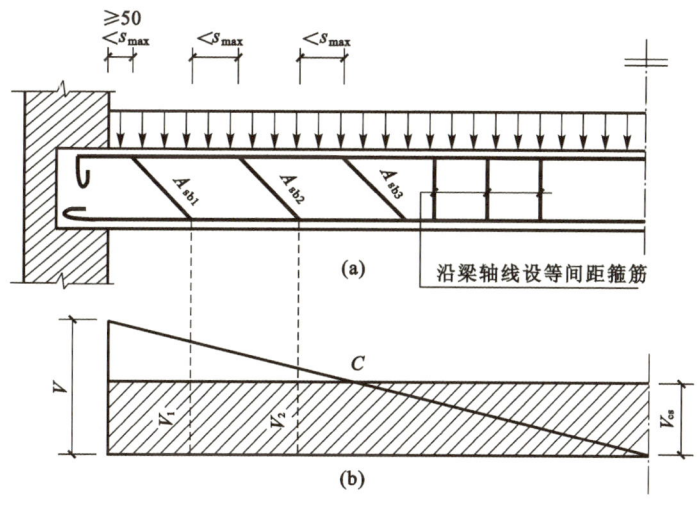

图 4.14 均布荷载的钢筋弯起

图 4.14(b)阴影遮盖的剪力,表示由箍筋和混凝土承担,而阴影以外的剪力,将由弯起钢筋承担。由式(4.11)得弯起钢筋的截面面积为

$$A_{sb} = \frac{V - V_{cs}}{0.8f_y \sin\alpha_s} \tag{4.18}$$

式中　V——弯起钢筋处的剪力设计值。计算第一排(对支座而言)的弯起钢筋时,取支座边缘处的剪力值;计算以后每一排弯起钢筋时,取前一排弯起钢筋弯起点处的剪力值。

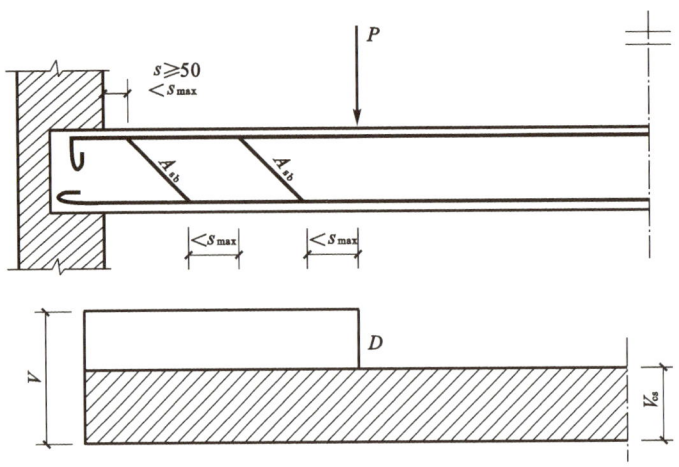

图 4.15　集中荷载的钢筋弯起

弯起钢筋设置的排数,与剪力图形及 V_{cs} 值有关。最后一排弯起钢筋的弯起点,对于均布荷载的梁,应在 V_{cs} 与剪力图相交 C 点之外。对于承受集中荷载的梁,可在 V_{cs} 图与剪力图相交点之内,但其距离不得大于表 4.2 中 $V>0.7f_tbh_0$ 栏内箍筋的最大间距 s_{max}(图 4.15)。

第一排弯起钢筋距支座边缘的距离应满足 $50\text{mm}\leqslant s\leqslant s_{max}$,习惯上一般取 $s=50\text{mm}$。弯起钢筋一般是由梁中纵向受拉钢筋弯起而成。当纵向钢筋弯起不能满足正截面和斜截面受弯承载力要求时(详见第 4.3.2 节),可设置单独的仅作为受剪的弯起钢筋。这时,弯起钢筋应采用图 4.16(a)所示"鸭筋"的形式,而不能采用仅在受拉区有较少水平段的"浮筋"[图 4.16(b)],以防止由于弯起钢筋发生较大滑移使斜裂缝有过大的开展,甚至导致斜截面受剪承载力的降低。

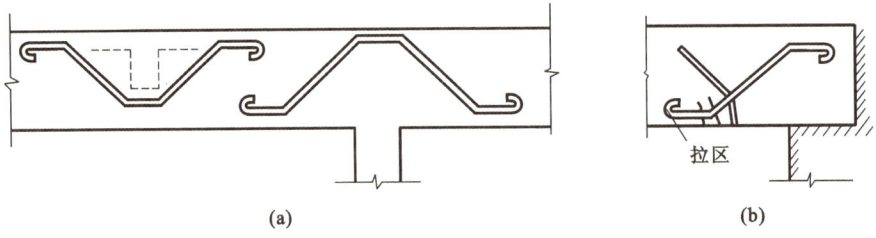

图 4.16　单独弯起钢筋的设置方式
(a) 鸭筋;(b) 浮筋

【例题 4.1】　图 4.17 所示的均布荷载梁,包括自重在内的荷载设计值 $q=50\text{kN/m}$,截面尺寸 $b\times h=250\text{mm}\times500\text{mm}$,梁的净跨 $l_n=5\text{m}$,混凝土 C25,纵筋为 HRB400 级钢筋,箍筋为 HPB300 级钢筋。$\gamma_0=1.0$,构件处于正常环境,试计算梁的箍筋。

【解】　(1)求出支座截面的最大剪力。计算剪力时,采用梁的净跨 $l_n=5.0\text{m}$。

$$V_A=V_B=\frac{1}{2}ql_n=\frac{1}{2}\times50\times5=125\text{kN}$$

(2)验算截面尺寸
由梁正截面配筋情况,截面有效高度 $h_0=500-40=460\text{mm}$,$\beta_c=1.0$。

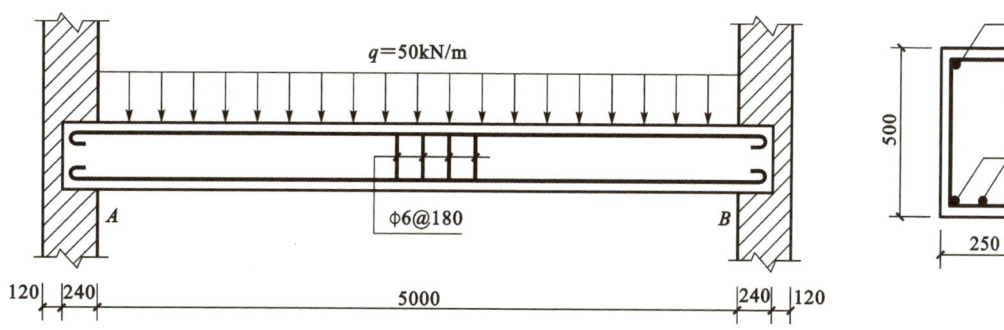

图 4.17　例题 4.1 附图

$$\frac{h_w}{b} = \frac{h_0}{b} = \frac{460}{250} = 1.84 < 4$$

由式(4.12)得

$$0.25\beta_c f_c bh_0 = 0.25 \times 1.0 \times 11.9 \times 250 \times 460 = 342125\text{N} > V = 125000\text{N}$$

截面尺寸足够。

（3）验算是否需要按构造配置箍筋

由式(4.1)得，$0.7 f_t bh_0 = 0.7 \times 1.27 \times 250 \times 460 \times 10^{-3} = 102.2\text{kN} < V = 125\text{kN}$

所以箍筋需按计算确定。

（4）箍筋计算

由式(4.16)，单位长度箍筋面积为

$$\frac{nA_{sv1}}{s} = \frac{V - 0.7 f_t bh_0}{f_{yv} h_0} = \frac{125 \times 10^3 - 0.7 \times 1.27 \times 250 \times 460}{270 \times 460} = 0.183\text{mm}^2/\text{mm}$$

取箍筋肢数 $n=2$，箍筋直径 $d_{sv}=6\text{mm}$（$A_{sv1}=28.3\text{mm}^2$），则箍筋间距为 $s = \frac{2 \times 28.3}{0.183} =$

309mm，取 $s=180\text{mm} < s_{max}=200\text{mm}$，记作 $\phi 6@180$。

（5）配箍率验算

$$\rho_{sv} = \frac{nA_{sv1}}{bs} = \frac{2 \times 28.3}{250 \times 180} = 0.126\% \geqslant \rho_{sv,min} = 0.24 \times \frac{f_t}{f_{yv}} = 0.24 \times \frac{1.27}{270} = 0.113\%$$

【例题 4.2】　图 4.18 所示的均布荷载简支梁，截面尺寸 $b \times h = 250\text{mm} \times 600\text{mm}$，混凝土 C25，纵向钢筋 HRB400 级，箍筋 HPB300 级。经正截面承载力计算，纵向钢筋选用 $4 \Phi 22 + 2 \Phi 20$。试计算梁内腹筋。

【解】　由图示的已知条件，梁的净跨 $l_n = 4.76\text{m}$。$f_c = 11.9\text{N}/\text{mm}^2$，$f_t = 1.27\text{N}/\text{mm}^2$，$f_y = 360\text{N}/\text{mm}^2$，$f_{yv} = 270\text{N}/\text{mm}^2$。

（1）支座剪力设计值

$$V_A = V_B = \frac{1}{2} q l_n = \frac{1}{2} \times 90 \times 4.76 = 214.2\text{kN}$$

剪力图如图 4.18 所示。

（2）验算截面尺寸

截面有效高度

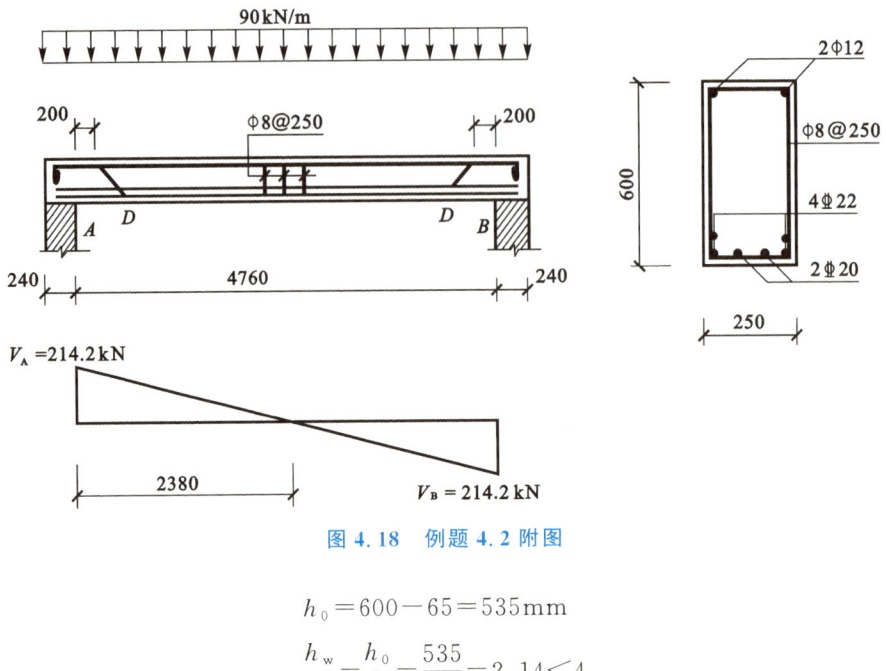

图 4.18　例题 4.2 附图

$$h_0 = 600 - 65 = 535\,\mathrm{mm}$$

$$\frac{h_w}{b} = \frac{h_0}{b} = \frac{535}{250} = 2.14 < 4$$

$$0.25\beta_c f_c b h_0 = 0.25 \times 1.0 \times 11.9 \times 250 \times 535 \times 10^{-3} = 397.9\,\mathrm{kN} > V_A = 214.2\,\mathrm{kN}$$

截面符合要求。

（3）仅配置箍筋的设计方案

① 单位长度上的箍筋面积

$$\frac{nA_{sv1}}{s} = \frac{V_A - 0.7f_t b h_0}{f_{yv} h_0} = \frac{214200 - 0.7 \times 1.27 \times 250 \times 535}{270 \times 535} = 0.660\,\mathrm{mm^2/mm}$$

② 选用直径为 $d_{sv} = 8\,\mathrm{mm}$ 的双肢箍，其间距为：

$$s = \frac{2 \times 50.3}{0.660} = 152\,\mathrm{mm}，取\ s = 150\,\mathrm{mm} < s_{\max} = 250\,\mathrm{mm}$$

③ 验算配箍率

$$\rho_{sv} = \frac{nA_{sv1}}{bs} = \frac{2 \times 50.3}{250 \times 150} = 0.268\% > \rho_{sv,\min} = 0.24 \times \frac{f_t}{f_{yv}} = 0.24 \times \frac{1.27}{270} = 0.113\%$$

由以上计算所见，采用φ8@150 的双肢箍筋是符合要求的。

（4）同时配置箍筋与弯起筋的方案

① 按构造要求选定φ8@250 的双肢箍（满足 $s \leqslant s_{\max}$）

② 校核配箍率

$$\rho_{sv} = \frac{nA_{sv1}}{bs} = \frac{2 \times 50.3}{250 \times 250} = 0.161\% > \rho_{sv,\min} = 0.24 \times \frac{1.27}{210} = 0.113\%$$

③ 计算

$$V_{cs} = 0.7f_t b h_0 + f_{yv}\frac{nA_{sv1}}{s} h_0 = \left(0.7 \times 1.27 \times 250 \times 535 + 270\frac{2 \times 50.3}{250} \times 535\right) \times 10^{-3}$$

$$= 177.03\,\mathrm{kN} < V_A = 214.2\,\mathrm{kN}$$

由计算所见,采用φ8@250的双肢箍不能满足斜截面的要求,需设置弯起筋。

④ 弯起筋计算

$$A_{sb1} = \frac{V_A - V_{cs}}{0.8 f_y \sin\alpha_s} = \frac{214200 - 177030}{0.8 \times 360 \times 0.707} = 183\text{mm}^2 < 1\,\phi\,20\text{ 的面积}$$

弯起跨中底部采用1φ20的钢筋($A_s = 314\text{mm}^2$)。

验算是否弯起第二排钢筋。按构造要求,设第一排弯起筋的弯起点距支座边缘为200mm
($< s_{max} = 250\text{mm}$),则弯起点D距支座边缘的水平距离为

$$200 + (600 - 2 \times 33) = 734\text{mm}$$

弯起点处的剪力为

$$V_D = \frac{2380 - 734}{2380} \times 214200 = 148140\text{N} < V_{cs} = 177030\text{N}$$

由以上验算,说明第一排弯起钢筋的弯起点D已完全进入由混凝土和箍筋承担的剪力
V_{cs}内,不需要弯起第二排钢筋。箍筋与弯起筋的配置如图4.18所示。

经过上述两个方案的计算可见,配置弯起钢筋后,箍筋的用量减少了许多,而纵向受拉钢
筋并不增加,故第二方案比第一方案经济。

【例题4.3】 图4.19所示的简支梁,截面尺寸$b \times h = 300\text{mm} \times 700\text{mm}$,在梁的净跨三分
点处,作用一对集中荷载设计值$P = 200\text{kN}$(包括梁的自重)。混凝土C25,箍筋HPB300级,
纵筋HRB400级。正截面配筋如图4.20(b)所示。试设计梁的腹筋。

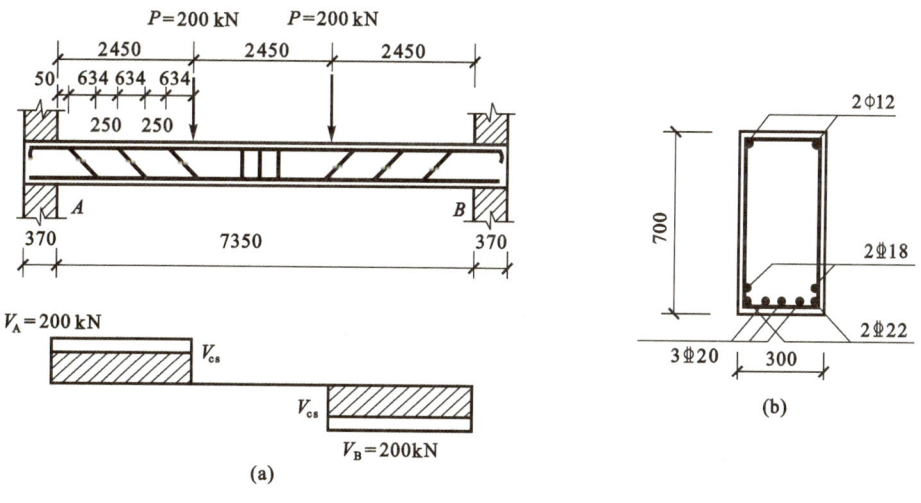

图4.19 例题4.3附图

【解】 截面有效高度 $h_0 = 700 - 65 = 635\text{mm}$

支座剪力 $V_A = V_B = 200\text{kN}$

验算截面尺寸 $\dfrac{h_w}{b} = \dfrac{h_0}{b} = \dfrac{635}{300} = 2.12 < 4$

$0.25\beta_c f_c b h_0 = 0.25 \times 11.9 \times 300 \times 635 \times 10^{-3} = 566.7\text{kN} > V = 200\text{kN}$,截面尺寸足够。

验算是否需要按计算配置腹筋

剪跨比 $\lambda = \dfrac{a}{h_0} = \dfrac{2450}{635} = 3.86 > 3$。由式(4.2)得混凝土抵抗的剪力为

$$V_c = \frac{1.75}{\lambda + 1.0} f_t bh_0 = \frac{1.75}{3 + 1.0} \times 1.27 \times 300 \times 635 \times 10^{-3} = 105.85 \text{kN} < V = 200 \text{kN}$$

需要按计算配置腹筋。

考虑到正截面中纵向钢筋较多,有可能弯起部分纵筋抵抗剪力。这样,可以采用箍筋与弯起钢筋共同承担剪力对斜截面承载力进行计算。

(1)箍筋计算

根据有关规定,采用 φ8@200 的双肢箍,其配箍率为

$$\rho_{sv} = \frac{2 \times 50.3}{300 \times 200} = 0.168\% > \rho_{sv,min} = 0.24 \times \frac{1.27}{270} = 0.113\%$$

箍筋与混凝土共同抵抗的剪力:

$$V_{cs} = \frac{1.75}{3 + 1.0} \times 1.27 \times 300 \times 635 + 270 \times \frac{2 \times 50.3}{200} \times 635 = 105.85 + 86.24$$

$$= 192.09 \text{kN} < V = 200 \text{kN}$$

需设置弯起钢筋。

(2)弯起钢筋计算

设弯起钢筋与梁轴呈 45° 夹角,由式(4.18)得每排弯起钢筋截面面积为

$$A_{sb} = \frac{V - V_{cs}}{0.8 f_y \sin\alpha_s} = \frac{(200 - 192.09) \times 10^3}{0.8 \times 360 \times 0.707} = 39 \text{mm}^2$$

由于剪力图为矩形,每排需要弯起钢筋截面面积相等。根据正截面配筋情况,以及斜截面对弯起钢筋的需要,将梁底部的 3φ20 纵筋分别弯起,每排弯起钢筋为 1φ20($A_{sb} = 314.2 \text{mm}^2 > 39 \text{mm}^2$),上、下弯点相距为 250mm($< s_{max}$),则弯起钢筋的遮盖水平长度为

$$l_h = 50 + (700 - 2 \times 33) \times 3 + 2 \times 250 = 2452 \text{mm}$$

(注 33mm 为钢筋保护层厚度+箍筋直径)

遮盖长度刚好盖住剪力长度。

必须注意:虽然从跨中弯起了三根纵向受拉钢筋,使其满足了斜截面的抗剪强度,但纵筋弯起后,对正截面的强度有很大的削弱。此时,正截面的强度是否足够,尚应通过材料抵抗图(详见第 4.3.1 节)予以验证。

【例题 4.4】 某肋梁楼盖的连续次梁,在最不利荷载组合下的剪力图如图 4.20 所示。根据正截面计算,其纵向受拉钢筋的配置已示于图 4.20 中。已知混凝土 C25,纵向钢筋及箍筋均为 HPB400 级。试设计梁的斜截面。

【解】 为了施工方便,对箍筋间距设置,取支座 B 的最大剪力进行等间距设计。

验算截面尺寸

$$h_0 = 450 - 40 = 410 \text{mm}$$

$$0.25 \beta_c f_c bh_0 = 0.25 \times 1.0 \times 11.9 \times 200 \times 410 = 243.95 \text{kN} > V_B = 108 \text{ kN},截面尺寸符合要求。$$

验算是否按计算配置腹筋

$$0.7 f_t bh_0 = 0.7 \times 1.27 \times 200 \times 410 = 72.9 \text{kN} < V_A = 96 \text{kN} < V_B = 108 \text{kN}$$

梁中各跨腹筋均需按计算确定。

根据梁截面尺寸,采用 φ6@200 的双肢箍筋,配箍率为

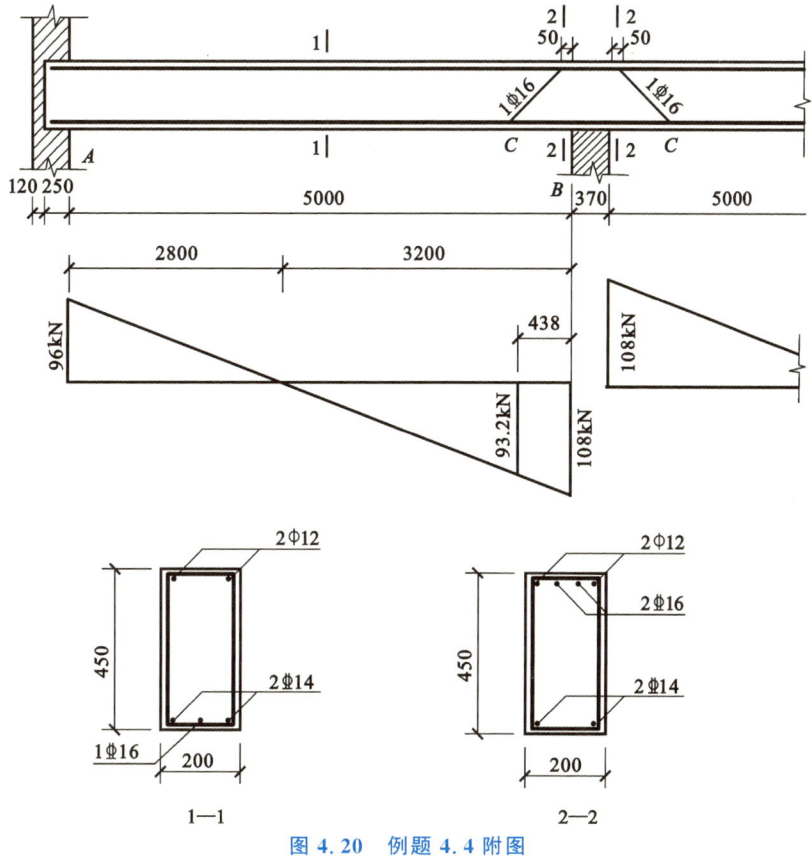

图 4.20 例题 4.4 附图

$$\rho_{sv} = \frac{2 \times 28.3}{200 \times 200} = 0.142\% > \rho_{sv,min} = 0.24 \times \frac{1.27}{270} = 0.113\%$$

箍筋与混凝土共同抵抗的剪力

$$V_{cs} = 0.7 f_t b h_0 + f_{yv} \frac{n A_{sv1}}{s} h_0 = \left(0.7 \times 1.27 \times 200 \times 410 + 270 \times \frac{2 \times 28.5}{200} \times 410\right) \times 10^{-3}$$

$$= 104.45 \text{kN} < V_B, > V_A$$

由各支座剪力图及 V_{cs} 可知, 仅有 $\phi 6 @200$ 的箍筋, 梁的 B 支座截面不能满足斜截面要求, 需要配置弯起钢筋。

B 支座的弯起钢筋的截面面积 A_{sb}。

$$A_{sb} = \frac{V_B - V_{cs}}{0.8 f_y \sin \alpha_s} = \frac{(108 - 104.45) \times 10^3}{0.8 \times 360 \times 0.707} = 17.4 \text{mm}^2$$

验算弯起点处是否需弯起第二排钢筋。

弯起点至支座边缘的距离为 $50 + (450 - 2 \times 31) = 438 \text{mm}$, 该处的剪力按比例关系为 $V_c = 93.2 \text{kN} < V_{cs} = 104.45 \text{kN}$, 不用弯起第二排钢筋。

将支座 B 左右两侧各弯起 $1\phi 16$ 的钢筋, 加以 $2\phi 12$ 的架立筋用来抵抗负弯矩, 如不够抵抗支座负弯矩, 则另加支座直钢筋。加多少, 一切均按计算进行, 此处从略。

【例题 4.5】 图 4.21 所示的均布荷载简支梁, 截面尺寸 $b \times h = 200 \text{mm} \times 400 \text{mm}$, 混凝土 C25, 梁内配有 HPB300 级 $\phi 8 @200$ 的箍筋, 试计算:

（1）梁能承担的最大剪力 V；

（2）按斜截面抗剪强度的要求，该梁能承担的均布荷载 q 为多大？

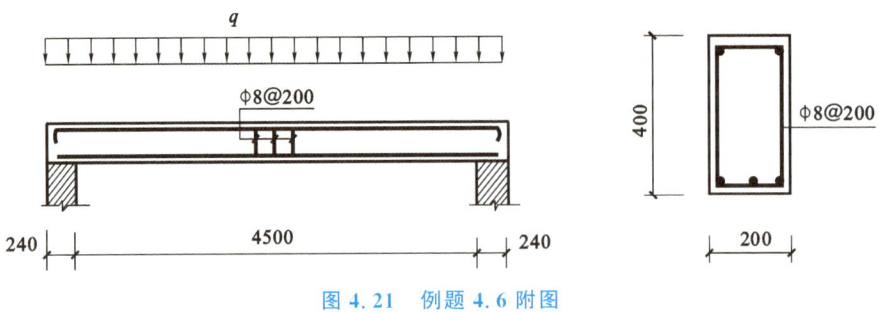

图 4.21　例题 4.6 附图

【解】　截面有效高度　$h_0 = 400 - 40 = 360\text{mm}$

（1）校核配筋率是否满足要求

$$\rho_{sv} = \frac{2 \times 50.3}{200 \times 200} = 0.252\% > \rho_{sv,\min} = 0.24 \times \frac{1.27}{270} = 0.113\%$$

（2）计算 V_{cs}

$$V_{cs} = 0.7 f_t bh_0 + f_{yv} \frac{nA_{sv1}}{s} h_0 = 0.7 \times 1.27 \times 200 \times 360 + 270 \times \frac{2 \times 50.3}{200} \times 360$$

$$= 112.90 \times 10^3\text{N} = 112.90\text{kN}$$

（3）复核截面尺寸

$$0.25 \beta_c f_c bh_0 = 0.25 \times 1.0 \times 11.9 \times 200 \times 360 = 214.2 \times 10^3\text{N} > V_{cs} = 112.90\text{kN}$$

截面尺寸符合要求。故该梁能承担的剪力为

$$V = V_{cs} = 112.90\text{kN}$$

（4）根据抗剪强度，采用梁的净跨，计算梁能承受的均布荷载 q

净跨　　　　　　　　　　　$l_n = 4.5\text{m}$

$V = \dfrac{q l_n}{2} = V_{cs}$，所以，梁能承担的均布荷载（包括自重）设计值为

$$q = \frac{2 \times V_{cs}}{l_n} = \frac{2 \times 112.90}{4.5} = 50.18\text{kN/m}$$

4.3　保证斜截面受弯承载力的构造要求

受弯构件除了有可能发生斜截面的剪切破坏外，尚有可能发生斜截面受弯破坏。

图 4.22 系一均布荷载简支梁，当出现斜裂缝 AB 时，则斜截面的弯矩 $M_{AB} = M_A < M_{\max}$。显然，满足正截面 $M_{\max}$ 强度要求所需的纵向钢筋 A_s，在梁的全跨内既不弯起，也不切断，就必然可以满足任何斜截面的抗弯强度。如果 A_s 中的一部分在截面 B 处截断或弯起，虽然纵筋抵抗 A 处的弯矩是足够的，但对斜截面 AB 而言，尽管纵向钢筋与截面 A 相同，但弯起钢筋的力臂（对受压混凝土的重心）可能比正截面小，或因锚固长度不够，抵抗斜截面弯矩 $M_{AB} = M_A$ 的能力有可能不够。因此，当纵筋被切断或弯起时，斜截面的强度有可能得不到满足。为了检查斜截面的强度是否满足要求，一般要通过绘制正截面的抵抗弯矩图（或称材料图）予以判断。

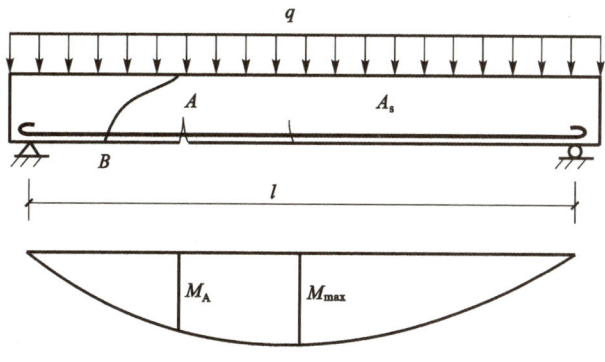

图 4.22　正截面与斜截面的弯矩

4.3.1　抵抗弯矩图

抵抗弯矩 M_R 图,是表示梁每一正截面所能承担弯矩的图形。抵抗弯矩是构件的内在抵抗,它与构件的截面尺寸、纵向钢筋的数量及其布置有关。当梁内纵向钢筋的数量及其弯起与位置确定之后,即可按式(3.25)计算出每一正截面所能抵抗的正弯矩,即 $M_R = A_s f_y \gamma_s h_0$,从而绘制出抵抗弯矩图。为简化起见,可近似地取 $\gamma_s = \left(1 - 0.5 \dfrac{\rho f_y}{\alpha_1 f_c}\right)$ 为常数。这样,各截面的抵抗弯矩将与纵筋截面面积成正比例。

图 4.23 为一均布荷载设计值 q 作用下的简支梁,跨中最大弯矩 $M = \dfrac{1}{8} q l_0^2$,按正截面计算,配置 4Φ25 的纵向受拉钢筋。跨中截面的抵抗弯矩 $M_R \geqslant M_{max}$。如果全部纵向钢筋沿梁全长既不切断,也不弯起,且伸入支座有足够的锚固长度,则每一截面的抵抗弯矩相等,M_R 图为矩形,对梁的任一正截面与斜截面的抗弯承载力均能得到保证。这样做虽然构造简单,但钢筋强度没有得到充分利用。除跨中截面外,其余截面的纵筋应力,均未达到其抗拉强度设计值 f_y。这种配筋方式只适用于小跨度构件。对于跨度较大的构件,为了节约钢筋,可将一部分

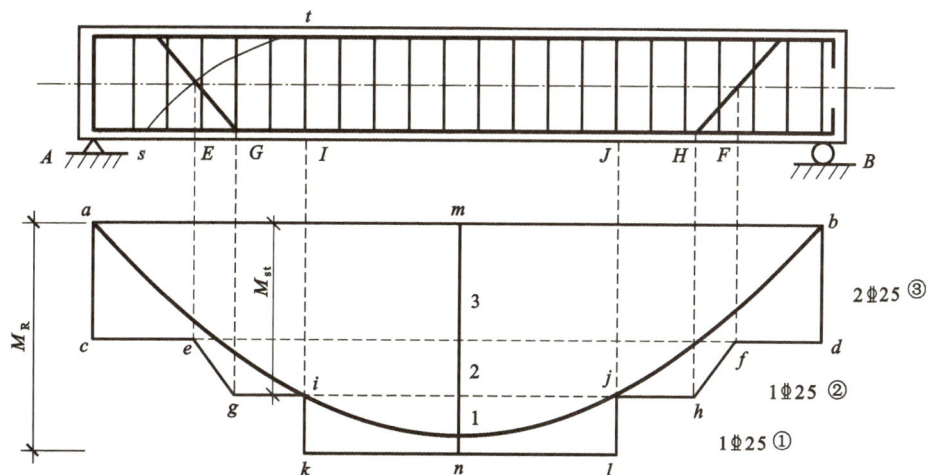

图 4.23　纵筋截断及弯起钢筋在 M_R 图上的表示方法

纵筋在受弯承载力不需要处予以弯起,用作受剪的弯起钢筋,或者将纵筋切断。但这时需要考虑的是:

(1) 如何保证正截面受弯承载力的要求(截断和弯起纵筋的数量及位置);

(2) 如何保证斜截面受弯承载力要求;

(3) 如何保证钢筋的黏结锚固要求。

钢筋切断在 M_R 图上的表示方法(如图 4.23):将跨中截面纵筋(4 Φ 25)所承担的弯矩,按钢筋截面面积的比例划分出每根钢筋所抵抗的弯矩。如图中 1、2、3 各垂直长度,代表①号、②号及③号钢筋所抵抗的弯矩,过 1 上线画水平线与荷载产生的弯矩图的交点为 i、j,其对应的截面为 I、J,即在 I、J 截面处①号钢筋可退出工作,剩下的②号及③号钢筋,已足以抵抗荷载产生的弯矩。i、j 称为①号钢筋的"理论截断点";同时 i、j 也是余下的②号及③号钢筋的"充分利用点",因为在 i、j 处的抵抗弯矩恰好与荷载产生的弯矩相等,需要这些钢筋在该处发挥其抗拉强度。如果在 i、j 处考虑将①号钢筋按截断处理,反映在 M_R 图上台阶 ki 及 lj,表明该处抵抗弯矩发生突变。

钢筋弯起在 M_R 图上的表示方法:如图 4.23,如果将②号钢筋在 G 和 H 截面处开始弯起,弯起后由于力臂减小,该钢筋的正截面抵抗弯矩将减小。由于弯起过程中,力臂是逐渐减小的,所以在 M_R 图上不是台阶形的突变,而是斜直线变化。直到弯起筋与梁轴线的交点(截面 E 和 F 处),认为弯起筋已进入受压区,其抵抗弯矩消失。因此,在 M_R 图上对应于 E、F 截面的点为 e、f,过此两点后,②号钢筋已不参与正截面受弯。斜线 ge 及 hf 反映了②号钢筋抵抗弯矩值的变化。

M 图与 M_R 图的比较,反映了"需要"与"可能"的关系,即荷载作用要求构件承受的弯矩 M 与按实际钢筋布置构件所能抵抗的弯矩 M_R 之间的关系。为了保证正截面受弯承载力的要求,M_R 不应小于 M,即 M_R 图必须将 M 图包纳在内。M_R 图越贴近 M 图,说明钢筋的利用越充分。

4.3.2 弯起钢筋的弯起点

如上所述,为了保证正截面受弯承载力的要求,弯起钢筋的抵抗弯矩图,应位于荷载作用产生的弯矩图之外。但是斜裂缝 st 出现后(图 4.24),还存在着如何满足斜截面受弯承载力要求的问题。在图 4.24 中,i 为②号弯起钢筋的充分利用点,设在距 i 为 s_1 处将②号钢筋弯起,斜裂缝 st 顶点位于 i 截面处。②号钢筋在正截面 i 处的抵抗弯矩为

$$M^② = f_y A_{sb} z$$

②号钢筋弯起点,在斜截面 st 上的抵抗弯矩为

$$M_{st}^② = A_{sb} f_y z_b$$

此处 A_{sb} 为②号弯起钢筋的截面面积,z 及 z_b 分别为弯起钢筋在正截面及斜截面上的力臂。为了使钢筋弯起后其在斜截面上的受弯承载力不低于它的正截面承载力,要求 $M_{st}^② \geqslant M^②$,即

$$z_b \geqslant z \tag{4.19}$$

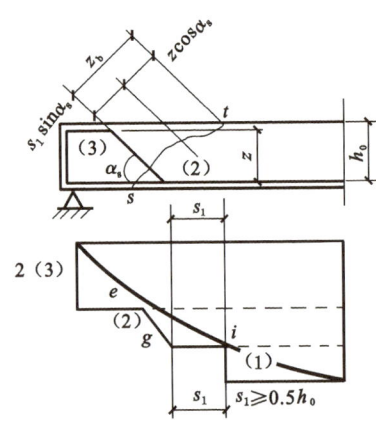

图 4.24 弯起钢筋的构造要求

由图 4.24 可知 $z_b = s_1 \sin\alpha_s + z \cos\alpha_s$。从而可得

$$s_1 = \frac{z(1 - \cos\alpha_s)}{\sin\alpha_s} \qquad (4.20)$$

考虑到 α_s 通常为 $45°$ 或 $60°$，一般情况下可近似取纵向受拉钢筋重心至受压混凝土重心的力臂长度 $z = 0.9h_0$。则由式(4.20)得：

$\alpha_s = 45°$ 时，$s_1 = 0.37h_0$；$\alpha_s = 60°$ 时，$s_1 = 0.52h_0$。也即 $s_1 = (0.37 \sim 0.52)h_0$。

在满足式(4.19)的条件下，为了计算方便起见，设计时统一取

$$s_1 \geqslant 0.5h_0 \qquad (4.21)$$

因此，在弯起纵向钢筋抵抗斜截面的剪力时，为了保证斜截面有足够的抗弯强度，纵向受拉钢筋应伸过其充分利用点至少 $0.5h_0$ 才能弯起。弯起钢筋的弯起点的垂直线与梁中心线的交点，应位于按计算(理论截断点)不需要该钢筋截面以外(图 4.25)。

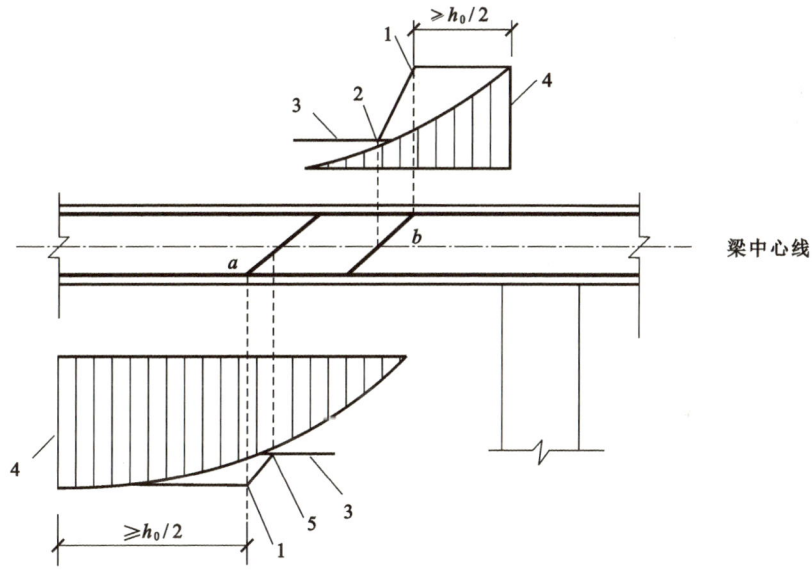

图 4.25　弯起钢筋弯起点与弯矩图形的关系
1—在受拉区中的弯起截面；2—按计算不需要钢筋"b"的截面；3—正截面受弯承载力图；
4—按计算充分利用钢筋强度的截面；5—按计算不需要钢筋"a"的截面

4.3.3　纵向受拉钢筋截断时的延伸长度

纵向受拉钢筋不宜在梁跨中受拉区截断，因为截断处钢筋截面面积骤减，使得混凝土拉应力突增，从而导致在纵筋截断处过早地出现裂缝。因此，对梁底部承受正弯矩的钢筋，通常将计算上不需要的纵向受拉钢筋弯起，作为抗剪钢筋或作为承受支座负弯矩的钢筋，而不采用将钢筋截断的形式。但对于连续梁(板)中间支座承受负弯矩的钢筋，为了节约钢筋，可以按弯矩图的变化，将计算上不需要的纵向受拉钢筋分批截断，钢筋截断点延伸至按正截面受弯承载力计算不需要该钢筋的截面之外(图 4.26)。具体规定见表 4.3。

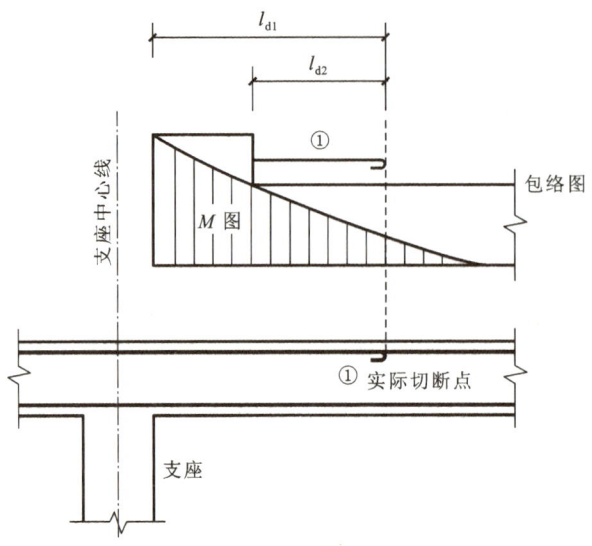

图 4.26　纵向受拉钢筋截断时的延伸长度

表 4.3　钢筋切断的延伸长度 l_d（mm）

截 断 条 件	由充分利用截面伸出 l_{d1}	由理论截断截面伸出 l_{d2}
$V \leqslant 0.7 f_t b h_0$	$1.2 l_a$	$20d$
$V > 0.7 f_t b h_0$	$1.2 l_a + h_0$	$20d$ 或 h_0（两者取大值）
$V > 0.7 f_t b h_0$ 且断点仍在弯矩受拉区	$1.2 l_a + 1.7 h_0$	$20d + 1.3 h_0$（两者取大值）

注：实际截面点应由上述两个条件中取大值；

　　l_a 为受拉钢筋锚固长度，按式（1.21）计算。

4.3.4　纵向钢筋在支座处的锚固

A. 简支支座

尽管简支梁的端部弯矩 $M=0$，但是由于黏结力传递拉力的需要，纵向钢筋应伸入支座一定的长度。此外，如在支座边缘产生图 4.27 所示的斜裂缝 st 时，在斜截面弯矩 M_{st} 作用下，支座边缘纵向钢筋的拉力将会突然增加。如纵筋无足够的锚固长度，将会使钢筋与混凝土发生相对滑移，使裂缝宽度增大，甚至使纵向钢筋从支座拔出而发生锚固破坏。为了绑扎箍筋，至少位于梁底角部的两根纵筋伸入支座。板的剪力比较小，通常能满足 $V \leqslant 0.7 f_t b h_0$ 的条件，板中伸入支座的纵向钢筋的数量：当采用分离式配筋时，全部跨中正弯矩钢筋伸入支座；当采用弯起式配筋时，下部未弯起的钢筋伸入支座。

支座处由于存在有横向压应力的有利影响，其锚固长度可比式（1.21）的 l_a 值减小。《规范》对下部纵向钢筋伸入简支支座的锚固长度 l_{as}（图 4.28）要求：

（1）板

$$l_{as} \geqslant 5d，且伸至支座中心线 \tag{4.22}$$

（2）简支梁

当 $V \leqslant 0.7 f_t b h_0$ 时

$$l_{as} \geqslant 5d$$

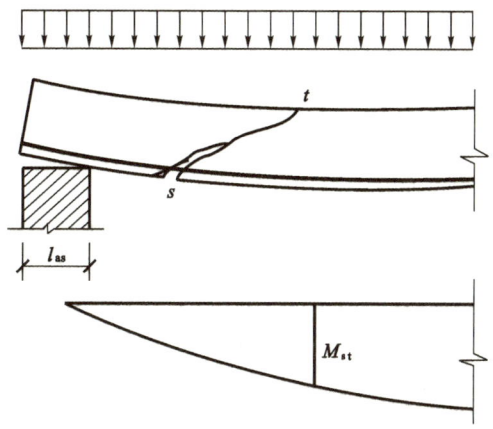

图 4.27 支座纵向钢筋的滑移

当 $V > 0.7 f_t b h_0$ 时

带肋钢筋

$$l_{as} \geqslant 12d \tag{4.23}$$

光面钢筋

$$l_{as} \geqslant 15d \tag{4.24}$$

式中 d——纵向受力钢筋直径。

纵向受拉钢筋进入支座的锚固长度 l_{as}，如在梁底直线段不够时，可以向上弯起，使其满足 l_{as}。当采用手工弯钩时，如为光面钢筋，应在其锚固长度的末端（包括跨中截断钢筋及弯起钢筋）均设置弯钩，当为了满足 l_{as} 的要求而需向上弯起，则向上弯起的长度不应小于 $6.25d$，亦不应小于 100mm[图 4.28(b)]。如钢筋采用机械锚固时，其构造要求应满足图 1.22 的要求。

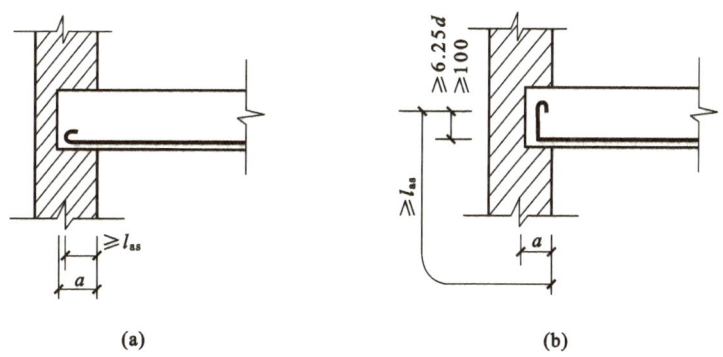

图 4.28 纵向受拉钢筋伸入支座的锚固长度

(a)、(b)端支座

支撑在砌体结构上的钢筋混凝土独立梁，在纵向受力钢筋的锚固长度范围内应配置不少于两个箍筋，其直径不小于 $0.25d$（d 为锚固纵筋直径），间距不宜大于 $10d$。

a. 梁纵向钢筋在框架中间层端节点锚固应符合下列规定

（a）梁上部纵向钢筋伸入节点的锚固

当采用直线锚固形式时，不应小于 l_a，且应伸过柱中心线，伸过长度不宜小梁上部钢筋的

$5d$；当柱截面尺寸不足时,则上部纵向钢筋可采用图 1.22 的机械锚固中任一种形式或 90°弯折形式。且梁上部钢筋宜伸至柱外侧纵筋内边,包括锚头在内的水平锚固长不应小于 $0.4l_{ab}$[图 4.29(a)]。梁上部纵筋也可采用 90°的弯折锚固形式,此时上部纵向钢筋应伸至对边并向下节点内弯折,且包含弯弧在内的水平投影长度不应小于 $0.4l_{ab}$,弯折钢筋在弯折平面内包含弯弧段的投影长度不应小于 $15d$[图 4.29(b)]。

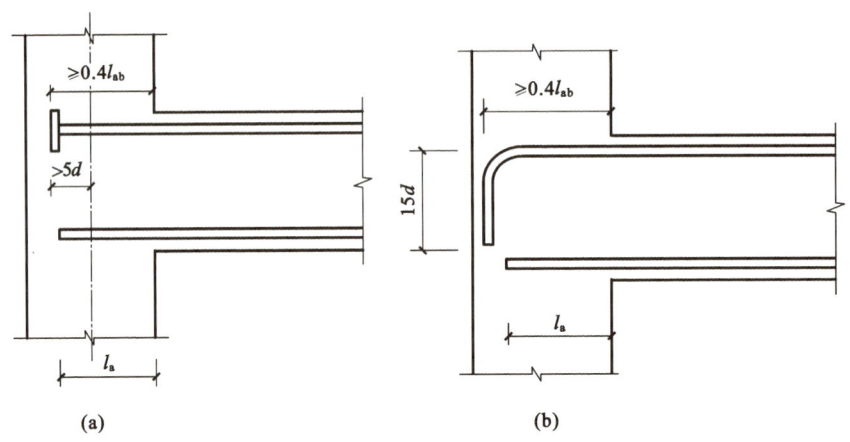

图 4.29　梁上部纵向钢筋在中间层端节点内的锚固
(a) 钢筋端部加锚头；(b) 钢筋末端 90°弯折锚固

(b)框架梁下部钢筋在节点处的锚固

如该钢筋在计算中充分利用其抗拉强度时,钢筋的锚固方式及长度应与上部钢筋的规定相同；当计算不利用该钢筋的抗拉强度而仅利用其抗压强度时,伸入节点的锚固长度应分别符合图 4.30 中间节点梁下部纵向锚固的规定。

b.框架中间层中间节点或连续梁中间支座钢筋的锚固规定

(a)梁的上部纵向钢筋应贯穿节点或支座。

(b)梁的下部钢筋的锚固应符合下列要求：

ⓐ 当计算中不利用该钢筋的强度时,其伸入节点或支座的锚固长度,对带肋钢筋不小于 $12d$,对光面钢筋不小于 $15d$。d 为钢筋中的较大者直径。

ⓑ 当计算中充分利用钢筋的抗压强度时,钢筋应按受压钢筋锚固在中间节点或中间支座内,其直线锚固长度不应小于 $0.7l_a$[l_a 见式(1.21)]。

ⓒ 当计算中充分利用钢筋的抗拉强度时,钢筋可采用直线方式锚固在中间节点或中间支座内,其锚固长度不小于 l_a[图 4.30(a)]。

ⓓ 当截面尺寸不足时,可采用图 4.29 上部钢筋端部加锚头的机械锚固措施,或 90°弯折锚固的形式对下部钢筋予以锚固。

ⓔ 钢筋也可在节点或支座外梁中弯矩较小处设置搭接接头,接头起始点至节点或支座边缘的距离不应小于 $1.5h_0$[图 4.30(b)]。

c.柱纵向钢筋在顶层中间节点的锚固

(a)柱纵向钢筋应伸至柱顶,且自梁底算起的锚固长度不应小于 l_a。

(b)当截面尺寸不足时,可采用 90°弯折锚固措施。此时,包括弯弧在内的钢筋垂直投影锚固长度不应小于 $0.5l_{ab}$,在弯折平面内包含弯弧段的水平投影长度不宜小于 $12d$

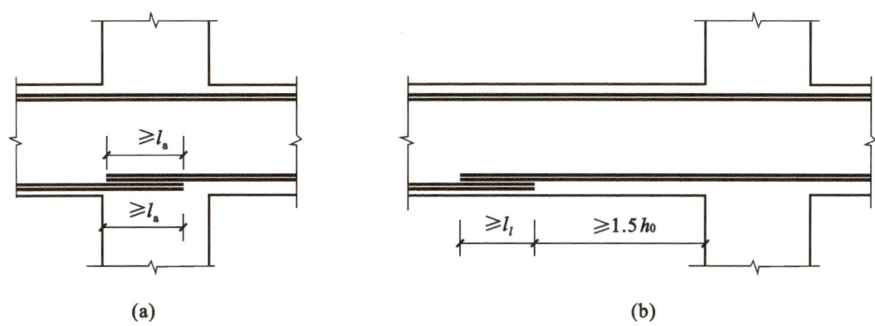

图 4.30 梁下部纵向钢筋在中间节点或中间支座范围的锚固与搭接
(a) 下部纵向钢筋在节点中直线锚固;(b) 下部纵向钢筋在节点或支座范围外的搭接

[图 4.31(a)];也可采用带锚头的机械锚固措施,此时,包含锚头在内竖向锚固长度不应小于 $0.5l_{ab}$[图 4.31(b)]。

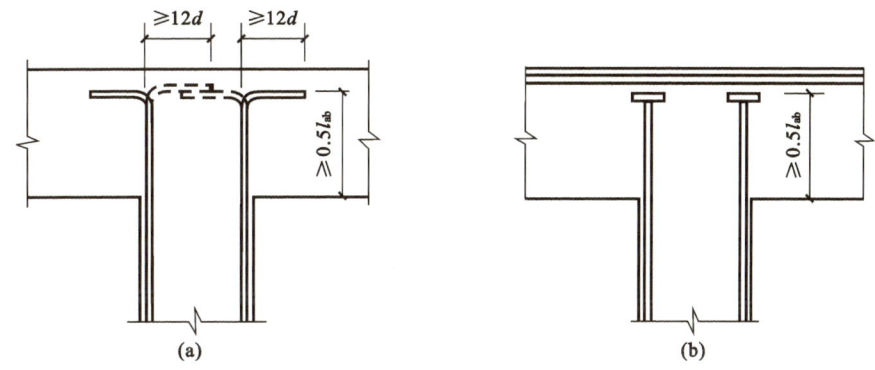

图 4.31 顶层节点中柱纵向钢筋在节点内的锚固
(a) 柱纵向钢筋 90°弯折锚固;(b) 柱纵向钢筋端头加锚板锚固

d. 顶层端节点柱外侧纵向钢筋的锚固

顶层端节点柱外纵向钢筋可弯入梁内作梁上部纵向钢筋,也可将梁上部纵向钢筋与柱外侧纵向钢筋在节点附近部位搭接。搭接可采用下列方式:

(a) 搭接接头可沿顶层节点外侧及梁端顶部布置,搭接长度不应小于 $1.5l_{ab}$[图 4.32(a)]。其中,伸入梁内的柱外侧钢筋截面面积不宜小于其全部面积的 65%;梁宽范围以外的柱外侧钢筋宜沿节点顶部至柱内边锚固。当柱钢筋位于柱顶一层时,钢筋伸至柱内边后宜向下弯折不小于 $8d$ 后截断[图 4.32(a)];当柱纵向钢筋位于柱顶第二层时,可不向下弯折。梁宽范围以外的柱外侧纵向钢筋也可伸入现浇板内,其长度与伸入梁内的柱纵向钢筋相同。

(b) 当柱外侧纵向钢筋配筋率大于 1.2% 时,伸入梁内的柱纵向钢筋应满足上述第 a 项的规定,且宜分两批截断,其截断点之间的距离不宜小于 $20d$。梁上部纵向钢筋应伸至节点外侧并向下弯至梁下边缘高度位置切断。

(c) 搭接接头也可沿节点外侧布置[图 4.32(b)],此时,搭接接头自柱顶预算起不应小于 $1.7l_{ab}$。当上部梁纵向钢筋的配筋率大于 1.2% 时,弯入柱外侧的梁上部纵筋应满足上述情况的搭接长度,且宜分两批截断,其截断点之间的距离不宜小于 $20d$。

(d) 顶层端节点处梁上部纵向钢筋的截面面积 A_s 应符合下列规定

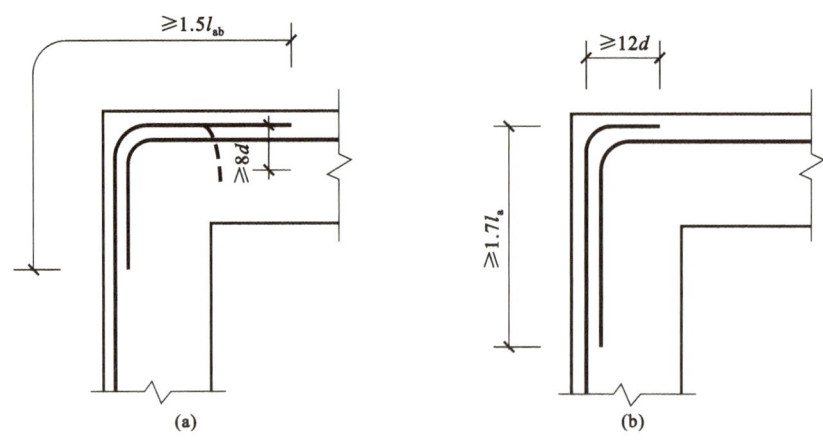

图 4.32　顶层端节点梁、柱纵向钢筋在节点内的锚固与搭接
(a)搭接接头沿顶层端节点外侧及梁端顶部布置;(b)搭接接头沿节点外侧直线布置

$$A_s \leqslant \frac{0.35\beta_c f_c b_b h_0}{f_y} \tag{4.25}$$

式中　　b_b——梁腹板宽度;

　　　　h_0——梁截面有效高度。

4.3.5　箍筋及弯起钢筋的构造

A. 箍筋

箍筋的形状有封闭式和开口式两种,矩形截面应采用封闭箍筋[图 4.33(a)],T 形截面当翼缘顶面另有横向钢筋时,可采用开口箍筋。箍筋受剪,但实际承受的是拉力,它把斜裂缝间混凝土的斜向压力传递到受压区混凝土,即箍筋把梁的受压区和受拉区紧密地联系在一起。因此,箍筋必须有很好的锚固,其锚固应采用 135°弯钩[图 4.33(b)],不能采用 90°弯折。弯钩端头直径长度不应小于 50mm 和 5d。

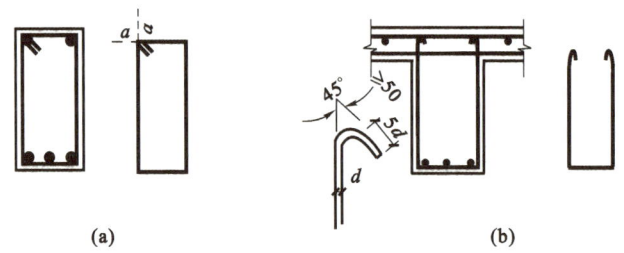

图 4.33　箍筋的形状及锚固
(a)封闭箍筋;(b)开口箍筋

当梁中配有计算需要的受压钢筋时,箍筋应为封闭式。

B. 弯起钢筋

在采用绑扎骨架的钢筋混凝土梁中,承受剪力的钢筋宜优先采用箍筋。当设置弯起钢筋时,弯起钢筋的弯折终点外应留有锚固长度,其长度在受拉区不应小于 20d,在受压区不应小于 10d(图 4.34)。

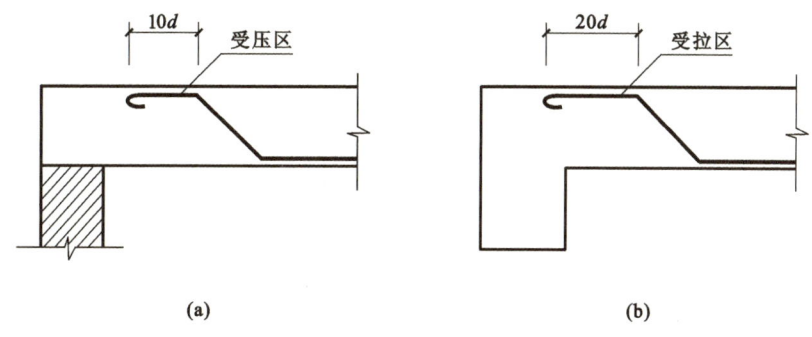

(a) **(b)**

图 4.34 弯起钢筋端部构造

对光面弯起钢筋,其末端应设置标准弯钩。位于梁底层两侧的纵向钢筋不应弯起。为了防止弯折处对混凝土挤压力的过分集中,弯折的半径不应小于 $10d$(图 4.35)。

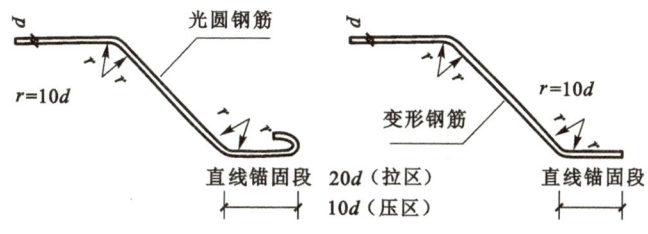

图 4.35 弯起钢筋的弯折半径 r

C. 腰筋

当梁的腹板高度 $h_w \geqslant 450\text{mm}$ 时,在梁的两个侧面应沿高度配置纵向构造钢筋(腰筋),每侧纵向构造钢筋(不包括梁上、下部受力钢筋及架立钢筋)的截面面积不应小于腹板截面面积 bh_w 的 0.1%,且其间距不宜大于 200mm。其目的是控制在高度较大的构件中部,拉区弯曲斜裂缝将汇集成宽度较大的根状裂缝以及由于收缩和温度变化发生的竖向裂缝[图 4.36(c)]。此处 h_w 为截面的腹板高度:对矩形截面取有效高度[图 4.36(a)];对 T 形截面取有效高度减去翼缘高度[图 4.36(b)];对 I 形截面取腹板净高。

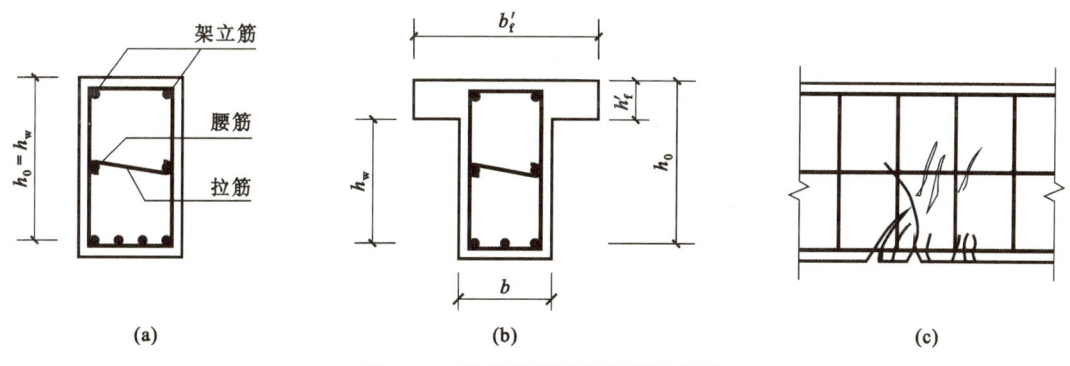

(a) **(b)** **(c)**

图 4.36 构件中部裂缝及腰筋布置

4.3.6　钢筋细部尺寸

为了保证钢筋加工成型的需要,施工图中应给出钢筋细部尺寸及钢筋表。

A. 直钢筋

直钢筋按实际长度计算。对光面钢筋,两端应设置标准弯钩,该钢筋总长为实际长度增加 $12.5d$ [图 4.37(a)]。

B. 弯起钢筋

弯起钢筋的高度以钢筋外皮至外皮的距离作为控制尺寸,弯折段的斜长以弯起点钢筋中心至弯终点钢筋中心计算[图 4.37(b)]。

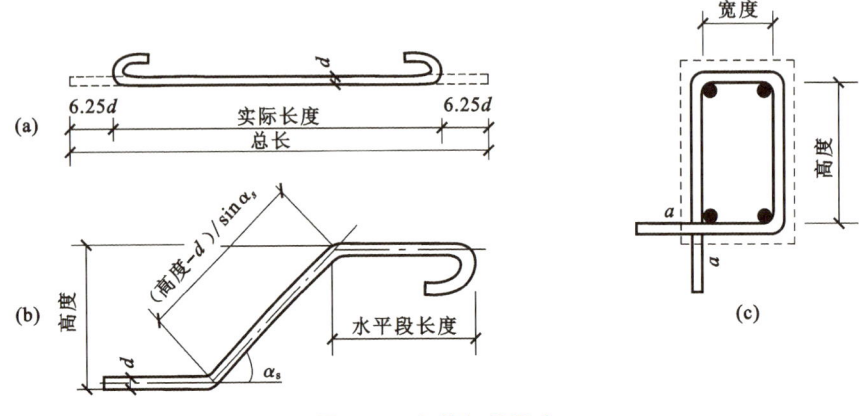

图 4.37　钢筋细部尺寸

C. 箍筋

箍筋的宽度和长度均以箍筋内皮至内皮的距离作为控制尺寸[图 4.37(c)],以保证纵筋保护层厚度的要求,故箍筋的高度和宽度分别为构件截面高度 h 和宽度 b 减去 2 倍保护层厚度。箍筋末端应加两个弯钩长度 $2a$,其值按表 4.4 采用。对于承受扭矩的箍筋将有另外的规定。

表 4.4　箍筋增加的长度 $2a$ (mm)

纵向受力钢筋 d (mm)	箍 筋 直 径 (mm)				
	4	6	8	10	12
10~25	80	100	120	140	160
28~32	—	120	140	160	210

【例题 4.6】　支承在砖墙上的外伸梁,其几何尺寸如图 4.38 所示。作用在梁上的均布荷载设计值(包括梁自重) $q_1 = 64\text{kN/m}$,$q_2 = 104\text{kN/m}$。混凝土 C25,纵向钢筋 HRB400 级,箍筋 HPB300 级,构件处于正常环境,安全等级二级,设计此梁,并绘制施工详图。

【解】　(1) 梁的截面尺寸

梁高

$$h = \left(\frac{1}{12} \sim \frac{1}{8}\right)l = 580 \sim 870\text{mm},取 h = 700\text{mm}$$

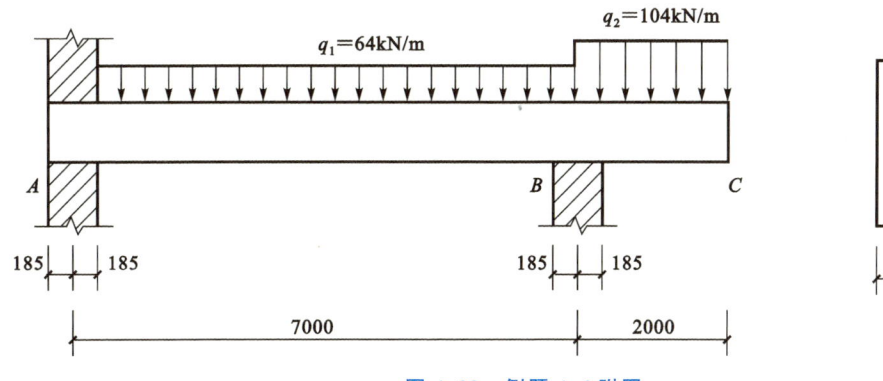

图 4.38 例题 4.6 附图

梁宽

$$b=\left(\frac{1}{3}\sim\frac{1}{2}\right)h=230\sim350\text{mm},取\ b=250\text{mm}$$

（2）计算跨度

AB 跨计算跨度

$$l_{AB}=1.05l_{n}=1.05\times(7-0.185\times2)=7.0\text{m}$$

BC 跨计算跨度

$$l_{BC}=2\text{m}$$

计算简图如图 4.38 所示。

（3）内力计算

① 梁端反力

$$R_{B}=\frac{\frac{1}{2}\times64\times7^{2}+104\times2\times(1+7)}{7}=461.7\text{kN}$$

$$R_{A}=64\times7+104\times2-R_{B}=194.3\text{kN}$$

② 支座剪力

$$V_{B左}=R_{A}-64\times7=194.3-64\times7=-253.7\text{kN}$$

$$V_{B右}=104\times2=208\text{kN}$$

③ 弯矩

AB 跨中最大弯矩，根据剪力为零的条件，即

$$V=R_{A}-q_{1}x=194.3-64\times x=0$$

得 $x=3.04\text{m}$，则

$$M_{max}=194.3\times3.04-\frac{1}{2}\times64\times3.04^{2}=294.9\text{kN}\cdot\text{m}$$

悬臂端弯矩

$$M_{B}=\frac{1}{2}\times104\times2^{2}=208\text{kN}\cdot\text{m};\quad M_{C}=0$$

M、V 如图 4.39 所示。

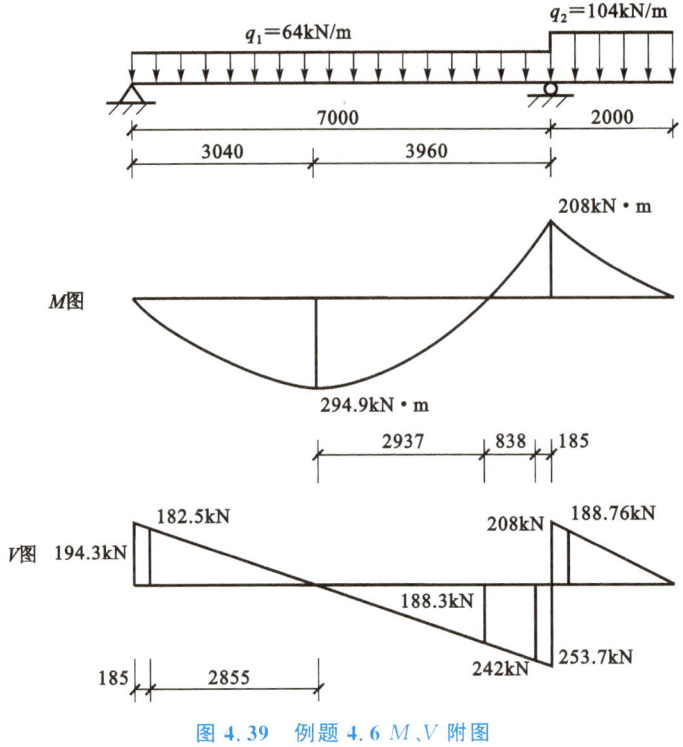

图 4.39　例题 4.6 M、V 附图

（4）正截面承载力计算

① 由于跨中弯矩较大,假设纵向钢筋按两排放置,截面的有效高度为

$$h_0 = 700 - 60 = 640\text{mm}$$

$$\alpha_s = \frac{M}{\alpha_1 f_c b h_0^2} = \frac{294.9 \times 10^6}{1.0 \times 11.9 \times 250 \times 640^2} = 0.242$$

查表 3.11 得 $\xi = 0.281 < \xi_b = 0.518$;$\gamma_s = 0.859$。

纵向受拉钢筋面积

$$A_s = \frac{M}{f_y \gamma_s h_0} = \frac{294.9 \times 10^6}{0.859 \times 640 \times 360} = 1490\text{mm}^2$$

选用 $6 \oplus 18 (A_s = 1527\text{mm}^2)$ 的纵向受拉钢筋,在跨中按两排放置。

② B 支座截面

支座截面一样,纵向钢筋按一排放置,截面有效高度为

$$h_0 = 700 - 45 = 655\text{mm}$$

$$\alpha_s = \frac{M_B}{\alpha_1 f_c b h_0^2} = \frac{208 \times 10^6}{1.0 \times 11.9 \times 250 \times 655^2} = 0.163$$

查表 3.11 得 $\xi = 0.150 < \xi_b = 0.518$,$\gamma_s = 0.919$。

$$A_s = \frac{M_B}{\gamma_s h_0 f_y} = \frac{208 \times 10^6}{0.919 \times 655 \times 360} = 960\text{mm}^2$$

在选用支座钢筋时,应考虑从跨中弯起部分钢筋承担支座负弯矩。选用 $4 \oplus 18$ 的受拉钢筋,$A_s = 1017\text{mm}^2 > 960\text{mm}^2$。

（5）斜截面承载力计算

截面尺寸验算

$$\frac{h_w}{b} = \frac{h_0}{b} = \frac{655}{250} = 2.62 < 4.0$$

$$0.25\beta_c f_c b h_0 = 0.25 \times 1.0 \times 11.9 \times 250 \times 655 = 487.2\text{kN} > V_{B左}$$
$$= V_{max} = 242\text{kN}$$

截面尺寸符合要求。

$$0.7 f_t b h_0 = 0.7 \times 1.27 \times 250 \times 655 = 145.6\text{kN} < V_{min} = 182.5\text{kN}$$

梁内腹筋需按计算确定。

梁宽 $b < 400\text{mm}$，一排内纵向钢筋未超过 5 根，故采用 $\phi 6@200$ 的双肢箍，则

$$V_{cs} = 0.7 f_t b h_0 + f_{yv}\frac{nA_{sv1}}{s}h_0$$

$$= 0.7 \times 1.27 \times 250 \times 655 + 270 \times \frac{2 \times 28.3}{200} \times 655$$

$$= 195.6\text{kN}$$

由于 V_{cs} 小于 $B_左$ 支座的剪力，故应设置弯起钢筋。

① 支座 A

按计算不需要弯起钢筋，为增强斜截面的抗剪强度，可将跨中在支座附近不需要的纵筋予以弯起。

② 支座 $B_左$

$$A_{sb} = \frac{V_{B左} - V_{cs}}{0.8 f_y \sin\alpha_s} = \frac{(242 - 195.6) \times 10^3}{0.8 \times 360 \times 0.707} = 227.9\text{mm}^2$$

弯起 2⊕18 的②号钢筋作为第一排弯起钢筋，$A_{sb} = 509\text{mm}^2 > 227.9\text{mm}^2$。弯终点距支座边缘 $200\text{mm} < s_{max}$，弯起点距跨中为 $2477\text{mm} > \frac{h_0}{2}$，因此，弯起钢筋可承担支座负弯矩。

②号弯起钢筋遮盖剪力图的水平投影长度为

$$l_H = 200 + (700 - 2 \times 31) = 838\text{mm}$$

由剪力图的比例关系，弯起点截面的剪力（图 4.39）为

$$V_1 = \frac{242 \times 2937}{3775} = 188.3\text{kN} < V_{cs} = 195.6\text{kN}$$

按计算不需弯起第二排钢筋。

③ 支座 $B_右$

同样，在支座 $B_右$ 边缘处的剪力由其比例关系，得

$$V_{B右} = \frac{208 \times (2 - 0.185)}{2} = 188.76\text{kN} < V_{cs} = 195.6\text{kN}$$

不需弯起筋。

正截面的材料抵抗弯矩、梁的配筋及钢筋明细尺寸如图 4.40 所示。

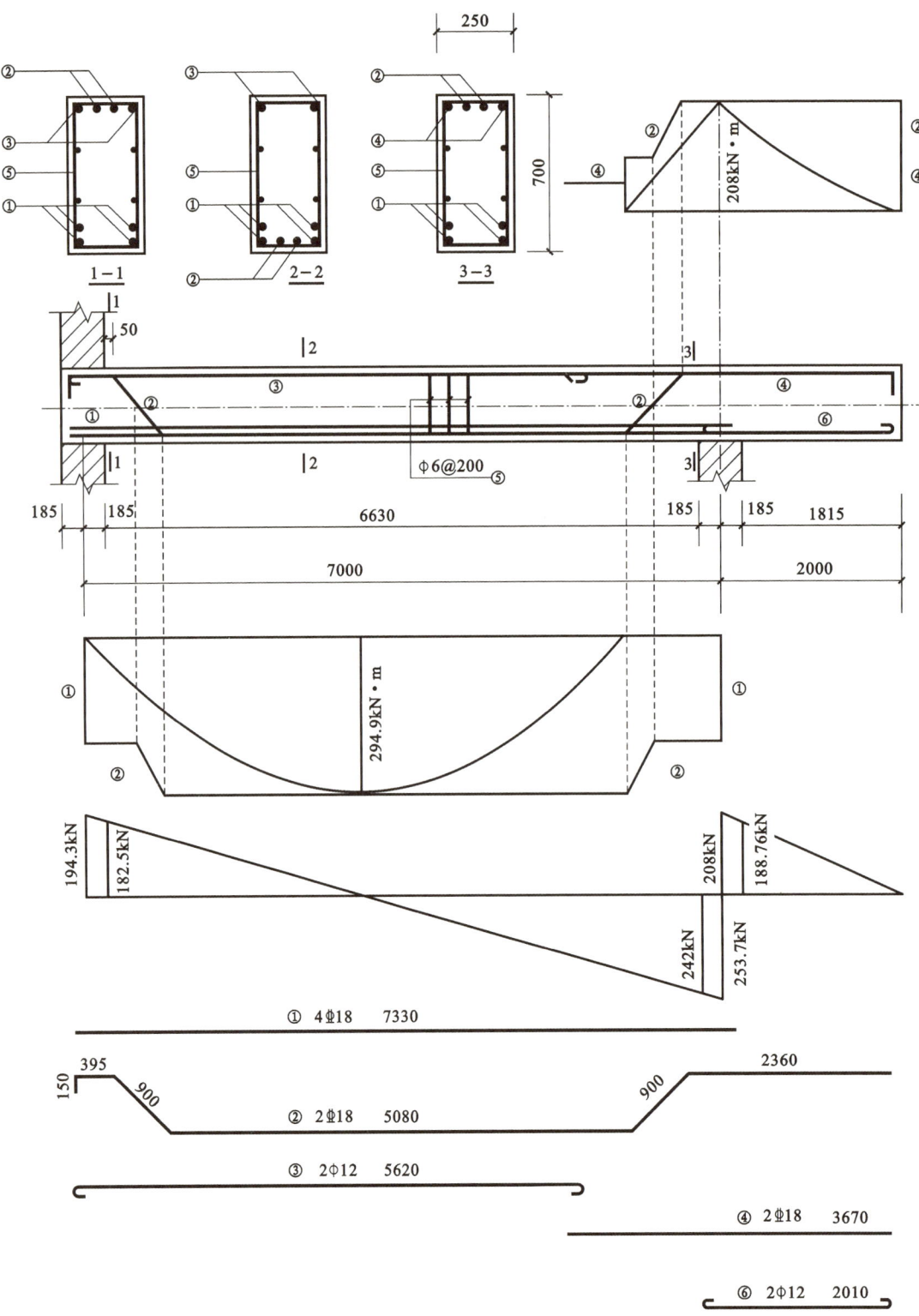

图 4.40 例题 4.6 梁的配筋图

本 章 小 结

对于无腹筋(无箍筋)梁,当裂缝出现后其应力状态发生变化,其破坏状态随剪跨比λ不同有三种破坏形式:当λ很小时为斜压破坏;当λ较大时为斜拉破坏;当λ适中时为剪压破坏。上述三种破坏虽承载力不尽相同,但在破坏时梁的变形很小,故斜截面的破坏属脆性破坏。根据剪切破坏的试验,可得无腹筋梁的抗剪承载力计算公式,但是剪切破坏是脆性的,必须严格控制无腹筋梁的使用范围。

有腹筋梁由于腹筋的存在,当斜裂缝出现后,腹筋阻止斜裂缝的开展,大大地提高了斜截面的抗剪强度。根据斜裂缝出现时的桁架力学模型,忽略次要因素的影响,可得斜截面的抗剪强度计算公式。为防止斜压破坏和斜拉破坏,计算公式给予了上限条件(截面尺寸的要求)和下限条件(配筋率、箍筋直径及间距要求)。在已知截面尺寸的条件下,可由斜截面抗剪强度计算公式计算斜截面的腹筋。

斜截面除抗剪强度条件外,尚有抗弯强度条件。抗弯强度不用计算而是通过材料抵抗图与弯矩图按照强度要求,确定钢筋的弯起和截断位置,以及为保证钢筋锚固作用,确定钢筋在各类支座内的锚固长度。

本章有一梁的设计例题,全面总结了正截面及斜截面的强度计算,并绘制了钢筋混凝土梁的施工图,以求对梁的计算和钢筋的构造有一个全面的了解。

思 考 题

4.1　无腹筋钢筋混凝土梁临界斜裂缝形成后,为什么斜裂缝处纵筋应力会增大? 斜裂缝上部压区混凝土截面的应力有何变化? 力学模型类似于什么结构?

4.2　集中荷载作用下的无腹筋梁有哪几种破坏形态? 其形成的条件及破坏原因是什么?

4.3　无腹筋梁斜截面受剪承载力计算公式的意义和适用范围是什么?

4.4　有腹筋梁斜截面受剪承载力计算公式是由哪种破坏形式建立起来的? 为何要对公式施加限制条件?

4.5　为何箍筋对提高斜压破坏的受剪承载力不起作用?

4.6　斜截面抗剪计算时,在什么情况下需考虑集中荷载的影响?

4.7　为何一般的钢筋混凝土板,不对斜截面承载力进行计算?

4.8　在计算斜截面承载能力时,对配箍率、箍筋间距、直径有何要求? 为什么要满足这些要求?

4.9　试说明计算腹筋(箍筋、弯起钢筋)时,剪力V的位置应怎样选取?

4.10　对T形和I形截面梁进行斜截面承载能力计算时,均按何种截面计算? 为什么?

4.11　为什么要绘制抵抗弯矩M_R图,M_R图与M图的比较说明了哪些问题?

4.12　在绘制M_R图时,每一根钢筋所抵抗的弯矩如何划分? 其理论截断点或弯点如何确定?

4.13　为什么弯起钢筋的弯起点距其充分利用点的距离不应小于$0.5h_0$?

4.14　为什么钢筋的截断位置距理论截断点的距离要进行双重控制?

4.15　受拉钢筋、受压钢筋进入各种支座的锚固长度有哪些要求? 试分别说明之。

4.16　直筋、弯起钢筋、箍筋的细部尺寸如何计算? 试分别叙述之。

4.17　如图4.41所示的两根梁,试画出斜裂缝可能出现的示意图。如要设置弯起钢筋抵抗剪力时,弯起钢筋应如何布置?

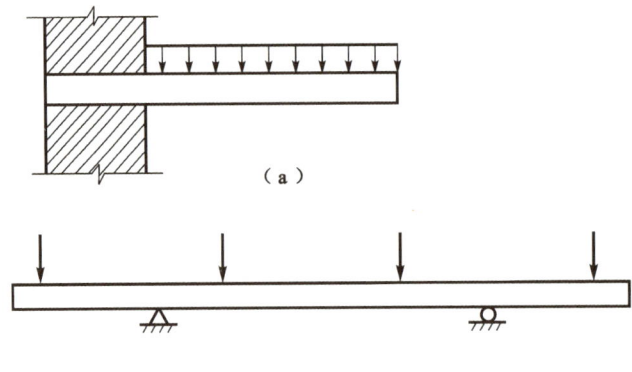

图 4.41 思考题 4.17 附图

习 题

4.1 图 4.42 所示的矩形截面简支梁,承受的均布荷载设计值(包括自重)$q=40\text{kN/m}$。混凝土 C25,箍筋 HPB300 级,构件正常环境,计算此梁需配置的箍筋。

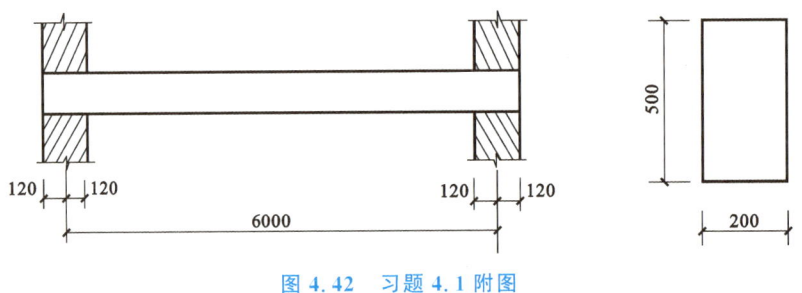

图 4.42 习题 4.1 附图

4.2 一 T 形截面支承情况及截面尺寸如图 4.43 所示,该梁承受均布荷载设计值 $q=105\text{kN/m}$(包括梁的自重)。混凝土 C25,纵向受力钢筋为 HRB400 级,箍筋 HPB300 级。经正截面计算,需要纵向受力钢筋截面面积 $A_s=2515\text{mm}^2$,已配置 $4\,\phi\,25+2\,\phi\,20$ 的纵向钢筋。要求对梁的斜截面进行计算(考虑既设置箍筋又设置弯起钢筋)。设 $h_0=540\text{mm}$。要求画出梁的纵、横剖面配筋图,确定出弯起钢筋位置。

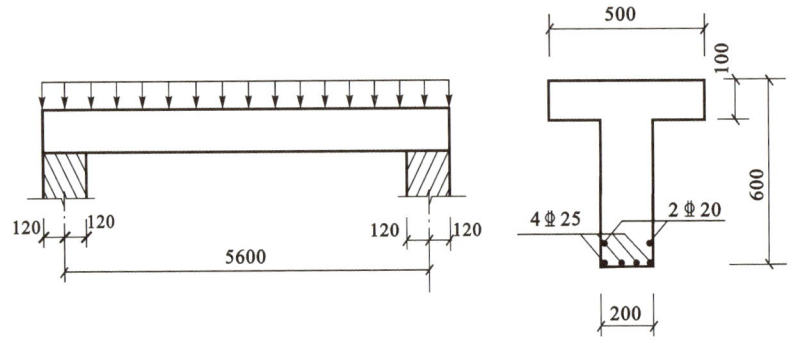

图 4.43 习题 4.2 附图

4.3 图 4.44 的矩形截面梁,$b\times h=250\text{mm}\times600\text{mm}$,集中荷载设计值 $P=90\text{kN}$,均布荷载(包括梁自重)设计值 $q=6\text{kN/m}$,混凝土 C25,纵向钢筋 HRB400 级,箍筋 HPB300 级。经正截面强度计算,配有 $2\,\phi\,22+2\,\phi\,20$ 的受拉钢筋,试设计梁的斜截面。

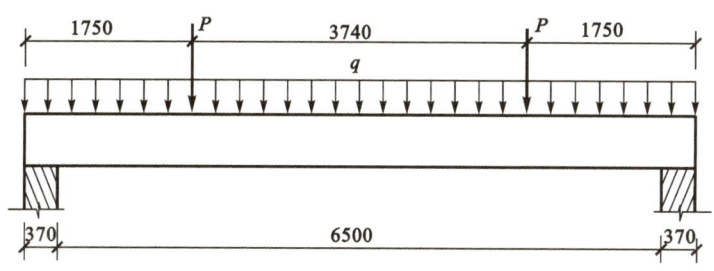
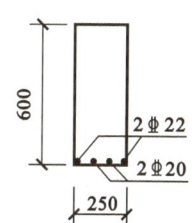

图 4.44　习题 4.3 附图

4.4　一根两端搁置于砖墙上的钢筋混凝土简支梁,其截面尺寸及配筋如图 4.45 所示。混凝土 C25,纵向钢筋 HRB400 级,箍筋 HPB300 级。试根据腹筋布置情况,计算此梁能承受的均布荷载(包括梁的自重)设计值 q。

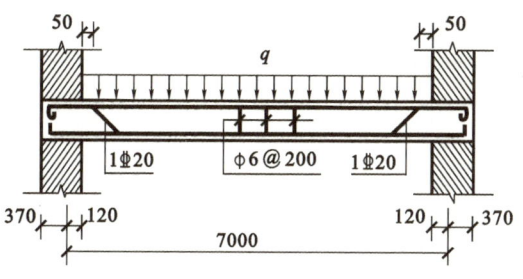
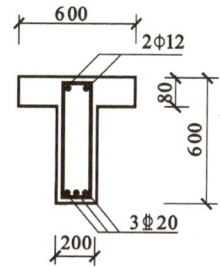

图 4.45　习题 4.4 附图

4.5　图 4.46 所示的钢筋混凝土外伸梁,混凝土 C25,纵向钢筋 HRB400 级,箍筋 HPB300 级,构件安全等级 Ⅱ 级,试计算梁的正截面及斜截面(采用既配箍筋又设置弯起钢筋),画出梁的抵抗弯矩图及配筋施工详图。

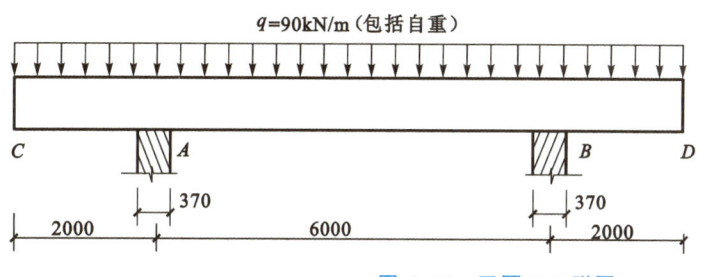
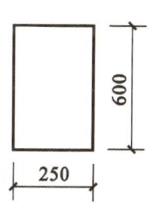

图 4.46　习题 4.5 附图

本章练习

5　受扭构件承载力计算

本 章 提 要

了解纯扭构件受力性能与开裂扭矩的计算;

理解受扭纵筋和箍筋强度比、剪切相关性的概念及其计算方法;

掌握矩形截面纯扭构件承载力的计算;

理解矩形、T 形和 I 形截面弯、剪、扭构件计算原则和方法,并了解其构造要求。

图 5.1(a)所示的悬臂梁,仅在梁端 A 处承受一扭矩,这样的梁称为纯扭构件。在实际工程中,纯扭构件很少见。图 5.1(b)所示的雨篷梁,除承受由墙体和梁自重及雨篷板产生的弯矩外,还承受由雨篷板上的均布荷载及自重 q 引起的均布扭矩 T,这种雨篷梁称为弯、剪、扭构件。在工程中的吊车梁、现浇框架的边梁以及曲梁都属于带有受扭性质的构件。

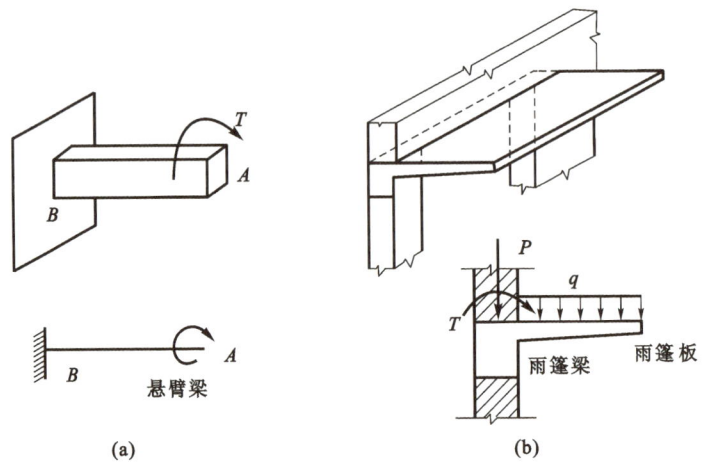

图 5.1　受扭构件

（a）承受集中扭矩的悬臂梁;(b)雨篷板和雨篷梁

5.1　纯扭构件承载力计算

5.1.1　开裂扭矩

试验表明:构件开裂前抗扭钢筋的应力很低,钢筋的存在对开裂扭矩的影响很小,因此,在研究开裂扭矩时,可以忽略钢筋的存在。

对于匀质弹性材料,矩形截面在扭矩 T 的作用下(图 5.2),截面上将产生剪应力 τ。剪应力分布如图 5.3(a)所示,最大剪应力发生在截面长边中点。由微元平衡条件知,截面上的主拉应力 $\sigma_{tp}=\tau$,其方向与构件轴线成 45°角(图 5.2)。当主拉应力超过混凝土的抗拉强度时,混凝土将首先在截面长边中点处,垂直于主拉应力方向开裂。所以,在纯扭构件中,构件裂缝与纵轴线成 45°角。

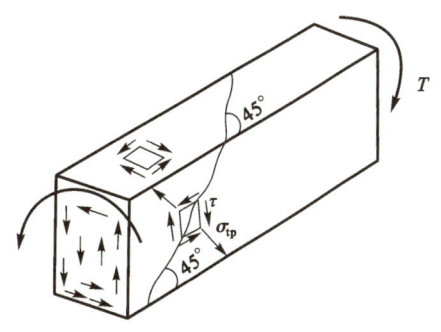

图 5.2 剪应力、主应力和斜裂缝的方向

对于理想弹塑性材料而言,截面上某点的应力到达强度极限时并不立即破坏,该点能保持极限应力不变而继续变形,整个截面仍能继续承受荷载,直到截面上各点的应力达到 $\tau_{max}=f_t$ 时,构件才达到极限抗扭能力。这时截面上的应力分布如图 5.3(b)所示。

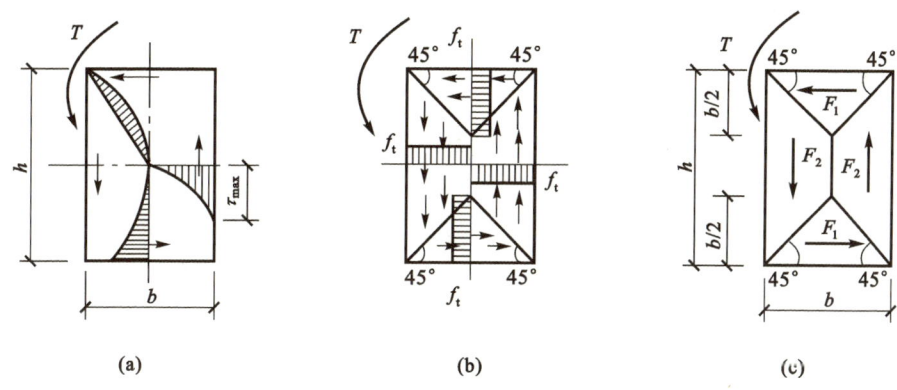

图 5.3 纯扭构件截面应力分布

现按图 5.3(b)所示的应力分布求其开裂扭矩。设矩形截面的长边为 h,短边为 b,相应的剪应力 $\tau_{max}=f_t$。为便于计算,将截面上的剪应力分成四个部分[图 5.3(c)],计算各部分剪应力的合力及相应组成的力偶,其力偶矩的总和即为开裂扭矩 T_{cr}。

$$T_{cr}=f_t\frac{b^2}{6}(3h-b)=f_tW_t \tag{5.1}$$

式中　h——矩形截面的长边;

　　　b——矩形截面的短边;

　　　f_t——混凝土抗拉强度设计值。

实际上,混凝土既非完全弹性,又非理想塑性,因而受扭时的极限应力分布将介于上述两种情况之间。与试验所测得的开裂扭矩相比,按弹性应力分布计算所得的开裂扭矩偏低,而按理想塑性应力分布计算所得的抵抗扭矩又偏高。要确切地确定真实的应力分布是十分困难的。因此,为计算方便起见,将按塑性应力分布计算的结果,乘上一个 0.7 的折减系数,即开裂扭矩的计算公式为

$$T_{cr}=0.7f_tW_t \tag{5.2}$$

式中　W_t——受扭构件的截面抗扭塑性抵抗矩。

（1）矩形截面按下式计算

$$W_t = \frac{b^2}{6}(3h - b) \tag{5.3}$$

（2）T形和I形截面(图5.4)按下列公式计算

$$W_t = W_{tw} + W_{tf}' + W_{tf} \tag{5.4}$$

腹板

$$W_{tw} = \frac{b^2}{6}(3h - b) \tag{5.5}$$

受压翼缘

$$W_{tf}' = \frac{h_f'^2}{2}(b_f' - b) \tag{5.6}$$

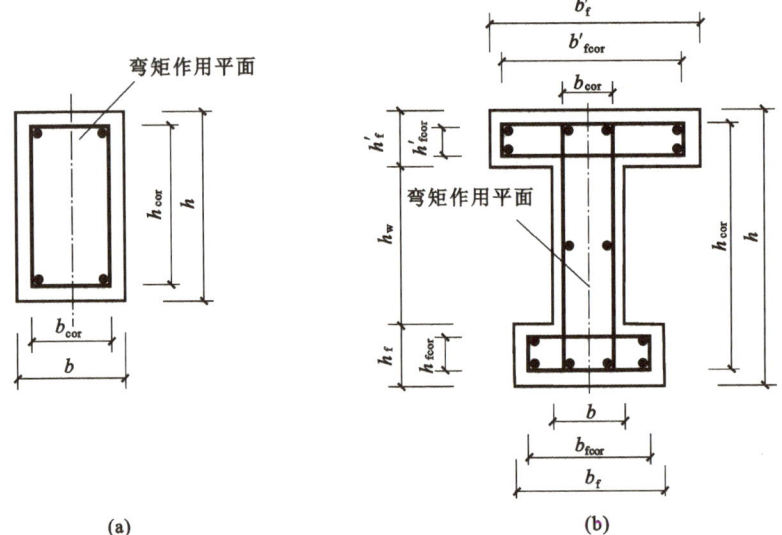

图 5.4　钢筋混凝土受扭构件截面尺寸

(a) 矩形截面；(b) T形与I形截面

受拉翼缘

$$W_{tf} = \frac{h_f^2}{2}(b_f - b) \tag{5.7}$$

式中　b_f', b_f——截面受压区、受拉区翼缘宽度；

　　　h_f', h_f——截面受压区、受拉区翼缘高度。

　　试验表明：充分参与腹板受力的伸出翼缘宽度有其一定的限度。因此，计算受扭构件承载力时有效翼缘宽度应符合下列条件

$$b_f \leqslant b + 6h_f; \quad b_f' \leqslant b + 6h_f' \tag{5.8a}$$

$$\frac{h_w}{b} \leqslant 6 \tag{5.8b}$$

5.1.2　矩形截面纯扭构件配筋计算

5.1.2.1　受扭构件的试验研究分析

　　钢筋混凝土纯扭构件的试验表明，配筋对提高构件的开裂扭矩作用不大，但是，配筋的多

少对构件承担的极限扭矩有很大的影响,构件最终的破坏形态和极限扭矩将随配筋量的不同而变化。

　　在受扭箍筋和纵筋配置适量的情况下,构件开裂后,开裂前混凝土承担的拉力将转移给钢筋承担。随着扭矩的增大,在构件表面陆续出现多条大体连续的、与构件轴线成45°角的螺旋裂缝,直到其中一条裂缝所穿越的纵筋和箍筋达到屈服,于是这条裂缝急速扩展,最后另一个长边的混凝土压碎,构件破坏(图5.5)。破坏过程是延续发生的,钢筋先屈服而后混凝土压碎,它类似于受弯构件适筋破坏。

　　当箍筋和纵筋配置过少时,配筋构件的受扭承载力与素混凝土构件没有实质差别,其破坏扭矩基本上与开裂扭矩相等。破坏过程迅速而突然,类似于受弯构件的少筋破坏,设计时应予避免。

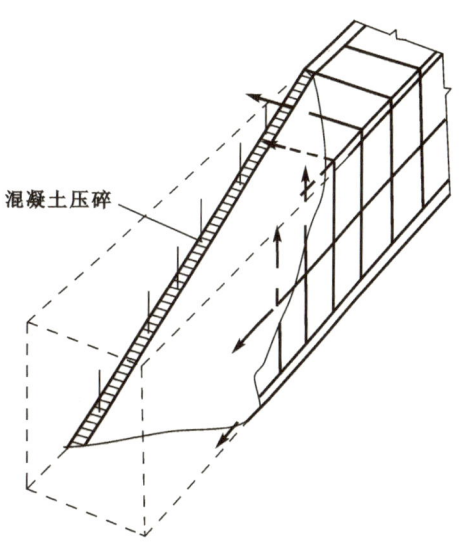

图5.5　钢筋混凝土纯扭构件适筋破坏

　　如果配筋数量过多,钢筋未达到屈服强度,构件即由于斜裂缝间混凝土被压碎而破坏。这种破坏与受弯构件的超筋梁类似,也属脆性破坏,设计中也应予避免。

　　由于抗扭钢筋是由纵筋和箍筋两部分组成,两种配筋的比例对破坏强度也有影响。当其中某一种抗扭钢筋配置过多时,也会使这种钢筋在构件破坏时不能到达屈服强度,这种构件称为部分超筋构件。部分超筋构件的塑性比适筋构件差,虽然在设计中允许采用,但不经济。例如:箍筋的用量相对较少时,抗扭强度就由箍筋控制,过多的纵筋不能完全起到抗扭作用;反之,纵筋较少时,箍筋亦不能充分发挥作用。因此,纵筋和箍筋在数量上和强度上的配比应有一定的范围,才能保证构件被破坏时纵筋和箍筋的强度都能得到充分的利用。为了表达纵筋与箍筋在数量和强度上的相对关系,定义ζ为纵筋和箍筋的配筋强度比,即纵筋与箍筋对应的体积比和强度比的乘积

$$\zeta = \frac{A_{stl} f_y s}{f_{yv} A_{st1} u_{cor}} \tag{5.9}$$

式中　f_y,f_{yv}——纵筋、箍筋的抗拉强度设计值;

　　　A_{stl}——对称布置的全部纵筋截面面积;

　　　A_{st1}——箍筋的单肢截面面积;

　　　s——箍筋的间距;

　　　u_{cor}——箍筋核心部分的周长,$u_{cor}=2\times(b_{cor}+h_{cor})$,$b_{cor}$和$h_{cor}$分别为从箍筋内皮计算的截面核心的短边及长边(图5.4)。

　　试验表明:当ζ在0.5～2.0之间变化时,纵筋与箍筋在构件破坏时基本上都能达到屈服强度。为慎重起见,建议取ζ的适用条件为

$$0.6 \leqslant \zeta \leqslant 1.7 \tag{5.10}$$

当ζ>1.7时,仍按ζ=1.7计算,构件设计中通常取ζ=1.0～1.2。

5.1.2.2　纯扭构件承载力计算公式

　　钢筋混凝土纯扭构件承载力计算公式是根据适筋破坏形式建立的,它由钢筋承担的扭矩

T_s 和混凝土承担的扭矩 T_c 组成,即

$$T_u = T_s + T_c \tag{5.11}$$

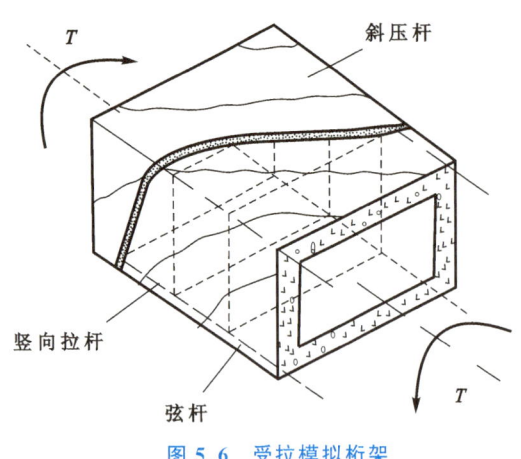

图 5.6　受拉模拟桁架

钢筋承担的扭矩实际上是钢筋和斜裂缝之间的混凝土结合起来共同承担的扭矩。这可以用一个空间桁架来模拟,纵筋相当于桁架的弦杆,箍筋相当于竖向拉杆,而斜裂缝之间的部分混凝土相当于桁架的受压腹杆,如图 5.6 所示。显然,这部分抗扭能力的大小应与箍筋的截面面积和强度成正比,与箍筋的间距成反比,并且截面核心愈大,抗扭钢筋产生的抵抗扭矩也愈大。经分析,箍筋与纵筋抗扭承载力 T_s 可由下式计算

$$T_s = \alpha_2 \sqrt{\zeta} A_{cor} \frac{A_{st1} f_{yv}}{s} \tag{5.12}$$

式中　α_2——由受扭构件试验确定的系数,对适筋和部分超筋的情况取 $\alpha_2 = 1.2$;

　　　A_{cor}——截面核心面积,$A_{cor} = b_{cor} \times h_{cor}$;

　　　s——箍筋间距;

　　　ζ——纵筋与箍筋的配筋强度比,详见式(5.10)。

如前所述,素混凝土所能承担的极限扭矩 $T_{cr} = 0.7 f_t W_t$ [式(5.2)],即开裂以后,素混凝土构件即达到破坏。但在钢筋混凝土构件中,由于钢筋的存在,混凝土斜裂缝受到钢筋的抑制而不能自由开展,斜裂缝之间的混凝土除了起空间桁架的斜压杆作用以外,由于斜裂缝处混凝土存在着骨料咬合力,阻止斜裂缝的相对滑移,因而混凝土还可以承担一部分扭矩。经试验数据分析,取

$$T_c = 0.35 f_t W_t \tag{5.13}$$

由式(5.11),钢筋混凝土纯扭构件承载力计算公式为

$$T \leqslant T_c + T_s = 0.35 f_t W_t + 1.2 \sqrt{\zeta} A_{cor} \frac{A_{st1} f_{yv}}{s} \tag{5.14}$$

式中　s——箍筋间距;

　　　A_{st1}——抗扭箍筋的单肢截面面积;

　　　f_{yv}——箍筋的抗拉强度设计值。

在受扭构件中,由空间桁架模拟可知,箍筋在整个周长上均受拉力。因此,抗扭箍筋必须封闭严紧,且沿周边均匀布置。为保证搭接处受力时不产生滑动,当采用绑扎骨架时,应将箍筋末端弯折成 135° (图 5.7),并锚入混凝土核心至少 $10d$(d 为箍筋直径)。箍筋的直径、间距应符合受剪时的要求。在超静定结构中,考虑协调扭转时箍筋间距不宜大于截面宽度的 0.75 倍。

抗扭纵筋沿截面均匀对称布置,且在截面四角必须设置纵筋,间距不应大于 200mm 和梁的截面宽度。当受扭纵筋按计算确定时,纵筋的接头及锚固均应按受拉钢筋的构造要求处理。

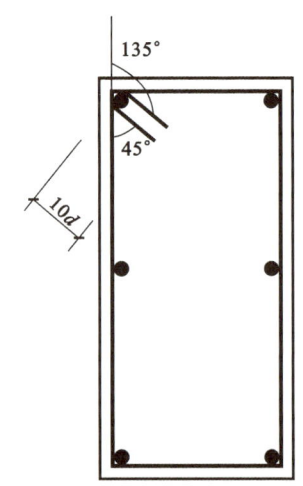

图 5.7　受扭箍筋的锚固

为了避免出现少筋和超筋两类具有脆性破坏性质的构件,在按式(5.14)计算抗扭承载力时,还需满足第5.2.3节所述的构造要求。

【例题5.1】 已知钢筋混凝土矩形截面纯扭构件,$b \times h = 200\text{mm} \times 400\text{mm}$,承受的扭矩设计值 $T = 8.6\text{kN} \cdot \text{m}$,混凝土 C30,纵筋与箍筋均为 HPB300 级,计算其抗扭纵筋与箍筋。

【解】 混凝土 C30($f_t = 1.43\text{N/mm}^2$);钢筋 HPB300 级($f_y = f_{yv} = 270\text{N/mm}^2$)。

$$b_{cor} = 200 - 2 \times (20 + 8) = 144\text{mm}, \quad h_{cor} = 400 - 2 \times (20 + 8) = 344\text{mm}$$

构件截面塑性抵抗矩

$$W_t = \frac{b^2}{6}(3h - b) = \frac{200^2}{6} \times (3 \times 400 - 200) = 6.67 \times 10^6 \text{mm}^3$$

$$A_{cor} = 144 \times 344 = 4.954 \times 10^4 \text{mm}^2$$

设纵筋与箍筋强度比 $\zeta = 1.2$,由式(5.14)得

$$\frac{A_{st1}}{s} = \frac{T - 0.35 f_t W_t}{1.2\sqrt{\zeta} f_{yv} A_{cor}}$$

$$= \frac{8.6 \times 10^6 - 0.35 \times 1.43 \times 6.67 \times 10^6}{1.2 \times \sqrt{1.2} \times 270 \times 4.954 \times 10^4} = 0.299$$

选用 $\phi 8$ 的箍筋,$A_{st1} = 50.3\text{mm}^2$,其间距为 $s = \dfrac{50.3}{0.299} = 168\text{mm}$,实际采用 $s = 160\text{mm}$。

由式(5.9),可得纵筋面积为

$$A_{stl} = \frac{\zeta f_{yv} A_{st1} u_{cor}}{f_y \cdot s}$$

$$= \frac{1.2 \times 270 \times 50.3 \times 2 \times (144 + 344)}{270 \times 160} = 368\text{mm}^2$$

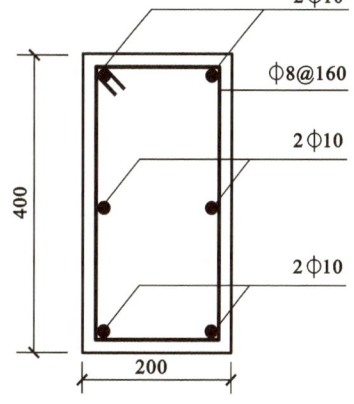

图 5.8 例题 5.1 附图

选用 $6\phi 10$($A_s = 471\text{mm}^2$),分三排放置,配筋如图 5.8 所示。

5.1.3 T形、I形截面纯扭构件配筋计算

带翼缘的 T 形、I 形、L 形截面,在进行其承载力计算时,可将截面划分为几个矩形截面。划分的原则是先按截面总高度确定腹板截面,然后再划分受压翼缘及受拉翼缘。为简化计算,按各矩形截面的抗扭塑性抵抗矩的比例来分配截面总扭矩,确定各矩形截面所承担的扭矩,即

$$T_w = \frac{W_{tw}}{W_t}T; \quad T_f' = \frac{W_{tf}'}{W_t}T; \quad T_f = \frac{W_{tf}}{W_t}T \tag{5.15}$$

式中 T——截面所承受的扭矩设计值;

      T_w——腹板所承受的扭矩;

      T_f', T_f——受压翼缘、受拉翼缘所承受的扭矩。

由式(5.4)得

$$W_t = W_{tw} + W_{tf}' + W_{tf}$$

当确定了截面各矩形部分所分配的扭矩后,将按例题 5.1 的方法,分别计算各截面的抗扭箍筋与纵筋。

5.2　弯、剪、扭构件的承载力计算

5.2.1　扭矩对受弯、受剪承载力的影响

受弯构件同时受到扭矩作用时,扭矩的存在使构件受弯承载力降低。这是因为扭矩的作用使纵筋产生拉应力,加重了受弯构件纵向受拉钢筋的负担,使其应力提前到达屈服,因而降低了受弯承载能力。弯扭构件的承载力受到很多因素的影响,精确计算是比较复杂的,且不便于设计应用。一种简单而偏于安全的设计方法,就是将受弯所需纵筋与受扭所需纵筋,分别计算然后进行叠加。

同时受到剪力和扭矩作用的构件,其承载力也是低于剪力和扭矩单独作用时的承载力,这是因为两者的剪应力在构件一个侧面上是叠加的,其受力性能也是非常复杂的,完全按照其相关关系对承载力进行计算是很困难的。由于受剪和受扭承载力中均包含有钢筋和混凝土两部分,其中箍筋可按受扭承载力和受剪承载力分别计算其用量,然后进行叠加。至于混凝土部分在剪扭承载力计算中,有一部分被重复利用,过高地估计了其抗力作用。显然其抗扭和抗剪能力应予降低,我国《规范》采用折减系数 β_t 来考虑剪扭对混凝土共同作用的影响。一般剪扭构件混凝土承载力降低系数 β_t 的计算公式为

$$\beta_t = \frac{1.5}{1 + 0.5\dfrac{VW_t}{Tbh_0}} \tag{5.16}$$

集中荷载作用的独立剪扭构件混凝土承载力降低系数 β_t 为

$$\beta_t = \frac{1.5}{1 + 0.2(\lambda + 1.0)\dfrac{V}{T} \times \dfrac{W_t}{bh_0}} \tag{5.17}$$

式中　当 $\beta_t < 0.5$ 时,取 $\beta_t = 0.5$;当 $\beta_t > 1.0$ 时,取 $\beta_t = 1.0$。
　　　　λ——计算截面剪跨比,当 $\lambda < 1.5$ 时,取 $\lambda = 1.5$;当 $\lambda > 3$ 时,取 $\lambda = 3$。

5.2.2　弯、剪、扭构件承载力的计算公式

在考虑了折减系数 β_t 后,其承载力计算公式分别为:
抗扭承载力

$$T \leqslant 0.35\beta_t f_t W_t + 1.2\sqrt{\zeta}\frac{f_{yv}A_{st1}A_{cor}}{s} \tag{5.18}$$

抗剪承载力

$$V \leqslant (1.5 - \beta_t) \times 0.7 f_t bh_0 + f_{yv}\frac{A_{sv}}{s}h_0 \tag{5.19}$$

式中　A_{sv}——受扭承载力所需箍筋截面面积,$A_{sv} = nA_{sv1}$。
　　　　集中荷载作用的独立梁

$$V \leqslant (1.5 - \beta_t)\frac{1.75}{\lambda + 1.0}f_t bh_0 + f_{yv}\frac{A_{sv}}{s}h_0 \tag{5.20}$$

对纵向钢筋,先按弯矩计算出所需的抗弯纵筋,再由考虑了折减以后的抗扭公式计算出抗扭纵筋,然后叠加,即可得出全部受力纵筋。但必须注意:抗弯纵筋应布置在受弯时的受拉区(对单筋截面),而抗扭纵筋和纯扭构件一样,应沿周边均匀布置。

至于箍筋,先按弯、剪、扭的抗剪和抗扭承载力计算公式分别计算出抗扭箍筋和抗剪箍筋,然后叠加,即得所需箍筋。

为计算方便,《规范》规定:当扭矩小于混凝土所承担的扭矩的一半时,即 $T \leqslant 0.175 f_t W_t$ 时,可仅按受弯构件的正截面受弯承载力和斜截面受剪承载力分别进行计算。

同理,当剪力小于无腹筋梁的受剪承载力的一半时,即 $V \leqslant 0.35 f_t bh_0$ 或 $V \leqslant 0.875 \dfrac{f_t bh_0}{\lambda + 1.0}$,可仅按受弯构件的正截面受弯承载力和纯扭构件的受扭承载力分别进行计算。

带翼缘截面弯剪扭构件的承载力计算,仍按上述规定进行。但在剪扭承载力计算时,仍按第 5.1.1 节所述,划分为几个矩形截面分别进行计算。腹板按剪扭计算,计算时应将 T 及 W_t 各代换为 T_w 及 W_{tw};翼缘不考虑承受剪力,仅按纯扭构件计算,计算时应将 T 及 W_t 作相应代换。

5.2.3　弯、剪、扭计算公式的适用条件

(1) 为避免超筋破坏,构件应满足下式条件,否则应加大截面尺寸或提高混凝土强度等级。

当 $\dfrac{h_w}{b} \leqslant 4$ 时,

$$\frac{V}{bh_0} + \frac{T}{0.8W_t} \leqslant 0.25\beta_c f_c \tag{5.21}$$

当 $\dfrac{h_w}{b} \geqslant 6$ 时,

$$\frac{V}{bh_0} + \frac{T}{0.8W_t} \leqslant 0.2\beta_c f_c \tag{5.22}$$

当 $4 < \dfrac{h_w}{b} < 6$ 时,按线性内插法确定。

(2) 为避免少筋破坏,必须限制箍筋与纵筋的最小配筋率。

配箍率　　　　　　　　　　$\rho_{sv} = \dfrac{A_{sv}}{bs} \geqslant \rho_{sv,min} = 0.28 \dfrac{f_t}{f_{yv}}$

受扭纵筋配筋率　　　　　　$\rho_{st} = \dfrac{A_{stl}}{bh} \geqslant \rho_{st,min} = 0.6 \sqrt{\dfrac{T}{Vb}} \dfrac{f_t}{f_y}$ 　　　(5.23)

当 $T/(Vb) > 2.0$,取 $T/(Vb) = 2.0$。

受拉边的纵向受拉钢筋,应不小于按受弯构件最小配筋率计算所需纵筋面积和受扭构件按最小配筋率计算并分配到弯曲受拉边的纵筋截面面积之和,即

$$A_s \geqslant (\rho_{min} + \rho_{tl,min}/n)bh \tag{5.24}$$

式中　ρ_{min}——受弯构件最小配筋率,按表 3.6 采用;

　　　$\rho_{tl,min}$——受扭构件最小配筋率;

　　　n——受扭纵筋 A_{stl} 与分配到弯曲受拉边的受扭纵筋 $A_{stl,n}$ 之比值。

（3）当满足下列条件时

$$\frac{V}{bh_0} + \frac{T}{W_t} \leqslant 0.7 f_t \tag{5.25}$$

箍筋和抗扭纵筋按其最小配筋率设置。这时，只需对抗弯纵筋进行计算。

【例题 5.2】 已知均布荷载作用下的钢筋混凝土 T 形弯、剪、扭构件，截面尺寸 $b_f' = 500\text{mm}$，$h_f' = 100\text{mm}$，$b \times h = 250\text{mm} \times 500\text{mm}$，承受内力设计值为 $M = 142\text{kN} \cdot \text{m}$，剪力 $V = 112\text{kN}$，扭矩 $T = 12\text{kN} \cdot \text{m}$。混凝土 C30，纵筋 HRB400 级，箍筋 HPB300 级，构件处于正常环境，安全等级二级，试计算构件的配筋。

【解】 查表确定材料设计值

$$f_t = 1.43\text{N/mm}^2, f_c = 14.3\text{N/mm}^2; \quad f_y = 360\text{N/mm}^2, f_{yv} = 270\text{N/mm}^2$$

（1）验算截面尺寸

$$h_0 = 500 - 40 = 460\text{mm}$$

$$W_{tw} = \frac{b^2}{6} \times (3h - b) = \frac{250^2}{6} \times (3 \times 500 - 250) = 13 \times 10^6 \text{mm}^3$$

$$W_{tf}' = \frac{h_f'^2}{2}(b_f' - b) = \frac{100^2}{2} \times (500 - 250) = 1.25 \times 10^6 \text{mm}^3$$

$$W_t = W_{tw} + W_{tf}' = 14.25 \times 10^6 \text{mm}^3$$

$$\frac{V}{bh_0} + \frac{T}{0.8W_t} = \frac{112 \times 10^3}{250 \times 460} + \frac{12 \times 10^6}{0.8 \times 14.25 \times 10^6}$$

$$= 2.08\text{N/mm}^2 < 0.25\beta_c f_c$$

$$= 0.25 \times 1.0 \times 14.3 = 3.58\text{N/mm}^2$$

截面尺寸符合要求。

$$\frac{V}{bh_0} + \frac{T}{W_t} = \frac{112 \times 10^3}{250 \times 460} + \frac{12 \times 10^6}{14.25 \times 10^6} = 1.8\text{N/mm}^2$$

$$> 0.7 f_t = 0.7 \times 1.43 = 1.0\text{N/mm}^2$$

按计算配置受扭钢筋。

（2）确定计算方法

$$T = 12 \times 10^6 \text{N} \cdot \text{mm} > 0.175 f_t W_t = 0.175 \times 1.43 \times 14.25 \times 10^6 = 3.57 \times 10^6 \text{N} \cdot \text{mm}$$

$$V = 112 \times 10^3 \text{N} > 0.35 f_t bh_0 = 0.35 \times 1.43 \times 250 \times 460 = 58.00 \times 10^3 \text{N}$$

由上可知，不能忽略扭矩及剪力对构件的影响。

（3）受弯纵筋计算

$$\alpha_1 f_c b_f' h_f' \left(h_0 - \frac{h_f'}{2}\right) = 1.0 \times 14.3 \times 500 \times 100 \times \left(460 - \frac{100}{2}\right)$$

$$= 293.15 \times 10^6 \text{N} \cdot \text{mm}$$

$$> M = 142 \times 10^6 \text{N} \cdot \text{mm}$$

属于第 1 类 T 形截面。

$$\alpha_s = \frac{M}{\alpha_1 f_c b_f' h_0^2} = \frac{142 \times 10^6}{1.0 \times 14.3 \times 500 \times 460^2} = 0.093$$

查表 3.11，得 $\xi = 0.097 < 0.518$。

$$A_s = \xi b'_f h_0 \frac{\alpha_1 f_c}{f_y} = 0.097 \times 500 \times 460 \times \frac{1.0 \times 14.3}{360} = 886 \text{mm}^2$$

暂不选钢筋,待抗扭纵筋计算后统一布置。

(4)受剪箍筋计算

由式(5.16)

$$\beta_t = \frac{1.5}{1 + 0.5 \frac{V}{T} \times \frac{W_t}{bh_0}} = \frac{1.5}{1.0 + 0.5 \times \frac{112 \times 10^3}{12 \times 10^6} \times \frac{14.25 \times 10^6}{250 \times 460}}$$

$$= 1.74 > 1.0$$

取 $\beta_t = 1.0$。

T形截面翼缘不承受剪力,腹板承受全部剪力。采用双肢箍,由式(5.19)

$$\frac{A_{sv1}}{s} = \frac{V - (1.5 - \beta_t) \times 0.7 \times f_t \times bh_0}{n \times f_{yv} \times h_0}$$

$$= \frac{112 \times 10^3 - (1.5 - 1.0) \times 0.7 \times 1.43 \times 250 \times 460}{2 \times 270 \times 460}$$

$$= 0.219$$

(5)受扭钢筋计算

① 扭矩分配

腹板

$$T_w = T \times \frac{W_{tw}}{W_t} = 12 \times \frac{13 \times 10^6}{14.25 \times 10^6} = 10.947 \text{kN} \cdot \text{m}$$

翼缘

$$T'_{wf} = T \times \frac{W'_{tf}}{W_t} = 12 \times \frac{1.25 \times 10^6}{14.25 \times 10^6} = 1.053 \text{kN} \cdot \text{m}$$

② 腹板配筋

$$b_{cor} = 250 - 2 \times 28 = 194 \text{mm}; \quad h_{cor} = 500 - 2 \times 28 = 444 \text{mm}$$

$$A_{cor} = b_{cor} \times h_{cor} = 194 \times 444 = 86136 \text{mm}^2$$

$$u_{cor} = 2 \times (194 + 444) = 1276 \text{mm}$$

设纵筋与箍筋强度比 $\zeta = 1.0$,由式(5.18),腹板在单位长度内所需抗扭单肢箍面积由式(5.14)为:

$$\frac{A_{st1}}{s} = \frac{T_w - 0.35\beta_t f_t W_{tw}}{1.2\sqrt{\zeta} \times f_{yv} \times A_{cor}}$$

$$= \frac{10.947 \times 10^6 - 0.35 \times 1.0 \times 1.43 \times 13 \times 10^6}{1.2 \times \sqrt{1.0} \times 270 \times 86136}$$

$$= 0.159$$

受剪与受扭在腹板内所需单肢箍在单位长度内总量为

$$\frac{A_{sv1}}{s} + \frac{A_{st1}}{s} = 0.219 + 0.159 = 0.378$$

设箍筋直径为 $\phi 8$,其间距 $s = \frac{50.3}{0.378} = 133 \text{mm}$,选用 $s = 110 \text{mm}$。

腹板抗扭纵筋计算,由式(5.9)

$$A_{stl} = \zeta \frac{f_{yv} A_{st1} u_{cor}}{f_y \cdot s} = 1.0 \times \frac{270 \times 50.3 \times 1276}{360 \times 110} = 438 \text{mm}^2$$

抗扭纵筋在腹板内分四排对称放置(保证间距≤200mm),每排纵筋面积为 $\frac{438}{4} = 109.5 \text{mm}^2$,选用 $2 \Phi 10 (A_{stl} = 157 \text{mm}^2)$

在弯矩及扭矩共同作用下,腹板内底部受拉钢筋面积为 $A_s = 886 + 109.5 = 995.5 \text{mm}^2$,选用 $4 \Phi 18 (A_s = 1017 \text{mm}^2)$。

配箍率验算

$$\rho_{sv} = \frac{n A_{sv1}}{b \cdot s} = \frac{2 \times 50.3}{250 \times 110} = 0.366\% > \rho_{sv,min} = 0.28 \frac{f_t}{f_{yv}}$$

$$= 0.28 \times \frac{1.43}{270} = 0.148\%$$

受扭纵筋配筋率验算

$$\rho_{st} = \frac{A_{stl}}{bh} = \frac{438}{250 \times 500} = 0.350\% > \rho_{st,min} = 0.6 \sqrt{\frac{T}{Vb}} \times \frac{f_t}{f_{yv}}$$

$$= 0.6 \times \sqrt{\frac{12 \times 10^6}{113 \times 10^3 \times 250}} \times \frac{1.43}{270} = 0.21\%$$

③ 受压翼缘配筋计算

受压翼缘处于弯曲受压区,经上面计算不需受压钢筋,且不承受剪力,故按纯扭构件计算。

受压翼缘承受的扭矩为

$$T_{wf}' = 1.053 \text{kN} \cdot \text{m}$$
$$b_{cor}' = 250 - 2 \times 26 = 198 \text{mm}$$
$$h_{cor}' = 100 - 2 \times 26 = 48 \text{mm}$$
$$A_{cor}' = b_{cor}' \times h_{cor}' = 198 \times 48 = 9504 \text{mm}^2$$
$$u_{cor}' = 2(b_{cor}' + h_{cor}') = 2 \times (198 + 48) = 492 \text{mm}$$

取 $\zeta = 1.0$,翼缘箍筋:

$$\frac{A_{st1}'}{s} = \frac{T_{wf}' - 0.35 f_t W_{tf}'}{1.2 \sqrt{\zeta} f_{yv} A_{cor}'}$$

$$= \frac{1.053 \times 10^6 - 0.35 \times 1.43 \times 1.25 \times 10^6}{1.2 \times \sqrt{1.0} \times 270 \times 9504}$$

$$= 0.139$$

采用 $\phi 6$ 箍筋,$A_{st1}' = 28.3 \text{mm}^2$,箍筋间距为 $s = \frac{28.3}{0.139} = 204 \text{mm}$,实用间距 $s = 200 \text{mm}$。

受扭纵筋计算

$$A_{stl}' = \zeta \frac{f_{yv} A_{st1}' u_{cor}'}{f_y \cdot s} = 1.0 \times \frac{270 \times 28.3 \times 492}{270 \times 200} = 69.6 \text{mm}^2$$

按构造要求,选用 $4 \Phi 8$ 对称配置于翼缘上。配筋如图5.9所示。

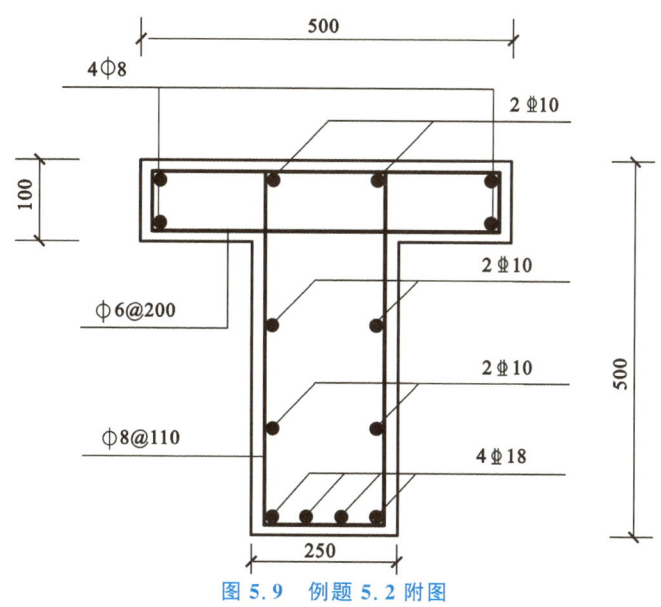

图 5.9　例题 5.2 附图

本 章 小 结

从纯扭构件的开裂扭矩入手,了解受扭构件矩形、T 形和 I 形截面的抗扭塑性抵抗矩。对于配筋的纯扭矩形截面,根据构件破坏时的力学模型,欲使抗扭纵筋和箍筋能得到充分利用,其数量和强度的配比 ζ 应有一定的范围,其值为 $0.6 \leqslant \zeta \leqslant 1.7$。为了配筋方便,设计时通常取 $\zeta = 1.0 \sim 1.2$。

尽管受扭构件开裂之后混凝土达到破坏,但在钢筋混凝土受扭构件中,由于钢筋的存在,混凝土斜裂缝受到抑制而不能自由开展,斜裂缝之间的混凝土犹如桁架的斜压杆,能承担一部分扭矩。由钢筋和混凝土承担扭矩之和,构架了钢筋混凝土纯扭构件承载力计算公式,当已知截面尺寸和扭矩时,可由计算公式计算抗扭纵筋和箍筋。与受弯构件一样,为防止受扭构件超筋和少筋的破坏,计算公式也给出了两个限制条件。受扭钢筋应按照在两个方向各自对称,均匀布置的原则进行设置。由于箍筋在整个周长上均受到拉力,因此箍筋在构造上必须封闭严紧。

对于弯、剪、扭构件,由于扭矩和剪力产生的剪应力是在同一方向,故混凝土承担的剪力被重复利用,应予降低,也即将混凝土承担的扭矩乘以小于 1.0 的降低系数 β_t。箍筋可由扭矩和剪力分别计算然后叠加;纵向钢筋亦由弯矩和扭矩分别计算,然后在各自位置上叠加。

为计算方便,对于弯、剪、扭构件,当扭矩较小时,可忽略受扭的影响,按受弯构件计算钢筋;当剪力较小时,仅按弯、扭构件计算钢筋。

思 考 题

5.1　试推导素混凝土矩形截面纯扭构件开裂扭矩公式中的塑性抵抗矩 W_t。

5.2　简述钢筋混凝土受扭构件的破坏形式。它们各有何特点?

5.3　在抗扭计算中如何避免少筋破坏和超筋破坏?

5.4　纯扭承载力计算公式中 ζ 的物理意义是什么?起什么作用?有何限制?

5.5　对 $T < 0.7f_tW_t$ 的纯扭构件,应如何配置受扭钢筋?

5.6　为什么受弯构件在同时受到扭矩作用时,其抗扭及抗剪承载力均有所降低? 这时纵向钢筋应如何计算和构造?

5.7　在剪扭计算中为何要引入系数 β_t? 其取值有何限制? 这时的箍筋应如何计算?

5.8　试总结纯扭、弯剪扭构件配筋计算的步骤。

习　题

5.1　钢筋混凝土矩形截面纯扭构件, $b \times h = 250\text{mm} \times 500\text{mm}$,承受的扭矩设计值 $T = 15\text{kN} \cdot \text{m}$。混凝土 C25,纵筋 HRB400 级,箍筋 HPB300 级。试配置构件所需的抗扭钢筋。

5.2　如图 5.10 所示的纯扭构件,混凝土 C25,纵筋 HRB400 级,箍筋 HPB300 级。试计算构件所能承受的扭矩设计值 T。

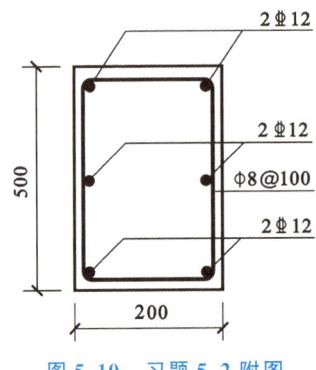

图 5.10　习题 5.2 附图

5.3　截面尺寸、材料强度同习题 5.1,构件在均布荷载作用下产生的内力设计值: $T = 16\text{kN} \cdot \text{m}$, $M = 100\text{kN} \cdot \text{m}$, $V = 90\text{kN}$。试计算构件所需钢筋。

本章练习

6 受压构件承载力计算

本章提要

掌握配有普通箍筋和螺旋箍筋轴心受压柱的破坏特征和设计方法;

理解大、小偏心受压构件的破坏特征及其判别方法;

考虑了二阶矩影响后,掌握建立两类偏心受压的基本计算公式,理解受拉钢筋 A_s 的应力 σ_s、混凝土相对受压区高度 ξ 的计算方法;

熟练掌握矩形截面对称配筋、非对称配筋的截面设计方法,了解 I 形截面对称配筋截面设计;

了解偏心受压构件斜截面计算特点,掌握受压构件的基本构造要求。

钢筋混凝土受压构件按纵向压力作用线是否作用于截面形心,分为轴心受压构件和偏心受压构件。纵向压力作用线与构件形心轴线重合称为轴心受压构件。理想的轴心受压构件实际上是不存在的,特别是在实际工程中,由于施工时钢筋位置和截面几何尺寸的误差、构件混凝土质量不均匀、荷载实际位置的偏差等因素,更不可能有真正的轴心受压。但是在设计中,对以恒荷载为主的多层房屋的中间柱以及屋架的腹杆等构件(图 6.1),可近似地简化为轴心受压构件计算。

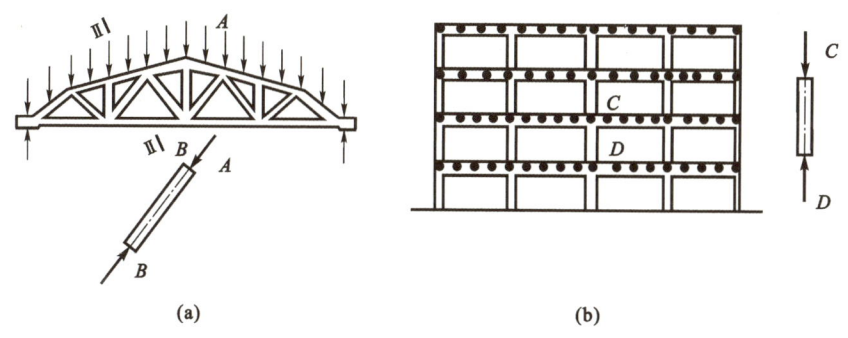

(a)   **(b)**

图 6.1 多层房屋的中间柱及屋架的腹杆等构件

(a) 屋架的受压腹杆 AB;(b) 多层房屋的中间柱

当纵向压力作用线与构件形心轴线不重合,或在构件截面上同时作用有轴向压力、弯矩时,这类构件称为偏心受压构件。在构件截面上,由于弯矩和轴向压力的共同作用,可以看成具有偏心距为 e 的纵向压力 N 的作用。如单层厂房柱、多层框架柱以及某些屋架的上弦杆均属偏心受压构件(图 6.2)。

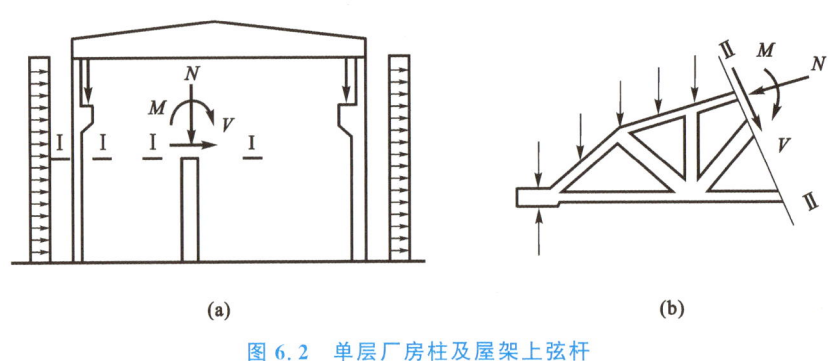

(a)　　　　　　　　　　　　　　　(b)

图 6.2　单层厂房柱及屋架上弦杆

（a）单层厂房柱；（b）屋架上弦杆

6.1　轴心受压构件承载力计算

钢筋混凝土轴心受压柱按箍筋的形式不同有两种类型：配有纵筋和普通箍筋的柱；配有纵筋和螺旋式或焊环式间接钢筋的柱。

6.1.1　纵筋及普通箍筋柱

钢筋混凝土轴心受压柱的截面一般为矩形、圆形或方形。纵筋的作用是帮助混凝土承担压力，防止混凝土出现突然的脆性破坏，并承受由于荷载的偏心而引起的弯矩。箍筋的主要作用是与纵筋组成空间骨架，减少纵筋的计算长度，因而避免纵筋过早的压屈而降低柱的承载力。

6.1.1.1　试验研究结果

如图 6.3 所示的配有纵筋和箍筋的短柱，在荷载作用下整个截面的应变是均匀分布的，随着荷载的增加应变也迅速增加。最后，构件的混凝土达到极限应变，柱子出现纵向裂缝，混凝土保护层剥落，箍筋间的纵筋向外凸，构件因混凝土被压碎而破坏（图 6.4）。

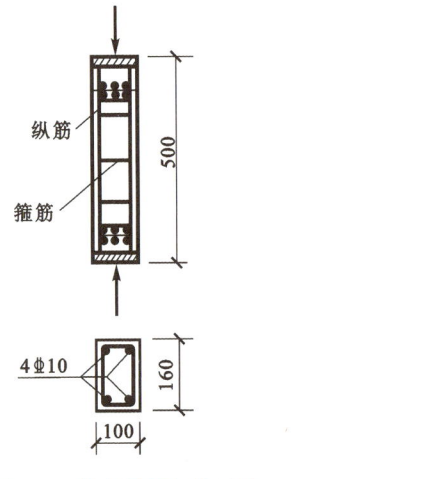

图 6.3　轴心受压短柱试件　　　　　　**图 6.4　轴心受压短柱的破坏形态**

在加荷试验中,由于钢筋和混凝土之间存在着黏结力,钢筋和混凝土之间的压应变是相等的,即 $\varepsilon_c = \varepsilon_s$。在荷载较小时,构件处于弹性工作阶段,由于钢筋和混凝土的弹性模量不同,因而其应力不相等,$\sigma_s = \varepsilon_s E_s$,$\sigma_c = \varepsilon_c E_c$,钢筋的应力比混凝土应力大很多。图 6.5 表示钢筋和混凝土的应力与荷载的关系曲线,荷载较小时,N 与 σ_s 和 σ_c 基本上是线性关系。

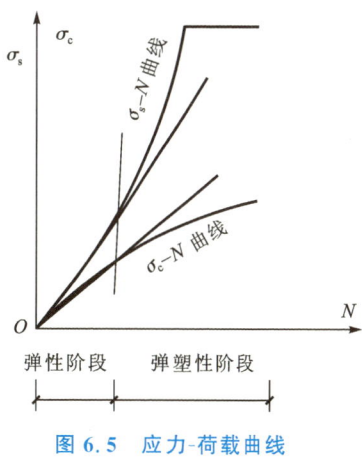

图 6.5　应力-荷载曲线

随着荷载的增加,混凝土的塑性变形有所发展,因此,混凝土应力增加的愈来愈慢,而钢筋应力的增加则愈来愈快。

在长期荷载试验中,由于混凝土的徐变,钢筋混凝土构件的内力产生重分布现象。随着混凝土徐变变形的发展,其应力有所降低,而钢筋的应力则有所增加。短柱破坏时,一般是纵筋先到达屈服强度,此时荷载仍可继续增加,最后混凝土达到其极限压应变,构件破坏。当采用高强钢筋时,也可能在混凝土达到极限应力值时,钢筋没有达到屈服强度,在继续变形一段后,构件破坏。混凝土的极限压应变在 0.002 以内。柱在破坏时钢筋的最大压应力 $\sigma_s' = E_s \varepsilon_{c,max} = 2 \times 10^5 \times 0.002 = 400 \text{N/mm}^2$,对于热轧钢筋已达到屈服强度,但对于屈服强度超过 400N/mm^2 的钢筋,其受压强度设计值只能取 $f_y' = 400 \text{N/mm}^2$。因此,在柱内采用高强钢筋作为受压钢筋时,不能充分发挥其高强度的作用,这是不经济的。

根据上述试验分析,短柱正截面的承载力公式可写成

$$N_s = f_c A + f_y' A_s' \tag{6.1}$$

式中　A——构件截面面积;

　　　A_s'——全部纵向受压钢筋截面面积;

　　　f_c——混凝土轴心抗压强度设计值;

　　　f_y'——纵筋抗压强度设计值;

　　　N_s——短柱的承载能力。

试验表明,对于细长比较大的长柱,在轴心压力作用下,由于各种偶然因素造成的初始偏心距,使构件产生附加弯矩,而这个附加弯矩产生的水平挠度,又加大了原来的初始偏心距,这样相互影响的结果,促使了构件截面材料破坏较早到来,导致承载能力的降低。柱的细长比愈大,其承载力愈低。试验还表明,柱的细长比很大时,当荷载增加到最大值后,挠度突然剧增,然后荷载却急剧下降,在最大荷载作用下,钢筋和混凝土的应变都小于材料破坏时的极限应变值,这种破坏现象一般称为"失稳破坏"。

6.1.1.2　承载力计算公式

通过上述分析,说明长柱的承载能力低于同样截面、同样配筋、同样材料等级短柱的承载能力,采用稳定系数 φ 表示长柱承载能力的降低程度,即

$$\varphi = \frac{N_l}{N_s} \tag{6.2}$$

将式(6.1)代入式(6.2)可得长柱的极限承载力

$$N_l = \varphi N_s = \varphi(f_c A + f_y' A_s')$$

考虑到非匀质弹性体的混凝土构件,截面重心与形心不能重合,真正的轴心受压是不存在

的,因而截面上的应力分布不是绝对均匀,故配有纵筋和箍筋的钢筋混凝土轴心受压柱正截面承载力计算公式为

$$\gamma_0 N \leqslant 0.9\varphi(f_c A + f'_y A'_s) \tag{6.3}$$

式中　N——轴向压力设计值;

　　　φ——钢筋混凝土构件稳定系数,按表 6.1 采用;

　　　A——构件截面面积,当纵筋率大于 3% 时,A 应改用($A-A'_s$)代替;

　　　A'_s——全部纵筋的截面面积。

从表 6.1 中可看出,细长比 l_0/b 越大,φ 值越小;同样,细长比越小,φ 值越大。当 $l_0/b \leqslant 8$ 时,φ 值等于 1,说明侧向挠度很小,不影响构件的承载能力。或者说,当 $l_0/b \leqslant 8$ 的钢筋混凝土柱,在计算上可视为短柱。

构件的计算长度 l_0 与构件两端支承情况有关,表 6.1 中的 φ 值是根据构件在两端为不动铰支承的条件下由试验得到的。由于实际工程中端部支承情况的不同,因而加荷后柱的侧向变形也不尽相同,使得构件承载能力的降低程度也不一样。这种影响在计算时是通过加大或减小构件的实际长度 l 来体现的。也就是说,在确定 φ 值时应采用构件的计算长度 l_0。

表 6.1　钢筋混凝土轴心受压构件的稳定系数 φ

l_0/b	≤8	10	12	14	16	18	20	22	24	26	28	30	32	34	36	38	40	42	44	46	48	50
l_0/d	≤7	8.5	10.5	12	14	15.5	17	19	21	22.5	24	26	28	29.5	31	33	34.5	36.5	38	40	41.5	43
l_0/i	≤28	35	42	48	55	62	69	76	83	90	97	104	111	118	125	132	139	146	153	160	167	174
φ	1.0	0.98	0.95	0.92	0.87	0.81	0.75	0.70	0.65	0.60	0.56	0.52	0.48	0.44	0.40	0.36	0.32	0.26	0.26	0.23	0.21	0.19

注:l_0——构件计算长度;

　　b——矩形截面的短边尺寸;

　　d——圆形截面的直径;

　　i——截面最小回转半径。

在实际工程中,由于构件计算支承情况并非完全符合理想条件,所以钢筋混凝土柱计算长度的确定是一个很复杂的问题。《规范》规定柱的计算长度 l_0 按下列情况采用:

一般多层房屋中梁柱为刚接的框架结构:

现浇楼盖　底层柱 $l_0=1.0H$;其余各层柱 $l_0=1.25H$。

装配式楼盖　底层柱 $l_0=1.25H$;其余各层柱 $l_0=1.5H$。

H 为层高。对底层,H 取基础顶面到一层楼盖顶面之间的距离;其余各层,H 取上、下两层楼盖顶面之间的距离。

至于单层工业厂房中的柱和露天栈桥柱的计算长度 l_0,可按表 11.7 计算得到。

在用式(6.3)计算承载力时,已如前述,A 为构件截面面积,但当受压钢筋配置较多,若不扣除钢筋所占截面面积,势必会将受压承载力计算偏高。因此,当配筋 $\rho'=\dfrac{A'_s}{A}>3\%$ 时,式中的 A 应改为 $A_c=A-A'_s$。计算现浇钢筋混凝土受压构件时,如截面的长边或直径小于 300mm 时,式中混凝土轴心受压强度设计值 f_c 应乘以系数 0.8;当构件质量确有保证时,可不受此限。

6.1.1.3　构造要求

A. 材料强度等级

混凝土强度等级对受压构件承载力影响很大,因此,采用较高强度的混凝土是经济合理

的,一般柱中采用 C20 或 C20 以上等级的混凝土。对于高层建筑的底层柱,必要时采用更高强度等级的混凝土,例如采用 C40 乃至 C60。

受压构件不宜采用高强钢筋。如前所述,高强钢筋与混凝土共同受压时,不能充分发挥其高强的作用,一般采用 HPB300 级、HRB400 级钢筋。

B. 截面形式及尺寸

柱截面一般多采用构造简单、施工方便的正方形或矩形截面柱,只有在特殊情况下,才采用圆形或对称多边形。

柱截面尺寸主要根据内力的大小、构件的长度及构造要求等条件来确定。为了避免构件由于长细比过大、承载能力降低过多,柱截面尺寸不宜过小。对于多层厂房柱,宜取 $h \geqslant l_0/25$ 和 $b \geqslant l_0/30$。对现浇钢筋混凝土柱的截面尺寸不宜小于 $250\text{mm} \times 250\text{mm}$。此外,为了施工支模方便,当 $h \leqslant 800\text{mm}$ 时,截面尺寸以 50mm 为模数;当 $h > 800\text{mm}$ 时,以 100mm 为模数。

C. 纵筋

柱内纵筋,除了增加柱的承载能力外,还可以减少混凝土破坏的脆性性质,并抵抗因混凝土收缩变形、构件温度变形及偶然的偏心产生的拉应力。柱中全部纵筋配筋率$\left(\rho' = \dfrac{A_s'}{A}\right)$不得小于《规范》规定的最小配筋百分率 $\rho'_{\min} = 0.6\%$;其最大配筋百分率 $\rho'_{\max} = 5\%$,常用的配筋百分率在 $0.8\% \sim 2\%$ 范围内。纵筋直径 d 不应小于 12mm,通常在 $12 \sim 32\text{mm}$ 范围内选用。为了减少钢筋可能产生的纵向弯曲,最好采用较粗的钢筋。纵筋的数量不少于 4 根,并应沿柱截面四周均匀、对称地布置,其保护层厚度按表 3.3 采用,且不小于纵筋直径 d。当柱为竖向浇筑混凝土时纵筋的净距不应小于 50mm;对水平位置浇筑的预制柱,其净距要求与梁相同。柱中纵筋的净距不宜大于 300mm。

D. 箍筋

箍筋不但可以防止纵筋发生压屈,增大柱的抗剪强度,而且在施工时起固定纵筋位置的作用,还对混凝土受压后的侧向膨胀起约束作用。因此,箍筋应做成封闭形式。

箍筋间距不应大于 400mm,且不应大于构件截面的短边尺寸;同时在绑扎骨架中不应大于 $15d$,在焊接骨架中不应大于 $20d$(d 为纵筋的最小直径)。

箍筋不应小于 $d/4$(d 为纵筋的最大直径),且不应小于 6mm。

当柱中全部纵向受力钢筋配筋率 $\rho' > 3\%$ 时,箍筋直径不宜小于 8mm,且应焊成封闭环式,其间距不应大于 $10d$(d 为纵筋最小直径)。

箍筋形式根据截面形状、尺寸及纵筋根数确定。

(1) 当柱子短边不大于 400mm,且各边纵筋不多于 4 根时,可采用单个箍筋[图 6.6(a)]。

(2) 当柱子各边纵筋多于 3 根(或当柱子短边不大于 400mm,纵筋多于 4 根)时,应设置附加箍筋[图 6.6(b)]。附加箍筋的设置应使纵筋每隔一根置于箍筋转角处,从而使该纵筋在两个方向均受到固定。

(3) 其他形式截面柱的箍筋如图 6.7 所示,但不允许采用有内折角的箍筋,避免产生向外拉力,使折角处混凝土破坏。

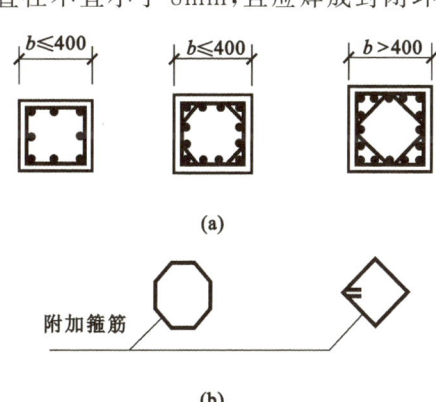

图 6.6 正方形截面箍筋配置

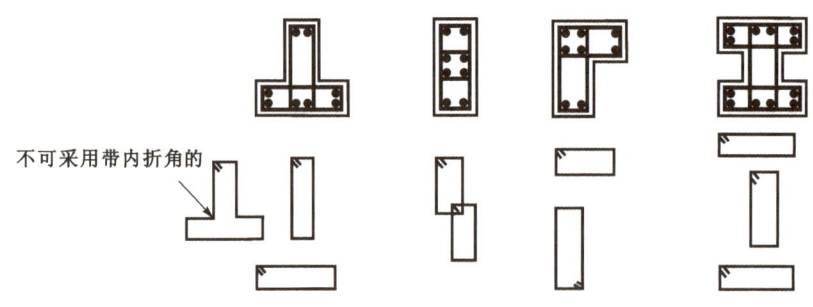

图 6.7　其他截面形式

E. 上、下层柱纵筋的搭接

多层现浇钢筋混凝土构件,通常在楼层楼面需设置施工缝,上、下层柱须做成接头[图 6.8(a)]。一般是将下层柱的纵筋伸出楼面一段搭接长度 l_l,以备与上层柱的纵筋搭接。不加焊的受拉钢筋搭接长度 l_l 不应小于式(1.22)的规定,且不应小于 300mm;受压钢筋的搭接长度 l_l 不应小于第 1.4.3.2 节的规定。

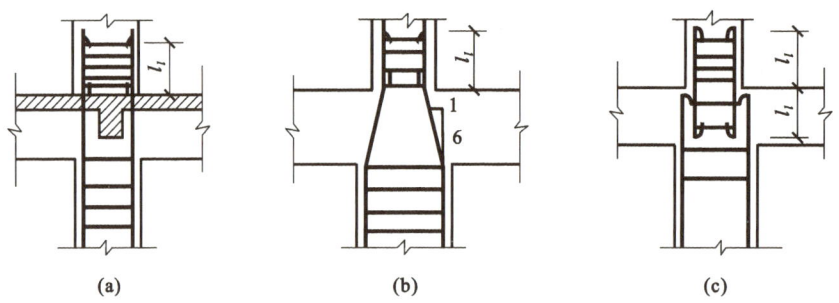

图 6.8　上下层柱纵筋的搭接
l_l—受拉钢筋绑扎搭接长度,按式(1.22)计算

当柱每侧纵筋根数不超过 3 根时,可允许在同一截面搭接;如纵筋根数多于 3 根,钢筋接头位置应相互错开,在搭接区段内钢筋接头面积不宜大于 50%。当上、下层柱截面尺寸不同时,可在梁高范围内将下层柱的纵筋弯折一倾斜角,然后伸入上层柱[图 6.8(b)],或采用附加的短筋与上层柱的纵筋搭接[图 6.8(c)]。

6.1.1.4　承载力计算方法

A. 截面设计

已知:轴向力设计值,柱的计算长度和材料强度等级。计算柱的截面尺寸和配筋。

此时 A_s、A、φ 等均为未知数,满足式(6.3)的解答将有许多组。因此,一般用试探法求解,即假设 $\varphi=1$,$\rho'=\dfrac{A_s'}{A}=1\%$,估算出 A,然后用式(6.3)确定 A_s',使纵筋配筋百分率宜在 $0.5\%\sim2\%$。

【例题 6.1】　某现浇多层框架结构房屋,底层中间柱按轴心受压构件计算。该柱以承受恒荷载为主,安全等级为一级,轴向力设计值 $N=2300\text{kN}$,采用方形截面。基础顶至楼面的距离 $H=6.0\text{m}$。混凝土 C30,纵筋 HRB400 级,箍筋 HPB300 号。计算柱的截面并配置钢筋。

【解】　(1) 截面尺寸

设 $\varphi=1$，$\rho'=\dfrac{A_s'}{A}=0.01$（即 $A_s'=0.01A$），$\gamma_0=1.1$，$f_c=14.3\text{N/mm}^2$，$f_y'=360\text{N/mm}^2$。
由式(6.3)，得

$$A=\frac{\gamma_0 N}{0.9\varphi(f_c+f_y'\rho')}=\frac{1.1\times2300\times10^3}{0.9\times1\times(14.3+360\times0.01)}=157045\text{mm}^2$$

截面边长 $b=h=\sqrt{A}=\sqrt{157045}=396.3\text{mm}$
采用 $b\times h=400\text{mm}\times400\text{mm}$（图 6.9）。

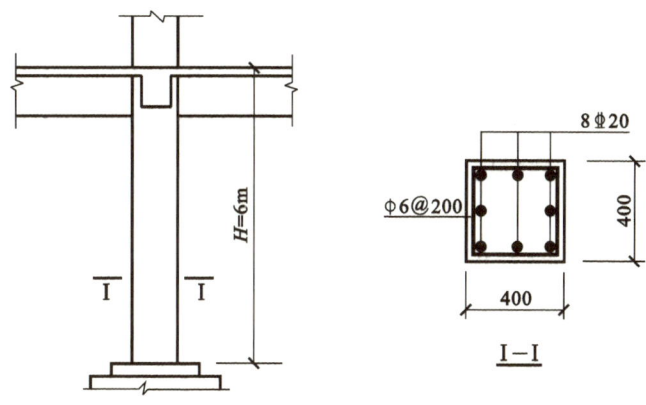

图 6.9 例题 6.1 附图

(2) 稳定系数 φ

一般的多层钢筋混凝土框架柱，柱高从基础顶面算起。当柱截面尺寸较大，可按两端铰接确定其计算高度。

$$l_0=1.0\times H=1.0\times6.0=6\text{m}$$

$\dfrac{l_0}{b}=\dfrac{6000}{400}=15$，查表 6.1，稳定系数 $\varphi=0.895$。

(3) 纵筋计算

将有关数据代入式(6.3)

$$A_s'=\frac{\dfrac{\gamma_0 N}{0.9\times\varphi}-f_cA}{f_y'}=\frac{\dfrac{1.1\times2300\times10^3}{0.9\times0.895}-14.3\times400^2}{360}=2369\text{mm}^2$$

选用 $8\,\underline{\Phi}\,20$，$A_s'=2513\text{mm}^2$。

$$\rho_{min}'=0.55\%<\rho'=\frac{A_s'}{A}=\frac{2513}{400\times400}=1.57\%<5\%$$

箍筋选用 $\Phi\,6@200$，间距 $15d=300\text{mm}<b=400\text{mm}$，符合构造要求。

柱配筋见图 6.9。

B. 截面复核

已知：柱的截面尺寸和配筋、材料强度等级、计算长度 l_0。求柱所能承担的轴向压力。

直接用式(6.3)求解。

【例题 6.2】 某多层刚性房屋内框架底层现浇钢筋混凝土轴心受压柱，截面尺寸 $b\times h=$
$300\text{mm}\times300\text{mm}$，采用 $4\,\underline{\Phi}\,20$ 的 HRB400 级钢筋，混凝土为 C25，柱顶标高为 4.2m，柱底离室

内地面 0.5m(图 6.10)。求该柱能承受的轴向压力 N。

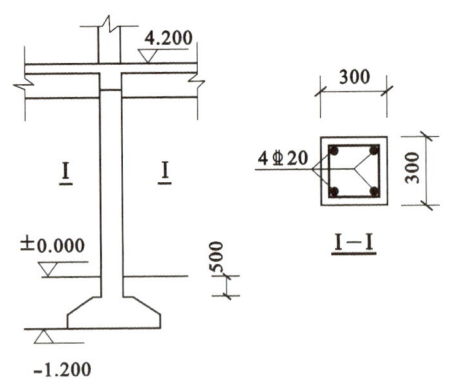

图 6.10　例题 6.2 附图

【解】　(1) 材料强度

$$f_c=11.9\text{N}/\text{mm}^2 \qquad f_y'=360\text{N}/\text{mm}^2$$

(2) 稳定系数 φ

$$l_0=1.0H=1.0\times(4.2+0.5)=4.7\text{m}$$

$$\frac{l_0}{b}=\frac{4.7}{0.3}=15.67$$

查表 6.1,得 $\varphi=0.885$。

(3) 柱截面承载能力

$$A=300\times300=90000\text{mm}^2$$

$$A_s'=1256\text{mm}^2$$

$$\rho'=\frac{A_s'}{A}=\frac{1256}{90000}=1.4\%\quad\begin{matrix}<5\%\\>0.55\%\end{matrix}$$

由式(6.3),得

$$N=0.9\varphi(f_cA+f_y'A_s')=0.9\times0.885\times(11.9\times90000+360\times1256)=1213.2\times10^3\text{N}$$
$$=1213.2\text{kN}$$

6.1.2　纵筋及螺旋式箍筋柱

图 6.11 所示的截面为采用螺旋式(或焊环式)箍筋的轴心受压钢筋混凝土柱。这种柱的承载能力比一般箍筋柱有所提高。当柱承受的荷载较大,而采用配有一般箍筋柱的承载能力不能满足要求,又不能增大截面时,可考虑采用螺旋式箍筋柱。

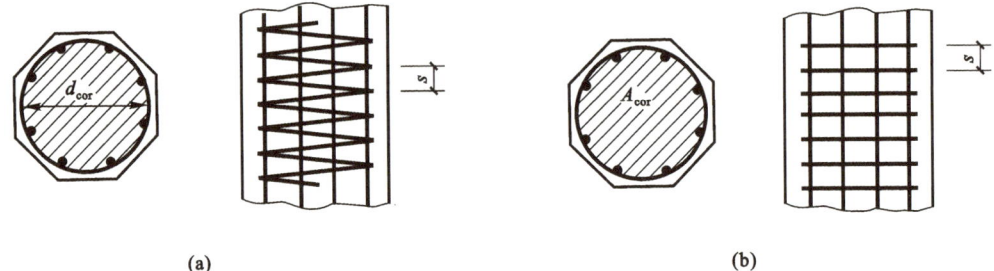

(a)　　　　　　　　　　　　　　　　　　　　(b)

图 6.11　螺旋式箍筋柱或焊环式箍筋柱
(a) 螺旋式箍筋柱；(b) 焊环式箍筋柱

试验表明,配有纵筋和螺旋式箍筋的柱,螺旋筋就像环箍一样,约束其内混凝土的横向变形,使混凝土处于三向受力状态,从而提高了混凝土的抗压强度。当荷载逐渐增大,螺旋筋外的混凝土保护层开始剥落时,螺旋筋内的混凝土并未破坏。随着荷载的增加,柱箍筋内核心混凝土的应力也继续提高,因此,在计算中不考虑保护层混凝土的作用,只考虑螺旋筋内核心面积 A_{cor} 的混凝土作为计算截面面积。

在荷载作用下,螺旋筋承受拉应力,当螺旋筋应力达到屈服强度后,就不能再约束混凝土的横向变形,柱即压碎。

由于螺旋筋的环箍作用,使核心混凝土的抗压强度由 f_c 提高到 f_{c1},可采用混凝土圆柱体侧向均匀压应力的三轴受压试验所得的近似公式计算,即

$$f_{c1} = f_c + 4\sigma_c \tag{6.4}$$

式中 σ_c——螺旋钢筋屈服时,柱的核心混凝土受到的径向压应力。

由图 6.12 可知,当螺旋钢筋屈服时,它对混凝土施加的侧向压应力 σ_c,可由在箍筋间距 s 范围内 σ_c 的合力与箍筋拉力相平衡的条件得

$$2f_y A_{ss1} = \sigma_c d_{cor} s \tag{6.5}$$

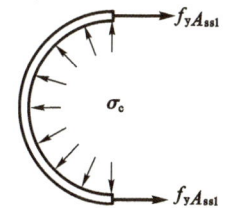

图 6.12 螺旋配筋环向应力

式中 d_{cor}——构件的核心直径;

s——螺旋钢筋的螺距;

A_{ss1}——单肢箍筋的截面面积;

f_y——螺旋钢筋受拉强度设计值。

式(6.5)可写成

$$\sigma_s = \frac{2f_y A_{ss1}}{s d_{cor}} = \frac{2f_y A_{ss1} d_{cor} \pi}{4 \times \dfrac{d_{cor}^2 \pi}{4} \times s} = \frac{A_{ss0} f_y}{2 A_{cor}} \tag{6.6}$$

式中 A_{ss0}——间接钢筋换算截面面积,$A_{ss0} = \dfrac{\pi A_{ss1} d_{cor}}{s}$;

A_{cor}——混凝土核心截面面积,$A_{cor} = \dfrac{\pi d_{cor}^2}{4}$。

根据纵向内外力平衡条件,受压纵筋破坏时到达其屈服强度,螺旋式或焊接环式核心截面面积混凝土的强度为 f_{c1},则

$$N = f_{c1} A_{cor} + f_y' A_s' = (f_c + 4\sigma_c) A_{cor} + f_y' A_s' = f_c A_{cor} + 4 \times \frac{f_y A_{ss0}}{2 A_{cor}} A_{cor} + f_y' A_s'$$

整理上式,在考虑了截面应力分布不均匀和间接钢筋对混凝土约束折减影响后,可得其计算公式

$$\gamma_0 N \leqslant 0.9(f_c A_{cor} + f_y' A_s' + 2\alpha f_y A_{ss0}) \tag{6.7}$$

式中 A_{cor}——构件的核心截面面积。

A_{ss0}——间接钢筋换算面积。

α——间接钢筋对混凝土约束的折减系数,当混凝土强度等级不超过 C50 时,取 $\alpha = 1.0$;当混凝土强度等级为 C80 时,取 $\alpha = 0.85$;其间按内插法取用。

当利用式(6.7)计算配有纵筋和螺旋式或焊接环式间接钢筋柱的承载能力时,应注意下列事项:

(1) 为避免间接钢筋外面混凝土因压力过大而脱落,按式(6.7)计算构件的承载能力不得超过式(6.3)计算出的承载能力 1.5 倍。

(2) 凡属下列情况之一者,不得考虑间接钢筋的影响,而仍按式(6.3)设计构件:

① $\dfrac{l_0}{d} > 12$,因柱的长细比过大,有可能因纵向弯曲而使螺旋筋不起作用;

② 按式(6.7)算得的 N 小于式(6.3)者;

③ 当间接配筋的换算截面面积 $A_{ss0} < 25\% A_s'$ 者,则认为间接钢筋配置过少,约束效果不甚明显。

此外,间接钢筋间距不应大于 80mm 及 $d_{cor}/5$,亦不应小于 30mm。间接钢筋的直径仍按一般柱内箍筋直径的规定采用。

【例题 6.3】　某钢筋混凝土轴心受压柱,承受的轴向压力设计值 $N=3000\text{kN}$,柱的直径 $d=450\text{mm}$,计算高度 $l_0=4.5\text{m}$,安全等级二级,在柱内配有 8⚌22($A'_s=3041\text{mm}^2$)的 HRB400 级钢筋,混凝土 C25。当采用 HRB400 级钢筋作螺旋钢筋时,试计算柱内螺旋钢筋。

【解】　(1) 验算适用条件

$$\frac{l_0}{d}=\frac{4500}{450}=10<12$$

由 $l_0/d=10$,查表 6.1 得 $\varphi=0.966$。

当仅配置箍筋时,其承载能力为

$$N_u=0.9\varphi(A'_sf'_y+Af_c)=0.9\times0.966\times\left(3041\times360+11.9\times\frac{\pi\times450^2}{4}\right)$$

$$=2596.4\text{kN}<N=3000\text{kN}$$

$$1.5\times0.9\times\varphi(A'_sf'_y+Af_c)=1.5\times2596.4=3894.6\text{kN}>N=3000\text{kN}$$

由以上验算可见,仅配箍筋的纵筋柱,其承载力不能满足要求,但 $1.5\times0.9\times\varphi(A'_sf'_y+Af_c)>N$,故采用螺旋钢筋柱。

(2) 螺旋筋计算

设纵筋的混凝土保护层厚度为 25mm,截面的核心直径 $d_{cor}=450-2\times(25+10)=380\text{mm}$,则

$$A_{cor}=\frac{\pi}{4}d_{cor}^2=\frac{\pi}{4}\times380^2=113354\text{mm}^2$$

由式(6.7)可得间接钢筋的换算面积为

$$A_{ss0}=\frac{\dfrac{\gamma_0N}{0.9}-A'_sf'_y-f_cA_{cor}}{2\alpha f_y}=\frac{\dfrac{1.0\times3000\times10^3}{0.9}-360\times3041-11.9\times113354}{2\times1.0\times360}=1236\text{mm}^2$$

$$>0.25A'_s=0.25\times3041=760\text{mm}^2$$

设螺旋钢筋间距 $s=50\text{mm}$,则单肢螺旋箍筋面积为

$$A_{ss1}=\frac{A_{ss0}\times s}{\pi d_{cor}}=\frac{1236\times50}{\pi\times380}=51.8\text{mm}^2$$

选用ϕ10 螺旋箍筋,实际截面面积 $A_{ss1}=78.5\text{mm}^2>51.8\text{mm}^2$。

配筋如图 6.13 所示。

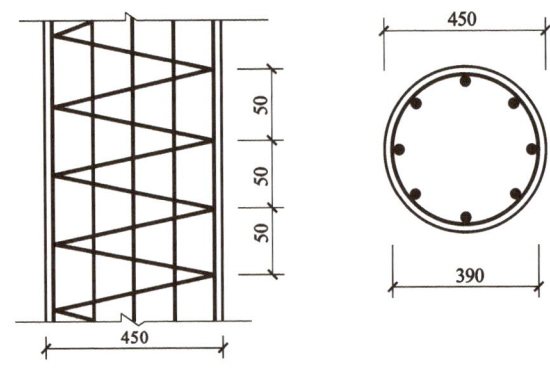

图 6.13　例题 6.3 附图

6.2　偏心受压构件正截面承载力计算

构件承受偏心压力或同时承受轴向压力 N 和弯矩 M 的构件,称为偏心受压构件。因为, N 和 M 的共同作用,可等效地换算为偏心距为 $e_0 = \dfrac{M}{N}$ 的偏心压力 N 的作用,如图 6.14 所示。

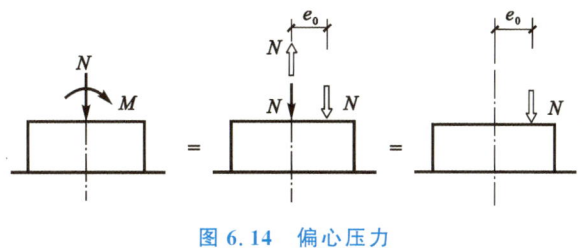

图 6.14　偏心压力

6.2.1　偏心受压构件的破坏特征

偏心受压构件的破坏,随偏心距的大小及配筋量的不同,可能有以下四种情形。

(1) 偏心距 e_0 很小

当偏心距很小时,构件全截面受压。破坏是由于近轴力一侧的纵筋 A'_s 首先到达屈服,然后截面大部分混凝土被压碎。距轴力较远一侧的混凝土及纵筋 A_s 均未到达其抗压强度[图 6.15(a)]。

(2) 偏心距 e_0 较小

当偏心距较第一种情形稍大时[图 6.15(b)],截面大部分受压,小部分受拉,中和轴离受拉钢筋 A_s 很近。无论受拉钢筋数量多少,其拉应力很小,破坏总是来自受压一侧钢筋 A'_s 首先到达屈服,然后混凝土压碎。临近破坏时,受拉一侧混凝土可能出现微细裂缝,但受拉钢筋达不到屈服。

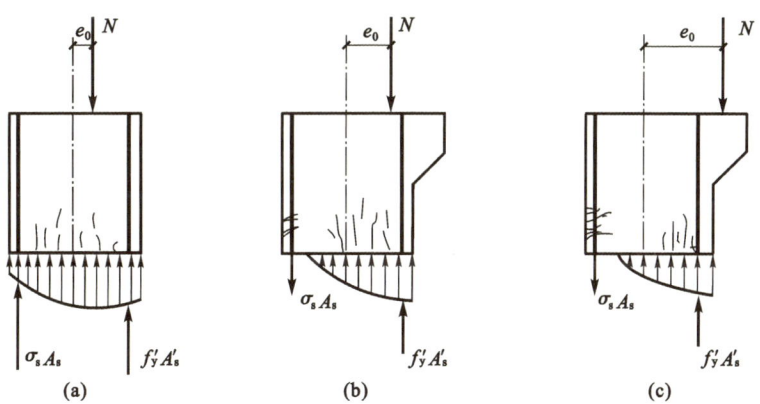

图 6.15　小偏心受压破坏情况

(a) 截面全部受压;(b) 截面大部分受压;(c) 受拉钢筋较多

(3) 偏心距 e_0 较大,受拉钢筋数量过多

由于偏心距较大,截面部分受压,部分受拉。受拉区混凝土横向裂缝出现较早,但由于受

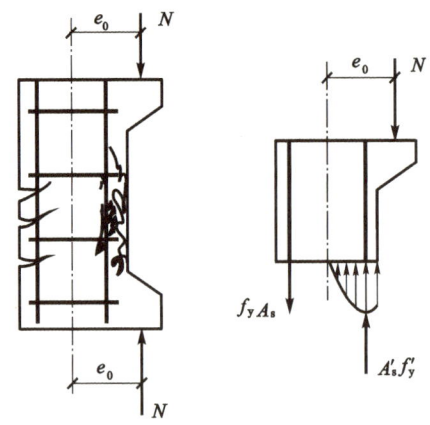

图 6.16　大偏心受压破坏形态

拉钢筋 A_s 过多，其受拉应力增长缓慢。随着荷载的增大，构件由于受压区混凝土被压碎，受压钢筋 A'_s 达到屈服而破坏，此时受拉钢筋未达屈服[图 6.15(c)]。这种破坏形态与超筋梁相似。

(4) 偏心距 e_0 较大，受拉钢筋数量不多

构件受荷后，同样是部分截面受压、部分受拉，受拉裂缝首先出现。随着荷载增加，裂缝不断开展延伸。受拉钢筋 A_s 应力增长较快，首先到达屈服，中和轴向受压区移动，受压区高度急剧减少，受压混凝土压应变增加很快，最后混凝土被压碎使构件破坏，受压钢筋 A'_s 也到达受压屈服(图 6.16)。其破坏形态与配有受压钢筋的适筋梁相似。

偏心受压构件虽有上述四种破坏形态，但从破坏原因、破坏性质以及决定构件承载力的影响因素来看，可以归纳为以下两种破坏特征。

6.2.1.1　大偏心受压破坏

上述第(4)种破坏形态属于这种破坏特征，即破坏是由于受拉钢筋到达屈服强度而导致的压区混凝土受压破坏。构件破坏前有明显的预兆，裂缝显著开展，变形急剧增大，其破坏具有塑性性质。形成这种破坏形态的条件是：偏心距大，受拉钢筋不多，因此，设计上通称为大偏心受压情况。

6.2.1.2　小偏心受压破坏

上述第(1)、(2)、(3)三种破坏形态属于这种破坏特征，即破坏是由于受压混凝土到达其抗压强度，距轴向力较远一侧的钢筋，无论是受拉[第(2)、(3)种情形]或受压[第(1)种情形]，其强度均未到达屈服强度。这种破坏没有明显的预兆(裂缝开展不明显，变形也没有急剧增长)，属于脆性破坏性质。形成这种破坏的条件是：偏心距小，或偏心距大但 A_s 配置较多。设计上，一般称这种破坏为小偏心受压构件。

6.2.1.3　两类偏心破坏的界限

由上述两类破坏情况可见，大偏心受压破坏时，受拉钢筋首先屈服，而后受压钢筋及混凝土相继达到破坏，它犹如受弯构件正截面适筋破坏。小偏心受压时，受压钢筋屈服，受压混凝土被压坏，而离纵向力较远一侧的钢筋，可能受拉，也可能受压，但始终未能屈服。尽管如此，构件已不能对外力进行抵抗，它类似于受弯构件正截面的超筋破坏。因此，大、小偏心受压破坏界限，仍可用受弯构件正截面中的超筋与适筋的界限予以划分，即

$$x \leqslant x_b = \xi_b h_0 \quad (\xi \leqslant \xi_b) \qquad 大偏心受压$$
$$x > x_b = \xi_b h_0 \quad (\xi > \xi_b) \qquad 小偏心受压$$

式中 ξ_b 仍按式(3.5)计算，即

$$\xi_b = \frac{\beta_1}{1 + \dfrac{f_y}{E_s \varepsilon_{cu}}}$$

6.2.2 附加偏心距

在偏心受压构件的正截面承载力计算中,应考虑轴向压力在偏心方向存在的附加偏心距 e_a,其值可能使轴向压力对截面重心的偏心距 $e_0\left(\dfrac{M}{N}\right)$ 增大,亦可使 e_0 减少,但偏心距增大对正截面承载力是不利的,因而应考虑其增大影响。

附加偏心距的取值,按《规范》规定为 20mm 和偏心方向截面尺寸的 1/30,两者中取较大的值。

考虑附加偏心距后,在计算偏心受压构件正截面承载能力时,应将轴向力作用点至截面重心的偏心距离取为 e_i,称为初始偏心距,即

$$e_i = e_0 + e_a \tag{6.8}$$

6.2.3 偏心距调节数和弯矩增大系数

钢筋混凝土柱在偏心压力作用下,产生纵向弯曲变形,其侧向挠度为 f,如图 6.17 所示。侧向挠度将产生附加弯矩 $N \cdot f$,此值又称二阶弯矩。

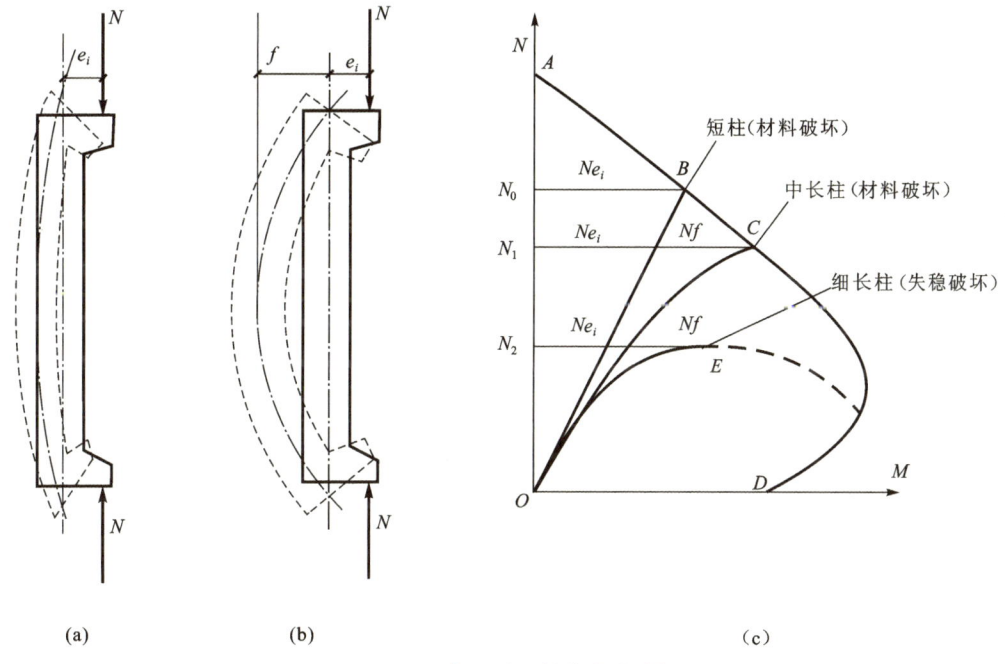

图 6.17 偏心受压柱的各种破坏

对长细比很小的短柱(矩形截面 $\dfrac{l_0}{h} \leqslant 8$ 时)侧向挠度与初始偏心距相比甚小,可忽略其纵向弯曲引起的附加弯矩,则 M 与 N 呈线性关系,构件破坏是由于材料破坏引起的。

当柱的长细比较大时,侧向挠度产生的附加弯矩不能忽略,对于中长柱(矩形截面 $8 < \dfrac{l_0}{h} \leqslant 30$),由于 f 随 N 的增大而增大,且 M 较 N 增长更快,二者不呈线性关系,且长细比越大的柱,其正截面承载力与短柱相比降低越多,但其破坏仍属材料破坏。

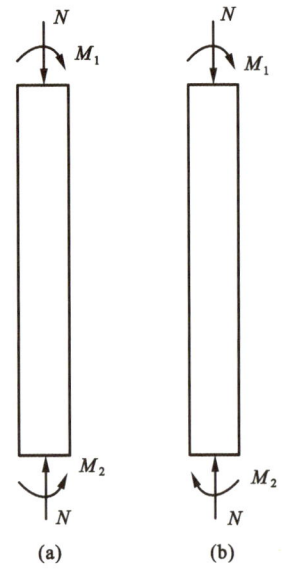

图 6.18　偏心受压柱的弯矩

当柱为长细比很大的长柱时,则构件的破坏已不是材料破坏,而是纵向弯曲失去平衡引起的破坏,称为失稳破坏。

图 6.17 表示三个截面尺寸、配筋和材料强度以及 e_i 完全相同,仅长细比不同的柱,从加荷到破坏的示意图。随着长细比的增加,构件承受轴向力 N 值是不相同的(分为 N_0、N_1、N_2),随着长细比的增大,构件的承载力不断降低,过大长细比的柱还会造成失稳破坏。

在实际工程中,必须避免失稳破坏,因为失稳破坏具有突然性,且材料强度不能充分发挥作用。而对于短柱,可忽视纵向弯曲的影响。因此,仅对中、长柱需要考虑纵向弯曲(二阶弯矩)的作用。

《规范》将柱端弯矩用偏心距调节系数和弯矩增大系数来考虑。即偏心受压柱的最终弯矩设计值为原柱端最大弯矩 M_2(图 6.18)乘以偏心距调节系数 C_m 和弯矩增大系数 η_{ns}。

6.2.3.1　偏心距调节系数 C_m

弯矩作用平面内对称的偏心受压构件,当同一主轴方向的杆端弯矩比 $M_1/M_2 \leqslant 0.9$,且轴压比 $N/\alpha_1 f_c bh \leqslant 0.9$ 时,若构件长细比满足式(6.9)的要求,可不考虑轴向压力在该方向挠曲构件中产生的附加弯矩影响;否则不可忽略附加弯矩的作用。构件长细比为:

$$\frac{l_0}{i} \leqslant 34 - 12\left(\frac{M_1}{M_2}\right) \tag{6.9}$$

式中　M_1, M_2——按结构分析确定的同一主轴的杆端弯矩设计值,绝对值较大者为 M_2,绝对值较小者为 M_1。图 6.18(a)所示为正,否则为负。

l_0——构件的计算长度,可近似取偏心受压构件相应主轴上下两支点的距离。

i——偏心方向的截面回转半径。

截面对称偏心受压构件,同一主轴方向的两杆端弯矩大多不相同,但也有在单曲率(M_1/M_2 为正)二者大小接近的情况,即 M_1/M_2 大于 0.9,几乎大小相同的弯矩作用下产生最大的偏心距,使柱处于最不利的受压状态。此时,显见调节弯矩的必要性,《规范》给定的调节系数如下:

$$C_m = 0.7 + 0.3\frac{M_1}{M_2} \geqslant 0.7 \tag{6.10}$$

6.2.3.2　弯矩增大系数

弯矩增大系数是考虑侧向挠度的影响,如图 6.17(b)所示,考虑侧向挠度 f 后,柱中截面弯矩显然增大,其值为:

$$M = N(e_0 + f) = N\left(1 + \frac{f}{e_0}\right)e_0 = N\eta_{ns}e_0$$

式中,η_{ns} 为弯矩增大系数,它可通过两端铰接柱挠度曲线而得以证实,如图 6.19 所示。

对矩形、T 形、I 形和圆形截面,弯矩增大系数 η_{ns} 可按下列公式计算:

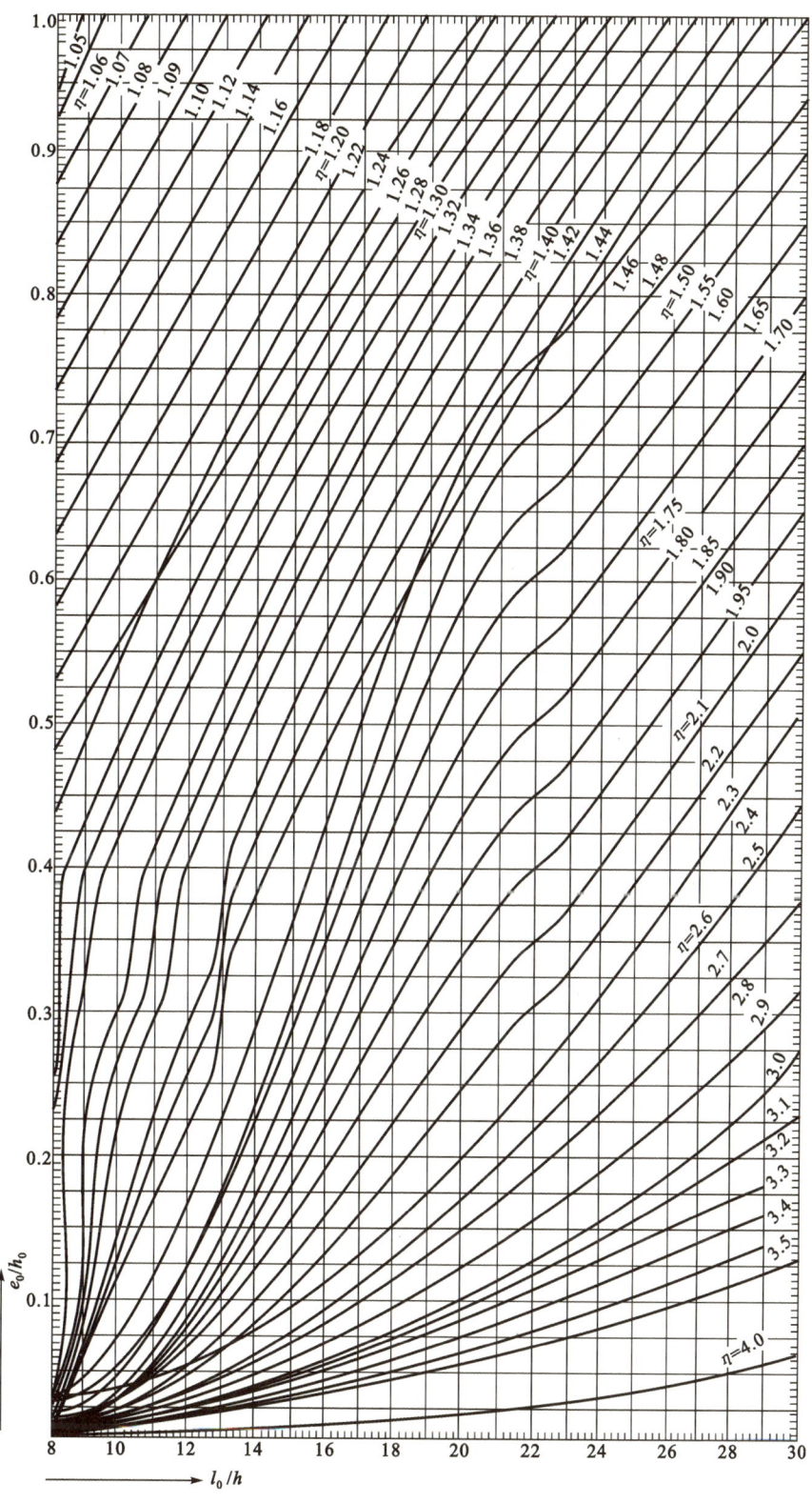

图 6.19 弯矩增大系数 η_{ns} 值

$$\eta_{ns} = 1 + \frac{1}{1300\left(\dfrac{M_2}{N} + e_a\right)/h_0}\left(\frac{l_0}{h}\right)^2 \zeta_c \tag{6.11}$$

式中　ζ_c——截面曲率修正系数,其值为

$$\zeta_c = \frac{0.5 f_c A}{N} \tag{6.12}$$

当 ζ_c 计算值大于 1.0 时取 1.0;

N——与弯矩设计值 M_2 相应的轴向压力设计值;

A——构件截面面积;

h——截面高度。

当确定了偏心距调节系数 C_m 和弯矩增大系数 η_{ns} 后除排架结构柱外,其他偏心受压构件考虑轴向压力在挠曲杆件中产生的二阶效应后,控制截面的弯矩设计值应按下列公式计算:

$$M = C_m \eta_{ns} M_2$$

式中,当 $C_m \eta_{ns}$ 小于 1.0 时,取 1.0。

6.2.4　矩形截面偏心受压构件正截面承载力计算

6.2.4.1　基本公式

与受弯构件正截面承载力计算相似,偏心受压构件正截面承载力计算亦可采用下列基本假设:

(1)截面应变保持平面;

(2)不考虑混凝土的抗拉强度;

(3)混凝土的极限应变为 ε_{cu};

(4)受压区混凝土采用等效矩形应力图,其强度取等于混凝土轴心抗压强度设计值 f_c 乘以系数 α_1,计算受压高度 x 取等于中和轴高度乘以系数 β_1。

A. 大偏心受压($\xi \leqslant \xi_b$)

根据大偏心受压构件破坏时的应力图形(图 6.20),由平衡条件,可写出其基本公式为

$$N = \alpha_1 f_c bx + A_s' f_y' - A_s f_y \tag{6.13}$$

$$Ne = \alpha_1 f_c bx \left(h_0 - \frac{x}{2}\right) + A_s' f_y'(h_0 - a_s') \tag{6.14}$$

式中　e——纵向压力作用点至受拉钢筋 A_s 合力点的距离,其值为

$$e = e_i + \left(\frac{h}{2} - a_s\right)$$

式(6.13)、式(6.14)的适用条件

$$\xi = \frac{x}{h_0} \leqslant \xi_b \quad 或 \quad x \leqslant \xi_b h_0$$

$$x \geqslant 2a_s'$$

当 $x < 2a_s'$ 时,受压钢筋 A_s' 不能屈服,其应力分布如图 6.21 所示。为偏于安全并为计算方便起见,取 $x = 2a_s'$,并对受压钢筋 A_s' 合力点取矩,得

$$Ne' = A_s f_y(h_0 - a_s') \tag{6.15}$$

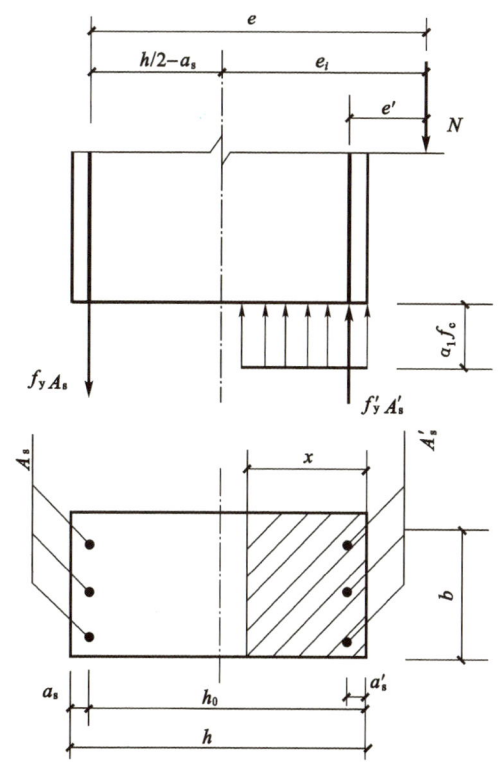

图 6.20 大偏心受压计算应力图形

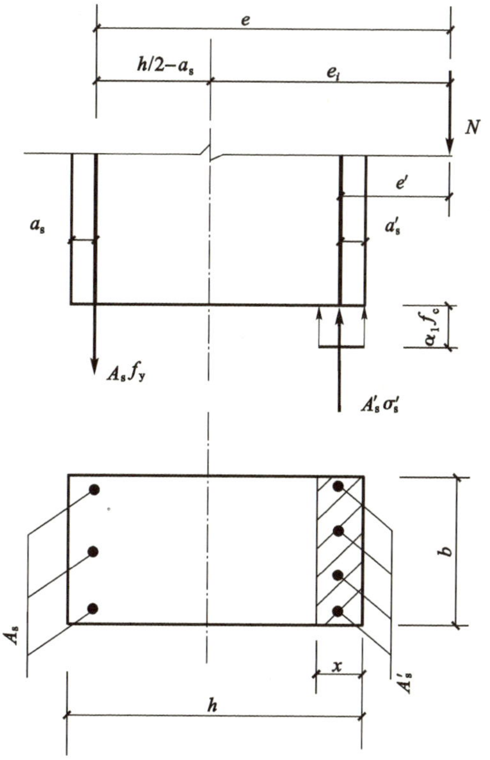

图 6.21 $x<2a'_s$ 时大偏心受压计算应力图形

式中 e'——纵向压力作用点至受压钢筋 A'_s 合力点的
距离,其值为:

$$e'=e_i-\left(\frac{h}{2}-a'_s\right)$$

当 $x=\xi_b h_0$ 时,为大、小偏心的界限,其应力如
图 6.22 所示。如将 $x=\xi_b h_0$ 代入式(6.13),可写出界
限情况下轴向力 N_b 的表达式

$$N_b=\alpha_1 f_c \xi_b bh_0+A'_s f'_y-A_s f_y \qquad (6.16)$$

取 $x=\xi_b h_0$ 并对截面中心取矩,可写出界限情况下 M_b
的表达式

$$M_b=\frac{1}{2}\alpha_1 f_c \xi_b bh_0(h-\xi_b h_0)+A'_s f'_y\left(\frac{h}{2}-a'_s\right)$$

$$+A_s f_y\left(\frac{h}{2}-a_s\right) \qquad (6.17)$$

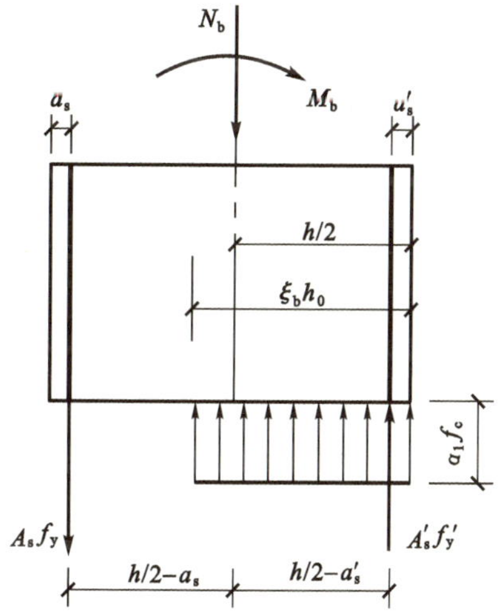

图 6.22 大小偏心界限情况($\xi=\xi_b$)
的应力图形

由 $M_b=N_b e_{ib}$,可写出界限偏心距 e_{ib} 的表达式

$$e_{ib}=\frac{0.5\alpha_1 f_c \xi_b bh_0(h-\xi_b h_0)+A'_s f'_y(0.5h-a'_s)+A_s f_y(0.5h-a_s)}{\alpha_1 f_c \xi_b bh_0+A'_s f'_y-A_s f_y} \qquad (6.18)$$

当截面尺寸、材料强度及配筋截面面积 A_s、A'_s 为已知时,N_b 及 e_{ib} 均为定值,可分别由
式(6.16)及式(6.18)计算。如作用在截面上的轴力设计值 $N\leqslant N_b$ 为大偏心受压;如 $N>N_b$ 则

为小偏心受压。同理,当计算的初始偏心距 $e_i \geqslant e_{ib}$ 时,属大偏心受压;当 $e_i < e_{ib}$ 时,属小偏心受压。

应该指出的是,当截面尺寸、材料强度给定时,界限偏心距 e_{ib} 不为常数,而是随截面配筋 A_s 及 A'_s 而变动。

B. 小偏心受压($\xi > \xi_b$)

由小偏心受压破坏的特征可知,截面破坏时,A'_s 总是能到达屈服,远离纵向力一侧的钢筋 A_s 可能受拉,也可能受压,其应力值 σ_s 将随相对受压高度 ξ 而变化,如图 6.23 所示。从图中可看出,在 ξ 较小时,σ_s 为拉应力。随着 ξ 不断增大,σ_s 由受拉转换为受压。由 σ_s-ξ 关系曲线中还可看出,当 $\xi = \xi_b$ 时,$\sigma_s = f_y$;当 $\xi = 0.8$ 时,$\sigma_s = 0$;当 ξ 为其他值时,σ_s 可由内插或外插的直线关系得 σ_s 的计算公式为

$$\sigma_s = \frac{f_y}{\xi_b - 0.8}(\xi - 0.8) \tag{6.19}$$

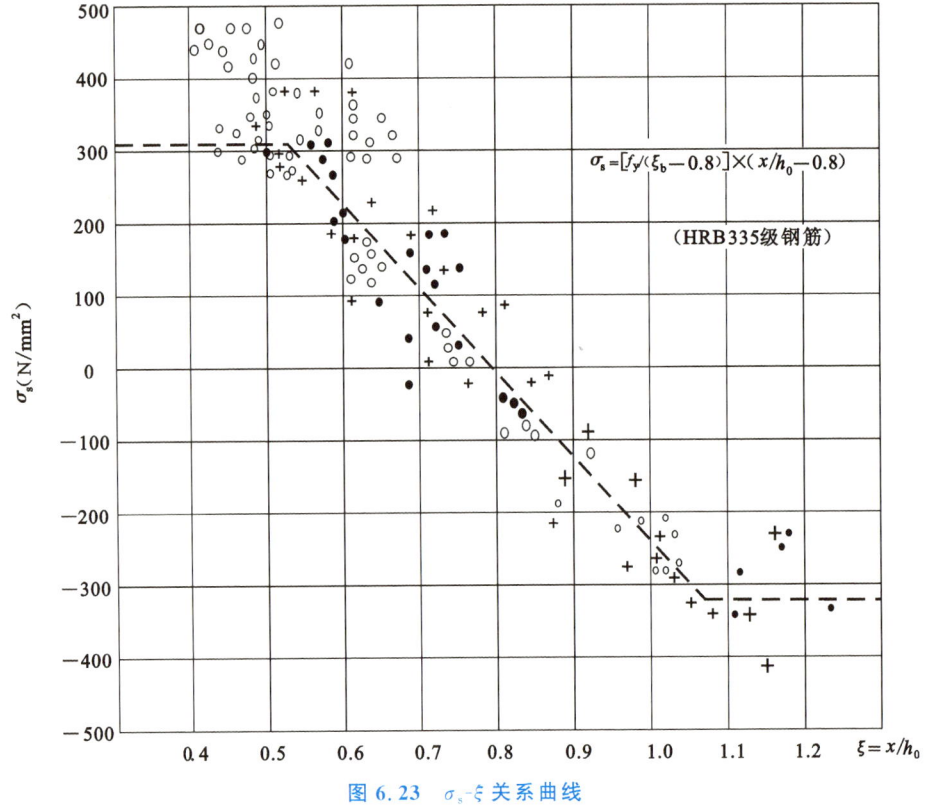

图 6.23　σ_s-ξ 关系曲线

同时,钢筋应力还应符合下列条件

$$-f'_y \leqslant \sigma_s \leqslant f_y$$

图 6.24 为小偏心受压的计算应力图形,由平衡条件,其基本公式为

$$N = \alpha_1 f_c bx + A'_s f'_y - A_s \sigma_s \tag{6.20}$$

$$Ne = \alpha_1 f_c bx \left(h_0 - \frac{x}{2}\right) + A'_s f'_y (h_0 - a'_s)$$

C. 垂直于弯矩作用平面的承载力验算

纵向压力 N 较大且弯矩平面内的偏心距 e_i 较小,若垂直于弯矩平面的长细比 l_0/b 较大

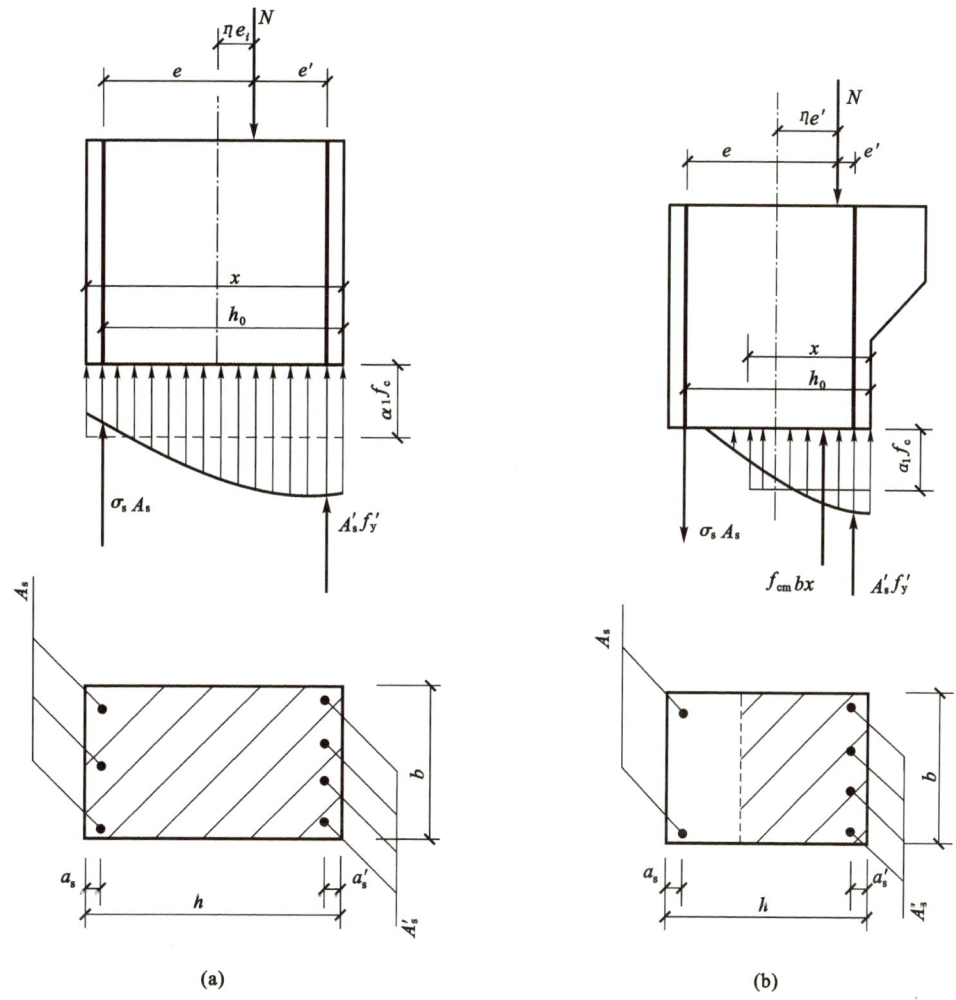

图 6.24 小偏心受压计算应力图
(a) 截面全部受压;(b) 截面大部分受压

时,则有可能纵向压力起控制作用。因此,《规范》规定:偏心受压构件除应计算弯矩平面内的受压承载力外,尚应按轴心受压构件验算垂直于弯矩平面的受压承载力,其计算公式为

$$N \leqslant 0.9\varphi[(A_s + A_s')f_y' + Af_c] \tag{6.21}$$

式中 φ ——根据 l_0/b 在表 6.1 中查得的稳定系数。

6.2.4.2 不对称配筋矩形截面的计算

不对称配筋矩形截面计算,包括截面配筋计算和截面承载力复核两类问题。

A. 截面配筋计算

截面配筋计算是根据已知的作用在截面的内力设计值(M、N)和构件的计算长度 l_0。先选定混凝土强度等级、钢筋级别、截面尺寸(可根据经验或类似的设计资料确定),判别大、小偏心,然后应用基本公式计算钢筋面积。

a. 两类偏心受压的判别

如第 6.2.1 节中所述,区分两类偏心受压情况的基本条件是:$\xi \leqslant \xi_b$ 为大偏心受压;$\xi > \xi_b$

为小偏心受压。但在截面配筋计算时，A_s 及 A_s' 均为未知，将无从计算相对受压区高度 ξ，因而也就不能利用 ξ 来判别。

为了简化设计，避免反复的试算，可根据式(6.18)推算出一个最小的界限偏心距 $e_{ib,\min}$，利用 e_0 与 $e_{ib,\min}$ 的比较来判别两类偏心受压。

为了推算出可能的最小界限偏心距 $e_{ib,\min}$，设 $a_s = a_s'$，则 $0.5h - a_s' = 0.5h - a_s = 0.5(h_0 - a_s)$，式(6.18)可改写为

$$\frac{e_{ib}}{h_0} = \frac{\alpha_1 f_c \xi_b b h_0 (h - \xi_b h_0) + (A_s' f_y' + A_s f_y)(h_0 - a_s)}{2(\alpha_1 f_c \xi_b b h_0 + A_s' f_y' - A_s f_y)h_0} \tag{6.22}$$

当截面尺寸(b、h_0、h 及 a_s)和材料强度设计值(f_c、f_y、f_y' 及相应的 ξ_b)为已知时，式(6.22)中 e_{ib} 的大小将取决于 A_s 及 A_s'。当 A_s 及 A_s' 分别为按其最小配筋率确定的纵向受力钢筋的截面面积时，由式(6.22)得出的 e_{ib} 将为最小值。现按构件全截面面积的最小配筋取为 $A_s = A_s' = 0.002bh$(混凝土强度等级不大于C35时)，并设 $h = 1.05h_0$，$a_s = a_s' = 0.05h_0$，$f_y = f_y'$，将其代入式(6.22)可得

$$\left(\frac{e_{ib}}{h_0}\right)_{\min} = \frac{\xi_b(1.05 - \xi_b) + 0.0021 f_y/(\alpha_1 f_c \xi_b)}{2\xi_b} \tag{6.23}$$

对于 HPB300 级钢筋，取混凝土为 C20～C25；HRB400、RRB400 级钢筋，取混凝土为 C25～C35，由式(6.23)可得最小界限偏心距如表 6.2 所示。

表 6.2　界限偏心距

钢筋类别	HRB400、RRB400
$e_{ib,\min}$	0.363

当 $e_i \leqslant e_{ib,\min}$ 时，必为小偏心受压。当 $e_i > e_{ib,\min}$ 时，视受拉钢筋 A_s 的大小可能有两种情况：当 A_s 适量时为受拉钢筋到达 f_y 的大偏心受压；当 A_s 过大时为受拉钢筋未到达 f_y 的小偏心受压。但由于在截面配筋计算时，A_s 为未知，一般不会出现 A_s 过大而导致的 $\xi > \xi_b$ 的情况，故仍可按大偏心受压计算。

因此，在进行截面配筋计算时，两类偏心受压的判别条件可归结为：

$e_i \leqslant e_{ib,\min}$，应按小偏心受压计算；

$e_i > e_{ib,\min}$，可按大偏心受压计算。

从表 6.2 可看出，$e_{ib,\min}$ 总是在 $0.3h_0$ 范围内波动。因此，对一般常用等级的混凝土和钢筋，可近似地取 $e_{ib,\min} = 0.3h_0$。

b. 大偏心受压构件的配筋计算

情形 I　已知截面尺寸 $b \times h$，材料的强度设计值 f_c、f_y 和 f_y'，构件的计算高度 l_0，以及截面的内力设计值 M、N，计算截面所需的钢筋 A_s 及 A_s'。从式(6.13)、式(6.14)中可见，这时两个基本公式中有三个未知数，即 A_s、A_s' 及截面受压高度 x，故不能得出唯一的解。为此，必须补充一个条件。与受弯构件双筋矩形截面相似，为使 $A_s + A_s'$ 用量最小，应充分利用混凝土的强度，取 $x = x_b = \xi_b h_0$ 代入式(6.13)、式(6.14)，得

$$A_s' = \frac{Ne - \alpha_1 f_c b h_0^2 \xi_b(1 - 0.5\xi_b)}{f_y'(h_0 - a_s')} \tag{6.24}$$

$$A_s = \frac{\alpha_1 f_c \xi_b b h_0 + A_s' f_y' - N}{f_y} \tag{6.25}$$

按式(6.24)求得的 A_s' 应不小于 $0.002bh$,否则应取 $A_s'=0.002bh$,按 A_s' 为已知的情况计算 A_s 。

由式(6.25)算得的 A_s 不应小于 $\rho_{min}bh$,否则应取 $A_s=\rho_{min}bh$ 。

情形Ⅱ 已知截面尺寸 $b\times h$,材料强度设计值 f_c 、f_y 、f_y' ,构件的计算高度 l_0 ,截面的内力设计值 M 、N 以及受压钢筋 A_s' ,计算受拉钢筋 A_s 。由于 A_s' 为已知,基本公式(6.13)、式(6.14)中只有两个未知数 A_s 及 x ,故可求得唯一的解。为计算方便,可将图 6.20 分解成图 6.25 所示的内力图形。

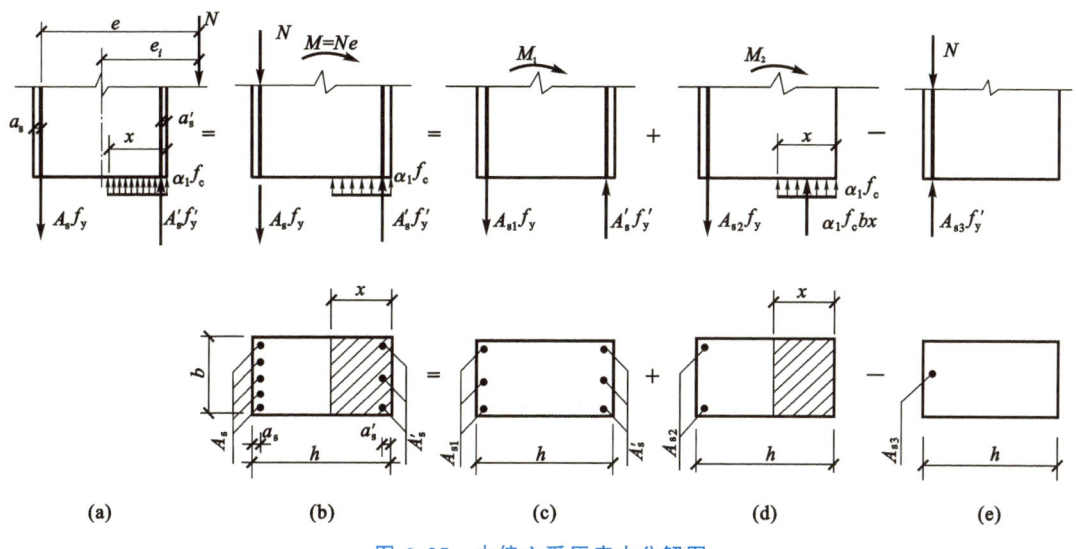

图 6.25 大偏心受压应力分解图

根据平衡条件,在 A_s 处加一人小为 N 、方向相反的平衡力,则图 6.25(a)等于图 6.25(b)。而图 6.25(b)又可分解为受压钢筋与相应的受拉钢筋 A_{s1} 所抵抗的弯矩 M_1 [图 6.25(c)],受压混凝土与相应的受拉钢筋 A_{s2} 所抵抗的弯矩 M_2 [图 6.25(d)],以及纵向压力 N 所需要的受压钢筋 A_{s3} [图 6.25(e)]。根据分解图形可知

$$M=Ne=M_1+M_2 \tag{6.26}$$
$$A_s=A_{s1}+A_{s2}-A_{s3} \tag{6.27}$$

由式(6.26)知,混凝土及 A_{s2} 所应承受的弯矩 $M_2=M-M_1$ 。

根据 M_2 按单筋矩形截面的方法计算 A_{s2} ,即

$$\alpha_{s2}=\frac{M_2}{\alpha_1 f_c bh_0^2}$$

查表 3.11 可得 ξ_2 或 γ_{s2} ,由 ξ_2 计算出截面的受压高度为

$$x=\xi_2 h_0$$

由上述分析,截面设计可能遇到三种情况:

① 当 $2a_s'\leqslant x\leqslant x_b$,说明受压钢筋 A_s' 配置适当,能够充分发挥作用,而且受拉钢筋也能达到屈服,此时 A_{s2} 可按下式计算

$$A_{s2}=\xi_2 bh_0\frac{\alpha_1 f_c}{f_y} \quad \text{或} \quad A_{s2}=\frac{M_2}{\gamma_{s2}f_y h_0}$$

截面所需受拉钢筋亦如式(6.25)所示,即

$$A_s = A_s' \frac{f_y'}{f_y} + \xi_2 bh_0 \frac{\alpha_1 f_c}{f_y} - \frac{N}{f_y}$$

② 当 $x > x_b$ 时,说明已知的受压钢筋 A_s' 尚不足,应加大截面尺寸,或按 A_s' 未知的情形 I 重新计算 A_s' 及 A_s,使其满足 $x \leqslant x_b$ 的条件。

③ 当 $x < 2a_s'$ 时,说明受压钢筋 A_s' 达不到屈服,此时应按式(6.15)计算受拉钢筋 A_s,即

$$A_s = \frac{Ne'}{f_y(h_0 - a_s')} \qquad (6.28)$$

另外,再按不考虑受压钢筋 A_s',即取 $A_s' = 0$,按 $M_2 = Ne$ 的受弯条件计算 A_s 值,然后与式(6.28)求得 A_s 值作比较,取其中较小值配筋。

【例题 6.4】 已知矩形截面偏心受压柱,截面尺寸 $b \times h = 300\text{mm} \times 500\text{mm}$, $a_s = a_s' = 40\text{mm}$,构件处于正常环境,承受端弯矩设计值 $M_1 = M_2 = 400\text{kN} \cdot \text{m}$(对称作用),相应的轴向力 $N = 300\text{kN}$,柱的计算高度 $l_0 = 4.2\text{m}$,混凝土 C30,钢筋 HRB400 级,试计算柱所需钢筋 A_s 及 A_s'。

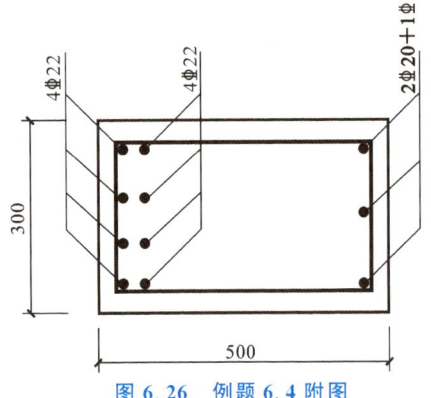

图 6.26　例题 6.4 附图

【解】 材料强度的几何参数

混凝土 C30,$f_c = 14.3\text{N/mm}^2$;钢筋 HRB400 级,$f_y = f_y' = 360\text{N/mm}^2$,界限相对受压区高度 $\xi_b = 0.518$。$h_0 = h - a_s = 500 - 40 = 460\text{mm}$。

(1) 弯矩设计值

$M_1/M_2 = 1.0$,$i = \sqrt{I/A} = 144.34\text{mm}$,$\frac{l_0}{i} = 29.1 > 34 - 12\frac{M_1}{M_2} = 22$,且轴压比小于 0.9,需要考虑附加弯矩影响。

$$\zeta_c = \frac{0.5 f_c A}{N} = \frac{0.5 \times 14.3 \times 300 \times 500}{300 \times 10^3} = 3.575,取 \zeta_c = 1.0$$

$$C_m = 0.7 + 0.3\frac{M_1}{M_2} = 1.0$$

$$e_a = \frac{h}{30} = \frac{500}{30} = 16.7\text{mm} < 20\text{mm},取 e_a = 20\text{mm}$$

$$\eta_{ns} = 1 + \frac{1}{1300(M_2/N + e_a)/h_0}\left(\frac{l_0}{h}\right)^2 \zeta_c$$

$$= 1 + \frac{1}{1300[400 \times 10^6/(300 \times 10^3) + 20]/460}\left(\frac{4200}{500}\right)^2 \times 1.0$$

$$= 1.018$$

考虑二阶效应后的设计弯矩值 $M = C_m \eta_{ns} M_2 = 1.0 \times 1.018 \times 400 = 407.2\text{kN} \cdot \text{m}$。

(2) 判别大、小偏心受压

$$e_0 = \frac{M}{N} = \frac{407.2 \times 10^6}{300 \times 10^3} = 1357\text{mm}$$

$$e_i = e_0 + e_a = 1357 + 20 = 1377\text{mm} > 0.3h_0 = 0.3 \times 460 = 138\text{mm}$$

按大偏心受压计算钢筋。

纵向压力至受拉钢筋形心的距离

$$e = e_i + \left(\frac{h}{2} - a_s\right) = 1377 + \frac{500}{2} - 40 = 1587\text{mm}$$

（3）钢筋计算

$$A_s' = \frac{Ne - \alpha_1 f_c b h_0^2 \xi_b (1 - 0.5\xi_b)}{f_y'(h_0 - a_s')}$$

$$= \frac{300 \times 10^3 \times 1587 - 1.0 \times 14.3 \times 300 \times 460^2 \times 0.518 \times (1 - 0.5 \times 0.518)}{360 \times (460 - 40)}$$

$$= 844\text{mm}^2$$

$$A_s = \frac{\alpha_1 f_c \xi_b b h_0 + A_s' f_y' - N}{f_y}$$

$$= \frac{1.0 \times 14.3 \times 0.518 \times 300 \times 460 + 844 \times 360 - 300 \times 10^3}{360} = 2850\text{mm}^2$$

A_s 及 A_s' 均大于 $0.2\% bh$，合乎要求。

（4）钢筋配置

受压区选用 $2\phi20 + 1\phi18$（$A_s' = 882.5\text{mm}^2$），受拉区选用 $8\phi22$（$A_s = 3041\text{mm}^2$）。配筋如图 6.26 所示。

【例题 6.5】　条件同例题 6.4，在受压区配有 $4\phi25$ 的受压钢筋，$A_s' = 1964\text{mm}^2$，试计算截面所需的受拉钢筋 A_s。

【解】　由例题 6.4 知，$e = 1587\text{mm}$

受压钢筋 A_s' 所对应的受拉钢筋

$$A_{s1} = A_s' \frac{f_y'}{f_y} = 1964\text{mm}^2$$

受压钢筋 A_s' 与对应的受拉钢筋所承担的弯矩为

$M_1 = A_s' f_y' (h_0 - a_s')$

$\quad = 1964 \times 360 \times (460 - 40)$

$\quad = 297.0 \times 10^6 \text{N} \cdot \text{mm}$

由受压混凝土与 A_{s2} 所承担的弯矩，按单筋矩形截面计算

$M_2 = Ne - M_1 = 300 \times 10^3 \times 1587 - 297.0 \times 10^6$

$\quad = 179.1 \times 10^6 \text{N} \cdot \text{mm}$

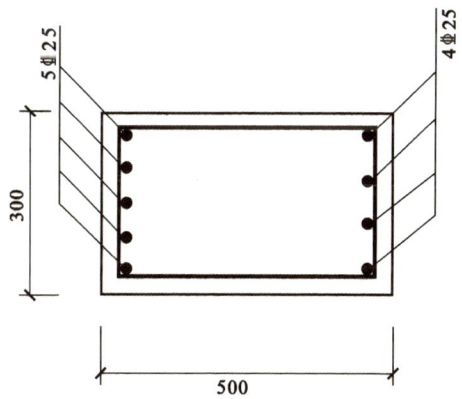

图 6.27　例题 6.5 附图

$$\alpha_{s2} = \frac{M_2}{\alpha_1 f_c b h_0^2} = \frac{179.1 \times 10^6}{1.0 \times 14.3 \times 300 \times 460^2} = 0.197$$

由表 3.11 查的 $\gamma_s = 0.889$，$\xi = 0.222 < \xi_b = 0.518$。

受压区高度

$$x = \xi_2 h_0 = 0.222 \times 460 = 102.12\text{mm} > 2a_s' = 80\text{mm}$$

$$A_{s2} = \xi_2 b h_0 \frac{\alpha_1 f_c}{f_y} = 0.222 \times 300 \times 460 \times \frac{1.0 \times 14.3}{360} = 1217\text{mm}^2$$

由轴向 N 作用在受拉钢筋形心处所需受压钢筋

$$A_{s3} = \frac{N}{f_y} = \frac{300 \times 10^3}{360} = 833 \text{mm}^2$$

受拉钢筋截面面积为

$$A_s = A_{s1} + A_{s2} - A_{s3} = 1964 + 1217 - 833 = 2348 \text{mm}^2$$

选用 $5\Phi25$ 的钢筋（$A_s = 2454 \text{mm}^2$），配筋如图 6.27 所示。

【例题 6.6】 条件仍同例题 6.4，但在受压区配有 $3\Phi28 + 2\Phi25$ 的钢筋（$A_s' = 2829 \text{mm}^2$），试计算截面所需受拉钢筋截面面积 A_s。

【解】 $A_{s1} = A_s' = 2829 \text{mm}^2$

$$M_1 = A_s' f_y'(h_0 - a_s') = 2829 \times 360 \times (460 - 40) = 427.74 \times 10^6 \text{N} \cdot \text{mm}$$

$$M_2 = Ne - M_1 = 300 \times 10^3 \times 1587 - 427.74 \times 10^6 = 48.36 \times 10^6 \text{N} \cdot \text{mm}$$

$$\alpha_{s2} = \frac{48.36 \times 10^6}{1.0 \times 14.3 \times 300 \times 460^2} = 0.053$$

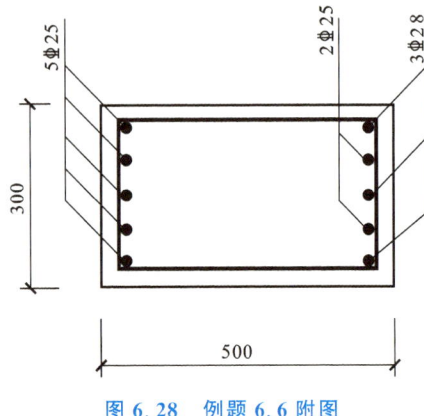

图 6.28　例题 6.6 附图

查表 3.11 得　$\xi_2 = 0.055, \gamma_s = 0.973$

受压区高度　$x = \xi h_0 = 25.3 \text{mm} < 2a_s' = 80 \text{mm}$

按式（6.28）计算受拉钢筋

$$e' = e_i - \left(\frac{h}{2} - a_s'\right) = 1377 - \left(\frac{500}{2} - 40\right) = 1167 \text{mm}$$

$$A_s = \frac{Ne'}{f_y(h_0 - a_s')} = \frac{300 \times 10^3 \times 1167}{360 \times (460 - 40)} = 2315.5 \text{mm}^2$$

当不考虑受压钢筋 A_s' 时，截面所需受拉钢筋

$$M = Ne = 300 \times 10^3 \times 1587 = 476.1 \times 10^6 \text{N} \cdot \text{mm}$$

$$\alpha_s = \frac{M}{\alpha_1 f_c b h_0^2} = \frac{476.1 \times 10^6}{1.0 \times 14.3 \times 300 \times 460^2}$$

$$= 0.525 > 0.400 (\xi > \xi_b)$$

由上可见，当不考虑受压钢筋 A_s' 时，混凝土不能承受全部压力，故受拉钢筋仍按式（6.28）计算。配筋如图 6.28 所示。

【例题 6.7】 已知矩形截面偏心受压柱，截面尺寸 $b \times h = 350 \text{mm} \times 450 \text{mm}$，$a_s = a_s' = 40 \text{mm}$。承受端弯矩设计值 $M_1 = 265 \text{kN} \cdot \text{m}$，$M_2 = 285 \text{kN} \cdot \text{m}$，相应的轴向压力 $N = 300 \text{kN}$，柱的计算高度 $l_0 = 5.2 \text{m}$，该柱所用材料混凝土 C30，钢筋 HRB400 级，试计算该柱所需钢筋 A_s 及 A_s'。

【解】 由已知条件 $h_0 = 410 \text{mm}$，$\xi_b = 0.518$，$f_c = 14.3 \text{N/mm}^2$，$f_y = f_y' = 360 \text{N/mm}^2$

（1）弯矩设计值

$$\frac{M_1}{M_2} = \frac{265}{285} = 0.93$$

$$i = \sqrt{\frac{I}{A}} = 130 \text{mm}$$

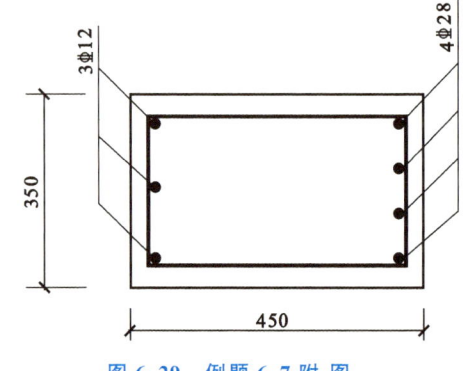

图 6.29　例题 6.7 附图

$$\frac{l_0}{i} = \frac{5200}{130} = 40 > 34 - 12\frac{M_1}{M_2} = 34 - 12 \times \frac{265}{285} = 22.84$$

需考虑附加弯矩影响。

$$\zeta_c = \frac{0.5 f_c A}{N} = \frac{0.5 \times 14.3 \times 350 \times 450}{300 \times 10^3} = 3.75, 取 \zeta_c = 1.0$$

$$C_m = 0.7 + 0.3 \frac{M_1}{M_2} = 0.7 + 0.3 \times \frac{265}{285} = 0.978$$

$$e_a = \frac{450}{30} = 15\text{mm}, 取 e_a = 20\text{mm}$$

$$\eta_{ns} = 1 + \frac{1}{1300(M_2/N + e_a)/h_0} \left(\frac{l_0}{h}\right)^2 \zeta_c$$

$$= 1 + \frac{1}{1300 \times \left(\frac{285 \times 10^6}{300 \times 10^3} + 20\right) \bigg/ 410} \left(\frac{5200}{450}\right)^2 \times 1.0 = 1.043$$

$$M = C_m \eta_{ns} M_2 = 0.978 \times 1.043 \times 285 \times 10^6 = 291 \times 10^6 \text{N} \cdot \text{mm}$$

（2）判别大、小偏心受压

$$e_0 = \frac{M}{N} = \frac{291 \times 10^6}{300 \times 10^3} = 970\text{mm}$$

$$e_i = e_0 + e_a = 970 + 20 = 990\text{mm} > 0.3 h_0 = 123\text{mm}$$

属大偏心受压。

（3）计算柱的钢筋 A_s、A_s'

$$e = e_i + \left(\frac{h}{2} - a_s\right) = 990 + \left(\frac{450}{2} - 40\right) = 1175\text{mm}$$

$$A_s' = \frac{Ne - \alpha_1 f_c b h_0^2 \xi_b (1 - 0.5\xi_b)}{f_y'(h_0 - a_s')}$$

$$= \frac{300 \times 10^3 \times 1175 - 1.0 \times 14.3 \times 350 \times 410^2 \times 0.518 \times (1 - 0.5 \times 0.518)}{360 \times (410 - 40)}$$

$$= 222\text{mm}^2 < 0.2\% bh = 0.002 \times 350 \times 450 = 315\text{mm}^2$$

$$A_s = \frac{\alpha_1 f_c b h_0 \xi_b + A_s' f_y' - N}{f_y}$$

$$= \frac{1.0 \times 14.3 \times 350 \times 410 \times 0.518 + 222 \times 360 - 300 \times 10^3}{360} = 2341\text{mm}^2$$

受压区选用 3 ⏀ 12 的钢筋（$A_s' = 339\text{mm}^2$），受拉区选用 4 ⏀ 28 的钢筋（$A_s = 2463\text{mm}^2$），配筋如图 6.29 所示。

c. 小偏心受压构件的配筋计算

将小偏心受压构件 A_s 的应力 σ_s [式(6.19)]代入基本公式(6.14)及式(6.20)，并将 x 代换为 ξh_0，则有

$$N = \alpha_1 f_c \xi b h_0 + A_s' f_y' - A_s \frac{f_y}{\xi_b - 0.8}(\xi - 0.8) \tag{6.29}$$

$$Ne = \alpha_1 f_c b h_0^2 \xi (1 - 0.5\xi) + A_s' f_y'(h_0 - a_s') \tag{6.30}$$

式中　$e = e_i + \frac{h}{2} - a_s = (e_0 + e_a) + \frac{h}{2} - a_s$。

式(6.29)及式(6.30)有三个未知数 ξ、A'_s 及 A_s，不能得出唯一的解。

如第 6.2.2 节中所述,附加偏心距 e_a 是一种偶然的因素,它可能与 e_0 的方向相同,使荷载偏心距增大;但也有可能与 e_0 方向相反,使荷载偏心距减小。大多数情况下,e_0 与 e_a 同方向时将使构件承载力降低;但是在 N 较大而 e_0 较小的全截面受压情况下,若 e_0 与 e_a 反向,也即 e_a 使 e_0 减小,对距轴力较远一侧的受压钢筋 A_s 更为不利(图 6.30),对 A'_s 合力中心取矩,则有

$$A_s = \frac{Ne' - \alpha_1 f_c bh \left(\dfrac{h}{2} - a'_s \right)}{f'_y (h_0 - a'_s)} \tag{6.31}$$

式中 e' 为轴力 N 至 A'_s 合力中心的距离,这时取 $\eta = 1.0$ 对 A_s 最不利,故

$$e' = \frac{h}{2} - a'_s - (e_0 - e_a) \tag{6.32}$$

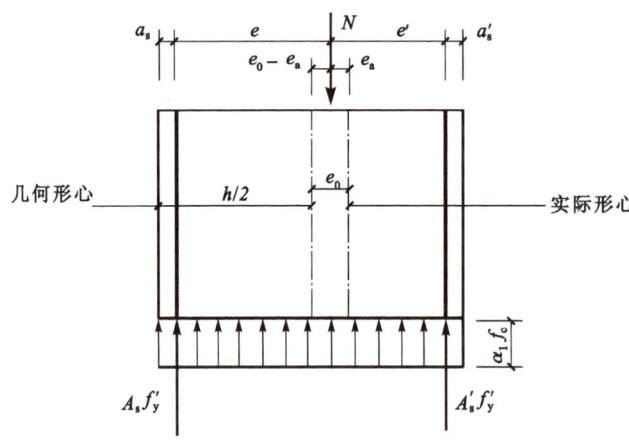

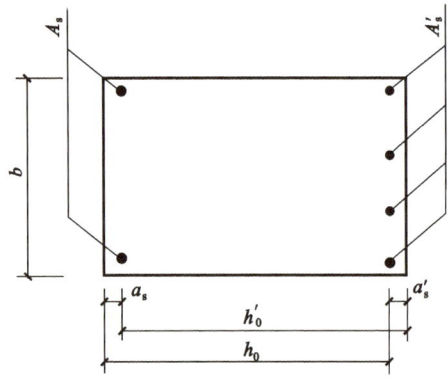

图 6.30　e_a 与 e_0 反向全截面受压

按式(6.31)求得的 A_s 应不小于受压最小配筋率,否则应取

$$A_s = 0.002bh \tag{6.33}$$

由上述可见,小偏心受压情况下,A_s 可直接由式(6.31)或式(6.33)求出,取二者的较大值,它与 ξ 及 A'_s 的取值无关,是独立的条件。分析表明,当 $N > \alpha_1 f_c bh_0$ 时,按式(6.31)求得的 A_s 才有可能大于 $0.002bh$;当 $N \leqslant \alpha_1 f_c bh_0$ 时,按式(6.31)求得的 A_s 将小于 $0.002bh$,

式(6.31)已不起作用,可直接取 $A_s = 0.002bh$。

当 A_s 确定以后,小偏心受压基本公式(6.29)及式(6.30)中只有两个未知量 ξ 及 A_s',故可求得唯一的解。当将已知的 A_s 代入式(6.29)与式(6.30)联立求解 ξ 及 A_s' 时,要出现一个二次方程,虽然并无困难,但颇为麻烦。为此,可采用下式求解 ξ

$$\xi = \sqrt{B_2^2 + 2 \times \left(\frac{N}{\alpha_1 f_c b h_0} + 0.8B_1\right)\left(1 - \frac{a_s'}{h_0}\right) - \frac{2Ne}{\alpha_1 f_c b h_0^2}} + B_2 \qquad (6.34)$$

式中　$B_1 = \dfrac{A_s f_y}{(0.8 - \xi_b)\alpha_1 f_c b h_0}$; $B_2 = \dfrac{a_s'}{h_0}(1 + B_1) - B_1$。

如 $\xi < 1.6 - \xi_b$,将 ξ 代入式(6.29)可求得 A_s',当求得的 $A_s' < 0.002bh$ 时,应取 $A_s' = 0.002bh$。

如 $\xi > 1.6 - \xi_b$,这时 $\sigma_s = -f_y'$,基本公式转换为

$$N = \alpha_1 f_c \xi b h_0 + A_s' f_y' + A_s f_y' \qquad (6.35)$$
$$Ne = \alpha_1 f_c b h_0^2 \xi(1 - 0.5\xi) + A_s' f_y'(h_0 - a_s')$$

将 A_s 代入上式,需重新求解 ξ 及 A_s'。

【**例题 6.8**】　已知矩形截面受压构件,$b \times h = 400mm \times 500mm$,$a_s = a_s' = 40mm$,荷载设计值在柱上所产生的内力 $N = 2500kN$,相应的端点弯矩 $M_1 = M_2 = 167kN \cdot m$,柱的计算高度 $l_0 = 7.5m$,混凝土 C30,钢筋 HRB400 级,计算截面所需钢筋 A_s 及 A_s'。

【**解**】　(1)计算柱端弯矩设计值

因 $\dfrac{M_1}{M_2} = 1$,$i = \sqrt{\dfrac{I}{A}} = \sqrt{\dfrac{400 \times 500^3}{12 \times 400 \times 500}} = 144.34$,$\dfrac{l_0}{i} = $

$\dfrac{7500}{144.34} = 52 > 34 - 12\dfrac{M_1}{M_2} = 22$,故应考虑附加弯矩。

由式(6.10),得 $C_m = 0.7 + 0.3\dfrac{M_1}{M_2} = 1.0$

$e_a = \dfrac{h}{30} = \dfrac{500}{30} = 16.7 < 20mm$,取 $e_a = 20mm$

弯矩增大系数:

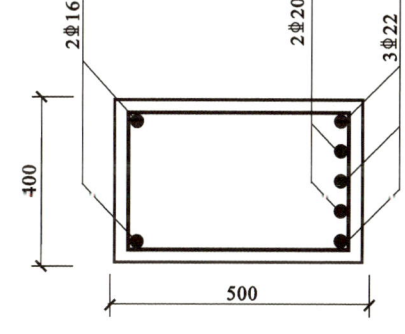

图 6.31　例题 6.8 附图

$$\zeta_c = \frac{0.5f_c A}{N} = \frac{0.5 \times 14.3 \times 400 \times 500}{2500 \times 10^3} = 0.572$$

$$\eta_{ns} = 1 + \frac{1}{1300\left(\frac{M_2}{N} + e_a\right)/h_0}\left(\frac{l_0}{h}\right)^2 \zeta_c$$

$$= 1 + \frac{1}{1300(167 \times 10^6/2500 \times 10^3 + 20)/460}\left(\frac{7500}{500}\right)^2 \times 0.572 = 1.515$$

柱端弯矩设计值

$$M = C_m \eta_{ns} M_2 = 1.0 \times 1.515 \times 167 = 253kN \cdot m$$

(2)判别大、小偏心受压

$$e_0 = \frac{M}{N} = 101mm$$

$$e_i = e_0 + e_a = 101 + 20 = 121mm < e_{ib} = 0.3h_0 = 138mm$$

构件属小偏心受压。

(3) 计算钢筋 A_s 及 A_s'

由于 $\alpha_1 f_c bh = 1.0 \times 14.3 \times 400 \times 500 = 2860\text{kN} > N = 2500\text{kN}$

故可直接求得

$$A_s = 0.002bh = 0.002 \times 400 \times 500 = 400\text{mm}^2$$

将 $A_s = 400\text{mm}^2$ 代入 B_1 的计算式,求得 B_1,再将 B_1 代入 B_2 的计算式,求得 B_2,将 B_1、B_2 代入式(6.34)求得 ξ,并进而求得 A_s'。

$$\xi_b = 0.518, e = e_i + \left(\frac{h}{2} - a_s\right) = 121 + \left(\frac{500}{2} - 40\right) = 331\text{mm}$$

$$B_1 = \frac{A_s f_y}{(0.8 - \xi_b)\alpha_1 f_c bh_0} = \frac{400 \times 360}{(0.8 - 0.518) \times 1.0 \times 14.3 \times 400 \times 460} = 0.194$$

$$B_2 = \frac{a_s'}{h_0}(1 + B_1) - B_1 = \frac{40}{460} \times (1.0 + 0.194) - 0.194 = -0.090$$

$$\xi = \sqrt{B_2^2 + 2 \times \left(\frac{N}{\alpha_1 f_c bh_0} + 0.8B_1\right)\left(1 - \frac{a_s'}{h_0}\right) - \frac{2Ne}{\alpha_1 f_c bh_0^2}} + B_2$$

$$= \sqrt{(-0.09)^2 + 2\left(\frac{2500 \times 10^3}{1.0 \times 14.3 \times 400 \times 460} + 0.8 \times 0.194\right)\left(1 - \frac{40}{460}\right) - \frac{2 \times 2500 \times 10^3 \times 331}{1.0 \times 14.3 \times 400 \times 460^2}} - 0.09$$

$$= 0.722 < 1.6 - \xi_b = 1.6 - 0.518 = 1.082$$

将 $\xi = 0.722$ 代入式(6.29),可求得 A_s' 为:

$$A_s' = \frac{N - \alpha_1 f_c bh_0 \xi}{f_y'} + A_s \frac{\xi - 0.8}{\xi_b - 0.8} \cdot \frac{f_y}{f_y'}$$

$$= \frac{2500 \times 10^3 - 1.0 \times 14.3 \times 400 \times 460 \times 0.722}{360} + 400 \times \frac{0.722 - 0.8}{0.518 - 0.8} \times \frac{360}{360}$$

$$= 1778\text{mm}^2 > 0.002b \times h = 0.002 \times 400 \times 500 = 400\text{mm}^2$$

A_s 选用 2Φ16 钢筋($A_s = 402\text{mm}^2$),A_s' 选用 3Φ22+2Φ20 钢筋($A_s = 1768\text{mm}^2$),配筋如图 6.31 所示。

按轴心受压对垂直弯矩方向承载力进行验算

$$\frac{l_0}{b} = \frac{7.5}{0.4} = 18.75$$

查表 6.1,$\varphi = 0.788$,得

$$0.9\varphi[Af_c + (A_s + A_s')f_y] = 0.9 \times 0.788 \times [400 \times 500 \times 14.3 + (402 + 1768) \times 360]$$

$$= 2582\text{kN} > N = 2500\text{kN}$$

经验算,垂直弯矩方向承载力满足要求。

B. 截面承载力复核

偏心受压构件的承载力复核,一般是已知截面尺寸、混凝土强度等级、钢筋级别、纵筋面积 A_s 及 A_s'、作用于构件的纵向压力设计值 N 及偏心距 e_0,计算截面所能抵抗的轴力 N_u,将 N_u 与作用于构件上的偏心压力设计值 N 进行比较,即可知截面承载能力是否满足要求。

承载能力复核时,必须计算出截面受压区高度,以确定构件属大偏心受压,或小偏心受压,然后通过式(6.13)或式(6.29)计算构件的承载力 N_u。为了确定截面的受压区高度,可利用

图 6.20 中各纵向内力对纵向压力 N 作用点取矩的平衡条件,得

$$A_s f_y e \pm A_s' f_y' e' = \alpha_1 f_c b h_0^2 \xi \left(\frac{e}{h_0} - 1 + 0.5\xi \right) \tag{6.36}$$

式中 当 N 作用于 A_s 及 A_s' 以外时,公式左边取负号,且 $e' = \eta e_i - \left(\dfrac{h}{2} - a_s' \right)$;

当 N 作用于 A_s 及 A_s' 之间时,公式左边取正号,且 $e' = \dfrac{h}{2} - \eta e_i - a_s'$;

$$e = \eta e_i + \left(\frac{h}{2} - a_s \right)$$

由式(6.36)可求解 ξ 值。

如 $\xi \leqslant \xi_b$,为大偏心受压构件,将 ξ 代入式(6.13)即可计算截面的承载力 N_u 。

如 $\xi > \xi_b$,为小偏心受压构件,此时将已知数据代入式(6.29)及式(6.30)联立求解 ξ 及 N ,当求得 $N \leqslant \alpha_1 f_c b h$,此 N 即为构件的承载力;当 $N > \alpha_1 f_c b h$ 时尚须按式(6.31)计算考虑附加偏心距 e_a 与 e_0 反向时的轴向力 N ,并与联立求解得出的 N 相比较,其中的较小值即为构件的承载力。此外,应按轴心受压构件验算垂直于弯矩平面的受压承载力。

【例题 6.9】 如图 6.32 所示,矩形截面柱 $b \times h = 400\text{mm} \times 600\text{mm}$, $a_s = a_s' = 40\text{mm}$,混凝土 C25,钢筋 HRB400 级, $A_s = 1520\text{mm}^2 (4 \oplus 22)$, $A_s' = 1473\text{mm}^2 (3 \oplus 25)$,构件计算高度 $l_0 = 4.0\text{m}$,承受内力设计值 $N = 800\text{kN}$, $M_1 = 350\text{kN} \cdot \text{m}$, $M_2 = 400\text{kN} \cdot \text{m}$,试验算此柱是否安全?

【解】 由已知条件 $f_c = 11.9\text{N/mm}^2$, $f_y = f_y' = 360\text{N/mm}^2$, $M_1/M_2 < 0.9$,轴压比 $N/\alpha_1 f_c b h_0 < 0.9$ 。

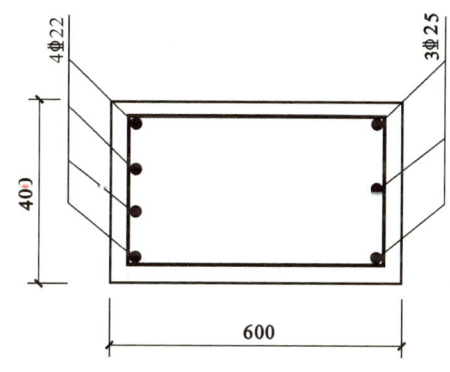

图 6.32 例题 6.9 附图

$$i = \sqrt{\frac{I}{A}} = \sqrt{\frac{400 \times 600^3}{12 \times 400 \times 600}} = 173\text{mm}$$

$$\frac{l_0}{i} = \frac{4000}{173} = 23.1 < 34 - 12 \times \frac{350}{400} = 23.5$$

不考虑 M_2 附加弯矩影响。

$$e_0 = \frac{M_2}{N} = \frac{400}{800} = 0.5\text{m} = 500\text{mm}$$

$e_a = 20\text{mm}$, $e_i = e_0 + e_a = 500 + 20 = 520\text{mm} > 0.3 h_0 = 168\text{mm}$,构造为大偏心受压。

由 $e_i = 520\text{mm}$ 可看出,纵向压力 N 在 A_s' 的外侧,则

$$e = e_i + \left(\frac{h}{2} - a_s \right) = 520 + \left(\frac{600}{2} - 40 \right) = 780\text{mm}$$

$$e' = e_i - \left(\frac{h}{2} - a_s' \right) = 520 - \left(\frac{600}{2} - 40 \right) = 260\text{mm}$$

由式(6.36)

$$A_s f_y e - A_s' f_y' e' = \alpha_1 f_c b h_0^2 \xi \left(\frac{e}{h_0} - 1 + 0.5\xi \right) = 1520 \times 360 \times 780 - 1473 \times 360 \times 260$$

$$= 1.0 \times 11.9 \times 400 \times 560^2 \xi \left(\frac{780}{560} - 1 + 0.5\xi \right)$$

整理上式,得

$$\xi^2 + 0.786\xi - 0.387 = 0$$

解上式,得 $\xi = 0.343 < \xi_b = 0.518$,构件确属大偏心受压,且

$$x = \xi h_0 = 0.343 \times 560 = 192\text{mm} > 2a_s' = 80\text{mm}$$

由式(6.13),构件所能承受的轴向压力为

$$N_u = \alpha_1 f_c bx + A_s' f_y' - A_s f_y = 1.0 \times 11.9 \times 400 \times 192 + 1473 \times 360 - 1520 \times 360$$
$$= 897 \times 10^3 \text{N} = 897\text{kN} > N = 800\text{kN}$$

由以上验算可见,构件承载能力足够。

6.2.4.3 对称配筋矩形截面的计算

不对称配筋的偏心受压构件,是在充分利用混凝土强度的前提下,按受压和受拉的不同需要计算出所需的钢筋,故采用不对称配筋($A_s \neq A_s'$)可以节省钢筋。但其缺点是施工不便,容易把 A_s' 和 A_s 的位置放错。若在柱截面两边配置 $A_s = A_s'$、$a_s = a_s'$,且 $A_s f_y = A_s' f_y'$ 的钢筋,这种配筋方式,就叫对称配筋。对称配筋的柱,虽然要稍多用一些钢筋,但在构件承受不同荷载下可能产生不同符号的弯矩时,采用对称配筋更为有利,不仅施工方便,构造简单,而且钢筋位置也不会放错。

A. 截面选择

a. 判别大、小偏心受压

在对称配筋条件下,由于 $A_s = A_s'$,这与推算 $e_{ib,\min}$ 的式(6.23)的配筋条件已不相符。

因此,当 $\eta e_i > e_{ib,\min}$ 时,不能仅根据这个条件就确定为大偏心受压,还应根据 $A_s f_y = A_s' f_y'$ 由式(6.16)算出的 $N_b = \xi_b \alpha_1 f_c bh_0$(与钢筋无关)与 N 进行比较,来判断属于哪一类偏心受压。

(1) 当 $\eta e_i > e_{ib,\min}$,且 $N \leq N_b$ 时为大偏心受压;

(2) 当 $\eta e_i \leq e_{ib,\min}$ 或 $e > e_{ib,\min}$,且 $N > N_b$ 时为小偏心受压。

b. 大偏心受压

这时,由式(6.13)可求得 $x = \dfrac{N}{\alpha_1 f_c b}$。

当 $2a_s' \leq x \leq x_b$ 时,可由式(6.14)求出 A_s',并使 $A_s' = A_s$。

$$A_s = A_s' = \frac{Ne - \alpha_1 f_c bx \left(h_0 - \dfrac{x}{2}\right)}{f_y'(h_0 - a_s')} \tag{6.37}$$

式中 $e = \eta e_i + \dfrac{h}{2} - a_s'$。

当 $x \leq 2a_s'$ 时,由式(6.15)得

$$A_s = A_s' = \frac{Ne'}{f_y(h_0 - a_s')} \tag{6.38}$$

c. 小偏心受压

以 $A_s f_y = A_s' f_y'$ 及 σ_s 代入式(6.20),则小偏心受压基本公式转换为

$$N = \alpha_1 f_c bx + A_s' f_y' - A_s f_y \frac{\xi - 0.8}{\xi_b - 0.8}$$

$$Ne = \alpha_1 f_c bh_0^2 \xi (1 - 0.5\xi) + A_s' f_y'(h_0 - a_s')$$

解以上联立方程,消去 A_s' 及 f_y',则有

$$Ne\frac{\xi_b-\xi}{\xi_b-0.8}=\alpha_1 f_c bh_0^2\xi(1-0.5\xi)\frac{\xi_b-\xi}{\xi_b-0.8}+(N-\alpha_1 f_c\xi bh_0)(h_0-a_s)$$

这是一个关于 ξ 的三次方程,直接求解 ξ 极为不便。分析表明,在小偏心受压构件中,对于常用的混凝土和钢筋,可近似用 $0.43(\xi_b-\xi)(\xi_b-0.8)$ 代替上式右边第一项中的 $\xi(1-0.5\xi)\times\dfrac{(\xi_b-\xi)}{(\xi_b-0.8)}$,这对 ξ 引起的最大误差也不很大。

这样,经近似简化并整理后,可得

$$\xi=\frac{N-\xi_b\alpha_1 f_c bh_0}{\dfrac{Ne-0.43\alpha_1 f_c bh_0^2}{(\beta_1-\xi_b)(h_0-a_s')}+\alpha_1 f_c bh_0}+\xi_b \tag{6.39}$$

式中　β_1——详见式(3.3)的说明。

显然,由式(6.39)算得的 $\xi>\xi_b$,肯定为小偏心受压。将 ξ 代入式(6.14)可求得

$$A_s=A_s'=\frac{Ne-\xi(1-0.5\xi)\alpha_1 f_c bh_0^2}{f_y'(h_0-a_s')} \tag{6.40}$$

在计算中,当求得 $(A_s+A_s')>5\% bh_0$ 时,说明截面尺寸过小,宜加大柱的截面尺寸。当求得 A_s' 为负值时,表明柱的截面尺寸较大。这时,应按受压钢筋最小配筋率配置钢筋,取 $A_s'=A_s=0.002bh$。

B. 承载力复核

对称配筋偏心受压构件的承载力复核,可按不对称配筋偏心受压构件的方法和步骤进行计算,此时应取 $A_s'f_y'=A_s f_y$。

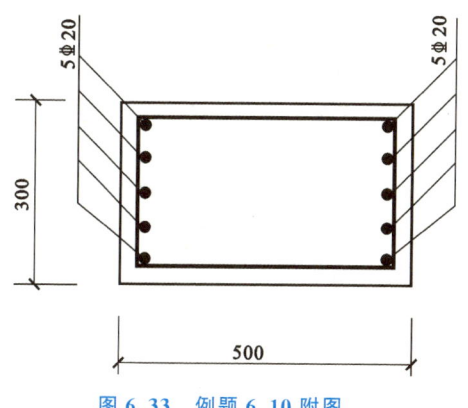

图 6.33　例题 6.10 附图

【例题 6.10】　一偏心受压柱,$b\times h=300\text{mm}\times500\text{mm}$,承受的弯矩 $M_1=M_2=270\text{kN}\cdot\text{m}$,相应的轴向压力 $N=300\text{kN}$,柱的计算高度 $l_0=4.0\text{m}$,混凝土 C25,钢筋 HRB400 级,当采用对称配筋时,试计算 A_s 及 A_s'。

【解】　弯矩设计值

$$i=\sqrt{\frac{I}{A}}=\sqrt{\frac{300\times500^3}{12\times300\times500}}=144.3\text{mm}$$

$$\frac{l_0}{i}=\frac{4000}{144.3}=27.7>34-12\frac{M_1}{M_2}=22,\text{要考虑附加弯矩的影响。}$$

$$C_m=0.7+0.3\frac{M_1}{M_2}=1.0,\text{取}\ C_m=1.0$$

$$\zeta_c=\frac{0.5f_cA}{N}=\frac{0.5\times11.9\times300\times500}{300\times10^3}=2.98,\text{取}\ \zeta_c=1.0$$

$$e_0=\frac{M_2}{N}=\frac{270\times10^6}{300\times10^3}=900\text{mm},e_a=20\text{mm}$$

$$\eta_{ns}=1+\frac{1}{1300\left(\dfrac{M_2}{N}+e_a\right)/h_0}\left(\frac{l_0}{h}\right)^2\zeta_c=1.024$$

$$C_m \eta_{ns} \times M_2 = 1.0 \times 1.024 \times 270 = 276.48 \text{kN} \cdot \text{m}$$

$$e_i = e_0 + e_a = \frac{276.48 \times 10^6}{300 \times 10^3} + 20 = 942 \text{mm} > 0.3 h_0 = 138 \text{mm}$$

$$N_b = \alpha_1 f_c \xi_b b h_0 = 1.0 \times 11.9 \times 0.518 \times 300 \times 460 = 850.7 \text{kN} > N = 300 \text{kN}$$

$$x = \frac{N}{\alpha_1 f_c b} = \frac{300 \times 10^3}{1.0 \times 11.9 \times 300} = 84.0 \text{mm} > 2a_s' = 80 \text{mm}$$

由式(6.37)

$$e = e_i + \left(\frac{h}{2} - a_s' \right) = 942 + \left(\frac{500}{2} - 40 \right) = 1152 \text{mm}$$

$$A_s = A_s' = \frac{Ne - \alpha_1 f_c b x \left(h_0 - \dfrac{x}{2} \right)}{f_y'(h_0 - a_s')} = \frac{300 \times 10^3 \times 1152 - 1.0 \times 11.9 \times 300 \times 84 \times \left(460 - \dfrac{84}{2} \right)}{360 \times (460 - 40)}$$

$$= 1457 \text{mm}^2 > 0.2\% bh = 0.2\% \times 300 \times 500 = 300 \text{mm}^2$$

每侧选用 5 Φ 20 的钢筋($A_s = A_s' = 1570 \text{mm}^2$),配筋如图 6.33 所示。

一般对称截面的偏心受压构件,大都采用对称配筋,虽然钢筋多消耗一点,但对施工颇为方便。

【例题 6.11】 一偏心受压柱 $b \times h = 450 \times 550 \text{mm}$,$a_s = a_s' = 40 \text{mm}$,柱的计算高度 $l_0 = 4.0 \text{m}$,由荷载计算值所产生的内力 $N = 2300 \text{kN}$,两端弯矩为 $M_1 = M_2 = 190 \text{kN} \cdot \text{m}$,钢筋采用 HRB400 级,混凝土 C30,试求对称配筋 $A_s = A_s'$。

【解】 $M_1 / M_2 = 1$,$i = \sqrt{\dfrac{I}{A}} = 158.8$,$\dfrac{l_0}{i} = 25.2 > 34 - 12 \dfrac{M_1}{M_2} = 22$,需考虑附加弯矩。

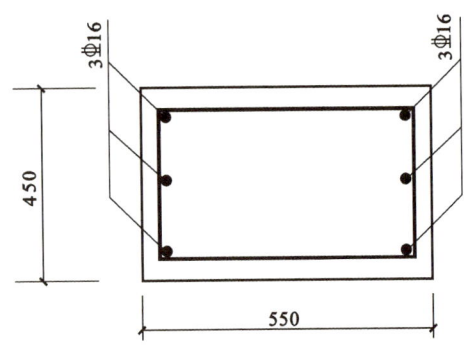

图 6.34　例题 6.11 附图

$$\zeta_c = \frac{0.5 f_c A}{N} = \frac{0.5 \times 14.3 \times 450 \times 550}{2300 \times 10^3} = 0.77$$

$$C_m = 0.7 + 0.3 \frac{M_1}{M_2} = 1.0 \quad e_a = 20 \text{mm}$$

$$\eta_{ns} = 1 + \frac{1}{1300(M_2/N + e_a)/h_0} \left(\frac{l_0}{h} \right)^2 \zeta_c = 1.19$$

设计弯矩值 $M = C_m \eta_{ns} M_2 = 226.1 \text{kN} \cdot \text{m}$

$$e_0 = \frac{M}{N} = 98.3 \text{mm}$$

$$e_i = e_0 + e_a = 118.3 \text{mm} < 0.3 h_0 = 153 \text{mm}$$

$$x = \frac{N}{\alpha_1 f_c b} = \frac{2300 \times 10^3}{1.0 \times 14.3 \times 450} = 357.4 \text{mm}$$

$\xi = \dfrac{x}{h_0} = 0.7 > \xi_b = 0.518$,构件属小偏心受压。

$$e = e_i + \frac{h}{2} - a_s = 353.3 \text{mm}$$

由式(6.39)

$$\xi = \frac{N - \xi_b \alpha_1 b h_0 f_c}{\dfrac{Ne - 0.43 \alpha_1 f_c b h_0^2}{(\beta_1 - \xi_b)(h_0 - a_s')} + \alpha_1 f_c b h_0} + \xi_b$$

$$= \frac{2300 \times 10^3 - 0.518 \times 1.0 \times 14.3 \times 450 \times 510}{\dfrac{2300 \times 10^3 \times 353.3 - 0.43 \times 1.0 \times 14.3 \times 450 \times 510^2}{(0.8 - 0.518)(510 - 40)} + 1.0 \times 14.3 \times 450 \times 510}$$

$$+ 0.518 = 0.667$$

将 $\xi = 0.667$ 代入式(6.40),得

$$A_s = A_s' = \frac{Ne - \xi(1 - 0.5\xi)\alpha_1 f_c b h_0^2}{f_y'(h_0 - a_s')}$$

$$= \frac{2300 \times 10^3 \times 353.3 \times 0.667 \times (1 - 0.5 \times 0.667) \times 1.0 \times 14.3 \times 450 \times 510^2}{360 \times (510 - 40)}$$

$$= 0.766 \text{mm}^2$$

按构造配筋

$$A_s = A_s' = 0.2\% b h = 495 \text{mm}^2$$

每侧选用 $3 \oplus 16$ 钢筋($A_s = A_s' = 603 \text{mm}^2$),配筋如图 6.34 所示。

垂直弯矩方向验算:

$$\frac{l_0}{b} = \frac{4000}{450} = 8.8 \quad \varphi \approx 1.0$$

$$N_u = 0.9\varphi[(A_s' + A_s)f_y + f_c A]$$
$$= 0.9 \times 1.0 \times [1206 \times 300 + 14.3 \times 450 \times 550]$$
$$= 3510 \times 10^3 \text{N} > N = 2300 \times 10^3 \text{N}(安全)$$

6.2.5 I 形截面偏心受压构件的正截面承载力计算

在单层工业厂房中,为了节省混凝土和减轻构件自重,对于截面尺寸较大的柱可采用 I 形截面。I 形截面偏心受压构件的破坏特征、计算原则和计算方法,与矩形截面是相似的。设计时同样可分为大偏心受压和小偏心受压两种情况进行计算。

6.2.5.1 非对称配筋截面

A. 大偏心受压($\xi \leqslant \xi_b$)

与 T 形截面受弯构件相似,按受压区高度 x 的不同,I 形截面可分为两类(图 6.35)。

a. 当 $x \leqslant h_f'$ 时,按宽度为 b_f' 的矩形截面计算。这时应将式(6.13)及式(6.14)中的矩形截面宽度 b,代换为压区翼缘宽度 b_f'。

显然,大偏心受压情况下,当 $x < 2a_s'$ 时,应取 $x = 2a_s'$。

I 形截面偏心受压构件的受压钢筋 A_s' 及受拉钢筋 A_s 的最小配筋率,亦应按构件的全截面面积 A 计算。此处 $A = bh + (b_f' - b)h_f' + (b_f - b)h_f$。

b. 当 $x > h_f'$ 时,受压区进入腹板[图 6.35(a)]应考虑受压区翼缘与腹板的共同受力,按下式计算

$$N = \alpha_1 f_c[bx + (b_f' - b)h_f'] + A_s'f_y' - A_s f_y \tag{6.41}$$

$$Ne = \alpha_1 f_c\left[bx\left(h_0 - \frac{x}{2}\right) + (b_f' - b)h_f'\left(h_0 - \frac{h_f'}{2}\right)\right] + A_s'f_y'(h_0 - a_s') \tag{6.42}$$

B. 小偏心受压($\xi > \xi_b$)

当 $\xi > \xi_b$ 时,受压区已进入腹板($x > h_f'$),故

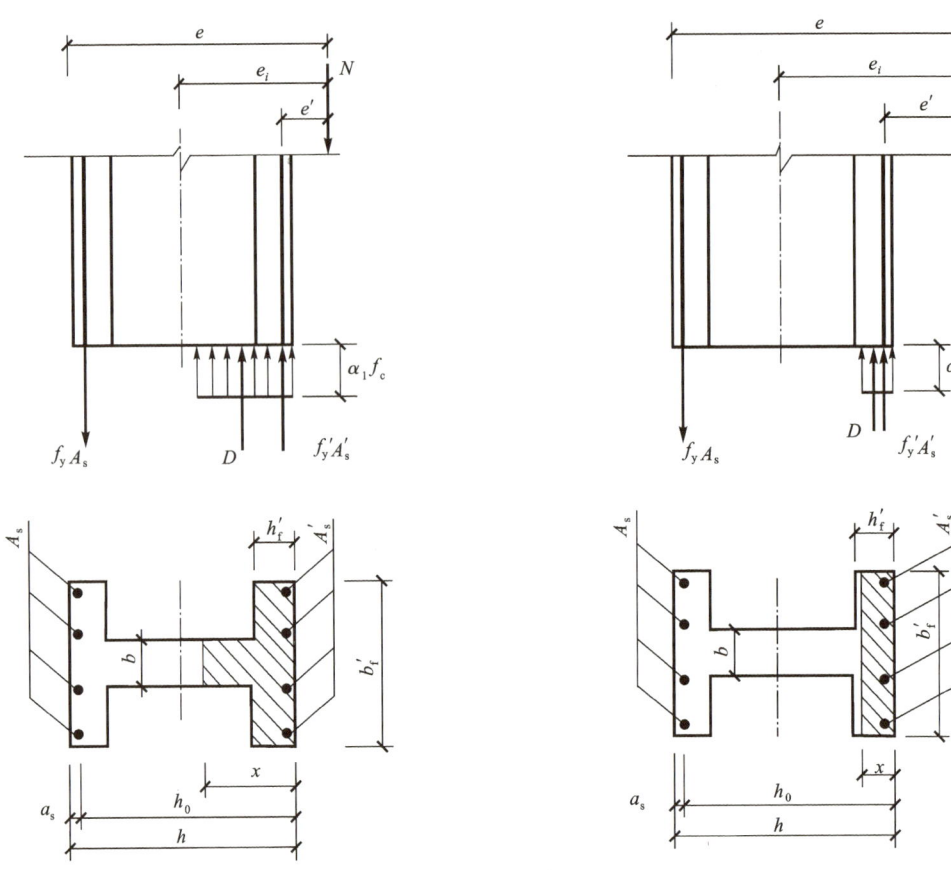

图 6.35   I 形截面大偏心受压计算应力图形
(a) $x > h'_f$;(b) $x \leqslant h'_f$

$$N = \alpha_1 f_c A_c + A'_s f'_y - A_s \sigma_s \tag{6.43}$$

$$Ne = \alpha_1 f_c S_c + A'_s f'_y (h_0 - a'_s) \tag{6.44}$$

式中 A_c , S_c ——混凝土受压面积及该面积对 A_s 合力中心的面积矩(图 6.36)。

当 $x \leqslant h - h'_f$ 时[图 6.36(a)]

$$A_c = bx + (b'_f - b) h'_f$$

$$S_c = bx (h_0 - 0.5x) + (b'_f - b) h'_f (h_0 - 0.5 h'_f)$$

当 $x > h - h'_f$ 时[图 6.36(b)]

$$A_c = (b'_f - b) h'_f + bx + (b_f - b)(x - h + h_f)$$

$$S_c = bx(h_0 - 0.5x) + (b'_f - b) h'_f (h_0 - 0.5 h'_f) + (b_f - b)(x - h + h'_f)[h_f - a_s - 0.5(x - h + h_f)]$$

σ_s 按式(6.19)计算。在全截面受压情况下,应考虑附加偏心距 e_a 与 e_0 反向对 A_s 的不利情况。这时取 $\eta = 1.0$,并对 A'_s 合力中心取矩。可得

$$A_s = \frac{N[0.5h - a'_s - (e_0 - e_a)] - \alpha_1 f_c S'_c}{f'_y (h_0 - a'_s)} \tag{6.45}$$

式中 S'_c ——构件全截面面积对 A'_s 合力中心的面积矩,其值为

$$S'_c = (b'_f - b) h'_f (0.5 h'_f - a'_s) + bh(0.5h - a'_s) + (b_f - b) h_f (h - 0.5 h_f - a_s)$$

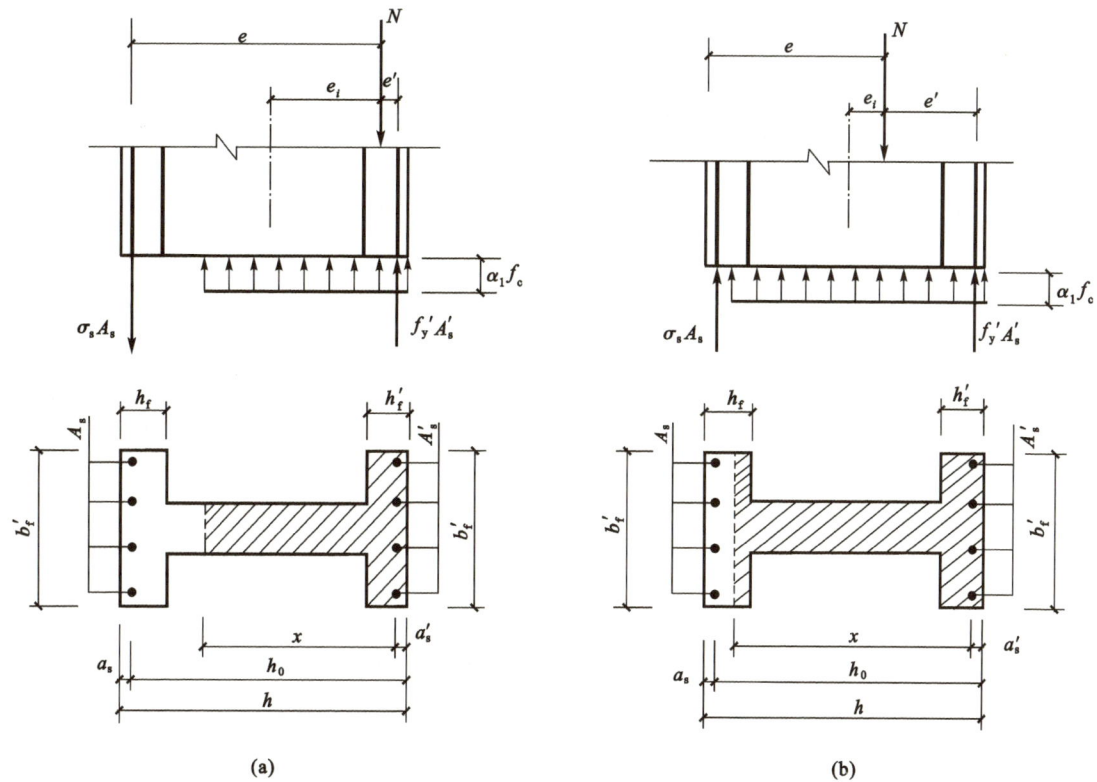

图 6.36 I 形截面小偏心受压计算应力图
(a) $x \leqslant h - h'_f$; (b) $x > h - h'_f$

6.2.5.2 对称配筋截面

I 形截面柱一般为对称截面($b_f = b'_f$、$h_f = h'_f$)、对称配筋($A_s = A'_s$、$f_y = f'_y$、$a_s = a'_s$)的预制柱。

a. 当 $N \leqslant \alpha_1 f_c b'_f h'_f$，即 $x \leqslant h'_f$，一般截面尺寸情况下 $\xi \leqslant \xi_b$，属大偏心受压[图 6.35(b)]。按宽度为 b'_f 的矩形截面计算：

如

$$h'_f > x = \frac{N}{\alpha_1 f_c b'_f} > 2a'_s \tag{6.46}$$

$$A_s = A'_s = \frac{Ne - \alpha_1 f_c b'_f x (h_0 - 0.5x)}{f'_y (h_0 - a'_s)} \geqslant 0.002A \tag{6.47}$$

如

$$x = \frac{N}{\alpha_1 f_c b} \leqslant 2a'_s$$

$$A_s = A'_s = \frac{Ne'}{f_y (h_0 - a'_s)} \geqslant 0.002A$$

b. 当 $\alpha_1 f_c [\xi b h_0 + (b'_f - b) h'_f] \geqslant N \geqslant \alpha_1 f_c b'_f h'_f$ 时，受压区已进入腹板，$x > h'_f$，但 $x \leqslant \xi_b h_0$，仍属大偏心受压[图 6.35(a)]。这时，在式(6.41)中取 $A_s f_y = A'_s f'_y$ 可求得 x 为

$$x = \frac{N - \alpha_1 f_c (b'_f - b) h'_f}{\alpha_1 f_c b} \tag{6.48}$$

将 x 代入式(6.42)中可求得钢筋截面面积 $A_s = A'_s$。

c. 当 $N > \alpha_1 f_c [\xi_b b h_0 + (b'_f - b) h'_f]$ 时，为 $\xi > \xi_b$ 的小偏心受压[图 6.35(b)]。与矩形截面相似，为避免解 ξ 的三次方程，ξ 值可按下列公式计算

$$\xi = \frac{N - \alpha_1 f_c [\xi_b b h_0 + (b'_f - b) h'_f]}{\dfrac{Ne - \alpha_1 f_c [0.43 b h_0^2 + (b'_f - b) h'_f (h_0 - 0.5 h'_f)]}{(\beta_1 - \xi_b)(h_0 - a'_s)} + \alpha_1 f_c b h_0} + \xi_b \qquad (6.49)$$

由上式得出 ξ 后，可计算 $x = \xi h_0$ 及 S_c，再按式(6.44)求得 $A_s = A'_s$。

$$A_s = A'_s = \frac{Ne - \alpha_1 f_c S_c}{f'_y (h_0 - a'_s)} \qquad (6.50)$$

【例题 6.12】 已知某 I 形截面柱[图 6.37(a)]，$l_0 = 6.3\text{m}$，混凝土 C25，纵筋 HRB400 级，作用于截面的内力设计值 $N = 850\text{kN}$，$M_1 = M_2 = 430\text{kN} \cdot \text{m}$，$a_s = a'_s = 40\text{mm}$，试计算对称配筋的截面面积 $A_s = A'_s$。

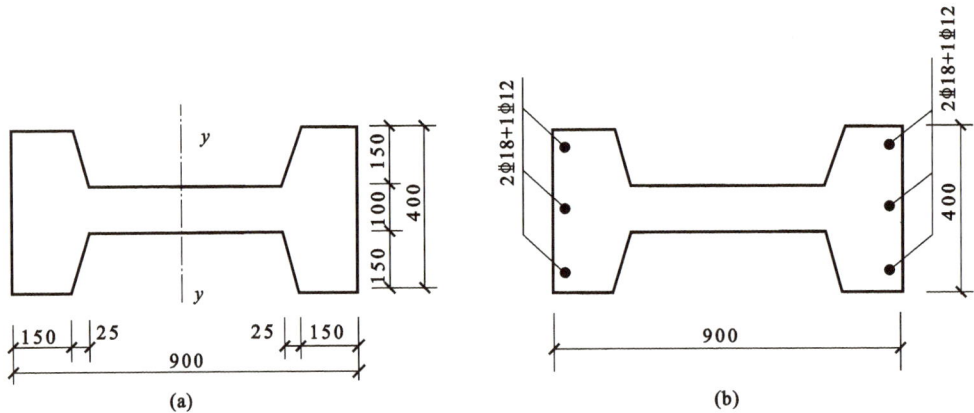

图 6.37　例题 6.12 附图

(a) 截面尺寸；(b) 截面配筋

【解】　经计算：截面面积 $A = 1.87 \times 10^5 \text{mm}^2$，$\dfrac{M_1}{M_2} = 1 > 0.9$，需考虑附加弯矩影响。

$$C_m = 0.7 + 0.3 \frac{M_1}{M_2} = 1.0$$

附加偏心距 $e_a = \dfrac{900}{30} = 30\text{mm} > 20\text{mm}$，取 $e_a = 30\text{mm}$。

$$\zeta_c = \frac{0.5 f_c A}{N} = \frac{0.5 \times 11.9 \times 1.87 \times 10^5}{850 \times 10^3} = 1.309，取 \zeta_c = 1.0$$

$$\eta_{ns} = 1 + \frac{1}{1300 \left(\dfrac{M_2}{N} + e_a \right) / h_0} \left(\frac{l_0}{h} \right)^2 \zeta_c$$

$$= 1 + \frac{1}{1300 \left(\dfrac{430 \times 10^6}{850 \times 10^3} + 30 \right) / 860} \left(\frac{6300}{900} \right)^2 \times 1.0 = 1.06$$

$$M = C_m \eta_{ns} M_2 = 1.0 \times 1.06 \times 430 = 455.8\text{kN} \cdot \text{m}$$

$$e_0 = \frac{M}{N} = \frac{455.8 \times 10^6}{850 \times 10^3} = 536 \text{mm}$$

$$e_i = e_0 + e_a = 536 + 30 = 566 \text{mm}$$

$$e = e_i + \left(\frac{h}{2} - a_s' \right) = 566 + \left(\frac{900}{2} - 40 \right) = 976 \text{mm}$$

$$\alpha_1 f_c b_f' h_f' = 1.0 \times 11.9 \times 400 \times 150 = 714 \text{kN} < N = 850 \text{kN}$$

受压高度大于 h_f'，位于腹板内。

受压高度

$$x = \frac{N - \alpha_1 f_c (b_f' - b) h_f'}{\alpha_1 f_c b} = \frac{850 \times 10^3 - 1.0 \times 11.9 \times (400 - 100) \times 150}{1.0 \times 11.9 \times 100}$$

$$= 264.3 \text{mm} < \xi_b h_0 = 0.518 \times 860 = 445.5 \text{mm}$$

构件属大偏心受压。

由式(6.42)得

$$A_s = A_s' = \frac{Ne - \alpha_1 f_c [bx(h_0 - 0.5x) + (b_f' - b)h_f'(h_0 - 0.5h_f')]}{f_y'(h_0 - a_s')}$$

$$= \frac{850 \times 10^3 \times 976 - 11.9 \times [100 \times 264.3 \times (860 - 0.5 \times 264.3) + (400 - 100) \times 150 \times (860 - 0.5 \times 150)]}{360 \times (860 - 40)}$$

$$= 611 \text{mm}^2 > 0.002 \times A = 374 \text{mm}^2$$

选用 2Φ18+1Φ12 钢筋($A_s = A_s' = 622.1 \text{mm}^2$)，配筋如图 6.37(b)所示。

【例题 6.13】 已知条件同例题 6.12，当作用于截面内力设计值为 $N = 547 \text{kN}$，$M_1 = M_2 = 456 \text{kN} \cdot \text{m}$，试计算对称配筋所需钢筋 $A_s = A_s'$。

【解】 由例题 6.12 知，需要考虑附加弯矩影响，$e_a = 30 \text{mm}$ $C_m = 1.0$

$$\zeta_c = \frac{0.5 f_c A}{N} = \frac{0.5 \times 11.9 \times 1.87 \times 10^5}{547 \times 10^3}$$

$$= 2.03 > 1.0$$

$$\eta_{ns} = 1 + \frac{1}{1300 \left(\frac{M_2}{N} + e_a \right) / h_0} \left(\frac{l_0}{h} \right)^2 \zeta_c = 1.076$$

$$M = C_m \eta_{ns} M_2 = 1.0 \times 1.076 \times 456 = 490.66 \text{kN} \cdot \text{m}$$

$$e_0 = \frac{M}{N} = \frac{490.66 \times 10^6}{547 \times 10^3} = 897 \text{mm}$$

$$e_i = e_0 + e_a = 897 + 30 = 927 \text{mm}$$

$$N = 547 \text{kN} < \alpha_1 f_c b_f' h_f' = 714 \text{kN}$$

$$x = \frac{N}{\alpha_1 f_c b_f'} = \frac{547 \times 10^3}{1.0 \times 11.9 \times 400} = 115 \text{mm} \quad \begin{array}{l} > 2a_s' = 80 \text{mm} \\ < h_f' = 150 \text{mm} \end{array}$$

$$e = e_i + \frac{h}{2} - a_s' = 927 + \frac{900}{2} - 40 = 1337 \text{mm}$$

$$A_s = A_s' = \frac{Ne - \alpha_1 b_f' f_c x \left(h_0 - \frac{x}{2} \right)}{f_y'(h_0 - a_s')}$$

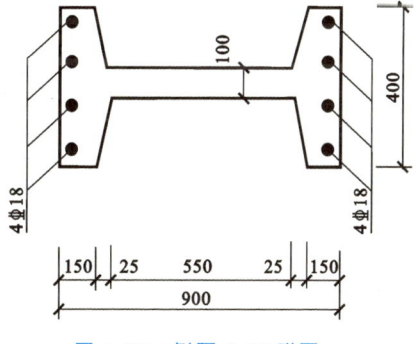

图 6.38 例题 6.13 附图

$$= \frac{547 \times 10^3 \times 1337 - 1.0 \times 11.9 \times 400 \times 115 \times \left(860 - \frac{115}{2}\right)}{360 \times (860 - 40)} = 989.3 \text{mm}^2$$

每侧选用 4Φ18 的钢筋，$A_s = A'_s = 1017\text{mm}^2$，配筋如图 6.38 所示。

【例题 6.14】 已知条件仍同例题 6.12，当作用于截面的内力设计值为 $N = 1200\text{kN}$，$M = 450\text{kN} \cdot \text{m}$，试计算对称配筋时的纵筋截面面积。

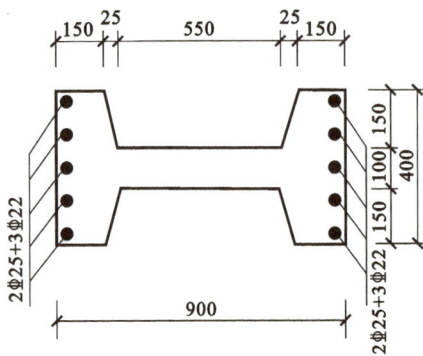

图 6.39　例题 6.14 附图

【解】 由前例已知，需考虑附加弯矩影响。

$$C_m = 1.0, \quad e_a = 30\text{mm}$$

$$\zeta_c = \frac{0.5 f_c A}{N} = \frac{0.5 \times 11.9 \times 1.87 \times 10^5}{1200 \times 10^3} = 0.927$$

$$\eta_{ns} = 1 + \frac{1}{1300 (M_2/N + e_a)/h_0} \left(\frac{l_0}{h}\right)^2 \zeta_c$$

$$= \frac{1}{1300 \left(\frac{450 \times 10^6}{1200 \times 10^3} + 30\right)/860} \left(\frac{6300}{900}\right)^2 \times 0.927$$

$$= 1.074$$

$$M = C_m \eta_{ns} M_2 = 1.0 \times 1.074 \times 450 = 483.3\text{kN} \cdot \text{m}$$

$$e_0 = \frac{M}{N} = \frac{483.3 \times 10^3}{1200} = 402.8\text{mm}, \quad e_i = e_0 + e_a = 402.8 + 30 = 432.8\text{mm}$$

$$e = e_i + \frac{h}{2} - a'_s = 432.8 + 900/2 - 40 = 842.8\text{mm}$$

$$\alpha_1 f_c [\xi_b b h_0 + (b'_f - b) h'_f] = 1.0 \times 11.9 \times [0.518 \times 100 \times 860 + (400 - 100) \times 150] \times 10^{-3}$$

$$= 1066\text{kN} < 1200\text{kN}$$

$$x = \frac{N - \alpha_1 f_c (b'_f - b) h'_f}{\alpha_1 f_c b} = \frac{1200 \times 10^3 - 1.0 \times 11.9 \times (400 - 100) \times 150}{1.0 \times 11.9 \times 100} = 558.4\text{mm}$$

$$\xi = \frac{x}{h_0} = \frac{558.4}{860} = 0.649 > \xi_b = 0.518 \quad \text{属小偏心受压。}$$

虽然已确定小偏心受压，但具体 ξ 尚待进一步确定。

$$\xi = \frac{N - \alpha_1 f_c [\xi_b b h_0 + (b'_f - b) h'_f]}{\frac{Ne - \alpha_1 f_c [0.43 b h_0^2 + (b'_f - b) h'_f (h_0 - 0.5 h'_f)]}{(0.8 - \xi_b)(h_0 - a'_s)} + \alpha_1 f_c b h_0} + \xi_b$$

$$= \frac{1200 \times 10^3 - 1.0 \times 11.9 \times [0.518 \times 100 \times 860 + (400 - 100) \times 150]}{\frac{1200 \times 10^3 \times 842.8 - 1.0 \times 11.9 \times [0.43 \times 100 \times 860^2 + (400 - 100) \times 150 \times (860 - 0.5 \times 100)]}{(0.8 - 0.518) \times (860 - 40)} + 1.0 \times 11.9 \times 100 \times 860}$$

$$+ 0.518 = 0.071 + 0.518 = 0.589$$

受压区高 $x = \xi h_0 = 0.589 \times 860 = 506.5\text{mm}$，显然受压区尚未进入受拉翼缘。

按式(6.50)，纵筋面积为：

$$A_s = A'_s = \frac{Ne - \alpha_1 f_c S_c}{f'_y (h_0 - a'_s)} = \frac{Ne - \alpha_1 f_c [b x (h_0 - 0.5 x) + (b'_f - b) h'_f (h_0 - 0.5 h'_f)]}{f'_y (h_0 - a'_s)}$$

$$= \frac{1200 \times 10^3 \times 842.8 - 1.0 \times 11.9 \times [100 \times 0.589 \times (860 - 0.5 \times 0.589) + (400 - 100) \times 150 \times (860 - 0.5 \times 150)]}{360 \times (860 - 40)}$$

$=2000\text{mm}^2$

每侧选用 $2 \oplus 25 + 3 \oplus 22$ 钢筋（$A_s = A_s' = 2122\text{mm}^2$），配筋如图 6.39 所示。

6.2.6 截面承载能力 N 与 M 的相关曲线

由前面几个例题可以看出,对于给定的截面尺寸和材料强度,在不同的内力 N 和 M 组合作用下,会得到不同的纵筋截面 A_s 及 A_s'。在进行构件截面配筋计算时,往往要考虑多种内力组合,因此必须要能判断哪些内力组合对截面起控制作用。事实上,偏心受压构件到达承载能力极限状态时,截面承受的轴力 N 与弯矩 M 并不是独立的,而是相关的。亦即给定轴力 N 时,有其唯一对应的弯矩 M;或者说构件可以在不同的 N 和 M 组合下到达极限强度。

如以轴力 N 为竖轴,弯矩 M 为横轴,在平面上可以画出极限内力 N 与 M 的关系(图 6.40)。为了简单起见,现以对称配筋截面($A_s = A_s'$、$f_y = f_y'$ 及 $a_s = a_s'$)为例,说明 N 与 M 的关系。

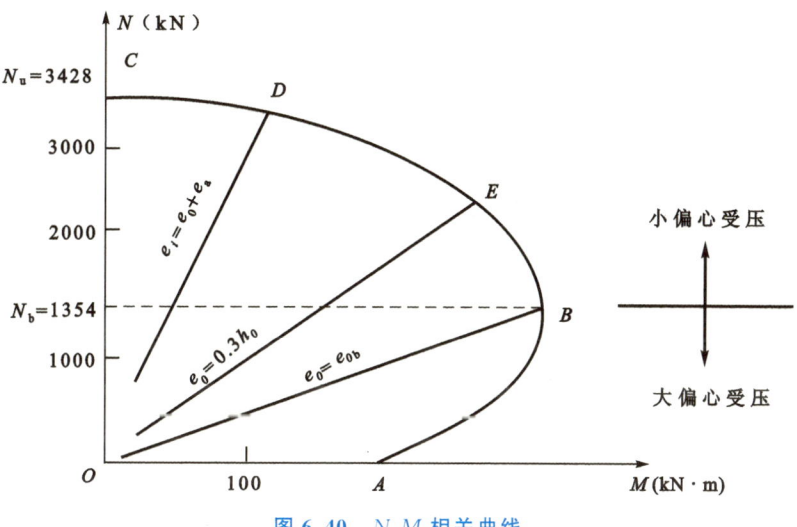

图 6.40 N-M 相关曲线

A. 大偏心受压

在式(6.13)中,取 $A_s f_y = A_s' f_y'$,则受压区高度为

$$x = \frac{N}{\alpha_1 f_c b}$$

当不考虑偏心距增大系数时,即 $e_a = 0$,故

$$e = e_0 + \frac{h}{2} - a_s = \frac{M}{N} + \frac{h}{2} - a_s$$

将 e 代入式(6.14),经移项后可写出

$$M = \alpha_1 f_c b x \left(h_0 - \frac{x}{2}\right) + A_s f_y (h_0 - a_s) - N \left(\frac{h}{2} - a_s\right)$$

再将 $x = \dfrac{N}{\alpha_1 f_c b}$ 代入上式,经整理后可得 N-M 的关系曲线为

$$M = \frac{N^2}{2\alpha_1 f_c b} + N \frac{h}{2} + A_s f_y (h_0 - a_s) \tag{6.51}$$

上式表明:在大偏心受压情况下,M 与 N 为二次抛物线关系(图 6.40 中 AB 段),随 N 增大,M 也增大,当 $N=N_b=\alpha_1 f_c \xi_b bh_0$ 时为界限情况,M 达到其最大值 M_b。

B. 小偏心受压

将 σ_s[式(6.19)]代入式(6.20),取 $A_s f_y = A_s' f_y'$,可得

$$\xi = \frac{N(\xi_b - 0.8) - A_s f_y \xi_b}{\alpha_1 f_c (\xi_b - 0.8) - A_s f_y}$$　　　　(6.52)

将 $e=\dfrac{M}{N}+\dfrac{h}{2}-a_s$ 代入式(6.14),可得

$$M = \alpha_1 f_c \xi bh_0^2 (1 - 0.5\xi) + A_s f_y (h_0 - a_s) - N\left(\frac{h}{2} - a_s\right)$$　　　　(6.53)

将式(6.52)代入式(6.53)可看出,M 与 N 也是二次函数关系(公式过繁不再写出),但与式(6.51)不同的是,随 N 增大,M 减少。

由 $N\text{-}M$ 关系曲线,可看出:

(1) C 点坐标为 $(0,N_u)$,是轴心受压的承载能力;B 点坐标为 (M_B,N_b),是大小偏心的界限;A 点坐标 $(M_u,0)$ 是受弯构件的承载能力。

(2) $N\text{-}M$ 相关曲线上任意一点 D 的坐标 (M,N) 代表此截面在这一组内力组合下恰好处于承载能力极限状态,如 D 点位于 $N\text{-}M$ 曲线的内侧,说明截面在该点坐标所给出的内力组合下未达到承载力极限状态,是安全的;若 D 点位于 $N\text{-}M$ 曲线的外侧,则表明截面在该点所确定的内力组合下,其承载能力是不够的。

(3) 在大偏心受压时,在某一 M 值下,N 值愈大愈安全,N 值愈小愈不安全,而需要配置更多的钢筋。小偏心受压时则相反,在相同的 M 值下,N 值愈大愈不安全,N 值愈小愈安全。

利用 M 与 N 的变化规律,可帮助我们在设计时找到最不利的内力组合。

6.3　偏心受压构件斜截面受剪承载力计算

钢筋混凝土偏心受压构件,当受有剪力作用时,如地震作用的框架柱,需要验算其斜截面受剪承载力。

在剪压复合应力状态下,适当的轴向压力作用,可以延缓斜裂缝的出现和开展,使受剪承载力得以提高。试验表明:当 $N \leqslant 0.3 f_c bh$ 时,轴向压力使受剪承载力提高部分 ΔV_n 与轴向压力 N 成正比;当 $N > 0.3 f_c bh$ 时,ΔV_n 提高不明显;当 $N > 0.5 f_c bh$ 时,受剪承载力呈下降趋势。因此,《规范》规定:

对矩形、T 形和 I 形截面偏心受压构件的受剪承载力按下式计算

$$V_{cs} = \frac{1.75}{\lambda + 1.0} f_c bh_0 + f_{yv} \frac{A_{sv}}{s} h_0 + 0.07N$$　　　　(6.54)

式中　λ——偏心受压构件计算截面剪跨比,按下列规定采用:

(1) 对各类结构的框架柱,宜取 $\lambda = M/(Vh_0)$;对框架结构的框架柱,当其反弯点在层高范围内时,可取 $\lambda = H_n/(2h_0)$;当 $\lambda < 1$ 时,取 $\lambda = 1$;当 $\lambda > 3$ 时,取 $\lambda = 3$。此处,M 为计算截面上与剪力设计值相应的弯矩设计值,H_n 为柱净高。

(2) 对其他偏心受压构件,当承受均布荷载时,取 $\lambda = 1.5$;当承受集中荷载时,取

$\lambda=\dfrac{a}{h_0}$；此处 a 为集中荷载至支座或节点边缘的距离，当 $\lambda<1.5$ 时，取 $\lambda=1.5$，当 $\lambda>3$ 时，取 $\lambda=3$。

N——与剪力设计值 V 相应的轴向力设计值，当 $N>0.3f_cbh_0$ 时，取 $N=0.3f_cbh_0$。

与受弯构件相似，当配筋率过大时，箍筋强度得不到充分利用。《规范》规定，矩形截面偏心受压构件，其截面应符合下列条件，否则应加大截面尺寸

$$V\leqslant 0.25\beta_cf_cbh_0$$

当符合下列条件时，可不进行斜截面承载力计算，按构造配置箍筋

$$V\leqslant \dfrac{1.75}{\lambda+1.0}f_tbh_0+0.07N \tag{6.55}$$

6.4　偏心受压构件构造要求

偏心受压构件除应满足轴心受压构件的构造要求外，尚应满足以下构造要求：

A. 截面尺寸

矩形截面偏心受压构件的截面尺寸，可根据生产实践经验来确定，具体确定方法将在第 11 章中介绍。

当采用的矩形截面尺寸较大时（如 h 大于 $600\sim800$mm 时），宜将矩形截面改为 I 形截面。I 形截面的翼缘厚度不宜小于 100mm，腹板厚度不宜小于 80mm。

B. 纵筋

偏心受压构件的配筋不应小于表 3.6 最小配筋百分率的规定。

由于偏心受压构件有弯矩存在，除双向偏心及均匀配筋的偏心受压构件外，纵筋应沿构件截面的短边（垂直弯矩作用方向）布置，其间距不应大于 350mm。当偏心受压柱的截面高度 h 大于等于 600mm 时，在侧面应设置直径为 $10\sim16$mm 的纵向构造钢筋，并相应地设置附加箍筋或拉筋，以保证钢筋骨架的稳定性，并抵抗由温度、收缩及可能因扭转而产生的次应力。

C. 箍筋

偏心受压构件的箍筋直径和间距，原则上与轴心受压构件相同，图 6.41 表示几种常用的箍筋形式。

箍筋可采用焊接骨架[图 6.41(f)、(j)]或绑扎骨架[图 6.41(g)、(k)]。当 $h_f\leqslant 100$mm 时，可参考采用图 6.41(e)；当 $h_f>100$mm 时，可参考采用图 6.41(h)、(i)。

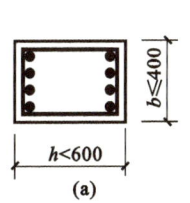

(a)

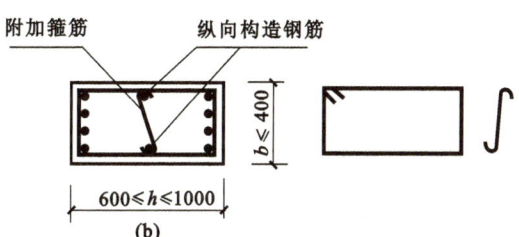

(b)

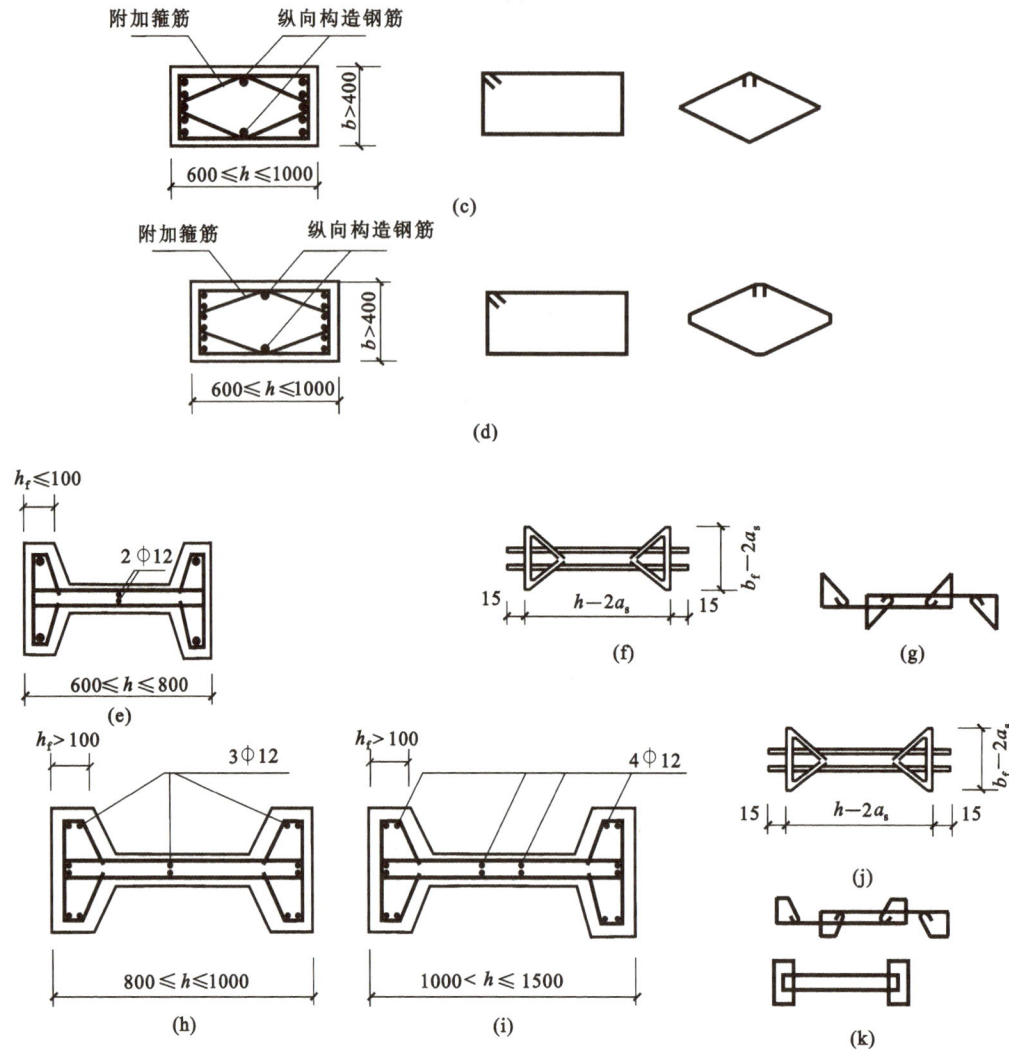

图 6.41　几种常用的箍筋形式

(a)、(b)、(c)、(d) 矩形截面；(e)、(h)、(i) I 形截面；(f)、(j) 焊接骨架；(g)、(k) 绑扎骨架

本 章 小 结

轴心受压构件当应力较小处于弹性阶段时，混凝土及钢筋的应力均按照各自的应力应变关系呈直线分布，由于钢筋弹性模量比混凝土高，因此钢筋应力比混凝土大。混凝土进入弹塑性阶段后，其应力增加缓慢，钢筋应力则增加较快，一旦钢筋受压屈服，混凝土将受到很大压力。显然，当钢筋强度较低，则受压钢筋首先屈服，而后混凝土被压坏，由此可见，屈服的受压钢筋和被压坏的混凝土共同组建了截面的承载能力，考虑到构件的稳定影响，可得出轴心受压构件承载力计算公式，由此对截面进行设计。

对既有纵向受压钢筋又配有螺旋箍筋的轴心受压柱，由于混凝土的横向变形受到箍筋的阻碍，间接地提高了混凝土的抗压强度，使构件承载能力有所提高，其设计方法与无螺旋箍筋柱亦有所不同。

偏心受压构件因偏心距大小不同,或因受拉钢筋多少不同,截面将有两种破坏情况。对偏心距较大、受拉钢筋配置较合适,截面破坏时,受拉钢筋屈服者,称为大偏心受压;偏心距较小或虽然偏心距较大,但受拉钢筋配置较多,截面破坏时受拉钢筋不屈服,称为小偏心受压。两类偏心受压构件在考虑了二阶弯矩效应后,根据截面应力和外力的平衡条件,可分别得出其计算公式。远离纵向力一侧的纵筋 A_s 不能屈服,可能受拉,亦可能受压,但随着相对受压区高度 ξ 的不同,其应力总是在 $-f_y' \leqslant \sigma_s \leqslant f_y$ 之间变化,由此可得出 A_s 的应力值。

偏心受压构件截面配筋可采用不对称配筋($A_s \neq A_s'$),亦可采用对称配筋($A_s' = A_s$),但考虑内力改变符合和施工方便,大多数情况下采用对称配筋,此时的相对受压区高度 ξ 值,可将 $A_s f_y = A_s' f_y'$ 和 σ_s 值代入基本公式联立求解,但公式比较烦琐,计算较为复杂,实际设计大多采用表格进行。计算的 A_s 及 A_s' 均不能小于 $\rho_{s,\min}$,亦不能过大,否则说明截面尺寸不合适。

掌握正截面承载力计算的基础上,亦应了解偏心受压构件斜截面的计算。

思 考 题

6.1　在轴心受压柱中配置纵筋的作用是什么?为什么要控制纵筋的最小配筋率?

6.2　试述在普通钢箍柱中箍筋的作用,并分析在螺旋钢箍柱中钢箍又有何作用?

6.3　试分析在轴心受压柱中,随着荷载不断增加,纵筋与混凝土的应力变化有何特征?

6.4　在轴心受压柱中如采用高强钢筋,其强度设计值如何取值?为什么?

6.5　轴心受压柱中箍筋布置的原则是什么?有哪些要求?试简述之。

6.6　矩形截面大、小偏心受压破坏有何本质区别?其判别条件是什么?

6.7　附加偏心距 e_a 的物理意义是什么?其值如何确定?

6.8　试分别写出矩形截面大、小偏心受压的基本计算公式,从基本公式中看两者的应力有何变化?

6.9　如何考虑除排架柱外的其他偏心受压柱的二阶弯矩影响?

6.10　为何不对称配筋的较小偏心受压构件要对式(6.31)进行验算?

6.11　为何不对称配筋偏心受压构件设计时可用 $e_i < 0.3h_0$(或 $e_i > 0.3h_0$)来判断是哪一种偏心受压情况?而对称配筋时需要用 $x < x_b$(或 $x > x_b$)来判断大、小偏心受压?

6.12　对称配筋时为 $e_i > 0.3h_0$,而按式 $x = \dfrac{N}{\alpha_1 f_c b}$ 求得的 x 又是 $x > x_b$,试问这是哪一种破坏情况?为什么?

6.13　为何要对偏心受压构件垂直弯矩方向截面的承载能力进行验算?如何验算,试简述之。

6.14　在什么情况下要对偏心受压构件进行斜截面承载力验算,如何验算?

习 题

6.1　已知柱截面尺寸 $b \times h = 300\text{mm} \times 300\text{mm}$,计算长度 $l_0 = 5\text{m}$,混凝土 C25,纵筋 HRB400 级,若包括自重在内柱承受的轴向压力 $N = 2000\text{kN}$,试确定柱的配筋。

6.2　某多层房屋的现浇钢筋混凝土框架的底层中柱,截面尺寸 $b \times h = 400\text{mm} \times 400\text{mm}$,对称配置 4$\oplus$22 的纵筋,混凝土 C30,计算长度 $l_0 = 6\text{m}$,试确定该柱能承担的轴向压力 N?

6.3　一现浇圆形螺旋筋柱,计算长度 $l_0 = 5.3\text{m}$,承受轴向压力设计值 $N = 2100\text{kN}$(包括自重),混凝土 C25,纵筋采用 6$\oplus$20 的 HRB400 级钢筋(均匀布置),螺旋筋用 HPB300 级钢筋,柱截面为 $d = 450\text{mm}$,试计算柱的螺旋筋用量,并绘制配筋图。

6.4　已知矩形截面偏心受压构件,承受轴向力设计值 $N = 800\text{kN}$,弯矩设计值 $M = 400\text{kN} \cdot \text{m}$。计算长度 $l_0 = 6\text{m}$,截面尺寸 $b \times h = 400\text{mm} \times 600\text{mm}$,混凝土 C25,纵筋 HRB400 级,箍筋 HPB300 级,计算柱的钢筋,并绘制截面配筋图。

6.5   已知矩形截面偏心受压构件,$b=300\text{mm}$,$h=500\text{mm}$,$a_s=a_s'=40\text{mm}$,承受轴向压力设计值 $N=$ 2000kN,弯矩设计值 $M=64\text{kN}\cdot\text{m}$,混凝土 C30,纵筋 HRB400 级,箍筋 HPB300 级,柱的计算长度 $l_0=$ 5.5m,计算柱内钢筋,绘制截面配筋图。

6.6   若条件与习题 6.4 相同,计算对称配筋时 $A_s=A_s'$ 值。

6.7   若条件与习题 6.5 相同,计算对称配筋时 $A_s=A_s'$ 值。

6.8   已知 I 形截面偏心受压柱,承受轴向力设计值 $N=480\text{kN}$,弯矩设计值 $M_1=M_2=360\text{kN}\cdot\text{m}$,截面尺寸为 $b\times h=100\text{mm}\times600\text{mm}$,$b_f=b_f'=400\text{mm}$,$h_f=h_f'=100\text{mm}$,$a_s=a_s'=40\text{mm}$。截面的几何特征为:$A=12\times10^4\text{mm}^2$,$I=56\times10^8\text{mm}^4$,$i=216\text{mm}$。$l_0=5.8\text{m}$,混凝土为 C30,纵筋 HRB400 级,箍筋 HPB300 级。计算对称配筋的钢筋数量,绘制截面配筋图。

6.9   已知条件同习题 6.8,若轴向力设计值 $N=680\text{kN}$,求对称配筋的钢筋用量,并绘制截面配筋图。

6.10   已知偏心受压 I 形截面,截面尺寸为:$b\times h=100\text{mm}\times1000\text{mm}$,$b_f=b_f'=500\text{mm}$,$h_f=h_f'=120\text{mm}$,$a_s=a_s'=40\text{mm}$;截面几何特征为:$A=19.6\times10^4\text{mm}^2$,$I=27.03\times10^9\text{mm}^4$,$i=371\text{mm}$。$l_0=12\text{m}$,混凝土 C30,纵筋 HRB400 级,箍筋 HPB300 级,承受轴向力设计值 $N=1760\text{kN}$,弯矩设计值 $M_1=M_2=420\text{kN}\cdot\text{m}$,求对称配筋的钢筋用量,绘制截面配筋图。

本章练习

7　受拉构件承载力计算

本章提要

受拉构件包括轴心受拉和偏心受拉两类。偏心受拉仅根据偏心距 e_0 大小不同分为大偏心受拉和小偏心受拉,截面配筋亦有对称配筋和非对称配筋两种情况。

掌握大、小偏心受拉构件承载力计算以及如何判别大、小偏心受拉。

钢筋混凝土受拉构件,与受压构件相同,分轴心受拉构件与偏心受拉构件两类。当纵向拉力 N 作用在截面形心时,称为轴心受拉构件,如钢筋混凝土屋架下弦杆,高压圆形水管及圆形水池等。当纵向拉力 N 偏离截面形心作用时,或截面上既作用有纵向拉力 N,又有弯矩的构件,称为偏心受拉构件,如钢筋混凝土矩形水池、浅仓的墙壁,工业厂房中双肢柱的肢杆等。

受拉构件除需进行正截面承载能力计算外,尚应根据不同情况,进行受剪、抗裂度或裂缝宽度计算。本章仅研究正截面承载力和斜截面抗剪承载力的计算。至于其他内容,可参考有关章节。

7.1　轴心受拉构件正截面承载力计算

在轴心受拉构件中,混凝土开裂前,混凝土与钢筋共同承受拉力。开裂后,开裂截面混凝土退出受拉工作,全部拉力由钢筋承担。当钢筋受拉屈服时,构件即将破坏,所以,轴心受拉构件的受拉承载力计算公式为

$$N \leqslant f_y A_s \tag{7.1}$$

式中　N——轴向拉力设计值;

　　　f_y——钢筋受拉强度设计值;

　　　A_s——全部纵筋截面面积。

7.2　偏心受拉构件正截面承载力计算

7.2.1　计算公式

按纵向力 N 作用位置的不同,偏心受拉也分大偏心受拉构件和小偏心受拉构件两种。

7.2.1.1　小偏心受拉构件

当纵向力 N 作用在钢筋 A_s 合力点及 A_s' 合力点之间时,即 $e_0 \leqslant \dfrac{h}{2} - a_s$,为小偏心受拉构件。在小偏心拉力作用下,构件破坏时,截面全部裂通,混凝土退出工作,拉力完全由钢筋承担(图 7.1),钢筋 A_s 及 A_s' 的拉应力达到屈服。根据对钢筋合力点分别取矩的平衡条件,可得出小偏心受拉构件的计算公式

$$Ne = f_y A_s'(h_0 - a_s') \tag{7.2}$$

$$Ne' = f_y A_s(h_0' - a_s) \tag{7.3}$$

式中　f_y——钢筋受拉强度设计值。

$$e = \frac{h}{2} - e_0 - a_s$$

$$e' = e_0 + \frac{h}{2} - a_s'$$

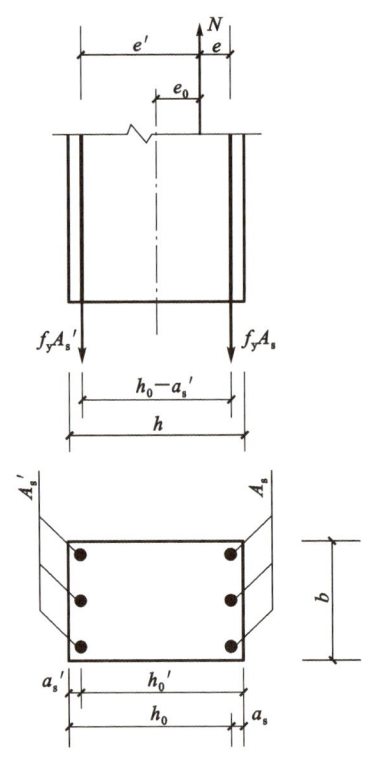

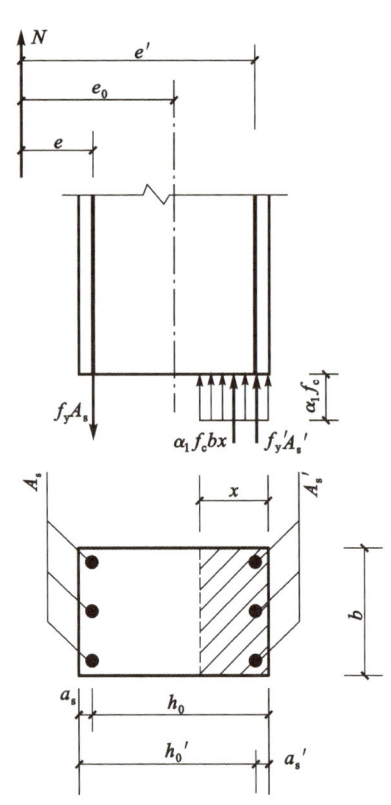

图 7.1　小偏心受拉强度计算简图　　　　图 7.2　大偏心受拉强度计算简图

7.2.1.2　大偏心受拉构件

当纵向力 N 不作用在钢筋 A_s 及 A_s' 之间,即作用于 A_s 与 A_s' 范围以外,即 $e_0 > \dfrac{h}{2} - a_s$ 时为大偏心受拉构件。此时在纵向力作用下,截面部分开裂,但仍有受压区。当采用不对称配筋,在构件破坏时,钢筋 A_s 及 A_s' 的应力均能达到屈服,受压区混凝土也达抗压强度设计值,

其计算应力图形如图 7.2 所示。

根据平衡条件,大偏心受拉构件的计算公式为

$$N = A_s f_y - A_s' f_y' - \alpha_1 f_c b x \tag{7.4}$$

$$Ne = \alpha_1 f_c b x \left(h_0 - \frac{x}{2}\right) + A_s' f_y' (h_0 - a_s') \tag{7.5}$$

式中 $e = e_0 - \left(\dfrac{h}{2} - a_s\right)$。

公式的适用条件:

$$2a_s' < x \leqslant x_b = \xi_b h_0$$

7.2.2 截面设计

偏心受拉构件正截面的纵筋也有对称配筋($A_s = A_s'$)、不对称配筋($A_s \neq A_s'$)两种形式。

7.2.2.1 不对称配筋

A. 小偏心受拉构件

由式(7.2)得

$$A_s' = \frac{Ne}{f_y(h_0 - a_s')} \tag{7.6}$$

由式(7.3)得

$$A_s = \frac{Ne'}{f_y(h_0' - a_s)} \tag{7.7}$$

由公式计算出的每一侧钢筋面积,均应符合最小配筋率的要求。

B. 大偏心受拉构件

情形 I   已知截面尺寸 $b \times h$,内力组合设计值 M、N,材料强度设计值 f_c、f_y、f_y',计算纵筋截面面积 A_s、A_s'。

为了使 $A_s + A_s'$ 的总用量为最小,与偏心受压构件一样,取 $x = x_b = \xi_b h_0$ 代入式(7.4)、式(7.5)得

$$A_s' = \frac{Ne - \xi_b(1 - 0.5\xi_b)\alpha_1 f_c b h_0^2}{f_y'(h_0 - a_s')} \tag{7.8}$$

$$A_s = \frac{\xi_b b h_0 \alpha_1 f_c + A_s' f_y' + N}{f_y} \tag{7.9}$$

情形 II   已知截面尺寸 $b \times h$,内力组合设计值 M、N,材料强度设计值 f_c、f_y、f_y',由于构造原因受压钢筋 A_s' 也已知,求受拉钢筋截面面积 A_s。

由于 A_s' 已知,可由式(7.5)求解截面受压区高度 x,将 x 值代入式(7.4)即可计算受拉钢筋 A_s。但由于用计算式求解 x 值时,仍需解一元二次方程式,不甚方便,故与偏心受压构件一样,将图 7.2 所示的应力图形分解为图 7.3 所示的应力图形,以求解 A_s。

由图 7.3(c)得

$$A_{s1} = A_s' \frac{f_y'}{f_y} \qquad M_1 = A_s' f_y' (h_0 - a_s') = A_{s1} f_y (h_0 - a_s')$$

根据 $M = Ne = M_1 + M_2$,则 $M_2 = M - M_1$。

按单筋矩形截面设计方法,求解 M_2 作用下所需受拉钢筋截面面积 A_{s2}[图 7.3(d)]。由

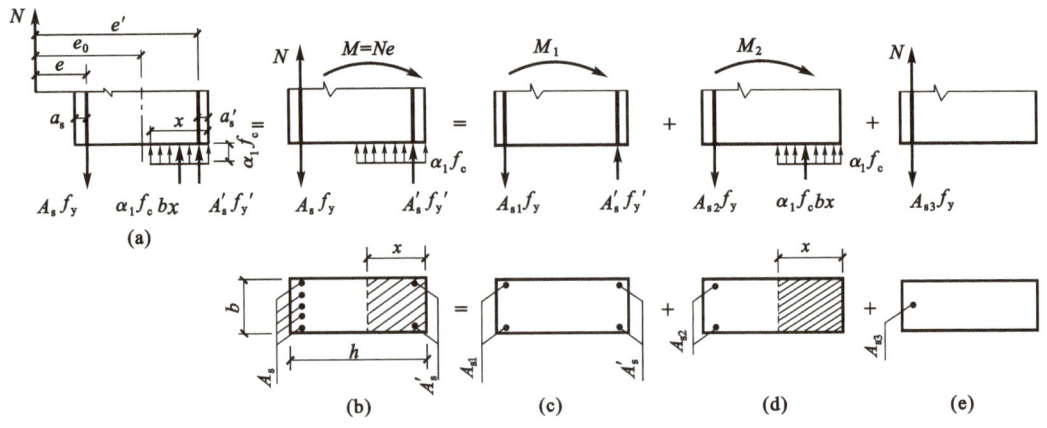

图 7.3　大偏心受拉应力分解图

$\alpha_{s2} = \dfrac{M_2}{\alpha_1 f_c bh_0^2}$ 查表 3.11，得 ξ_2 或 γ_{s2}。由 ξ_2 计算截面的受压区高度 $x = \xi_2 h_0$。

根据上述分析，计算 A_s 时，可能遇到下列情况：

（1）当 $2a_s' \leqslant x \leqslant x_b$ 时

$$A_{s2} = \xi_2 bh_0 \frac{\alpha_1 f_c}{f_y} \quad 或 \quad A_{s2} = \frac{M_2}{f_y \gamma_{s2} h_0}$$

由图 7.3（e）得

$$A_{s3} = \frac{N}{f_y}$$

则

$$A_s = A_{s1} + A_{s2} + A_{s3} = A_s' \frac{f_y'}{f_y} + \xi_2 bh_0 \frac{\alpha_1 f_c}{f_y} + \frac{N}{f_y} \tag{7.10}$$

（2）当 $x < 2a_s'$ 时

$$A_s = \frac{Ne'}{f_y(h_0 - a_s')} \tag{7.11}$$

此时，仍需按 $A_s' = 0$ 计算 A_s，然后与式（7.11）计算的 A_s 进行比较，取二者中的较小值选择钢筋。

7.2.2.2　对称配筋

A. 小偏心受拉构件

在对称配筋时，离纵向力较远一侧的钢筋 A_s' 的应力达不到其抗拉强度设计值。因此，设计截面时可按下列公式计算

$$A_s' = A_s = \frac{Ne'}{f_y(h_0' - a_s)} \tag{7.12}$$

B. 大偏心受拉构件

当对称配筋时，由于 $A_s = A_s'$，$f_y = f_y'$，代入计算公式（7.4）后，必然会求得 x 为负值，即属于 $x < 2a_s'$ 的情况。此时，钢筋截面面积为

$$A_s' = A_s = \frac{Ne'}{f_y(h_0 - a_s')} \tag{7.13}$$

与不对称配筋情况一样，仍需按 $A_s'=0$ 计算 A_s 值，然后与式(7.13)比较，取二者中的较小值。

【例题 7.1】 已知某矩形水池(图 7.4)，壁厚为 300mm，经内力分析，跨中水平方向每米宽度上最大弯矩设计值 $M=120$kN·m，相应的每米宽度上的轴向拉力设计值 $N=240$kN，该水池的混凝土 C25，钢筋 HRB400 级。试计算水池在该处所需的 A_s 及 A_s' 值。

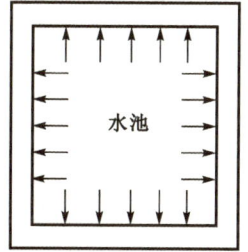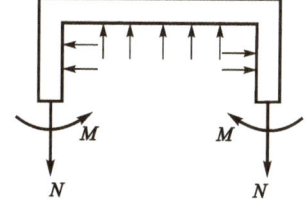

图 7.4 矩形水池池壁弯矩 M 和拉力 N 的示意图

【解】 截面尺寸 $b×h=1000$mm$×300$mm，设 $a_s=a_s'=35$mm。

$$e_0=\frac{M}{N}=\frac{120×10^6}{240×10^3}=500\text{mm}$$

纵向拉力 N 位于 A_s 及 A_s' 以外，属大偏心受拉构件。

$$e=e_0-\left(\frac{h}{2}-a_s\right)=500-150+35=385\text{mm}$$

由式(7.8)得

$$A_s'=\frac{Ne-\xi_b(1-0.5\xi_b)\alpha_1 f_c bh_0^2}{f_y'(h_0-a_s')}$$

$$=\frac{240×10^3×385-0.518×(1-0.5×0.518)×1.0×11.9×1000×265^2}{360×(265-35)}<0$$

按构造配置受压钢筋，取 $A_s'=\rho_{s,\min}'bh=0.002×1000×300=600\text{mm}^2$。

选用 $\Phi12@180$ 的钢筋，实有截面面积 $A_s'=628\text{mm}^2$。

由于 A_s' 不是按计算确定，而是按构造所得，此时 x 不再是界限值 x_b 了，应当按大偏心受拉的情形Ⅱ，即已知 A_s' 求受拉钢筋 A_s。

$$A_{s1}=A_s'=628\text{mm}^2$$
$$M_1=A_s'f_y'(h_0-a_s')=360×628×(265-35)=51998400\text{N·mm}$$
$$M_2=Ne-M_1=240×10^3×385-51998400=40401600\text{N·mm}$$
$$\alpha_{s2}=\frac{M_2}{\alpha_1 f_c bh_0^2}=\frac{40401600}{1.0×11.9×1000×265^2}=0.048$$

查表 3.11 得，$\xi_2=0.049$

$$x=\xi_2 h_0=0.049×265=13\text{mm}<2a_s'=70\text{mm}$$
$$e'=e_0+\frac{h}{2}-a_s=500+\frac{300}{2}-35=615\text{mm}$$

由式(7.11)得

$$A_s=\frac{Ne'}{f_y(h_0-a_s')}=\frac{240×10^3×615}{360×(265-35)}=1783\text{mm}^2$$

另外取 $A'_s = 0$,由式(7.5)有

$$Ne = M = \alpha_1 f_c b x \left(h_0 - \frac{x}{2} \right)$$

由此式重新计算 x 值,或由表格计算 ξ,从而求出 A_s。

$$\alpha_s = \frac{Ne}{\alpha_1 f_c b h_0^2} = \frac{240 \times 10^3 \times 385}{1.0 \times 11.9 \times 1000 \times 265^2} = 0.111,查出 \xi = 0.118。$$

由式(7.10)得

$$A_s = \xi_2 b h_0 \frac{\alpha_1 f_c}{f_y} + \frac{N}{f_y} = 0.118 \times 1000 \times 265 \times \frac{1.0 \times 11.9}{360} + \frac{240 \times 10^3}{360} = 1700 \text{mm}^2$$

从上面计算中,取两者(即 $A_s = 1783 \text{mm}^2$ 和 $A_s = 1700 \text{mm}^2$)中的较小值,按 $A_s = 1700 \text{mm}^2$ 配置受拉钢筋。

选用 $\Phi 16@110, A_s = 1828 \text{mm}^2$。

上述内容仅计算一个截面的承载力,对于水池还需计算其他部位。当水池埋在地下时,尚需计算池内无水、池外有土情况,而变成反向弯矩的偏心受拉情况。另外,还需进行抗裂度验算,最后综合各方面的计算结果,才能最终确定配筋量。

7.3　偏心受拉构件斜截面承载力计算

偏心受拉构件同时承受较大的剪力作用时,需验算其斜截面受剪承载力。纵向拉力 N 的存在,使斜裂缝提前出现,甚至形成贯通全截面的斜裂缝,使截面的受剪承载力降低。纵向拉力引起的受剪承载力降低,与纵向拉力 N 几乎成正比。

《规范》对矩形、T 形和 I 形截面偏心受拉构件的受剪承载力,采用下列公式计算

$$V \leqslant \frac{1.75}{\lambda + 1.0} f_t b h_0 + f_{yv} \frac{n A_{sv1}}{s} h_0 - 0.2N \tag{7.14}$$

式中　V——与纵向拉力设计值 N 相应的剪力设计值;

　　　λ——计算截面的剪跨比,按式(4.8)的规定采用。

根据《规范》要求:式(7.14)右侧的计算值小于 $f_{yv} \dfrac{n A_{sv1}}{s} h_0$ 时,应取 $f_{yv} \dfrac{n A_{sv1}}{s} h_0$,且

$f_{yv} \dfrac{n A_{sv1}}{s} h_0$ 值不得小于 $0.36 f_t b h_0$。

本 章 小 结

轴心受拉构件在破坏时混凝土已拉裂,拉力由截面内的钢筋承担,计算公式很简单。

偏心受拉构件不存在偏心距增大问题,当原始偏心距 e_0 位于 A_s 及 A'_s 之间时为小偏心受拉,否则为大偏心受拉。小偏心受拉构件破坏时,截面混凝土亦全部开裂,故拉力由钢筋承担;大偏心受拉构件破坏时,截面仅部分开裂,未开裂的混凝土尚能承担部分压力,其截面应力图形和计算公式与偏心受压类似。截面配筋根据工程需要,可为对称配筋,亦可为不对称配筋。

思 考 题

7.1 大、小偏心受拉构件的界限如何划分？

7.2 试从破坏形态、截面应力、计算公式来分析大偏心受拉与大偏心受压有什么相同与不同之处。

7.3 当已知 A'_s 的大偏心受拉构件计算 A_s 时，可能涉及哪些情况，在计算上有些什么特点和要求？

7.4 大、小偏心受拉对称配筋计算时有何异同点？

习 题

7.1 已知矩形截面偏心受拉构件，$b \times h = 250\text{mm} \times 400\text{mm}$，$a_s = a'_s = 30\text{mm}$，混凝土 C35，HRB400 级钢筋，承受纵向拉力设计值 $N = 210\text{kN}$，弯矩设计值 $M = 230\text{kN} \cdot \text{m}$，试计算配筋 A'_s 及 A_s。

7.2 已知矩形截面偏心受拉构件，$b \times h = 1000\text{mm} \times 300\text{mm}$，$a_s = a'_s = 40\text{mm}$，混凝土 C40，HRB400 级钢筋，承受纵向拉力设计值 $N = 180\text{kN}$，弯矩设计值 $M = 104\text{kN} \cdot \text{m}$，求其配筋 A'_s 及 A_s。

8 钢筋混凝土构件的变形和裂缝宽度验算

本章提要

钢筋混凝土结构构件,除应进行承载力计算外,还有对使用阶段的极限状态进行计算。

(1)受弯构件的挠度计算

用材料力学的公式,用钢筋混凝土的长期刚度代替材料力学公式中的 EI,对钢筋混凝土构件的变形进行计算。因此,本节的重点是推导混凝土构件的长期刚度公式,然后对变形进行计算。

(2)裂缝宽度验算

根据平均裂缝的间距推导出平均裂缝的宽度,再由裂缝的分布概率和混凝土徐变的影响,得到裂缝最大宽度的计算公式,由此对裂缝进行验算。

8.1 概   述

钢筋混凝土结构构件,除应进行承载力计算外,还应根据结构构件的工作条件或使用要求,进行正常使用极限状态的验算,即:对使用上需控制变形值的结构构件应进行变形验算;对使用上允许出现裂缝的构件应进行裂缝宽度验算,以满足结构构件的适用性和耐久性的要求。因为,构件裂缝宽度过大会影响观瞻并引起使用者不安;在有侵蚀性介质环境下将使钢筋的锈蚀过程加速而影响结构的耐久性。而构件变形过大,则影响正常使用。如吊车梁挠度过大将使吊车轨道歪斜而影响吊车正常运行;楼盖梁、板挠度过大会导致粉刷剥落;支承精密仪器的楼盖梁、板刚度不足(发生颤动)会影响仪器的使用性能。

因此,《规范》规定:

(1)受弯构件的挠度应满足下列条件

$$f_{max} \leqslant [f] \tag{8.1}$$

式中 f_{max}——受弯构件的最大挠度,应按荷载效应的标准组合并考虑长期作用影响进行计算;

[f]——受弯构件的挠度限值,按表8.1采用。

表 8.1　受弯构件的挠度限值

构 件 类 型		挠 度 限 值
吊车梁	手动吊车	$l_0/500$
	电动吊车	$l_0/600$
屋盖、楼盖、楼梯构件	当 $l_0<7$m 时	$l_0/200(l_0/250)$
	当 $7\text{m}\leqslant l_0\leqslant 9$m 时	$l_0/250(l_0/300)$
	当 $l_0>9$m 时	$l_0/300(l_0/400)$

注：① 表中 l_0 为构件的计算跨度；计算悬臂构件的挠度限制值时，其计算跨度 l_0 按实际悬臂长度的 2 倍取用。

② 表中括号内的数值适用于使用上对挠度有较高要求的构件。

③ 如果构件制时预先起拱，且使用上也允许，则在验算挠度时，可将计算所得的挠度值减去起拱值；对预应力混凝土构件，尚可减去预加应力所产生的反拱值。

④ 构件制作时的起拱值和预加力所产生的反拱值，不宜超过构件在相应荷载组合作用下的计算挠度值。

（2）钢筋混凝土构件裂缝宽度及混凝土拉应力限值，应满足下列要求

$$w_{\max}\leqslant w_{\lim}\quad\text{及}\quad\sigma_{sk}\leqslant f_{tk} \tag{8.2}$$

式中　$w_{\max}$——在荷载的标准组合下，并考虑长期作用影响的最大裂缝宽度；

$w_{\lim}$——裂缝宽度限值，按环境类别按表 8.2 取值。

表 8.2　结构构件的裂缝控制等级和最大裂缝宽度限值（mm）

环境类别	钢筋混凝土结构		预应力混凝土结构	
	裂缝控制等级	$w_{\lim}$	裂缝控制等级	$w_{\lim}$
一	三级	0.30(0.40)	三级	0.20
二 a		0.20		0.10
二 b			二级	—
三 a、三 b			一级	—

注：① 对处于年平均相对湿度小于 60% 地区一类环境下的受弯构件，其最大裂缝宽度限值可采用括号内的数值。

② 在一类环境下，对钢筋混凝土屋架、托架及需作疲劳验算的吊车梁，其最大裂缝宽度限值应取 0.20mm；对钢筋混凝土屋面梁和托梁，其最大裂缝宽度限值应取为 0.30mm。

③ 在一类环境下，对预应力混凝土屋架、托架及双向板体系，应按二级裂缝控制等级进行验算；对一类环境下的预应力混凝土屋面梁、托梁、单向板，应按表中二 a 级环境的要求进行验算；在一类和二 a 类环境下需作疲劳验算的预应力混凝土吊车梁，应按裂缝控制等级不低于二级的构件进行验算。

④ 表中规定的预应力混凝土构件的裂缝控制等级和最大裂缝宽度限值仅适用于正截面的验算；预应力混凝土构件的斜截面裂缝控制验算应符合本规范第 7 章的有关规定。

⑤ 对于烟囱、筒仓和处于液体压力下的结构，其裂缝控制要求应符合专门标准的有关规定。

⑥ 表中的最大裂缝宽度限值用于验算荷载作用引起的最大裂缝宽度。

8.2　受弯构件的挠度验算

8.2.1　基本知识

在材料力学中，研究了匀质弹性受弯构件变形的计算方法，如对于简支梁挠度计算的一般公式为

$$f = s \frac{M l_0^2}{EI} \tag{8.3}$$

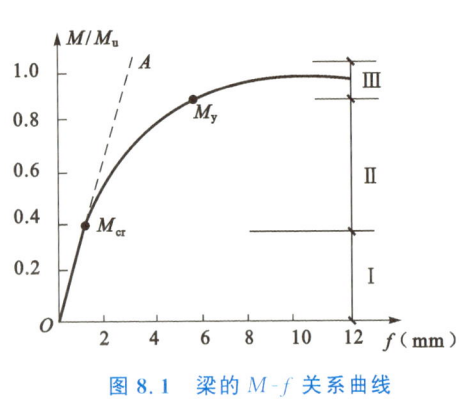

图 8.1　梁的 M-f 关系曲线

式中　f——梁跨中最大挠度;

　　　M——梁跨中最大弯矩;

　　　EI——截面抗弯刚度;

　　　s——与荷载形式有关的荷载效应系数,例如

　　　　　　均布荷载时,$s = \dfrac{5}{48}$;

　　　l_0——梁的计算跨度。

　　当梁的截面尺寸及材料给定时,抗弯刚度 EI 为常数,挠度 f 与弯矩 M 为直线关系,如图 8.1 中虚线 OA 所示。

　　钢筋混凝土属弹塑性材料,且存在有裂缝,梁的弯矩与挠度(M-f)的关系曲线如图 8.1 (实线)所示。初加荷时,M-f 为直线变化,说明抗弯刚度为常数,基本上可取为 $E_c I_0$(E_c 为混凝土的弹性模量;I_0 为换算截面惯性矩);裂缝出现($M > M_{cr}$)以后,M-f 曲线出现转折,f 的增长比 M 的增长快,说明刚度随 M 增大以及拉区裂缝开展而进一步降低;当钢筋屈服($M > M_y$)以后,裂缝显著开展,M 增加很少而 f 却激增。上述现象表明,钢筋混凝土受弯构件的刚度是一个变量。

　　试验结果还表明,钢筋混凝土受弯构件在荷载长期作用下,由于混凝土徐变等因素,构件的刚度还将随着时间的增长而降低。

　　因此,钢筋混凝土受弯构件的挠度计算问题,关键在于截面抗弯刚度的取值。《规范》用 B 表示钢筋混凝土受弯构件的刚度,经试验研究确定了刚度计算公式,即:短期刚度 B_s 和长期刚度 B_l。

8.2.2　荷载效应标准组合作用下受弯构件的短期刚度 B_s

8.2.2.1　试验研究分析

由材料力学知,根据平截面的假定,匀质弹性体梁变形曲线的曲率公式为

$$\frac{1}{r_c} = \frac{M}{EI} \tag{8.4a}$$

或

$$EI = \frac{M}{\dfrac{1}{r_c}} \tag{8.4b}$$

　　同理,引入平均平截面假定后,钢筋混凝土受弯构件的刚度 B 与弯矩 M 以及曲率 $1/r_c$ 有如下关系

$$B = \frac{M}{\dfrac{1}{r_c}} \tag{8.5}$$

式中　r_c——曲率半径。

　　显然,若能求出构件变形曲线的曲率,则刚度值也就得以确定。

图 8.2 所示为钢筋混凝土梁的"纯弯段",它在荷载短期效应组合作用下,在受拉区产生裂缝,处于第Ⅱ工作阶段——带裂缝工作阶段。此时,钢筋和混凝土的应力及应变分布具有如下特征:

(1)在受拉区,钢筋应变 ε_s 沿梁长分布不均匀。裂缝截面混凝土退出工作,拉力全部由钢筋承担[图 8.2(e)],故钢筋应变最大;而在裂缝间(设平均裂缝间距为 l_{cr}),由于钢筋与混凝土之间的黏结力作用,受拉区混凝土与钢筋共同工作[图 8.2(f)],则钢筋应变减小。设 $\overline{\varepsilon_s}$ 代表纯弯段裂缝截面间钢筋的平均应变,显然 $\overline{\varepsilon_s}$ 小于裂缝截面处的钢筋应变 ε_s,取

$$\overline{\varepsilon_s} = \psi \varepsilon_s \tag{8.6}$$

式中　ψ——裂缝间纵向受拉钢筋应变不均匀系数,它反映拉区混凝土参加工作的程度,$\psi \leqslant 1$。

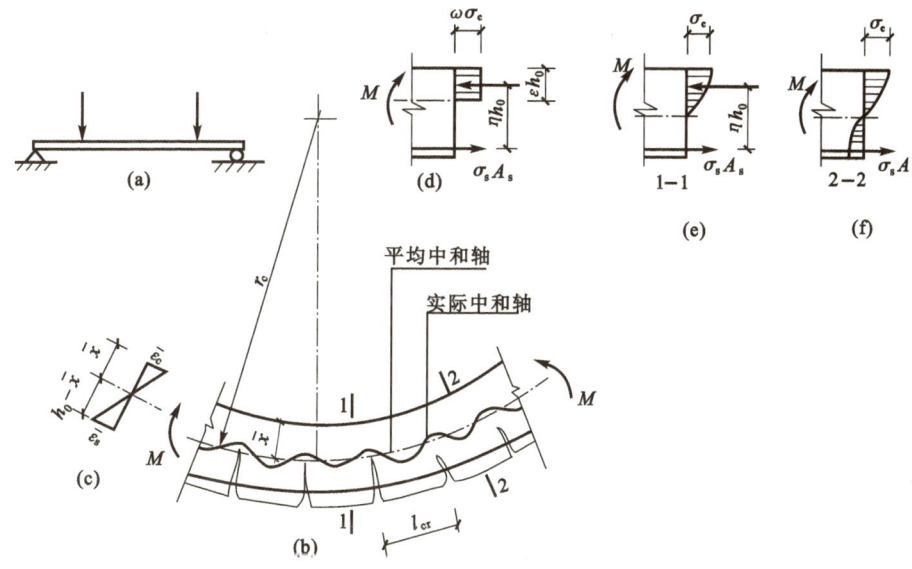

图 8.2　纯弯段裂缝出现后应力应变分布

(2)受压区边缘混凝土的应变 ε_c 沿纯弯段分布也不均匀。与拉区相对应,裂缝截面 ε_c 偏大,而裂缝间 ε_c 略小,但其波动幅度要比拉区纵筋应变波动幅度小得多,在计算中可取混凝土平均应变 $\overline{\varepsilon_c} = \varepsilon_c$。

(3)混凝土受压区高度 x 值在各截面也是变化的[图 8.2(b)],裂缝截面 x 较小,裂缝间 x 增大,故中和轴呈波浪式曲线。计算时取该区段各截面受压区高度 x 的平均值 $\overline{x}$ 和平均中和轴。根据平均中和轴得到的截面称作"平均截面"。平均截面的应变即为上述平均应变 $\overline{\varepsilon_s}$、$\overline{\varepsilon_c}$。

(4)平均应变沿截面高度分布为直线,即平均应变 $\overline{\varepsilon_s}$、$\overline{\varepsilon_c}$ 与平均受压区高度 $\overline{x}$ 的关系符合平截面假定[图 8.2(c)]。

8.2.2.2　计算公式推导

(1)由图 8.2(b)、(c),建立平均截面的曲率与应变几何关系

$$\frac{1}{r_c} = \frac{\overline{\varepsilon_s}}{h_0 - \overline{x}} = \frac{\overline{\varepsilon_s} + \overline{\varepsilon_c}}{h_0} \tag{8.7}$$

(2)平均截面应变与裂缝截面应力的物理关系

混凝土

$$\overline{\varepsilon_c} = \varepsilon_c = \frac{\sigma_c}{E_c'} = \frac{\sigma_c}{\nu E_c} \tag{8.8}$$

钢筋

$$\overline{\varepsilon_s} = \psi \varepsilon_s = \psi \frac{\sigma_s}{E_s} \tag{8.9}$$

式中　　E_c'——混凝土变形模量；

　　　　E_c——混凝土弹性模量；

　　　　ν——混凝土受压时弹性系数；

　　　　E_s——钢筋弹性模量。

（3）裂缝截面的弯矩 M 和应力 σ 的关系

由图 8.2(d)等效于图 8.2(e)的应力图，建立 $M\text{-}\sigma_s$、$M\text{-}\sigma_c$ 关系：

由

$$\sum M = 0$$

得

$$M = \omega \sigma_c \xi h_0 b \eta h_0$$

则

$$\sigma_c = \frac{M}{\xi \omega \eta b h_0^2} \tag{8.10}$$

同理

$$M = A_s \sigma_s \eta h_0$$

$$\sigma_s = \frac{M}{A_s \eta h_0} \tag{8.11}$$

（4）短期刚度 B_s 公式形成

将式(8.8)、式(8.9)代入式(8.7)得

$$\frac{1}{r_c} = \frac{\overline{\varepsilon_s} + \overline{\varepsilon_c}}{h_0} = \frac{\psi \dfrac{\sigma_s}{E_s} + \dfrac{\sigma_c}{\nu E_c}}{h_0} \tag{8.12}$$

再将式(8.10)、式(8.11)代入式(8.12)，得

$$\frac{1}{r_c} = \frac{\psi \dfrac{M}{A_s E_s \eta h_0} + \dfrac{M}{\xi \omega \eta \nu E_c b h_0^2}}{h_0} = M\left(\frac{\psi}{A_s E_s \eta h_0^2} + \frac{1}{\xi \omega \eta \nu E_c b h_0^3} \right) \tag{8.13}$$

设 $\zeta = \xi \omega \nu$，称为混凝土受压区边缘平均应变综合系数，并引入 $\alpha_E = E_s/E_c$ 及 $\rho = A_s/(bh_0)$，代入式(8.5)，则有

$$B_s = \frac{M}{\dfrac{1}{r_c}} = \frac{1}{\dfrac{\psi}{E_s A_s \eta h_0^2} + \dfrac{1}{\zeta E_c b h_0^3}} = \frac{A_s E_s h_0^2}{\dfrac{\psi}{\eta} + \dfrac{\alpha_E \rho}{\zeta}} \tag{8.14}$$

（5）参数 η、ζ、ψ 的确定

① 裂缝截面内力臂系数 η。试验表明，在常用的混凝土强度等级及配筋率情况下，当梁处于使用荷载作用下的第Ⅱ工作阶段，此值在 0.83～0.93 之间波动，计算时可取 $\eta = 0.87$ 或 $1/\eta = 1.15$。

② 受压边缘混凝土平均应变综合系数 ζ。根据试验资料回归分析，《规范》取

$$\frac{\alpha_E \rho}{\zeta} = 0.2 + \frac{6\alpha_E \rho}{1 + 3.5\gamma_f'} \tag{8.15}$$

式中　γ_f'——受压区翼缘面积与腹板有效面积的比值，$\gamma_f' = \dfrac{(b_f' - b)h_f'}{bh_0}$。其中，$b_f'$、$h_f'$分别为受

压区翼缘的宽度、高度。当$h_f' > 0.2h_0$时，取$h_f' = 0.2h_0$。

③ 受拉钢筋应变不均匀系数ψ。《规范》近似取ψ与参数$[f_{tk}/(\rho_{te}\sigma_{sk})]$为线性关系，根据试验资料分析给出了裂缝间纵向受拉钢筋应变不均匀系数ψ的计算公式：

$$\psi = 1.1 - \frac{0.65 f_{tk}}{\rho_{te}\sigma_{sq}} \tag{8.16a}$$

式中　f_{tk}——混凝土轴心抗拉强度标准值。

ρ_{te}——按有效受拉混凝土截面面积计算的纵向受拉钢筋配筋率ρ_{te}，由下列规定计算，

当$\rho_{te} < 0.01$时，取$\rho_{te} = 0.01$

$$\rho_{te} = \frac{A_s}{A_{te}} \tag{8.16b}$$

A_{te}——有效受拉混凝土截面面积，可按下列规定取用：对轴心受拉构件，取构件截面面积；对受弯、偏心受压和偏心受拉构件，取二分之一腹板截面面积与受拉翼缘截面面积之和（图8.3）。

σ_{sq}——按荷载准永久组合计算的钢筋混凝土构件纵向受拉钢筋的应力值，按下式计算

$$\sigma_{sq} = \frac{M_q}{0.87 h_0 A_s} \tag{8.17}$$

此处M_q为按荷载准永久组合计算的弯矩值，取计算区段内的最大弯矩值。

当计算$\psi < 0.2$时，取$\psi = 0.2$；当$\psi > 1.0$时，取$\psi = 1.0$。对于直接承受重复荷载的构件，取$\psi = 1.0$。

④ 现《规范》给定的受弯构件的短期刚度表达式

将$1/\eta = 1.15$及式（8.15）代入式（8.14），则得钢筋混凝土受弯构件短期刚度B_s的计算公式

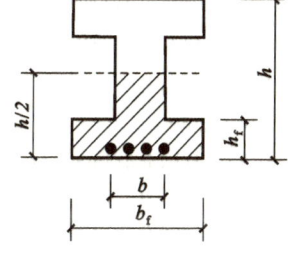

图8.3　有效受拉区混凝土截面面积

$$B_s = \frac{E_s A_s h_0^2}{1.15\psi + 0.2 + \dfrac{6\alpha_E \rho_{te}}{1 + 3.5\gamma_f'}} \tag{8.18}$$

8.2.3　矩形、T形、倒T形和I形截面受弯构件的长期刚度B

钢筋混凝土受弯构件在荷载长期作用下，受压区混凝土将产生徐变，使得混凝土压应变ε_c增大，曲率$1/r_c$增大。此外，混凝土的收缩、黏结、滑移、徐变也使曲率增大。因此，构件的刚度随着时间增长而下降，则构件的变形（挠度）将随着时间增长而增长。试验表明，这一变形过程往往要持续数年。加荷初期，构件挠度增大较快，随后增长趋势逐渐减缓，后期挠度虽仍继续增大，但增值很小。

《规范》采用挠度增大系数θ来考虑荷载长期作用对构件挠度增大的影响，对钢筋混凝土受弯构件，其值按下式计算

$$\theta = 1.6 + 0.4\left(1 - \frac{\rho_s'}{\rho_s}\right) \geqslant 1.6 \tag{8.19}$$

式中　θ——荷载长期作用对挠度增大的影响系数；

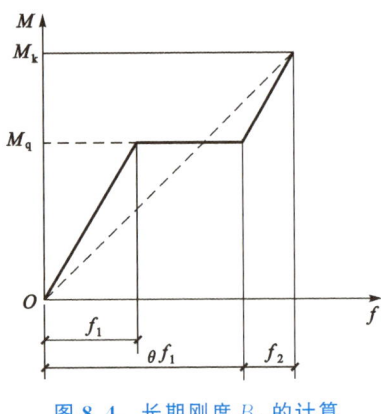

图 8.4　长期刚度 B_l 的计算

ρ_s——普通纵向受拉钢筋配筋率 A_s/bh_0；

ρ_s'——普通纵向受压钢筋配筋率 A_s'/bh_0。

由式(8.19)可见，θ 值与 ρ_s'/ρ_s 值成反比，这是由于受压区的纵筋对混凝土的徐变以致构件的挠度增长起着抑制作用。

设梁在 M_q（按荷载效应的准永久组合计算的弯矩，即按永久荷载标准值与可变荷载准永久值计算）作用下的短期挠度为 f_1（图 8.4），则在 M_q 长期作用下梁的挠度为 θf_1，当施加全部可变荷载后，在弯矩增量（$M_k - M_q$）作用下的短期挠度为 f_2，则梁在 M_k 作用下的总挠度 $f = \theta f_1 + f_2$。设短期荷载与长期荷载的分布形式相同，根据式(8.3)，则有

$$f = \theta f_1 + f_2 = \theta s \frac{M_q l_0^2}{B_s} + s \frac{(M_k - M_q) l_0^2}{B_s} = s \frac{[M_k + (\theta - 1) M_q] l_0^2}{B_s}$$

用一个总的"长期刚度"B_l 来表示总变形 f 与标准效应组合 M_k 之间的关系，即

$$f = s \frac{M_k l_0^2}{B_l}$$

代入上式并化简，则有

$$\frac{M_k + (\theta - 1) M_q}{B_s} = \frac{M_k}{B_l}$$

故，当采用荷载标准组合时

$$B_l = \frac{M_k}{M_q(\theta - 1) + M_k} B_s \tag{8.20a}$$

当采用荷载永久组合时

$$B_l = \frac{B_s}{\theta} \tag{8.20b}$$

式中　M_q——按荷载的准永久组合计算的弯矩值，取计算区段内的最大弯矩值；

　　　M_k——按荷载效应的标准组合计算的弯矩值[详见式(8.17)]；

　　　B_s——按荷载准永久组合计算的钢筋混凝土受弯构件或按标准组合计算的预应力混凝土受弯钩件的短期刚度，按式(8.18)计算；

　　　θ ——考虑荷载长期作用对挠度增大的影响系数，按式(8.19)计算。

8.2.4　受弯构件挠度验算

受弯构件正常使用极限状态的挠度，可根据考虑荷载长期作用的刚度 B_l，用结构力学的方法进行计算，用 B_l 代替 EI，由式(8.1)，可得受弯构件的挠度公式为：

$$f_{\max} = s \frac{M_k l_0^2}{B_l} \leqslant [f] \tag{8.21}$$

但是，构件沿长度方向的配筋及其弯矩均为变值，故沿长度方向的刚度也是变化的。因此，采用了沿长度方向最小刚度的原则：在同号区段内，按最大弯矩截面确定的刚度值为最小，

并认为弯矩同号区段内的刚度相等。

如图 8.5 所示的外伸梁，AE 段为正弯矩，EF 段为负弯矩。则 AE 段的刚度按 D 截面的刚度 B_1 采用，EF 段的刚度按 C 截面的刚度 B_2 采用。

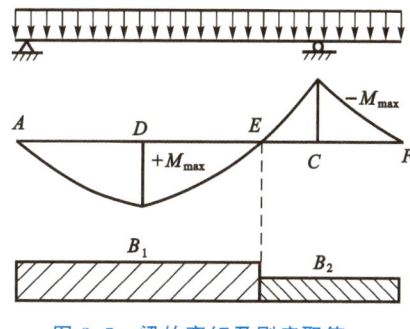

图 8.5 梁的弯矩及刚度取值

【例题 8.1】 某钢筋混凝土简支梁如图 8.6 所示。计算跨度 $l_0 = 6.0\text{m}$，截面尺寸 $b \times h = 250\text{mm} \times 500\text{mm}$，混凝土强度等级 C25，钢筋 HRB400 级，经正截面计算在受拉区配置 4 ⌀ 18 纵筋（$A_s = 1017\text{mm}^2$）。已知作用在梁上的恒荷载标准值 $g_k = 8\text{kN/m}$（含自重），活荷载标准值 $q_k = 8\text{kN/m}$（准永久值系数 $\psi_q = 0.4$）。构件重要性系数 $\gamma_0 = 1.0$，允许挠度 $[f] = l_0/200$，试验算梁的挠度。

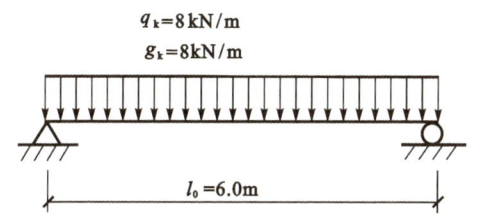 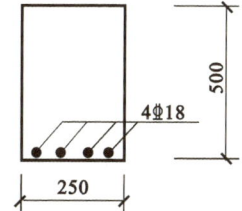

图 8.6 例题 8.1 附图

【解】 截面有效高度 $h_0 = 500 - 40 = 460\text{mm}$

（1）挠度计算

查表 1.2 得：$E_c = 28.0\text{kN/mm}^2$；由表 1.5 得：$E_s = 200\text{kN/mm}^2$。

① 弯矩计算

$$M_k = \frac{1}{8}(g_k + q_k)l_0^2 = \frac{1}{8} \times (8+8) \times 6^2 = 72\text{kN} \cdot \text{m}$$

$$M_q = \frac{1}{8}(g_k + \psi_q q_k)l_0^2 = \frac{1}{8} \times (8 + 0.4 \times 8) \times 6^2 = 50.4\text{kN} \cdot \text{m}$$

② 短期刚度

$$\alpha_E = \frac{E_s}{E_c} = \frac{200}{28.0} = 7.14$$

$$\rho_s = \frac{A_s}{bh_0} = \frac{1017}{250 \times 460} = 0.0088; \quad \rho_s' = 0$$

$$A_{te} = 0.5bh = 0.5 \times 250 \times 500 = 62500\text{mm}^2$$

$$\rho_{te} = \frac{A_s}{A_{te}} = \frac{1017}{62500} = 0.0163 > 0.01$$

$$\sigma_{sq} = \frac{M_q}{0.87 A_s h_0} = \frac{50.4 \times 10^6}{0.87 \times 1017 \times 460} = 123.8\text{N/mm}^2$$

$$\psi = 1.1 - \frac{0.65 f_{tk}}{\rho_{te}\sigma_{sq}} = 1.1 - \frac{0.65 \times 1.78}{0.0163 \times 123.8} = 0.527 > 0.2, < 1.0$$

则 $B_s = \dfrac{E_s A_s h_0^2}{1.15\psi + 0.2 + 6\alpha_E \rho_s} = \dfrac{2 \times 10^5 \times 1017 \times 460^2}{1.15 \times 0.527 + 0.2 + 6 \times 7.14 \times 0.0088} = 36.38 \times 10^{12}\text{N} \cdot \text{mm}^2$

（2）长期刚度

$$\rho_s' = 0 \qquad \theta = 2.0$$

$$B_l = \frac{B_s}{\theta} = \frac{36.38 \times 10^{12}}{2.0} = 18.19 \times 10^{12}\,\mathrm{N \cdot mm^2}$$

（3）梁的挠度验算

$$f_{max} = \frac{5(g_k + q_k)l_0^4}{384B_l} = \frac{5 \times 16 \times 6000^4}{384 \times 18.19 \times 10^{12}} = 14.8\,\mathrm{mm} < [f] = \frac{l_0}{200} = \frac{6000}{200} = 30\,\mathrm{mm}$$

满足要求。

【例题 8.2】　某预制圆孔板截面如图 8.7（a）所示。计算跨度 $l_0 = 3.17\mathrm{m}$，承受恒荷载（含自重）标准值 $g_k = 2.73\mathrm{kN/m^2}$，活荷载标准值 $q_k = 1.5\mathrm{kN/m^2}$，准永久值系数 $\psi_q = 0.4$。混凝土为 C25，纵筋为 $2\phi 8 + 6\phi 6$，$A_s = 271\mathrm{mm^2}$ 的 HPB300 级钢筋。允许挠度 $[f] = l_0/200$。试验算板的挠度（预制板，保护层厚度 $c = 10$）。

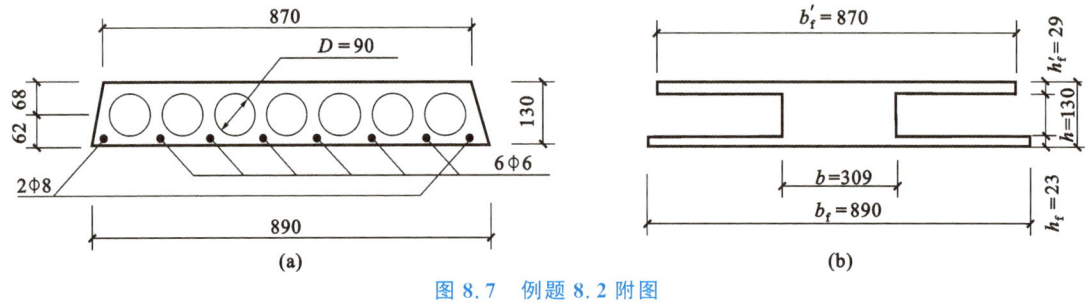

图 8.7　例题 8.2 附图

【解】　（1）按面积及惯性矩相等的原则，折算为 I 形截面[图 8.7（b）]。将圆孔折算为矩形孔 $b_k h_k$：

按面积相等

$$\frac{\pi d^2}{4} = b_k h_k$$

按惯性矩相等

$$\frac{\pi d^4}{64} = \frac{b_k}{12} h_k^3$$

联立求解上述两个方程，得

$$b_k = \frac{\sqrt{3}}{6}\pi d = \frac{\sqrt{3}}{6}\pi \times 90 = 81.6\,\mathrm{mm}$$

$$h_k = \frac{\sqrt{3}}{2}d = \frac{\sqrt{3}}{2} \times 90 = 78\,\mathrm{mm}$$

则 I 形截面有关参数[图 8.7（b）]：

$$b = \frac{870 + 890}{2} - 7 \times 81.6 = 309\,\mathrm{mm}$$

$$h = 130\,\mathrm{mm}$$

$$b_f' = 870\,\mathrm{mm} \qquad b_f = 890\,\mathrm{mm}$$

$$h_f' = 68 - \frac{78}{2} = 29\,\mathrm{mm} \qquad h_f = 62 - \frac{78}{2} = 23\,\mathrm{mm}$$

板的有效厚度　$h_0 = 130 - 15 = 115\,\mathrm{mm}$

（2）查表得：$f_{tk}=1.78\text{N/mm}^2$　$E_s=210\text{kN/mm}^2$　$E_c=28.0\text{kN/mm}^2$

（3）内力分析

板承受的弯矩：

$$M_k=\frac{0.9}{8}(g_k+q_k)l_0^2=\frac{0.9}{8}\times(2.73+1.5)\times3.17^2=4.78\text{kN}\cdot\text{m}$$

$$M_q=\frac{0.9}{8}(g_k+\psi_q q_k)l_0^2=\frac{0.9}{8}\times(2.73+0.4\times1.5)\times3.17^2=3.76\text{kN}\cdot\text{m}$$

（4）短期刚度 B_s

$$\alpha_E=\frac{E_s}{E_c}=\frac{210}{28.0}=7.5$$

$$\rho=\frac{A_s}{bh_0}=\frac{271}{309\times115}=0.0076$$

$$\alpha_E\rho=7.5\times0.0076=0.057$$

$$A_{te}=0.5bh+(b_f-b)h_f=0.5\times309\times130+(890-309)\times23=33448\text{mm}^2$$

$$\rho_{te}=\frac{A_s}{A_{te}}=\frac{271}{33448}=0.0081<0.01，取\ \rho_{te}=0.01$$

$$h_f'=29>0.2h_0=0.2\times115=23，取\ h_f'=23\text{mm}$$

$$\gamma_f'=\frac{(b_f'-b)h_f'}{bh_0}=\frac{(870-309)\times23}{309\times115}=0.363$$

$$\sigma_{sq}=\frac{M_q}{0.87A_sh_0}=\frac{3.76\times10^6}{0.87\times271\times115}=138.7\text{N/mm}^2$$

$$\psi=1.1-\frac{0.65f_{tk}}{\rho_{te}\sigma_{sq}}=1.1-\frac{0.65\times1.78}{0.01\times138.7}=0.266>0.2，<1.0$$

$$B_s=\frac{E_sA_sh_0^2}{1.15\psi+0.2+\dfrac{6\alpha_E\rho}{1+3.5\gamma_f'}}=\frac{2.1\times10^5\times271\times115^2}{1.15\times0.266+0.2+\dfrac{6\times0.057}{1+3.5\times0.363}}$$

$$=11.464\times10^{11}\text{N}\cdot\text{mm}^2$$

（5）长期刚度 B_l

$\rho'=0$，由式（8.20b）

$$B_l=\frac{B_s}{\theta}=\frac{11.464\times10^{11}}{2.0}=5.732\times10^{11}\text{N}\cdot\text{mm}^2$$

（6）挠度验算

$$f=\frac{5(g_k+q_k)\times0.9l_0^4}{384B}=\frac{5\times(2.73+1.5)\times0.9\times3170^4}{384\times5.732\times10^{11}}$$

$$=8.7\text{mm}<[f]=\frac{l_0}{200}=\frac{3170}{200}$$

$$=15.9\text{mm}$$

板的挠度满足要求。

8.3　裂缝宽度验算

　　钢筋混凝土构件产生裂缝的原因是多方面的。其一为荷载(直接作用)引起的裂缝,如受弯、受拉等构件的垂直裂缝,受弯构件斜裂缝。其二为由于间接作用引起的裂缝,如基础不均匀沉降、构件混凝土收缩或温度变化等。

　　对于因基础沉降、收缩、温度作用等外加变形或约束引起的裂缝,主要是通过采用合理结构方案、构造措施来控制。

　　对于因荷载引起的构件斜裂缝,《规范》对其验算方法尚无专门规定。但试验结果表明,只要能满足斜截面承载力计算要求,并相应配置了符合计算及构造要求的腹筋,则构件的斜裂缝宽度不会太大,能满足正常使用要求。

　　对于荷载引起的与构件轴线垂直的裂缝,国内外对其形成规律、影响因素以及计算方法已做了大量的试验研究,《规范》给出了计算方法。以下着重介绍这种裂缝宽度的验算。

8.3.1　裂缝间距

8.3.1.1　裂缝的发生及其分布

　　现以受弯构件纯弯段为例,说明垂直裂缝发生及其分布的特点:

　　(1)在裂缝未出现前,受拉区混凝土的拉应力和钢筋的拉应力沿构件轴线方向基本上是均匀分布的。由于各垂直截面中混凝土实际抗拉能力的离散性,则第一条(批)裂缝将在最薄弱的截面出现,位置是随机的。

　　(2)当混凝土的拉应力达到其抗拉强度标准值时,构件在抗拉能力最弱截面出现第一条(批)裂缝[图 8.8(a)]。裂缝出现后,在裂缝截面的混凝土退出工作,其应力为零,钢筋承担全部拉力,故其应力突然增大。钢筋应力的变化使钢筋与混凝土之间产生黏结力和相对滑移,随着距裂缝截面距离的增大,通过黏结力将钢筋部分拉力逐步传回到混凝土,钢筋应力逐渐减小,而混凝土的应力逐渐增大,直到距裂缝截面为 $l_{cr,min}$ 处(B、C 点),混凝土的拉应力 σ_c 增大到 f_{tk},有可能出现新的裂缝。显然,在距第一条裂缝两侧 $l_{cr,min}$ 范围内是不会出现新的裂缝,因为该段范围内 $\sigma_c < f_{tk}$。

　　(3)图 8.8(b)所示梁,若 A、D 两点均为薄弱处,且同时出现裂缝,则 AD 段混凝土的拉应力将从 A、D 两截面处分别往中间回升。但当 $AD \leqslant 2l_{cr,min}$ 时,AD 段混凝土的拉应力可能不会达到 f_{tk},这样 AD 范围内也就很可能不会出现新的裂缝。

　　由此可见,由于混凝土质量的不均匀性,故裂缝间距疏密不等,离散性较大。理论上最小裂缝间距为 $l_{cr,min}$,最大裂缝间距为 $2l_{cr,min}$。平均裂缝间距是介于 $l_{cr,min}$ 和 $2l_{cr,min}$ 之间的某个数值。

8.3.1.2　平均裂缝间距 l_{cr}

　　裂缝间距的计算是一个复杂问题,理论分析和试验结果表明,影响裂缝间距的主要因素如下所述。

　　(1)d/ρ_{te} 是决定 l_{cr} 的主要因素之一。以轴拉构件(图 8.9)加以说明:

　　取 ab 段钢筋为分离体,第一条裂缝处钢筋应力为 σ_{s1},即将出现裂缝处钢筋应力为 σ_{s2},显

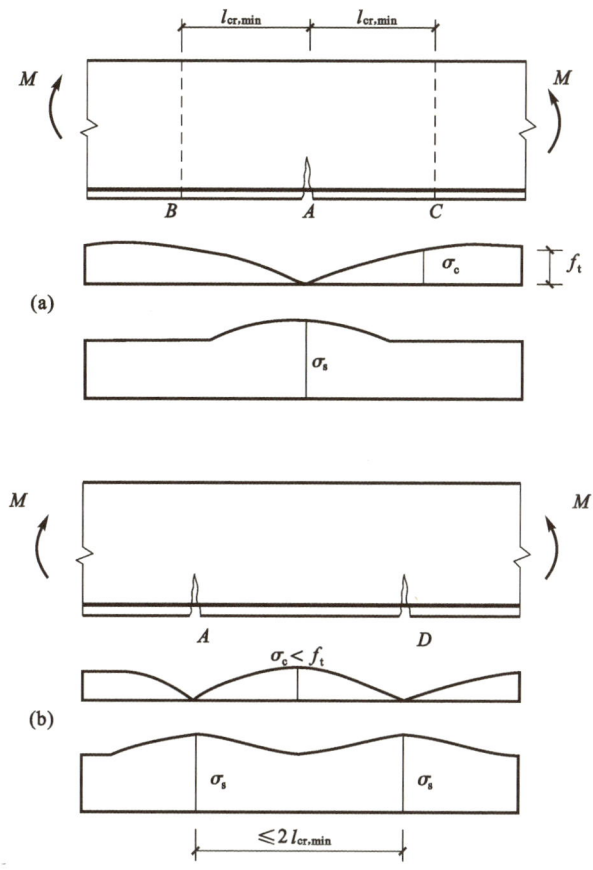

图 8.8 纯弯段裂缝开展、分布及应力变化情况

然 $\sigma_{s1} > \sigma_{s2}$。设钢筋与混凝土之间黏结力平均值为 τ_b,则两端拉力差值将由黏结力来平衡,即

$$\sigma_{s1}A_s - \sigma_{s2}A_s = \tau_b u l_{cr} \quad (8.22)$$

已知开裂截面处:

$$\sigma_{s1}A_s = N$$

又

$$\sigma_{s2}A_s = N - f_t A$$

则式(8.22)可改写为:

$$\sigma_{s1}A_s - N + f_t A = \tau_b u l_{cr}$$

所以

$$l_{cr} = \frac{f_t}{\tau_b}\frac{A}{u} \quad (8.23)$$

式中 u——钢筋的截面总周长。

已知轴拉构件 $\rho_{te} = \dfrac{A_s}{A}$,而 $A_s = \dfrac{1}{4}\pi d^2 = \dfrac{1}{4}d \cdot u$,即 $A = \dfrac{A_s}{\rho_{te}}$、$u = \dfrac{4A_s}{d}$,所以 $\dfrac{A}{u} = \dfrac{1}{4}\dfrac{d}{\rho_{te}}$。

故得

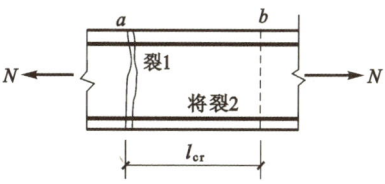

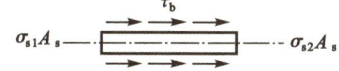

图 8.9 轴拉构件裂缝间应力分布

$$l_{cr} = \frac{1}{4} \frac{f_t}{\tau_b} \frac{d}{\rho_{te}} \tag{8.24}$$

试验表明,混凝土和钢筋的黏结强度与混凝土抗拉强度约成正比,因此,可将 $\frac{1}{4} \frac{f_t}{\tau_b}$ 视为常数,由此可得

$$l_{cr} = k_1 \frac{d}{\rho_{te}} \tag{8.25}$$

式中　k_1——经验系数。

对于受弯构件,同理也可导出式(8.25),但其中 ρ_{te} 应按式(8.16b)确定。

式(8.25)表明,l_{cr} 与 d/ρ_{te} 成正比,但这一关系与试验结果并不能很好地吻合。试验结果表明,当 d/ρ_{te} 很小时,实际裂缝间距并不等于零,而是接近某一常值,故应进行修正。

(2)混凝土保护层厚度 c 的影响

试验表明,混凝土保护层厚度 c 的大小,与平均裂缝间距 l_{cr} 接近呈线性关系。故《规范》在式(8.25)中增加一项 $k_2 c$,以反映保护层厚度 c 对 l_{cr} 的影响,即

$$l_{cr} = k_2 c + k_1 \frac{d}{\rho_{te}} \tag{8.26}$$

式中　c——最外层纵向受拉钢筋外边缘至受拉区底边的距离(mm)。当 $c < 20$ 时,取 $c = 20$;当 $c > 65$ 时,取 $c = 65$。

　　　k_2——经验系数。

根据对试验资料的分析,取 $k_1 = 0.08, k_2 = 1.9$,则得平均裂缝间距 l_{cr} 的计算公式

$$l_{cr} = \beta \left(1.9c + 0.08 \frac{d_{eq}}{\rho_{te}} \right) \nu \tag{8.27}$$

式中　β——经验系数。对轴心受拉构件,取 $\beta = 1.1$;对受弯构件、偏心受压、偏心受拉构件,取 $\beta = 1.0$。

　　　d_{eq}——纵向受拉钢筋的等效直径(mm),其值为

$$d_{eq} = \frac{\sum n_i d_i^2}{\sum n_i \nu_i d_i} \tag{8.28}$$

　　　d_i——受拉区第 i 种纵向受拉钢筋的公称直径,对于有黏结预应力钢铰线束的直径取为 $\sqrt{n_i} d_{pi}$,其中 d_{pi} 为单根钢铰线的公称直径,n_i 为单束钢铰线根数。

　　　n_i——受拉区第 i 种纵筋的根数;对于有黏结预应力钢铰线,取各钢铰线束数。

　　　ν_i——受拉区第 i 种纵筋的相对粘性特征系数,按表8.3采用。

表 8.3　钢筋的相对粘性特征系数

钢筋类别	非预应力钢筋		先张法预应力钢筋			后张法预应力钢筋		
	光面钢筋	带肋钢筋	带肋钢筋	螺旋肋钢筋	刻痕钢丝钢铰线	带肋钢筋	钢铰线	光面钢丝
ν_i	0.7	1.0	1.0	0.8	0.6	0.8	0.5	0.4

注:对环氧树脂涂层的带肋钢筋,其相对粘性特征系应按表中系数的0.8倍采用。

8.3.2　平均裂缝宽度 w_m

裂缝开展后,在纵向受拉钢筋重心处的平均裂缝宽度 w_m,即为在 l_{cr} 之间钢筋的平均伸

长值 $\overline{\varepsilon_s} l_{cr}$ 与混凝土的平均伸长值 $\overline{\varepsilon_c} l_{cr}$ 的差值(图 8.10):

$$w_m = \overline{\varepsilon_s} l_{cr} - \overline{\varepsilon_c} l_{cr} = \overline{\varepsilon_s} l_{cr} \left(1 - \frac{\overline{\varepsilon_c}}{\overline{\varepsilon_s}}\right) \qquad (8.29)$$

令 $\alpha_c = \left(1 - \dfrac{\overline{\varepsilon_c}}{\overline{\varepsilon_s}}\right)$，$\alpha_c$ 为考虑裂缝间混凝土伸长对

裂缝宽度的影响系数,根据试验资料分析,统一取 α_c $= 0.85$。

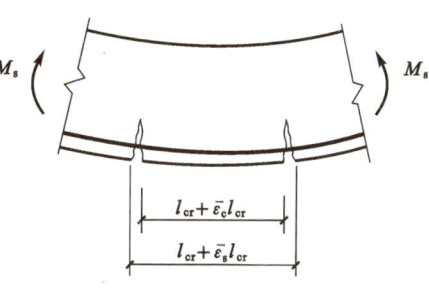

图 8.10　平均裂缝宽度

再引入裂缝间纵向受拉钢筋应变不均匀系数 ψ,

则 $\overline{\varepsilon_s} = \psi \dfrac{\sigma_{sk}}{E_s}$,故得平均裂缝宽度的表达式为

$$w_m = 0.85 \psi \frac{\sigma_{sq}}{E_s} l_{cr} \qquad (8.30)$$

式中　σ_{sq}——开裂截面钢筋应力,为按荷载准永久组合计算的纵向受拉钢筋应力。对于受弯

　　　　构件,按式(8.17)计算;对于轴心受拉构件 $\sigma_s = \dfrac{N_q}{A_s}$。

　　　ψ——裂缝间纵向受拉钢筋应变不均匀系数,受弯和轴心受拉构件按式(8.16a)计

　　　　算,即

$$\psi = 1.1 - \frac{0.65 f_{tk}}{\rho_{te} \sigma_{sq}}$$

在最大裂缝宽度计算中,当 $\rho_{te} < 0.01$ 时,取 $\rho_{te} = 0.01$。

8.3.3 最大裂缝宽度 w_{max}

前面分析了构件在短期荷载效应组合作用下平均裂缝宽度 w_m。实测统计结果表明,裂缝宽度分布基本上符合正态分布规律。试验又表明,在准永久荷载效应组合作用下,裂缝宽度将随着时间增长而增长,其原因是:受拉区混凝土的应力松弛及其与钢筋间的滑移徐变等因素,使得裂缝间受拉钢筋的平均应变不断加大,致使裂缝宽度加大。此外,混凝土的收缩,也将加大裂缝宽度。

因此,《规范》考虑了裂缝宽度分布不均匀性以及准永久荷载效应组合的影响,取最大裂缝宽度 w_{max} 的计算公式为

$$w_{max} = \tau_l \tau_s w_m \qquad (8.31)$$

式中　τ_l——考虑荷载长期作用影响的扩大系数,根据试验资料分析,取 $\tau_l = 1.5$;

　　　τ_s——短期裂缝宽度的扩大系数,根据试验统计数据分析,取具有 95% 保证率的上分

　　　　位值作为最大计算裂缝宽度的取值依据。

对于受弯构件,根据 40 多根梁和 1400 多条裂缝的试验数据统计,得出变异系数 $\delta = 0.398$,则具有 95% 保证率时的 $\tau_s = 1 + 1.645\delta$,即: $\tau_s = 1 + 1.645 \times 0.398 = 1.66$。

对于轴心受拉构件,其裂缝宽度的频率分布是偏态的,τ_s 值约为受弯构件的 1.25 倍,取 $\tau_s = 1.9$。

将上述因素综合起来,再将有关参数代入式(8.31),可得矩形、T 形、倒 T 形和 I 形截面的钢筋混凝土受弯、轴心受拉构件的最大裂缝宽度 w_{max} 计算公式

$$w_{max} = \alpha_{cr} \psi \frac{\sigma_{sq}}{E_s} \left(1.9C_s + 0.08 \frac{d_{eq}}{\rho_{te}}\right) \tag{8.32}$$

式中 α_{cr}——构件受力特征系数(表8.4)。

表 8.4 构件受力特征系数 α_{cr}

类 型	α_{cr}	
	钢筋混凝土构件	预应力混凝土构件
受弯、偏心受压	1.9	1.5
偏心受拉	2.4	—
轴心受拉	2.7	2.2

求得的最大裂缝宽度 w_{max},不得超过裂缝宽度限值(表8.2)。

【例题 8.3】 已知条件同例题 8.1,但截面尺寸为 $b \times h = 200mm \times 450mm$。构件处于室内干燥环境(一类环境),最大裂缝宽度限值 $w_{lim} = 0.3mm$,试验算裂缝宽度。

【解】 已知:$f_{tk} = 1.78N/mm^2$,$E_s = 200kN/mm^2$,$E_c = 28.0kN/mm^2$,$A_s = 1017mm^2$,$M_k = 72kN \cdot m$,$M_q = 50.4kN \cdot m$,由表 8.3 得 $\nu_i = 1.0$。

$h_0 = 450 - 40 = 410mm$

$\rho_{te} = \dfrac{A_s}{0.5bh} = \dfrac{1017}{0.5 \times 200 \times 450} = 0.0226 > 0.01$

$d_{eq} = \dfrac{\sum n_i d_i^2}{\sum n_i \nu_i d} = \dfrac{4 \times 18^2}{4 \times 1.0 \times 18} = 18mm$

$\sigma_{sq} = \dfrac{M_q}{0.87A_s h_0} = \dfrac{50.4 \times 10^6}{0.87 \times 1017 \times 410} = 139N/mm^2$

$\psi = 1.1 - \dfrac{0.65f_{tk}}{\rho_{te}\sigma_{sq}} = 1.1 - \dfrac{0.65 \times 1.78}{0.0226 \times 139} = 0.732$

$w_{max} = \alpha_{cr}\psi\dfrac{\sigma_{sq}}{E_s}\left(1.9c + 0.08\dfrac{d_{eq}}{\rho_{te}}\right) = 1.9 \times 0.732 \times \dfrac{139}{2 \times 10^5} \times \left(1.9 \times 31 + 0.08 \times \dfrac{18}{0.0226}\right)$

$\quad = 0.119mm < w_{lim} = 0.3mm$(满足要求)

【例题 8.4】 某轴心受拉构件,截面尺寸 $b \times h = 200mm \times 200mm$,配置 $4\,\Phi\,18$($A_s = 1017mm^2$)的受拉钢筋,混凝土为 C25($f_{tk} = 1.78N/mm^2$),混凝土保护层厚度 $c = 25mm$,轴向拉力准永久组合值 $N_k = 160kN$,最大裂缝宽度限值 $w_{lim} = 0.2mm$。试验算裂缝宽度。

【解】 $E_s = 2 \times 10^5 N/mm^2$,$E_c = 2.80 \times 10^4 N/mm^2$

$\sigma_{sq} = \dfrac{N_q}{A_s} = \dfrac{160 \times 10^3}{1017} = 157.3N/mm^2$

$\rho_{te} = \dfrac{A_s}{A_{te}} = \dfrac{1017}{200 \times 200} = 0.0254 > 0.01$

$\psi = 1.1 - \dfrac{0.65f_{tk}}{\rho_{te}\sigma_{sq}} = 1.1 - \dfrac{0.65 \times 1.78}{0.0254 \times 157.3} = 0.810$

$d_{eq} = 18mm$

$$w_{\max} = \alpha_{cr} \psi \frac{\sigma_{sq}}{E_s} \left(1.9c + 0.08 \frac{d_{eq}}{\rho_{te}} \right)$$

$$= 2.7 \times 0.810 \times \frac{157.3}{2 \times 10^5} \times \left(1.9 \times 31 + 0.08 \times \frac{18}{0.0254} \right) (假定箍筋直径为 6mm)$$

$$= 0.199mm < w_{\lim} = 0.2mm \quad (满足要求)$$

8.4 钢筋的代换

在施工过程中,往往会遇到现场可供的钢筋级别、径别与设计要求不相符,这时就需要对钢筋进行代换。在进行钢筋代换时,应了解设计意图和代用材料的性能,并遵循下述原则和有关注意事项。

8.4.1 代换原则

钢筋代换的原则是:钢筋被代换之后,结构构件的安全性、适用性、耐久性不能降低,必须符合原设计的要求。

(1) 满足承载力要求。对于纵向受力钢筋,应保证

$$A_{se} f_{ye} \geq A_s f_y \tag{8.33}$$

式中 A_s——原设计图中钢筋的截面面积;

f_y——原设计图中钢筋的强度设计值;

A_{se}——代换后钢筋的截面面积;

f_{ye}——代换钢筋的强度设计值。

式(8.33)称为"等强代换"公式。若钢筋强度等级相同,仅钢筋径别不符合设计要求时,则可按等面积代换

$$A_{se} \geq A_s \tag{8.34}$$

(2) 满足变形(挠度)和裂缝宽度要求。由第 8.2 节及第 8.3 节内容知,钢筋的截面面积、钢筋的表面形状及直径大小,对构件刚度和裂缝均有不同程度的影响,因此,钢筋代换尚应保证构件的变形和裂缝满足设计要求。

如 HPB300 级钢筋改用 HRB400 级钢筋时,构件刚度下降较多;钢筋直径加粗或用更强钢筋代替(如 HRB400 级代替 HRB300 级,σ_{sk} 加大),则裂缝宽度加大等。因此,应对变形及裂缝进行验算。

(3) 有抗震设防要求的结构构件,不宜以屈服强度更高的钢筋代替原设计中的主要钢筋。

(4) 满足构造的要求。钢筋代换后均应满足各方面的构造要求,如:钢筋的间距、搭接长度、锚固长度、最小配筋率等。

8.4.2 钢筋代换应注意的事项

(1) 钢筋代换时,按式(8.33)计算选用的钢筋的截面面积只能增大(不宜超过 5%~10%,注意经济),不能减小。

(2) 钢筋代换后,若截面有效高度 h_0 减小,应通过计算,增加钢筋用量。

(3) 代换后的钢筋配筋率若小于最小配筋率 $\rho_{\min}$,则代换的钢筋应按最小配筋率设置,即

$A_{se} \geqslant \rho_{min} bh$。

（4）对裂缝宽度要求较严的构件（如吊车梁、屋架下弦杆等），不宜用光面钢筋代替变形钢筋；有抗渗要求的板（如屋面板、水池板），不宜用直径过粗的钢筋代换。

（5）对各级钢筋的搭接和锚固长度均有不同的规定，钢筋相互代换后，应根据构造要求作相应更改。采用光面钢筋代换时，还应注意弯钩的设置（纵向受力钢筋）。

本 章 小 结

钢筋混凝土构件的变形及裂缝宽度验算属正常使用极限状态计算，钢筋和混凝土的强度以及作用于构件上的荷载均用其标准值。

使用阶段的变形计算采用了材料力学的公式，但是由于混凝土的弹塑性性质及其徐变的影响，其刚度随应力而变化，故材料力学变形公式中的刚度 EI 应当用钢筋混凝土构件的短期刚度或长期刚度代替。短期刚度将根据混凝土的平均截面的应力应变和截面的平衡关系，再由一些实验数据可得短期刚度计算公式，在此基础上，考虑混凝土因徐变而产生的挠度增大系数，即可得长期刚度公式。

平均裂缝宽度是平均裂缝间钢筋伸长量和混凝土伸长量之差，考虑长期荷载的影响，以及随机变量裂缝宽度具有 95% 保证率的要求，从而得出最大裂缝宽度计算公式。

无论是变形，还是裂缝宽度，均不能超过《规范》规定值，否则，应采取必要的措施。

思 考 题

8.1 钢筋混凝土受弯构件挠度计算与材料力学中计算的方法有何不同？

8.2 何谓短期刚度 B_s、长期刚度 B？何谓最小刚度原则？

8.3 提高梁刚度的主要措施有哪些？什么措施最有效？

8.4 构件裂缝平均间距 l_{cr} 主要与哪些因素有关？

8.5 最大裂缝宽度的计算公式是如何建立起来的？

8.6 如果裂缝宽度超过《规范》规定的限值时，可以采取哪些措施？

8.7 试分析纵筋配筋率对受弯构件正截面承载力、挠度和裂缝宽度的影响？

8.8 试述钢筋混凝土梁设计步骤与计算内容。（注：考虑两种极限状态。）

8.9 试述钢筋代换时应注意的几个问题。

习 题

8.1 如图 8.11 所示简支梁，计算跨度 $l_0 = 5m$，截面尺寸 $b \times h = 200mm \times 500mm$，混凝土强度等级 C25，纵筋为 HRB400 级。在梁上作用恒荷载标准值（含自重）$g_k = 25kN/m$，活荷载标准值 $q_k = 14kN/m$（准

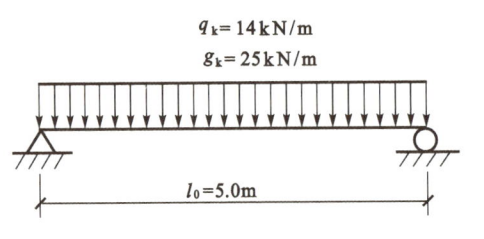
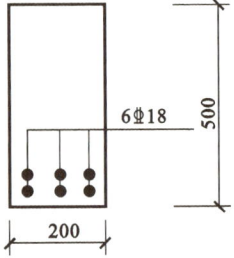

图 8.11　习题 8.1 附图

永久值系数 $\psi_q = 0.5$）。经正截面承载力计算，选用 6 Φ 18 纵筋（$A_s = 1526\text{mm}^2$）。构件安全等级为二级，梁的允许挠度 $[f] = l_0/250$，试验算梁的挠度。

8.2　验算习题 8.1 中梁的裂缝宽度。已知最大允许裂缝宽度为 $w_{\lim} = 0.2\text{mm}$，混凝土保护层厚度 $c = 25\text{mm}$。

8.3　验算例题 8.2 预制圆孔板的裂缝宽度。已知最大裂缝宽度允许值 $w_{\lim} = 0.2\text{mm}$，混凝土保护层厚度 $c = 10\text{mm}$。

8.4　已知矩形截面轴心受拉构件的截面尺寸为 $b \times h = 180\text{mm} \times 220\text{mm}$，配置 4 Φ 18 的纵向受拉钢筋，混凝土强度等级为 C25，混凝土保护层厚度 $c = 25\text{mm}$，承受轴向拉力标准值 $N = 180\text{kN}$，最大裂缝宽度允许值 $w_{\lim} = 0.2\text{mm}$。试验算构件裂缝宽度。

本章练习

9 预应力混凝土构件

本 章 提 要

从预应力的概念入手,了解施加预应力的目的,预应力混凝土结构的应用,施加预应力的方法,预应力钢筋的夹具和锚具,预应力混凝土结构材料要求,控制应力的确定以及计算各种预应力损失值,预应力损失的组合值。

对混凝土轴心受拉构件,应掌握先张法、后张法各阶段的应力计算。通过一则实例,全面反映预应力轴心受拉构件各方面的计算及其构造要求。

9.1 预应力混凝土的基本概念

9.1.1 概述

众所周知,混凝土的抗拉强度很低,混凝土的极限拉应变也很小,为$(0.1\sim0.15)\times10^{-3}$,所以裂缝出现时的受拉钢筋的应力仅为 $20\sim30N/mm^2$,当裂缝宽度为 0.2~0.3mm 时,钢筋拉应力也只达到 $150\sim250N/mm^2$。

由于混凝土的过早开裂,使钢筋混凝土构件存在难以克服的缺点:一是裂缝的开展使高强度材料无法充分利用,从结构耐久性出发必须限制裂缝开展宽度,这就使高强度钢筋无法发挥作用,相应地也不可能充分发挥高级别混凝土的作用;其二是过早开裂导致构件刚度的降低,为了满足变形控制的要求,需加大构件截面尺寸。这样做既不经济又增加了构件自重,特别是随着跨度的增大,自重所占的比例也增大,因而使钢筋混凝土结构的应用范围受到很多限制。

9.1.2 预应力混凝土的基本概念

为了避免钢筋混凝土结构的裂缝过早出现,充分利用高强度材料,人们在长期的生产实践中创造了预应力混凝土结构。

所谓预应力混凝土结构,是在结构构件受外荷载作用前,先人为地对它施加压力,由此产生的预压应力状态用以减小或抵消外荷载所引起的拉应力,即借助于混凝土较高的抗压强度来弥补其抗拉强度的不足,达到推迟受拉区混凝土开裂的目的。

以受弯构件为例来说明预应力的作用。

设一简支梁(图 9.1)在荷载 q 作用下,截面的下边缘产生拉应力 σ,若在加载前预先在梁端施加偏心压力 N,使截面下边缘产生预压应力 $\sigma_c>\sigma$(即 $\sigma-\sigma_c<0$),则梁在预压力 N 和荷

载 q 共同作用下,截面将不产生拉应力,梁不致出现裂缝。由此可见,预应力作用提高了构件的抗裂度和刚度,克服了钢筋混凝土开裂过早的缺点。

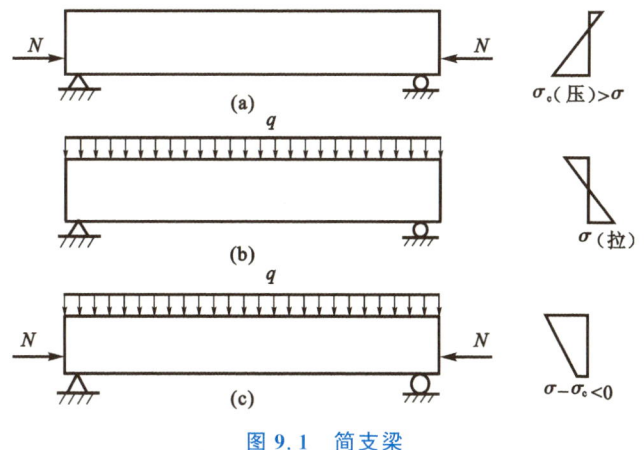

图 9.1　简支梁
(a)预应力作用下;(b)荷载作用下;(c)预应力与荷载共同作用下

其实,预应力的概念在日常生活中早已有所运用。例如在建筑工地用砖钳装卸砖块,被钳住的一叠水平砖不会提落;用铁箍紧箍木桶,木桶盛水而不漏;旋紧自行车轮的钢丝,使车轮受压力后而钢丝不折,等等。

9.1.3　预应力混凝土结构的优缺点

与钢筋混凝土结构相比,预应力混凝土结构具有下列优点:

A. 抗裂性好,刚度大

由于对构件施加预应力,大大推迟了裂缝的出现,在使用荷载作用下,构件可不出现裂缝,或使裂缝推迟出现,因而也提高了构件的刚度,增加了结构的耐久性。如钢筋混凝土屋架下弦、水池、油罐、压力容器等施加预应力尤为必要。

B. 节省材料,减小自重

预应力混凝土结构由于必须采用高强度材料,因而可以减少钢筋用量和减少构件截面尺寸,节省钢材和混凝土,降低结构自重,对大跨度和重荷载结构有着显著的优越性。

C. 提高构件的抗剪能力

试验表明,纵向预应力钢筋起着锚栓的作用,阻止构件斜裂缝的出现与开展,又由于预应力混凝土梁的曲线钢筋(束)合力的竖向分力将部分地抵消剪力,因而提高了构件的抗剪能力。

D. 提高受压构件的稳定性

混凝土的抗压强度很高,钢筋混凝土受压构件一般都能有效地工作。但是,当受压构件长细比较大时,在受到一定的压力后便容易被压弯,以致丧失稳定而破坏。如果对钢筋混凝土柱施加预应力,使纵向受力钢筋张拉得很紧,不但预应力钢筋本身不容易压弯,而且可以帮助周围的混凝土提高抵抗压弯的能力,从而提高了构件的稳定性。

E. 提高构件的耐疲劳性能

因为具有强大预应力的钢筋,在使用阶段因加荷或卸荷所引起的应力变化幅度相对很小,因而可提高抗疲劳强度,这对承受动荷载的结构来说是很有利的。

预应力混凝土结构也存在着一些缺点：

A. 工艺较复杂,对质量要求高,因而需要配备一支技术较熟练的专业队伍。

B. 需要有一定的专门设备,如张拉机具、灌浆设备等。先张法需要张拉台座;后张法还要耗用数量较多并要求有一定加工精度的锚具等。

C. 预应力混凝土结构的开工费用较高,对构件数量少的工程成本较高。

9.1.4　全预应力和部分预应力混凝土

施加在构件上预应力的大小在一定程度上控制着裂缝的大小和发展。根据预应力对构件裂缝控制程度不同,可将施加在混凝土的预应力分为全预应力和部分预应力。在混凝土中建立的预应力,如果能使截面在荷载的标准组合作用下不出现拉应力,使构件达到裂缝控制等级为一级的不出现裂缝构件,这称为全预应力混凝土;在混凝土中建立预应力后,在荷载的标准组合作用下,允许在混凝土受拉区产生裂缝,但裂缝宽度不超过裂缝控制等级为三级的构件,称为部分预应力混凝土;在混凝土中建立预应力后,在荷载的标准组合作用下允许出现不超过混凝土抗拉强度标准值的拉应力,或在准永久荷载组合作用下,不得出现拉应力的抗裂等级为二级的构件,称为有限预应力混凝土。

全预应力混凝土由于对其施加的预应力大,因而具有抗裂性能好、刚度大的特点,常用于对抗裂或抗腐蚀性能要求较高的结构,如贮液罐、吊车梁、核电站安全壳等。但由于施加预应力较高,引起结构反拱过大,会使混凝土在施工阶段产生裂缝。同时构件的开裂荷载与极限荷载较为接近,致使构件延性较差,对结构的抗震不利。

部分预应力混凝土,可根据结构或构件的不同使用要求、荷载作用情况及环境条件等,对裂缝进行控制,降低了预应力值,克服了全预应力混凝土的弱点,对于抗裂要求不高的结构或构件,部分预应力混凝土将会得到广泛的应用。

9.1.5　预应力混凝土结构的应用

预应力混凝土由于具有许多优点,目前在国内外应用非常广泛,特别是在大跨度或承受动力荷载结构,以及不允许开裂的结构中得到了广泛的应用。在房屋建筑工程中,预应力混凝土不仅用于屋架、折板、吊车梁以及空心板、小梁、檩条等预制构件,而且在大跨度、高层房屋的现浇结构中也得到应用。预应力混凝土结构还广泛地应用于公路、铁路桥梁、立交桥、塔桅结构、飞机跑道、蓄液池、压力管道、预应力混凝土船体结构,以及原子能反应堆容器和海洋工程结构等方面。

9.2　施加预应力的方法和锚具

预加应力的方法主要有两种:先张法和后张法。

9.2.1　先张法

先张法即先张拉钢筋,后浇筑混凝土的方法(图 9.2)。先在台座上按设计规定的拉力张拉钢筋,并用锚具临时固定,再浇筑混凝土,待混凝土达到一定的强度(约为设计强度的 70%以上,以保证具有足够的黏结力和避免徐变值过大等)后,放松钢筋,将钢筋的回缩力通过钢筋与混凝土间的黏结作用传递给混凝土,使混凝土获得预压应力。

先张法所用的预应力钢筋一般为高强钢丝、直径较小的钢铰线,目前还有采用小直径的冷拉钢筋等,以获得较好的自锚性能。

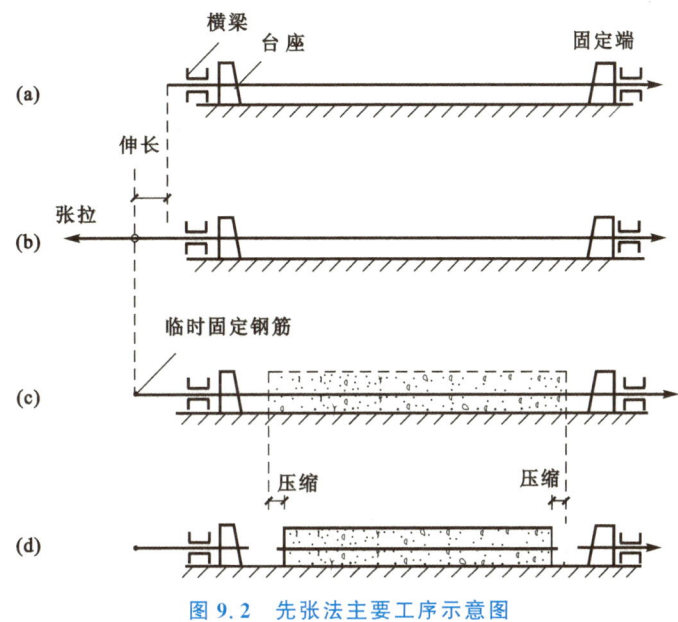

图 9.2　先张法主要工序示意图

(a) 钢筋就位;(b) 张拉钢筋;(c) 临时固定钢筋,浇灌混凝土并养护;

(d) 放松钢筋,钢筋回缩,混凝土受预压

用先张法生产预应力混凝土构件,除千斤顶等设备外,还需要有用来张拉和临时固定钢筋的台座。台座因要承受预应力钢筋的巨大回缩力,设计时应保证其具有足够的强度、刚度和稳定性,因此初期投资费用较多。但先张法施工工序简单,钢筋靠黏结力自锚,不必耗费特制的锚具,临时固定所使用的锚具都可以重复使用,一般称为工具式锚具或夹具。因此在大批量生产时先张法构件比较经济,质量也比较稳定。

考虑到吊装、运输的方便和避免采用过大的台座,先张法一般宜于生产直线配筋的中小型构件。

9.2.2　后张法

后张法是先浇筑构件混凝土,等混凝土养护结硬后,再在构件上张拉预应力钢筋的方法(图 9.3)。先浇筑混凝土,并在混凝土构件中预留孔道,待混凝土达到一定强度后,将钢筋穿入预留孔内,以混凝土构件本身作为支座张拉钢筋,同时混凝土构件被压缩。待张拉到设计拉力后,用锚具将钢筋锚固于混凝土构件上,使混凝土获得并保持其预压应力。最后在预留孔内压力灌注水泥浆,以保护预应力钢筋不致锈蚀,并尽可能地将预应力钢筋和混凝土连成整体。

上述预应力混凝土施工方法的缺点是工序多:需预留孔道、穿筋、压力灌浆,施工复杂费时,且造价高。采用另一种后张方法——后张无黏结预应力施工技术,可避免这些缺点。其特点是不需预留孔道,无黏结预应力筋可与非预应力筋同时铺设,也可采用曲线配筋,布置灵活。后张无黏结预应力混凝土的主要施工工序如下所述(图 9.4):

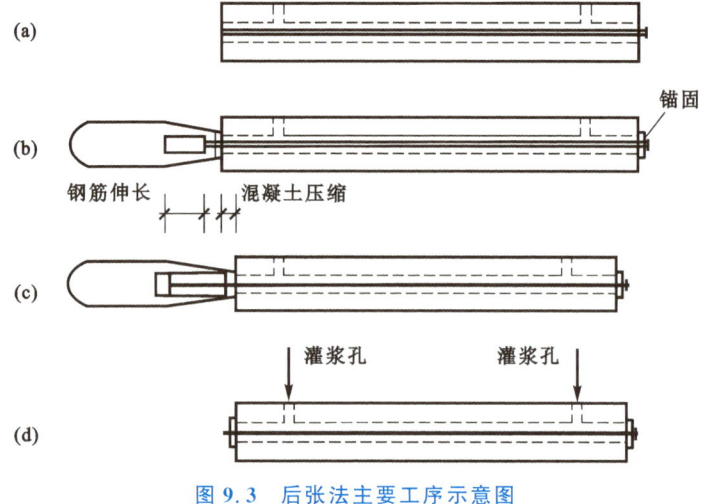

图 9.3　后张法主要工序示意图
(a) 制作构件,预留孔道,穿入预应力钢筋;(b) 安装千斤顶;
(c) 张拉钢筋;(d) 张拉端锚固并对孔道灌浆

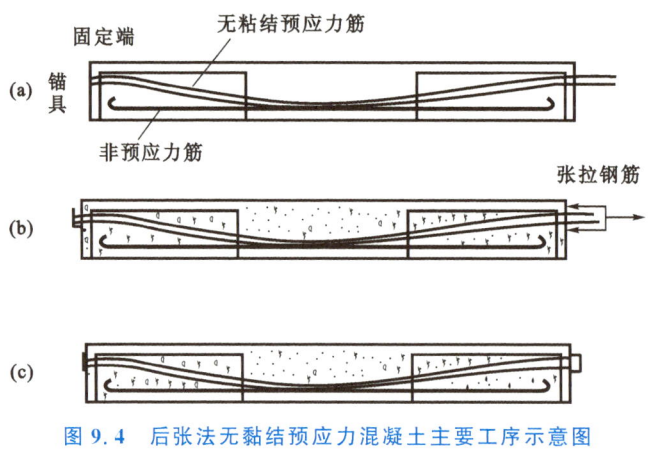

图 9.4　后张法无黏结预应力混凝土主要工序示意图
(a) 绑扎钢筋;(b) 张拉预应力筋;(c) 锚住钢筋

　　(1)制作无黏结预应力筋。在预应力筋外表面涂以涂层,用油纸包裹,再套以塑料套管。涂层的作用是保证预应力筋的自由拉伸,并能防腐。一端安置固定端锚具,另一端为张拉端。无黏结预应力筋一般在工厂生产,作为商品出售。

　　(2)绑扎钢筋。无黏结预应力筋与非预应力钢筋一样,可直接按设计位置布置,形成钢筋骨架。

　　(3)浇筑混凝土,待混凝土达到一定强度后,在张拉端以结构为支座张拉预应力筋。张拉到设计拉力后,用锚具将预应力筋锚固在结构上。

　　因此,施工工艺不同,建立预应力的方法也不同,后张法构件是靠锚具来传递和保持预加应力的,先张法则是靠黏结力来传递和保持预加应力的。

9.2.3　夹具和锚具

　　夹具和锚具是预应力钢筋锚固的重要工具,一般来说,构件制作完毕后能取下重复使用的称为夹具,留在构件上不再取下的称为锚具,有时为简便起见,将夹具和锚具统称锚具。

锚具之所以能夹住或锚住钢筋,主要是靠摩擦力、握裹力和承压锚固力,因此对锚具的要求是:

(1) 安全可靠,其本身应具有足够的强度和刚度;

(2) 预应力损失小,应使预应力钢筋尽可能不产生滑移;

(3) 构造简单,便于加工制作和施工;

(4) 节省材料,降低成本。

锚具的形式很多,按所锚固的钢筋类型可分为锚固粗钢筋的锚具、锚固平行钢筋(丝)束的锚具和锚固钢铰线束的锚具;按锚固和传递预拉力的原理可分为依靠承压力的锚具、依靠摩擦力的锚具和依靠黏结力的锚具;按锚具的材料可分为钢锚具和混凝土锚具;按锚具使用的部位不同可分为张拉端锚具和固定端锚具。

目前国内常用的锚具有下面几种:

A. 螺丝端杆锚具(图 9.5)

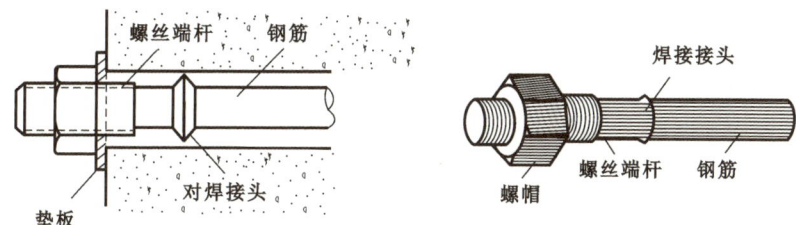

图 9.5　螺丝端杆锚具

在单根预应力粗钢筋的两端各焊以一短段螺丝端杆,套以螺帽和垫板而成。预应力通过螺丝端杆传到螺帽,再通过垫板传到预留孔道口四周的混凝土构件上。螺丝端杆用冷拉或热处理钢筋制作,端杆与预应力钢筋的焊接宜在预应力钢筋冷拉前进行。这种锚具可用于张拉端,也可用于固定端,张拉用一般千斤顶单根张拉,将千斤顶拉杆(端部带有内螺纹)拧紧在螺丝端杆的螺纹上进行张拉,张拉完毕后,旋紧螺帽,钢筋就被锚住。

这种锚具的优点是比较简单、滑移小和便于再次张拉;缺点是对预应力钢筋长度的精度要求高,不能太长或太短,否则螺纹长度不够用。

B. JM-12 锚具(图 9.6)

这是一种锚固 3～6 根 $d=12$mm 的 HRB335、HRB400、RRB400 级钢筋组成互相平行放置的钢筋束或者锚固 5～6 根由 7ϕ4 钢丝绞结成的钢铰线所组成互相平行的钢铰线束的锚具(现在有的厂家已开始生产能锚固不同直径的钢筋和钢铰线的 JM 锚具)。这种锚具由锚环和呈扇形的夹片组成,每一块夹片有两个圆弧形槽,上有齿纹,以锚住预应力筋。锚环可嵌入混凝土构件中,也可凸在构件外,这时需插入钢垫板。

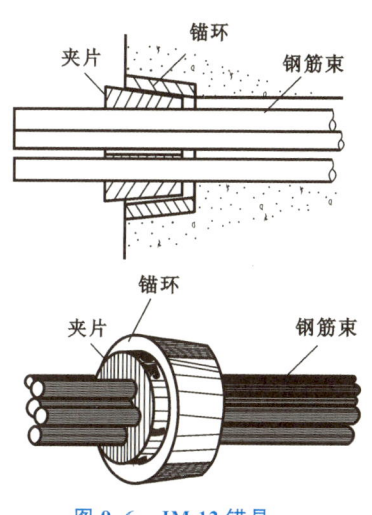

图 9.6　JM-12 锚具

预应力钢筋(丝)依靠摩擦力将预拉力传给夹片。夹片依靠斜面上的承压力将预拉力传给锚环,后者再通过承压力将预拉力传给混凝土构件。这种锚具既可以用于张拉端,也可以用于固定端,张拉时采用双作用千斤顶,即千斤顶应有两个动作,其一是夹住钢筋张拉,其二是将夹片顶入锚环,将预应力钢筋挤紧,牢牢锚住。

锚环和夹片都用钢制成,加工精度要求高,预应力钢筋的内缩量较大。

C. 锥形锚具(图 9.7)

这种锚具也是用于锚固多根直径为 5mm、7mm、8mm、12mm 的平行钢丝束,或者锚固多根直径为 13mm、15mm 的平行钢铰线束。锚具由锚环及锚塞组成,一般用铸钢制作,对于拉力不大的预应力束也可用高强混凝土制成,此时锚环的外圈和内圈均用螺旋筋加强。锚环在构件混凝土浇灌前埋置在构件端部。

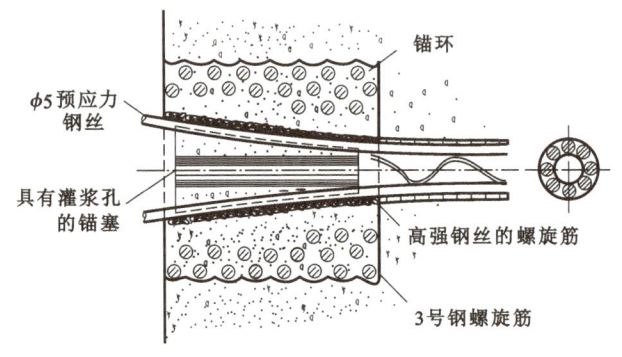

图 9.7　锥形锚具

预应力钢筋通过摩擦力将预拉力传给锚环,后者再通过承压力和黏结力将预拉力传到混凝土构件。这种锚具可用于张拉端,也可用于固定端,张拉采用双作用千斤顶。

这种锚具的优点是效率高,缺点是滑移大,且不易保证每根钢筋(丝)中的应力均匀。

D. 镦头锚具(图 9.8)

这种锚具用于锚固多根直径为 10～18mm 的平行钢筋束,或者锚固 18 根以下直径为 5mm 的平行钢丝束。操作时先将钢丝逐一穿过锚杯的蜂窝眼,然后用专门的镦头机将钢丝端头镦粗,借镦粗头直接承压将钢丝锚固于锚杯上。锚杯的外圆车有螺纹,穿束后在固定端将锚圈(螺帽)拧上,即可将钢丝束锚固于梁端;在张拉端,将千斤顶套上螺帽进行张拉,边张拉边旋紧内螺帽。

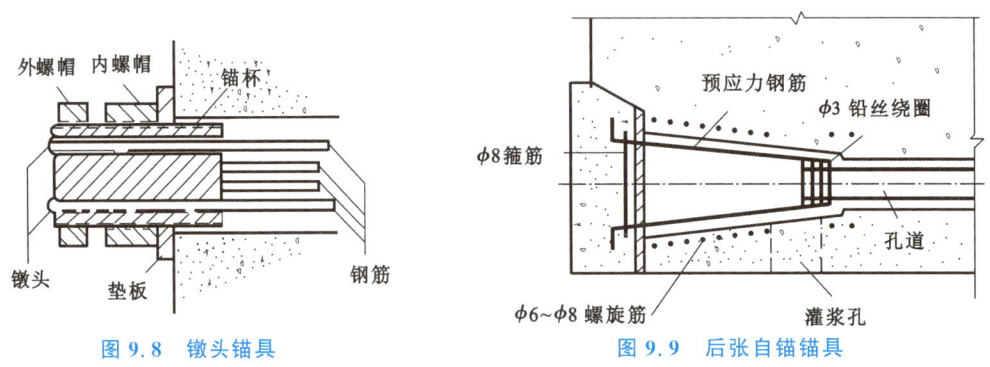

图 9.8　镦头锚具　　　　　　　　　　　**图 9.9　后张自锚锚具**

这种锚具的锚固性能可靠,锚固力大,张拉操作方便,但要求钢筋(丝)的长度有较高的精确度。

E. 后张自锚锚具(图 9.9)

在构件端头将预留孔道扩大为锥形孔。张拉钢筋到规定的预应力值后,维持预拉力不变,此时的锥形孔内浇灌高强度混凝土,形成一个自锚头。待自锚头混凝土达到设计强度后放松钢筋。这种锚具依靠黏结力将预拉力传给锥形自锚头混凝土,再传给混凝土构件。

F. QM 型锚具

QM 型锚具,可锚固钢铰线或钢丝束。锚具由锚板与夹片组成,分单孔和多孔两类,根据钢铰线的根数可选用不同孔数的锚具。多孔锚具又称群锚,其特点是每根钢铰线均分开锚固,由一组按 10 均分的开缝楔形夹片(三片)夹紧,各自独立地放置在锚板的一个锥形孔内,任何一组夹具滑移、碎裂或钢铰线拉断,都不会影响同束中其他钢铰线的锚固,故其具有锚固可靠、互换性好、自锚性能强的优点。图 9.10 为锚固 6 根外径 $d = 15$ 的钢铰线 QM15-6 型的锚具。

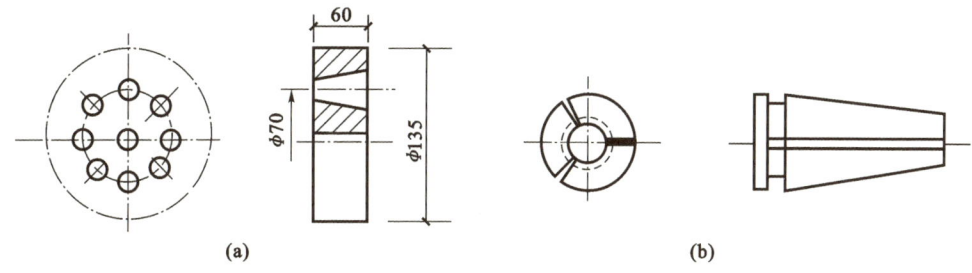

图 9.10 QM15-6 型锚具

(a) 锚板;(b) 夹片

G. XM 型锚具

XM 型锚具,其工作原理与 QM 型锚具相似,各单元均分开锚固,其与 QM 型锚具不同之处在于夹片的结构不同,其夹片沿轴向有偏转角(即斜开缝),偏转角的方向与钢铰线的扭角相反,保证了钢丝束的锚固。图 9.11 为 XM15-6 型的锚具。

QM 型锚具及 XM 型锚具,其张拉力可为 100~5000kN。

除了上述锚具形式外,近年来,我国对预应力混凝土构件的锚具进行了大量的试验研制,取得了一定的进展。例如 JMF、SF 型锚具,其特点是将夹片的梯形粗齿改为锯齿形细齿,并分直、斜两种,可适用于右、左旋形式的钢铰线,以提高其锚固性能。此种锚具张拉力可为1470~1862kN。

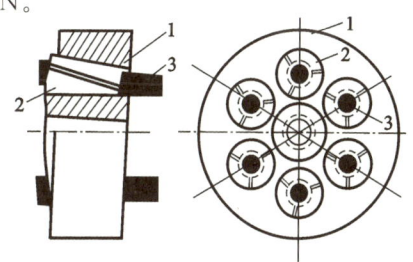

图 9.11 XM15-6 型锚具

1—锚块;2—夹片;3—钢铰线

9.2.4 制孔器和灌浆

后张法构件的预留孔道是采用制孔器来制成的,目前制孔器的形式主要有两种:

A. 橡胶抽拔管

在钢丝网胶管内事先穿入芯棒,再将其放入模板内,待浇筑混凝土结硬到一定强度后,抽去芯棒,再拔出胶管,则预留孔道形成。

B. 螺旋波纹铁皮套管

事先将预应力钢筋穿入波纹套管中,然后将其放入模板内,再浇筑混凝土,套管留在混凝土内。

在后张法预应力混凝土结构中,为了防止预应力钢筋锈蚀,使预应力钢筋与梁体混凝土连为整体,一般在钢筋张拉完毕后需向预留孔道内压注水泥浆。为减少水泥浆收缩,保证孔道密实,可在水泥浆中加少量铝粉(为水泥质量的 0.005%～0.015%),使水泥浆结硬过程中微膨胀;水泥浆的水灰比以 0.4～0.5 为宜;水泥浆的强度级别不应低于构件混凝土强度级别的 80%,且不低于 M20。

9.3　预应力混凝土材料

9.3.1　预应力钢筋

预应力钢筋的受力特点就是从构件制作到使用阶段,始终处于高应力状态,其性能需满足下列要求:

A. 高强度

混凝土预压应力的大小,取决于预应力钢筋张拉应力的大小。由于构件在制作过程中会出现各种应力损失,如果不采用高强度钢筋,就无法克服由于各种因素造成的应力损失,也就不能有效地建立预应力。

B. 具有一定的塑性

高强度钢材其塑性性能一般较低,为了保证构件在破坏之前有较大的变形能力,必须保证预应力钢筋有足够的塑性性能。当构件处于低温或受到冲击荷载作用时,更应注意塑性和冲击韧性的要求。一般对冷拉钢筋要求极限伸长率≥6%(Ⅳ级)、8%(Ⅲ级)和 10%(Ⅱ级);碳素钢丝和钢铰线≥4%。

C. 良好的加工性能

要求有良好的可焊性,同时钢筋"镦粗"后并不影响原来的物理力学性能。

D. 与混凝土有较好的黏结强度

总之,在预应力混凝土结构中,要求钢筋的强度高,且施工可靠。对预应力结构,《规范》提出四类钢筋,即:中强度预应力钢丝、消除预应力钢丝、钢铰线和预应力螺纹钢筋,如图 9.12 所示。

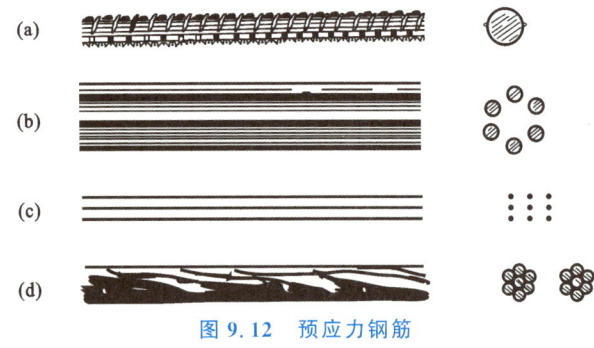

图 9.12　预应力钢筋

(a) 单根钢筋；(b) 钢筋束；(c) 平行钢丝；(d) 钢铰线

A. 中强度预应力钢丝的抗拉强度为 800～1270MPa,外形有光圆(ϕ^{pM})和螺旋肋(ϕ^{HM})两种；

B. 消除应力钢丝的抗拉强度为 1470～1860MPa,外形有光面(ϕ^P)和螺旋肋(ϕ^H)两种；

C. 钢铰线(ϕ^s)的抗拉强度为 1570～1960MPa,是由多根细钢丝扭结而成,常用的有 1×7

（4 股）和 1×3（3 股）等；

D. 预应力螺纹钢筋（φ^T），又称精轧螺纹粗钢筋，其抗拉强度为 980～1230MPa，这种钢筋在轧制时沿钢筋纵向全部轧有规律性的螺纹肋条，可用螺丝套筒连接和螺帽锚固，不需要再加工螺丝，也不需要焊接。它适用于预应力混凝土结构的大直径高强度钢筋。

9.3.2 混凝土

预应力混凝土构件对混凝土的性能要求是：

A. 强度高

因为只有高强度混凝土才能充分发挥高强度钢筋的性能，才能有效地减小构件截面尺寸和减轻自重。特别是先张法构件，黏结强度一般是随混凝土强度等级的增加而增加的。

B. 收缩、徐变小

这样可减少收缩、徐变引起的预应力损失。

C. 快硬、早强

这样可以尽早施加预应力，加快设备周转率，加快施工进度。

《通用规范》规定：对设计工作年限为 50 年的混凝土结构，预应力混凝土楼板结构的混凝土强度等级不应低于 C30，其他预应力混凝土结构构件的混凝土强度等级不应低于 C40。

9.4 张拉控制应力和预应力损失

9.4.1 张拉控制应力 σ_{con}

张拉控制应力 σ_{con} 是指预应力钢筋在进行张拉时所控制达到的最大应力值，其值为张拉设备（如千斤顶）上的测力计所指示的总张拉力除以预应力钢筋截面面积后所得的应力值。从提高预应力钢筋的利用率来说，σ_{con} 越高越好，这样在构件抗裂性相同的情况下可以减少用钢量。但 σ_{con} 定得过高，将存在以下问题：

A. 构件延性变差

构件出现裂缝时荷载和破坏时荷载接近，构件破坏前无明显预兆，呈脆性破坏。

B. 可能引起钢丝束断丝或钢筋应力达到屈服强度

为了减少预应力损失，往往要进行超张拉，由于钢材材质不均匀，钢筋强度有一定的离散性，超张拉时可能使个别钢筋产生流塑或脆断。

C. σ_{con} 值增大，钢筋的应力松弛也将增大，预应力损失加大。

因此《规范》规定，一般情况下张拉控制应力 σ_{con} 不宜超过表 9.1 的数值。

表 9.1 张拉控制应力限值

钢 筋 种 类	张拉控制应力 σ_{con}
消除应力钢丝、钢铰线	$0.4f_{ptk} \leqslant \sigma_{con} \leqslant 0.75f_{ptk}$
中张度预应力钢丝	$0.4f_{ptk} \leqslant \sigma_{con} \leqslant 0.70f_{ptk}$
预应力螺纹钢筋	$0.5f_{ptk} \leqslant \sigma_{con} \leqslant 0.85f_{ptk}$

张拉控制应力限值，当符合下列情况之一时，可提高 $0.05f_{ptk}$：

（1）要求提高构件在施工阶段的抗裂性能，而在使用阶段受压区内设置的预应力钢筋；

（2）要求部分抵消由于应力松弛、摩擦、钢筋分批张拉以及预应力钢筋与张拉台座之间的温差因素产生的预应力损失。

9.4.2　预应力损失

由于张拉工艺和材料特性等原因，预应力钢筋的张拉应力从施工到使用将不断降低，这种降低值称为预应力损失。下面就引起预应力损失的原因、损失值的计算及减少损失的措施分别讨论。

9.4.2.1　锚具变形和钢筋内缩引起的预应力损失 σ_{l1}

直线预应力钢筋当张拉到控制应力 σ_{con} 后便锚固在台座或构件上，由于锚具、垫板与构件之间的缝隙被挤紧以及钢筋的内缩滑移，使得张紧的钢筋松动，引起预应力损失，其值按下列公式计算

$$\sigma_{l1} = \frac{a}{l} E_s \tag{9.1}$$

式中　a——张拉端锚具变形和预应力筋内缩值（mm），按表 9.2 采用；

　　　l——张拉端至锚固端之间的距离（mm）。

表 9.2　锚具变形和预应力筋内缩值（mm）

锚　具　类　别		a
支承式锚具（钢丝束镦头锚具等）	螺帽缝隙	1
	每块后加垫板缝隙	1
夹片式锚具	有顶压时	5
	无顶压时	6～8

注：① 表中的锚具变形和预应力内缩值也可根据实测值确定；
　　② 其他类型的锚具变形和预应力内缩值应根据实测数据确定。

锚具损失只考虑张拉端，因为锚固端的锚具在张拉过程中已被挤紧。

块体拼成的结构，其应力损失尚应计及块体间填缝的预压变形。当采用混凝土或砂浆为填缝材料时，每条填缝的预压变形值应取 1mm。

对先张法生产的构件，当台座长度为 100m 以上时，σ_{l1} 可忽略不计。

减少此项损失的措施有：

A. 选择锚具变形小或使预应力钢筋内缩小的锚、夹具；尽量少用垫板，因为每增加一块垫板，a 值就增加 1mm。

B. 增加台座长度，因为 σ_{l1} 与台座长度 l 成反比。

采用预应力曲线钢筋的后张法构件，由于曲线孔道上反摩擦力的影响，使同一根钢筋不同位置处的 σ_{l1} 各不相同，其计算方法此处从略[①]。

9.4.2.2　预应力钢筋与孔道壁之间摩擦引起的预应力损失 σ_{l2}

后张法张拉直线预应力筋时，由于孔道施工偏差、孔壁粗糙、钢筋不直、钢筋表面粗糙等原因，使钢筋在张拉时与孔壁接触而产生摩擦阻力，这种摩擦阻力距预应力钢筋张拉端越远影响

---

① 详见滕智明教授主编《钢筋混凝土基本构件》（第 2 版）第 361 页，清华大学出版社（1987 年）。

越大,因而使构件每一截面上的实际预应力逐渐减小(图 9.13),这种应力差额称为摩擦引起的预应力损失 σ_{l2},其值按下式计算

$$\sigma_{l2} = \sigma_{con}\left(1 - \frac{1}{e^{\kappa x + \mu\theta}}\right) \qquad (9.2)$$

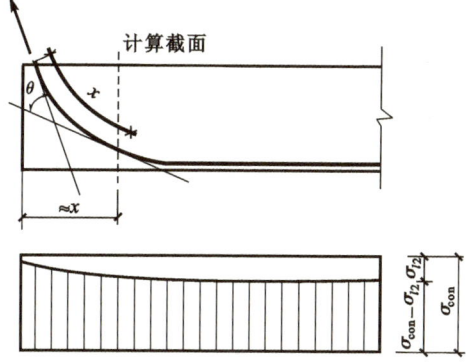

式中　x——从张拉端至计算截面的孔道长度,亦可近似取该段孔道在纵轴上的投影长度(m);

　　　θ——从张拉端至计算截面曲线孔道各部分切线的夹角之和(弧度);

　　　κ——考虑孔道每米长度局部偏差对摩擦影响的系数,按表 9.3 取用;

　　　μ——预应力钢筋与孔道壁之间的摩擦系数,按表 9.3 取用。

图 9.13　计算摩擦预应力损失示意图

当 $(\kappa x + \mu\theta) \leqslant 0.3$ 时,σ_{l2} 可按下列近似公式计算:

$$\sigma_{l2} = (\kappa x + \mu\theta)\sigma_{con} \qquad (9.3)$$

注:当采用夹片式群锚体系时,在 σ_{con} 内宜扣除锚口摩擦损失。

表 9.3　摩擦系数

孔道成型方式	κ	μ	
		钢铰线、钢丝束	预应力螺纹钢筋
预埋金属波纹管	0.0015	0.25	0.50
预埋塑料波纹管	0.0015	0.15	—
预埋钢管	0.0010	0.30	—
抽芯成型	0.0014	0.55	0.60
无黏结预应力筋	0.0040	0.09	—

注:① 表中系数也可根据实测数据测定;

② 在公式(9.2)中,对按抛物线、圆曲线变化的空间曲线及可分段后叠加的广义空间曲线,夹角之和 θ 可按下列近似公式计算:

抛物线、圆弧曲线:

$$\theta = \sqrt{a_v^2 + a_h^2} \qquad (附 9.2①)$$

广义空间曲线:

$$\theta = \sum\sqrt{\Delta a_v^2 + \Delta a_h^2} \qquad (附 9.2②)$$

式中　a_v, a_h——按抛物线、圆曲线变化与空间曲线钢筋在竖直、水平面投影所形成抛物线、圆曲线的弯转角;

　　　$\Delta a_v, \Delta a_h$——预应力广义空间曲线在竖直、水平向投影所形成分段曲线的弯转角增量。

为使计算 σ_{l2} 方便起见,已将指数函数 e^x 列表于表 9.10,供读者查用。

减少摩擦损失 σ_{l2} 的措施有:

A. 对较长的构件可在两端进行张拉,则计算孔道长度可减少一半,但将引起 σ_{l1} 的增加。

B. 采用超张拉[图 9.14(c)]。张拉程序为:$0 \to 1.1\sigma_{con} \xrightarrow{\text{停 2min}} 0.85\sigma_{con} \xrightarrow{\text{停 2min}} \sigma_{con}$,当张拉至 $1.1\sigma_{con}$ 时,钢筋中的预拉力将沿 EHD 分布,当退至 $0.85\sigma_{con}$ 时,由于孔道与钢筋之间产生反向摩擦,预应力将沿 $FGHD$ 分布,当再拉至 σ_{con} 时,钢筋应力将沿 $CGHD$ 分布,它比一次张拉[图 9.14(a)]的应力分布均匀,预应力损失小。

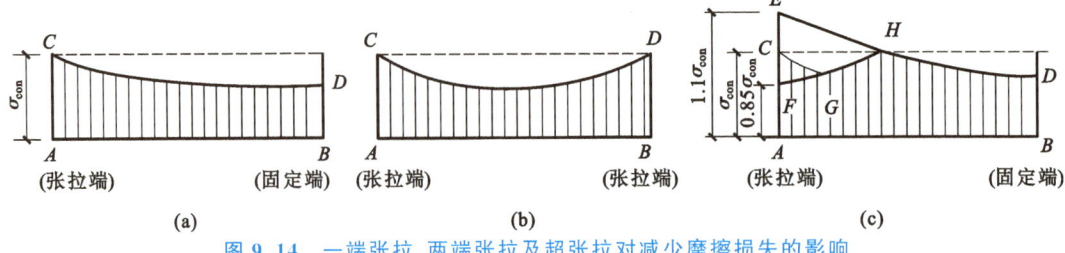

图 9.14　一端张拉、两端张拉及超张拉对减少摩擦损失的影响

9.4.2.3　混凝土加热养护时,受张拉的钢筋与承受拉力的设备之间温差引起的预应力损失 σ_{l3}

为了缩短先张法构件的生产周期,混凝土常采用蒸汽养护来加速其硬化。升温时,新浇混凝土尚未结硬,钢筋受热自由膨胀,但两端的台座是固定不动的,距离保持不变,因此产生预应力损失 σ_{l3}。降温时,混凝土已硬结,并与钢筋结成整体一起回缩,加之两者具有相同的温度膨胀系数,故两者的回缩相同,所损失的 σ_{l3} 无法恢复。

当混凝土加热养护时,预应力钢筋与承受拉力的台座之间的温差为 Δt (℃),钢筋的线膨胀系数为 $\alpha = 1 \times 10^{-5} / ℃$,则 σ_{l3} 可按下式计算

$$\sigma_{l3} = \varepsilon_s \cdot E_s = \frac{\Delta l}{l} E_s = \frac{\alpha l \Delta t}{l} E_s = \alpha E_s \Delta t$$

$$= 1 \times 10^{-5} \times 2.0 \times 10^5 \times \Delta t = 2\Delta t \quad (\text{N/mm}^2) \tag{9.4}$$

减少此项损失的措施有:

A. 采用两次升温养护。先在常温下养护至混凝土强度等级达 C7~C10 时,再逐渐升温,此时可以认为钢筋和混凝土已结为整体,能一起胀缩而无应力损失。

B. 在钢模上张拉,钢筋锚固在钢模上,升温时两者温度相同,可以不考虑此项损失。

9.4.2.4　钢筋应力松弛引起预应力损失 σ_{l4}

钢筋在高应力作用下具有随时间而增长的塑性变形性质。在钢筋长度保持不变的条件下,其应力随时间的增长而逐渐降低的现象称为钢筋的应力松弛。钢筋的松弛引起预应力钢筋的应力损失,此损失称为钢筋应力松弛损失 σ_{l4}。

《规范》规定的预应力钢筋预应力损失 σ_{l4},按表 9.4 的公式计算。

表 9.4　预应力 σ_{l4} 的计算

预应力钢筋的应力松弛	消除应力钢丝、钢绞线: 普通松弛: $\sigma_{l4} = 0.4\left(\dfrac{\sigma_{con}}{f_{ptk}} - 0.5\right)\sigma_{con}$ 低松弛: 当 $\sigma_{con} \leqslant 0.7 f_{ptk}$ 时 $\sigma_{l4} = 0.125\left(\dfrac{\sigma_{con}}{f_{ptk}} - 0.5\right)\sigma_{con}$ 当 $0.7 f_{ptk} < \sigma_{con} \leqslant 0.8 f_{ptk}$ 时 $\sigma_{l4} = 0.2\left(\dfrac{\sigma_{con}}{f_{ptk}} - 0.575\right)\sigma_{con}$ 中强度预应力钢丝: 一次张拉　$\sigma_{l4} = 0.08\sigma_{con}$ 预应力螺纹钢筋: 超张拉　$\sigma_{l4} = 0.03\sigma_{con}$

注:表中系数可根据实测数据确定。

应力松弛在开始阶段发展较快,刚开始几分钟大约完成 50% ,24h 约完成 80% ,以后发展缓慢,松弛的大小还与钢筋品种和张拉控制应力有关。

减小此项损失的措施是超张拉,其张拉程序为:$0 \rightarrow 1.05\sigma_{con}$;或从应力为零时开始张拉至 $1.05\sigma_{con}$,持荷 2min,卸载至 σ_{con} 。

9.4.2.5　混凝土收缩、徐变引起的预应力损失 σ_{l5}

混凝土在空气中结硬时会发生体积收缩,在预应力作用下沿压力方向发生徐变,它们均使构件的长度缩短,造成预应力损失,用 σ_{l5} 表示。当构件中配置有非预应力钢筋时,非预应力筋将产生应力增量 σ_{l5} 。

混凝土受拉区和受压区预应力钢筋的预应力损失与非预应力筋的压应力 σ_{l5} 和 σ_{l5}' 在一般情况下按下列公式计算:

先张法构件

$$\sigma_{l5} = \frac{60 + 340 \dfrac{\sigma_{pcI}}{f_{cu}'}}{1 + 15\rho} \tag{9.5a}$$

$$\sigma_{l5}' = \frac{60 + 340 \dfrac{\sigma_{pcI}'}{f_{cu}'}}{1 + 15\rho'} \tag{9.5b}$$

后张法构件

$$\sigma_{l5} = \frac{55 + 300 \dfrac{\sigma_{pcI}}{f_{cu}'}}{1 + 15\rho} \tag{9.6a}$$

$$\sigma_{l5}' = \frac{55 + 300 \dfrac{\sigma_{pcI}'}{f_{cu}'}}{1 + 15\rho'} \tag{9.6b}$$

式中　$\sigma_{pcI},\sigma_{pcI}'$ ——受拉区、受压区预应力筋合力点处的混凝土法向压应力;

f_{cu}' ——施加预应力时的混凝土立方体抗压强度;

ρ,ρ' ——受拉区、受压区预应力筋和非预应力筋的配筋率。

对先张法构件

$$\rho = \frac{A_p + A_s}{A_0}; \quad \rho' = \frac{A_p' + A_s'}{A_0} \tag{9.7a}$$

对后张法构件

$$\rho = \frac{A_p + A_s}{A_n}; \quad \rho' = \frac{A_p' + A_s'}{A_n} \tag{9.7b}$$

式中　A_p,A_s ——受拉区预应力钢筋和非预应力钢筋截面面积;

A_p',A_s' ——受压区预应力钢筋和非预应力钢筋截面面积;

A_0 ——先张法构件换算截面面积($A_0 = A_c + \alpha_G A_s + \alpha_E A_p$);

A_n ——后张法构件净截面面积。

对于对称配置预应力钢筋和非预应力钢筋的构件,配筋率 ρ 及 ρ' 应按钢筋总截面面积的一半计算。

当结构处于年平均相对湿度低于 40% 的环境下,σ_{l5} 及 σ_{l5}' 值应增加 30% 。

减少此项损失的措施有：

A. 采用高标号水泥，减少水泥用量，减少水灰比，采用干硬性混凝土。

B. 采用级配好的骨料，加强振捣，提高混凝土的密实性。

C. 加强养护，以减少混凝土收缩。

9.4.2.6　用螺旋式预应力作配筋的环形构件，由于混凝土的局部挤压所引起的预应力损失σ_{l6}

当 $d>3\text{m}$ 时，$\sigma_{l6}=0$；

当 $d\leqslant3\text{m}$ 时，$\sigma_{l6}=30\text{N/mm}^2$。

减少 σ_{l6} 的措施有：搞好骨料级配、加强振捣、加强养护以提高混凝土的密实性。

除上述六项预应力损失外，在后张法构件中，当预应力钢筋较多时，常采用分批张拉预应力钢筋。此时，考虑张拉后批钢筋时所产生的混凝土弹性压缩(或伸长)的影响，应将先批张拉钢筋的控制应力 σ_{con} 增加(或减少)等于 $\alpha_E\sigma_{po}$ 的数值。此处，α_E 为钢筋弹性模量与混凝土弹性模量的比值，σ_{po} 为张拉后批钢筋时，在已张拉钢筋重心处由预应力产生的混凝土法向应力。

9.4.3　预应力损失值组合

上述六项预应力损失，它们有的只发生在先张法构件中，有的只发生在后张法构件中，有的两种构件都有，按不同的张拉方法分批产生。通常把混凝土预压前出现的预应力损失称为第一批损失 σ_{lI}，预压后出现的预应力损失称为第二批损失 σ_{lII}。《规范》规定预应力损失值按表9.5进行组合。

表 9.5　各阶段预应力损失值的组合

预应力损失值的组合	先张法构件	后张法构件
混凝土预压前(第一批)的损失	$\sigma_{l1}+\sigma_{l2}+\sigma_{l3}+\sigma_{l4}$	$\sigma_{l1}+\sigma_{l2}$
混凝土预压后(第二批)的损失	σ_{l5}	$\sigma_{l4}+\sigma_{l5}+\sigma_{l6}$

注：先张法构件由于钢筋应力松弛引起的应力损失值 σ_{l4} 在第一批和第二批损失中所占的比例，如需区分，可根据实测情况确定。

当计算求得的预应力总损失 σ_l 小于下列数值时，应按下列数值取用：

先张法构件：100N/mm^2；

后张法构件：80N/mm^2。

9.5　预应力混凝土轴心受拉构件

9.5.1　轴心受拉构件应力分析

轴心受拉构件从预应力筋张拉到构件破坏，钢筋和混凝土的应力可分为两个阶段：施工阶段和使用阶段，每个阶段又包括若干受力过程，因此轴心受拉构件设计除进行使用阶段的承载力、抗裂度和裂缝计算外，还应进行施工阶段的验算。下面就先张法和后张法构件各阶段的截面应力进行分析。

9.5.1.1　先张法

先张法轴心受拉构件各阶段应力分析见表9.6。

表9.6　先张法轴心受拉构件各阶段应力分析

受力阶段		简图	预应力钢筋应力 σ_{p}	混凝土应力 σ_{pc}	非预应力钢筋应力 σ_{s}	说　明
施工阶段	张拉并锚固钢筋	N_{po} … N_{po}	$\sigma_{con}-\sigma_{l1}$	0	0	出现 σ_{l1} 损失
	混凝土预压前		$\sigma_{con}-\sigma_{l1}$	0	0	完成第一批预应力损失 σ_{l1}
	混凝土预压	σ_{sI} σ_{pcI} σ_{pI}	$\sigma_{pI}=\sigma_{con}-\sigma_{l1}-\alpha_{E}\sigma_{pcI}$	$\sigma_{pcI}=\dfrac{(\sigma_{con}-\sigma_{l1})A_{p}}{A_{0}}$	$\sigma_{sI}=-\alpha_{E}\sigma_{pcI}$	
	完成第二批损失	σ_{sII} σ_{pcII} σ_{pII}	$\sigma_{pII}=\sigma_{con}-\sigma_{l}-\alpha_{E}\sigma_{pcII}$	$\sigma_{pcII}=\dfrac{(\sigma_{con}-\sigma_{l})A_{p}-\sigma_{l5}A_{s}}{A_{0}}$	$\sigma_{sII}=-(\alpha_{E}\sigma_{pcII}+\sigma_{l5})$	
使用阶段	混凝土消压	N_{po} … $\sigma_{pc}=0$ … N_{po}	$\sigma_{con}-\sigma_{l}$	0	$-\sigma_{l5}$	加荷至混凝土应力为零,预应力筋应力增加 $\alpha_{E}\sigma_{c}$
	混凝土即将开裂	N_{cr} … f_{tk} … N_{cr}	$\sigma_{con}-\sigma_{l}+\alpha_{E}f_{tk}$	f_{tk}	$\alpha_{E}f_{tk}-\sigma_{l5}$	混凝土应力增加 f_{tk},钢筋应力相应增加 $\alpha_{E}f_{tk}$
	构件破坏	N_{u} … f_{y} f_{py} … N_{u}	f_{py}	0	f_{y}	混凝土开裂,钢筋屈服

A. 施工阶段

a. 张拉并锚固钢筋。张拉预应力钢筋到控制应力 σ_{con}，然后将钢筋锚固在台座上，钢筋回缩产生预应力损失 σ_{l1}，此时混凝土、预应力钢筋和非预应力钢筋的应力值分别为

$$\sigma_{pc} = 0 \tag{9.8a}$$

$$\sigma_p = \sigma_{con} - \sigma_{l1} \tag{9.8b}$$

$$\sigma_s = 0 \tag{9.8c}$$

b. 混凝土预压前。浇筑混凝土、养护，预应力完成温差损失 σ_{l3} 和松弛损失 σ_{l4}，产生第一批应力损失 σ_{lI}，此时各材料应力为

$$\sigma_{pc} = 0 \tag{9.9a}$$

$$\sigma_p = \sigma_{con} - \sigma_{lI} \tag{9.9b}$$

$$\sigma_s = 0 \tag{9.9c}$$

c. 混凝土预压。混凝土结硬后，放松钢筋，依靠钢筋与混凝土之间的黏结力，混凝土受压而缩短，钢筋亦缩短，此时混凝土、预应力筋和非预应力筋的应力分别为 σ_{pcI}、σ_{pI}、σ_{sI}，则

$$\sigma_{sI} = -\alpha_E \sigma_{pcI} \qquad (压) \tag{9.10a}$$

$$\sigma_{pI} = \sigma_{con} - \sigma_{lI} - \alpha_E \sigma_{pcI} \tag{9.10b}$$

由截面内力平衡条件求得

$$\sigma_{pcI} A_c + \sigma_{sI} A_s = (\sigma_{con} - \sigma_{lI} - \alpha_E \sigma_{pcI}) A_p$$

整理得

$$\sigma_{pcI} = \frac{(\sigma_{con} - \sigma_{lI}) A_p}{A_0} = \frac{N_{poI}}{A_0} \tag{9.10c}$$

式中　α_E——预应力钢筋、非预应力钢筋与混凝土弹性模量的比；

A_0——换算截面面积，$A_0 = A_c + \alpha_E A_s + \alpha_E A_p$。

式（9.10c）可理解为放松预应力钢筋时，预应力钢筋总拉力 N_{poI} 作用在混凝土换算截面上的压应力 σ_{pcI}。

d. 完成第二批损失。构件在投入使用之前完成了全部预应力损失 $\sigma_l = \sigma_{lI} + \sigma_{lII}$，同时，在预应力构件中，非预应力钢筋对混凝土的变形起约束作用，使其收缩、徐变值减少，使收缩、徐变产生的预应力损失有所降低，这是有利的一方面。但是，当混凝土收缩、徐变时，由于非预应力阻碍其收缩、徐变的发展，使混凝土产生拉应力，因而降低了混凝土的有效预压应力，影响构件的抗裂性能。后者的不利影响比有利影响大，故当构件中有一定的非预应力钢筋时，应当考虑这一不利影响。因此可得材料的应力，利用平衡条件，可得混凝土的有效预应力

$$\sigma_{sII} = -(\alpha_E \sigma_{pcII} + \sigma_{l5}) \qquad (压) \tag{9.11a}$$

$$\sigma_{pII} = \sigma_{con} - \sigma_l - \alpha_E \sigma_{pcII} \tag{9.11b}$$

$$\sigma_{pcII} = \frac{(\sigma_{con} - \sigma_l) A_p - \sigma_{l5} A_s}{A_0} = \frac{N_{poII}}{A_0} \tag{9.11c}$$

式中　σ_{pcII}——完成全部损失后混凝土所受预压应力，称为混凝土有效预应力；

σ_{l5}——非预应力钢筋由于混凝土收缩、徐变而受到的压应力。

B. 使用阶段

a. 混凝土消压。在轴向力逐渐增加时，预应力构件逐渐伸长，混凝土预压应力逐渐减小，混凝土应力为零的状态称为消压状态，此时混凝土的应力增量为 σ_{pcII}，预应力钢筋和非预应力

钢筋的应力增量为 $\alpha_E \sigma_{pcII}$，故消压状态材料应力分别为

$$\sigma_c = 0 \tag{9.12a}$$

$$\sigma_s = -\sigma_{l5} \quad (\text{压}) \tag{9.12b}$$

$$\sigma_{po} = \sigma_{con} - \sigma_l \tag{9.12c}$$

由平衡条件可求得消压轴力为

$$N_{po} = \sigma_{po} A_p - A_s \sigma_{l5} = \sigma_{pcII} A_0 \tag{9.13}$$

　　b. 混凝土即将开裂。荷载继续增加，混凝土开始受拉，当拉应力达到其抗拉强度标准值 f_{tk} 时，混凝土即将开裂，此时材料应力分别为

$$\sigma_c = f_{tk} \tag{9.14a}$$

$$\sigma_s = \alpha_E f_{tk} - \sigma_{l5} \tag{9.14b}$$

$$\sigma_p = \sigma_{con} - \sigma_l + \alpha_E f_{tk} \tag{9.14c}$$

由平衡条件并利用式(9.13)，可求得抗裂轴力为

$$\begin{aligned} N_{cr} &= A_p(\sigma_{con} - \sigma_l + \alpha_E f_{tk}) + A_s(\alpha_E f_{tk} - \sigma_{l5}) + A_c f_{tk} \\ &= A_p(\sigma_{con} - \sigma_l) - A_s \sigma_{l5} + f_{tk}(\alpha_E A_p + \alpha_E A_s + A_c) \\ &= (\sigma_{pcII} + f_{tk}) A_0 \end{aligned} \tag{9.15}$$

　　c. 构件破坏。外荷载继续增加，裂缝出现并贯通全截面，全部外荷载由钢筋承受，钢筋应力达到抗拉强度设计值时构件达到承载能力极限状态，此时材料应力为

$$\sigma_c = 0 \tag{9.16a}$$

$$\sigma_s = f_y \tag{9.16b}$$

$$\sigma_p = f_{py} \tag{9.16c}$$

由平衡条件求得极限承载力为

$$N_u = f_{py} A_p + f_y A_s \tag{9.17}$$

　　由式(9.15)和式(9.17)可见，对构件预加预应力并不能提高构件的承载能力，但可显著提高构件的抗裂性能。

9.5.1.2　后张法

后张法轴心受拉构件各阶段应力分析见表9.7。

　　A. 施工阶段

　　a. 预应力钢筋张拉并锚固。张拉预应力钢筋，混凝土受到弹性压缩，张拉完毕后加以锚固。在此过程中先后出现预应力损失 σ_{l1} 和 σ_{l2}，即完成第一批预应力损失 $\sigma_{lI} = \sigma_{l1} + \sigma_{l2}$，且混凝土的弹性压缩也已发生。此时各材料的截面应力分别为

$$\sigma_{pcI} = \frac{N_{pI}}{A_n} = \frac{(\sigma_{con} - \sigma_{lI}) A_p}{A_n} \tag{9.18a}$$

$$\sigma_{pI} = \sigma_{con} - \sigma_{lI} \tag{9.18b}$$

$$\sigma_{sI} = -\alpha_E \sigma_{pcI} \quad (\text{压}) \tag{9.18c}$$

式中　A_n——构件净截面面积，它等于混凝土净截面面积与非预应力钢筋换算面积之和，即 $A_n = A_c + \alpha_E A_s$。

　　b. 完成第二批损失。构件在投入使用之前，完成混凝土的收缩和徐变预应力损失 σ_{l5}，即完成第二批预应力损失，此时各材料截面应力为

表9.7 后张法轴心受拉构件各阶段应力分析

受力阶段		简图	预应力钢筋应力 σ_p	混凝土应力 σ_{pc}	非预应力钢筋应力 σ_s	说明
施工阶段	预应力钢筋张拉并锚固		$\sigma_{pI} = \sigma_{con} - \sigma_{lI}$	$\sigma_{pcI} = \dfrac{N_{pI}}{A_n} = \dfrac{(\sigma_{con} - \sigma_{lI})A_p}{A_n}$	$\sigma_{sI} = -\alpha_E \sigma_{pcI}$	张拉钢筋产生 σ_{l2},锚固钢筋产生 σ_{l1},完成第一批损失 $\sigma_{lI} = \sigma_{l1} + \sigma_{l2}$
	完成第二批损失		$\sigma_{pII} = \sigma_{con} - \sigma_l$	$\sigma_{pcII} = \dfrac{(\sigma_{con} - \sigma_l)A_p - \sigma_{l5} A_s}{A_n}$	$\sigma_{sII} = -(\alpha_E \sigma_{pcII} + \sigma_{l5})$	出现第二批损失 $\sigma_{lII} = \sigma_{l4} + \sigma_{l5}$ 总损失 $\sigma_l = \sigma_{lI} + \sigma_{lII}$
使用阶段	加载至消压		$\sigma_{con} - \sigma_l + \alpha_E \sigma_{pcII}$	0	$-\sigma_{l5}$	同先张法
	加载至构件即将开裂		$\sigma_{con} - \sigma_l + \alpha_E \sigma_{pcII} + \alpha_E f_{tk}$	f_{tk}	$\alpha_E f_{tk} - \sigma_{l5}$	同先张法
	加载至破坏		f_{py}	0	f_y	同先张法

$$\sigma_{pcII} = \frac{(\sigma_{con} - \sigma_l)A_p - \sigma_{l5}A_s}{A_n} \tag{9.19a}$$

$$\sigma_{pII} = \sigma_{con} - \sigma_l \tag{9.19b}$$

$$\sigma_{sII} = -(\alpha_E \sigma_{pcII} + \sigma_{l5}) \tag{9.19c}$$

B. 使用阶段

a. 加载至消压。与先张法构件类似,构件承受外荷载,直到混凝土应力为零。此时

$$\sigma_{pc} = 0 \tag{9.20a}$$

$$\sigma_s = -\sigma_{l5} \quad (压) \tag{9.20b}$$

$$\sigma_p = \sigma_{pII} + \alpha_E \sigma_{pcII} = \sigma_{con} - \sigma_l + \alpha_E \sigma_{pcII} \tag{9.20c}$$

由平衡条件可得消压轴向力为

$$\begin{aligned}
N_{po} &= A_p(\sigma_{con} - \sigma_l + \alpha_E \sigma_{pcII}) - A_s \sigma_{l5} \\
&= A_p(\sigma_{con} - \sigma_l) - A_s \sigma_{l5} + \alpha_E A_p \sigma_{pcII} \\
&= A_n \sigma_{pcII} + \alpha_E A_p \sigma_{pcII} = \sigma_{pcII}(A_n + \alpha_E A_p) \\
&= \sigma_{pcII} A_0 \tag{9.21}
\end{aligned}$$

式中,换算截面面积:$A_0 = A_n + \alpha_E A_p = A_c + \alpha_E A_s + \alpha_E A_p$。

b. 加载至构件即将开裂。荷载增加至混凝土拉应力达 f_{tk} 时,构件即将开裂,此时

$$\sigma_{pc} = f_{tk} \tag{9.22a}$$

$$\sigma_s = \alpha_E f_{tk} - \sigma_{l5} \tag{9.22b}$$

$$\sigma_p = \sigma_{con} - \sigma_l + \alpha_E \sigma_{pcII} + \alpha_E f_{tk} \tag{9.22c}$$

由平衡条件求得抗裂承载力为

$$\begin{aligned}
N_{cr} &= A_p(\sigma_{con} - \sigma_l + \alpha_E \sigma_{pcII} + \alpha_E f_{tk}) + A_s(\alpha_E f_{tk} - \sigma_{l5}) + A_c f_{tk} \\
&= A_p(\sigma_{con} - \sigma_l) - A_s \sigma_{l5} + \alpha_E A_p \sigma_{pcII} + \alpha_E A_p f_{tk} + \alpha_E A_s f_{tk} + A_c f_{tk} \\
&= \sigma_{pcII} A_0 + f_{tk}(\alpha_E A_p + \alpha_E A_s + A_c) \\
&= \sigma_{pcII} A_0 + f_{tk} A_0 = A_0(\sigma_{pcII} + f_{tk}) \tag{9.23}
\end{aligned}$$

c. 加载至破坏。此时构件极限承载力为

$$N_u = f_{py} A_p + f_y A_s \tag{9.24}$$

9.5.2 预应力混凝土轴心受拉构件的计算

预应力混凝土轴心受拉构件的计算和验算包括:使用阶段的承载力计算、抗裂度验算、施工阶段验算和后张法构件端部锚固区局部承压验算。

9.5.2.1 使用阶段的承载力计算

由前述各阶段应力分析,构件破坏时全部荷载由预应力和非预应力钢筋承担,其正截面承载力由下式计算

$$\gamma_0 N \leqslant f_y A_s + f_{py} A_p \tag{9.25}$$

式中　γ_0——结构重要性系数;

　　N——轴向拉力设计值;

　　f_{py}, f_y——预应力钢筋及非预应力钢筋抗拉强度设计值;

　　A_p, A_s——预应力钢筋及非预应力钢筋截面面积。

9.5.2.2　抗裂度验算

预应力混凝土构件正截面裂缝的受力裂缝控制等级分为三级,对于裂缝控制等级为一级和二级的构件,应进行抗裂度计算;对于裂缝控制等级为三级的构件,应进行裂缝宽度的验算。

(1) 裂缝控制等级为一级的构件

按荷载的标准组合,受拉边缘不得出现拉应力,即:

$$\sigma_{ck} - \sigma_{pc} \leqslant 0 \tag{9.26}$$

式中　σ_{ck}——荷载标准组合下混凝土的法向拉应力,$\sigma_{ck} = N_k / A_0$;

　　　N_k——荷载标准组合下构件的轴向拉力;

　　　σ_{pc}——扣除全部预应力损失后在抗裂验算边缘的混凝土法向应力,$\sigma_{pc} = \sigma_{pcⅡ}$。

(2) 裂缝控制等级为Ⅱ级,一般要求不出现裂缝的构件

在荷载标准组合下可以出现拉应力,但其值不得超过混凝土的抗拉标准强度,即:

$$\sigma_{ck} - \sigma_{pc} \leqslant f_{tk} \tag{9.27}$$

对环境类别为二 a 类的预应力混凝土构件,在荷载准永久组合下,受拉边缘亦不得出现超过混凝土的抗拉标准强度值,即:

$$\sigma_{cq} - \sigma_{pc} \leqslant f_{tk} \tag{9.28}$$

式中　σ_{cq}——在荷载准永久组合下混凝土的法向拉应力,$\sigma_{cq} = \dfrac{N_{cq}}{A_0}(N_{cq} = N_{GK} + \psi_q N_{QK})$。

(3) 裂缝控制等级为三级,允许出现受力裂缝的构件

对在使用阶段允许出现裂缝的构件,应验算裂缝宽度。按荷载标准组合下并考虑长期作用影响的效应计算。最大裂缝应符合下列要求,即

$$w_{max} \leqslant w_{lim}$$

预应力混凝土轴心受拉构件最大裂缝宽度 w_{max} 的计算方法与第 8 章相同,但钢筋混凝土的最大裂缝是用荷载准永久组合计算的,而且考虑消压轴力 N_{po} 的影响,即:

预应力混凝土最大裂缝宽度是按下列公式计算的:

$$w_{max} = \alpha_{cr} \psi \frac{\sigma_{sk}}{E_s} \left(1.9 C_s + 0.08 \frac{d_{eq}}{\rho_{te}} \right)$$

$$\sigma_{sk} = \frac{N_k - N_{po}}{A_p + A_s} \tag{9.29}$$

式中　A_p——全部预应力纵筋截面面积;

　　　A_s——全部非预应力纵筋截面面积;

　　　N_{po}——混凝土法向应力等于零时的预应力,即消压应力;

　　　N_k——按荷载标准组合计算的轴向力。

9.5.2.3　后张法构件端部锚固区局部承压验算

后张法构件中,预应力钢筋中的压应力是通过锚具传递给垫板,再由垫板传递给混凝土。由于锚具下垫板面积很小,构件端部承受很大的局部压力,其压力在构件内逐步扩散,经过一定的扩散长度(一般为构件的截面宽度)才均匀分布到构件的全截面上(图 9.15)。若预压力较大,而垫板面积又较小,垫板下的混凝土有可能发生局部挤压而破坏,因此应对构件端部锚固区的混凝土进行局部承压验算。

(1) 配置间接钢筋的混凝土结构件,其局部受压区的截面尺寸验算

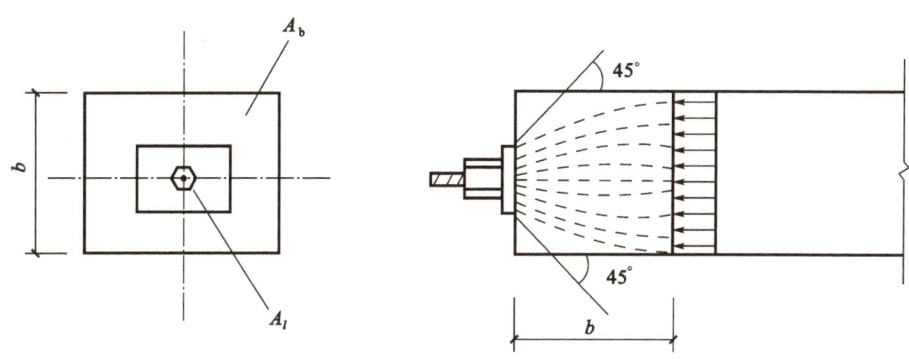

图 9.15 构件端部锚固区的应力传递

为了防止构件端部局部受压面积太小而在施加预应力时出现纵向裂缝,其局部受压区的截面尺寸应符合下列要求

$$F_l \leqslant 1.35\beta_c\beta_l f_c A_{ln} \tag{9.30}$$

$$\beta_l = \sqrt{\frac{A_b}{A_l}} \tag{9.31}$$

式中　F_l——局部受压面上作用的局部荷载或局部压力设计值,在后张法预应力混凝土构件中的锚头局压区,应取 1.2 倍张拉控制应力,即 $F_l = 1.2 \times \sigma_{con}A_p$;

　　　　f_c——混凝土轴心抗压强度设计值,在后张法预应力混凝土构件的张拉阶段验算中,应取相应阶段的混凝土立方体抗压强度 f_{cu}' 值,按表 2.4 以线性内插法取用;

　　　　β_c——混凝土强度影响系数,详见式(4.12)至式(4.14)的说明;

　　　　β_l——混凝土局部受压时的强度提高系数,按式(9.31)计算;

　　　　A_l——混凝土局部受压面积;

　　　　A_{ln}——混凝土局部受压净面积,对后张法构件,应在混凝土局部受压面积中扣除孔道、凹槽部分的面积;

　　　　A_b——局部受压时的计算底面面积,可由局部受压面积与计算底面面积按同心、对称的原则确定,一般情况可按图 9.16 取用。

(2) 配置方格网式或螺旋式间接钢筋且其核心面积 $A_{cor} \geqslant A_l$ 时,局部受压承载力计算

为了防止构件端部局部受压破坏,常在构件端部配置间接钢筋(焊网或螺旋筋),局部受压承载力应按下式计算

$$F_l \leqslant 0.9(\beta_c\beta_l f_c + 2\alpha\rho_v\beta_{cor} f_y)A_{ln} \tag{9.32}$$

当为方格网配筋时[图 9.17(a)],其体积配筋率应按下式计算

$$\rho_v = \frac{n_1 A_{s1} l_1 + n_2 A_{s2} l_2}{A_{cor} s} \tag{9.33}$$

此时,在钢筋网两个方向的单位长度内,其配筋截面面积相差不应大于 1.5 倍。

当为螺旋式配筋时[图 9.17(b)],其体积配筋率应按下式计算

$$\rho_v = \frac{4A_{ss1}}{d_{cor} s} \tag{9.34}$$

式(9.32)至式(9.34)中

　　　　β_{cor}——配置间接钢筋的局部受压承载力提高系数,仍按式(9.31)计算,但 A_b 以 A_{cor}

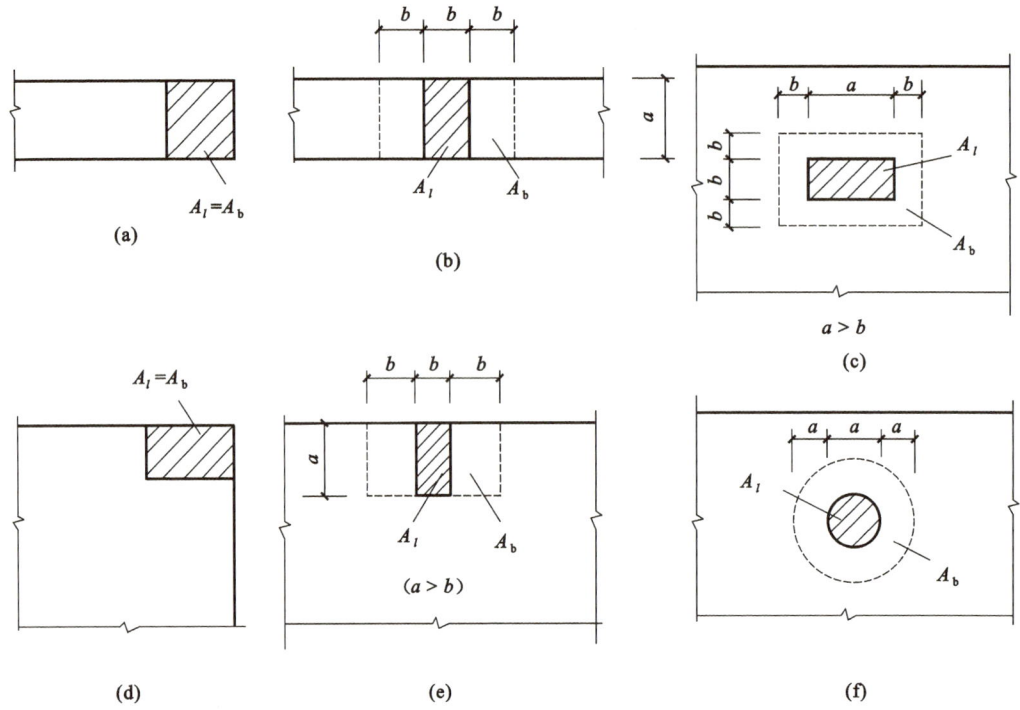

图 9.16　确定局部受压计算底面面积 A_b

代替,即 $\beta_{cor}=\sqrt{\dfrac{A_{cor}}{A_l}}$,当 $A_{cor}>A_b$,应取 $A_{cor}=A_b$;当 $A_{cor}\leqslant1.25A_l$,$\beta_{cor}=1.0$。

α——间接配筋对混凝土约束的折减系数,详见式(6.7)。

A_{cor}——配置方格网或螺旋式间接钢筋内表面范围以内的混凝土核心面积,但不应大于 A_b,且其重心应与 A_l 的重心重合,计算中仍按同心对称原则取值。

ρ_v——间接钢筋的体积配筋率(核心面积 A_{cor} 范围内单位混凝土体积所含间接钢筋体积)。

n_1,A_{s1}——方格网沿 l_1 方向的钢筋根数、单根钢筋的截面面积。

n_2,A_{s2}——方格网沿 l_2 方向的钢筋根数、单根钢筋的截面面积。

A_{ss1}——螺旋式单根间接钢筋的截面面积。

d_{cor}——配置螺旋式间接钢筋范围以内的混凝土直径。

s——方格网或螺旋式间接钢筋的间距,宜取 $30\sim80\text{mm}$。

间接钢筋应配置在图 9.17 规定的 h 范围内。对柱接头,h 尚不应小于 15 倍纵筋直径。配置方格网钢筋不应少于 4 片,配置螺旋式钢筋不应少于 4 圈。

9.5.2.4　施工阶段验算

先张法构件放松预应力钢筋或后张法构件预应力钢筋张拉完毕时,混凝土将受到最大的预压应力 σ_{cc},而此时混凝土强度有可能仅为强度设计值的 75%,此时,构件强度是否足够,应予验算

$$\sigma_{cc}\leqslant0.8f_{ck}' \tag{9.35}$$

式中　f_{ck}'——相应于施工阶段的混凝土抗压强度设计值。

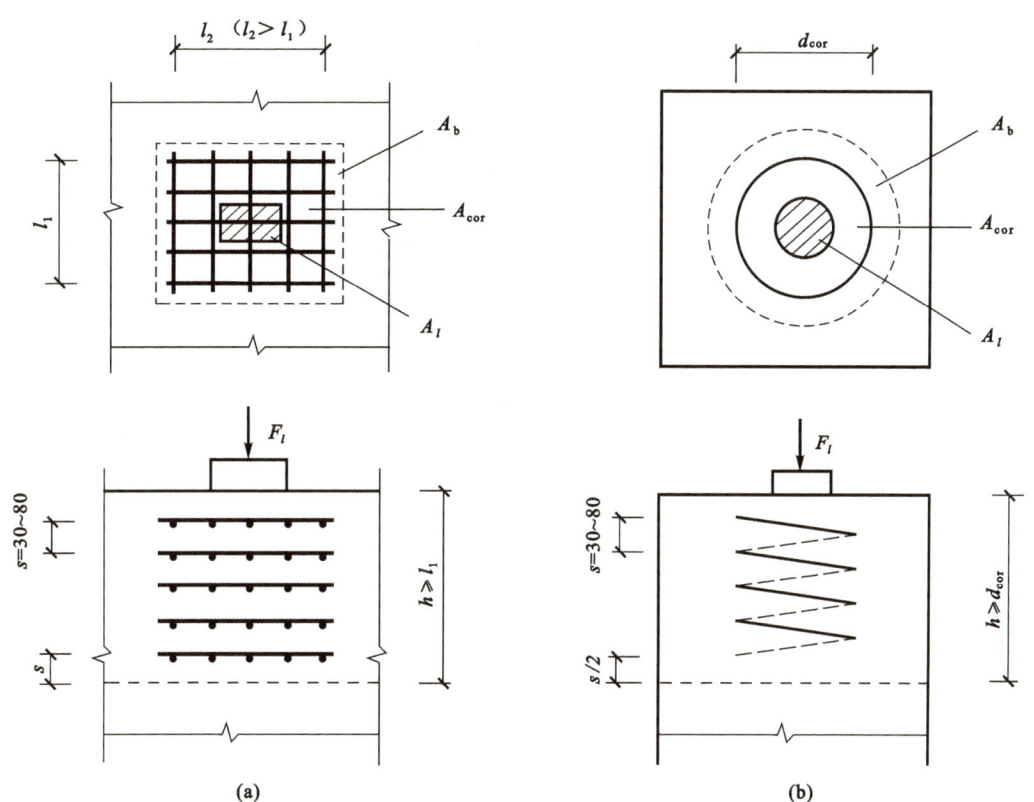

图 9.17 局部受压配筋

（a）方格网配筋；（b）螺旋式配筋

$$\sigma_{cc} = \frac{(\sigma_{con} - \sigma_{l\,I})A_p}{A_0} \quad （先张法） \tag{9.36}$$

$$\sigma_{cc} = \frac{\sigma_{con} A_p}{A_n} \quad （后张法） \tag{9.37}$$

9.5.3 设计例题

【例题 9.1】 设计 24m 预应力屋架下弦杆（图 9.18），已知条件如表 9.8 所示，试对下弦杆进行使用阶段承载力计算和抗裂度验算。

表 9.8 屋架下弦杆已知条件

材　料	混　凝　土	预应力钢筋	非预应力钢筋
品种和强度等级	C40	中强度预应力钢丝ϕ^{PM}	HRB400 Φ
截　面	250mm×200mm 孔道 2Φ50		按构造要求配置 4Φ12（A_s=452mm²）
材料强度	$f_c = 19.1 \text{N/mm}^2$ $f_{ck} = 26.8 \text{N/mm}^2$ $f_{tk} = 2.39 \text{N/mm}^2$	$f_{py} = 650 \text{N/mm}^2$ $f_{ptk} = 970 \text{N/mm}^2$	$f_y = 360 \text{N/mm}^2$ $f_{yk} = 400 \text{N/mm}^2$
弹性模量	$E_c = 3.25 \times 10^4 \text{N/mm}^2$	$E_s = 2.05 \times 10^5 \text{N/mm}^2$	$E_s = 2.0 \times 10^5 \text{N/mm}^2$

续表 9.8

材 料	混 凝 土	预应力钢筋	非预应力钢筋
张拉工艺	后张法,一次张拉,采用 JM 型锚具,孔道为橡皮管充压抽芯成型,超张拉 5%		
张拉控制应力	$\sigma_{con}=0.7\times970=679N/mm^2$		
张拉时混凝土强度	$f_{cu}=40N/mm^2$		
下弦杆拉力	$N=660kN\quad N_k=480kN\quad N_q=365kN$		

注:裂缝控制等级为二级。

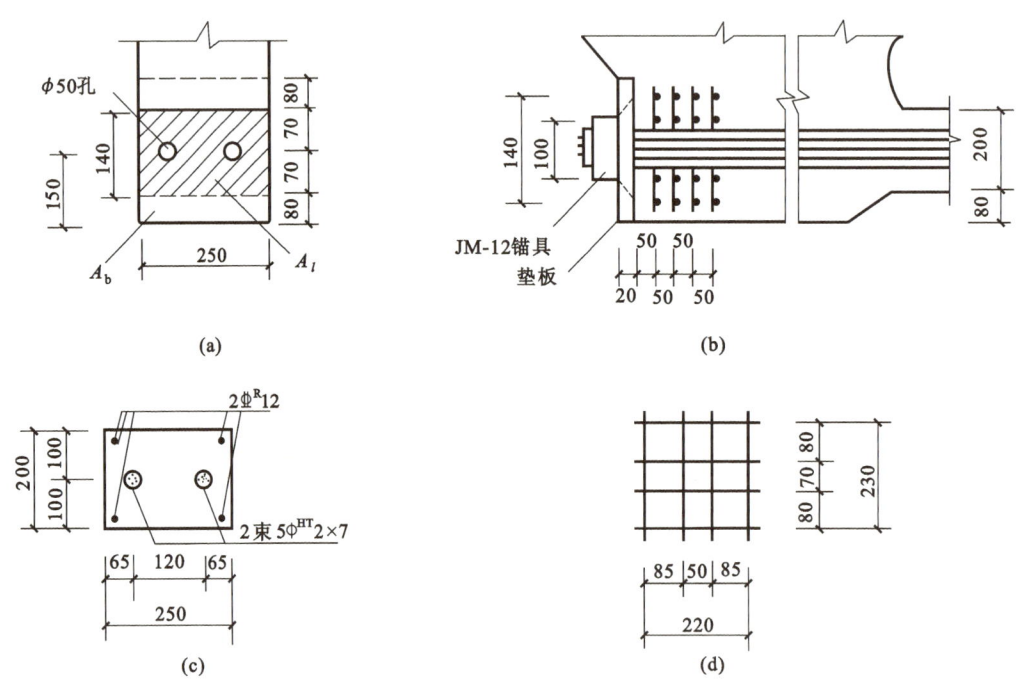

图 9.18 预应力屋架下弦杆

(a) 受压面积图;(b) 下弦端节点;(c) 下弦截面;(d) 钢筋网片

【解】 (1) 使用阶段承载力计算

$$A_p=\frac{\gamma_0 N-A_s f_y}{f_{py}}=\frac{1.0\times660\times10^3-360\times450}{650}=766mm^2$$

选用中强度预应力钢丝 $20\,\phi^{PH}(A_p=20\times38.48=770mm^2)$,每一夹板 $2\times\phi^{PH}7$ 钢丝,每一孔道设 5 个夹片。截面设 $2\phi50$ 的孔道。

注:现在 JM 型锚具不受钢筋直径 d 的限制。

控制应力

$$\sigma_{con}=0.7\times f_{ptk}=0.7\times970=679N/mm^2$$

(2) 使用阶段抗裂度验算

① 截面几何特征

预应力钢筋

$$\alpha_{E1}=\frac{2.05\times10^5}{3.25\times10^4}=6.31$$

非预应力钢筋

$$\alpha_{E2} = \frac{2.0 \times 10^5}{3.25 \times 10^4} = 6.15$$

混凝土净面积

$$A_n = A_c + (\alpha_{E2} - 1)A_s = 200 \times 250 - 2 \times \frac{1}{4}\pi \times 50^2 + (\alpha_{E2} - 1) \times 452$$

$$= 50000 - 3925 + (6.15 - 1) \times 452 = 48400 \text{mm}^2$$

换算面积

$$A_0 = 48400 + \alpha_{E1} \times A_p = 48400 + 6.31 \times 770 = 53259 \text{mm}^2$$

② 预应力损失计算

锚具变形损失

$$\sigma_{l1} = \frac{a}{l}E_p = \frac{5}{24 \times 10^3} \times 2.05 \times 10^5 = 42.7 \text{N/mm}^2$$

孔道摩擦损失

$$\sigma_{l2} = \sigma_{con}(kx + \mu\theta) = 679 \times (0.0014 \times 24) = 22.8 \text{N/mm}^2$$

第一批预应力损失

$$\sigma_{lI} = \sigma_{l1} + \sigma_{l2} = 42.7 + 22.8 = 65.5 \text{N/mm}^2$$

完成第一批损失后截面上混凝土的预应压力

$$\sigma_{pcI} = \frac{(\sigma_{con} - \sigma_{lI})A_p}{A_n} = \frac{(679 - 65.5) \times 770}{48400} = 9.76 \text{N/mm}^2$$

钢筋应力松弛损失

$$\sigma_{l4} = 0.08\sigma_{con} = 0.08 \times 679 = 54 \text{N/mm}^2$$

混凝土收缩、徐变的损失

由于对称配置预应力钢筋及非预应力钢筋,故 A_p 和 A_s 减半计算,即

$$\rho = \frac{A_p + A_s}{A_n} = 0.5 \times \frac{770 + 452}{48400} = 0.013$$

$\sigma_{pcI} = 9.76 \text{N/mm}^2$,张拉时混凝土强度 $f_{cu} = 40 \text{N/mm}^2$,由式(9.6a)

$$\sigma_{l5} = \frac{55 + 300 \times \frac{\sigma_{pcI}}{f'_{cu}}}{1 + 15\rho} = \frac{55 + 300 \times \frac{9.76}{40}}{1 + 15 \times 0.013} = 107 \text{N/mm}^2$$

第二批应力损失

$$\sigma_{lII} = \sigma_{l4} + \sigma_{l5} = 54 + 107 = 161 \text{N/mm}^2$$

全部应力损失(总损失)

$$\sigma_l = \sigma_{lI} + \sigma_{lII} = 65.5 + 161 = 226.5 \text{N/mm}^2$$

③ 抗裂度计算

混凝土有效预压应力

$$\sigma_{pc} = \frac{(\sigma_{con} - \sigma_l)A_p}{A_n} = \frac{(679 - 226.5) \times 770}{43886} = 8.0 \text{N/mm}^2$$

下弦杆控制裂缝等级为二级,要求在荷载标准组合下,其拉应力不得超过混凝土的抗拉强度标准值。

$$\sigma_{ck} = \frac{N_k}{A_0} = \frac{480 \times 10^3}{53259} = 9.0 \text{N/mm}^2$$

$\sigma_{ck} - \sigma_{pc} = 9.0 - 8.0 = 1.0 \text{N/mm}^2 < f_{tk} = 2.39 \text{N/mm}^2$，满足要求。

（3）张拉预应力钢筋时，锚具下局部承压的验算

① 局部受压尺寸验算

JM 型锚具直径为 100mm，锚具下垫板厚 20mm，局部承压面积 A_l 可按压力 F_l 从锚具至垫板与混凝土接触面按 45°线扩散后的面积计算

$$A_l = 250 \times (100 + 2 \times 20) = 250 \times 140 = 35000 \text{mm}^2$$

局部受压净面积

$$A_{ln} = 35000 - 2 \times \frac{\pi}{4} \times 50^2 = 31075 \text{mm}^2$$

局部受压的计算面积

$$A_b = 250 \times (140 + 2 \times 70) = 70000 \text{mm}^2$$

混凝土局部受压强度提高系数

$$\beta_l = \sqrt{\frac{A_b}{A_l}} = \sqrt{\frac{70000}{35000}} = 1.41$$

局部受压面上的压力设计值

$$F_l = 1.2\sigma_{con}A_p = 1.2 \times 679 \times 770 = 628000\text{N} = 628\text{kN}$$

验算

$$1.35\beta_c\beta_l f_c A_{ln} = 1.35 \times 1.0 \times 1.41 \times 19.1 \times 31075 = 1129789\text{N}$$
$$= 1130\text{kN} > F_l = 672\text{kN}$$

截面尺寸满足要求。

② 局部承压承载力验算

间接钢筋采用 4 片 HPB300 级 φ6 方格焊接网片，间距 50mm，详见图 9.18(d)。

$$A_{cor} = 220 \times 230 = 50600 \text{mm}^2 < A_b = 70000 \text{mm}^2$$

$$\beta_{cor} = \sqrt{\frac{A_{cor}}{A_l}} = \sqrt{\frac{50600}{35000}} = 1.2$$

$$\rho_v = \frac{n_1 A_{s1} l_1 + n_2 A_{s2} l_2}{A_{cor} \cdot s} = \frac{4 \times 28.3 \times 220 + 4 \times 28.3 \times 230}{50600 \times 50} = 0.02$$

由式（9.32）配有焊接网片局部受压承载力

$$F_l = 0.9(\beta_c\beta_l f_c + 2\alpha \rho_v \beta_{cor} f_{yv}) A_{ln}$$
$$= 0.9 \times (1.0 \times 1.41 \times 19.1 + 2 \times 1.0 \times 0.02 \times 270) \times 31075$$
$$= 1037.6\text{kN} > 672\text{kN}$$

（4）施工阶段验算

$$\sigma_{cc} = \frac{\sigma_{com}A_p}{A_n} = \frac{679 \times 770}{48400} = 10.8 \text{N/mm}^2 < 0.8f'_{ck} = 0.8 \times 26.8 = 21.44 \text{N/mm}^2$$

本 章 小 结

预应力混凝土结构，是在结构构件受外荷载作用前，先人为地对它施加压力，由此产生的

预压应力状态用于减小或抵消外荷载所产生的拉应力,达到推迟受拉区混凝土开裂的目的。混凝土的预应力是通过张拉构件内钢筋实现的,根据混凝土浇筑前、后张拉钢筋,将预应力分为先张法和后张法。先张法适用于小型构件,后张法适用于大型构件。

由于预应力是通过张拉钢筋实现的,欲使混凝土得到较大的预应力,预应力钢筋要经受较大的拉力,混凝土必须承受较大的压力,因而钢筋和混凝土应当采用高强材料。

张拉应力不得超过钢筋的屈服强度,即不超过《规范》规定的控制应力。钢筋被张拉到控制应力后,由于材料物理性质和机械原因,其控制的张拉应力将会减少,这就是应力损失。六个方面的应力损失均有各自的公式计算,然后在两个方面组合,应力总损失应控制在一定范围之内。

预应力混凝土轴心受拉构件作为本章的主要内容,各阶段的应力状态为其重点,透彻掌握施工阶段、使用阶段承载能力、抗裂度和局部承压的计算,才能对预应力混凝土的基本概念有全面的了解。

思　考　题

9.1　什么叫预应力混凝土结构?为什么对构件要施加预应力?

9.2　为什么在普通钢筋混凝土中不能有效地利用高强钢材和高级别混凝土?而在预应力结构中却必须采用高强度钢材和高级别混凝土?

9.3　比较普通钢筋混凝土结构和预应力混凝土结构的区别,它们各有何优缺点?

9.4　预应力施加方法有几种?它们的主要区别是什么?其特点和适用范围如何?

9.5　预应力混凝土对材料有哪些要求?

9.6　什么是控制应力 σ_{con}?为什么 σ_{con} 取值不能过高或过低?为什么 σ_{con} 与钢筋种类有关?

9.7　预应力损失有哪些?它们是如何产生的?采取什么措施可以减少这些损失?

9.8　先张法和后张法预应力构件的第一批损失和第二批损失各有哪些项目?

9.9　什么叫有效预应力值,先张法和后张法构件的有效预应力值是否相同?

9.10　写出轴心受拉构件的应力变化过程和应力值计算公式。

9.11　预应力混凝土构件正截面抗裂度计算是以哪一应力阶段作为依据?用计算式比较说明预应力混凝土构件的抗裂性比非预应力构件高。

9.12　为什么要对构件的端部局部加强?其构造措施有哪些?

习　　题

9.1　某24m跨度预应力混凝土拱形屋架的下弦杆,设计条件见表9.9。试对下弦杆进行使用阶段及施工阶段承载力计算和抗裂度验算。构件截面、端部构造、预留孔道与例题9.1相同,但预应力钢筋为钢铰线,采用镦头锚具,设计资料详见表9.9。附指数函数表,见表9.10。

表 9.9　习题 9.1 设计资料

材　　料	混　凝　土	预应力钢筋	非预应力钢筋
品种和标号	C50	钢铰线束	HRB400 级
截　　面	250mm×160mm 孔道 2φ50	每束公称直径 $\phi^{S11.1}$	4Φ12 $A_s=452mm^2$
材料强度	$f_c=23.1N/mm^2$ $f_t=1.89N/mm^2$ $f_{tk}=2.64N/mm^2$	$f_{ptk}=1860N/mm^2$ $f_{py}=1320N/mm^2$	$f_y=360N/mm^2$
弹性模量	$3.45\times10^4 N/mm^2$	$1.95\times10^5 N/mm^2$	$2.0\times10^5 N/mm^2$

续表 9.9

材　　料	混　凝　土	预应力钢筋	非预应力钢筋
张拉工艺	镦头锚具,低松弛,一端张拉		
张拉控制应力	$\sigma_{con}=0.75f_{ptk}=0.75\times1860=1395\text{N/mm}^2$		
张拉时混凝土的强度	混凝土强度到达 100%张拉钢筋		
端部构造	与例题 9.1 相同,螺栓下设 250mm×100mm×20mm 的垫板		
裂缝控制等级	二级		
下弦轴向拉力	$N=520\text{kN}$　　$N_k=420\text{kN}$　　$N_{eq}=300\text{kN}$		

表 9.10　指数函数 e^x 表

x	0	1	2	3	4	5	6	7	8	9
0.00	1.0000	1.0010	1.0020	1.0030	1.0040	1.0050	1.0060	1.0070	1.0080	1.0090
0.0	1.0000	1.0101	1.0202	1.0305	1.0408	1.0513	1.0618	1.0725	1.0833	1.0942
1	1.1052	1.1163	1.1275	1.1388	1.1503	1.1618	1.1735	1.1853	1.1972	1.2092
2	1.2214	1.2337	1.2461	1.2586	1.2712	1.2840	1.2969	1.3100	1.3231	1.3364
3	1.3499	1.3634	1.3771	1.3910	1.4049	1.4191	1.4333	1.4477	1.4623	1.4770
4	1.4918	1.5068	1.5220	1.5373	1.5527	1.5683	1.5841	1.6000	1.6161	1.6323
0.5	1.6487	1.6653	1.6820	1.6989	1.7160	1.7333	1.7507	1.7683	1.7860	1.8040
6	1.8221	1.8404	1.8589	1.8776	1.8965	1.9155	1.9348	1.9542	1.9739	1.9937
7	2.0138	2.0340	2.0544	2.0751	2.0959	2.1170	2.1383	2.1598	2.1815	2.2034
8	2.2255	2.2479	2.2705	2.2933	2.3164	2.3396	2.3632	2.3869	2.4109	2.4351
9	2.4596	2.4843	2.5093	2.5345	2.5600	2.5857	2.6117	2.6379	2.6645	2.6912
1.	2.718	3.004	3.320	3.669	4.055	4.482	4.953	5.474	6.050	6.686
2.	7.389	8.166	9.025	9.974	11.023	12.182	13.464	14.880	16.445	18.174
3.	20.09	22.20	24.53	27.11	29.96	33.12	36.60	40.45	44.70	49.40
4.	54.60	60.34	66.69	73.70	81.45	90.02	99.48	109.95	121.51	134.29
5.	148.41	164.02	181.27	200.34	221.41	244.69	270.43	298.87	330.30	365.04
6.	403.4	445.9	492.7	544.6	601.8	665.1	735.1	812.4	897.8	992.3
7.	1097	1212	1339	1480	1636	1808	1998	2208	2441	2697
8.	2981	3294	3641	4024	4447	4915	5432	6003	6634	7332
9.	8103	8955	9897	10938	12088	13360	14765	16318	18034	19930
10.	22026	24343	26903	29733	32860	36316	40135	44356	49021	54176

注:① 由第 1 横行可以查得 $x=0,0.001,\cdots,0.009$ 的 e^x 值,如 $e^{0.007}=1.0070$;
　　② 由第 2 到第 11 横行可以查得 $x=0,0.01,\cdots,0.99$ 的 e^x 值,如 $e^{0.54}=1.7160$;
　　③ 由第 12 到第 20 横行可以查得 $x=1.0,1.1,\cdots,9.9$ 的 e^x 值,如 $e^{7.6}=1998$;
　　④ 由最下一横行可以查得 $x=10,10.1,\cdots,10.9$ 的 e^x 值,如 $e^{10.3}=29733$。

本章练习

10   梁板结构

本章提要

房屋建筑的楼(屋)面、地下室的底板等均属梁板结构,应用颇为广泛。混凝土梁板结构按施工方法可分为现浇整体式、装配式和装配整体式三种形式。本章重点为学习现浇肋梁楼盖的布置、各构件的计算简图、荷载传递、内力计算、截面设计及施工图的绘制。因此,应掌握以下内容:

(1)单、双向板肋梁楼盖的划分、受力特点、传力途径;

(2)单向板肋梁楼盖板、次梁和主梁的计算简图、荷载折减、内力计算和主梁包络图的绘制;

(3)单向板肋梁楼盖中的板、次梁按塑性方法计算的塑性铰、塑性内力重分布概念,构件截面设计及构造要求,楼盖中各构件施工图的绘制;

(4)双向板按弹性方法的计算特点,塑性方法计算板的配筋及其构造要求;

(5)板式及梁式楼梯的受力特点和传力途径,板式楼梯设计和施工图的绘制。

10.1   概   述

钢筋混凝土梁板结构是土建工程中应用最为广泛的一种结构部件。例如房屋中的楼(屋)面[图 10.1(a)]、桥梁的桥面、大型矩形水池的池盖、地下室底板[图 10.1(b)]、扶壁式挡土墙[图 10.1(c)]等均属梁板结构。

混凝土梁板结构按其施工方法可分为整体现浇式、装配式和装配整体式三种形式。

整体现浇式混凝土梁板结构具有整体性好、抗震性强、防水性能好等优点。它的缺点是模板用量较多,现场工作量较大。随着施工技术的不断革新和多次重复使用的工具式钢模板的发展,整体现浇式梁板结构的应用将会日益增多。

整体现浇式楼盖结构按楼板受力和支承条件的不同,又分为单向板肋形楼盖[图 10.1(a)]、双向板肋形楼盖、无梁楼盖(图 10.2)和井式楼盖(图 10.3)。无梁楼盖适用于柱网尺寸不超过 6m 的图书馆、冷冻库等建筑。井式楼盖可少设或取消内柱,能跨越较大空间,获得较美观的天花板,适用于方形或接近方形的中小礼堂、餐厅以及公共建筑的门厅,但用钢量和造价较高。双向板肋形楼盖多用于公共建筑和高层建筑。单向板肋形楼盖广泛用于多层厂房和公共建筑。

装配式混凝土楼盖可以是现浇梁和预制板结合而成,也可以是预制梁和预制板结合而成。由于楼板采用了预制构件,使装配式混凝土楼盖便于工业化生产,在多层民用建筑和多层工业

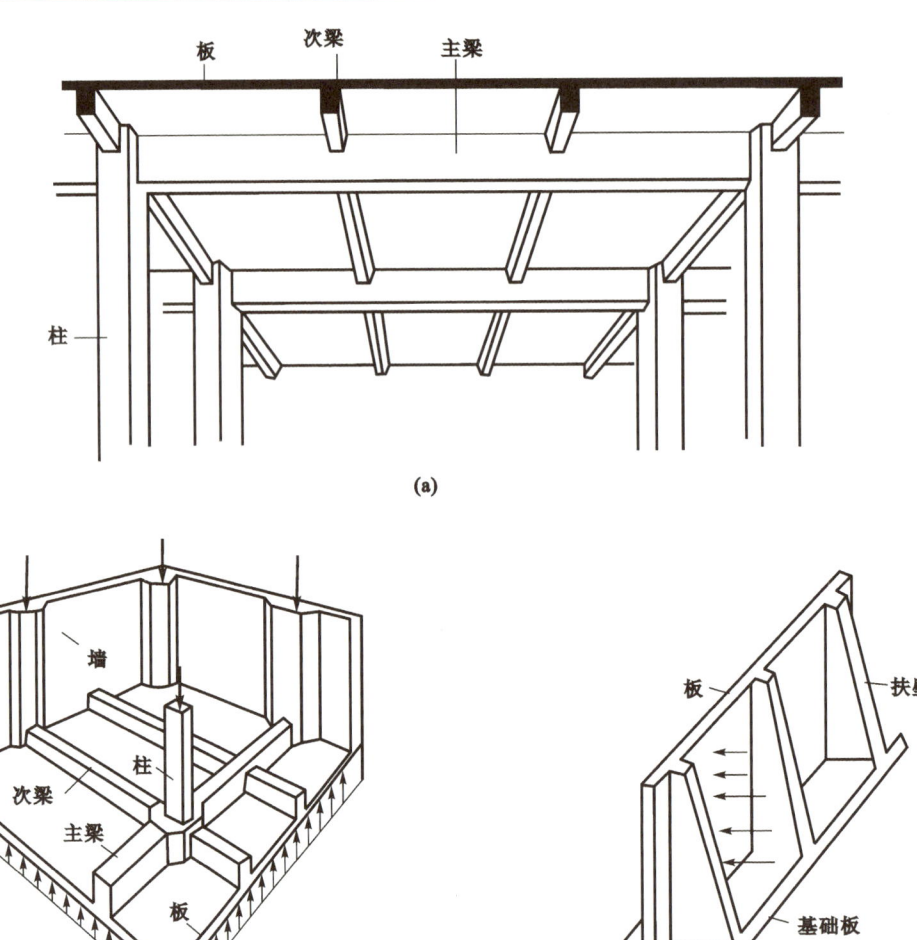

(a)

(b)　　　　　　　　　　　　　　　　　　　(c)

图 10.1　钢筋混凝土梁板结构

(a) 肋形楼盖；(b) 地下室底板；(c) 挡土墙

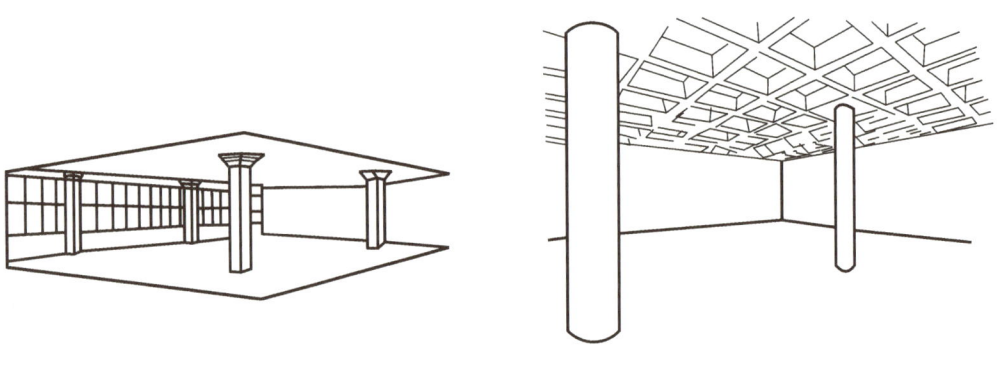

图 10.2　无梁楼盖　　　　　　　　　　**图 10.3　井式楼盖**

厂房中得到广泛应用。但是,这种楼面由于整体性、抗震性、防水性较差,不便于开设孔洞,故对高层建筑及有抗震设防要求的建筑以及使用上要求防水和开设孔洞的楼面,均不宜采用。

装配整体式混凝土楼盖由预制板(梁)上现浇一叠合层而成为一个整体,如图 10.4 所示。这种楼盖兼有整体现浇式和预制装配式楼盖的优点,既有比装配式楼盖好的整体性,又较整体现浇式节省模板和支撑。但这种楼盖要进行混凝土二次浇灌,有时还需增加焊接工作量,故对施工进度和造价都带来一些不利影响。它仅适用于荷载较大的多层工业厂房、高层民用建筑及有抗震设防要求的建筑。

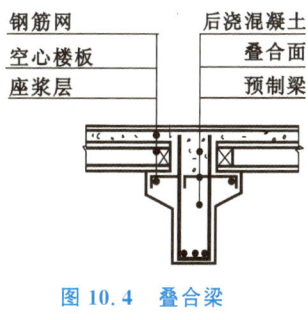

图 10.4　叠合梁

10.2　整体现浇式单向板肋梁楼盖

10.2.1　单、双向板的划分

梁板结构中每一区格的板,一般为四边有梁或墙支承,形成四边支承板。由于梁的刚度比板大很多,所以分析板的受力时,可忽略梁的竖向变形,设梁为板的不动支座。四边支承板一般在两个方向受力,荷载通过板在两个方向受弯、受剪向四边传递。图 10.5 为均布荷载作用下四边简支板在弹性阶段的变形图,板的区格在两个方向的跨度分别为 l_1 和 l_2。由于板是一个整体,弯曲时板在任意一点处的挠度在两个方向是相同的,因此在短跨 l_1 的竖向平面内曲率较大,弯矩也较大;在长跨 l_2 的竖向平面内曲率较小,弯矩也较小。在图 10.5 中 M_1 和 M_2 分别代表单位边宽上沿 l_1 及 l_2 方向的弯矩分布图。随跨长比 $n=\dfrac{l_2}{l_1}$ 的增大,短跨 l_1 方向弯矩 M_1 增大,长跨 l_2 方向弯矩 M_2 将减小。当 n 超过一定数值时,可近似认为全部荷载通过短跨方向受弯($M_1=0.125ql_1^2$)传至长边支座,计算上可忽略长跨方向的弯矩($M_2=0.02ql_2^2$),这种板在受力体系上称为单向板。计算上考虑两个方向受弯作用的板,称为双向板。故当 l_2/l_1 ≥3 时按单向板设计;l_2/l_1 ≤2 时按双向板设计;$3>l_2/l_1>2$ 时,宜按双向板设计,亦可按单向板设计,但应沿长边方向布置足够的构造钢筋。为了计算上方便,设计上通常仍按下列条件划分单双向板。

当 $n=\dfrac{l_2}{l_1}>2$ 时,按单向板设计;当 $n=\dfrac{l_2}{l_1}≤2$ 时,按双向板设计。

计算单向板时,可取一单位宽度($b=1\text{m}$)的板带作为典型单元进行配筋计算,计算方法与矩形截面的扁梁相同,所以,单向板又称为梁式板。

在单向板肋形楼盖中,荷载的传递路线是:板→次梁→主梁→柱或墙,也就是说,板的支座为次梁,次梁的支座为主梁,主梁的支座为柱或墙。由于板、次梁和主梁整体浇筑在一起,因此楼盖中的板和梁往往形成多跨连续结构,在计算上和构造上与单跨简支板、梁均有较大区别,这是现浇楼盖在设计和施工中必须注意的一个重要特点。

单向板肋形楼盖的设计步骤一般是:

(1) 选择结构布置方案;

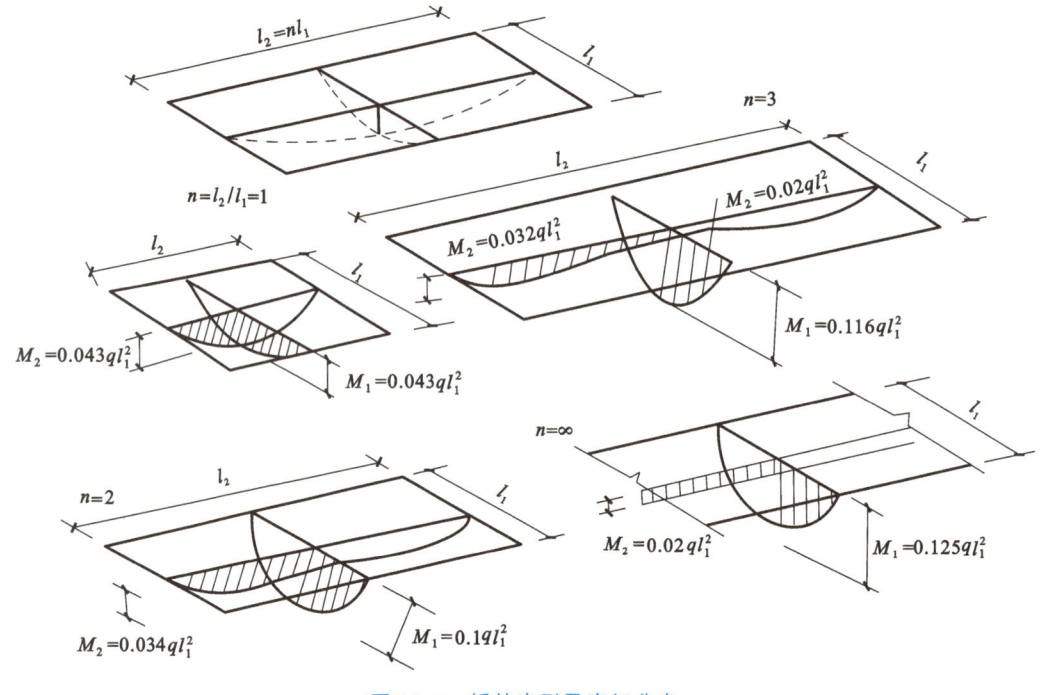

图 10.5   板的变形及弯矩分布

（2）确定结构计算简图并进行荷载计算；

（3）板、次梁、主梁分别进行内力计算；

（4）板、次梁、主梁分别进行截面配筋计算；

（5）根据计算和构造的要求绘制楼盖结构施工图。

10. 2. 2   楼盖的结构布置

设计单向板肋形楼盖时,首先应当确定梁板结构的布置。为得到一种合理的结构布置,一般可按下列原则进行：

（1）应满足房屋的正常使用要求

当房屋的宽度不大时(5~7m),梁可以只沿一个方向布置[图 10.6(a)];当房屋的平面尺寸较大时(例如工厂、仓库等),梁则应布置在两个方向上,并设一两排或更多的支柱,此时主梁可平行于纵向外墙[图 10.6(b)]或垂直于纵向外墙[图 10.6(c)]设置,前者对室内采光较为有利,后者则适合需要开设较大窗孔的建筑。

（2）应考虑结构受力是否合理

布置梁板结构时,应尽量避免将集中荷载直接支承于板上,如板上有隔墙、机器设备等集中荷载作用时,宜在板下设置梁来支承[图 10.6(e)],也应尽量避免将梁的支座搁在门窗洞口上,否则门窗过梁就要加强。将图 10.6(b)与图 10.6(d)进行比较可看到,前者的结构布置较为合理,后者不仅次梁支座有可能落在门窗洞口上,而且主梁在跨中支承一根次梁,在受力上也不如前者分散支承两根次梁为好。

（3）应考虑节约材料、降低造价的要求

由图 10.6 可以看到,板的跨度就是次梁的间距,当次梁的间距减小时,次梁的根数就增

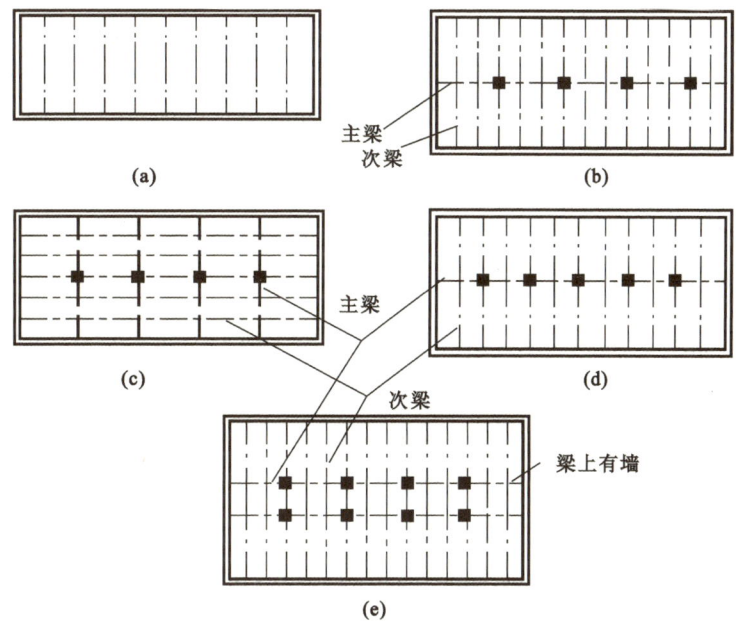

图 10.6 单向板楼盖的几种结构布置

多,但板跨减小,可使板厚减薄。反之,当次梁的间距增大时,次梁的根数就减少,但板跨增大,又使板厚增加,两者在材料消耗方面是互相密切联系的一对矛盾。但根据实践表明,由于楼盖中板的混凝土用量占整个楼盖混凝土用量的比例较大,因此一般板厚愈薄,材料总消耗愈少,造价也愈经济。但板太薄会使挠度过大,且施工难以保证质量,所以板的厚度一般不应小于表 3.1 的规定。

设计时,板的厚度和跨度可根据荷载的大小参考表 10.1 来选择,板的合理跨度一般在 1.7~2.7m 之间。

表 10.1 整体梁式板(单向板)厚度(mm)参考表

e_0 / q	多跨板 (l_0)												单跨板 (l_0)										
	1.6	1.8	2.0	2.2	2.4	2.6	2.8	3.0	3.2	3.4	3.6	3.8	1.6	1.8	2.0	2.2	2.4	2.6	2.8	3.0	3.2	3.4	3.6
2.00																							
2.40																							
2.80													60	~	70								
3.20															70	~	80						
3.60	60	~	70				80		90								80	~	90				
4.00				70	~	80			90	~	109								90	~	100		
4.80																					100	~	110
5.60																							
6.40																							
7.20																							
8.00																					110	~	120

注:① 本表选自《简明建筑结构设计手册》。
② 表中 l_0 为板的计算跨度(m),q 为荷载标准值(kN/m²),不包括板自重。

此外,由实践可知,当梁的跨度增大时,楼盖的造价随之提高;但当梁的跨度过小时,又使柱和柱基的数量增多,也会提高房屋的造价,同时柱子愈多,房屋的使用面积愈小。因此,主、次梁的跨度也有一个比较经济合理的范围:次梁为 4~6m,主梁为 5~8m(当荷载较小时,宜用较大值;当荷载较大时,宜用较小值)。

根据以上原则,即可对楼盖进行结构布置。一般来说,板梁布置得愈简单整齐,就愈能符合适用、经济、美观的要求。为此,如无特殊要求,应把整个柱网布置成正方形或长方形,板梁应尽量布置成等跨度,以便使板的厚度和梁的截面尺寸都能统一,这样既便于计算也有利于施工。

10.2.3　单向板肋梁楼盖的计算简图

楼盖结构布置完毕以后,即可确定结构的计算简图,以便对板、次梁、主梁分别进行计算。在确定计算简图时,除了应考虑现浇楼盖中板和梁往往是多跨连续这个特点以外,尚应对荷载计算、支座影响以及板梁计算跨度和跨数作简化处理。

10.2.3.1　荷载计算

当楼面承受均布荷载时,板所承受的荷载即为板带($b=1m$)自重(包括面层及粉刷等)及板带上的均布活荷载。在确定板传递给次梁的荷载和次梁传递给主梁的荷载时,一般均忽略结构的连续性而按简支进行计算,所以对于次梁,取相邻板跨中线所分割出来的面积作为它的受荷面积,次梁所承受的荷载为次梁自重及其受荷面积上板传来的荷载。对于主梁,则承受主梁自重及由次梁传来的集中荷载,但由于主梁自重与次梁传来的荷载相比往往较小,故为了简化计算,一般可将主梁均布自重化为若干集中荷载,加入次梁传来的集中荷载合并计算。荷载计算单元见图 10.7(a),板梁计算简图见图 10.7(b)。

当楼面承受集中(或局部)荷载时,可将楼面的集中荷载换算成等效均布荷载进行计算,换算方法可参阅《建筑结构荷载规范》(GB 50009—2012)附录 C。

10.2.3.2　支座

在单向板肋形楼盖中,板、梁的支座通常有两种构造形式:一种是直接搁置在砖墙、砖柱上;一种是与梁、柱整体连接。前者由于不是整体连接,支座对板、梁的嵌固作用不大,故在计算中可将其视为铰支座。后者由于支座对板、梁的转动有一定的约束作用,见图 10.8,但为了简化计算,也把它当作铰支座,由此而引起的误差可在荷载计算时加以调整。调整的具体方法是采取增加恒荷载、减少活荷载的方式处理,即:

$$对于板　　g'=g+\frac{q}{2}　　　　q'=\frac{q}{2}$$

$$对于次梁　g'=g+\frac{q}{4}　　　　q'=\frac{3q}{4}$$

$$对于主梁　g'=g　　　　　　　q'=q$$

式中　g,q——实际的恒荷载、活荷载;

　　　g',q'——调整后的折算恒荷载、活荷载。

这是因为:当恒荷载满布时比活荷载隔跨布置时所引起板、梁在支座处的转动要小(其力学原理将在以后述及)。采取上述调整措施,意味着可减少板、梁在支座处的转动,以此来反映由于忽略支座对板、梁的约束作用而引起的误差。

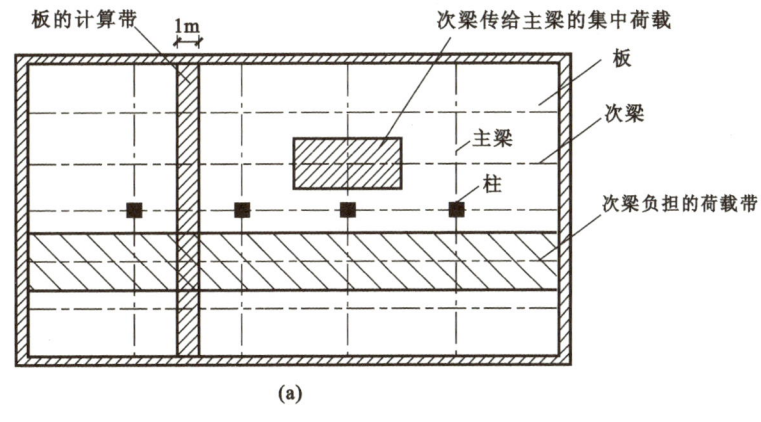

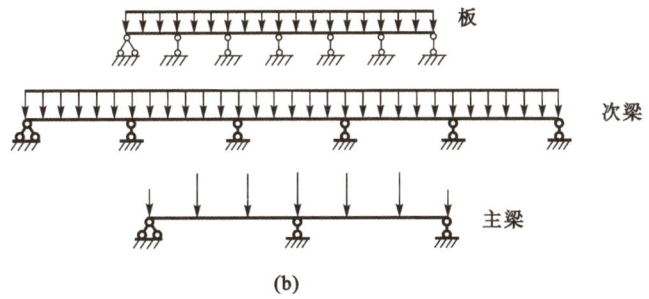

图 10.7 单向板楼盖板、梁的计算简图

(a) 荷载计算单元;(b) 板梁的计算简图

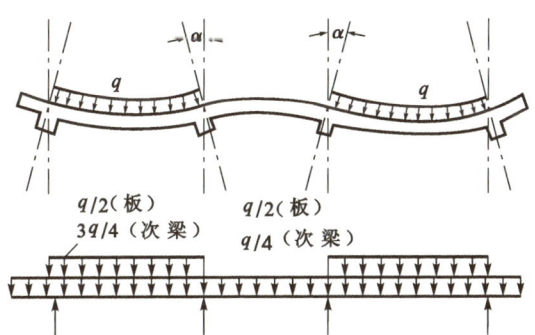

图 10.8 板与次梁及次梁与主梁整体连接的影响

应该注意,单向板肋形楼盖中主梁和次梁形成一相互正交的梁系。按照结构力学中交叉梁系的计算方法,梁中的弯矩分布与交叉的两向梁的线刚度比 β 有关。研究成果表明,当 $\beta \geqslant$ 12 时,梁中的弯矩值已接近将线刚度较大的梁看成不动铰支座的情况。设计上为了简化计算,一般当 $\beta \geqslant 3$ 时,可近似地将线刚度较大的梁作为另一向梁的不动铰支座,而按主次梁的关系进行计算。在计算中当然应考虑由约束问题而带来的荷载调整。

需要指出,在楼盖中,如果主梁的支座为截面较大的钢筋混凝土柱,当主梁与柱的线刚度比小于 4 时,以及柱的两边主梁跨度相差较大(大于 10%)时,由于柱对梁的转动有较大约束和影响,故不能再按铰支座考虑,而应将梁、柱视作框架来计算。

表 10.2　连续梁板的计算跨度 l_0

构件　方法	连续板	连续梁
按弹性分析内力	$l_0 = \min(l_n + h, l_c)$	$l_0 = \min(1.05 l_n, l_c)$
	$l_0 = l_c$	$l_0 = l_c$
	$l_0 = \min\left(l_n + \dfrac{h}{2} + \dfrac{b}{2}, l_c\right)$	$l_0 = \min\left(1.025 l_n + \dfrac{b}{2}, l_c\right)$
按塑性分析内力	$l_0 = \min(l_n + h, l_c)$	$l_0 = \min(1.05 l_n, l_c)$
	$l_0 = l_n$	$l_0 = l_n$
	$l_0 = \min\left(l_n + \dfrac{h}{2}, l_n + \dfrac{a}{2}\right)$	$l_0 = \min\left(1.025 l_n, l_n + \dfrac{a}{2}\right)$

10.2.3.3 跨数与跨度

当连续梁的某跨受到荷载作用时,它的相邻各跨也会受到影响,并产生变形和内力,但这种影响是距该跨愈远愈小,当超过两跨以上时,影响已很小。正因为如此,对于多跨连续板、梁(跨度相等或相差不超过 10%),若跨数超过五跨时,可按五跨来计算。此时,除连续板、梁两边的第一、二跨外,其余的中间跨度和中间支座的内力值均按五跨连续板、梁的中间跨度和中间支座采用。例如在图 10.7 中,板实际为六跨,但计算时可只按五跨考虑。如果跨数未超过五跨,则计算时就按实际跨数考虑。

连续板、梁各跨的计算跨度,与支座的构造形式、构件的截面尺寸以及内力计算方法有关,通常可按表 10.2 采用。

由上可知,在确定楼盖板、梁计算简图的过程中,需要事先假定构件截面尺寸才能确定计算跨度和进行荷载计算。板、梁截面尺寸一般可参考下列数值进行假定:板厚可按结构布置时对板的要求给予选定(表 10.1、表 10.2),次梁的截面高度 h 约为 $(1/18 \sim 1/12)l_0$(此处 l_0 为次梁的计算跨度);主梁的截面高度 h 约为 $(1/14 \sim 1/8)l_0$(此处 l_0 为主梁的计算跨度);梁宽 b 约为 $(1/3 \sim 1/2)h$。同时,为了保证板、梁应有足够的刚度,在初步假定板、梁截面时,尚应符合表 10.3 的规定要求。初步假定的截面尺寸在截面承载力计算过程中如发现与实际需要尺寸相差甚大时,则应重新假定再计算。

表 10.3　一般不作挠度验算的板厚与梁高度参考值

构　件　种　类		高跨比(h/l)	最小板厚或梁高
单向板	简　　支	1/35	民用建筑　$h \geqslant 60\text{mm}$
	两端连续	1/40	工业建筑　$h \geqslant 70\text{mm}$
双向板	四边简支	1/45	$h \geqslant 80\text{mm}$
	四边固定	1/50	l 为短方向跨度
多跨连续次梁		1/18～1/12	$h = l/25$
多跨连续主梁		1/14～1/8	$h = l/15$
单跨简支梁		1/12～1/8	

10.2.4　单向板楼盖的内力计算——弹性计算法

钢筋混凝土连续板、梁的内力计算方法有两种:

(1)弹性计算法;

(2)塑性计算法。

按弹性计算法计算连续板、梁的内力,也就是假定结构为弹性匀质材料,按结构力学原理进行计算,一般常用力矩分配法来求连续板、梁的内力。为计算方便,对于等跨的荷载规则的连续板、梁,均已制有现成计算表格,见本章附表 10.1。在实际应用上,利用这种计算表格即可迅速求得连续板、梁的内力,具体方法如下。

10.2.4.1　活荷载的最不利位置

作用于梁或板上的荷载有恒荷载与活荷载,恒荷载是保持不变的,而活荷载在各跨的分布则是随机的。对于简支梁,当恒、活荷载都作用时,产生内力(M 与 V)为最大,亦即为最不利;对于连续梁,则不一定是这样。为了确定各个截面可能产生的最大内力,即是一个活荷载如何布置,与恒荷载组合后,对某一指定截面的内力为最不利的问题,也就是荷载的不利组合问题。

兹以一五跨连续梁为例。当活荷载布置在不同跨间时梁的弯矩图及剪力图如图 10.9 所示。当求 1,3,5 跨跨中最大正弯矩时,活荷载应布置在 1,3,5 跨;当求 2,4 跨跨中最大正弯矩或 1,3,5 跨跨中最小弯矩时,活荷载应布置在 2,4 跨;当求 B 支座最大负弯矩及 B 支座最大剪力时,活荷载布置在 1,2,4 跨,如图 10.10 所示。

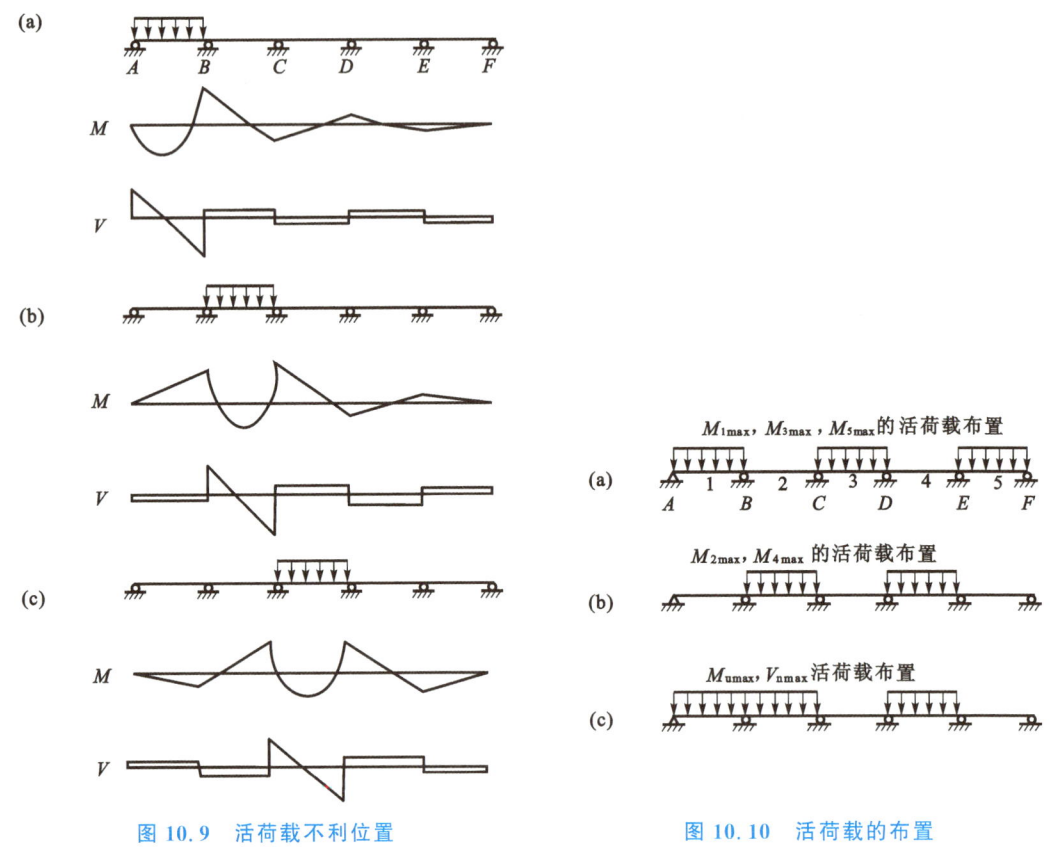

图 10.9　活荷载不利位置　　　　　　　　图 10.10　活荷载的布置

活荷载的最不利位置的布置方法,具体可归纳为以下几点:

(1) 当求连续梁各跨的跨中最大正弯矩时,应在该跨布置活荷载,然后向左、右两边隔跨布置活荷载。

(2) 当求连续梁各中间支座的最大(绝对值)负弯矩时,应在该支座的左、右两跨布置活荷载,然后隔跨布置活荷载。

(3) 当求连续梁各支座截面(左侧或右侧)的最大剪力时,应在该支座的左、右两跨布置活荷载,然后隔跨布置活荷载。

10.2.4.2　应用表格计算内力

活荷载的最不利位置确定后,对等跨度(或跨度差≤10%)的连续梁,即可直接应用表格(见本章附表 10.1)查得在恒荷载和各种活荷载作用下梁的内力系数,并按下列公式求出梁有关截面的弯矩 M 和剪力 V:

当均布荷载作用时

$$M = K_1 g l_0^2 + K_2 q l_0^2 \tag{10.1}$$

$$V = K_3 g l_n + K_4 q l_n \qquad (10.2)$$

当集中荷载作用时

$$M = K_1 G l_0 + K_2 Q l_0 \qquad (10.3)$$

$$V = K_3 G + K_4 Q \qquad (10.4)$$

式中　g，q——单位长度上的均布恒荷载及活荷载。

　　　　G，Q——集中恒荷载及活荷载。

　　　　$K_1 \sim K_4$——内力系数，由本章附表 10.1 中相应栏内查得。

　　　　l_n——净跨；

　　　　l_0——梁的计算跨度，按表 10.2 规定采用；当跨度不等(不超过 10％)计算支座弯矩时，
　　　　　　　l_0 应取该支座左右两跨跨度平均值；而计算跨中弯矩时，l 仍用该跨的跨度。

10.2.4.3　内力包络图

对连续梁来说，活荷载作用位置不同，画出的弯矩图或剪力图也不相同。所谓弯矩(或剪力)包络图，就是在恒荷载弯矩(或剪力)图上叠加以各种不利活荷载位置作用下得出的弯矩(或剪力)图的外包线所围成的图形，也称叠合图形。

绘制弯矩和剪力包络图的目的在于，能合理地确定钢筋弯起和切断的位置，有时也可以检查构件截面强度是否可靠、材料用量是否节省。下面分别叙述弯矩和剪力包络图的绘制方法。

A. 弯矩包络图

a. 荷载作用位置

绘制连续梁第一跨(即边跨)的弯矩包络图时，恒荷载应满布各跨，而活荷载作用位置应考虑三种情况：

(1) 使该跨跨中产生 M_{max}；

(2) 使该跨跨中产生 M_{min}；

(3) 使支座 B 产生最大(绝对值)负弯矩。

绘制连续梁所有中间跨的弯矩包络图时，恒荷载应满布各跨，而活荷载作用位置应考虑四种情况：

(1) 使该跨跨中产生 M_{max}；

(2) 使该跨跨中产生 M_{min}；

(3) 使该跨左支座产生最大(绝对值)负弯矩；

(4) 使该跨右支座产生最大(绝对值)负弯矩。

b. 根据上述荷载作用情况，应用本章附表 10.1，可分别求出各个支座的弯矩值。

c. 将求得的各支座弯矩，按比例绘于各支座上，并将同一荷载作用情况下各跨两端的支座弯矩连成直线，再以此线为基线，在其上根据荷载情况分别按简支梁作出弯矩图形。

d. 分别作出各跨在不同荷载情况下的弯矩图形后，连接最外围的包络线，即为所求的弯矩包络图。

以五跨连续梁为例，当各跨作用有两个对称的集中荷载时(荷载距支座 $l_0/3$)，其弯矩包络图的一般形式如图 10.11 所示。

B. 剪力包络图

a. 确定荷载作用位置：绘制连续梁各跨剪力包络图时，每跨只需考虑两种荷载作用情况，即分别使该跨两端支座剪力为最大。

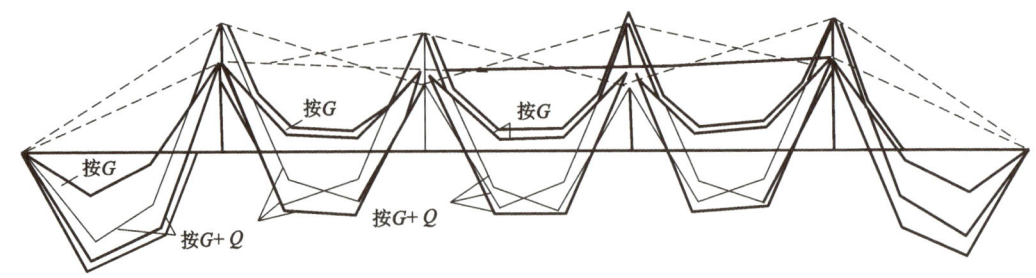

图 10.11　五跨连续梁的弯矩包络图

　　b. 根据上述荷载作用情况，应用本章附表 10.1，可分别求出各个支座的剪力值。

　　c. 将求得的各支座剪力，按比例绘于各支座上，再根据各跨荷载情况分别按简支梁绘制剪力图。

　　d. 当各跨的两个剪力图形分别作出后，连接其外围的包络线即为所求的剪力包络图。

　　仍以上述五跨连续梁为例，其剪力包络图的一般形式如图 10.12 所示。

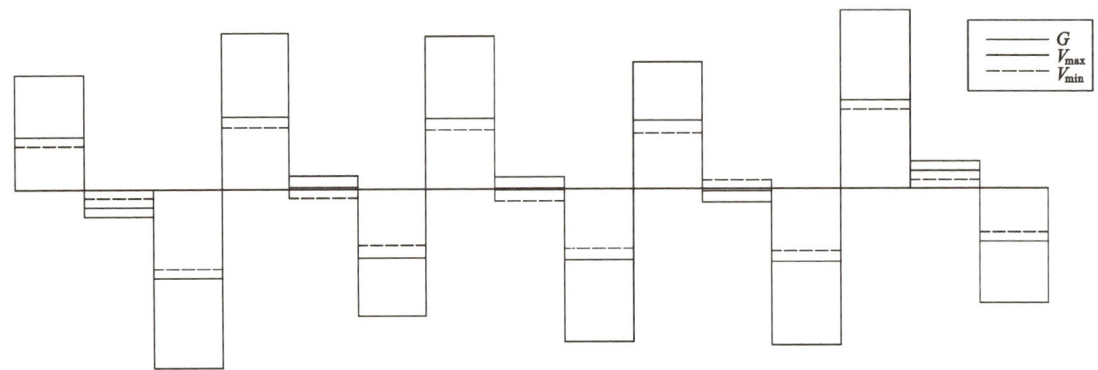

图 10.12　五跨连续梁的剪力包络图

　　由上可知，绘制弯矩和剪力包络图的工作量是比较大的，故在楼盖设计中，除主梁和不等跨的次梁（跨度差大于 20%）有时需根据包络图来确定钢筋弯起和截断位置外，对于连续板和等跨次梁一般不必绘制包络图，而直接按照连续板、梁的构造要求来确定钢筋弯起和截断位置。

10.2.5　单向板楼盖的内力计算——塑性计算法

10.2.5.1　塑性计算法的基本概念

　　混凝土是一种弹塑性材料，其变形由弹性变形和塑性变形两部分组成，钢筋在到达屈服强度后会产生很大的塑性变形，在钢筋混凝土受弯构件正截面承载力计算中，采用塑性理论，能正确地反映这两种材料的实际性能。但是按弹性方法确定连续梁由荷载产生的内力时，假定钢筋混凝土为匀质弹性材料，且结构刚度不随荷载大小而改变，显然，与截面计算理论不协调。其存在的问题有：

　　（1）按弹性理论计算连续梁是根据内力包络图进行配筋，由于没有考虑包络图中各种最不利荷载组合并不是同时出现，致使部分截面纵筋的配筋量过大，钢筋不能充分发挥作用。

　　（2）按弹性理论计算所得的支座弯矩一般大于跨中弯矩，按此弯矩配筋计算结果，使支座钢筋用量较多，甚至会造成钢筋拥挤现象，不便施工。

当解决上述问题,充分利用钢筋混凝土结构的塑性性能,挖掘结构潜在承载能力,达到节省钢筋和便于施工的目的,采用塑性方法计算内力是比较合理的。

1. 钢筋混凝土受弯构件的塑性铰

图 10.13 为两跨钢筋混凝土连续梁,在各跨中央作用一集中荷载 P 时,支座弯矩大于跨中弯矩。支座截面的内力从加荷载至破坏经历了三个阶段,当进入第Ⅲ阶段时,受拉钢筋开始屈服并产生流幅,混凝土垂直裂缝迅速发展,受压区高度不断缩小,截面绕中和轴转动,最后其受压混凝土边缘压应变达到 ε_{cu} 而被压碎(B 点),致使截面破坏,其所承受的极限弯矩为 M_u(图 10.13 中 B 截面)。此时如再继续增加荷载 P,该截面已不再增加 M_u,而是在一定范围内向着弯矩方向发生微微的转动,犹如形成了一个能转动的"铰",一般称之为"塑性铰"。

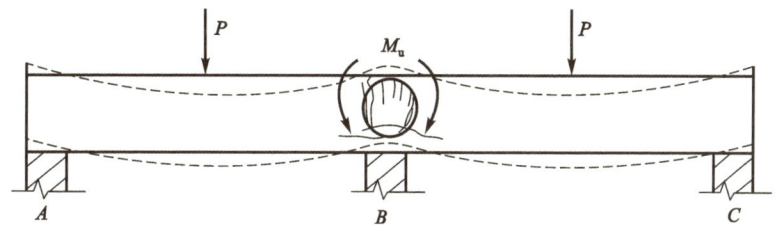

图 10.13　连续梁的支座塑性铰

塑性铰与理想铰不同。理想铰不能承受弯矩,但可自由转动。而塑性铰能传递一定的弯矩——截面的极限弯矩 M_u,在 M_u 作用下,仅能沿弯矩方向做有限的单向转动;塑性铰的发生不是集中于一点,而是一小段区域。

对于静定结构,任一截面出现塑性铰后,即可使结构变成几何可变体系而失去承载能力。但对超静定结构体系,由于存在多余联系,构件某一截面出现塑性铰后,并不能使其立即成为可变体系,构件尚有剩余强度,仍能继续承受所增加的荷载,直到其他截面也出现塑性铰,使结构成为几何可变体系,才能完全丧失承载力。

2. 超静定结构的塑性内力重分布

在钢筋混凝土超静定结构中,由于构件出现裂缝后引起的刚度变化以及塑性铰的出现,在构件各截面将产生塑性内力重分布。

图 10.14 跨中作用集中荷载 P 的两等跨连续梁,根据图 10.14(a)的荷载布置,按弹性理论计算,支座 B 的弯矩 $M_{1B}=0.188Pl$,跨中 D 的弯矩 $M_{1D}=0.156Pl$;按图 10.14(b)布置 P 时,在左跨中产生最大弯矩,此时,支座及跨中弯矩分别为 $M_{2B}=0.203Pl$,$M_{2D}=0.094Pl$。同理,如在右跨 E 作用一 P 时,也产生如左跨的弯矩图;梁的包络图如图 10.14(c)所示,设计时按包络图的弯矩配置受拉钢筋[图 10.14(d)]。如按图 10.14(a)的荷载布置,当荷载达到 P 时,支座 B 首先出现塑性铰,此时的连续梁变为简支梁[图 10.14(e)],跨中有剩余承载力 $\Delta M=0.203Pl-0.156Pl=0.047Pl$,因此梁还可继续承担荷载。再次增加荷载时,已出现塑性铰的中间支座截面,只承担其极限弯矩 M_u 而不再重新增加弯矩,仅只发生塑性转动。梁的内力已不再按原体系分布,而是按简支梁分布,直到跨中剩余承载力 ΔM 耗尽,跨中又出现塑性铰,整根梁成为可变体系而宣告破坏。该梁能增加的荷载 ΔP 由 $\Delta M=\Delta Pl/4$,得 $\Delta P=\Delta M\times4/l$,可见按塑性方法计算能提高梁的承载力。

综上所述,超静定结构出现塑性铰后,其内力已不按原体系分布,而是按塑性铰出现后的

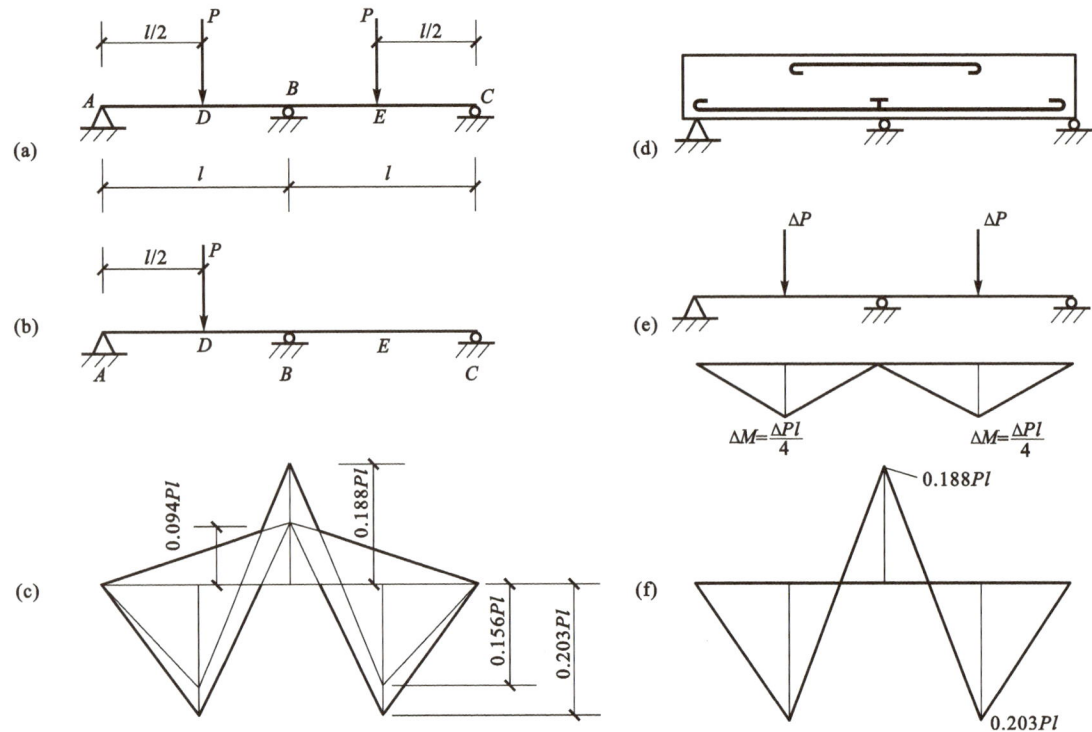

图 10.14　两跨连续梁在荷载 P 作用下塑性铰形成及内力重分布

新体系分布内力,此即为塑性内力重分布。利用塑性内力重分布比按弹性方法计算提高了梁的承载力;也可在荷载保持不变的条件下,减少支座截面钢筋,以达到节约钢筋、便于施工的目的。塑性铰出现的位置、顺序、内力分布程度可人为控制。

10.2.5.2　连续梁、板考虑塑性内力重分布的计算方法——调幅法

A. 考虑塑性内力重分布计算的一般原则

考虑塑性内力重分布的计算方法目前工程中常用调幅法,即在按弹性理论计算的弯矩包络图基础上,对首先出现塑性铰截面的弯矩进行调幅(减少),将调幅后的弯矩值加于相应的塑性铰截面,用一般结构力学的方法对其他截面进行内力分析,再经过综合考虑选取连续梁、板中各截面的计算内力值进行配筋计算。弯矩调幅法的设计原则是:

(1) 为了保证塑性铰具有足够的转动能力,防止受压区混凝土过早压坏,以实现较理想的内力重分布,必须控制受力钢筋用量,塑性铰截面的配筋量应满足 $\xi \leqslant 0.35$,且相对受压高度不宜小于 0.1(即 $\xi \geqslant 0.1$)的限制条件。受力钢筋宜采用 HPB300 级、RRB400 级;混凝土强度等级宜在 C25～C45 范围内选用。

(2) 为避免过早使支座出现塑性铰和内力重分布过长,塑性铰截面转动幅度过大,致使梁的裂缝开展过宽,变形过大,影响正常使用。因此对支座包络图上的弯矩予以减少,但减少的幅度以不超过 20% 为宜,即

$$M_塑 \geqslant 0.8M_弹 \tag{10.5}$$

(3) 为了尽可能多地节省钢材,钢筋构造简单,设计时应使调整后的跨中截面弯矩尽量接近按弹性方法计算的原包络图中的跨中弯矩,以及使调幅后仍能满足平衡条件,则梁、板的跨

中截面弯矩值应取按弹性理论计算的弯矩包络图所示的弯矩值和按下式计算值中的较大者:

$$M = M_0 - \frac{1}{2}(M_A' + M_B')\qquad(10.6)$$

式中 M_A', M_B'——连续梁某跨两端调整后的支座弯矩[图 10.15(a)];

   M_0——按简支梁计算的跨中弯矩,如为均布荷载,则 $M_0 = \frac{1}{8}ql_0^2$[图 10.15(b)]。

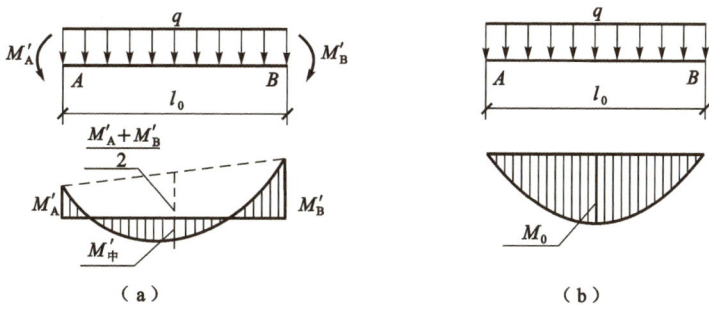

图 10.15 弯矩调幅图

(4) 调幅后,支座及跨中控制截面的弯矩值,不宜小于 $M_0/3$。

B. 等跨连续梁、板在相等均布荷载作用下的内力计算

为了计算方便,对工程中承受相等均布荷载的等跨连续板和次梁,采用调幅原则推导得出的内力计算公式为

弯矩:

$$M = \alpha_M(g + p)l_0^2\qquad(10.7)$$

剪力:

$$V = \alpha_V(g + p)l_n\qquad(10.8)$$

式中 α_M, α_V——塑性内力重分布公式的弯矩和剪力系数,按表 10.4 和表 10.5 采用;

   g, p——均布恒载和活载设计值;

   l_0——计算跨度,按表 10.2 取用;

   l_n——净跨。

对相邻跨度相差小于 10% 的不等跨连续板和次梁,仍可采用式(10.6)、式(10.7)计算,但支座弯矩应按相邻的大跨度取用。

表 10.4 连续梁和连续单向板塑性内力重分布的弯矩系数 α_M

支 承 情 况		截 面 位 置					
		端支座	边跨跨中	离端第二支座	离端第二跨跨中	中间支座	中间跨跨中
		A	I	B	II	C	III
梁、板搁支在墙上		0	$\frac{1}{11}$	二跨连续	$\frac{1}{16}$	$-\frac{1}{14}$	$\frac{1}{16}$
与梁整浇连接	板	$-\frac{1}{16}$	$\frac{1}{14}$	$-\frac{1}{10}$			
	梁	$-\frac{1}{24}$		三跨以上连续			
梁与柱整浇连接		$-\frac{1}{16}$	$\frac{1}{14}$	$-\frac{1}{11}$			

表 10.5　连续梁塑性内力重分布的剪力系数 α_V

支承情况	截 面 位 置					
	离支座内侧	离端第二支座		中间支座		
		外　侧	内　侧	外　侧		内　侧
搁在墙上	0.45	0.60	0.55	0.55		0.55
与梁或柱整体连接	0.50	0.55				

C. 等跨连续梁在集中荷载作用的内力计算

在集中荷载作用下,若荷载间距相同、大小相等,则连续梁各跨中和支座截面的弯矩设计值和支座截面的剪力设计值,按下列公式计算:

$$M = \eta \alpha_M (G + Q) l_0 \qquad\qquad (10.9)$$
$$V = n \alpha_V (G + Q) \qquad\qquad (10.10)$$

式中　η ——集中荷载修正系数,按表 10.6 选用;

　　　G,Q ——一个集中恒荷载和集中活荷载设计值;

　　　n ——跨内集中荷载的个数。

表 10.6　集中荷载修正系数 η

支承情况	截　面					
	边支座	边跨中	第一内支座	第二跨跨中	中间支座	中间跨中
当跨中中点处作用一个集中荷载时	1.5	2.2	1.5	2.7	1.6	2.7
当跨中三分点处作用两个集中荷载时	2.7	3.0	2.7	3.0	2.9	3.0
当跨中四分点处作用三个集中荷载时	3.8	4.1	3.5	4.5	4.0	4.8

D. 塑性内力重分布方法计算的适用范围

按塑性方法计算比按弹性理论计算节省材料,改善配筋,计算结果更符合结构的实际工作情况。但它不可避免地导致构件在使用阶段的裂缝过宽、变形过大,因此并不是在任何情况下都适用。一般在下列情况下不能用塑性方法设计:

(1) 直接承受动力荷载作用的结构;

(2) 要求不出现裂缝或处于侵蚀环境等情况的结构;

(3) 处于重要部位而又要求有较大承载力储备的构件,如肋梁楼盖中的主梁一般按弹性方法设计。

10.2.6　连续板的截面计算与构造

连续板、梁的内力求得以后,即可进行截面承载力计算。在一般情况下,如果连续板、梁截面尺寸能满足表 10.3 的要求,则可不进行变形和裂缝的计算,而仅需进行承载力计算即可。

10.2.6.1　连续板的截面配筋计算

连续板的截面承载力计算方法与简支梁基本相同,只不过跨中截面和各支座截面须分别进行计算,板内纵向受力钢筋的数量就是根据各跨中、各支座截面处的最大正、负弯矩分别计算而得。当板的跨数超过五跨时,全部中间跨度均按第三跨的钢筋布置,全部中间支座均按第三支座的钢筋布置。如跨数未超过五跨,则按实际跨数考虑。

在现浇楼盖中,有的板四周与梁整体连接。由于这种板在破坏前,在正、负弯矩作用下,会在支座上部和跨中下部产生裂缝,使板形成了一个具有一定矢高的拱,而板四周梁则成为具有抵抗横向位移能力的拱支座(图10.16)。此时,板在竖向荷载作用下,一部分荷载将通过拱的作用以压力的形式传至周边,与拱支座(梁)所产生的推力相平衡,从而可折减板中各计算截面的弯矩。为了考虑这种有利因素,一般规定,对于四周与梁整体连接的板的中间跨的跨中截面及中间支座截面,计算弯矩可减20%,其折减为0.8,其他情况均不予折减。

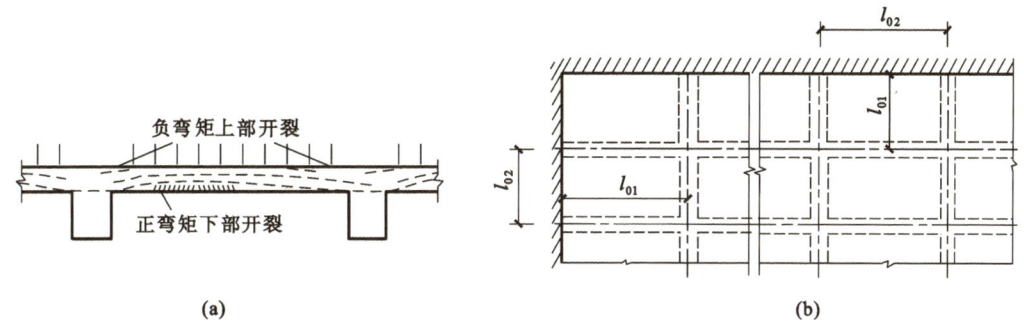

图 10.16　连续梁的配筋计算
(a) 连续板的拱作用;(b) 整体肋形楼板计算跨度示意图

10.2.6.2　连续板的构造要求

A. 受力钢筋的配置方法

板内受力钢筋的数量按上述方法求得后,配置时应考虑构造简单、施工方便。由于连续板各跨、各支座截面所需钢筋的数量不可能都相等,因此在配筋时,往往采取各截面的钢筋间距相同而钢筋直径不相同的方法。

受力钢筋的直径,在板内通常采用 $\phi6$、$\phi8$、$\phi10$ 以及 $\phi12$。同时在整个板内,选用不同直径的钢筋,不宜超过两种,相互差别不小于 2mm,以便识别。

受力钢筋的间距:一般不小于 70mm;当板厚 $h \leqslant 150mm$ 时,不宜大于 200mm;$h > 150mm$ 时,不应大于 1.5h,且不宜大于 250mm。由板中伸入支座的下部钢筋,其间距不应大于 400mm,其截面面积不应小于跨中受力钢筋截面面积的 1/3。

板中受力钢筋的布置方式常用的有弯起式和分离式两种,如图 10.17 所示。所谓弯起式,就是将跨中一部分受力钢筋(一般为 1/3 ~1/2)在支座前弯起(弯起角度一般采用 30°),作为承担支座负弯矩之用,如不足可另加直钢筋;所谓分离式,就是支座处所需承担负弯矩的钢筋,不是从跨中弯起,而是另外单独配置。采用弯起式,钢筋较省,但施工不如分离式简便。分离式配筋由于上、下钢筋之间无联系,整体性较差,故在承受动力荷载的板中不宜采用。

连续板内受力钢筋的弯起和截断位置,一般可不必由弯矩包络图和材料图形来确定,而直接按图 10.17 所示弯起点或截断点位置确定即可。但当板相邻跨度差超过 20%,或各跨荷载相差太大时,则仍应按弯矩包络图和材料图来确定。

B. 构造钢筋的配置

板中除布置受力钢筋外,尚需配置分布钢筋。单向板内单位长度上分布钢筋的截面面积,

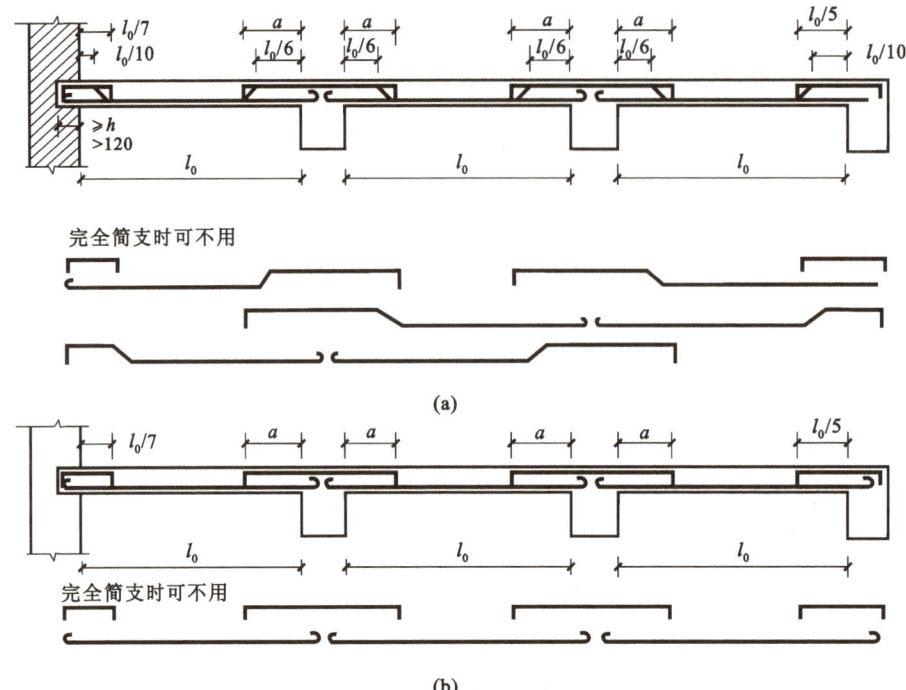

图 10.17　连续板中受力钢筋的布置方式

(a) 弯起式；(b) 分离式

a 值：当 $\dfrac{p}{g}\leqslant 3$ 时，$a=\dfrac{1}{4}l_0$；当 $\dfrac{p}{g}>3$ 时，$a=\dfrac{1}{3}l_0$。其中 p 为均布活荷载；g 为均布恒荷载

不应小于单位长度上受力钢筋截面面积的 15%，直径不小于 6mm 且其间距不大于 250mm。分布钢筋应垂直布置于受力钢筋的内侧，在受力钢筋的弯折处也应加置。

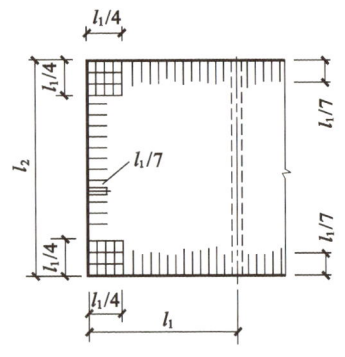

图 10.18　板嵌固在承重墙内时板边构造钢筋配筋图

对于嵌固在承重砖墙内的现浇板，为了避免沿墙边板面产生裂缝，在板的上部应配置间距不大于 200mm、直径不小于 8mm 的构造钢筋（包括弯起钢筋在内），其伸出墙边的长度不应小于 $l_1/7$，见图 10.18（l_1 为单向板的短边跨度）。同时，对于两边均嵌固在墙内的板角部分，为了防止出现垂直于板的对角线的板面裂缝，因此，板上部离板角点 $l_1/4$ 范围内也应双向配置上述构造钢筋，其伸出墙边的长度不应小于 $l_1/4$。

此外，沿受力方向配置的上述板面构造钢筋（包括弯起钢筋）的截面面积不宜小于跨中受力钢筋截面面积的 $1/3\sim 1/2$。沿非受力方向配置的上述板面构造钢筋，可根据实践经验适当减少。

在单向板楼盖中，板内受力钢筋是垂直次梁、平行主梁配置的，因此板与次梁连接较好，板与主梁连接较差。事实上，板与主梁连接处也会存在一定数量的负弯矩（因为板上有部分荷载会直接传递到主梁上），为了避免此处产生过大的裂缝，所以在主梁上部的板内，应配置垂直于主梁的构造钢筋。其间距不大于 200mm，其直径不应小于 8mm，且单位长度内的总截面面积不应小于板中单位长度内受力钢筋截面面积的 1/3,伸入板中的长度从主梁肋边算起,每边不应小于板计算跨度 l_0 的 1/4,如图 10.19 所示。

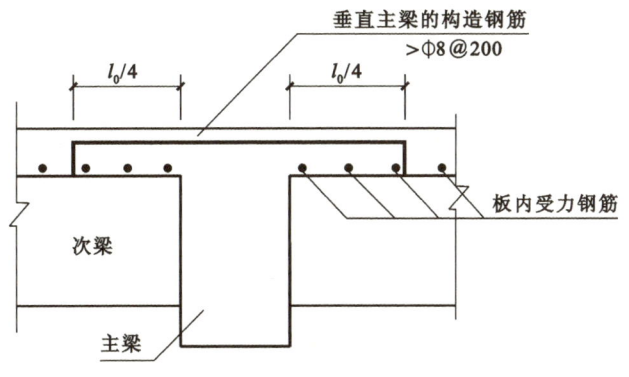

图 10.19 板与主梁连接的构造钢筋

有的楼板根据使用要求需要开设孔洞,其构造可按下列方法处理:

(1) 当 b(或 d)≤300mm 时(b 为方形孔洞垂直于板跨方向的宽度,d 为圆形孔洞的直径),可不设附加钢筋,板内受力钢筋也不必切断,可绕过孔洞边放置,见图 10.20(a)。

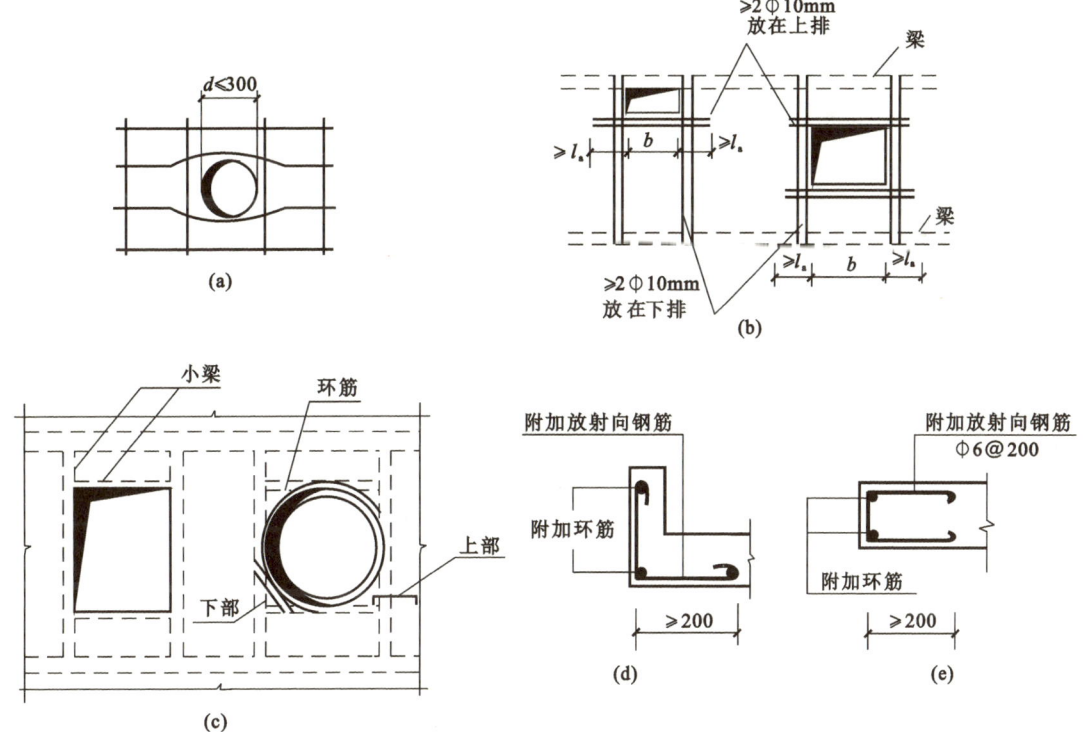

图 10.20 板上开洞的配筋方法

(a) 当 b(或 d)≤300mm 时;(b) 当 300mm<b(或 d)≤1000mm 时;(c) 当 b(或 d)>1000mm 时

(2) 当 300mm<b(或 d)≤1000mm 时,应沿周边加设附加钢筋,其截面面积不小于被孔洞切断的受力筋总面积,且每侧不小于 2Φ10,并布置在与被切断的主筋同一水平面上,

见图 10.20(b)。

(3) 当 b（或 d）>1000mm 或孔洞周边有较大集中荷载时,应在洞边设肋梁,见图 10.20(c)。对于圆形孔洞:板中还须配置图 10.20(c)所示的上部和下部钢筋以及图 10.20(d)、(e)所示的洞口附加环筋和放射向钢筋。

10.2.7　次梁计算与构造要求

1. 次梁的配筋计算

(1) 单向板肋梁楼盖的次梁,其跨中受拉钢筋按 T 形截面计算,其翼缘宽度 b_f' 按表 3.12 采用;支座因翼缘位于受拉区,按矩形截面计算。

(2) 按斜截面抗剪承载力确定抗剪腹筋。当荷载、跨度较小时,一般只利用箍筋抗剪;当荷载、跨度较大时,可在支座附近设置弯起钢筋,以减少箍筋用量。

(3) 截面尺寸满足前述高跨比(1/18～1/12)和宽高比(1/3～1/2)的要求时,一般不必做使用阶段的挠度和裂缝宽度验算。

2. 次梁的构造要求

当次梁相邻跨度相差不超过 20%,且均布恒荷载与均布活荷载设计值之比 $g/q \leqslant 3$ 时,可不作材料图,其纵向受力钢筋的弯起和切断按图 10.21 进行。

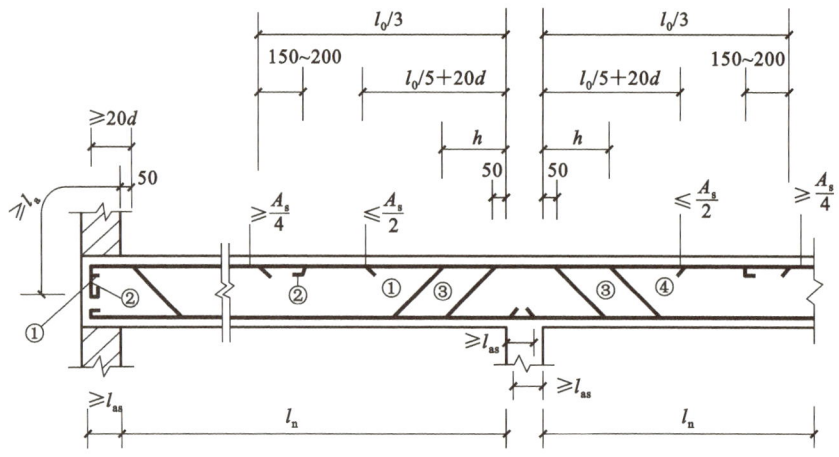

图 10.21　次梁的配筋构造要求

10.2.8　主梁的计算与构造要求

10.2.8.1　主梁的计算

(1) 正截面抗弯计算与次梁相同,通常跨中按 T 形截面计算,支座按矩形截面计算。当跨中出现负弯矩时,跨中也应按矩形截面计算。

(2) 由于支座处板、次梁和主梁的钢筋重叠交错,且主梁负筋位于次梁和板的负筋之下(图 10.22),故截面有效高度在支座处有所减小。此时主梁截面的有效高度应取:

当主梁受力钢筋为一排时　$h_0 = h - (60 \sim 70)$;

当主梁受力钢筋为两排时　$h_0 = h - (80 \sim 90)$。

(3) 由于主梁按弹性法计算内力,计算跨度是取支座中心线之间的距离,计算所得的支座

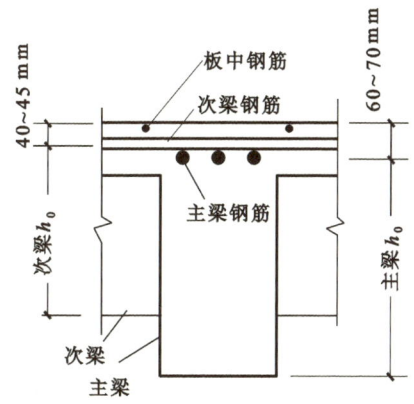

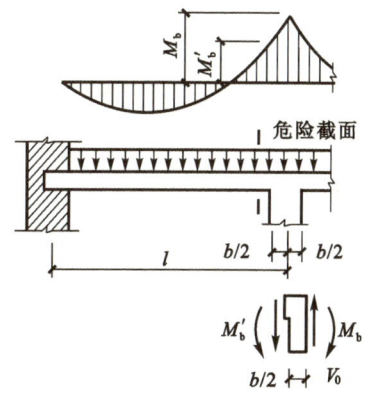

图 10.22　主梁支座处受力钢筋的布置情形　　　　图 10.23　支座中心与支柱边缘的弯矩

弯矩其位置是在支座中心处,但此处因与柱支座整体连接,梁的截面高度显著增大,故并不危险。最危险的支座截面应在支座边缘处,见图 10.23。因此,支座截面配筋的计算,应取支座边缘的弯矩 M_b',而不是支座中心处的 M_b。M_b' 值可近似地按下式计算

$$M_b' = M_b - V_0 \times \frac{b}{2} \tag{10.11}$$

式中　M_b'——支座边缘处的弯矩;

　　　M_b——支座中心处的弯矩;

　　　V_0——视该跨为简支梁时的支座剪力;

　　　b——支座宽度。

（4）主梁主要承受集中荷载,剪力图呈矩形。如果在斜截面抗剪计算中,要利用弯起钢筋抵抗部分剪力,则应考虑跨中有足够的钢筋可供弯起,以使抗剪承载力图完全覆盖剪力包络图。若跨中钢筋可供弯起的根数不多,则应在支座设置专门抗剪的鸭筋。

（5）截面尺寸满足前述高跨比(1/14~1/8)和宽高比(1/3~1/2)的要求时,一般不必做使用阶段挠度和裂缝宽度验算。

10.2.8.2　主梁的构造要求

（1）主梁伸入墙内的长度一般不应小于 240mm。

（2）主梁纵向受力钢筋的弯起和截断,应使其抗弯承载力图覆盖弯矩包络图,并应满足有关构造要求。例如:对于主梁需要弯起钢筋抗剪的区段,弯起钢筋的弯终点离支座边缘的距离一般应不大于 50mm;通过前一道弯起钢筋的弯起点和后一道弯起钢筋的弯终点的垂直截面之间的距离应不大于箍筋最大间距 s_{max};通过最后一道弯起钢筋弯起点的垂直截面到集中力作用点的距离也不应大于 s_{max}。若该处下部钢筋抗拉强度已被充分利用,则还要求弯起钢筋下部弯点离开该钢筋强度充分利用点的距离不小于 $h_0/2$(h_0 为主梁截面有效高度)。若集中力作用点处的纵筋强度尚未充分利用,则该段距离允许小于 $h_0/2$,但要验算该处斜截面的抗弯承载力。

（3）不管是主梁还是次梁,其下部纵向受力钢筋伸入支座的锚固长度,应按下述原则选取。

连续梁下部纵向受力钢筋伸入边支座内的锚固长度 l_{as} 与简支梁的规定相同:当 $V<$

$0.7f_tbh_0$ 时，$l_{as} \geqslant 5d$；当 $V > 0.7f_tbh_0$ 时，l_{as} 按图 4.28 所示处理。纵向受拉钢筋不宜在受拉区截断，通常应伸至梁端，如伸至梁端尚不满足上述锚固长度的要求，则应用专门的锚固措施（例如，在钢筋上加焊横向锚固钢筋、锚固钢板，或将钢筋端部焊接在梁端的预埋件上等）。

连续梁下部纵向受力钢筋伸入中间支座的锚固长度，当计算中不利用其强度时，其伸入长度与简支梁 $V > 0.7f_tbh_0$ 时的规定相同；当计算中充分利用钢筋的受拉强度时，其伸入支座的锚固长度不应小于按式（1.21）算出的 l_a；当计算中充分利用钢筋的受压强度时，其锚固长度不应小于 $0.7l_a$。连续梁的上部纵筋应贯穿其中间支座或中间节点范围。

（4）在次梁和主梁相交处，由于主梁承受由次梁传来的集中荷载，其腹部可能出现斜裂缝，并引起局部破坏，见图 10.24(a)。因此，《规范》规定应在集中荷载附近 $s = 2h_1 + 3b$ 的长度范围内设置附加横向钢筋（吊筋、箍筋），以便将全部集中荷载传至梁的上部，见图 10.24(b) 与图 10.24(c)。

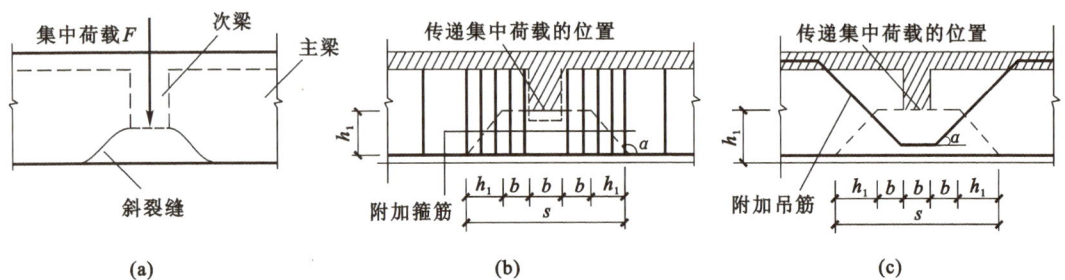

图 10.24　主梁腹部局部破坏情形及附加横向钢筋布置
(a) 集中荷载作用下的裂缝情形；(b)、(c) 集中荷载作用时的附加横向钢筋布置图

第一道附加箍筋离次梁边 50mm。如集中力全部由附加箍筋承受，则所需附加箍筋截面的总面积为

$$A_{sv} = \frac{F}{f_{yv}} \qquad (10.12)$$

当选定附加箍筋的直径和肢数后，由上式 A_{sv} 即不难算出 s 范围内附加箍筋的根数。

如集中力 F 全部由吊筋承受，其总截面面积

$$A_{sb} \geqslant \frac{F}{f_{yv}\sin\alpha} \qquad (10.13)$$

当吊筋的直径选定后，即可求得吊筋的根数。

如集中力 F 同时由附加吊筋和附加箍筋承受时，应满足下列条件

$$F \leqslant 2f_{yv}A_{sb}\sin\alpha + mnA_{sv1}f_{yv} \qquad (10.14)$$

式中　A_{sb}——承受集中荷载所需的附加吊筋的截面面积；

A_{sv1}——附加箍筋单肢的截面面积；

n——同一截面内附加箍筋的肢数；

m——在 s 范围内附加箍筋的根数；

F——作用在梁的下部或梁截面高度范围内的集中荷载设计值；

f_{yv}——附加横向钢筋的抗拉强度设计值；

α——附加吊筋弯起部分与梁轴线间的夹角，一般取 $45°$，如梁高 $h > 800$mm，取 $60°$。

10.2.9　单向板肋形楼盖设计例题

【例题 10.1】　设计资料:某仓库楼盖,采用现浇钢筋混凝土肋形楼盖,其结构平面布置如图 10.25 所示。

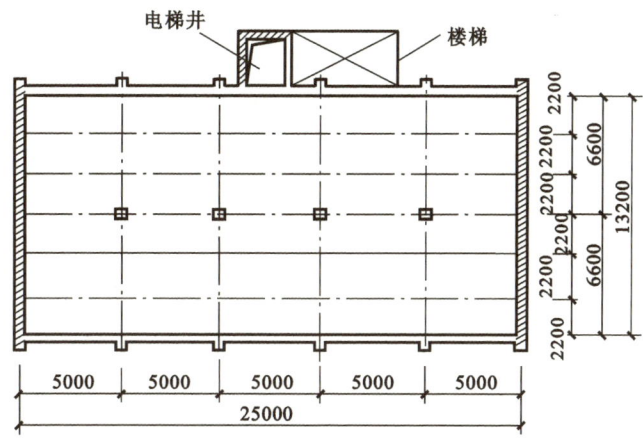

图 10.25　楼盖结构平面布置

(1) 楼面构造层做法:20mm 厚水泥砂浆面层,12mm 厚板底纸筋抹灰。

(2) 可变荷载:其标准值为 $7.0kN/m^2$。

(3) 永久荷载分项系数为 1.3,可变荷载分项系数为 1.5。

(4) 材料选用:

混凝土　采用 C25($f_c = 11.9N/mm^2$,$f_t = 1.27N/mm^2$)。

钢　　筋　梁中受力主筋采用 HRB400 级钢筋($f_y = 360N/mm^2$)。

其余采用 HPB300 级钢筋($f_y = 270N/mm^2$)。

试设计此楼盖的板、次梁、主梁。

【解】　(1) 板、梁的截面尺寸的确定

板按考虑塑性内力重分布方法计算。

考虑刚度要求,板厚 $h \geqslant (1/35 \sim 1/40) \times 2200 = 63 \sim 55mm$。

考虑工业房屋楼盖最小板厚为 80mm,板厚确定为 80mm。

次梁截面高度根据一般要求:

$h = (1/12 \sim 1/18)l_0 = (1/12 \sim 1/18) \times 5000 = 417 \sim 278mm$;

考虑本例楼面活荷载较大,取 $b \times h = 200mm \times 400mm$

主梁截面高度根据一般要求:

$h = (1/8 \sim 1/14)l_0 = (1/8 \sim 1/14) \times 6600$
$= 825 \sim 471mm$

取 $b \times h = 250mm \times 600mm$

板的尺寸及支承情况如图 10.26 所示。

(2) 板的设计

① 荷载计算

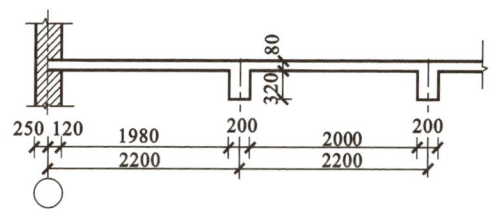

图 10.26　板的尺寸及支承情况

永久荷载标准值：

20mm 厚水泥砂浆面层	$0.02 \times 20 = 0.4 \text{kN/m}^2$
80mm 厚钢筋混凝土板	$0.08 \times 25 = 2.0 \text{kN/m}^2$
12mm 厚板底纸筋抹灰	$0.012 \times 16 = 0.2 \text{kN/m}^2$
恒荷载标准值	$g_k = 2.6 \text{kN/m}^2$
恒荷载设计值	$g = 1.3 \times 2.6 = 3.38 \text{kN/m}^2$
可变荷载设计值	$q = 1.5 \times 7.0 = 10.5 \text{kN/m}^2$
合　计	13.88kN/m^2
即每米板宽	$g + q = 13.88 \text{kN/m}$

② 内力计算

计算跨度：

边跨

$$l_{01} = l_n + a/2 = 1.98 + 0.12/2 = 2.04 \text{m}$$

$$l_{01} = l_n + h/2 = 2.2 - 0.2/2 - 0.12 + 0.08/2 = 2.02 \text{m}，取较小值，$$

$l_{01} = 2.02 \text{m}$

中间跨

$$l_{02} = l_{03} = l_n = 2.2 - 0.2 = 2.0 \text{m} \quad (l_n \text{ 为净跨度，如图 10.26})$$

跨度差

$$[(2.02 - 2)/2.0] \times 100\% = 1.0\% < 10\%$$

故允许采用等跨连续板的内力系数计算。

板的计算简图如图 10.27 所示。

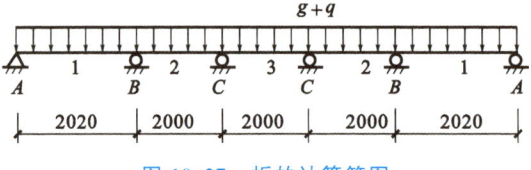

图 10.27　板的计算简图

各截面的弯矩计算如表 10.7 所示。

表 10.7　连续板各截面弯矩计算(kN·m)

截　　　面	边跨跨中	离端第二支座	离端第二跨中、中间跨中	中间支座
弯矩系数 α_M	$\dfrac{1}{11}$	$-\dfrac{1}{11}$	$\dfrac{1}{16}$	$-\dfrac{1}{14}$
$M = \alpha_M (g + q) l_0^2$	$\dfrac{1}{11} \times 13.88 \times 2.02^2$ $= 5.15$	$\left(-\dfrac{1}{11}\right) \times 13.88 \times 2.02^2$ $= -5.15$	$\dfrac{1}{16} \times 13.88 \times 2.0^2$ $= 3.47$	$\left(-\dfrac{1}{14}\right) \times 13.88 \times 2.0^2$ $= -3.97$

③ **板的截面配筋计算**

取 1m 宽板带作为计算单元，$b = 1000 \text{mm}$，$h = 80 \text{mm}$，$h_0 = 80 - 25 = 55 \text{mm}$，各截面配筋见表 10.8。

表 10.8　板的配筋计算

板带位置	边区板带(①~②、⑤~⑥轴间)				中区板带(②~⑤轴间)			
板带截面部位	边跨跨中	离端第二支座	离端第二跨中、中间跨中	中间支座	边跨跨中	离端第二支座	离端第二跨中、中间跨中	中间支座
$M(kN \cdot m)$	5.15	-5.15	3.47	-3.97	5.15	-5.15	$3.47 \times 0.8 = 2.78$	$-3.97 \times 0.8 = -3.18$
$\alpha_s = \dfrac{M}{\alpha_1 f_c b h_0^2}$	0.143	0.143	0.096	0.110	0.143	0.143	0.077	0.088
$\xi = 1 - \sqrt{1 - 2\alpha_s}$	0.155	0.155	0.101	0.117	0.155	0.115	0.080	0.092,取 0.1
$A_s = \xi b h_0 \dfrac{\alpha_1 f_c}{f_y}$ (mm²)	376	376	245	284	376	376	194	242
选配钢筋	$\phi 10 @200$	$\phi 10 @200$	$\phi 8 @200$	$\phi 8/10 @200$	$\phi 10 @200$	$\phi 10 @200$	$\phi 6/8 @200$	$\phi 8 @200$
实配钢筋面积 (mm²)	393	393	251	322	393	393	196	251

注:① 为便于施工,钢筋采用同一间距,受力筋最大间距为 200mm。
　　② 经验算,板的配筋率均能满足板最小配筋率要求。

④ 板的配筋图(图 10.28)

在板的配筋图中,除按计算配置受力钢筋外,尚应设置下列构造钢筋:

(a) 分布钢筋:按规定选用 $\phi 8 @250$;

(b) 板边构造钢筋:按规定选用 $\phi 8 @200$,设置板四周边的上部;

(c) 板角构造钢筋:按规定选用 $\phi 8 @200$,双向配置板四角的上部。

(3) 次梁的设计

次梁按塑性内力重分布方法计算。次梁有关尺寸及支承情况见图 10.29。

① 荷载计算

恒荷载设计值

由板传来　　　　　　　　　　　$3.38 \times 2.2 = 7.44 kN/m$

梁自重　　　　　　$1.3 \times 0.2 \times (0.4 - 0.08) \times 25 = 2.08 kN/m$

梁侧抹灰　　　$1.3 \times 0.012 \times (0.4 - 0.08) \times 2 \times 16 = 0.16 kN/m$

　　　　　　　　　　　　　　　　$g = 9.68 kN/m$

可变荷载设计值　　　由板传来　$q = 1.5 \times 7.0 \times 2.2 = 23.1 kN/m$

　　　　　　　合计:　　　　$g + q = 32.78 kN/m$

② 内力计算

计算跨度

边跨　　$l_{01} = l_{n1} + a/2 = (5.0 - 0.25/2 - 0.12) + 0.24/2 = 4.88m$

　　　　$l_{01} = 1.025 l_{n1} = 1.025 \times 4.755 = 4.87m$

　　　　取二者中较小值,$l_{01} = 4.87m$

中间跨　$l_{02} = l_{03} = l_{n2} = 5.0 - 0.25 = 4.75m$

跨度差　$\dfrac{4.87 - 4.75}{4.75} \times 100\% = 2.53\% < 10\%$

故允许采用等跨连续次梁的内力系数计算。计算简图如图 10.30 所示。

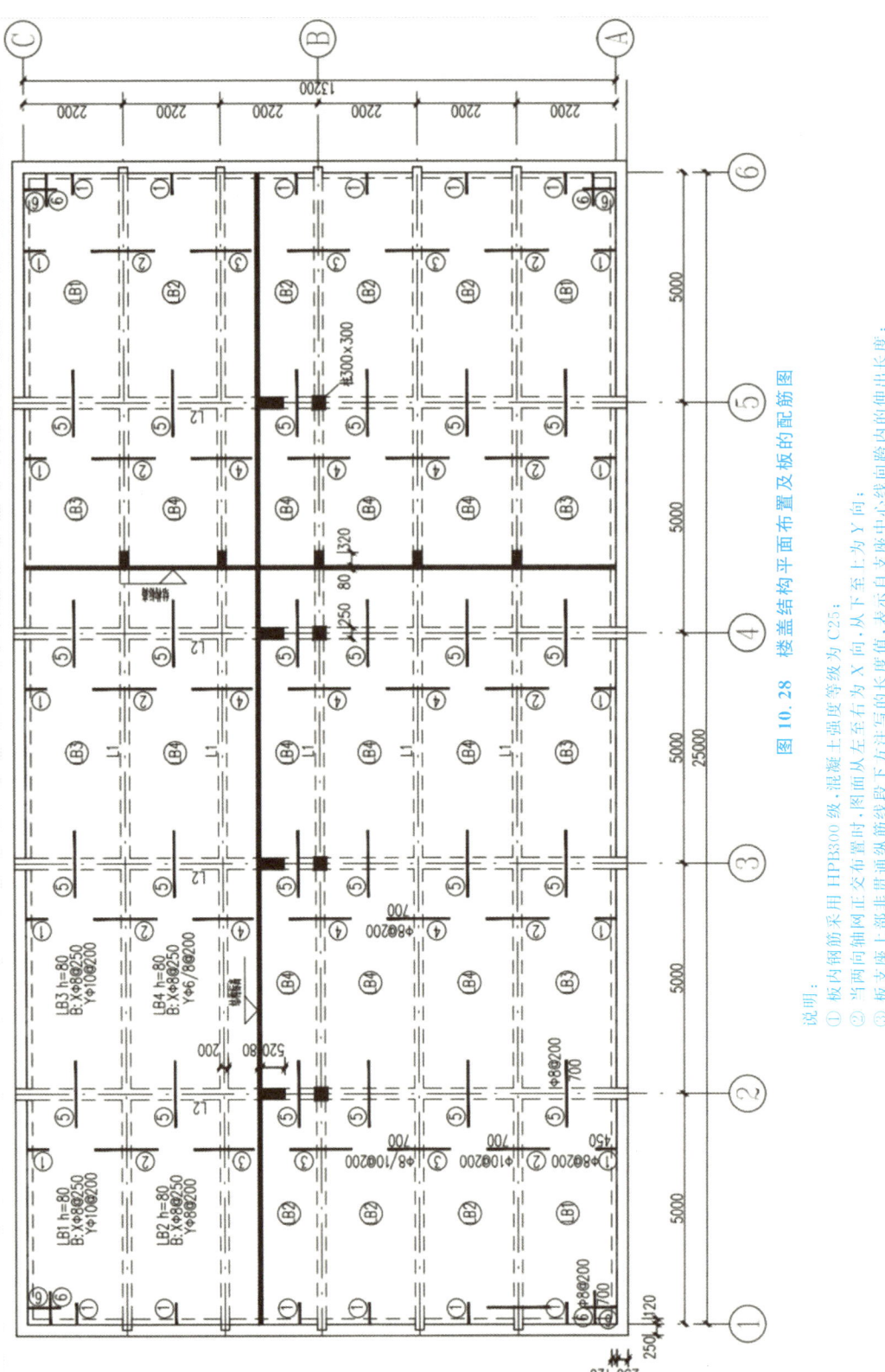

图 10.28　楼盖结构平面布置及板的配筋图

说明:
① 板内钢筋采用 HPB300 级,混凝土强度等级为 C25;
② 写两向配筋网正交布置时,图前从左至右为 X 向,从下至上为 Y 向;
③ 板支座上部非贯通纵筋线段下方注写的长度值,表示自支座中心线向跨内的伸出长度;
④ 图中所标注的板端支座钢筋长度为钢筋的全长;
⑤ 单位:mm。

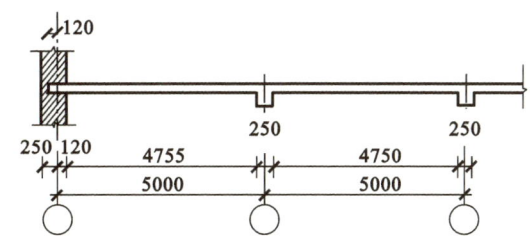

图 10.29　次梁设计的尺寸及支承情况

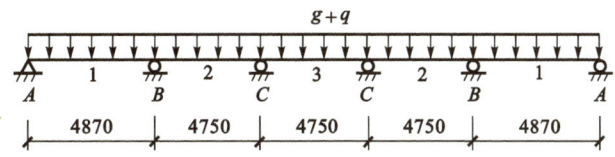

图 10.30　次梁的计算简图

次梁内力计算见表 10.9、表 10.10。

表 10.9　次梁弯矩计算

截　　面	边跨跨中	离端第二支座	离端第二跨跨中、中间跨跨中	中间支座
弯矩系数 α_M	$\dfrac{1}{11}$	$-\dfrac{1}{11}$	$\dfrac{1}{16}$	$-\dfrac{1}{14}$
$M=\alpha_M(g+q)l_0^2$ (kN·m)	$\dfrac{1}{11}\times32.78\times4.87^2$ $=70.68$	$\left(-\dfrac{1}{11}\right)\times32.78\times4.87^2$ $=-70.68$	$\dfrac{1}{16}\times32.78\times4.75^2$ $=46.22$	$\left(-\dfrac{1}{14}\right)\times32.78\times4.75^2$ $=-52.83$

表 10.10　次梁剪力计算

截　　面	端支座右侧	离端第二支座左	离端第二支座右	中间支座左、右
剪力系数 α_V	0.45	0.6	0.55	0.55
$V=\alpha_V(g+q)l_n$ (kN)	$0.45\times32.78\times4.755$ $=70.14$	$0.6\times32.78\times4.755$ $=93.52$	$0.55\times32.78\times4.75$ $=85.64$	$0.55\times32.78\times4.75$ $=85.64$

③ 截面承载力计算

次梁跨中按 T 形截面计算，其翼缘宽度为：

边跨　　$b_f'=\dfrac{l_0}{3}=\dfrac{1}{3}\times4870=1624\text{mm}<b+s_n=200+2200-120-\dfrac{200}{2}=2180\text{mm}$

　　　　取 $b_f'=1620\text{mm}$。

中间跨　$b_f'=\dfrac{1}{3}\times4750=1583\text{mm}<b+s_n=200+2200-200=2200\text{mm}$，取 $b_f'=1580\text{mm}$

梁高　　$h=400\text{mm}$，$h_0=400-40=360\text{mm}$，或 $h_0=340\text{mm}$（支座截面）

翼缘厚　$h_f'=80\text{mm}$

判别 T 形截面类型

$$\alpha_1 f_c b_f' h_f'\left(h_0-\dfrac{h_f'}{2}\right)=1.0\times11.9\times1580\times80\times\left(360-\dfrac{80}{2}\right)=481.3\times10^6\text{N}\cdot\text{mm}$$

$$=481.3\text{kN}\cdot\text{m}>70.68\text{kN}\cdot\text{m}（边跨中）$$

$$>46.22\text{kN}\cdot\text{m}（中间跨中）$$

故各跨中截面属于第 1 类 T 形截面。

支座截面按矩形截面计算,离端第二支座按布置两排纵筋考虑,取 $h_0 = 400 - 60 = 340\text{mm}$,其他中间支座按布置一排纵筋考虑,$h_0 = 360\text{mm}$。

次梁正截面及斜截面承载力计算分别见表 10.11 及表 10.12。

表 10.11　次梁正截面计算

截　　　面	边跨跨中	离端第二支座	离端第二跨中、中间跨中	中间支座
$M(\text{N}\cdot\text{mm})$	70.68×10^6	-70.68×10^6	46.22×10^6	-52.83×10^6
$\alpha_1 f_c bh_0^2$ 或 $\alpha_1 f_c b'_f h_0^2$	$1.0\times11.9\times1620\times360^2=24.98\times10^8$	$1.0\times11.9\times200\times340^2=2.75\times10^8$	$1.0\times11.9\times1580\times360^2=24.37\times10^8$	$1.0\times11.9\times200\times360^2=3.08\times10^8$
$\alpha_s = \dfrac{M}{\alpha_1 f_c bh_0^2}$	0.028	0.257	0.019	0.172
$\xi = 1-\sqrt{1-\alpha_s}$	0.028	0.303<0.35	0.019	0.190<0.35
$A_s = \xi bh_0\dfrac{\alpha_1 f_c}{f_y}$ (mm^2)	539.8	681.1	357.2	452.2
选用钢筋	4 ⏀ 14	5 ⏀ 14	3 ⏀ 14	3 ⏀ 14
实配钢筋面积 (mm^2)	$A_s=615$	$A_s=769$	$A_s=461$	$A_s=461$

注:① 弯起筋一边的弯起点距充分利用点不足 $h_0/2$ 时,不能抵抗支座负弯矩;

　　② 弯起筋两边各弯起一根,但距充分利用点不足 $h_0/2$ 时,可算一根抵抗负弯矩,如两根钢筋直径不相同者,只能算直径较小者抵抗支座负弯矩。

表 10.12　次梁斜截面计算

截　　　面	端支座右侧	离端第二支座左	离端第二支座右	中间支座
$V(\text{kN})$	70.14	93.52	85.64	85.64
$0.25\beta_c f_c bh_0$ (kN)	$0.25\times1.0\times11.9\times200\times360=214.2>V$	$0.25\times1.0\times11.9\times200\times340=202.3>V$	$214.2>V$	$214.2>V$
$V_c = 0.7 f_t bh_0$ (kN)	$0.7\times1.27\times200\times360=64.0<V$	$0.7\times1.27\times200\times340=60.5<V$	$64.0<V$	$64.0<V$
选用箍筋	2 Φ 6	2 Φ 6	2 Φ 6	2 Φ 6
$A_{sv}=nA_{sv1}$ (mm^2)	56.6	56.6	56.6	56.6
$s=\dfrac{f_{yv}A_{sv}h_0}{V-0.7f_t bh_0}$ (mm)	896	157	254	254
实配箍筋间距 (mm)	150	150	200	200
$V_{cs}=V_c+f_{yv}\dfrac{A_{sv}}{s}h_0$ (kN)	$100.7>V$	$95.1>V$	$91.5>V$	$91.5>V$
$A_{sb}=\dfrac{V-V_{cs}}{0.8 f_y \sin\alpha_s}$ (mm^2)	—	—	—	—
按构造配置弯起筋	2 ⏀ 14	2 ⏀ 14	1 ⏀ 14	1 ⏀ 14

注:① 按斜截面计算不需要弯起钢筋,但支座需弯起筋在支座抵抗负弯矩;

　　② 斜截面属脆性破坏,按强剪弱弯的原则,可将跨中不需要的纵筋予以弯起。

次梁配筋详图如图 10.31(插页)所示。

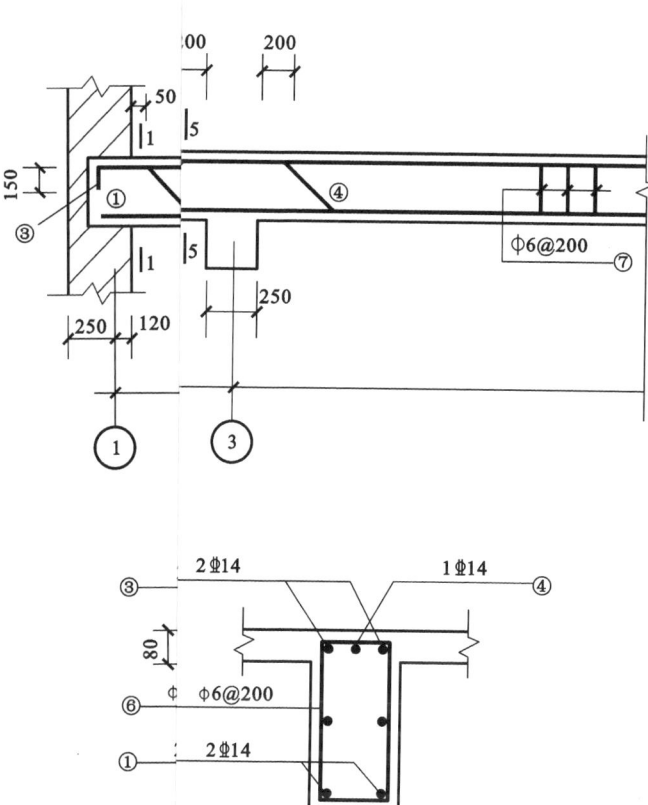

 内の寸法注記:
- 200
- 200
- 50
- 5
- 1
- 150
- 1
- 5
- ①
- ③
- ④
- φ6@200
- ⑦
- 250
- 120
- 250
- ①
- ③

2 Φ14   1 Φ14

③   ④

80

⑥   φ   φ6@200

①   2 Φ14

5－5

（4）主梁计算

主梁按弹性理论计算。

① 荷载计算

恒荷载设计值

由次梁传来的集中荷载 $9.68 \times 5.0 = 48.4kN$

主梁自重（折算为集中荷载） $1.3 \times 0.25 \times (0.6 - 0.08) \times 2.2 \times 25 = 9.3kN$

梁侧抹灰（折算为集中荷载）

$$1.3 \times 0.012 \times (0.6 - 0.08) \times 2.2 \times 2 \times 16 = 0.57kN$$
$$G = 58.3kN$$

活荷载设计值 $P = 23.1 \times 5 = 115.5kN$

合   计 $G + P = 173.8kN$

② 内力计算

计算跨度：$l_0 = 6.6 - 0.12 + 0.37/2 = 6.67m$（$0.37m$ 为梁端支承长度）

$$l_0 = 1.025 \times (6.6 - 0.12 - 0.3/2) + 0.3/2 = 6.64m$$

取上述二者中的较小者，$l_0 = 6.64m$。

主梁的计算简图见图 10.32。

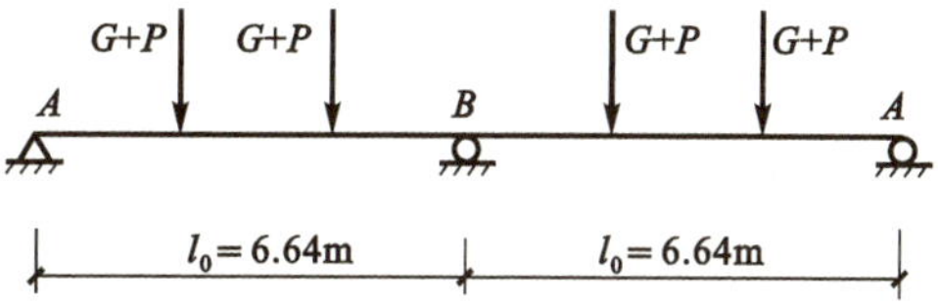

在各种不同的分布荷载作用下的内力计算可采用等跨连续梁的内力系数进行，跨中和支座截面最大弯矩及剪力按下式计算

$$M = K_1 G l_0 + K_2 P l_0$$
$$V = K_1 G + K_2 P$$

图 10.32 主梁的计算简图

式中的系数 K 可由等截面等跨连续梁在常用荷载作用下的内力系数表查得（见本章附表 10.1），具体计算结果以及最不利内力组合见表 10.13、表 10.14。

表 10.13 主梁弯矩计算表（kN·m）

序 号	荷载简图及弯矩图	跨中弯矩 $\dfrac{K}{M_1}$	支座弯矩 $\dfrac{K}{M_B}$
①	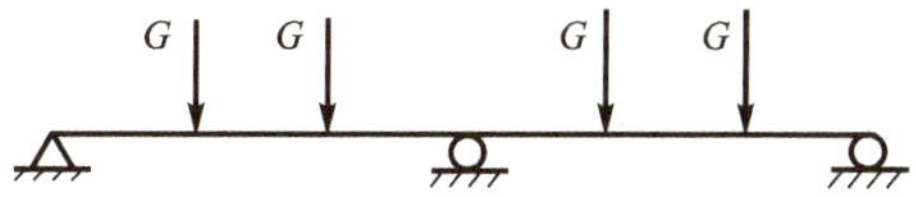	$\dfrac{0.222}{85.9}$	$\dfrac{-0.333}{-128.9}$
②	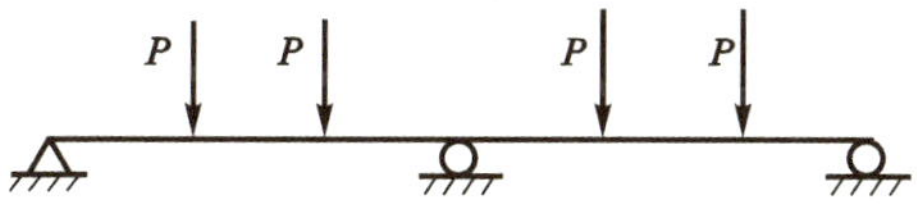	$\dfrac{0.222}{170.3}$	$\dfrac{-0.333}{-255.4}$
③	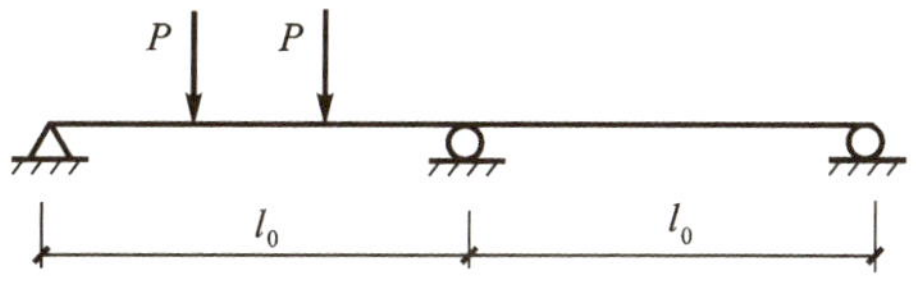	$\dfrac{0.278}{213.2}$	$\dfrac{-0.167}{-128.1}$
最不利内力组合	①+②	256.2	-384.3
	①+③	299.1	-257.0

表 10.14 主梁剪力计算表(kN)

序 号	荷载简图及弯矩图	边支座 $\dfrac{K}{V_A}$	中间支座 $\dfrac{K}{V_B}$
①	G G G G (简支梁)	$\dfrac{0.667}{38.9}$	$\dfrac{\mp 1.333}{\mp 77.7}$
②	P P P P	$\dfrac{0.667}{77.0}$	$\dfrac{\mp 1.333}{\mp 154.0}$
③	P P l_0 l_0	$\dfrac{0.833}{96.2}$	$\dfrac{\mp 1.167}{\mp 134.8}$
最不利内力组合	①+②	115.9	∓ 231.7
	①+③	135.1	∓ 212.5

③ 截面承载力计算

主梁跨中截面按 T 形截面计算,其翼缘计算宽度为

$$b_f' = \frac{l_0}{3} = \frac{6640}{3} = 2213\text{mm} < b + s_n = 5000\text{mm},取 \, b_f' = 2210\text{mm},并取 \, h_0 = 560\text{mm}$$

判别 T 形截面类型

$$\alpha_1 f_c b_f' h_f' \left(h_0 - \frac{h_f'}{2} \right) = 1.0 \times 11.9 \times 2210 \times 80 \times \left(560 - \frac{80}{2} \right)$$

$$= 1094.0 \times 10^6 \text{N} \cdot \text{mm} = 1094.0 \text{kN} \cdot \text{m} > M_1 = 299.1 \text{kN} \cdot \text{m}$$

故属于第一类 T 形截面。

支座截面按矩形截面计算,取 $h_0 = 600 - 80 = 520\text{mm}$(因支座弯矩较大,考虑布置两排钢筋,并布置在次梁主筋下面)。

主梁正截面及斜截面承载力计算见表 10.15、表 10.16。

表 10.15 主梁正截面计算

截 面	跨 中	支 座
$M(\text{kN} \cdot \text{m})$	299.1	-384.3
$V_0 \dfrac{b}{2}(\text{kN} \cdot \text{m})$		$173.8 \times \dfrac{0.3}{2} = 26.1$
$M - V_0 \dfrac{b}{2}(\text{kN} \cdot \text{m})$		-358.2
$\alpha_s = \dfrac{M}{\alpha_1 f_c b_f' h_0^2}$ 或 $\alpha_s = \dfrac{M}{\alpha_1 f_c b h_0^2}$	$\alpha_s = \dfrac{299.1 \times 10^6}{1.0 \times 11.9 \times 2210 \times 560^2} = 0.036$	$\alpha_s = \dfrac{358.2 \times 10^6}{1.0 \times 11.9 \times 250 \times 520^2} = 0.445$
$\xi = 1 - \sqrt{1 - 2\alpha_s}$	$\xi = 1 - \sqrt{1 - 2 \times 0.036} = 0.037$	$\xi = 1 - \sqrt{1 - 2 \times 0.445} = 0.668$
$A_s = \xi b_f' h_0 \dfrac{\alpha_1 f_c}{f_y}$ 或 $A_s = \xi b h_0 \dfrac{\alpha_1 f_c}{f_y}$	$A_s = 0.037 \times 2210 \times 560 \times \dfrac{1.0 \times 11.9}{360}$ $= 1513.7\text{mm}^2$	$A_s = 0.668 \times 250 \times 520 \times \dfrac{1.0 \times 11.9}{360}$ $= 2870.5\text{mm}^2$

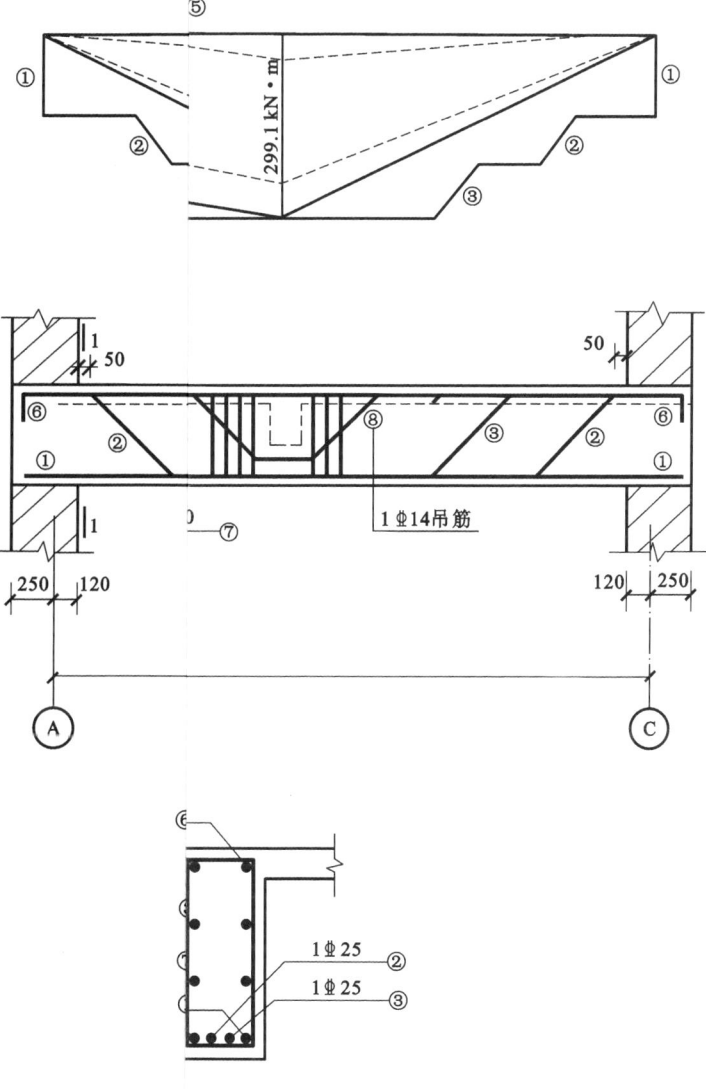

299.1 kN·m

1 Φ14吊筋

50   1   50

250 | 120   120 | 250

Ⓐ   Ⓒ

1 Φ 25 ②
1 Φ 25 ③

4－4

截　　面	跨　　中	支　　座
选配钢筋	$2\Phi 25+2\Phi 22$	$4\Phi 25+4\Phi 20$
实配钢筋（mm^2）	1742	3220

表 10.16　主梁斜截面计算

截　　面	边　支　座	中　支　座
$V(kN)$	135.1	231.7
$0.25\beta_c f_c bh_0(kN)$	$0.25\times 1.0\times 11.9\times 250\times 560=416.5$	$0.25\times 1.0\times 11.9\times 250\times 520=386.8$
$V_c=0.7f_t bh_0(kN)$	$V_c=0.7\times 1.27\times 250\times 560=124.5<135.1$	$V_c=0.7f_t bh_0=115.6<231.7$
选用箍筋	$2\Phi 8$	$2\Phi 8$
$A_{sv}=nA_{sv1}(mm^2)$	100.6	100.6
$s=\dfrac{f_{yv}A_{sv}h_0}{V-V_c}(mm)$	$s=\dfrac{270\times 100.6\times 560}{(135.1-124.5)\times 10^3}=1435$	$s=\dfrac{270\times 100.6\times 520}{(231.7-115.6)\times 10^3}=122$
实配箍筋间距（mm）	200	200（需配弯起筋）
$V_{cs}=V_c+f_{yv}\dfrac{A_{sv}}{s}h_0$	$200.6>135.1(kN)$	$186.2<231.7(kN)$
$A_{sb}=\dfrac{V-V_{cs}}{0.8f_y\sin\alpha_s}(mm^2)$	—	$A_{sb}=\dfrac{(231.7-186.2)\times 10^3}{0.8\times 360\times 0.707}=223.5$
选配弯起筋	$1\Phi 25$	$1\Phi 25$
实配弯起筋（mm^2）	490.9	490.9

④ 附加钢筋配置

主梁承受集中荷载（由次梁传来）：$G+P=58.3+115.5=173.8kN$

设次梁两侧各加 $3\Phi 6$ 附加箍筋，则 $s=2h_1+3b=2\times(560-400)+3\times 200=920(mm)$ 范围内共设有 8 个 $\Phi 6$ 双肢箍，其截面面积 $A_{sv}=8\times 28.3\times 2=452.8(mm^2)$。

附加箍筋可以承受集中荷载为

$$F_1=A_{sv}f_{yv}=452.8\times 270=122256N=122.256kN<G+P=173.8kN$$

因此，尚需设置附加吊筋，每边需吊筋截面面积为

$$A_s=\frac{G+P-F_1}{2f_y\sin 45°}=\frac{173800-122256}{2\times 360\times 0.707}=101.3mm^2$$

在距梁端的第一个集中荷载下，附加吊筋选用 $1\Phi 14$（$A_s=153.9mm^2>101.3mm^2$）即可满足要求。

在距梁端的第二个集中荷载下，附加吊筋选用 $2\Phi 20$（$A_s=628mm^2>186+101.3=287mm^2$）也满足要求。

主梁配筋详图如图 10.33（插页）所示，但限于图面，钢筋明细未予抽出。

纵向受力钢筋的弯起和切断位置，应根据弯矩和剪力包络图及材料图来确定，这些图的绘制方法前已述及，现直接绘于主梁配筋图上。

在主梁配筋图中，除按计算配置纵向受力钢筋与横向钢筋外，尚应设置下列构造钢筋：

（1）架立钢筋：选用 $2\Phi 12$。

（2）板与主梁连接的构造钢筋：按规定选用 $\Phi 8@200$，与梁肋垂直布置于梁顶部。

10.3　双向板肋梁楼盖

10.3.1　概述

弹性薄板的内力分布主要取决于支承及嵌固条件、几何特征以及荷载性质等因素。

单边嵌固的悬臂板和两对边支承的板,不论其长短边尺寸的关系如何,都只在一个方向发生弯曲并产生内力,故称为单向板。对于四边支承板、三边支承板或相邻两边支承的板将沿两个方向发生弯曲并产生内力,故称为双向板。但是,如前所述,当这种板两向边长相差较大,且按弹性理论分析内力时,通常近似地以 $l_2/l_1=2$ 为界来判别板的类型:当 $l_2/l_1>2$ 时为单向板;当 $l_2/l_1\leqslant2$ 时为双向板。

双向板常用于工业建筑楼盖、公共建筑门厅部分以及横隔墙较多的民用房屋。当民用房屋的横隔墙间距较小时,可将板直接支承于四周的砖墙上,以减小楼盖的结构高度。根据实践经验,当楼面荷载较大、建筑平面接近正方形(跨度小于 5m)时,一般采用双向板楼盖比单向板楼盖较为经济。

10.3.2　双向板的计算

10.3.2.1　双向板的试验研究

四边简支的方板,在均布荷载作用下的试验结果表明,当荷载增加时,第一批裂缝出现在板底中间部分,随后沿着对角线的方向向四角扩展。当荷载增加到板接近破坏时,板面的四角附近也出现垂直于对角线方向而大体上成圆形的裂缝。这种裂缝的出现,促使板对角线方向裂缝进一步发展,最后跨中钢筋达到屈服,整个板即告破坏,见图 10.34(a)和图 10.34(b)。

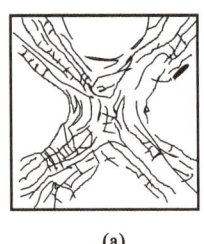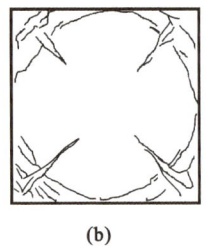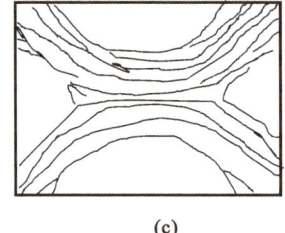

图 10.34　双向板的裂缝示意图

(a) 正方形板板底裂缝;(b) 正方形板板面裂缝;(c) 矩形板板底裂缝

对于四边简支的矩形板,在均布荷载作用下,第一批裂缝出现在板底中间平行于长边的方向。当荷载继续增加时,这些裂缝逐渐延长,并沿 45°角向四角扩展,在板面的四角也开始破坏,最后使得整个板发生破坏,见图 10.34(c)。

不论是简支的正方形板或矩形板,当受到荷载作用时,板的四角均有翘起的趋势。此外,板传给四边支座的压力,并不是沿边长均匀分布的,而是各边的中部较大,两端较小。

板中钢筋的布置方向,对破坏荷载的数值并无影响。但平行于四边配筋的板,在第一批裂缝出现前所能承担的荷载,比平行于对角线方向配筋的板要大一些。

　　此外,在其他条件相同时,采用强度较高的混凝土较为优越。当含钢率相同时,采用较细的钢筋较为有利。而当钢筋的用量相同时,板中间部分排列较密者比均匀排列者更适宜些。

10.3.2.2　双向板的计算方法

　　双向板的内力计算有两种方法:一种是弹性计算法;一种是塑性计算法。

　　A. 弹性计算法

　　弹性计算法是以弹性薄板理论为依据而进行计算的一种方法,由于这种方法内力分析比较复杂,为了便于计算,根据不同的支承条件,已制成各种相应的计算用表(见本章附表10.2),可供查用。

　　a. 单区格双向板的计算

　　单跨双向板按其四边支承情况的不同,可形成不同的计算简图,在附表中,列出了常见的七种情况的板在均布荷载作用下的弯矩系数:(1) 四边简支;(2) 一边固定、三边简支;(3) 两对边固定、两对边简支;(4) 两邻边固定、两邻边简支;(5) 三边固定、一边简支;(6) 四边固定;(7) 三边固定、一边自由。根据上述不同的计算简图,可在本章附表10.2中直接查得弯矩系数,然后代入式(10.15),即可求得双向板的跨中弯矩或支座弯矩:

$$M = 表中弯矩系数 \times (g+q)l^2 \qquad (10.15)$$

式中　M ——跨中或支座单位板宽内的弯矩;

　　　　g,q ——均布恒荷载、活荷载;

　　　　l ——取 l_x 和 l_y 中的较小者;

　　　　l_x,l_y ——x 和 y 方向的计算跨度。

　　对于板跨中弯矩尚需考虑横向变形的影响,按下式计算:

$$M_x^{(\nu)} = M_x + \nu M_y \qquad (10.16)$$
$$M_y^{(\nu)} = M_y + \nu M_x \qquad (10.17)$$

式中　M_x,M_y ——按附表10.2直接查出 l_x 及 l_y 方向的跨内弯矩;

　　　　ν ——钢筋混凝土的泊松比,一般取为 $\nu = 0.2$。

　　b. 多跨连续双向板的实用计算法

　　计算多跨连续双向板的最大弯矩,应和多跨连续单向板一样,需要考虑活荷载的不利位置。其内力的精确计算相当复杂,为了简化计算,当两个方向各为等跨或在同一方向区格的跨度相差不超过20%的不等跨时,可采用下列的实用计算方法。

　　(1) 跨中最大弯矩

　　当求连续区格各跨跨中最大弯矩时,其活荷载的最不利布置如图10.35所示,即当某区格及其前后左右每隔一区格布置活荷载(棋盘格式布置)时,则可使该区格跨中弯矩为最大。为了求此弯矩,可将活荷载 q 与恒荷载 g 分为 $g+q/2$ 与 $\pm q/2$ 两部分,分别作用于相应区格,其作用效应是相同的。

　　当双向板各区格均作用有 $g+q/2$ 时[图10.35(c)],由于板的各内支座上转动变形很小,

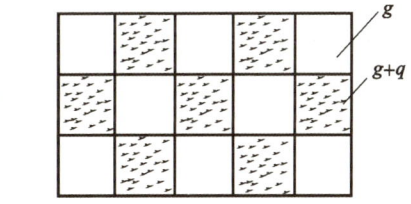
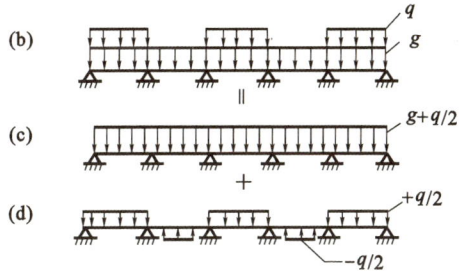

图 10.35　多跨连续双向板的活荷载
最不利布置

可近似地认为转角为零。故内支座可近似地看作嵌固边,因而所有中间区格板均可按四边固定的单跨双向板来计算其跨中弯矩。如边支座为简支,则边区格为三边固定、一边简支的支承情况;而角区格为两邻边固定、两邻边简支的情况。

当双向板各区格作用有±q时[图10.35(d)],板在中间支座处转角方向一致,大小相等接近于简支板的转角,即内支座处为板带的反弯点,弯矩为零,因而所有内区格均可按四边简支的单跨双向板来计算其跨中弯矩。

最后,将以上两种结果叠加,即可得多跨连续双向板的最大跨中弯矩。

(2) 支座最大弯矩

为了简化起见,支座弯矩的活荷载不利位置与单向板相似,应在该支座两侧区格内布置活荷载,然后再隔跨布置。但考虑到隔跨活荷载的影响很小,可近似地假定板上所有区格均满布$(g+q)$时所求得的支座弯矩,即为支座最大弯矩。这样,所有中间支座均可视为固定支座,对中间区格即可按四边固定的单跨双向板计算其支座弯矩。至于边区格则按该板周边实际支承情况来计算其支座弯矩。

B. 塑性计算法——极限平衡法

a. 基本假定

塑性计算方法是考虑了材料的塑性变形并产生内力重分布的一种计算方法。双向板塑性计算方法的种类较多,工程中常用的是极限平衡法。按极限平衡方法计算内力,不仅符合板的实际工作情况,而且可节约钢筋20%~25%。

极限平衡法是塑性理论中的一种上限解法,该法分析的破坏荷载大于或等于真实的破坏荷载。因此,这种方法是以事先根据试验结果定出的破坏图形为前提的。试验结果表明,四边均为嵌固的矩形板,若跨中、支座钢筋均匀布置,在破坏时,支座处出现由负弯矩引起的四条破坏线。在板的中间,除平行长边的板中出现破坏线外,四角沿45°线方向也分别出现破坏线,见图10.36(a)。图中虚线表示负弯矩引起的破坏线,粗实线表示由正弯矩引起的破坏线。与这些破坏线相交的受拉钢筋均可达到屈服强度,破坏时受压区混凝土可达轴心抗压强度设计

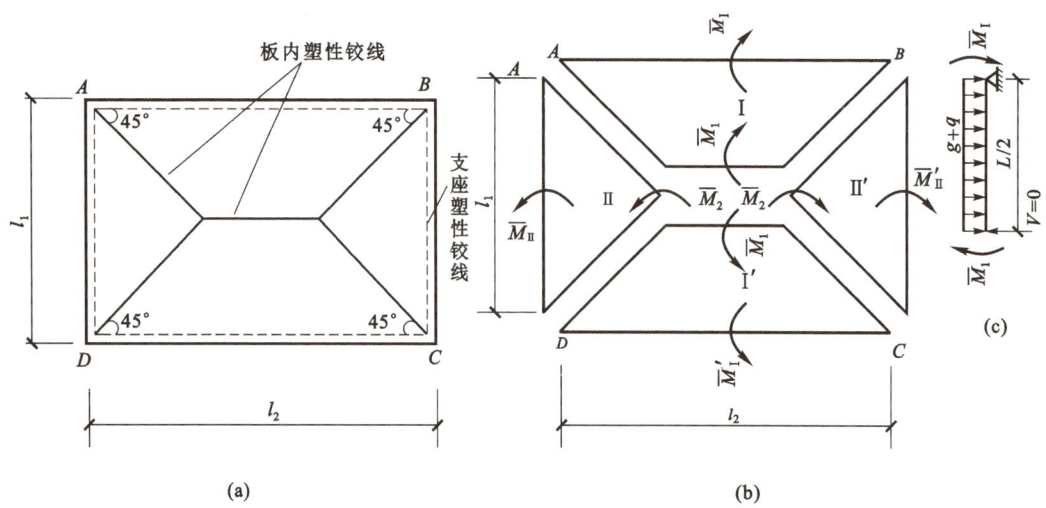

图 10.36　四边固定矩形板的破坏图形及塑性铰线上的极限弯矩

(a) 四边固定矩形板的塑性铰线;(b) 板块极限弯矩

值,因而能承受一定的极限弯矩。由于钢筋的屈服和混凝土的塑性变形,可使破坏线具有足够的转动能力,因此,这种破坏线常称为塑性铰线。为方便计算,假定结构进入极限状态时,被塑性铰线分割的各板块为绝对刚体,在塑性铰线上作用一定的极限弯矩,每个板块满足各自的平衡条件,见图 10.36(b)。只要两个方向的配筋合理,则所有通过塑性铰线上的钢筋均能达到屈服。这样,利用静力平衡条件,即可求得极限荷载或极限弯矩。

b. 内力计算

在板块 I 中,由于荷载作用在梯形面积上,此时,在计算塑性铰线上的弯矩时,可将梯形面积看作一个以 l_2 为边长的矩形再减去两个三角形面积,根据 $\sum M_{AB} = 0$,可得

$$\overline{M}_1 + \overline{M}_I = \frac{(g+q)l_1 l_2}{2} \times \frac{l_1}{4} - \frac{(g+q)l_1^2}{4} \times \frac{2l_1}{6} = (g+q)\left(\frac{l_1^2 l_2}{8} - \frac{l_1^3}{12}\right)$$

在板块 I′ 中,因与板块 I 对称,故

$$\overline{M}_1 + \overline{M}_I' = (g+q)\left(\frac{l_1^2 l_2}{8} - \frac{l_1^3}{12}\right)$$

在板块 II 中,荷载作用在等腰三角形面积上,根据 $\sum M_{AD} = 0$,可得

$$\overline{M}_2 + \overline{M}_{II} = (g+q) \times \frac{1}{2} \times l_1 \times \frac{l_1}{2} \times \frac{1}{3} \times \frac{l_1}{2} = \frac{(g+q)l_1^3}{24}$$

在板块 II′ 中,因与板块 II 对称,故

$$\overline{M}_2 + \overline{M}_{II}' = \frac{(g+q)l_1^3}{24}$$

将以上各式相加,则可得双向板计算的基本公式

$$2\overline{M}_1 + 2\overline{M}_2 + \overline{M}_I + \overline{M}_{II} + \overline{M}_I' + \overline{M}_{II}' \geqslant \frac{(g+q)l_1^2}{12}(3l_2 - l_1) \tag{10.18}$$

式中　g,q——作用在板上的恒荷载、活荷载的设计值;

l_1, l_2——板的短、长方向的计算跨度(对于中间区格,取板的净跨;对于边区格,当其边支座为板与梁整体连接时,亦取板的净跨;当边区格的边支座为简支时,取板的净跨加板厚的一半);

$\overline{M}_1, \overline{M}_2$——垂直于板跨 l_1、l_2 的截面全部宽度上的极限弯矩;

$\overline{M}_I, \overline{M}_I'$——垂直于跨度 l_1 的板块 I、I′ 支座截面全部宽度上的极限弯矩;

$\overline{M}_{II}, \overline{M}_{II}'$——垂直于跨度 l_2 的板块 II、II′ 支座截面全部宽度上的极限弯矩。

上述截面极限弯矩值可分别用下式表示

$$\left.\begin{array}{ll} \overline{M}_1 = \overline{A}_{s1} f_y \gamma_s h_{01} & \overline{M}_2 = \overline{A}_{s2} f_y \gamma_s h_{02} \\ \overline{M}_I = \overline{A}_{sI} f_y \gamma_s h_{0I} & \overline{M}_I' = \overline{A}_{sI}' f_y \gamma_s h_{0I} \\ \overline{M}_{II} = \overline{A}_{sII} f_y \gamma_s h_{0II} & \overline{M}_{II}' = \overline{A}_{sII}' f_y \gamma_s h_{0II} \end{array}\right\} \tag{10.19}$$

式中　$\overline{A}_{s1}, \overline{A}_{s2}, \cdots, \overline{A}_{sII}'$——相应的跨度或支座全部宽度上通过塑性铰线的受拉钢筋截面面积,但在塑性铰线前已弯起或切断的钢筋不包括在内;

f_y——受拉钢筋的强度设计值;

γ_s——内力臂系数,一般取 0.9;

h_{01}, h_{02}——沿 l_1、l_2 方向跨中截面的有效高度;

$h_{0\text{I}}$,$h_{0\text{II}}$——沿 l_1、l_2 方向支座截面的有效高度。

计算双向板各向跨中和支座截面所需钢筋时,可将式(10.19)代入基本公式(10.18)解算之,但解算过程遇到未知数太多,因此,需事先假定各向钢筋用量的比值,以及支座与跨中钢筋用量的比值。

根据两向跨度 $\dfrac{l_2}{l_1}$ 比值对弯矩的影响,以及构造和经济方面的要求,在跨中单位长度内钢筋截面面积比 $\dfrac{A_{s2}}{A_{s1}}$,可按表 10.17 选用;对于支座和跨中单位长度钢筋截面面积比 $\dfrac{A_{s\text{I}}}{A_{s1}}$、$\dfrac{A_{s\text{I}}'}{A_{s1}}$、$\dfrac{A_{s\text{II}}}{A_{s2}}$、$\dfrac{A_{s\text{II}}'}{A_{s2}}$ 一般取 1~2.5;对于中间区格,一般宜选用 2.5 的比值。

表 10.17　根据 l_2/l_1 决定的 A_{s2}/A_{s1} 比值

$\dfrac{l_2}{l_1}$	1.0	1.1	1.2	1.3	1.4	1.5	1.6	1.7	1.8	1.9	2.0
$\dfrac{A_{s2}}{A_{s1}}$	1.0~0.8	0.9~0.7	0.8~0.6	0.7~0.5	0.6~0.4	0.5~0.35	0.5~0.3	0.45~0.25	0.4~0.2	0.35~0.2	0.3~0.15

钢筋截面面积的比值按上表确定后,对于楼板的任意区格(一般可先从中间区格开始计算),即可用某个钢筋截面面积(例如 A_{s1})来表示所有跨内及支座弯矩,并将这些弯矩代入式(10.19),求出该项钢筋截面面积(即 A_{s1}),再按钢筋截面面积相互间的比值,即可求得其他各项的钢筋截面面积。

中间区格计算完毕,然后按类似方法计算其他相邻区格。此时,与中间区格相连的支座弯矩已属已知。

应当注意,式(10.15)用于四周边支座均属固定的双向板。若板的周边有简支情况,则该支座的极限弯矩为零,当四支座均属简支,则其支座极限弯矩皆为零,如此,则式(10.18)改为

$$2(\overline{M}_1 + \overline{M}_2) \geqslant \frac{(g+q)l_1^2}{12}(3l_2 - l_1) \tag{10.20}$$

或

$$\overline{M}_1 + \overline{M}_2 \geqslant \frac{(g+q)l_1^2}{24}(3l_2 - l_1) \tag{10.21}$$

c. 双向板截面配筋计算

(1)双向板若短跨方向跨中截面的有效高度为 h_{01},则长跨方向截面的有效高度 $h_{02} = h_{01} - d$,d 为板中钢筋直径。若双向钢筋直径不等时,可取其平均值。

(2)当双向板内力按考虑材料塑性的极限平衡法计算时,宜采用 HPB300 级钢筋,配筋率除不小于《规范》规定的 $\rho_{\min}$ 外,还不应大于 $0.35f_c/f_y$。

(3)试验表明,不管用哪种方法计算,双向板实际的承载力往往大于设计计算的值,这主要是计算简图与实际受力情况不符的结果。双向板在荷载作用下,由于跨中下部和支座上部裂缝的不断出现和开展(图 10.37),同时由于支座梁的约束作用,在板的平面内逐渐产生相当大的水平推力。如承受集中力 P 的方板(图 10.37),板四边的推力 $H = Pl_x/4a_f$ ($a_f = 2h/3$,h 为板厚),这种推力使板的跨中弯矩减小,从而提高了板的承载能力,在截面配筋计算中,与单向板一样,也应考虑这种有利影响。对于四边与梁整体连接的板,其计算弯矩可根据下列情况予以减少:

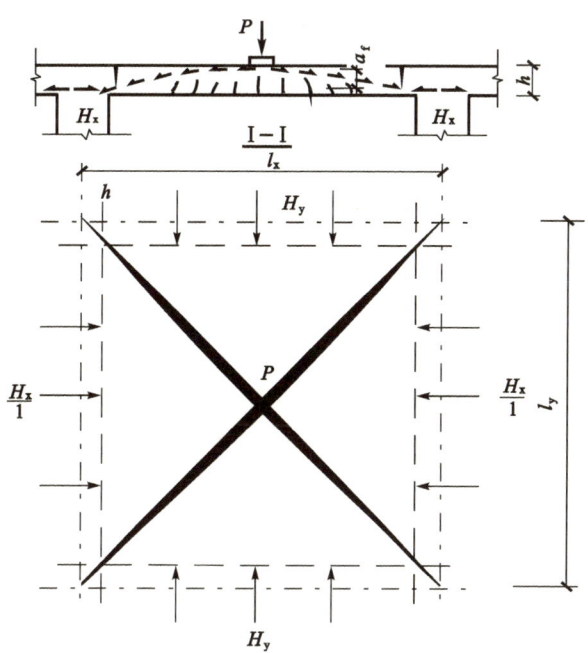

图 10.37 钢筋混凝土双向板推力效应

① 中间跨跨中截面及中间支座,减少 20%;

② 边跨跨中截面及楼板边缘算起的第二支座上:

　　当 $l_{cd}/l_0' < 1.5$ 时,减少 20%;

　　当 $1.5 \leqslant l_{cd}/l_0 \leqslant 2$ 时,减少 10%。

式中　l_0——垂直于楼板边缘方向的计算跨度;

　　　l_{cd}——沿楼板边缘方向的计算跨度。

③ 楼板的角区格不应减少。

10.3.3 双向板的构造

10.3.3.1 板厚

双向板的厚度建议不小于 80mm,通常很少大于 160mm,为了使板有足够的刚度,还要求板厚满足下列要求:

　　　　当四边简支时　　$h > l_0/45$;

　　　　当四边固定时　　$h > l_0/50$。

式中　l_0——板的短向计算跨度。

10.3.3.2 钢筋的配置

双向板中钢筋配置的主要特点就是受力钢筋应沿板的两个方向布置,并且短向的受力钢筋应放在长向受力钢筋的外面。

按弹性理论分析时,由于板的跨中弯矩比板的周边弯矩为大,因此,当 $l_1 \geqslant 2500$mm 时,配筋采取分带布置的方法,将板的两个方向都分为三带,边带宽度均为 $l_1/4$,其余则为中间带。在中间带各按计算配筋,而边带内的配筋各为相应中间带的一半,且每米宽度内不少于三根。

支座负钢筋按计算配置,边带中不减少。当 $l_1 < 2500\text{mm}$ 时,则不分板带,全部按计算配筋(图 10.38)。

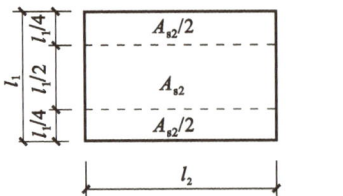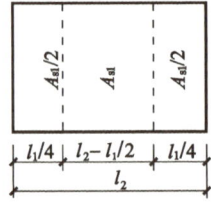

图 10.38　双向板的钢筋分带布置示意图

按塑性理论计算时,为了施工方便,跨中及支座钢筋一般采用均匀配置而不分带。对于简支的双向板,考虑到支座实际上有部分嵌固作用,可将跨中钢筋弯起 $1/3 \sim 1/2$(上弯点距支座边为 $l/10$);对于两端完全嵌固的双向板以及连续的双向板,可将跨中钢筋在距支座 $l_1/4$ 处弯起 $1/3 \sim 1/2$,以抵抗支座的负弯矩,不足时可再增设直钢筋,见图 10.39。

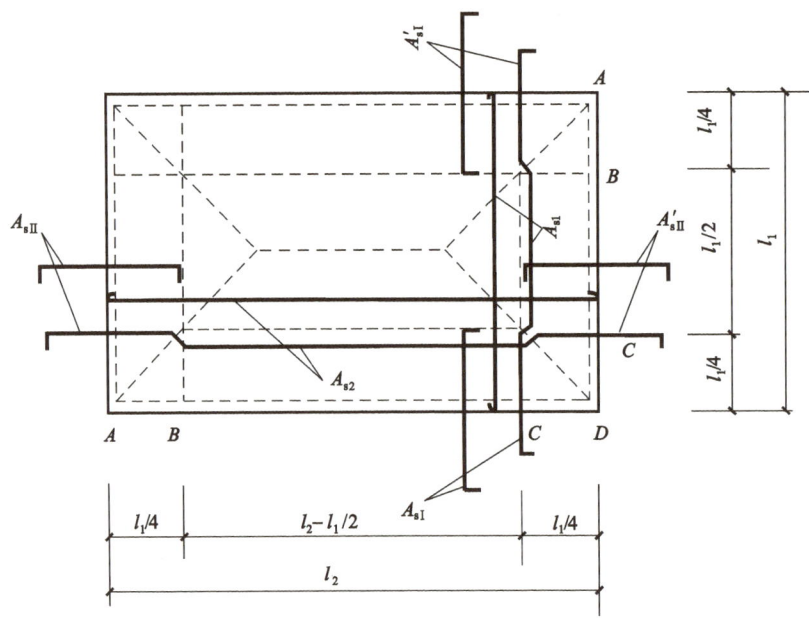

图 10.39　双向板中间区格配筋示意图

布置双向板中的钢筋时,选择钢筋直径与间距应作全面考虑,既满足计算的要求,也应使板的两个方向上其跨中及支座上的钢筋间距有规律地配合,以方便施工。

当双向板两个方向上的跨中受力钢筋均在距支座的 $l_1/4$ 处弯起一半时,则其中将有一部分钢筋(图 10.39)并不与跨中的塑性铰线相交,因此计算跨中全部宽度上的钢筋截面 $\overline{A_{s1}}$、$\overline{A_{s2}}$ 时应扣除这部分钢筋,即

$$\overline{A_{s1}} = A_{s1}\left(l_2 - 2 \times \frac{l_1}{4}\right) + 2 \times \frac{A_{s1}}{2} \times \frac{l_1}{4} = A_{s1}\left(l_2 - \frac{l_1}{4}\right)$$

$$\overline{A_{s2}} = A_{s2}\left(l_1 - 2 \times \frac{l_1}{4}\right) + 2 \times \frac{A_{s2}}{2} \times \frac{l_1}{4} = A_{s2}\left(l_1 - \frac{l_1}{4}\right) = \frac{3}{4}A_{s2}l_1$$

$$\overline{A_{sⅠ}}=A_{sⅠ}l_2$$

$$\overline{A_{sⅡ}}=A_{sⅡ}l_1$$

$$\overline{A_{sⅠ}'}=A_{sⅠ}'l_2$$

$$\overline{A_{sⅡ}'}=A_{sⅡ}'l_1$$

式中　　A_{s1}、A_{s2}——垂直于 l_1、l_2 方向跨中每米板宽内的受力钢筋截面面积；

　　　　$A_{sⅠ}$、$A_{sⅠ}'$、$A_{sⅡ}$、$A_{sⅡ}'$——垂直于 l_1、l_2 方向支座每米板宽内的受力钢筋截面面积。

10.3.4　双向板支承梁的计算特点

10.3.4.1　荷载

当双向板承受均布荷载作用时,传给支承梁的荷载一般可按下述近似方法处理,即从每一区格的四角分别作 45°线与平行于长边的中线相交,将整个板块分成四块面积,作用每块面积上的荷载即为分配给相邻梁上的荷载。因此,传给短梁上的荷载形式是三角形,传给长跨梁上的荷载形式是梯形,见图 10.40。

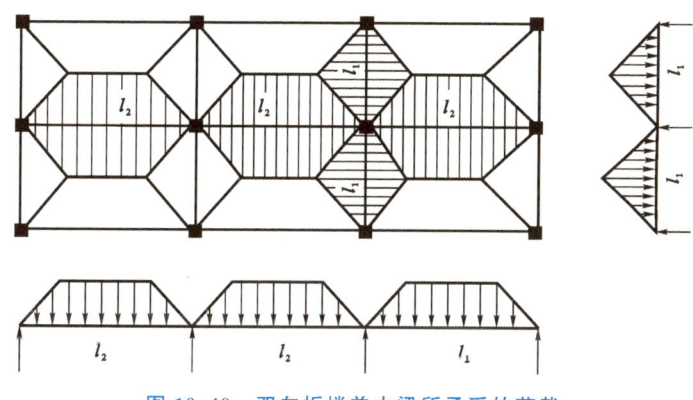

图 10.40　双向板楼盖中梁所承受的荷载

10.3.4.2　内力

梁的荷载确定后,则梁的内力(弯矩和剪力)不难求得。当梁为单跨简支时,可按实际荷载直接计算梁的内力。当梁为连续的并且跨度相等或跨差不超过 10% 时,可将梁上的三角形或梯形荷载根据固端弯矩相等的条件折算成等效均布荷载(详见《建筑结构静力计算手册》),然后利用本章附表 10.1 查得弯矩系数,从而算出支座的弯矩值(此时仍应考虑连续梁上活荷载的最不利位置)。

应该注意,用本章附表 10.1 求出各支座的内力后,当求跨中内力时仍应按实际荷载(三角形或梯形)计算而得。

【例题 10.2】　某厂房修理平台双向板肋形楼盖布置如图 10.41 所示,梁截面 250mm×450mm,楼面活载标准值 $6kN/m^2$,楼面 20mm 厚水泥砂浆抹面,板底 20mm 厚混合纸巾砂浆打底刮大白。混凝土强度等级 C25($f_c=11.9N/mm^2$),钢筋采用 HPB300 级($f_y=270N/mm^2$),按塑性理论计算该板。

【解】　(1)区格 A

① 板的计算跨度与板厚

板厚

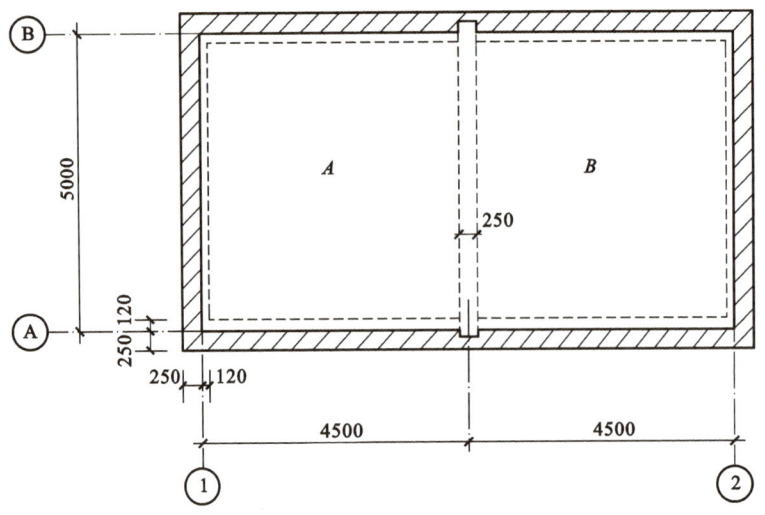

图 10.41　例题 10.2 双向板肋形楼盖结构平面布置

$$h = \frac{l_1}{45} = \frac{4500}{45} = 100\text{mm}$$

板的计算跨度

$$l_1 = \min\left(l_n + \frac{h}{2}, l_n + \frac{a}{2}\right) = l_n + \frac{h}{2} = 4500 - 120 - \frac{250}{2} + \frac{100}{2} = 4305\text{mm}（详见表 10.2）$$

$$l_2 = \min(l_n + h, l_c) = l_n + h = 5000 - 120 \times 2 + 100 = 4860\text{mm}$$

$\dfrac{l_2}{l_1} = 1.13 < 2$，按双向板计算。

② 板的荷载计算

永久荷载标准值：

20mm 厚水泥砂浆面层	$0.02 \times 20 = 0.4\text{kN/m}^2$
100mm 厚钢筋混凝土板	$0.1 \times 25 = 2.5\text{kN/m}^2$
20mm 厚混合砂浆刮大白	$0.02 \times 18 = 0.4\text{kN/m}^2$

恒荷载标准值	$g_k = 3.3\text{kN/m}^2$
恒荷载设计值	$g = 1.3 \times 3.3 = 4.29\text{kN/m}^2$
活荷载设计值	$q = 1.5 \times 6 = 9.0\text{kN/m}^2$
合计	$g + q = 13.3\text{kN/m}^2$

③ 计算板内钢筋

由于 $l_2/l_1 = 1.13$，由表 10.17，取 $A_{s2}/A_{s1} = 0.8$，支座钢筋与跨中钢筋比 $A_{sI}/A_{s1} = 2.0$。采用分离式配筋，跨中及支座各截面的受力钢筋关系为

$$\overline{A}_{s1} = A_{s1}l_2 = 4.86A_{s1}$$

$$\overline{A}_{s2} = A_{s2}l_1 = 0.8A_{s1} \times 4.305 = 3.44A_{s1}$$

$$\overline{A}_{sI} = A_{sI}l_2 = 2 \times A_{s1} \times 4.86 = 9.72A_{s1}$$

④ 各截面的极限弯矩

截面有效高度：

$$h_{01} = 100 - 25 = 75\text{mm}; \quad h_{02} = h_{01} - d = 65\text{mm}; \quad h_{0I} = 100 - 25 = 75\text{mm}$$

各截面的极限弯矩[见式(10.17)]：

$$\overline{M}_1 = \overline{A}_{s1} f_y \gamma_s h_{01} = 4.86 A_{s1} \times 0.9 \times 75 \times 270 = 88574 A_{s1}$$

$$\overline{M}_2 = \overline{A}_{s2} f_y \gamma_s h_{02} = 3.44 A_{s1} \times 0.9 \times 65 \times 270 = 54335 A_{s1}$$

$$\overline{M}_I = \overline{A}_{sI} f_y \gamma_s h_{0I} = 9.72 A_{s1} \times 0.9 \times 75 \times 270 = 177147 A_{s1}$$

⑤ 确定各截面所需钢筋用量

将求得各截面的极限弯矩，根据支座支承情况，代入基本公式(10.18)，得

$$2(\overline{M}_1 + \overline{M}_2) + \overline{M}_I \geqslant \frac{(g+q)l_1^2}{12}(3l_2 - l_1)$$

$$[2 \times (88574 + 54335) + 177147]A_{s1} = \frac{13.3 \times 4.305^2}{12} \times (3 \times 4.86 - 4.305) \times 10^6$$

$$A_{s1} = 455.9 \text{mm}^2，采用 \phi 10@170 (A_s = 462 \text{mm}^2)$$

$$A_{s2} = 0.8 A_{s1} = 364.7 \text{mm}^2，采用 \phi 10@200 (A_s = 393 \text{mm}^2)$$

$$A_{sI} = 2 A_{s1} = 911.8 \text{mm}^2，采用 \phi 10/12@100 (A_s = 958 \text{mm}^2)$$

（2）区格 B

B 区格与 A 区格相同，不必另算。

板的配筋如图 10.42 所示。

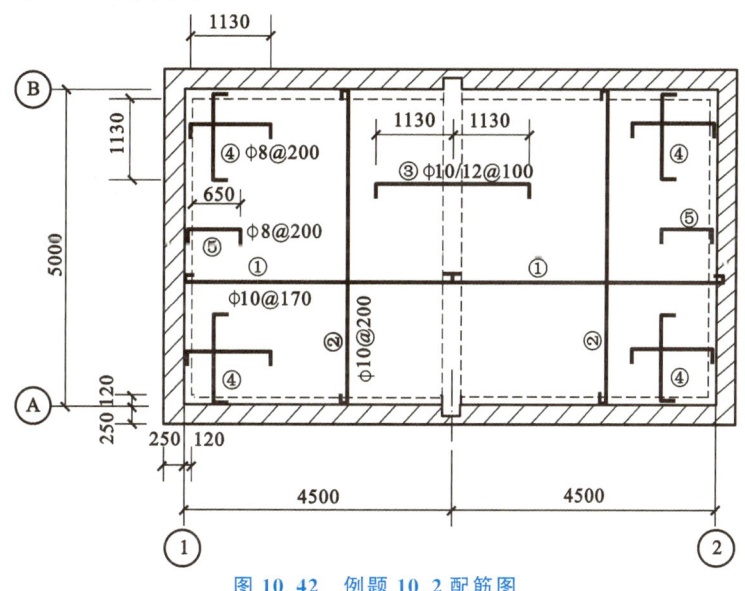

图 10.42　例题 10.2 配筋图

注：⑤号筋伸出墙外 650 系按 $l_1/7$ 计算

10.4　楼　　梯

10.4.1　概述

钢筋混凝土楼梯由于经济耐用，防火性能好，因此，在一般多层房屋中被广泛采用。

楼梯的外形和几何尺寸由建筑设计确定。目前常见的楼梯类型较多，按施工方法的不同，可分为整体式楼梯和装配式楼梯。按楼梯段结构形式的不同，又可分板式、梁式、剪刀式和螺

旋式(见图 10.43)。本节主要介绍最基本的整体式板式楼梯和梁式楼梯的计算与构造。

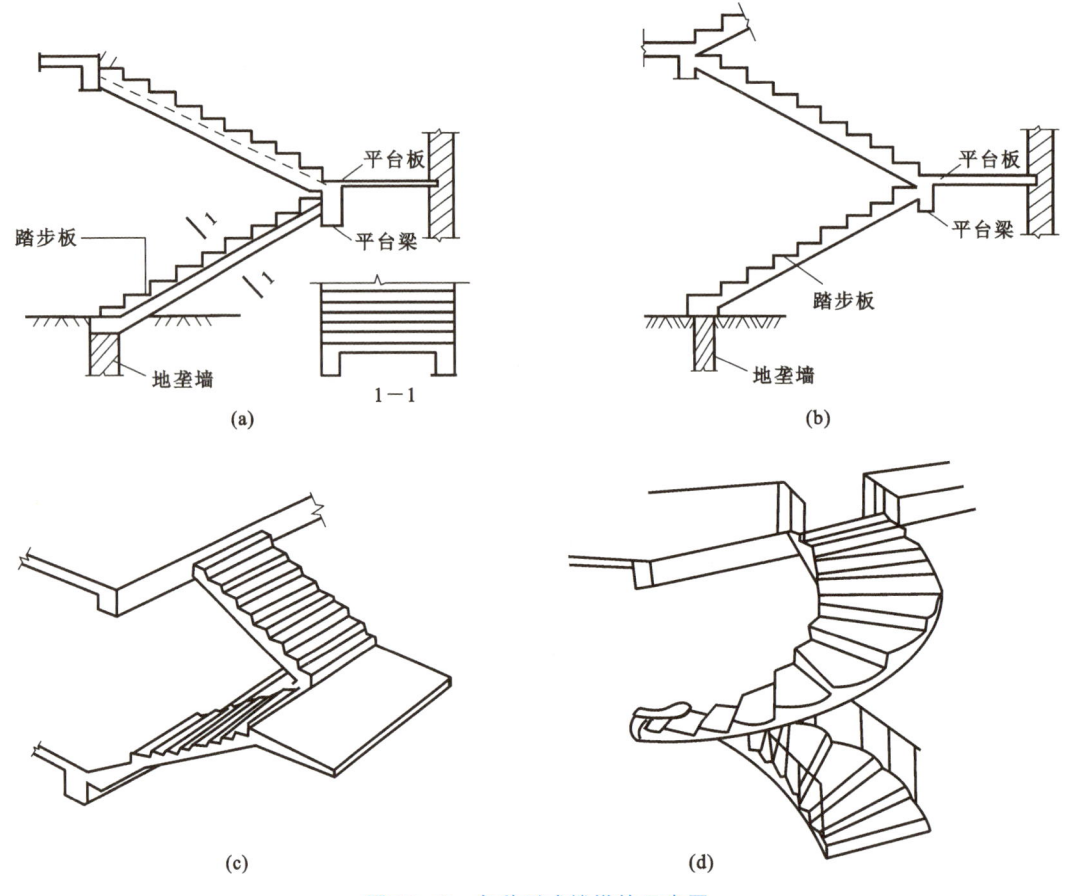

图 10.43　各种形式楼梯的示意图

10.4.2　现浇板式楼梯的计算与构造

当楼梯的跨度不大、活荷载较小时,一般可采用板式楼梯。

板式楼梯由梯段板、平台板和平台梁组成。梯段板是一块带有踏步的斜板,分别支承于上、下平台梁上。

10.4.2.1　梯段板

梯段板在计算时,首先需要假定其厚度。为了保证板具有一定的刚度,梯段板的厚度一般可取 $l_0/30$ 左右(l_0 为梯段板水平方向的跨度)。

梯段板的荷载计算,应考虑活荷载、踏步自重、斜板自重等荷载作用。由于活荷载是沿水平方向分布,而斜板自重却是沿板的倾斜方向分布,为了使计算方便,一般将荷载均换算成沿水平方向分布再进行计算。

计算梯段板时,可取出 1m 宽板带或以整个梯段板作为计算单元。

两端支承在平台梁上的梯段板[图 10.44(a)],内力计算时,可以简化为简支斜板,计算简图如图 10.44(b)所示。斜板又可化作水平板计算[图 10.44(c)],计算跨度按斜板的水平投影长度取值,荷载亦可化作沿斜板的水平投影长度上的均布荷载(指梯段板自重)。

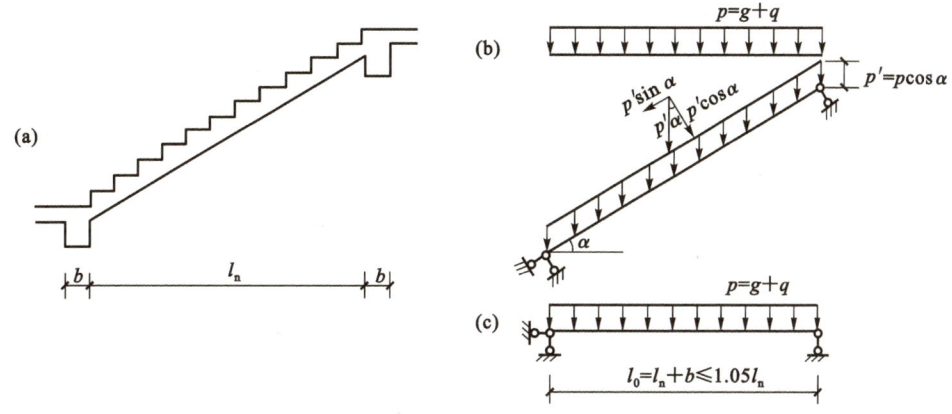

图 10.44 梯段板的内力计算

由结构力学可知,简支斜梁(板)在竖向均布荷载下(沿水平投影长度)的最大弯矩与相应的简支水平梁(荷载相同、水平跨度相同)的最大弯矩是相等的,即

$$M_{max} = \frac{1}{8}(g+q)l_0^2 \tag{10.22}$$

而简支斜梁(板)在竖向均布荷载下的最大剪力与相应的简支水平梁的最大剪力有如下关系

$$V_{max} = \frac{1}{2}(g+q)l_n\cos\alpha \tag{10.23}$$

式中 g, q ——作用于梯段板上的沿水平投影方向永久荷载及可变荷载的设计值;

l_0, l_n ——梯段板的计算跨度及净跨的水平投影长度。

但考虑到梯段斜板与平台梁为整体连接,平台梁对梯段斜板有弹性约束作用这一有利因素,故可以减小梯段板的跨中弯矩,计算时最大弯矩取

$$M_{max} = \frac{1}{10}(g+q)l_0^2 \tag{10.24}$$

由于梯段斜板为斜向搁置受弯构件,竖向荷载除引起弯矩和剪力外,还将产生轴向力,但其影响很小,设计时可不考虑。

梯段斜板中受力钢筋按跨中弯矩计算求得,配筋可采用弯起式或分离式。采用弯起式时,一半钢筋伸入支座,一半靠近支座处弯起,以承受支座处实际存在的负弯矩,支座截面负筋的用量一般可取与跨中截面相同,受力钢筋的弯起点位置见图 10.45。在垂直受力钢筋方向仍应按构造配置分布钢筋,并要求每个踏步板内至少放置一根钢筋。

梯段斜板和一般板计算一样,可不必进行斜截面抗剪承载力验算。

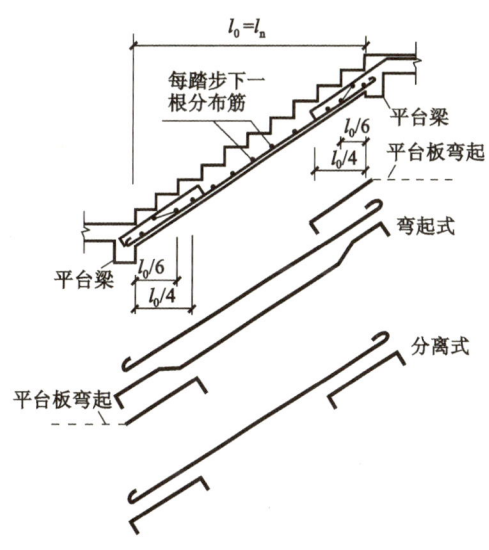

图 10.45 受力钢筋的弯起点位置

10.4.2.2　平台板

平台板一般均属单向板(有时也可能是双向板),当板的两边均与梁整体连接时,考虑梁对板的弹性约束,板的跨中弯矩也可按 $M = \dfrac{1}{10}(g+q) \cdot l_0^2$ 计算。当板的一边与梁整体连接而另一边支承在墙上时,板的跨中弯矩则应按 $M = \dfrac{1}{8}(g+q) \cdot l_0^2$ 计算,式中 l_0 为平台板的计算跨度。

10.4.2.3　平台梁

平台梁两端一般支承在楼梯间承重墙上,承受梯段板、平台板传来的均布荷载和平台梁自重,可按简支的倒 L 形梁计算。平台梁截面高度一般取 $h \geqslant l_0/12$(l_0 为平台梁的计算跨度)。其他构造要求与一般梁相同。

【例题 10.3】　板式钢筋混凝土楼梯如图 10.46 所示,设计梯段板、平台板、平台梁。

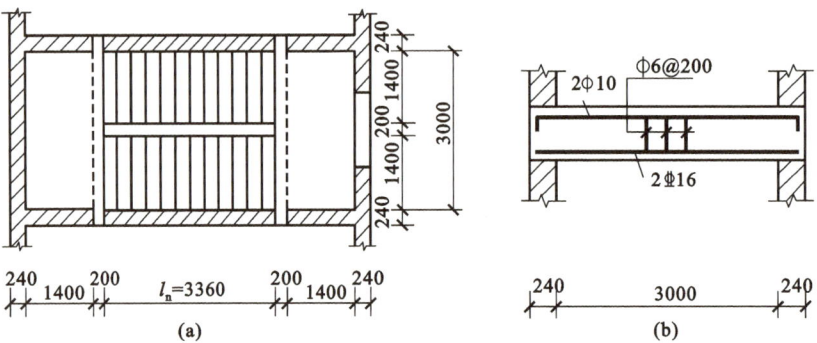

图 10.46　板式楼梯平面布置及平台梁配筋

设计资料:混凝土 C25;

　　　　　　板内钢筋 HPB300 级;

　　　　　　梁内受力钢筋 HRB400 级。

活荷载标准值 $q_k = 2.5 \text{kN/m}^2$。

【解】　(1)梯段板计算

① 确定板厚　梯段板跨度为 $l_0 = l_n + b = 3360 + 200 = 3560 \text{mm} > 1.05 l_n = 1.05 \times 3360 = 3528 \text{mm}$,取 $l_0 = 3528 \text{mm}$,厚度为

$$h = \frac{l_0}{30} = \frac{3528}{30} = 117.6 \text{mm},取 \, h = 120 \text{mm}$$

② 荷载计算(取 1m 宽板带计算)

楼梯斜板的倾斜角:

$$\alpha = \arctan\frac{154}{280} = \arctan 0.55 = 28°48', \quad \cos\alpha = 0.876$$

恒荷载　踏步重

$$\frac{1.0}{0.28} \times \frac{1}{2} \times 0.28 \times 0.154 \times 25 = 1.925 \text{kN/m}$$

斜板重

$$\frac{1.0}{0.876} \times 0.12 \times 25 = 3.425 \text{kN/m}$$

20mm 厚水泥砂浆面层　　　　　　$\frac{0.28+0.154}{0.28} \times 1.0 \times 0.02 \times 20 = 0.620 \text{kN/m}$

20mm 厚混合砂浆外刮大白　　　　　　$\frac{1}{0.876} \times 1.0 \times 0.02 \times 20 = 0.457 \text{kN/m}$

恒载标准值　　　　　　　　　　　　　　　　　$g_k = 6.43 \text{kN/m}$
恒载设计值　　　　　　　　　　　　　$g_d = 1.3 \times 6.43 = 8.36 \text{kN/m}$
活载标准值　　　　　　　　　　　　　　　　　$q_k = 2.5 \text{kN/m}$
活载设计值　　　　　　　　　　　　　$q_d = 1.5 \times 2.5 = 3.75 \text{kN/m}$
荷载总设计值　　　　　　　　　　　　$p_d = g_d + q_d = 12.11 \text{kN/m}$

③ 内力计算

计算跨度

$$l_0 = 3.56 \text{m}$$

跨中弯矩

$$M = \frac{1}{10} \times p_d \times l_0^2 = \frac{1}{10} \times 12.11 \times 3.528^2 = 15.07 \text{kN} \cdot \text{m}$$

④ 配筋计算

$$h_0 = h - 25 = 120 - 25 = 95 \text{mm}$$

$$\alpha_s = \frac{M}{\alpha_1 f_c b h_0^2} = \frac{15.07 \times 10^6}{1.0 \times 11.9 \times 1000 \times 95^2} = 0.140$$

$$\xi = 1 - \sqrt{1 - 2\alpha_s} = 1 - \sqrt{1 - 2 \times 0.140} = 0.151 < \xi_b = 0.580$$

$$A_s = \xi b h_0 \frac{\alpha_1 f_c}{f_y} = 0.151 \times 1000 \times 95 \times \frac{1.0 \times 11.9}{270} = 632 \text{mm}^2$$

梯段板受力筋选用 $\phi 12 @ 140 (A_s = 808 \text{mm}^2)$。

每踏步下选用 $1\phi 8$ 构造筋(图 10.47)。

(2) 平台板计算(取 1m 宽板带作为计算单元)

① 荷载计算

恒载标准值　设平台板厚为 80mm,则自重 $0.08 \times 1.0 \times 25 = 2 \text{kN/m}$

20mm 厚水泥砂浆面层　　　　　　　　　　$0.02 \times 1.0 \times 20 = 0.40 \text{kN/m}$

20mm 厚混合砂浆打底刮大白底层　　　　$0.02 \times 1.0 \times 20 = 0.40 \text{kN/m}$

恒载标准值　　　　　　　　　　　　　　　　　$g_k = 2.8 \text{kN/m}$
恒载设计值　　　　　　　　　　　　　$g_d = 1.3 \times 2.8 = 3.64 \text{kN/m}$
活载设计值　　　　　　　　　　　　　$q_d = 1.5 \times 2.5 = 3.75 \text{kN/m}$
总荷载设计值　　　　　　　　　　　　$p = g_d + q_d = 7.39 \text{kN/m}$

② 内力计算

计算跨度

$$l_0 = \min\left(l_n + \frac{h}{2}, l_n + \frac{a}{2}\right) = l_n + \frac{h}{2} = 1.4 + \frac{0.08}{2} = 1.44 \text{m}$$

跨中弯矩

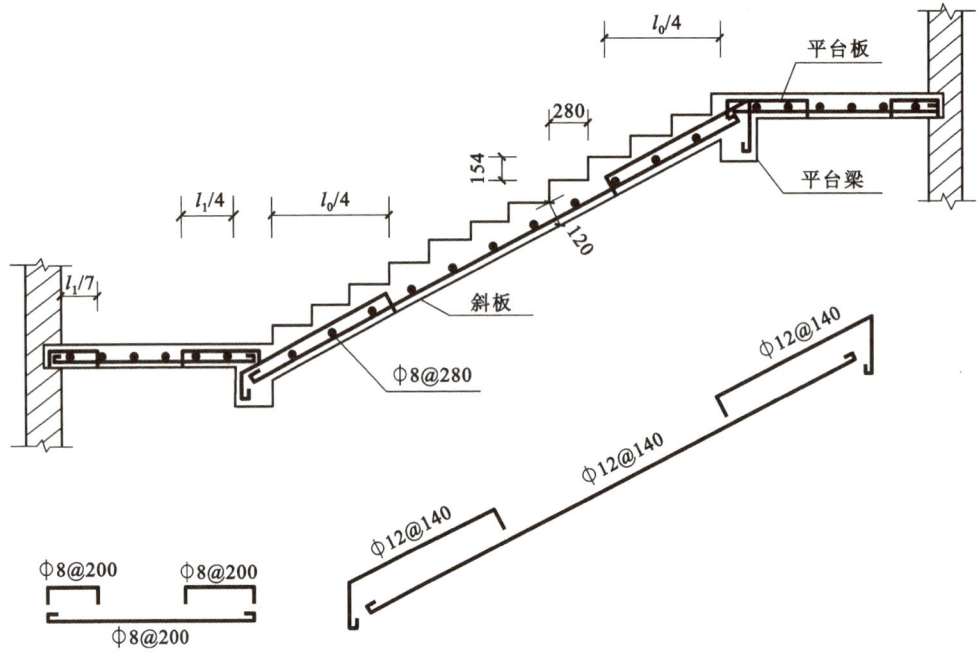

图 10.47　梯段板、平台板配筋

$$M = \frac{1}{8} p l_0^2 = \frac{1}{8} \times 7.39 \times 1.44^2 = 1.92 \text{kN} \cdot \text{m}$$

③ 配筋计算($h_0 = 80 - 25 = 55\text{mm}$)

$$\alpha_s = \frac{M}{\alpha_1 f_c b h_0^2} = \frac{1.92 \times 10^6}{1.0 \times 11.9 \times 1000 \times 55^2} = 0.053 \qquad \xi = 1 - \sqrt{1 - 2\alpha_s} = 0.054 < \xi_b$$

$$A_s = \xi b h_0 \frac{\alpha_1 f_c}{f_y} = 0.054 \times 1000 \times 55 \times \frac{1.0 \times 11.9}{270} = 131 \text{mm}^2$$

按构造选用 $\phi 8 @ 200 (A_s = 251\text{mm}^2)$。

（3）平台梁计算

① 荷载

梯段板传来　　　　　　　　$12.11 \times \frac{3.36}{2} = 20.34 \text{kN/m}$

平台板传来　　　　　　　　$7.39 \times \left(\frac{1.40}{2} + 0.20\right) = 6.65 \text{kN/m}$

平台梁自重(设平台梁为 $b \times h = 200\text{mm} \times 300\text{mm}$)

$$1.3 \times 0.2 \times (0.3 - 0.08) \times 25 = 1.43 \text{kN/m}$$
$$p = 28.42 \text{kN/m}$$

② 内力计算

平台梁按简支梁计算，计算跨度 $l_0 = \min(1.05 l_n, l_c) = 1.05 l_n = 1.05 \times 3 = 3.15 \text{m}$

$$M_{\max} = \frac{1}{8} p l_0^2 = \frac{1}{8} \times 28.42 \times 3.15^2 = 35.25 \text{kN} \cdot \text{m}$$

$$V_{\max} = \frac{1}{2} p l_n = \frac{1}{2} \times 28.42 \times 3 = 42.63 \text{kN}$$

③ 配筋计算

（a）正截面计算

按第 1 类倒 L 形截面计算，翼缘宽度

$$b_f' = \frac{l_0}{6} = \frac{3150}{6} = 525\text{mm}$$

$$b_f' = b + \frac{s_n}{2} = 200 + \frac{1400}{2} = 900\text{mm}$$

两者取小值，按 $b_f' = 525\text{mm}, h_0 = 300 - 40 = 260\text{mm}$ 计算。

$$\alpha_s = \frac{M}{\alpha_1 f_c b_f' h_0^2} = \frac{35.25 \times 10^6}{1.0 \times 11.9 \times 525 \times 260^2} = 0.083 \qquad \xi = 0.087 < \xi_b$$

$$A_s = \xi b_f' h_0 \frac{\alpha_1 f_c}{f_y} = 0.087 \times 525 \times 260 \times \frac{1.0 \times 11.9}{360} = 393\text{mm}^2$$

选用 2Φ16 的纵筋（$A_s = 402\text{mm}^2$）。

（b）斜截面计算

$$0.7 f_t b h_0 = 0.7 \times 1.27 \times 200 \times 260 = 46.23\text{kN} > V_{max} = 42.63\text{kN}$$

仅采用箍筋，并按构造确定，实用Φ6@200 的双肢箍，见图 10.46。

10.4.3 现浇梁式楼梯的计算与构造

10.4.3.1 踏步板

梁式楼梯的踏步板为两端支承在梯段斜梁上的单向板[图 10.48（a）]，为了方便，可在竖向切出一个踏步作为计算单元[如图 10.48（b）中阴影所示]，其截面为梯形，可按截面面积相等的原则简化为同宽度的矩形截面的简支梁计算，计算简图见图 10.48（c）。

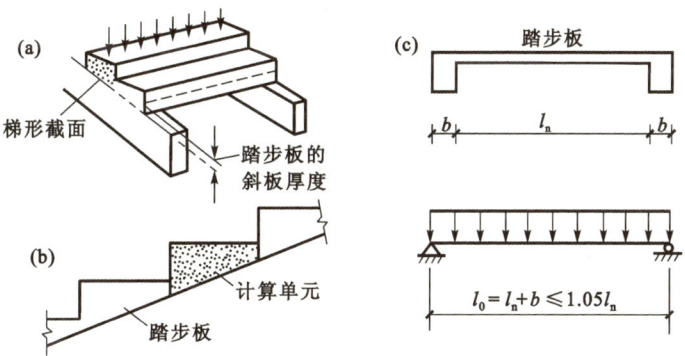

图 10.48　踏步板的内力计算

由于未考虑踏步板按全部梯形截面参与受弯工作，故其斜板部分可以薄一些，厚度一般取 $\delta = 30 \sim 40\text{mm}$。踏步板配筋除按计算确定外，要求每个踏步一般不宜少于 2ϕ8 受力钢筋，布置在踏步下面斜板中，并沿梯段布置间距不大于 300mm 的分布钢筋，见图 10.49。

10.4.3.2 梯段斜梁

梯段斜梁两端支承在平台梁上，承受踏步传来的荷载，图 10.50（a）为其纵剖面。计算内力时，与板式楼梯中梯段斜板的计算原理相同，可简化为简支斜梁，又将其简化作水平梁计算，

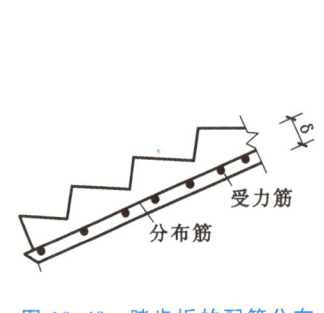

图 10.49　踏步板的配筋分布

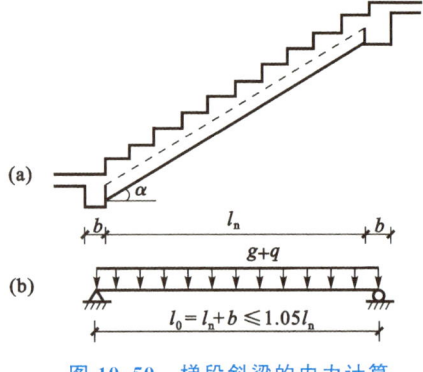

图 10.50　梯段斜梁的内力计算

计算简图见图 10.50(b)，其内力按下式计算(轴向力亦不予考虑)

$$M_{max} = \frac{1}{8}(g+q)l_0^2 \qquad (10.25)$$

$$V_{max} = \frac{1}{2}(g+q)l_n \cos\alpha \qquad (10.26)$$

式中　M_{max}，V_{max}——简支斜梁在竖向均布荷载下的最大弯矩和剪力；

　　　l_0，l_n——梯段斜梁的计算跨度及净跨的水平投影长度。

梯段斜梁按倒 L 形截面计算，踏步板下斜板为其受压翼缘。梯段梁的截面高度一般取 $h \geqslant l_0/20$。梯段梁的配筋与一般梁相同。配筋图见图 10.51。

10.4.3.3　平台梁与平台板

梁式楼梯的平台梁、平台板与板式楼梯基本相同，其不同之处仅在于，梁式楼梯中的平台梁除承受平台板传来的均布荷载和平台梁自重外，还承受梯段斜梁传来的集中荷载。平台梁的计算简图见图 10.52。

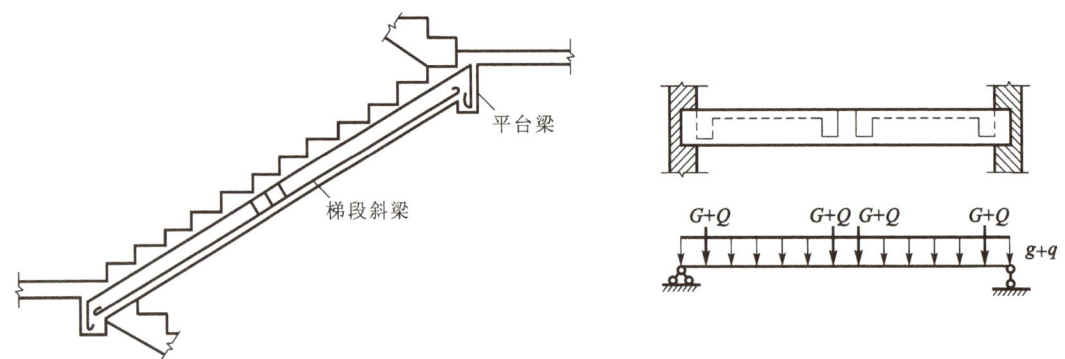

图 10.51　梯段斜梁的配筋分布

图 10.52　平台梁的计算简图

10.4.4　折线形楼梯计算与构造

为了满足建筑使用要求，在房屋中有时需要采用折线形楼梯[图 10.53(a)]。

折线形楼梯梁(板)的计算与普通梁(板)式楼梯一样，一般将斜梯段上的荷载化为沿水平长度方向分布的荷载[图 10.53(b)]，然后再按简支梁[图 10.53(c)]计算 M_{max} 及 V_{max} 的值。

由于折线形楼梯在梁(板)曲折处形成内折角，在配筋时，若钢筋沿内折角连续配置，则此处受拉钢筋将产生较大的向外的合力,可能使该处混凝土保护层剥落,钢筋被拉出而失去作用,见图 10.54(a),因此,在内折角处,配筋时应采取将钢筋断开并分别予以锚固的措施,见图 10.54(b)。在梁的内折角处,箍筋应适当加密。

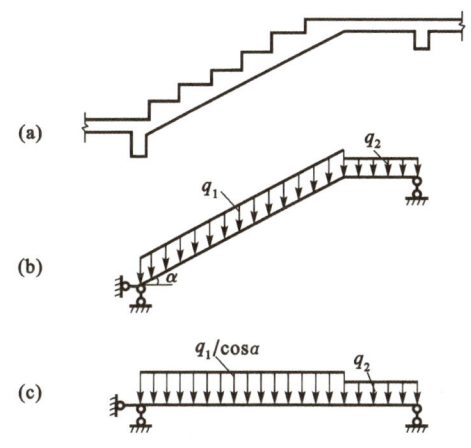

图 10.53　折线形板式楼梯的荷载

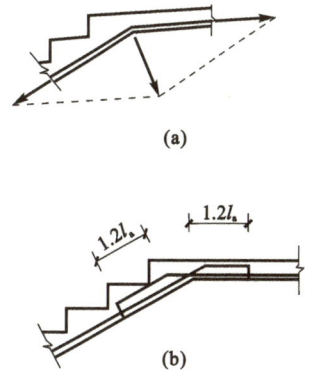

图 10.54　折线形楼梯在板曲折处的配筋
（a）混凝土保护层剥落,钢筋被拉出；
（b）转角处钢筋的锚固措施

本 章 小 结

梁板结构应用较广,是基本构件计算与构造的综合应用。

(1) 整体现浇单向板肋梁楼盖

四边周承的板,当长支承边 l_2 与短支承边 l_1 的比值大于 2 时,则长跨度 l_2 方向承受的弯矩很小,可忽略不计,这种板在受力体系上称单向板。

单向板肋梁楼盖仅从经济条件考虑,其跨度分别为:板跨 1.7～2.7m,次梁 4～6m,主梁 5～8m,梁板实际布置时,应视具体情况而定。

楼盖板、梁的支座通常有两种构造形式,一种是直接搁置在砖墙、砖柱上,一种与梁柱整体连接。前者将其支座视为铰支座,后者支座对板梁的转动有一定约束作用,但计算内力时仍将其当作简支座,由此引起的误差,可在荷载计算时加以调整。对于多跨连续板梁(跨度相等或相差不超过 10%)时,若跨度超过五跨,可按五跨计算。单向板肋梁楼盖有弹性计算法和塑性计算法两种。

① 弹性计算法

假设结构为弹性匀质材料,按结构力学原理进行计算。一般用调整后的荷载,按活荷载的最不利布置,内力用表格直接计算。

② 塑性计算法

混凝土是一种弹塑性材料,钢筋屈服后有很大的塑性变形,故按塑性法计算能反映两种材料的实际性能,当多跨连续板、梁支座截面钢筋屈服时,截面有定向的转动,形成"塑性铰",减少了超静定结构次数,产生内力重分布,使结构的剩余能力得以充分利用。塑性方法的内力,是根据调整后的活载最不利布置,按照弯矩调幅的原则(适当减少支座弯矩,增加跨中弯矩)而得出的。塑性方法计算不仅能反映材料的实际性能,还能节省材料,构造简单,便于施工。对于不承受动荷载的一般板梁结构,可采用此法设计。

（2）双向板肋梁楼盖

已如前述,对四边周承板,当 $l_2/l_1 \leqslant 2.0$ 时为双向板,双向板亦可按弹性方法和塑性方法计算。

① 弹性方法计算的单块板,是以弹性薄板理论为依据而进行计算的一种方法。由于这种方法内力分析比较复杂,为便于工程计算,根据不同的支承情况,已制成各种相应的计算用表,以供查用。

对多跨连续双向板,应和多跨连续单向板一样,需考虑活荷载的不利位置。为简化计算,当两个方向各为等跨或在同一方向区格的跨度相差不超过 20% 的不等跨时,求:

a. 跨中最大弯矩,是当某区格及其前、后、左、右每隔一区格布置活荷载时,则可使该区格跨中弯矩为最大。为了求此弯矩,可将活荷载 q 与恒载 g 分为 $g+\dfrac{q}{2}$ 与 $\pm\dfrac{q}{2}$ 两部分,分别作用于相应区格。当双向板各区格均作用 $g+\dfrac{q}{2}$ 时,中间区格板按四边固定的单块双向板计算跨中弯矩;在 $\pm\dfrac{q}{2}$ 作用时,按四边简支的单块双向板计算跨中弯矩,然后将两种结果叠加,即可得连续双向板的跨中最大弯矩。

b. 支座最大弯矩,可近似地假定活荷载 q 布满所有区格求得的支座弯矩,即为支座最大弯矩。

② 塑性方法计算

塑性方法计算的种类较多,工程中常用的极限平衡法,根据一个区格板塑性铰线分成四个板块的极限平衡条件,可得其计算公式。按极限平衡计算的内力,不仅符合板的实际情况,而且可节约钢筋 20%～25%。

（3）楼梯

楼梯的外形和几何尺寸由建筑设计确定,常见的楼梯类型较多,按施工方法的不同,可分为整体式楼梯和装配式楼梯;按楼梯段结构形式的不同可分为板式、梁式、剪刀式和螺旋式。本书主要介绍板式楼梯计算与构造。

（4）单向板肋梁楼盖、双向板肋梁楼盖以及楼梯等部件,是工业与民用建筑常见的结构,计算固然重要,但构造要求亦不能忽视。

思 考 题

10.1 混凝土楼盖结构有哪几种类型?并说明它们各自的受力特点和适用范围。

10.2 混凝土梁板结构设计的一般步骤是什么?

10.3 试说明图 10.55 中各板应按单向板还是双向板设计。

10.4 图 10.56 所示为一钢筋混凝土伸臂梁,恒荷载 g 及活荷载 q 均为均布荷载。试分别说明:

（1）跨中截面最大正弯矩 $+M_{Cmax}$;

（2）支座截面最大负弯矩 $-M_{Bmax}$;

（3）反弯点距 B 支座最大距离;

（4）A 支座的最大剪力 V_{Amax};

（5）B 支座的最大剪力 V_{Bmax}。

这五种情况下各自的活荷载最不利布置。

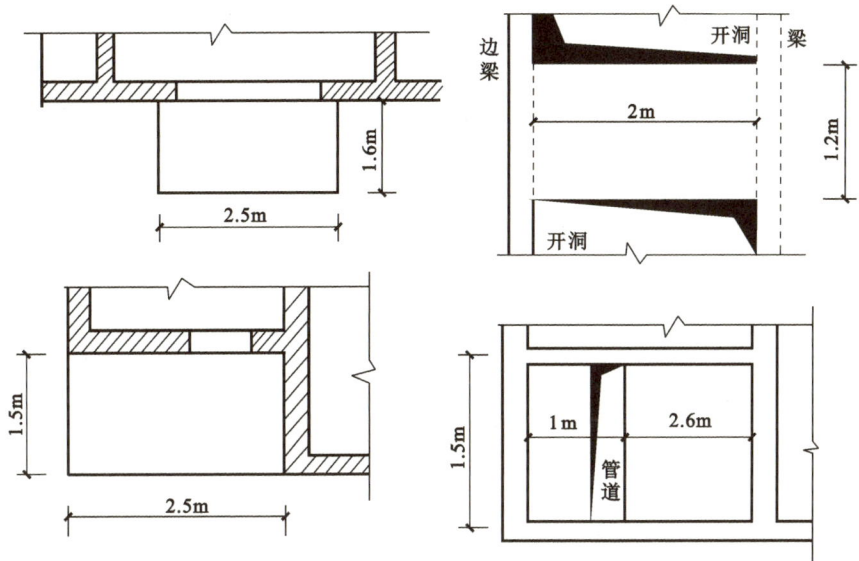

图 10.55 思考题 10.3 附图

10.5 什么叫内力包络图? 为什么要画内力包络图?

10.6 什么叫"塑性铰"? 钢筋混凝土中的塑性铰与结构力学中的"理想铰"有何异同?

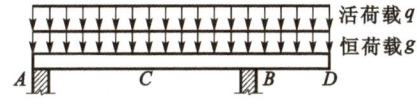

图 10.56 思考题 10.4 附图

10.7 什么叫"塑性内力重分布"? "塑性铰"与"内力重分布"有何关系?

10.8 什么叫"弯矩调幅"? 考虑塑性内力重分布计算钢筋混凝土连续梁的内力时,为什么要控制"弯矩调幅"?

10.9 按考虑塑性内力重分布计算混凝土连续梁的内力时,为什么要限制截面受压区高度?

10.10 试简要说明"调幅法"的计算步骤和原则。

10.11 为什么在计算主梁的支座截面配筋时,应取支座边缘处的弯矩? 为什么在主次梁相交处,在主梁中需设置吊筋或附加箍筋?

10.12 试说明按弹性理论计算双向板时,如何利用单跨区格板的弯矩系数表示考虑活荷载的不利位置。

10.13 用极限平衡法计算双向板极限承载力时,采用了哪些基本假定?

10.14 单向板肋形楼盖的配筋计算和构造有哪些要点?

10.15 常用楼梯有哪几种类型? 各有何优缺点? 说出它们的适用范围。

10.16 如何确定楼梯各组成部分的计算简图。

习 题

10.1 某两跨连续梁如图 10.57 所示,集中荷载作用于 $l_0/3$ 处,恒荷载 $G = 25\text{kN}$,活荷载 $Q = 50\text{kN}$,试按弹性理论计算并画出此梁的弯矩包络图和剪力包络图。

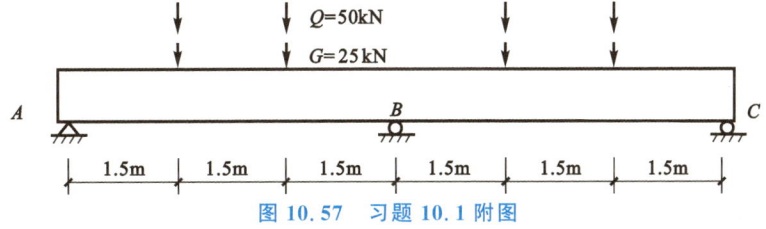

图 10.57 习题 10.1 附图

10.2　某现浇屋盖为单向板肋形屋盖,其板为两跨连续板,搁置于 240mm 厚的砖墙上,连续板左跨净跨为 3m,右跨净跨为 4m,板顶及板底粉刷的重度为 0.75kN/m²,分项系数 1.3,板上活荷载为 3kN/m²,分项系数为 1.5。试设计此板。

10.3　某多层工业厂房某层平面如图 10.58 所示,现浇混凝土楼板 $h=100mm$。恒荷载标准值(包括自重)4.6kN/m²;活荷载标准值 4.5kN/m²,混凝土为 C25 级,钢筋为 HPB300 级。试按塑性理论计算此楼盖,并画出钢筋布置图。

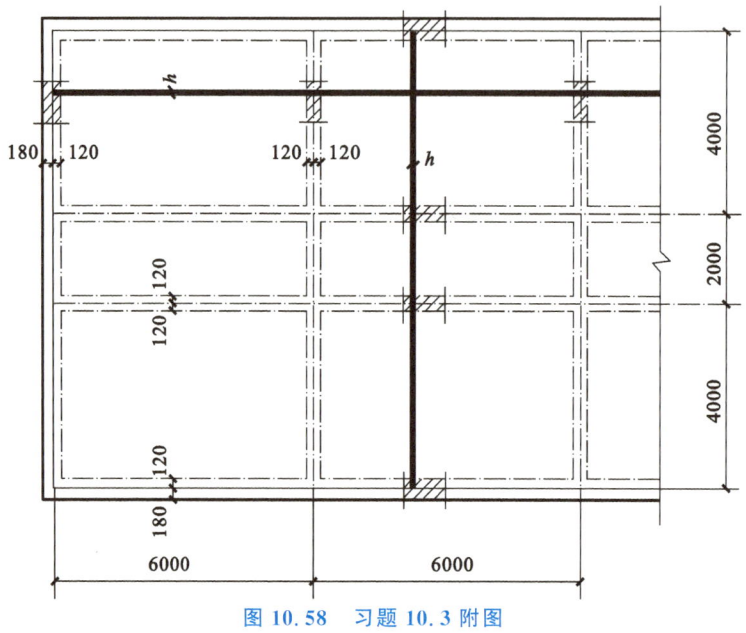

图 10.58　习题 10.3 附图

10.4　某教学楼板式楼梯平面如图 10.59 所示,混凝土 C25 级,钢筋:板为 HPB300 级,梁为 HRB400 级。板上活载标准值 $q_k=3.5kN/m^2$,板上为 20mm 厚水泥砂浆加 10mm 厚水磨石面层($\gamma=22kN/m^3$),板底为 20mm 厚混合砂浆加纸巾打底($\gamma=20kN/m^3$),试设计此楼梯的梯段板、平台板、平台梁,并绘制施工图。

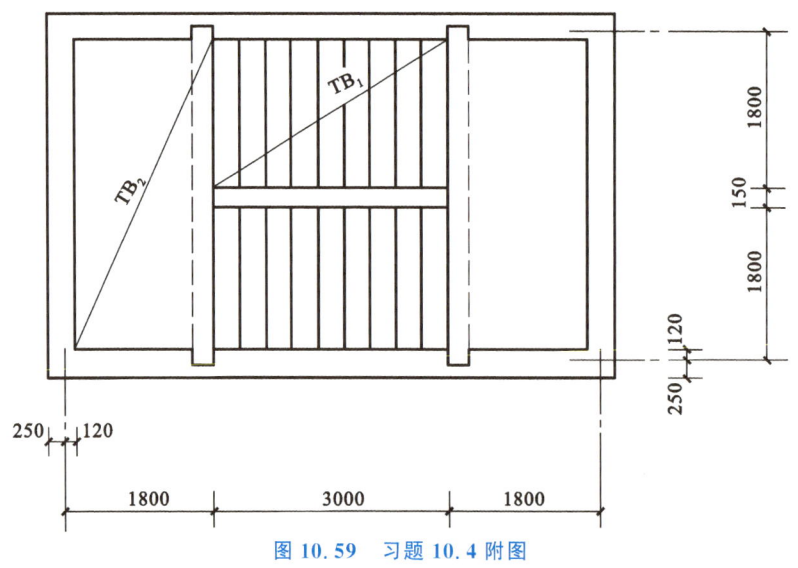

图 10.59　习题 10.4 附图

本章练习

附表 10.1　均布荷载和集中荷载作用下等跨连续梁的内力系统

均布荷载

$$M = K_1 g l^2 + K_2 q l^2 \qquad V = K_3 g l + K_4 q l$$

集中荷载

$$M = K_1 G l + K_2 Q l \qquad V = K_3 G + K_4 Q$$

式中　g, q——单位长度上的均布恒荷载、活荷载；

　　　G, Q——集中恒荷载、活荷载；

　　　K_1, K_2, K_3, K_4——内力系数，由表中相应栏内查得。

（1）　两　跨　梁

序号	荷载简图	跨内最大弯矩		支座弯矩	横向剪力			
		M_1	M_2	M_B	V_A	$V_{B左}$	$V_{B右}$	V_C
1		0.070	0.070	−0.125	0.375	−0.625	0.625	−0.375
2		0.096	−0.025	−0.063	0.437	−0.563	0.063	0.063
3		0.156	0.156	−0.188	0.312	−0.688	0.688	0.312
4		0.203	−0.047	−0.094	0.406	−0.594	0.094	0.094
5		0.222	0.222	−0.333	0.667	−1.334	1.334	−0.667
6		0.278	−0.056	−0.167	0.833	−1.167	0.167	0.167

（2） 三 跨 梁

序号	荷载简图	跨内最大弯矩		支座弯矩		横向剪力					
		M_1	M_2	M_B	M_C	V_A	$V_{B左}$	$V_{B右}$	$V_{C左}$	$V_{C右}$	V_D
1		0.080	0.025	−0.100	−0.100	0.400	−0.600	0.500	−0.500	−0.600	−0.400
2		0.101	−0.050	−0.050	−0.050	0.450	−0.550	0.000	0.000	0.550	−0.450
3		−0.025	0.075	−0.050	−0.050	−0.050	−0.050	0.050	0.050	0.050	0.050
4		0.073	0.054	−0.117	−0.033	0.383	−0.617	0.583	−0.417	0.033	0.033
5		0.094	—	−0.067	−0.017	0.433	−0.567	0.083	0.083	−0.017	−0.017
6		0.175	0.100	−0.150	−0.150	0.350	−0.650	0.500	−0.500	0.650	−0.350
7		0.213	−0.075	−0.075	−0.075	0.425	−0.575	0.000	0.000	0.575	−0.425
8		−0.038	0.175	−0.075	−0.075	−0.075	−0.075	0.500	−0.500	0.075	0.075
9		0.162	0.137	−0.175	0.050	0.325	−0.675	0.625	−0.375	0.050	0.050
10		0.200	—	−0.100	0.025	0.400	−0.600	0.125	0.125	−0.025	−0.025
11		0.244	0.067	−0.267	−0.267	0.733	−1.267	1.000	−1.000	1.267	−0.733
12		0.289	−0.133	−0.133	−0.133	0.866	−1.134	0.000	0.000	1.134	−0.866
13		−0.044	0.200	−0.133	−0.133	−0.133	−0.133	1.000	−1.000	0.133	0.133
14		0.229	0.170	−0.311	0.089	0.689	−1.311	1.222	−0.778	0.089	0.089
15		0.274	—	−0.178	0.044	0.822	−1.178	0.222	0.222	−0.044	−0.044

(3) 四跨梁

序号	荷载简图	跨内最大弯矩				支座弯矩			横向剪力							
		M_1	M_2	M_3	M_4	M_B	M_C	M_D	V_A	$V_{B左}$	$V_{B右}$	$V_{C左}$	$V_{C右}$	$V_{D左}$	$V_{D右}$	V_E
1		0.077	−0.036	0.036	0.077	−0.107	−0.071	−0.107	0.393	−0.607	0.536	−0.464	0.464	−0.536	0.607	−0.393
2		0.100	0.045	0.081	−0.023	−0.054	−0.036	−0.054	0.446	−0.554	0.018	0.018	0.482	−0.518	0.054	0.054
3		0.072	0.061	—	0.098	−0.121	−0.018	−0.058	0.380	−0.020	0.603	−0.397	−0.040	−0.040	0.558	−0.442
4		0.094	0.056	0.056	—	−0.036	−0.107	−0.036	−0.036	−0.036	0.429	−0.571	0.571	−0.429	0.036	0.036
5		—	—	—	—	−0.067	0.018	−0.004	0.433	−0.567	0.085	0.085	−0.022	−0.022	0.004	0.004
6		—	0.071	—	—	−0.049	−0.054	0.013	−0.049	−0.049	0.496	−0.504	0.067	0.067	−0.013	−0.013
7		0.169	0.116	0.116	−0.169	−0.161	−0.107	−0.161	0.339	−0.661	0.553	−0.446	0.446	−0.554	0.661	−0.339
8		0.210	0.067	0.183	−0.040	−0.080	−0.054	−0.080	0.420	−0.580	0.027	0.027	0.473	0.527	0.080	0.080
9		0.159	0.146	—	0.206	−0.181	−0.027	−0.087	0.319	−0.681	0.654	−0.346	−0.060	−0.060	0.587	−0.413

续表（3）

序号	荷载简图	跨内最大弯矩				支座弯矩			横向剪力							
		M_1	M_2	M_3	M_4	M_B	M_C	M_D	V_A	$V_{B左}$	$V_{B右}$	$V_{C左}$	$V_{C右}$	$V_{D左}$	$V_{D右}$	V_E
10		—	0.142	0.142	—	−0.054	−0.161	−0.054	−0.054	−0.054	0.393	−0.607	0.607	−0.393	0.054	0.054
11		0.202	—	—	—	−0.100	0.027	−0.007	0.400	−0.600	0.127	0.127	−0.033	−0.033	0.007	0.007
12		—	0.173	—	—	−0.074	−0.080	0.020	−0.074	−0.074	0.493	−0.507	0.100	0.100	−0.020	−0.020
13		0.238	0.111	0.111	0.238	−0.286	−0.191	−0.286	0.714	−1.286	1.095	−0.905	0.905	−0.095	1.286	−0.714
14		0.286	−0.111	0.222	−0.048	−0.143	−0.095	−0.143	0.875	−1.143	0.048	0.048	0.952	1.048	0.143	0.143
15		0.226	0.194	—	0.282	−0.321	−0.048	−0.155	0.679	−1.321	1.274	−0.726	−0.107	−0.107	1.155	−0.845
16		—	0.175	0.175	—	−0.095	−0.286	−0.095	−0.095	−0.095	0.810	−1.190	0.190	−0.810	0.095	0.095
17		0.274	—	—	—	−0.178	0.048	−0.012	0.822	−1.178	0.226	0.226	−0.060	−0.060	0.012	0.012
18		—	0.198	—	—	−0.131	−0.143	−0.036	−0.131	−0.131	0.988	−1.012	0.178	0.178	−0.036	−0.036

（4）五　跨　梁

序号	荷载简图	跨内最大弯矩			支座弯矩				横向剪力									
		M_1	M_2	M_3	M_B	M_C	M_D	M_E	V_A	$V_{B左}$	$V_{B右}$	$V_{C左}$	$V_{C右}$	$V_{D左}$	$V_{D右}$	$V_{E左}$	$V_{E右}$	V_F
1		0.0781	0.0331	0.0462	−0.105	−0.079	−0.079	−0.105	0.394	−0.606	0.526	−0.474	0.500	−0.500	0.474	−0.526	0.606	−0.394
2		0.1000	−0.0461	0.0855	−0.053	−0.040	−0.040	−0.053	0.447	−0.553	0.013	0.013	0.500	−0.500	0.013	−0.013	0.553	−0.447
3		−0.0263	0.0787	−0.0395	−0.053	−0.040	−0.040	−0.053	−0.053	0.053	0.513	−0.487	0.000	0.000	0.487	−0.513	0.053	0.053
4		0.073	0.059	—	—	−0.022	−0.044	−0.051	0.380	−0.620	0.598	−0.402	−0.023	−0.023	0.493	−0.507	0.052	0.052
5		—	0.055	0.064	−0.035	−0.111	−0.020	−0.057	−0.035	−0.035	0.424	−0.576	−0.591	−0.049	0.037	−0.037	0.557	−0.443
6		0.094	—	—	−0.067	0.013	−0.005	0.001	0.433	−0.567	0.085	0.085	−0.023	−0.023	0.006	0.006	−0.001	−0.001
7		—	0.074	—	−0.049	−0.054	−0.014	−0.004	−0.049	−0.049	0.495	−0.505	0.068	−0.068	−0.018	0.018	0.004	0.004
8		—	—	0.072	0.013	−0.053	−0.053	0.013	0.013	0.013	−0.066	−0.066	0.500	−0.500	0.066	0.066	0.004	−0.013
9		0.171	0.112	0.132	−0.158	−0.118	−0.118	−0.158	0.342	−0.658	0.540	−0.460	0.500	0.500	0.460	−0.540	0.658	0.342
10		0.211	−0.069	0.191	−0.079	−0.059	−0.059	−0.079	0.421	−0.579	0.020	0.020	0.500	0.500	−0.020	−0.020	0.579	0.421
11		0.039	0.181	−0.059	−0.079	−0.059	−0.059	−0.079	0.079	−0.079	0.520	−0.480	0.000	0.000	0.480	−0.520	0.079	0.079
12		0.160	0.144	—	−0.179	−0.032	−0.066	−0.077	0.321	−0.679	0.647	−0.353	−0.034	−0.034	0.489	−0.511	0.077	0.077

续表（4）

序号	荷载简图	跨内最大弯矩			支座弯矩				横向剪力									
		M_1	M_2	M_3	M_B	M_C	M_D	M_E	V_A	$V_{B左}$	$V_{B右}$	$V_{C左}$	$V_{C右}$	$V_{D左}$	$V_{D右}$	$V_{E左}$	$V_{E右}$	V_F
13		—	0.140	0.151	−0.052	−0.167	−0.031	−0.086	−0.052	−0.052	0.385	−0.615	0.637	−0.363	−0.056	−0.056	0.586	−0.414
14		0.200	—	—	−0.100	0.027	−0.007	0.002	0.400	−0.600	0.127	0.127	−0.034	−0.034	0.009	0.009	−0.002	−0.002
15		—	0.173	0.171	−0.073	−0.081	0.022	−0.005	−0.073	−0.073	0.493	−0.507	0.102	0.102	−0.027	−0.027	0.005	0.005
16		—	—	—	0.020	0.079	−0.079	0.020	0.020	0.020	−0.099	−0.099	0.500	−0.500	0.099	0.099	−0.020	−0.020
17		0.240	0.100	0.122	−0.281	−0.211	−0.211	−0.281	0.719	−1.281	1.070	−0.930	1.000	−1.000	0.930	−1.070	1.281	−0.719
18		0.287	−0.117	0.228	−0.140	−0.105	−0.105	−0.140	0.860	−1.140	0.035	0.035	1.000	−1.000	−0.035	−0.035	1.140	−0.860
19		−0.047	0.216	−0.105	−0.140	−0.105	−0.105	−0.140	−0.140	−0.140	1.035	−0.965	0.000	0.000	0.965	−1.035	0.140	0.140
20		0.227	0.189	—	−0.319	−0.057	−0.118	−0.137	0.681	−1.319	1.262	−0.738	−0.061	−0.061	0.981	−1.019	0.137	0.137
21		—	0.172	0.198	−0.093	−0.297	−0.054	−0.153	−0.093	−0.093	0.796	−1.204	1.243	−0.757	−0.099	−0.099	1.153	−0.847
22		0.274	—	—	−0.179	0.048	−0.013	0.003	0.821	−1.179	0.227	0.227	−0.061	−0.061	0.016	0.016	−0.003	−0.003
23		—	0.198	—	0.131	−0.144	−0.038	−0.010	−0.131	−0.131	0.987	−1.013	0.182	0.182	−0.048	−0.048	0.010	0.010
24		—	—	0.193	0.035	−0.140	−0.140	0.035	0.035	0.035	−0.175	−0.175	1.000	−1.000	0.175	0.175	−0.035	−0.035

附表 10.2 双向板计算系数表

符 号 说 明

B_c——刚度，$B_c = \dfrac{Eh^3}{12(1-\mu^2)}$；

式中 E——弹性模量；

    h——板厚；

    μ——泊松比；

    f,f_{max}——板中心点的挠度和最大挠度；

    m_x,m_{xmax}——平行于 l_x 方向板中心点单位板宽内的弯矩和板跨内最大弯矩；

    m_y,m_{ymax}——平行于 l_y 方向板中心点单位板宽内的弯矩和板跨内最大弯矩；

    m_x——固定边中点沿 l_x 方向单位板宽内的弯矩；

    m_y——固定边中点沿 l_x 方向单位板宽内的弯矩。

———— 代表自由边； --------- 代表简支边； ⊥⊥⊥⊥ 代表固定边

正负号的规定：

弯矩——使板的受荷面受压者为正；

挠度——变位方向与荷载方向相同者为正。

①

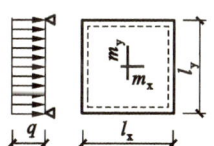

挠度＝表中系数 $\times \dfrac{ql^4}{B_c}$；

$\mu=0$，弯矩－表中系数 $\times ql^2$。

式中，l 取用 l_x 和 l_y 中之较小者。

l_x/l_y	f	m_x	m_y	l_x/l_y	f	m_x	m_y
0.50	0.01013	0.0965	0.0174	0.80	0.00603	0.0561	0.0334
0.55	0.00940	0.0892	0.0210	0.85	0.00547	0.0506	0.0348
0.60	0.00867	0.0820	0.0242	0.90	0.00496	0.0456	0.0358
0.65	0.00796	0.0750	0.0271	0.95	0.00449	0.0410	0.0364
0.70	0.00727	0.0683	0.0296	1.00	0.00406	0.0368	0.0368
0.75	0.00663	0.0620	0.0317				

②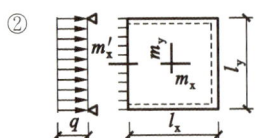

挠度＝表中系数$\times\dfrac{ql^4}{B_c}$;

$\mu=0$,弯矩＝表中系数$\times ql^2$。

式中,l 取用 l_x 和 l_y 中之较小者。

l_x/l_y	l_y/l_x	f	f_{max}	m_x	m_{xmax}	m_y	m_{ymax}	m_x'
0.50		0.00488	0.00504	0.0583	0.0646	0.0060	0.0063	−0.1212
0.55		0.00471	0.00492	0.0563	0.0618	0.0081	0.0087	−0.1187
0.60		0.00453	0.00472	0.0539	0.0589	0.0104	0.0111	−0.1158
0.65		0.00432	0.00448	0.0513	0.0559	0.0126	0.0133	−0.1124
0.70		0.00410	0.00422	0.0485	0.0529	0.0148	0.0154	−0.1087
0.75		0.00388	0.00399	0.0457	0.0496	0.0168	0.0174	−0.1048
0.80		0.00365	0.00376	0.0428	0.0463	0.0187	0.0193	−0.1007
0.85		0.00343	0.00352	0.0400	0.0431	0.0204	0.0211	−0.0965
0.90		0.00321	0.00329	0.0372	0.0400	0.0219	0.0226	−0.0922
0.95		0.00299	0.00306	0.0345	0.0369	0.0232	0.0239	−0.0880
1.00	1.00	0.00279	0.00285	0.0319	0.0340	0.0243	0.0249	−0.0839
	0.95	0.00316	0.00324	0.0324	0.0345	0.0280	0.0287	−0.0882
	0.90	0.00360	0.00368	0.0328	0.0347	0.0322	0.0330	−0.0926
	0.85	0.00409	0.00417	0.0329	0.0347	0.0370	0.0378	−0.0970
	0.80	0.00464	0.00473	0.0326	0.0343	0.0424	0.0433	−0.1014
	0.75	0.00526	0.00536	0.0319	0.0335	0.0485	0.0494	−0.1056
	0.70	0.00595	0.00605	0.0308	0.0323	0.0553	0.0562	−0.1096
	0.65	0.00670	0.00680	0.0291	0.0306	0.0627	0.0637	−0.1133
	0.60	0.00752	0.00762	0.0268	0.0289	0.0707	0.0717	−0.1166
	0.55	0.00838	0.00848	0.0239	0.0271	0.0792	0.0801	−0.1193
	0.50	0.00927	0.00935	0.0205	0.0249	0.0880	0.0888	−0.1215

③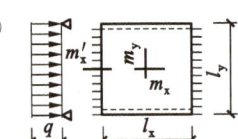

挠度＝表中系数$\times\dfrac{ql^4}{B_c}$;

$\mu=0$,弯矩＝表中系数$\times ql^2$。

式中,l 取用 l_x 和 l_y 中之较小者。

l_x/l_y	l_y/l_x	f	m_x	m_y	m_x'	
0.50		0.00261	0.0416	0.0017	−0.0843	
0.55		0.00259	0.0410	0.0028	−0.0840	
0.60		0.00255	0.0402	0.0042	−0.0834	
0.65		0.00250	0.0392	0.0057	−0.0826	
0.70		0.00243	0.0379	0.0072	−0.0814	
0.75		0.00236	0.0366	0.0088	−0.0799	
0.80		0.00228	0.0351	0.0103	−0.0782	
0.85		0.00220	0.0335	0.0118	−0.0763	
0.90		0.00211	0.0319	0.0133	−0.0743	
0.95		0.00201	0.0302	0.0146	−0.0721	
1.00	1.00	0.00192	0.0285	0.0158	−0.0698	
	0.95	0.00223	0.0296	0.0189	−0.0746	
	0.90	0.00260	0.0306	0.0224	−0.0797	
	0.85	0.00303	0.0314	0.0266	−0.0850	
	0.80	0.00354	0.0319	0.0316	−0.0904	
	0.75	0.00413	0.0321	0.0374	−0.0959	
	0.70	0.00482	0.0318	0.0441	−0.1013	
	0.65	0.00560	0.0308	0.0518	−0.1066	
	0.60	0.00647	0.0292	0.0604	−0.1114	
	0.55	0.00743	0.0267	0.0698	−0.1156	
	0.50	0.00844	0.0234	0.0798	−0.1191	

④

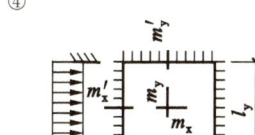

挠度＝表中系数×$\dfrac{ql^4}{B_c}$；

$\mu=0$，弯矩＝表中系数×ql^2。

式中，l 取用 l_x 和 l_y 中之较小者。

l_x/l_y	f	m_x	m_y	m_x'	m_y'
0.50	0.00253	0.0400	0.0038	−0.0829	−0.0570
0.55	0.00246	0.0385	0.0056	−0.0814	−0.0571
0.60	0.00236	0.0367	0.0076	−0.0793	−0.0571
0.65	0.00224	0.0345	0.0095	−0.0766	−0.0571
0.70	0.00211	0.0321	0.0113	−0.0735	−0.0569
0.75	0.00197	0.0296	0.0130	−0.0701	−0.0565
0.80	0.00182	0.0271	0.0144	−0.0664	−0.0559
0.85	0.00168	0.0246	0.0156	−0.0626	−0.0551
0.90	0.00153	0.0221	0.0165	−0.0588	−0.0541
0.95	0.00140	0.0198	0.0172	−0.0550	−0.0528
1.00	0.00127	0.0176	0.0176	−0.0513	−0.0513

⑤

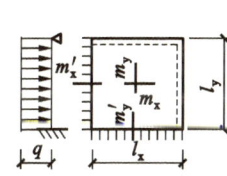

挠度＝表中系数×$\dfrac{ql^4}{B_c}$；

$\mu=0$，弯矩＝表中系数×ql^2。

式中，l 取用 l_x 和 l_y 中之较小者。

l_x/l_y	f	f_{max}	m_x	m_{xmax}	m_y	m_{ymax}	m_x'	m_y'
0.50	0.00468	0.00471	0.0559	0.0562	0.0079	0.0135	−0.1179	−0.0786
0.55	0.00445	0.00454	0.0529	0.0530	0.0104	0.0153	−0.1140	−0.0785
0.60	0.00419	0.00429	0.0496	0.0498	0.0129	0.0169	−0.1095	−0.0782
0.65	0.00391	0.00399	0.0461	0.0465	0.0151	0.0183	−0.1045	−0.0777
0.70	0.00363	0.00368	0.0426	0.0432	0.0172	0.0195	−0.0992	−0.0770
0.75	0.00335	0.00340	0.0390	0.0396	0.0189	0.0206	−0.0938	−0.0760
0.80	0.00308	0.00313	0.0356	0.0361	0.0204	0.0218	−0.0883	−0.0748
0.85	0.00281	0.00286	0.0322	0.0328	0.0215	0.0229	−0.0829	−0.0733
0.90	0.00256	0.00261	0.0291	0.0297	0.0224	0.0238	−0.0776	−0.0716
0.95	0.00232	0.00237	0.0261	0.0267	0.0230	0.0244	−0.0726	−0.0698
1.00	0.00210	0.00215	0.0234	0.0240	0.0234	0.0249	−0.0677	−0.0677

⑥

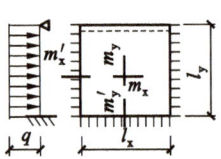

挠度＝表中系数×$\dfrac{ql^4}{B_c}$；

$\mu=0$，弯矩＝表中系数×ql^2。

式中，l 取用 l_x 和 l_y 中之较小者。

l_x/l_y	l_y/l_x	f	f_{max}	m_x	m_{xmax}	m_y	m_{ymax}	m_x'	m_y'
0.50		0.00257	0.00258	0.0408	0.0409	0.0028	0.0089	−0.0836	−0.0569
0.55		0.00252	0.00255	0.0398	0.0399	0.0042	0.0093	−0.0827	−0.0570
0.60		0.00245	0.00249	0.0384	0.0386	0.0059	0.0105	−0.0814	−0.0571
0.65		0.00237	0.00240	0.0368	0.0371	0.0076	0.0116	−0.0796	−0.0572
0.70		0.00227	0.00229	0.0350	0.0354	0.0093	0.0127	−0.0774	−0.0572
0.75		0.00216	0.00219	0.0331	0.0335	0.0109	0.0137	−0.0750	−0.0572
0.80		0.00205	0.00208	0.0310	0.0314	0.0124	0.0147	−0.0722	−0.0570
0.85		0.00193	0.00196	0.0289	0.0293	0.0138	0.0155	−0.0693	−0.0567
0.90		0.00181	0.00184	0.0268	0.0273	0.0159	0.0163	−0.0663	−0.0563
0.95		0.00169	0.00172	0.0247	0.0252	0.0160	0.0172	−0.0631	−0.0558
1.00	1.00	0.00157	0.00160	0.0227	0.0231	0.0168	0.0180	−0.0600	−0.0550
	0.95	0.00178	0.00182	0.0229	0.0234	0.0194	0.0207	−0.0629	−0.0599
	0.90	0.00201	0.00206	0.0228	0.0234	0.0223	0.0238	−0.0656	−0.0653
	0.85	0.00227	0.00233	0.0225	0.0231	0.0255	0.0273	−0.0683	−0.0711
	0.80	0.00256	0.00262	0.0219	0.0224	0.0290	0.0311	−0.0707	−0.0772
	0.75	0.00286	0.00294	0.0208	0.0214	0.0329	0.0354	−0.0729	−0.0837
	0.70	0.00319	0.00327	0.0194	0.0200	0.0370	0.0400	−0.0748	−0.0903
	0.65	0.00352	0.00365	0.0175	0.0182	0.0412	0.0446	−0.0762	−0.0970
	0.60	0.00386	0.00403	0.0153	0.0160	0.0454	0.0493	−0.0773	−0.1033
	0.55	0.00419	0.00437	0.0127	0.0133	0.0496	0.0541	−0.0780	−0.1093
	0.50	0.00449	0.00463	0.0099	0.0103	0.0534	0.0588	−0.0784	−0.1146

11　单层工业厂房

本 章 提 要

　　了解单层工业厂房结构组成与受力特点,支撑布置,掌握厂房排架的内力分析,其中包括横向排架计算简图,排架荷载计算,剪力分配法计算排架柱顶剪力,排架控制截面的最不利内力组合,排架柱的截面设计以及柱上的牛腿设计。

　　排架上的荷载通过柱传给基础,最终由基础传给地基,因此基础是一个重要的结构构件,本章对钢筋混凝土单独基础的设计与构造也作了详细介绍。

　　一则单层工业厂房设计实例,全面总结了排架上的荷载计算及其内力分析、内力组合,柱下单独基础的设计。

11.1　单层工业厂房的结构组成与受力特点

11.1.1　结构组成

钢筋混凝土单层厂房的横向承重结构通常有排架和刚架两种形式(图11.1)。

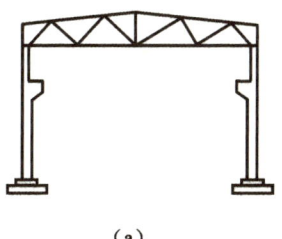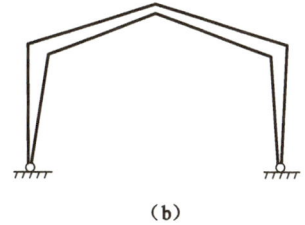

（a）　　　　　　　　　　　　　　　　　　（b）

图 11.1　钢筋混凝土单层厂房结构的两种基本类型
(a) 排架结构；(b) 刚架结构

　　排架结构由屋面梁或屋架、柱和基础组成。排架的柱与屋架铰接而与基础刚接。根据结构材料的不同,排架分为:钢结构排架、钢筋混凝土结构排架和混合结构排架三种。

　　无吊车或吊车起重量不超过5t、跨度不大于15m,柱顶标高不超过6.6m的中、小型单层厂房,可采用混合结构(砖柱、各种类型的屋架);

　　吊车起重量超过150t、跨度大于36m的大型厂房,或有特殊工艺要求的厂房,则应采用钢屋架、钢筋混凝土柱或全钢结构;

　　对于上述两种情况以外的大部分厂房,均可采用钢筋混凝土结构。

刚架结构由横梁、柱和基础组成。刚架柱与横梁刚接,与基础常为铰接。刚架结构按横梁形式的不同,分为折线形门式刚架[图 11.2(a)、(b)]和拱形门式刚架[图 11.2(c)]两种。钢筋混凝土门式刚架的顶点做成铰接时,称为三铰门式刚架,如图 11.2(a);为其顶点做成刚接时,称为两铰门式刚架,如图 11.2(b)、(c)所示。因梁、柱整体结合,故受荷载后,在刚架的转折处将产生较大的弯矩,容易开裂;此外,柱顶在横梁推力的作用下,将产生相对的位移,使厂房的跨度发生变化,故此类结构的刚度较差,仅适用于屋盖较轻的无吊车或吊车吨位不超过 10t、跨度不超过 18m 的轻型厂房或仓库等。

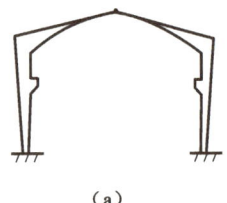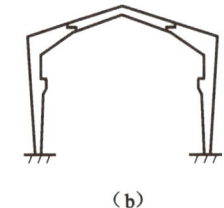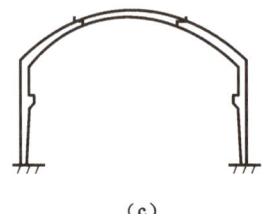

（a）　　　　　　　　　　　（b）　　　　　　　　　　　（c）

图 11.2　折线形和拱形门式刚架

本章主要讲述钢筋混凝土铰接排架结构的单层厂房。这类厂房通常由屋盖结构、吊车梁、排架柱、连系梁、基础梁及抗风柱、柱基等结构构件组成(图 11.3)。

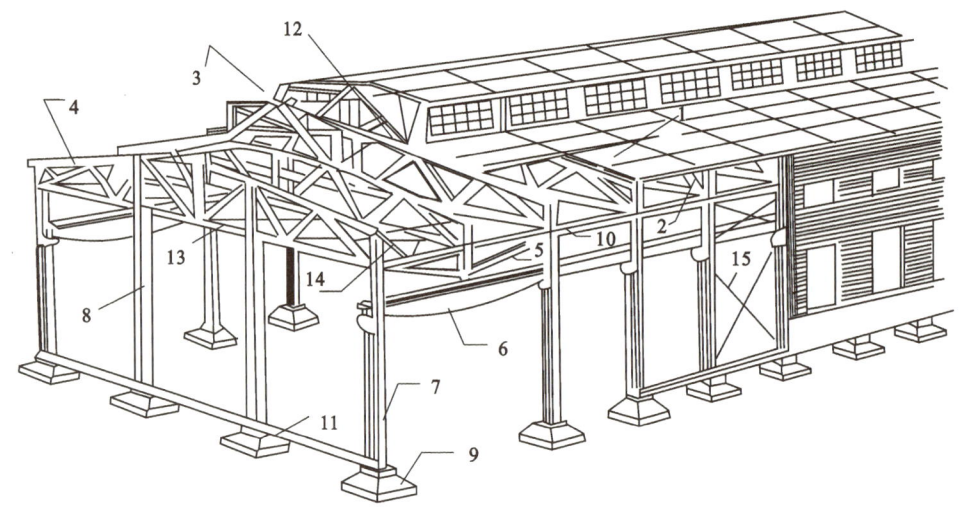

图 11.3　钢筋混凝土铰接排架单层厂房

1—屋面板;2—天沟板;3—天窗架;4—屋架;5—托架;6—吊车梁;7—排架柱;8—抗风柱;9—基础;
10—连系梁;11—基础梁;12—天窗架垂直支撑;13—屋架下弦横向水平支撑;14—屋架端部垂直支撑;15—柱间支撑

11.1.1.1　屋盖结构

屋盖结构分有檩和无檩两种。前者由小型屋面板、檩条和屋架(包括屋盖支撑)组成;后者由大型屋面板(包括天沟板)、屋面梁或屋架(包括屋盖支撑)组成;单层厂房多采用无檩屋盖。而有檩体系由于其整体性与刚性均较差,仅能用于一般中、小型厂房。有时为采光和通风,屋盖结构中还有天窗架及其支撑。此外,为满足工艺上抽柱的需要,还在抽柱的屋架下设有托架以代替柱承担起屋架传下的荷载。屋盖结构具有承重和维护的双重作用。屋盖结构将其本身的自重,作用于屋盖上的风荷载、雪荷载及其他活荷载传给排架柱。

11.1.1.2 吊车梁

吊车梁承受吊车荷载(包括吊车自重及吊物重的竖向荷载,吊车启动或制动时所产生的水平荷载),并把它们传给牛腿与排架柱。吊车梁还起着连系纵向柱列的作用。

11.1.1.3 排架柱

排架柱是排架结构厂房中最主要的受力构件,全部厂房结构的荷载大部分都要通过它传给柱基。

11.1.1.4 连系梁、基础梁及抗风柱

单层厂房四周的外墙(或墙板)一般仅有维护作用,其重力通过连系梁和基础梁传给排架柱及基础。连系梁及基础梁还在厂房的纵向起连系作用。厂房两端的山墙,迎风面很大,往往需设置抗风柱将墙面的风荷载传给屋盖和基础。

11.1.1.5 柱基

柱基的作用是承受排架柱及基础梁传来的荷载,并将这些荷载扩散传给地基。

11.1.2 受力特点

将上述各类结构构件相互连接,即可组成一个整体的厂房空间结构。当其中某一结构构件受到荷载作用时(例如,某一排架柱受到吊车横向水平力的作用),则将通过纵、横向的连接传至所有其他构件,使其也产生内力(图 11.4),因此,按实际厂房的空间结构进行内力分析是十分复杂的。目前,在设计中为了简化计算,都是将厂房结构沿纵、横两个主轴方向,按横向平面排架和纵向平面排架分别计算,即假定作用于某一平面排架上的荷载完全由此排架承担,其他各结构构件不受其影响(图 11.5)。

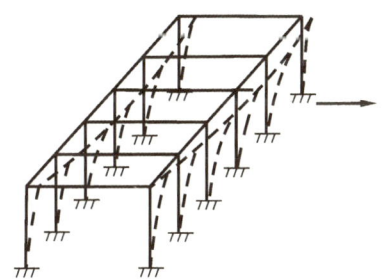

图 11.4 厂房结构的空间工作

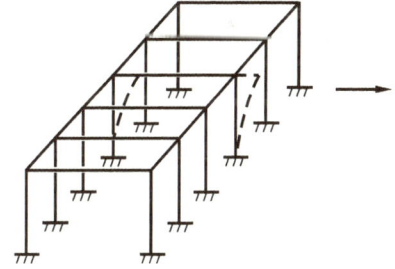

图 11.5 平面排架结构

11.1.2.1 横向排架

横向排架(图 11.6)由柱、屋架(或屋面梁)及柱基所组成。横向排架承担着厂房的主要荷载,包括:屋盖荷载(屋盖自重、雪荷载及屋面活荷载等),吊车荷载(竖向荷载及横向水平荷载),横向风荷载及纵横墙(或墙板)的自重等。

11.1.2.2 纵向排架

纵向排架(图 11.7)由柱、吊车梁、连系梁、柱间支撑及柱基等构件所组成。纵向排架主要承担纵向水平荷载,如由山墙传来的纵向水平风力及吊车的纵向水平力等。

横向排架承担着厂房大部分主要荷载,且跨度大、柱根数少,故柱中内力较大,需具有足够的强度和刚度,以满足使用的要求。排架在纵向是比较薄弱的,必须依靠柱间支撑达到纵向稳定。屋架与柱顶铰接,也必须依靠支撑系统来维持纵向力的传递与体系的稳定。纵向排架承

担的荷载较小,且一般厂房沿纵向柱子较多,又有柱间支撑的加强,故纵向排架的刚度大,内力小,一般可不作计算,仅在构造中采取一些措施即可。若厂房较短,纵向柱少于 7 根,或在地震区,需考虑地震力时,则对纵向排架也需进行计算。

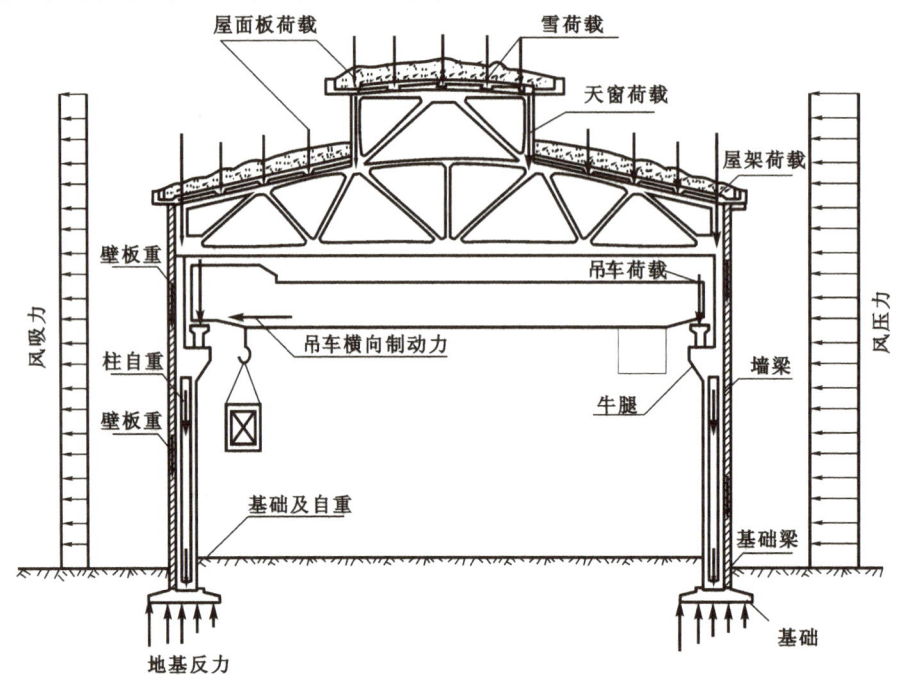

图 11.6　单层厂房的横向排架及其荷载示意图

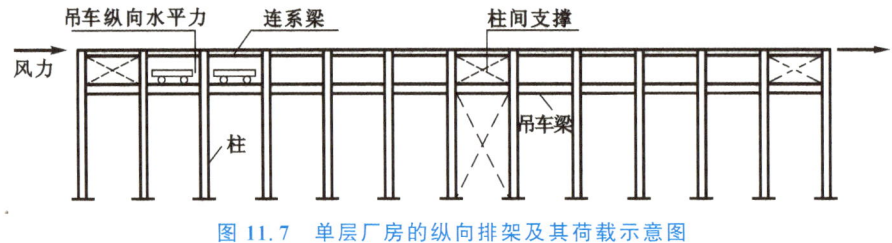

图 11.7　单层厂房的纵向排架及其荷载示意图

11.2　单层工业厂房的结构布置与支撑布置

11.2.1　结构布置

11.2.1.1　柱网布置

厂房承重柱的纵向和横向定位轴线,在平面上形成的网格,称为柱网。柱网布置就是确定柱子纵向定位轴线之间的距离(跨度)和横向定位轴线之间的距离(柱距)。确定柱网尺寸,既是确定柱的位置,同时也是确定屋面板、屋架和屋面梁等构件的跨度,并涉及厂房其他结构构件的布置。因此,柱网布置是否恰当,将直接影响厂房结构的经济合理性和先进性,与生产使用也密切相关。

柱网布置的一般原则是:符合生产工艺和正常使用的要求;建筑和结构经济合理;施工方法上具有先进性;符合厂房建筑统一化基本规则;适用于生产发展和技术革新的要求。

厂房跨度在18m以下时,应采用3m的倍数;在18m以上时,应采用6m的倍数。厂房柱距应采用6m或6m的倍数(图11.8)。当工艺布置和技术经济有明显的优越性时,亦可采用21m、27m和33m的跨度和9m或其他柱距。

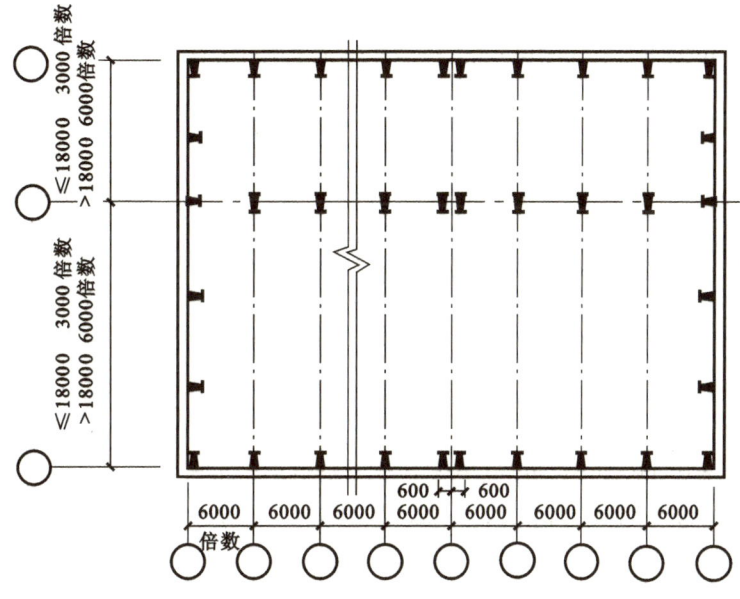

图 11.8 厂房柱纵、横定位轴线

目前,工业厂房大多数采用6m柱距,因为从经济指标、材料消耗和施工条件等方面衡量,6m柱距比12m柱距优越。从现代化工业发展趋势来看,扩大柱距对增加车间有效面积、提高工艺设备布置的灵活性、减少结构构件的数量和加快施工进度等都是有利的。当然,由于构件尺寸增大,给制作和运输带来不便,对机械设备的能力也有更高的要求。12m柱距和6m柱距,在大小车间相结合时,两者可配合使用。此时,如布置托架,屋面板仍可采用6m的模板生产。

11.2.1.2 变形缝

变形缝包括伸缩缝、沉降缝和防震缝三种。

如果厂房长度和宽度过大,当气温变化时,在结构内部产生的温度应力,可使墙面、屋面拉裂,影响正常使用。为减小厂房结构温度应力,可设置伸缩缝将厂房结构分成若干温度区段。伸缩缝应从基础顶面开始,将两个温度区段的上部结构分开,并留出一定宽度的缝隙使上部结构在气温变化时,沿水平方向可自由地发生变形。温度区段的形状应力求简单,并应使伸缩缝的数量最少。温度区段的长度(伸缩缝之间的距离),取决于结构类型和温度变化情况(结构所处环境条件)。对于钢筋混凝土装配式排架结构,其伸缩缝的最大间距,露天时为70m,室内或土中时为100m。此外,对于下列情况,伸缩缝的最大间距还应适当减小:

① 从基础顶面算起的柱长低于8m的排架结构;

② 屋面无保温、隔热措施的排架结构;

③ 位于气温干燥地区,夏季炎热且暴雨频繁的地区或经常处于高温作用的排架;

④ 施工期外露时间较长的结构。

混凝土结构的伸缩缝最大间距如表 11.1 所示。

单层厂房排架结构的最大伸缩缝间距见表 11.1。

表 11.1　钢筋混凝土结构伸缩缝最大间距(m)

结构类型		室内或土中	露天
排架结构	装配式	100	70
框架结构	装配式	75	50
	现浇式	55	35
剪力墙结构	装配式	65	40
	现浇式	45	30
挡土墙、地下室墙壁等类结构	装配式	40	30
	现浇式	30	20

注:① 装配整体式结构房屋的伸缩缝间距直接按表中现浇式一栏数据取用。
② 框架-剪力墙结构或框架-核心筒结构房屋的伸缩缝间距应根据结构的具体布置情况按表中介于框架结构与剪力墙结构间的数据取用。
③ 当屋面板上部无保温或隔热措施时,对框架、剪力墙结构的伸缩缝间距,宜按表中露天栏的数据取用;对排架结构伸缩缝的间距,宜按表中室内栏的数值适当减少。
④ 现浇挑檐、雨罩等外露结构宜沿纵向设置温度伸缩缝,间距不宜大于 12m。

当厂房的伸缩缝间距超过《规范》规定的允许值时,应验算温度应力。伸缩缝的做法有双柱式[图 11.9(a)]和滚轴式[图 11.9(b)],双柱式用于沿横向设置的伸缩缝,而滚轴式用于沿纵向设置的伸缩缝。

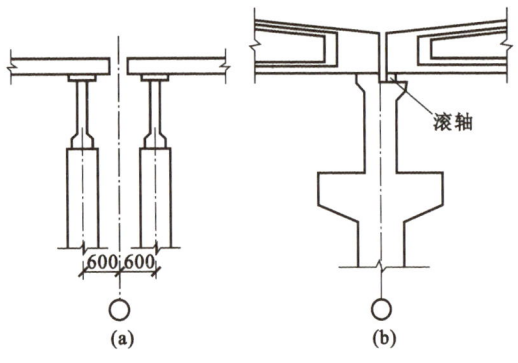

图 11.9　单层厂房伸缩缝的构造

在单层厂房中,一般不做沉降缝,只在下列特殊情况才考虑设置:如厂房相邻两部分高差很大(10m 以上)、两跨间吊车起重量相差悬殊、地基承载力或下卧层土质有巨大差别,或厂房各部分施工时间先后相差很大、土壤压缩程度不同等情况。沉降缝应将建筑物从基础到屋顶全部分开,当两边发生不同沉降时不致相互影响。沉降缝可兼作伸缩缝。

防震缝是为减轻震害而采取的措施之一。当厂房平面、立面复杂,结构高度或刚度相差很大,以及在厂房侧边布置附房(如生活间、变电所、炉子间等)时,设置防震缝将相邻部分分开;地震区的厂房,其伸缩缝和沉降缝均应符合抗震缝的要求。

11.2.2　支撑布置

在装配式单层厂房结构中,支撑虽非主要承重构件,但却是连系各主要承重构件,以构成整体厂房空间结构的重要组成部分,对厂房的刚度和构件的稳定起很重要的作用。实践证明,若支撑布置不当,不仅会影响厂房的正常使用,甚至可能引起工程事故,故应予以足够的重视。

以下仅讲述各类支撑的作用与布置原则,其具体布置方法及其他构件的连接构造,可参阅有关的标准图集。

A. 屋盖支撑

a. 屋架之间的垂直支撑和水平系杆

屋架之间的垂直支撑和水平系杆的作用是：保证屋架在安装和使用阶段的侧向稳定,增强厂房的整体刚度。设置在第一柱间的下弦受压水平系杆,除了能改善屋架下弦的侧向稳定外,当山墙抗风柱与屋架下弦连接时,还有支承抗风柱、传递山墙风荷载的作用。

当屋架的跨度 $l \leqslant 18m$,且无天窗时,一般可不设置垂直支撑和水平系杆；当 $l > 18m$ 时,应在厂房端部及伸缩缝的第一或第二柱间设置一道($l \leqslant 30m$)或两道($l > 30m$)垂直支撑,并在下弦设置通长的水平系杆(图 11.10)。当为梯形屋架时,因其端部高度较大,应增设端部垂直支撑与水平系杆。

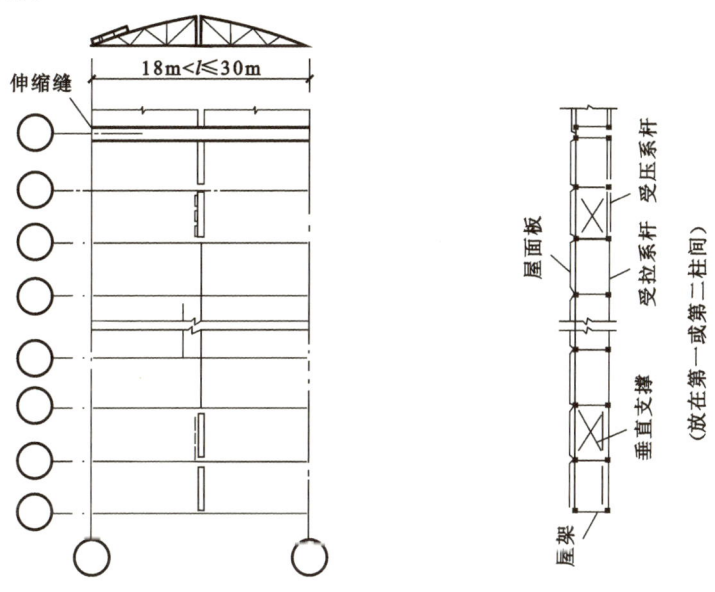

图 11.10   屋架之间的垂直支撑与水平系杆

当为屋面大梁时,因其高度较屋架小,一般可不设置垂直支撑与水平系杆,但应对梁在支座处进行抗倾覆验算。

b. 屋架之间的横向水平支撑

屋架之间的横向水平支撑通常设置在屋架的上弦或下弦。

屋架上弦横向水平支撑的作用是：保证屋架上弦或屋面梁上翼缘的侧向稳定,增强屋面刚度,同时将由山墙抗风柱传来的纵向水平风力或纵向地震力传递到纵向排架柱(图 11.11)。

当为大型屋面板无檩体系屋面时,若其构造具有足够的刚性(屋面板与屋架或屋面梁间至少保证在三个角点焊,板肋之间的拼缝用 C20 细石混凝土灌实),且无天窗时,则可认为屋面板能起上弦横向水平支撑的作用而不需另设。

当为有檩体系屋面,或为大型屋面板而不能满足上述刚性构造要求或有天窗时,均应在伸缩缝区段两端的第一或第二柱间设置上弦横向水平支撑[图 11.12(a)]；当有天窗时,尚应沿屋脊设置一道通长的钢筋混凝土受压水平系杆。

屋架下弦横向水平支撑的作用是：将作用在屋架下弦的纵向水平力(风力、地震力或有悬挂吊车时的启动、制动力)传递到纵向排架柱,同时保证屋架下弦的侧向稳定。

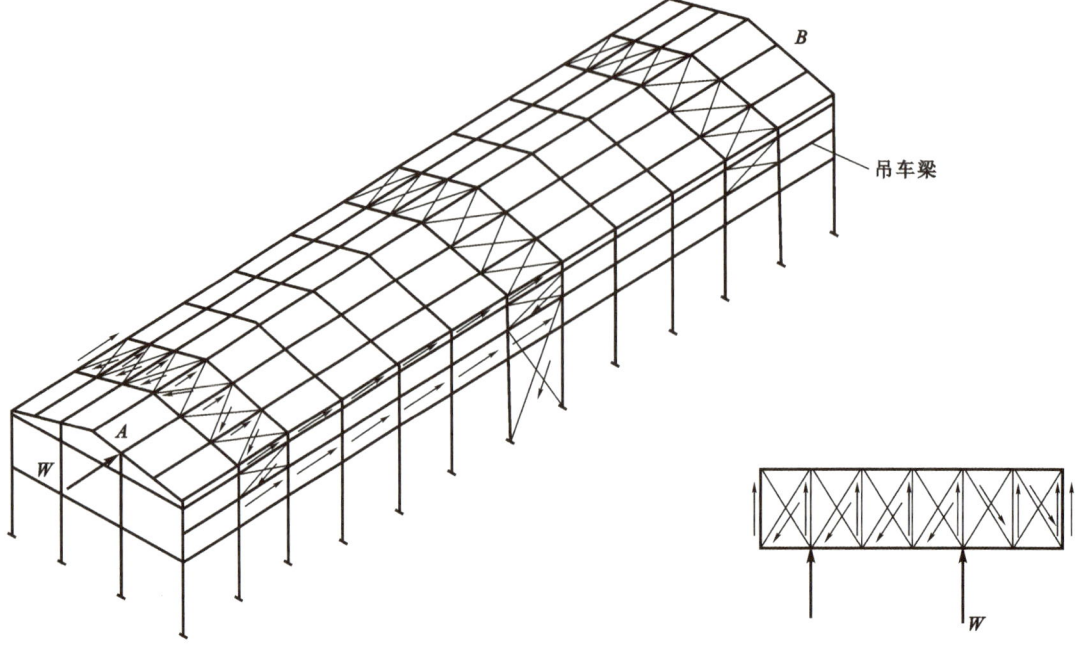

图 11.11 屋架上弦横向水平支撑作用示意图

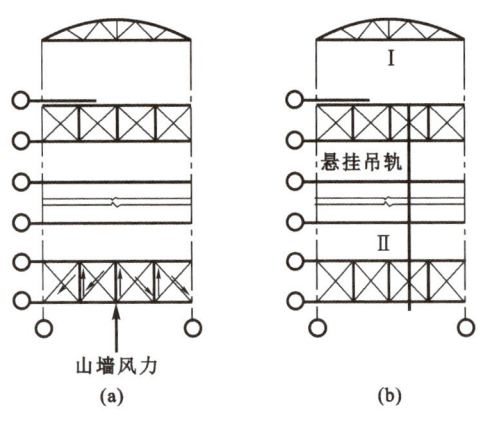

图 11.12 屋架之间的横向水平支撑
（a）上弦横向水平支撑；（b）下弦横向水平支撑

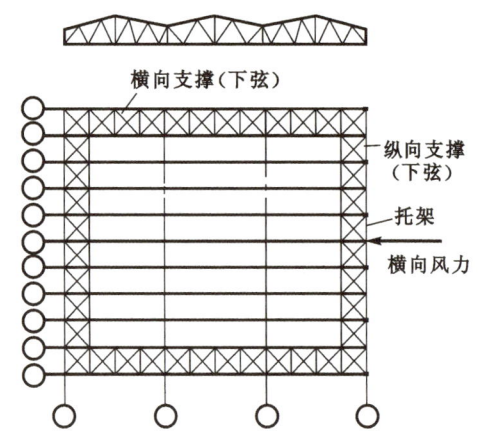

图 11.13 屋架之间的纵向水平支撑

当屋架下弦设有悬挂吊车，或山墙抗风柱与屋架下弦连接，或厂房吊车吨位大、振动荷载大时，均应设置屋架下弦横向水平支撑[图 11.12（b）]。

c. 屋架之间的纵向水平支撑

屋架之间的纵向水平支撑常设置在屋架下弦的端部节间，并与下弦横向水平支撑组成封闭的支撑体系（图 11.13），以增强厂房的整体性。

屋架之间的水平支撑的作用：使吊车启动、制动时产生的柱顶横向水平力分散传递到邻近的排架，提高厂房的空间作用与刚度；当厂房设有托架时，则需承担由中间屋架传来的横向风力，并保证托架上弦的侧向稳定（图 11.14）。

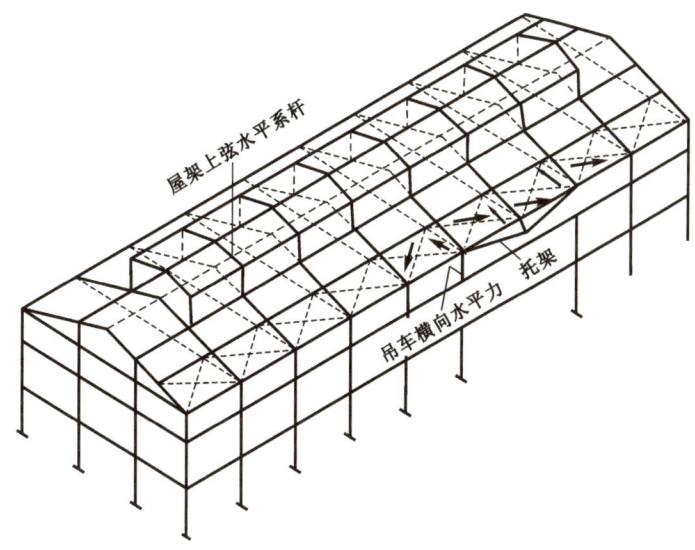

图 11.14　屋架之间纵向水平支撑的作用及布置示意图

当厂房设有托架或有 5t 以上的壁行吊车,或吊车吨位大(特别是重级工作制吊车)、振动荷载大时,均必须设置屋架之间的纵向水平支撑。

d. 天窗架支撑

为传递天窗端壁所承受的风力(或纵向地震力),以保证天窗上弦的侧向稳定,在天窗两端的第一柱间应设置天窗架的上弦横向支撑和垂直支撑(图 11.15)。天窗架支撑与屋架上弦支撑应尽可能布置在同一柱间,以加强两端屋架的整体作用。

B. 柱间支撑

对于一般的工业厂房,柱间支撑分上部和下部两种。前者位于吊车梁上部,用以承受山墙的风

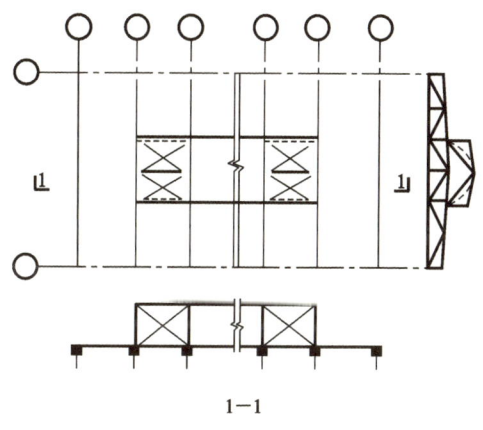

图 11.15　天窗架支撑

力;后者位于吊车梁的下部,用以承受上部支撑传来的力和吊车梁传来的纵向制动力,并把它们传至基础(图 11.7)。柱间支撑还起到增强厂房的纵向刚度和稳定的作用。

柱间支撑应布置在厂房伸缩缝区段的中部,这样,当温度变化时,厂房可向两端自由伸缩,以减少温度应力。上柱的柱间支撑可设置在厂房两端的第一柱间,以便能直接传递山墙风力。

非地震区的单层厂房,凡属下列情况之一者,均应设置柱间支撑:

① 设有悬臂式吊车,或 3t 及以上的悬挂式吊车;

② 设有重级工作制吊车,或设有中、轻级工作制吊车,其起重量在 10t 及以上;

③ 厂房的跨度在 18m 及以上,或柱高在 8m 以上;

④ 厂房纵向列柱的总数在 7 根以上;

⑤ 露天吊车栈桥的柱列。

柱间支撑一般采用钢结构,杆件截面尺寸应经承载力和稳定验算。柱间支撑宜用 35°～55°的杆件交叉形式。

11.2.3　抗风柱布置

单层厂房的端墙(山墙),受风面积较大,一般须设置抗风柱将山墙分成几个区格,以使墙面受到的风荷载一部分直接传给纵向柱列,另一部分则经抗风柱上端通过屋盖结构传给纵向柱列和经抗风柱下端传给基础。

当厂房高度和跨度均不大(如柱顶在8m以下,跨度为9～12m)时,可采用砖壁柱作为抗风柱;当高度和跨度较大时,一般都采用钢筋混凝土抗风柱。前者在山墙中,后者设置在山墙内侧,并用钢筋与之拉结(图11.16)。在很高的厂房中,为减少抗风柱的截面尺寸,可加设水平抗风梁[图11.16(a)]或桁架,作为抗风柱的中间铰支点。

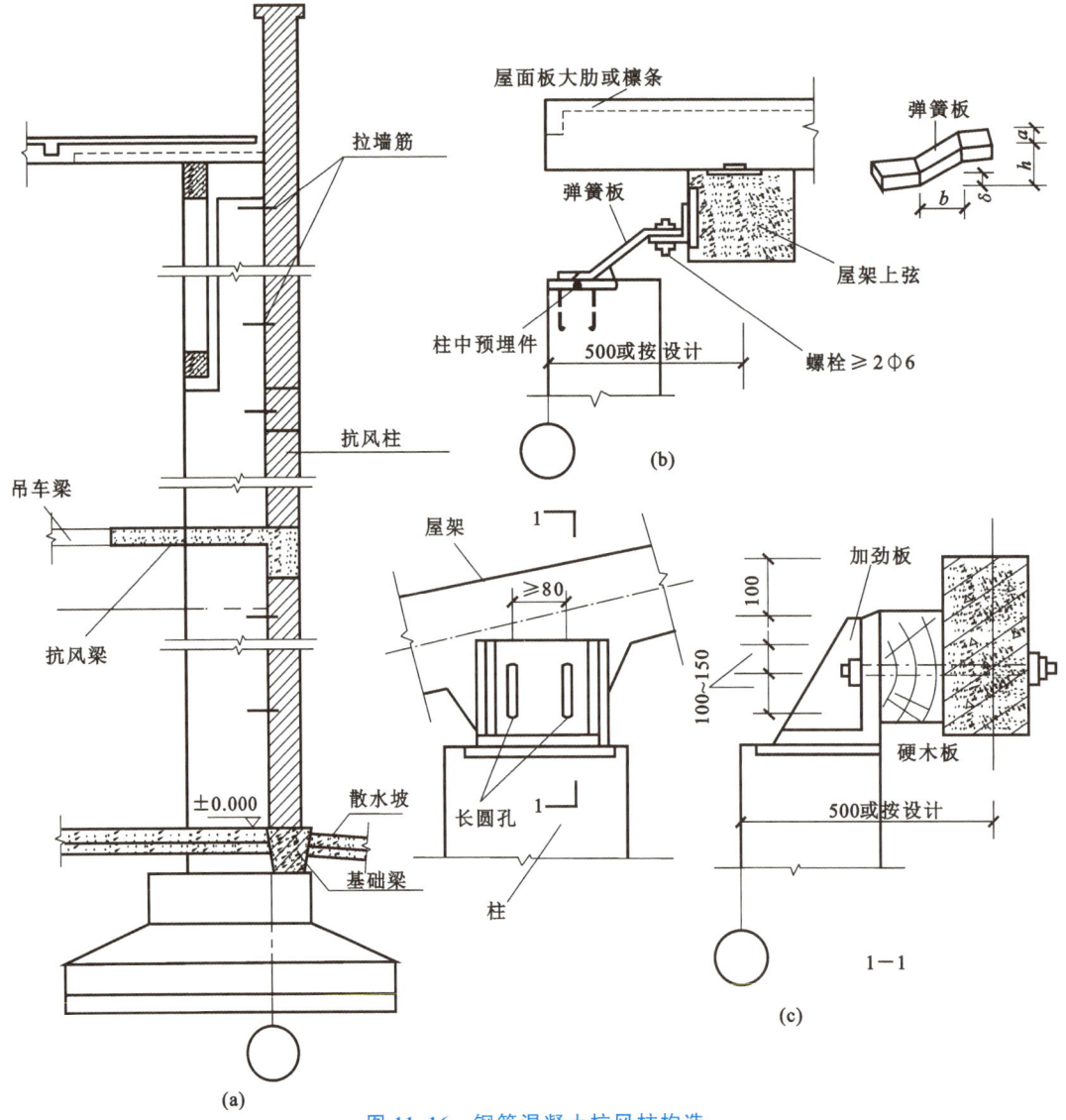

图 11.16　钢筋混凝土抗风柱构造

抗风柱一般与基础刚接,与屋架上弦铰接,根据具体情况,也可与下弦铰接或同时与上、下弦铰接。抗风柱与屋架连接必须满足两个要求:一是在水平方向必须与屋架有可靠的连接,以保证有效地传递风荷载;二是在竖向应允许两者之间有一定相对位移的可能性,以防厂房与抗风柱沉降不均匀时产生的不利影响。因此,抗风柱和屋架一般采用竖向可移动、水平向又有较大刚度的弹簧板连接[图11.16(b)];如厂房沉降较大时,则宜采用通过长圆孔的螺栓进行连接[图11.16(c)]。

11.2.4　圈梁、连系梁、过梁和基础梁的布置

当用砖砌体作为厂房围护墙时,一般要设置圈梁、连系梁、过梁和基础梁。

圈梁的作用是将墙体同厂房柱箍在一起,以加强厂房的整体刚度,防止由于地基的不均匀沉降或较大振动荷载对厂房引起的不利影响。圈梁设在墙内,并与柱用钢筋拉结。圈梁不承受墙体重力,故柱上不设置支承圈梁的牛腿。

圈梁的布置与墙体高度、对厂房的刚度要求及地基情况有关。一般单层厂房可参照下列原则布置:

① 对无桥式吊车的厂房,当砖墙厚 $h \leqslant 240$mm,檐口标高 5～8m 时,应在檐口附近布置一道圈梁;当檐高大于 8m 时,宜适当增设圈梁。

② 对无桥式吊车的厂房,当砌块或石砌墙体厚 $h \leqslant 240$mm,檐口标高为 4～5m 时,应设置圈梁一道,檐口标高大于 5m 时,宜适当增设。

③ 对有桥式吊车或较大振动设备的单层工业房屋,除在檐口或窗顶标高处设置圈梁外,尚宜在吊车梁标高处或其他适当位置增设。

圈梁应连续设置在墙体的同一平面上,并尽可能沿整个建筑物形成封闭状。当圈梁被门窗洞口截断时,应在洞口上部墙体内设置一道附加圈梁(过梁),其截面尺寸不应小于被截断的圈梁,两者搭接长度的要求可参阅《砌体结构》教材。

连系梁的作用是连系纵向柱列,以增强厂房的纵向刚度,并将风荷载传给纵向柱列,此外,连系梁还承受其上墙体的重力。连系梁通常是预制的,两端搁置在柱牛腿上,用螺栓或电焊与牛腿连接。

过梁的作用是承托门窗洞口上部墙体的重力。

在进行厂房结构布置时,应尽可能将圈梁、连系梁、过梁结合起来,使一个构件起到两种或三种构件的作用,以节约材料,简化施工。

在一般厂房中,通常用基础梁来承受围护墙体的重力,而不另做墙基础。基础梁底部距土层表面预留 100mm 的空隙,使梁可随柱基础一起沉降。当基础梁下有冻胀性土时,应在梁下铺一层干砂、碎砖或矿渣等松散材料,并留 50～150mm 的空隙,防止土壤冻胀时将梁顶裂。基础梁与柱一般不要求连接,直接搁置在基础杯口上[图11.17(a)];当基础埋深较深时,则搁置在基顶的混凝土垫块上[图11.17(b)]。施工时,基础梁一般设置在室内地坪以下 50mm 标

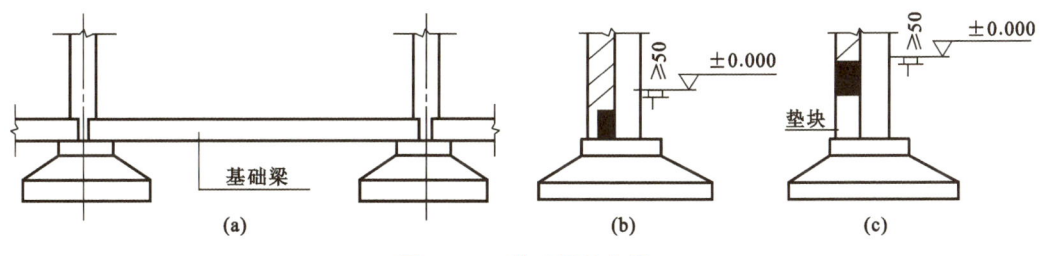

图 11.17　基础梁的布置

高处[图 11.17(c)]。

当厂房不高、地基比较好、柱基础又埋得较浅时,也可不设基础梁,而做砖石或混凝土基础。

连系梁、过梁和基础梁均有全国通用图集,可供设计时选用。

11.3　单层工业厂房铰接排架的内力分析与组合

单层工业厂房横向排架内力分析与组合的目的是为排架柱及柱基的设计提供内力数据,其内容包括确定排架计算简图、排架荷载计算、排架内力分析与排架的内力组合等。

11.3.1　排架计算简图

11.3.1.1　计算单元

由于作用在厂房排架上的各种荷载,除吊车荷载外,其他如结构自重、雪荷载、风荷载等,都是沿厂房纵向均匀分布的,横向排架的间距一般也都是相等的,且一般又不考虑排架间的相互影响(空间作用),故每一横向排架(两端的除外)所承担的荷载及受力情况完全相同,计算时,可通过任意相邻排架的中线,截取一部分厂房[图 11.18(a)中的阴影线部分]作为计算单元。作用于这一计算单元内的荷载,完全由该平面排架承担。但必须注意,吊车荷载是移动的集中活荷载,是经由吊车梁传给排架柱的,故不能按上述单元的范围计算,详见第 11.3.2 节排架荷载计算。

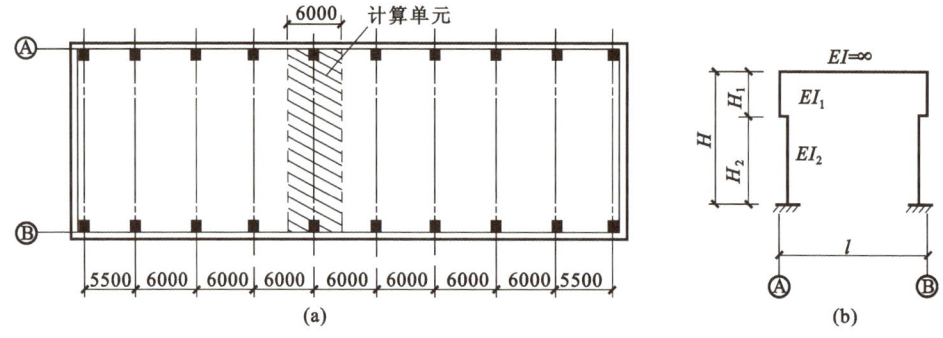

图 11.18　单层工业厂房铰接排架的计算单元与计算简图

11.3.1.2　基本假定

根据实践经验和构造特点,对不考虑空间工作的平面排架的计算简图可作如下假定:

A. 柱下端嵌固于基础顶面,排架横梁(屋架或屋面梁)铰接在柱上

排架柱插入杯口基础有一定的深度(见第 11.6.4 节基础的构造要求),且经二次高强灌浆与基础结成整体,故一般可视为固定结合;但若地基土很软弱,或在基础邻近的一边有大面积堆载时,则必须考虑基础的位移和转动时排架内力的影响。

排架横梁(屋架或屋面梁)一般为预制构件,通常搁置在柱顶面上,仅以预埋件用螺栓连接或焊接连接,其转动约束不大,故可视为铰接。

B. 排架横梁为刚性连杆

根据假定(A),排架横梁仅需传递轴力,且其值一般不大,故可忽略其轴向变形而视为刚性连杆。按此项假定,在荷载作用下,排架横梁两端点柱的水平位移(简称侧移)应相等。若排架的横梁是具有柔性下弦拉杆的组合式屋架,或两铰、三铰拱屋架,则应考虑其轴向变形对排架内力的影响。

在排架的计算简图中,柱的计算轴线应取其上、下柱的截面形心线[图 11.18(b)]。

11.3.1.3　柱的尺寸

单层工业厂房铰接排架是超静定结构,其内力与杆件尺寸(刚度)有关,故在排架的计算简图中需初步选定柱的尺寸(高度及截面尺寸)。

柱的全高 H = 屋架下弦(柱顶)标高 + 基础顶面标高(绝对值,常取为室外地坪下 500mm);

上柱高 H_1 = 柱顶标高 -(吊车轨顶标高 - 吊车梁高 - 轨道高及垫板厚 ± 200mm);

下柱高 $H_2 = H - H_1$。

为使支撑吊车梁的牛腿顶面标高能符合 300mm 的倍数,吊车轨顶的构造高度与标志高度之间允许有 ± 200mm 的差值。

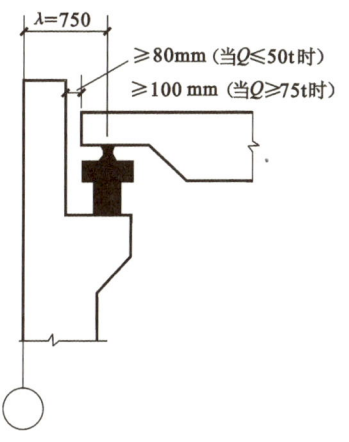

柱截面尺寸要能满足强度与刚度的要求,主要取决于厂房的跨度、高度及吊车起重量等参数,可参考同类厂房或表 11.2、表 11.3、表 11.4 初步选定。

对于柱的截面高度(h)也可参考以下界限选用:

当 $h \leqslant 500mm$ 时,采用矩形;

当 $h = 600 \sim 800mm$ 时,采用矩形或工字形;

当 $h = 900 \sim 1200mm$ 时,采用工字形;

当 $h = 1300 \sim 1500mm$ 时,采用工字形或双肢柱;

当 $h > 1600mm$ 时,采用双肢柱。

图 11.19　吊车端部预留空隙

通过计算,最后确定的柱截面尺寸,若其截面惯性矩与初步选的截面惯性矩之差在 30% 以内,则可不必重算。

为保证吊车的正常运行,在确定上柱截面尺寸时,还应考虑到应使吊车的外边缘与上柱侧面之间留有一定的空隙,见图 11.19,可参阅所选用的吊车规格及其有关资料。

表 11.2　6m 柱距可不做刚度验算的实腹柱截面最小尺寸

项次	柱 的 类 型	截 面 尺 寸			
		b	h		
			$Q \leqslant 10t$	$10t < Q < 30t$	$30t \leqslant Q \leqslant 50t$
1	有吊车厂房下柱	$\geqslant H_l/25$	$\geqslant H_l/14$	$\geqslant H_l/12$	$\geqslant H_l/10$
2	露天吊车柱	$\geqslant H_l/25$	$\geqslant H_l/10$	$\geqslant H_l/8$	$\geqslant H_l/7$
3	单跨及多跨无吊车厂房	$\geqslant H/30$	$\geqslant 1.5H/25$(单跨);$\geqslant 1.25H/25$(多跨)		
4	山墙柱(仅受风载及自重)	$\geqslant H_b/40$	$\geqslant H_l/25$		
5	山墙柱(同时承受由连系梁传来的墙重)	$\geqslant H_b/30$	$\geqslant H_l/25$		

注:表中符号为

H_l——从基础顶面至装配式吊车梁底面或现浇式吊车梁顶面的柱下高度;

H——从基础顶面算起的全柱高度;

H_b——山墙柱从基础顶面至柱平面外(柱宽 b 方向)支撑点的距离;

Q——吊车起重量。

表 11.3 单层厂房边柱常用截面(mm)

吊车起重量 (t)	轨顶标高 (m)	6m 柱距		12m 柱距	
		上柱	下柱	上柱	下柱
≤5	6~7.8	矩 400×400	矩 400×600	矩 400×400	I400×700×100×100
10	8.4	矩 400×400	I400×700×100×100 (矩 400×600)	矩 400×400	I400×800×150×100
	10.2	矩 400×400	I400×800×150×100 (I400×700×100×100)	矩 400×400	I400×900×150×100
15~20	8.4	矩 400×400	I400×900×150×100 (I400×800×150×100)	矩 400×400	I400×1000×150×100 (I400×900×150×100)
	10.2	矩 400×400	I400×1000×150×100 (I400×900×150×100)	矩 400×400	I400×1100×150×100 (I400×1000×150×100)
	12.0	矩 500×400	I500×1000×200×120 (I500×900×150×120)	矩 500×400	I500×1100×200×120 (I500×1000×200×120)
30/50	10.2	矩 500×500 (矩 400×500)	I500×1000×200×120 (I400×1000×150×100)	矩 500×500	I500×1100×200×120 (I500×1000×200×120)
	12.0	矩 500×500	I500×1100×200×120 (I500×1000×200×120)	矩 500×500	I500×1200×200×120 (I500×1100×200×120)
	14.4	矩 600×500	I600×1200×200×120	矩 600×500	I600×1300×200×120 (I600×1200×200×120)
50/10	10.2	矩 500×600	I500×1200×200×120 (I500×1100×200×120)	矩 500×600	I500×1400×200×120 (I500×1200×200×120)
	12.0	矩 500×600	I500×1300×200×120 (I500×1200×200×120)	矩 500×600	I500×1400×200×120
	14.0	矩 600×600	I600×1400×200×120	矩 600×600	双 600×1600×300 (I600×1400×200×120)
75/20	12.0	矩 600×900	I600×1400×200×120	矩 600×900	双 600×1800×300 (双 600×1600×300)
	14.4	矩 600×900	双 600×1600×300	矩 600×900	双 600×2000×350 (双 600×1600×300)
	16.2	矩 700×900	双 700×1800×300	矩 700×900	双 700×2000×250
100/20	12.0	矩 600×900	双 600×1600×300	矩 600×900	双 600×2000×350 (双 600×1800×300)
	14.4	矩 600×900	双 600×1800×300 (双 600×1600×300)	矩 600×900	双 600×2200×350 (双 600×2000×350)
	16.2	矩 700×900	双 700×2000×350	矩 700×900	双 700×2200×350
≤5	6~7.8	矩 400×600	矩 400×600	矩 400×600	矩 400×800
10	8.4	矩 400×600	I400×800×100×100	矩 500×600	I500×1100×200×120
	10.2	矩 400×600	I400×900×150×100	矩 500×600	I500×1100×200×120

表 11.4a　单层厂房中柱常用截面(mm)

吊车起重量 (t)	轨顶标高 (m)	6m 柱距		12m 柱距	
		上柱	下柱	上柱	下柱
15～20	8.4	矩 400×600	I400×900×150×100 (I400×800×150×100)	矩 500×600	双 500×1600×300
	10.2	矩 400×600	I400×1000×150×100 (I400×800×150×100)	矩 500×600	双 500×1600×300
	12.0	矩 500×600	I500×1000×150×120	矩 500×600	双 500×1600×300
30/5	10.2	矩 500×600	I500×1100×200×120	矩 500×700	双 500×1600×300
	12.0	矩 500×600	I500×1200×200×120	矩 500×700	双 500×1600×300
	14.4	矩 600×600	I600×1200×200×120	矩 600×700	双 600×1600×300
50/10	10.2	矩 500×700	I500×1300×200×120	矩 600×700	双 600×1800×300
	12.0	矩 500×700	I500×1400×200×120	矩 600×700	双 600×1800×300
	14.4	矩 600×700	I600×1400×200×120	矩 600×700	双 600×1800×300
75/20	12.0	矩 600×900	双 600×2000×350	矩 600×900	双 600×2000×350
	14.4	矩 600×900	双 600×2000×350	矩 600×900	双 600×2000×350
	16.2	矩 700×900	双 700×2000×350	矩 700×900	双 600×2000×350
100/20	12.0	矩 600×900	双 600×2000×350	矩 600×900	双 600×2000×350
	14.4	矩 600×900	双 600×2000×350	矩 600×900	双 600×2200×350
	16.2	矩 700×900	双 700×2000×350	矩 700×900	双 700×2200×350

表 11.4b　露天吊车栈桥边柱常用截面(mm)

吊车起重量 (t)	轨顶标高 (m)	6m 柱距	9m 柱距	12m 柱距
5	8	I400×800×150×100	I400×800×150×100	I400×1000×150×100
	9	I400×900×150×100	I400×900×150×100	I400×1000×150×100
	10	I400×1000×150×100	I400×1000×200×120	I400×1100×200×120
10	8	I400×900×150×100	I400×1000×150×100	I400×1100×150×100
	9	I400×1000×150×100	I400×1100×200×120	I400×1100×200×120
	10	I400×1000×200×120	I500×1100×200×120	I500×1100×200×120
15/3	8	I400×1000×150×100	I400×1100×200×120	I500×1100×200×120
	9	I500×1000×200×120	I500×1100×200×120	I500×1100×200×120
	10	I500×1100×200×120	I500×1200×200×120	I500×1200×200×120
	12	I500×1300×200×120	I500×1300×200×120	I500×1300×200×120

续表 11.4b

吊车起重量 （t）	轨顶标高 （m）	6m 柱距	9m 柱距	12m 柱距
20/5	8	I400×1000×150×100	I500×1000×200×120	I500×1100×200×120
	9	I500×1000×200×120	I500×1100×200×120	I500×1200×200×120
	10	I500×1100×200×120	I500×1200×200×120	I500×1300×200×120
	12	I500×1300×200×120	I500×1300×200×120	I500×1400×200×120
30/5	8	I500×1000×200×120	I500×1000×200×120	I500×1100×200×120
	9	I500×1100×200×120	I500×1100×200×120	I500×1300×200×120
	10	I500×1200×200×120	I500×1300×200×120	I500×1400×200×120
	12	I500×1300×200×120	双 500×1600×250	双 500×1600×250
50/10	10	I500×1400×200×120	双 500×1600×300	双 600×1600×250
	12	双 600×1600×300	双 600×1800×300	双 600×1800×300

注: ① 表中符号意义:"矩"表示矩形柱,尺寸为 $b×h$;"I"表示 I 形柱,尺寸为 $b_f×h×h_f×b$;"双"表示双肢柱,尺寸为 $b×h×h_z$。

② 表中无括号的截面尺寸适用于设有重级工作制软钩吊车的厂房柱;有括号的截面尺寸适用于设有中级工作制软钩吊车的厂房柱。

③ 表中的双肢柱截面是按斜腹杆双肢柱考虑的,当采用平腹杆双肢柱时,应注意复核其刚度。

11.3.2 排架荷载计算

11.3.2.1 恒荷载

恒荷载包括屋盖、吊车梁和柱的自重,以及支承于柱上的围护结构的自重等,其值可根据构件的设计尺寸及材料的重度计算;若为标准构件,其自重可直接由标准图上查出。各类材料的重度可查《荷载规范》,其值是材料重度的标准值。

当采用屋架时,屋面恒荷载的作用点通过屋架上弦与下弦中心线的交点作用于柱顶(图 11.20)。

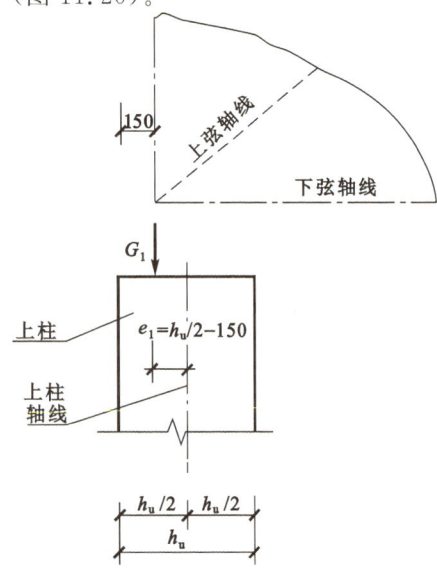

图 11.20　屋面恒荷载的作用位置

11.3.2.2 屋面活荷载

屋面活荷载包括雪荷载、屋面均布活荷载与积灰荷载等,其标准值均可从《荷载规范》中查得。考虑到不可能在屋面积雪很深时进行屋面施工,故规定雪荷载与屋面均布活荷载不同时考虑,设计时,取其中较大值。当有积灰荷载时,应与雪荷载或屋面均布活荷载中的较大者同时考虑。

屋面水平投影面上的雪荷载标准值 $s_k(kN/m^2)$ 可按下式计算

$$s_k = \mu_r s_0 \qquad (11.1)$$

式中　s_0——基本雪压(kN/m^2),是以一般空旷平坦地面上统计的重现期为 50 年(1/50)最大积雪自重为标准而确定的,全国各地的基本雪压可查《荷载规范》中全国基本雪压分布图;对山区,可乘以系数 1.2。

μ_r——屋面积雪分布系数,是考虑到屋面的形状与空旷平坦地面的不同而引用的修正系数,可查《荷载规范》中表 6.2.1。

雪荷载的组合系数可取 0.7;频遇值系数可取 0.6;准永久值系数可按《荷载规范》图 D.5.2 的规定采用。

11.3.2.3 吊车荷载

吊车按承重骨架的形式分为单梁式和桥式两种。工业厂房中一般采用桥式吊车。

厂房中的吊车是按吊车荷载达到其额定值的频繁程度分成四种工作等级。吊车运行时间不足全部生产时间的 15% 者属轻级工作制,吊车运行时间不少于全部生产时间的 40% 者属重级工作制。介于轻、重级工作制之间的属中级工作制。当吊车运行时间极为频繁时属超重级工作制,这种情况极为少见。

根据设计经验,按四级工作制而不考虑吊车的利用次数时,实际上也不会影响到厂房的结构设计,但是在执行国家标准《起重机设计规范》(GB/T 3811—2008)以来,所有的吊车生产和订货、工艺设计以及土建原始资料的提供,都是以工作级别为依据的。因此《荷载规范》规定,在厂房结构设计时,可按表 11.5 中吊车的工作制等级与工作级别的对应关系进行设计。

表 11.5 吊车的工作制等级与工作级别的对应关系

工作制等级	轻 级	中 级	重 级	超 重 级
工 作 级 别	A1~A3	A4~A5	A6~A7	A8

桥式吊车由大车(桥架)和小车组成。大车在吊车梁的轨道上沿厂房纵向行驶,小车在大车的导轨上沿厂房横向运行。吊车荷载通过大车两端行驶的四个轮子作用在吊车梁上,再由吊车梁传给排架柱(图 11.21),故应先计算每一轮子所传递的吊车荷载,再根据轮子在吊车梁上的位置计算由吊车梁传给柱的吊车荷载。

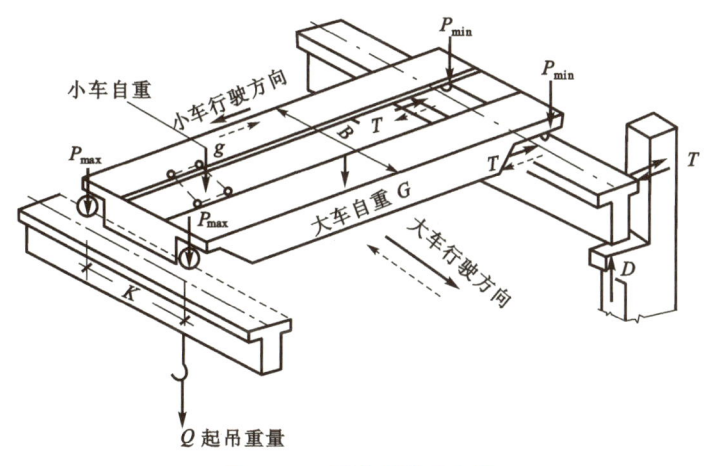

图 11.21 吊车荷载示意图

A. 吊车竖向荷载

吊车竖向荷载是指吊车(大车与小车)自重与起吊重物经由吊车梁传给柱的竖向压力。

如图 11.22 所示,当吊车起重量达额定的最大值 Q_{max},而小车行驶到大车桥一端的极限位置时,则吊车轮子作用在该边柱吊车梁轨道上的压力达到最大值,称为"最大轮压"P_{max};此时,作用在另一边轨道上的轮压则为"最小轮压"$P_{\min}$。$P_{\max}$ 与 $P_{\min}$ 的标准值可根据吊车的规格(吊车类型、起重量、跨度及工作制等)自吊车产品的样本中查得。如缺乏此项资料,可按下述公式计算 $P_{\max}$:

$$P_{\max}=\frac{G}{n}+(Q+g)\frac{l_{\mathrm{k}}-l_i}{0.5nl_{\mathrm{k}}} \tag{11.2}$$

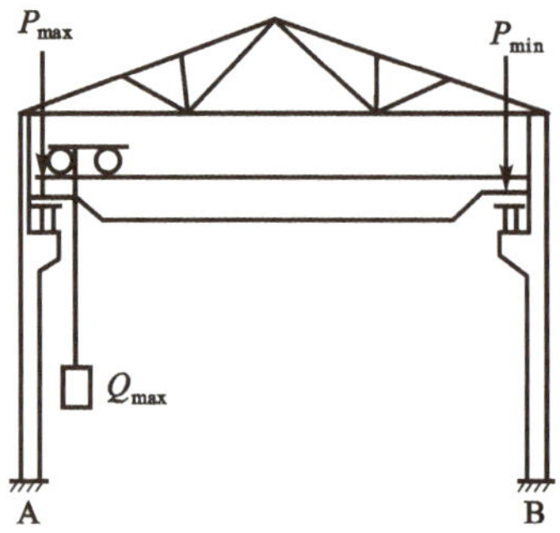

当 $P_{\max}$ 确定后,对一般常用的四轮吊车,其相应的 $P_{\min}$ 可根据下列关系求得

$$2(P_{\max}+P_{\min})=G+g+Q$$

于是有

$$P_{\min}=\frac{1}{2}(G+g+Q)-P_{\max} \tag{11.3}$$

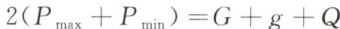

图 11.22　吊车的最大轮压与最小轮压

式中　Q——吊车额定起重量;

　　　G——吊车大车自重;

　　　g——吊车小车自重;

　　　l_{k}——吊车跨度,一般为厂房跨度减去 1.5m;

　　　l_i——吊钩至吊车轨道中心的最小极限距离;

　　　n——吊车两端总轮数。

吊车每个轮子的 $P_{\max}$ 与 $P_{\min}$ 确定后,即可根据吊车梁的支座反力影响线(按简支梁考虑)及吊车轮子的最不利位置,计算出由吊车梁传给柱的最大竖向吊车荷载 $D_{\max}$ 与最小吊车竖向荷载 $D_{\min}$(图 11.23)。$D_{\max}$ 与 $D_{\min}$ 是同时出现的,即吊车在同一位置上,柱的一侧为最大轮压,另一侧必为最小轮压,故吊车轮压标准值为:

$$D_{\max}=\psi_{\mathrm{c}}P_{\max}\sum y \tag{11.4a}$$

或

$$D_{\min}=\psi_{\mathrm{c}}P_{\min}\sum y \tag{11.4b}$$

式中　$\sum y=y_1+y_2+y_3+y_4$——为相应于吊车轮压处于最不利位置时,支座反力影响线的竖向坐标之和,可根据吊车的宽度 B 及轮距 K 计算(图 11.23);

　　　ψ_{c}——多台吊车的荷载折减系数,见表 11.6。

表 11.6　多台吊车的荷载折减系数 ψ_{c}

参与组合的吊车台数	吊车工作级别	
	A1～A5	A6～A8
2	0.9	0.95
3	0.85	0.9
4	0.8	0.85

考虑到多台吊车同时工作并都达到最不利荷载位置的组合概率很小,《荷载规范》中规定:

计算排架时,多台吊车的竖向荷载,对一层吊车的单跨厂房的一个排架,一般按不多于两台考虑;对一层吊车的多跨厂房的一个排架,一般按不多于四台考虑。

B. 吊车水平荷载

吊车水平荷载有横向水平荷载和纵向水平荷载两种。

　　吊车的横向水平荷载主要是指小车制动或启动时所产生的惯性力,其方向与轨道垂直,可有正、反两个方向,作用在吊车梁的顶面与柱连接处(图 11.24)。

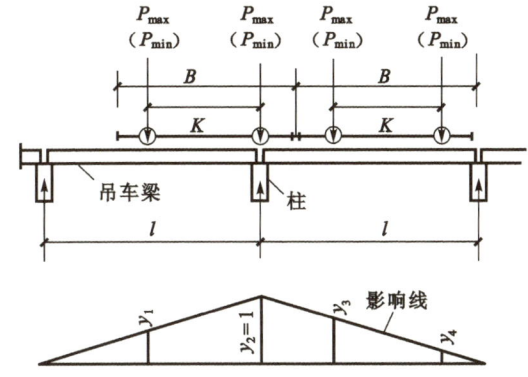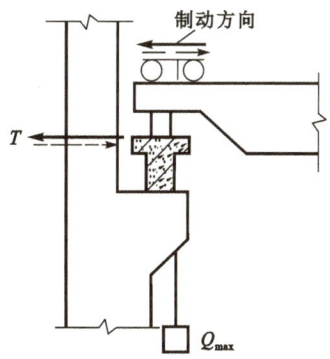

图 11.23　吊车轮的最不利位置及支座反力影响线　　　　图 11.24　吊车的横向水平作用

　　《荷载规范》规定:吊车的横向水平荷载,可按横行小车自重 g 与额定最大起重量 Q 之和的百分数采用,并平均分配于各轮,则每个轮子所传递的横向水平力为

$$T = \frac{\alpha(Q + g)}{n} \tag{11.5}$$

式中　α ——横向制动力系数,对软钩吊车取 12%(当 $Q \leqslant 10\text{t}$ 时),10%(当 $Q = 16 \sim 50\text{t}$ 时),8%(当 $Q \geqslant 75\text{t}$ 时);对硬钩吊车取 20%。

　　　　n ——每台吊车两端的总轮数。

　　吊车每个轮子的 T 值确定后,即可用计算吊车竖向荷载的方法,计算作用于柱上的吊车最大横向水平荷载标准值 $T_{\max}$,只是此时的作用方向不同(图 11.25)。

$$T_{\max} = \psi_c T \sum y \tag{11.6}$$

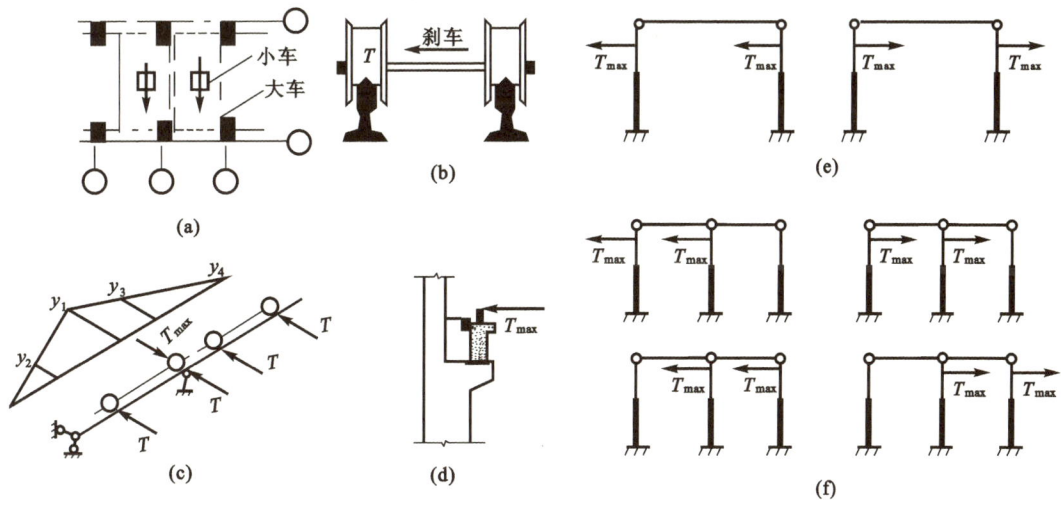

图 11.25　吊车横向水平荷载的计算

　　此 $T_{\max}$ 值同时作用于吊车两边的柱上,方向相同。

吊车的纵向水平荷载是指大车制动或启动时所产生的惯性力,方向与轨道平行,由厂房的纵向排架承担。

吊车每个轮子所传递的纵向水平荷载 T_1 可按下式计算

$$T_1 = 0.1P_{max} \tag{11.7}$$

因为一般四轮吊车每侧的制动轮数为 1,故 T_1 亦为每台吊车的纵向制动力。

11.3.2.4　风荷载

垂直作用于建筑物表面的风荷载标准值 $w_k(kN/m^2)$,当不考虑风振系数时,应按下式计算

$$w_k = \mu_s \mu_z w_0 \tag{11.8}$$

式中　w_0——基本风压(kN/m^2),以当地比较空旷平坦地面,离地 10m 高,统计的 50 年一遇,10 分钟平均最大风速 $v(m/s)$ 为标准,按 $w_0 = \frac{1}{2}\rho v_0^2$($\rho$ 为空气密度,t/m^3)所得确定的风压,w_0 值与建筑物所在地区与所处环境有关,可从《荷载规范》中全国基本风压分布图中查得。

　　　　μ_s——风载体型系数,取决于建筑物的体型,由风洞试验测定,见《荷载规范》中表 7.3.1,表中数值是试验统计的平均值,其中"+"号表示压力,"−"号表示吸力。

　　　　μ_z——风压高度变化系数,离地面越高,则风速、风压值越大;μ_z 即为各标高处的风压与基本风压(10m 标高处)的比值,与地面粗糙度有关,可从《荷载规范》中表 7.2.1 查得。

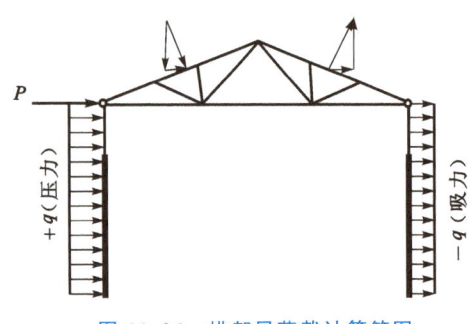

图 11.26　排架风荷载计算简图

作用于厂房排架柱上的风荷载包括由墙面传来的均布风荷载 q 及由屋面传来的集中风荷载 P(图 11.26)。对垂直作用于屋面的风荷载,仅考虑其水平分力,计算时,风压高度变化系数 μ_z 值,可按屋盖的平均标高或檐口标高取用;当有天窗时,作用于天窗架上风压的高度变化系数,可按天窗檐口标高采用。计算作用于柱身的均布风荷载 q 是一个变量,但为简化计算,可近似地假定为沿厂房高度不变的均布值,并偏安全地按柱顶标高处的 μ_z 进行计算。

此外,应注意到风荷载是变向的,既要考虑风从左边吹来的受力情况,又要考虑风从右边吹来的受力情况。

11.3.3　排架内力分析

在进行排架内力分析之前,首先要确定在排架上有哪几种可能单独考虑的荷载情况。以单跨排架为例,若不考虑地震作用,可能有如下 8 种单独考虑的荷载情况:

① 恒荷载;

② 屋面活荷载;

③ 吊车垂直荷载 D_{max} 作用在 A 柱(D_{min} 作用在 B 柱);

④ 吊车垂直荷载 D_{min} 作用在 A 柱(D_{max} 作用在 B 柱);

⑤ 吊车水平荷载 T_{max} 作用在 A、B 柱,方向从左向右;

⑥ 吊车水平荷载 T_{max} 作用在 A、B 柱,方向从右向左;

⑦ 风荷载(w_1,w_2,F_w)从左向右作用；

⑧ 风荷载(w_1,w_2,F_w)从右向左作用。

对于多跨排架,则可能有更多需要单独考虑的荷载情况。

单独的荷载情况确定之后,即可对每种荷载情况用结构力学的方法进行排架的内力计算。在计算中,考虑受荷特点及厂房的空间工作,等高排架结构可能遇到图11.27所示的三种计算简图。

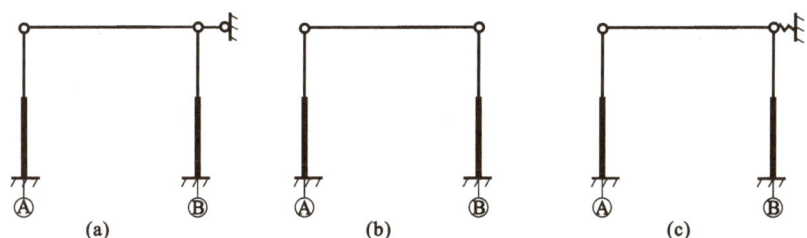

图 11. 27　排架的三种计算简图

(a) 柱顶为不动铰支排架；(b) 柱顶为可动铰支排架；(c) 柱顶为弹性支承排架

由于在风荷载以及局部荷载(如吊车荷载)作用下的排架,一般按照柱顶为可动铰支的排架进行内力计算。对于柱顶弹性支承(即考虑空间作用)的排架,可参阅有关书籍。至于在柱顶为不动铰支的排架的计算方法,已经包含在柱顶为可动铰支排架的计算方法之中。

柱顶为可动铰支的单层工业厂房排架是一个承受着多种荷载、具有变截面柱的平面结构。究竟在哪些荷载作用下变截面柱的哪些截面内力最不利,很难判断。通常的方法是先求出单项荷载作用下排架柱各个截面的内力图,再把单项计算结果加以综合,通过内力组合的方法确定几个关键性控制截面的最不利内力,才能按照这些内力对排架柱进行设计。因此本节先讨论单个变截面柱在任意荷载作用下的内力计算。

11.3.3.1　顶端不动铰下端固定端单阶变截面柱在任意荷载下的内力计算方法

这是一个用力法对变截面构件求解的问题。以图11.28所示变截面柱为例,可用下列变形协调方程求得在下柱顶部作用有力偶M的内力图

$$R_a\delta_a=M\Delta_{aM} \tag{11.9}$$

式中　R_a——柱顶不动铰支座处的反力；

δ_a——柱顶作用有水平方向的单位力时,柱顶的水平侧移；

Δ_{aM}——柱上作用有$M=1$时,柱顶的水平侧移。

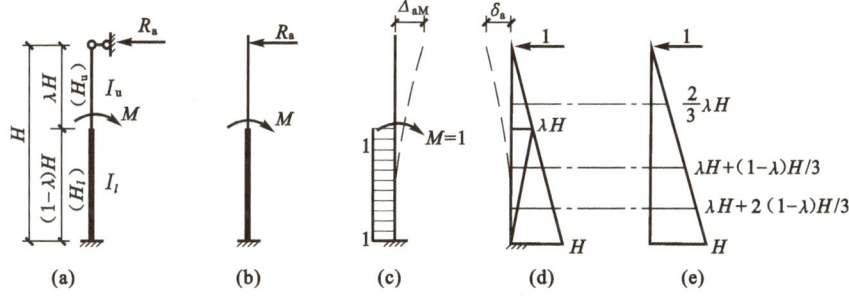

图 11. 28　变截面柱的内力计算简图

δ_a 由图 11.28(d)、(e)用图乘法求得。若上、下柱高度 H_u、H_l 与全柱高 H 的关系分别为 $H_u = \lambda H$，$H_l = (1-\lambda)H$；上、下截面惯性矩 I_u、I_l 的关系为 $I_u = \mu I_l$，则 δ_a 可表达为

$$\delta_a = \frac{1}{3/[1+\lambda^3(1/n-1)]} \times \frac{H^3}{EI_l} = \frac{H^3}{C_0 EI_l} \tag{11.10}$$

Δ_{aM} 由图 11.28(c)、(d)用图乘法求得

$$\Delta_{aM} = (1-\lambda^2)\frac{H^2}{2EI_l} \tag{11.11}$$

将式(11.10)、式(11.11)代入式(11.9)，即求得

$$R_a = \frac{M\Delta_{aM}}{\delta_a} = \frac{3}{2} \times \frac{1-\lambda^2}{1+\lambda^3(1/n-1)} \times \frac{M}{H} = C_3 \frac{M}{H} \tag{11.12}$$

根据 R_a 值，就可得到相应的内力图。

这里，$C_0 = 3/[1+\lambda^3(1/n-1)]$ 为单阶变截面柱柱顶位移系数；$C_3 = 3/2 \times (1-\lambda^2)/[1+\lambda^3 \cdot (1/n-1)]$ 为单阶变截面柱在下柱柱顶有力偶 M 时的柱顶反力系数。单阶变截面柱在各种荷载作用下的柱顶反力系数 C_0，$C_1 \cdots$，均见本章附图 11.1 至附图 11.8。

11.3.3.2　等高排架在柱顶水平集中力作用下的内力计算方法

这是一个用剪力分配法对排架结构进行求解的问题。以图 11.29 所示等高排架在柱顶水平力 F 作用下受力分析为例。按第 11.1 节基本假定，该排架受力后各柱顶水平侧移 Δ_i 相等；柱顶剪力 V_i 可由下列联立方程求出

$$\Delta_A = \Delta_B = \Delta_C = \Delta \tag{11.13a}$$

$$F = V_A + V_B + V_C \tag{11.13b}$$

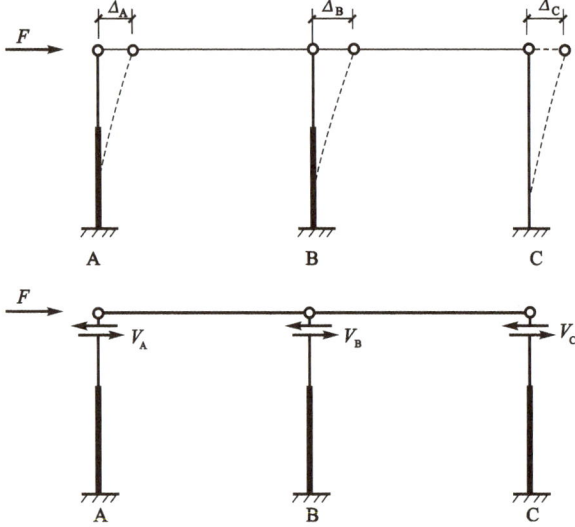

图 11.29　等高排架在柱顶水平作用下受力分析

由柱顶位移及剪力关系，$\Delta_i = V_i \delta_i$，并考虑式(11.13a)的关系

$$V_i = \frac{\Delta_i}{\delta_i} = \left(\frac{1}{\delta_i}\right)\Delta \qquad (i = A,B,C) \tag{11.14}$$

代入式(11.13b)，即

$$F = \left(\sum \frac{1}{\delta_i} \right) \Delta$$

或

$$\Delta = \frac{F}{\sum \frac{1}{\delta_i}} \quad (i = A, B, C) \tag{11.15}$$

以式(11.15)代入式(11.14),得到

$$V_i = \frac{\frac{1}{\delta_i}}{\sum \frac{1}{\delta_i}} F = \eta_i F \quad (i = A, B, C) \tag{11.16}$$

在求得 V_i 后,就可得到相应的内力图。下面对式(11.16)的物理意义作些说明:

① δ_i 为第 i 柱的柔度,$(1/\delta_i)$ 为第 i 柱的抗剪刚度,$\eta_i = (1/\delta_i)/(\sum 1/\delta_i)$ 为第 i 柱的剪力分配系数,$\sum \eta_i = 1$。

② 当排架结构柱顶作用有水平集中力 F 时,各柱的柱顶剪力按其抗剪刚度与各柱抗剪刚度总和的比例关系进行分配,故称剪力分配法。

11.3.3.3 等高排架在任意荷载作用下的内力计算方法

这是一种将上两节计算方法加以综合考虑对排架结构进行求解的问题。

当对称排架所受的荷载也对称时(屋盖恒荷载),排架结构顶端无侧移,排架柱可简化为第 11.3.3.1 节所述情况进行内力计算,如图 11.30 所示。

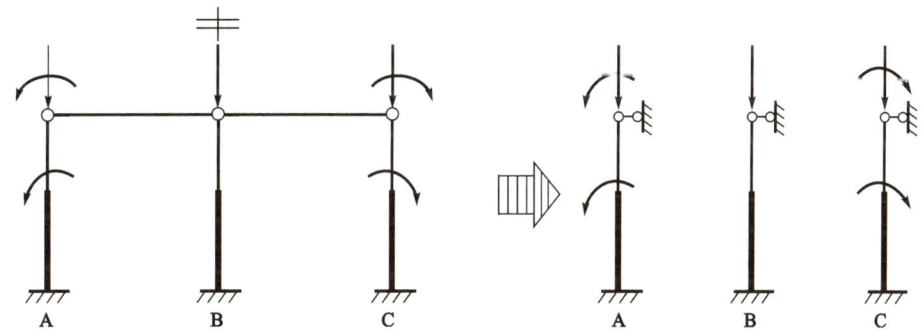

图 11.30 对称排架受对称荷载时内力计算简图

当对称排架所受的荷载非对称时(如排架柱上作用有风荷载、吊车竖向荷载、吊车横向水平荷载等),排架顶端有水平侧移。但不论在何种荷载作用下,排架结构的内力计算都可分解为两步进行:

① 先在排架柱顶部附加一个不动铰支座以阻止其水平侧移,用第 11.3.3.1 节所述方法求出支座反力 R[图 11.31(b)],同时即可得到相应排架柱的内力图。

② 撤除附加不动铰支座,并将 R 以反方向作用于排架柱顶[图 11.31(c)],以期恢复到原来的结构体系情况。这时,用第 11.3.3.2 节所述方法求得整个排架结构在 R 作用下的内力图。

叠加上述两步求得的内力图,就能得到排架结构的实际内力图。

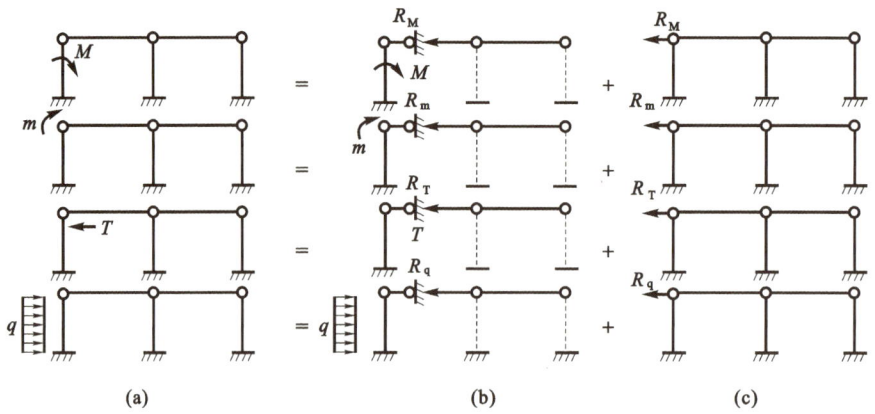

图 11.31　对称排架受非对称荷载时内力计算简图

11.3.4　排架内力组合

通过排架的内力分析,可分别求出排架柱在恒荷载及各种活荷载作用下所产生的内力(M、N、V),但柱及柱基础在恒荷载及哪几种活荷载(不一定是全部的活荷载)的作用下才产生最危险的内力? 根据它可进行柱截面的配筋计算及柱基础设计,此乃排架内力组合所需解决的问题。

11.3.4.1　控制截面

为便于施工,阶形柱的各段一般均可采用相同的截面配筋,并根据各段柱产生最危险内力的截面(称为"控制截面")进行计算。

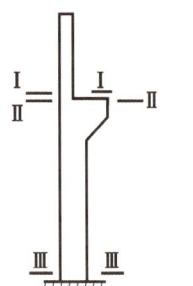

图 11.32　排架柱的控制截面

上柱:最大弯矩及轴力通常产生于上柱的底截面 Ⅰ—Ⅰ (图 11.32),此即上柱的控制截面。

下柱:在吊车竖向荷载作用下,牛腿顶面处 Ⅱ—Ⅱ 截面的弯矩最大;在风荷载或吊车横向水平力作用下,柱底截面 Ⅲ—Ⅲ 的弯矩最大。故常取此两截面为下柱的控制截面。对于一般中、小型厂房,吊车荷载不大,故往往是柱底截面 Ⅲ—Ⅲ 控制下柱的配筋;对吊车吨位大的重型厂房,则有可能是 Ⅱ—Ⅱ 截面。下柱底截面 Ⅲ—Ⅲ 的内力值也是设计柱基的依据,故必须对其进行内力组合。

11.3.4.2　荷载组合

《工程结构通用规范》(GB 55001—2021)中规定:对于承载能力极限状态,荷载效应的基本组合 S 应按下式中的最不利值确定:

$$S = \gamma_G S_{Gk} + \gamma_{Q1} S_{Q1k} + \sum_{i=2}^{n} \gamma_{Qi} \psi_{ci} S_{Qik} \tag{11.17}$$

式中　S_{Gk},S_{Q1k},S_{Qik}——永久荷载、第 1 个可变荷载、第 i 个可变荷载标准值的效应;

　　　　γ_G,γ_{Q1},γ_{Qi}——永久荷载、第 1 个可变荷载、第 i 个可变荷载的荷载分项系数,一般情况下可取 $\gamma_G = 1.3$,$\gamma_{Q1} = \gamma_{Qi} = 1.5$;

　　　　ψ_{ci}——第 i 个可变荷载的组合值系数。

11.3.4.3 内力组合

单层工业厂房排架柱是偏心受压构件,其截面内力有 $\pm M$、N、$\pm V$;因有异号的弯矩,且为便于施工,柱截面常用对称配筋 $A_s = A_s'$。

由对称配筋偏心受压构件的计算理论可知,无论大、小偏心受压,弯矩 M 越大,则钢筋用量 $A_s = A_s'$ 也越大;对小偏心受压构件,轴力 N 越大,则 $A_s = A_s'$ 也越大;对大偏心受压构件,轴力 N 越大,$A_s = A_s'$ 反而越小。因此,在未能确定柱截面为大偏心受压或小偏心受压之前,一般应进行下列四种内力组合:

① $+M_{max}$ 与相应的 N;

② $-M_{max}$ 与相应的 N;

③ N_{max} 与相应的 $\pm M$(取绝对值较大者),在大偏心受压时,N_{max} 略小,而 M 绝对值大的内力起控制作用,亦应对其进行组合;

④ N_{min} 与相应的 $\pm M$(取绝对值较大者)。

对双肢柱,因其腹杆配筋是由剪力控制的,因此除在上述各种内力组合中应增加相应的剪力 V 值外,尚需补充下列两种组合:

⑤ $+V_{max}$ 与相应的 M 和 N;

⑥ $-V_{max}$ 与相应的 M 和 N。

在上述的①~④种组合中,对柱底截面必须组合相应的剪力 V 值,以供柱基设计的需要。

11.3.4.4 注意事项

① 恒荷载是永存的,故无论在何种内力组合中都必须参加。

② 同一台吊车的最大竖向荷载 D_{max} 与最小竖向荷载 D_{min} 是同时发生的,不能只择其一。

③ 同一台吊车的最大横向水平荷载 T_{max} 同时作用于其左、右两边的柱上,其方向可左可右,组合时只能择其一。

④ 同一台吊车的 D_{max} 与 T_{max} 不一定同时产生;但组合时不能仅选用 T_{max} 项,而不选用 D_{max} 或 D_{min} 项。

⑤ 左、右风向不可能同时产生,只能选择一种。

⑥ 在组合 N_{max} 或 N_{min} 时,应使相应的 $\pm M$ 也尽可能大些,这样更为不利。因此,凡使截面的 $N=0$,但 $M \neq 0$ 的荷载项,只要有可能,也应参加组合。

⑦ 在组合 $+M_{max}$ 或 $-M_{max}$ 时应注意,有时 $\pm M$ 虽不为最大,但其相应的 N 都比 $\pm M_{max}$ 时的 N 小得多(大偏心受压时)或大得多(小偏心受压时),则有可能更为不利,故在上述六种内力组合中,不一定包括了所有可能的不利组合。对于更为不利的内力组合,一旦发现,则必须采用,但不必花很大精力去刻意寻求。

11.4　单层工业厂房排架柱设计

单层工业厂房排架柱有各种类型,如矩形柱、I 形柱、双肢柱等。矩形及 I 形截面柱的配筋计算已在第 6 章讲述。双肢柱的设计可参阅有关资料。本节仅介绍有关单层工业厂房排架柱的计算及预制柱在运输、吊装时的核算等内容。

11.4.1　单层工业厂房排架柱的计算长度

单层工业厂房排架柱二阶效应的弯矩增大系数 η_s 按下式计算：

$$\eta_s = 1 + \frac{1}{1500e_i/h_0}\left(\frac{l_0}{h}\right)^2 \zeta_c$$

式中 ζ_c 按式(6.12)计算；$e_i = e_0 + e_a$，e_0 为轴向压力 N 对截面至重心的偏心距，其值 $e_0 = \frac{M_0}{N}$，M_0 为一阶弹性分析柱端弯距设计值；e_a 按第 6.2.2 节所述取用。

排架柱考虑二阶效应的弯矩设计值按下式计算：

$$M = \eta_s M_0$$

当 M 确定后，即可按第 6 章已知 $M = C_m \eta_{ns} M_2$ 一样的方法，对偏心受压柱进行计算。

单层工业厂房铰接排架柱的计算长度 l_0 是按弹性稳定理论分析确定的，见表 11.7。表中对有吊车厂房的计算长度，是假定柱顶为不动铰支承确定的。

表 11.7　刚性屋盖单层房屋排架柱、露天吊车柱和栈桥柱的计算长度

项次	柱 的 类 别		排架方向	l_0	
				垂直排架方向 有柱间支撑	垂直排架方向 无柱间支撑
1	无吊车厂房柱	单跨	$1.5H$	$1.0H$	$1.2H$
		两跨及多跨	$1.25H$	$1.0H$	$1.2H$
2	有吊车厂房柱	上柱	$2.0H_u$	$1.25H_u$	$1.5H_u$
		下柱	$1.0H_l$	$0.8H_l$	$1.0H_l$
3	露天吊车柱和栈桥柱		$2.0H_l$	$1.0H_l$	—

注：① 表中：H—从基础顶面算起的柱的全高；H_l—从基础顶面至装配式吊车梁底面或现浇式吊车梁顶面的柱下部高度；H_u—从装配式吊车梁底面或从现浇式吊车梁顶面算起的柱上部高度。
② 表中有吊车厂房的柱的计算长度，当计算中不考虑吊车荷载时，可按无吊车厂房采用；但上柱的计算长度仍按有吊车厂房采用。
③ 表中有吊车厂房柱，在排架方向上柱的长度，适用于 $H_u/H_l \geq 0.3$ 的情况，当 $H_u/H_l < 0.3$ 时，宜采用 $2.5H_u$。

11.4.2　柱的吊装验算

预制柱的吊装可以采用平吊，也可以采用翻身起吊，其吊点一般均设在牛腿的下边缘处，起吊方法及计算简图如图 11.33 所示。吊装验算应满足承载力和裂缝宽度的要求。

一般应尽量采用平吊，以便于施工。但采用平吊时截面宽度 $b = 2h_f$，高度为 $h = b'_f$，且只有翼缘角上的两根钢筋起作用，承载力有可能不满足要求，则应采用翻身起吊。当采用翻身起吊时，其截面的受力方向与使用阶段的受力方向一致，因而其承载力和裂缝宽度一般不作验算。

验算时，柱的自重采用荷载标准值，并乘以动力系数 1.5。

吊装时柱的混凝土强度等级一般按设计强度等级的 70% 考虑。当吊装试验要求高于设计强度等级的 70% 方可起吊时，应在设计图上注明。

由于吊装的强度验算是临时性的，故其安全等级可降低一级使用。

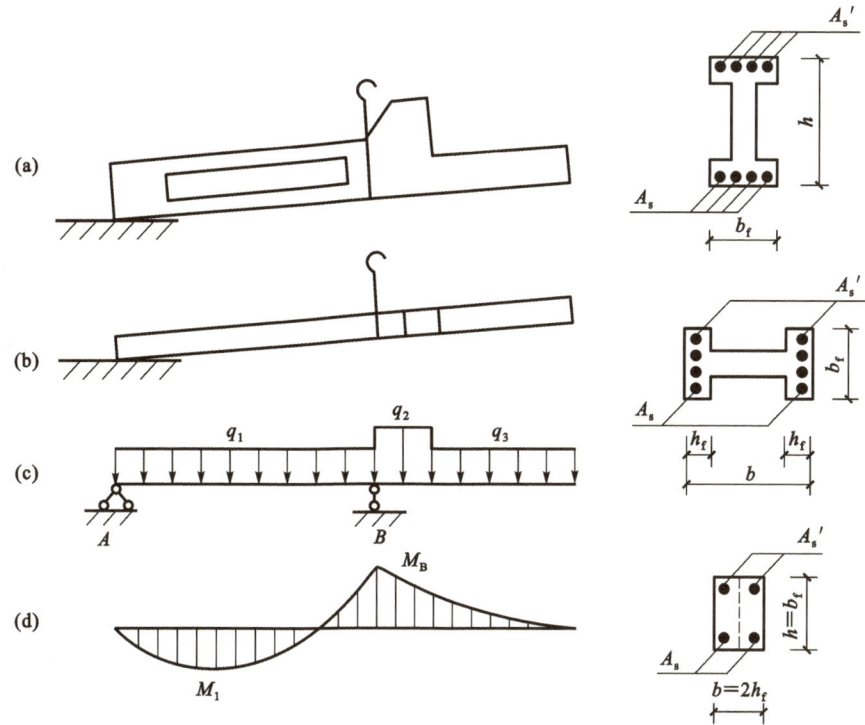

图 11.33　柱吊装验算的计算简图及截面选取
（a）翻身起吊；（b）平吊；（c）计算简图；（d）弯矩图

11.5　牛腿设计

　　单层工业厂房排架柱一般都带有短悬臂（俗称"牛腿"），以支承吊车梁、屋架及连系梁等构件，并设有预埋件，以便与这些构件进行连接［图 11.34（a）、（b）、（c）］。牛腿上的垂直压力与下柱内边缘的垂直距离 a（图 11.34）称为牛腿的悬臂长度。当 $a > h_0$ 时（h_0 为牛腿有效高度）称为长牛腿；当 $a \leqslant h_0$ 时，称为短牛腿。长牛腿的受力特点与一般梁一致，故按悬臂梁设计。

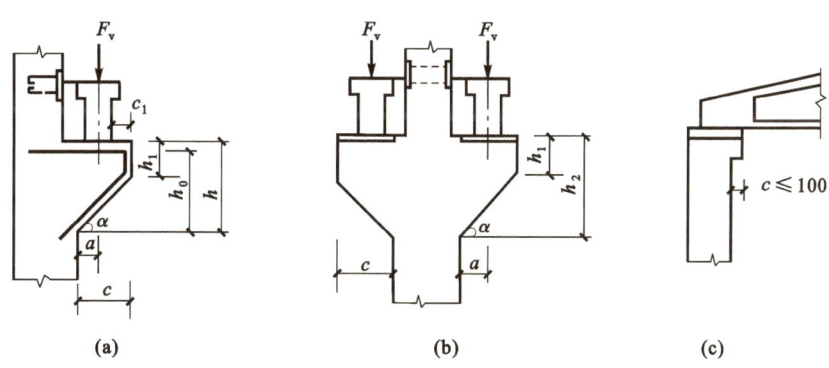

图 11.34　厂房柱上常见的几种牛腿形式

11.5.1　短牛腿的受力特点、破坏形态与计算简图

短牛腿的受力性能与一般的悬臂梁不同,它是一个"变截面深梁"。从图 11.35 所示的试验结果可以看出,在牛腿上部,主拉应力的方向基本上与牛腿的上表面平行,而且分布也比较均匀。主压应力则主要集中在从加载点到牛腿下部转角点的连线附近。

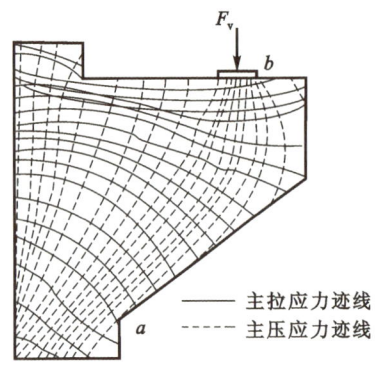

图 11.35　牛腿主应力轨迹线

试验表明,在吊车的垂直与水平荷载作用下,随 a/h_0 值的不同,牛腿有各种破坏形式,如图 11.36 所示。

常用牛腿的 $a=(0.1\sim0.75)h_0$,为斜压破坏。其特征是:首先在牛腿上表面与上柱交接处出现垂直裂缝,但它始终开展很小,对牛腿的受力性能影响不大。约在极限荷载的 $40\%\sim60\%$ 时,在加载板内侧附近出现斜裂缝 ① [图 11.36(b)],并不断发展,当加载到 $70\%\sim80\%$ 的极限荷载时,在裂缝①的外侧附近出现大量短小斜裂缝。当这些短小斜裂缝相互贯通时,混凝土剥落崩出,表明斜向主压应力已达混凝土的轴心抗压强度 f_{ck},牛腿即破坏。也有少数牛腿在斜裂缝①发展到相当稳定后,突然从加载板

内侧出现一条通长斜裂缝②,然后就很快沿此斜裂缝破坏。破坏时,牛腿上部的纵向水平钢筋,像桁架的拉杆一样,从加载点到固定端的整个长度上,其应力近于均匀分布,并达到钢筋的设计强度 f_y。牛腿的计算以斜压破坏为依据,其他破坏可通过构造满足。

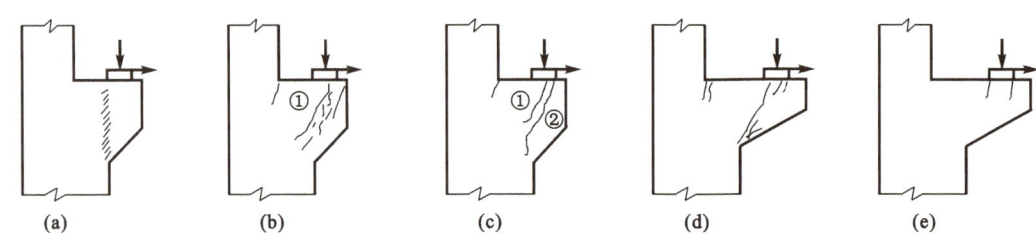

|（a）|（b）|（c）|（d）|（e）|

图 11.36　牛腿的各种破坏形态

(a) 剪切破坏($a/h_0<0.1$);(b)、(c) 斜压破坏($a/h_0=0.1\sim0.75$);

(d) 弯压破坏($a/h_0>0.75$);(e) 局压破坏

根据上述斜压破坏形态,牛腿可以简化成一个以纵筋为拉杆,混凝土斜撑为压杆的三角形桁架(图 11.37),这就是牛腿的计算简图。

11.5.2　牛腿尺寸的确定

牛腿的宽度与柱宽相同。牛腿的高度 h 是按抗裂要求确定的。因牛腿往往负载很大,设计时,宜使其在使用荷载作用下不出现裂缝。根据试验研究,影响第一条牛腿斜裂缝出现的主要参数是剪跨比 a/h_0 及水平荷载 F_{hk} 与垂直荷载 F_{vk} 的比值。根据试验回归分析,可得以下计算公式

$$F_{vk}\leqslant\beta\left(1-0.5\frac{F_{hk}}{F_{vk}}\right)\frac{f_{tk}bh_0}{0.5+a/h_0}\qquad(11.18)$$

式中　F_{vk}——作用于牛腿顶部按荷载效应标准组合计算的竖向力值。

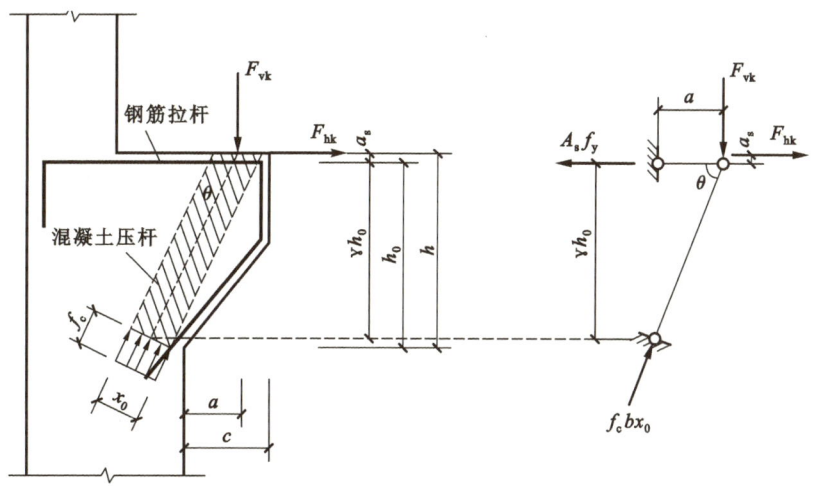

图 11.37　牛腿的计算简图

F_{hk}——作用于牛腿顶部按荷载效应标准组合计算的水平拉力值。

b——牛腿宽度。

β——裂缝控制系数,对支承吊车梁的牛腿,取 0.65;其他牛腿,取 0.80。

a——竖向力作用点至下柱边缘的水平距离,应考虑安装偏差 20mm,当考虑安装偏差后竖向力的作用点位于下柱截面以内时取等于零。

h_0——牛腿与下柱交接处垂直截面的有效高度($h_1 - a_s + c \cdot \tan\alpha$),当 $\alpha > 45°$ 时,取 45°。

牛腿的挑出长度 c 按支承条件确定(图 11.38)。

牛腿的底面的倾角 α 不应大于 45°。倾角 α 过大,会使折角处产生过大的应力集中(参阅图 11.35),或使斜裂缝①[图 11.36(b)]向牛腿斜面方向发展,这都会导致牛腿承载能力的降低。当牛腿的挑出长度 $c \leqslant 100mm$ 时,也可不做斜面,即取 $\alpha = 0°$[图 11.34(c)]。

牛腿的外边缘高度 h_1 不应小于 $h/3$,且不小于 200mm。

当 h_1、α 确定后,即可初定牛腿的总高度 h。牛腿的总高度 h 主要由斜截面抗裂条件控制,为使牛腿在正常使用阶段不开裂,应对由构造要求初定的牛腿总高度 h 按式(11.18)进行验算。

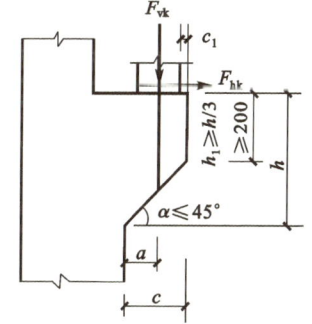

图 11.38　牛腿尺寸的构造要求

在竖向标准值 F_{vk} 的作用下,为防止牛腿产生局压破坏,牛腿支承面上的局部挤压不应超过 $0.75f_c$,否则应采取必要的措施(例如加置垫板以扩大承压面积,或提高混凝土强度等级,或设置钢筋网等)。

11.5.3　牛腿的配筋计算与构造要求

11.5.3.1　牛腿的正截面承载力(顶面水平拉杆)计算

牛腿的纵向受力钢筋由承受竖向力所需的受拉钢筋和承受水平拉力所需的水平钢筋组成,钢筋的总面积 A_s 应按下列公式计算

$$A_s \geqslant \frac{F_v a}{0.85 f_y h_0} + 1.2 \frac{F_h}{f_y} \tag{11.19}$$

式中　　F_v——作用在牛腿顶部的竖向力设计值；

　　　　F_h——作用在牛腿顶部的水平拉力设计值；

　　　　a——竖向力作用点至下柱边缘的水平距离，当 $a < 0.3h_0$ 时，取 $a = 0.3h_0$。

11.5.3.2　牛腿的斜截面承载力计算

牛腿的斜截面抗剪强度主要取决于混凝土。水平箍筋对斜截面抗剪强度没有直接作用。但水平箍筋可有效地限制斜裂缝的发展，从而可间接提高斜截面的抗剪强度。在试验分析和多年设计经验的基础上，规范认为，只要牛腿能保证必要的箍筋与弯筋，并按一定的要求配制，则斜截面强度均可得到保证。箍筋与弯筋的构造要求详见下面的叙述。

11.5.3.3　牛腿内钢筋的构造要求

沿牛腿上边缘配置的承受牛腿竖向荷载产生的弯矩和水平荷载产生的拉力的纵向受拉钢筋，宜采用 HRB400 级或 HRB500 级钢筋。全部纵向受拉钢筋应伸至牛腿外缘，并沿外缘向下伸入柱内 150mm。弯起钢筋应另外设热轧带肋筋，并同样沿牛腿外缘伸入下柱 150mm。纵向受力钢筋及弯起钢筋伸入上柱的锚固长度应符合按式(1.21)计算的受拉锚固长度 l_a；当上柱尺寸不足以设置直线锚固长度时，应符合框架梁上部钢筋在框架中间层端节点中带 90°弯折锚固的规定(图 11.39)。

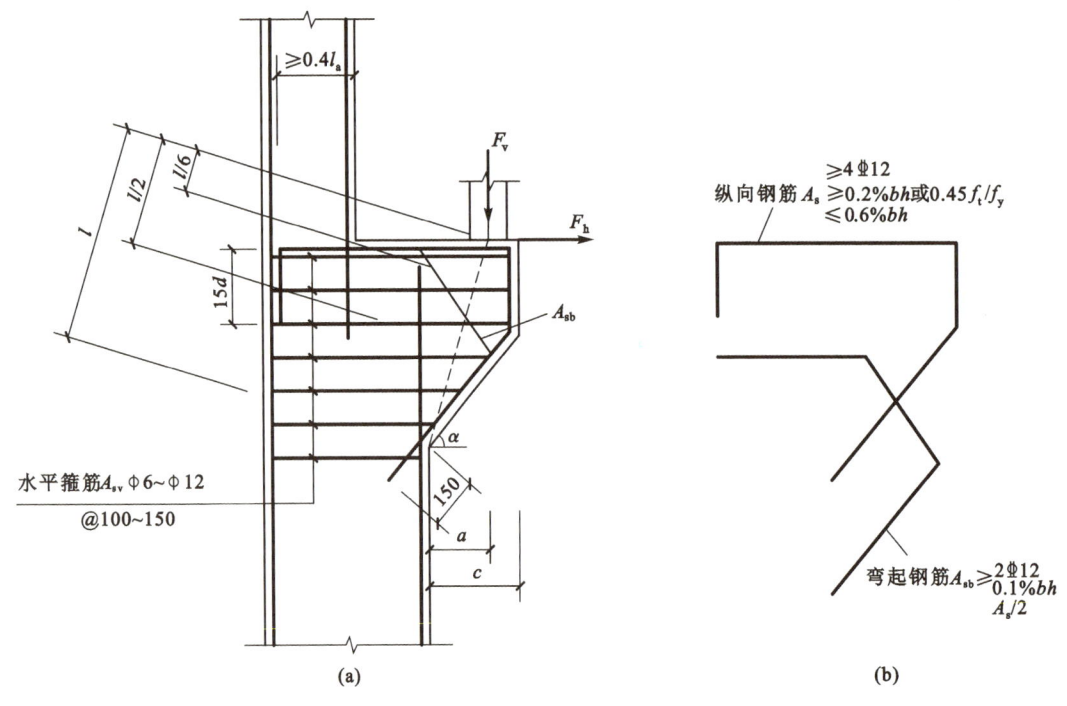

图 11.39　牛腿配筋的构造要求

承受竖向力所需的纵向受拉钢筋的配筋率，按全面积计算不应小于 $0.2\%bh$ 及 $0.45f_t/f_y$ 之大值，也不宜大于 $0.6\%bh$，且根数不宜少于 4 根，直径不应小于 12mm[图 11.39(b)]。

当牛腿设于上柱柱顶时,宜将柱对边纵向受力钢筋沿柱顶水平弯入牛腿,作为牛腿纵向受拉钢筋使用;若牛腿纵向受拉钢筋与柱对边纵筋分开布置,则牛腿受拉钢筋与柱对边纵筋应有可靠搭接,搭接做法及搭接长度应符合框架顶层端节点处梁上部钢筋及柱外侧钢筋的搭接规定,如图 4.32(a)所示。

当牛腿的剪跨比 $a/h_0 \geqslant 0.3$ 时,宜设置弯起钢筋。弯起钢筋宜采用 HRB400 级或 HRB500 级热轧带肋钢筋,并宜使其与集中荷载作用点和牛腿斜边下端点连线的交点位于牛腿上部 $l/6$ 至 $l/2$ 之间的范围内[图 11.39(a)],其截面面积不宜小于承受竖向力的受拉钢筋截面面积的二分之一,且不宜小于 $0.1\%bh$,其根数不宜少于 2 根,直径不宜小于 12mm。

牛腿应设置水平箍筋,水平箍筋直径应取用 $6\sim12$mm,间距 $100\sim150$mm,且在上部 $2h_0/3$ 范围内的水平箍筋总截面面积不应小于承受竖向力的受拉钢筋截面面积的二分之一。水平箍筋一般采用 HPB300 级钢筋。

11.6　柱下单独基础设计

11.6.1　基础底面尺寸的确定

基础底面尺寸按满足地基的承载力和变形条件确定,在计算地基的承载力时,应取荷载效应的标准值。在一般情况下,可只按地基的承载力计算,而不必验算地基的变形。

11.6.1.1　轴心受压基础

轴心受压时,基础底面下的压应力 p_k 均匀分布(图 11.40),设计时应满足

$$p_k = \frac{N_k + G_k}{A} \leqslant f_a \qquad (11.20)$$

式中　N_k——柱传到基础顶面的标准值;

　　　　G_k——基础自重和基础上土重标准值;

　　　　A——基础底部面积,$A = a \times b$;

　　　　f_a——经过深度和宽度修正后的地基承载力特征值。

设 γ_0 为基础及其上土的平均重度,H 为基础埋置深度,则 $G_k = \gamma_0 A H$,代入式(11.20)可得

$$A \geqslant \frac{N_k}{f_a - \gamma_0 H} \qquad (11.21)$$

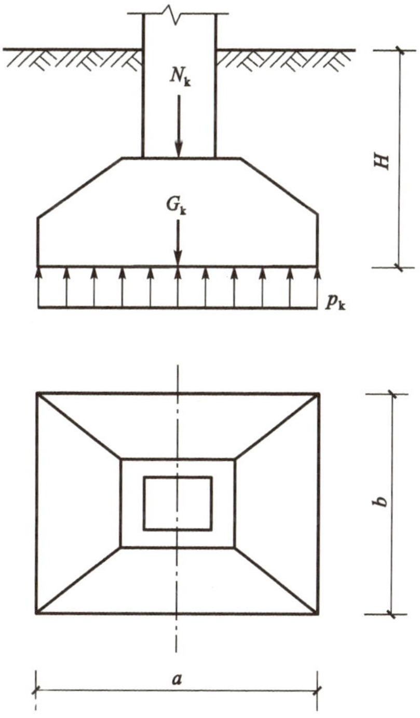

设计时先对土的承载力特征值作深度修正,以求得 f_a 值,按式(11.20)可算出基础底面 A 值。轴心受压基础底面常为矩形,若用矩形则可按已定的一个边求出基础宽度 b,如 b 值大于 3m 时,还须作宽度修正,重新求得 f_a 值及相应的 b 值,经过几次试算,求得基础宽度 b 值与其用作修正的 b 值前后较为一致时,则基础宽度才算最后确定。

图 11.40　轴心受压荷载应力分布

11.6.1.2　偏心受压基础

基础偏心受压时,假定基础底面压应力按线性(非均匀)分布(图 11.41)。根据材料力学的公式,基础底面两边缘的最大和最小应力为

$$p_{k_{\min}^{\max}} = \frac{N_k + G_k}{ab} \pm \frac{M_k}{W} \tag{11.22}$$

式中　W——基础底面面积的弹性抵抗矩,$W = ba^2/6$。

设 e_k 为合力标准值 $N_k + G_k$ 的偏心距,其值为 $e_k = M_k/(N_k + G_k)$,将其代入式(11.22)可得

$$p_{k_{\min}^{\max}} = \frac{N_k + G_k}{ab}\left(1 \pm \frac{6e_k}{a}\right) \tag{11.23}$$

由上式可见,若 $e_k = a/6$,则 $p_{k,\min} = 0$,基底应力图为三角形;若 $e_k > a/6$,则 $p_{k,\min} < 0$,基底按计算出现拉应力,这实际上是不可能的,因为基底与地基之间为无黏结作用,地基反力呈三角形分布,且此三角形的顶点离基础边缘一段距离内应力为零(图 11.41),此时公式(11.23)已不能适用,而应按下述式(11.24)计算。

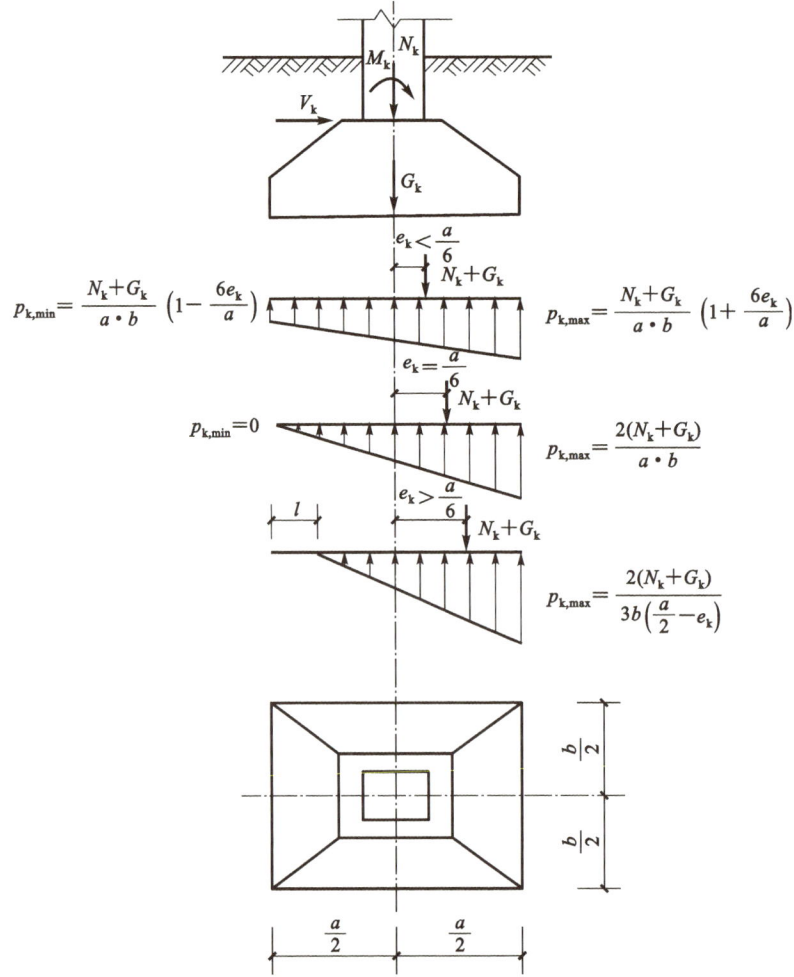

图 11.41　偏心受压基础底面的应力图形

按图 11.41 的静力平衡条件,基底反力的合力与偏心荷载 $N_k + G_k$ 的大小相等、方向相反,作用点在一条铅垂线上,由此可得 $\frac{1}{2} p_{k,max} 3b \left(\frac{a}{2} - e_k \right) = N_k + G_k$,则基底最大应力标准值为

$$p_{k,max} = \frac{2(N_k + G_k)}{3b(a/2 - e_k)} \tag{11.24}$$

偏心受压基础底面的压力,应符合下式要求:

$$p_{k,max} \leqslant 1.2 f_a \tag{11.25}$$

$$p_k = \frac{p_{k,max} + p_{k,min}}{2} \leqslant f_a \tag{11.26}$$

对于有吊车厂房,一般应保证基底全部受压,且 $e_k \leqslant \frac{a}{6}$。

偏心受压基础底面设计时,先假定基础底面尺寸 $a \times b$,然后验算上述条件,直到满足为止,也可直接用公式计算。

基础底面 $a \times b$ 的假定:可先按轴心受压公式(11.21)求出基础底面面积,然后乘以(扩大)1.2~1.4 倍估算所需底面尺寸 $a \times b$,并设 $\frac{a}{b} = 1.0 \sim 2.0$,经过反复验算,最终满足式(11.25)、式(11.26)的要求。

11.6.2 基础高度的确定

当计算基础承载力时,不考虑基础及土的自重,且用荷载基本组合的设计值。

柱下单独板式基础有锥形及阶形两种形式(图 11.43),其高度 h 按柱对基础的冲切强度条件决定。对阶梯形基础,尚需按相同原则对变阶处的高度进行验算。

在柱的轴向力作用下(图 11.42),若基础的高度不够,则将沿柱周边(或变阶处)产生锥体形的冲切破坏,即沿 45°锥体斜面的斜拉破坏。为防止出现斜拉破坏,基础高度必须满足下列条件

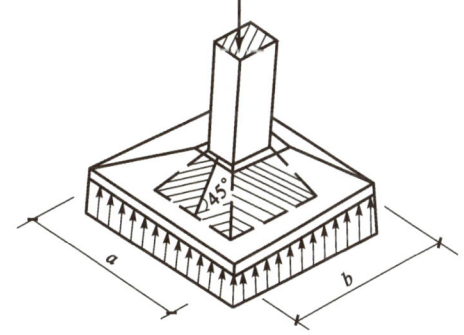

$$F_l \leqslant 0.7 \beta_{hp} f_t A_2 \tag{11.27}$$

$$F_l = A_1 p_n \tag{11.28}$$

图 11.42 柱基的冲切破坏

式中　p_n——在荷载设计值作用下,基础底面单位面积上地基的净反力(不包括基础及其上回填土自重所产生的反力),轴心受压时,$p_n = \frac{N}{ab}$[图 11.43(a)];偏心受压时,用 $p_{n,max}$[式(11.39)]代替 p_n。

　　0.7——锥体斜面上拉应力分布不均匀系数。

　　β_{hp}——截面高度影响系数,当 h 不大于 800mm 时,取 $\beta_{hp} = 1.0$;当 $h \geqslant 2000$mm 时,取 $\beta_{hp} = 0.9$,其间按线性内插法取用。

　　A_1——冲切破坏面外的基底冲切力作用面积。

　　A_2——冲切破坏面在基础底面上的水平投影面积。

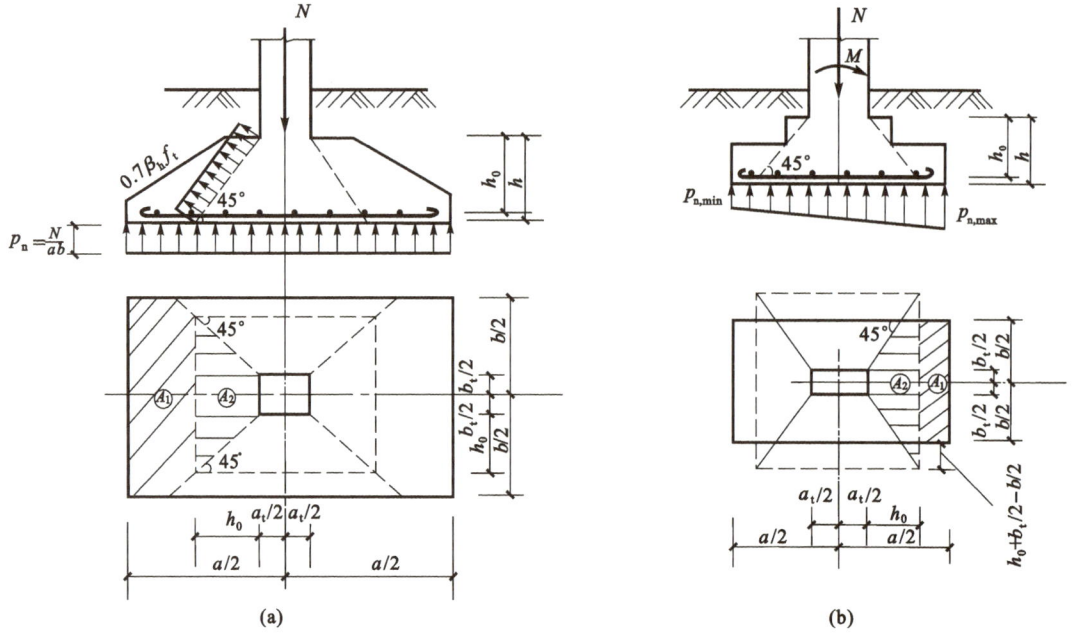

图 11.43　基础冲切破坏的计算图形

(a) 锥形基础；(b) 阶形基础

当 $b \geqslant b_t + 2h_0$ 时[图 11.43(a)]

$$A_1 = \left(\frac{a}{2} - \frac{a_t}{2} - h_0 \right) b - \left(\frac{b}{2} - \frac{b_t}{2} - h_0 \right)^2 \tag{11.29}$$

$$A_2 = (b_t + h_0) h_0 \tag{11.30}$$

当 $b < b_t + 2h_0$ 时[图 11.43(b)]

$$A_1 = \left(\frac{a}{2} - \frac{a_t}{2} - h_0 \right) b \tag{11.31}$$

$$A_2 = (b_t + h_0) h_0 - \left(h_0 + \frac{b_t}{2} - \frac{b}{2} \right)^2 \tag{11.32}$$

当验算阶梯形基础变阶处的冲切强度时，以上计算中的 a_t、b_t 应改为上阶的长度与宽度。设计时，一般先按构造要求（见第 11.6.4 节）选定基础高度及各阶高度，再用式（11.27）进行验算。

11.6.3　基础底板配筋计算

在地基净反力作用下，柱下单独基础可视为双向挑出并固定于柱周边（或台阶周边）的悬臂板，其一个方向配筋可按柱（或台阶）边截面计算；当为阶梯形基础，尚应计算台阶处截面，取其两处钢筋最多者，作为一个方向的配筋。基础底面由于宽度较大，一般不作斜截面计算。

A. 当为轴心受压的单独基础，在计算各向弯矩时，可将基础底板划分成四块梯形[图 11.44(a)]，将此梯形面积上地基净反力的合力 Q，乘以其作用至柱（或台阶）边的距离 e_1，即可得截面的弯矩（图 11.44）。

沿长边 a 方向柱边弯矩为

$$M_{\mathrm{I}} = \frac{p_{\mathrm{n}}}{24}(a-a_1)^2(2b+b_1) \tag{11.33}$$

式中 a_1——柱的长边尺寸;

b_1——柱的短边尺寸。

所需钢筋

$$A_{s\mathrm{I}} = \frac{M_{\mathrm{I}}}{0.9h_0f_y} \quad (\text{垂直于}\ b\ \text{边}) \tag{11.34}$$

式中 0.9——根据经验确定的内力臂系数。

h_0——基础柱边的截面有效高度。确定 h_0 时应注意:当基底有垫层时保护层厚为 40mm;无垫层时保护层厚为 70mm。

当有阶梯时,可根据上述原则确定变阶截面处的弯矩

$$M_{\mathrm{I}}' = \frac{p_{\mathrm{n}}}{24}(a-a_2)^2(2b+b_2) \tag{11.35}$$

式中 a_2, b_2——台阶宽度。

$$A_{s\mathrm{I}}' = \frac{M_{\mathrm{I}}'}{0.9h_{01}f_y} \tag{11.36}$$

式中 h_{01}——台阶处截面有效高度。

沿短边 b 方向柱边弯矩为

$$M_{\mathrm{II}} = \frac{p_{\mathrm{n}}}{24}(b-b_1)^2(2a+a_1) \tag{11.37}$$

所需钢筋

$$A_{s\mathrm{II}} = \frac{M_{\mathrm{II}}}{0.9(h_0-d)f_y} \quad (\text{垂直}\ a\ \text{边}) \tag{11.38}$$

如为阶梯基础,尚应计算台阶处钢筋,取其两处钢筋最多者作为基础配筋。

B. 当为偏心受压基础,基底净反力为

$$p_{\substack{\mathrm{n,max}\\\mathrm{min}}} = \frac{N}{a \cdot b}\left(1 \pm \frac{6e_{\mathrm{n}}}{a}\right) \tag{11.39}$$

式中 e_{n}——荷载效应设计值的偏心距,其值为 $e_{\mathrm{n}} = M/N$。

沿 a 方向柱边 I—I 截面弯矩为

$$M_{\mathrm{I}} = \frac{1}{12}a_{\mathrm{b}}^2\left[(2b+b_1)(p_{\mathrm{n,max}}+p_{\mathrm{nI}}) + (p_{\mathrm{n,max}}-p_{\mathrm{nI}})b\right] \tag{11.40}$$

式中 $p_{\mathrm{n,max}}, p_{\mathrm{n,min}}$——相应于荷载效应基本组合时的基底边缘最大和最小净反力[式(11.39)];

p_{nI}——相应于柱边 I—I 截面基础底面净反力[图 11.44(b)];

a_{b}——$p_{\mathrm{n,max}}$ 作用点至 I—I 截面的距离[图 11.44(b)];

b_1——柱的短边尺寸,见图 11.44(b)。

垂直弯矩方向柱边 II—II 截面的弯矩,取基底平均应力 $p_{\mathrm{n,min}}+p_{\mathrm{n,max}}/2$ 计算,即

$$M_{\mathrm{II}} = \frac{1}{24} \times \frac{p_{\mathrm{n,max}}+p_{\mathrm{n,min}}}{2}(b-b_1)^2(2a+a_1)$$

$$= \frac{1}{48}(p_{\mathrm{n,max}}+p_{\mathrm{n,min}})(b-b_1)^2(2a+a_1) \tag{11.41}$$

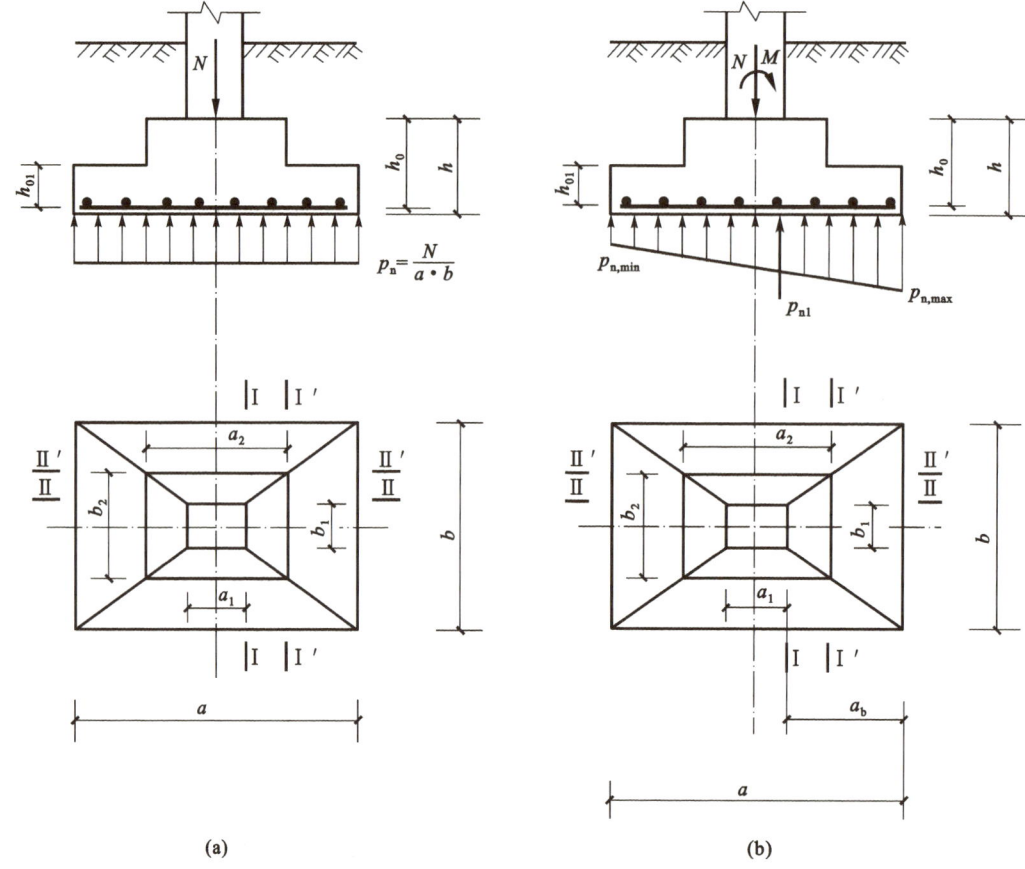

图 11.44　基础底板配筋的计算图形

(a) 轴心受压；(b) 偏心受压

当计算出 M_I、M_{II} 设计值后,基础底面所需钢筋面积可用式(11.34)、式(11.38)计算。对于阶梯基础,亦如轴心受压一样,也应计算台阶处截面的钢筋。

11.6.4　基础的构造要求

基础的混凝土强度等级不应低于 C20,受力钢筋的直径不宜小于 10mm,间距不宜大于 200mm,也不宜小于 100mm,且最小配筋不应小于 0.15%。当基础边长大于 2.5m 时,沿此向钢筋的长度可减少 10%,但应交错放置。

基底常设 100mm 厚,强度等级为 C10 的素混凝土垫层,则底板受力钢筋的保护层厚度不小于 40mm;若地基土质干燥,也可不设垫层,但保护层的厚度不宜小于 70mm。

锥形基础的边缘高度一般不小于 200mm;阶形基础的每阶高度一般为 300~500mm(图 11.45)。

为保证柱与基础的整体结合,柱插入基础应有足够的深度 h_1(表 11.8)。

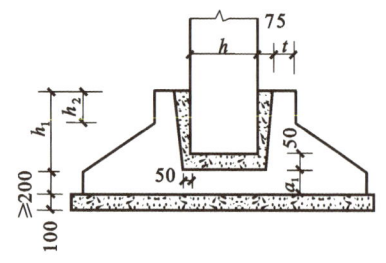

图 11.45　杯口基础的构造

表 11.8 柱的插入深度 h_1（mm）

矩 形 或 I 形 柱				双肢柱
$h<500$	$500 \leqslant h < 800$	$800 \leqslant h \leqslant 1000$	$h > 1000$	
$(1 \sim 1.2)h$	h	$0.9h$ 且 $\geqslant 800$	$0.8h$ 且 $\geqslant 1000$	$(1/3 \sim 2/3)h_a$ $(1.5 \sim 1.8)h_b$

注：① h 为柱截面长边尺寸；h_a 为双肢柱整个截面长边尺寸，h_b 为双肢柱整个截面短边尺寸。
　　② 柱轴心受压或小偏心受压时，h_1 可适当减小；偏心距 $e_0 > 2h$ 时，h_1 应适当加大。

此外，h_1 还应满足柱内受力纵筋（直径 d）锚固长度不小于 $20d$ 的要求，并应考虑吊装时柱的稳定性，取 $h_1 \geqslant 0.05$ 倍预制柱长。

为了防止安装预制柱时，杯底可能发生冲切破坏，基础的杯口底应有足够的厚度 a_1，其值见表 11.9，同时，杯口内应铺垫 30mm 厚的水泥砂浆。基础的杯壁应有足够的抗弯强度，其厚度 t 可按表 11.9 选用。

表 11.9 基础杯底厚度和杯壁厚度

柱截面长边尺寸 h（mm）	杯底厚度 a_1（mm）	杯壁厚度 t（mm）
$h<500$	$\geqslant 150$	$150 \sim 200$
$500 \leqslant h < 800$	$\geqslant 200$	$\geqslant 200$
$800 \leqslant h < 1000$	$\geqslant 200$	$\geqslant 300$
$1000 \leqslant h < 1500$	$\geqslant 250$	$\geqslant 350$
$1500 \leqslant h \leqslant 2000$	$\geqslant 300$	$\geqslant 400$

注：① 双肢柱的 a_1 值，可适当加大。
　　② 当有基础梁时，基础梁下的杯壁厚度，应满足其支承宽度的要求。
　　③ 柱插入杯口部分的表面应凿毛，柱与杯口之间的空隙，应用细石混凝土（比基础混凝土强度等级高一级）密实填充，其强度达到基础设计强度的 70% 以上（或采取其他相应措施）时，方能进行上部吊装。

当柱为轴心受压或小偏心受压，且 $t \geqslant 0.65h_2$（h_2 为杯壁高度）时；或为大偏心受压且 $t \geqslant 0.75h_2$ 时，杯壁内一般不配筋。当柱为轴心受压或小偏心受压，且 $0.5 \leqslant t/h_2 < 0.65$ 时，杯壁内可按表 11.10、图 11.46 配筋。

在厂房伸缩缝处需设置双杯口基础。当杯口间的宽度 $a_3 < 400$mm 时，宜在中间杯壁内配筋（图 11.47）。

表 11.10 杯壁构造配筋

柱截面长边尺寸 h（mm）	$h<1000$	$1000 \leqslant h < 1500$	$1500 \leqslant h < 2000$
钢筋网直径（mm）	$\Phi(8 \sim 10)$	$\Phi(10 \sim 12)$	$\Phi(12 \sim 16)$

注：表中钢筋置于杯口顶部，每边两根。

因地质条件，或因有设备基础，在单层工业厂房中有时需将个别或部分柱基的埋置深度加大。为使厂房预制柱的长度相同，常在这些柱下设置高杯口基础，其杯口尺寸和配筋可参考图 11.48。杯口下的短柱可按偏心受压构件设计。

柱下单独基础的设计实例见本章第 11.7 节"单层工业厂房设计实例"。

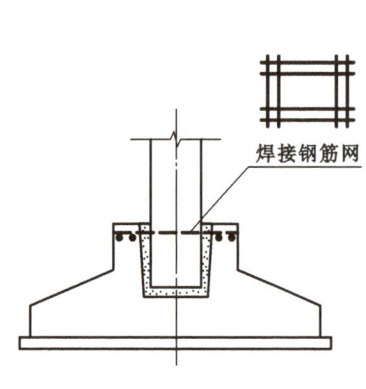

图 11.46　杯口基础的杯壁配筋

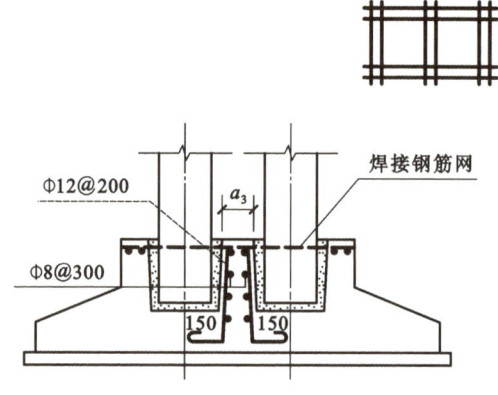

图 11.47　双杯口基础的杯壁配筋

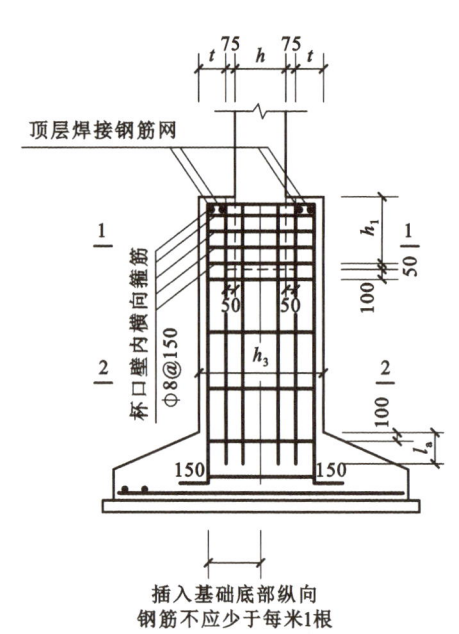

插入基础底部纵向
钢筋不应少于每米1根

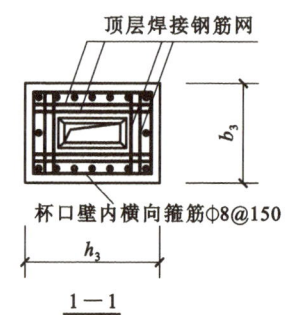

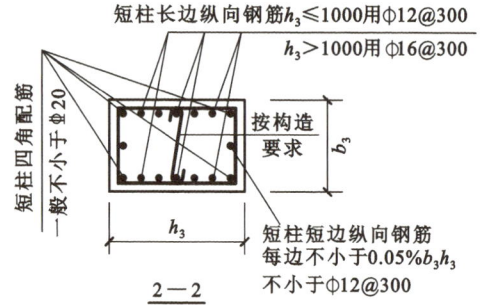

图 11.48　高杯口基础的配筋

11.7　单层工业厂房设计实例

【例题 11.1】　某机修车间为单跨带天窗厂房,柱距 6m,厂房总长 72m,跨度 18m,设有两
台 30t/5t A5 级工作制吊车,车间平面如图 11.49 所示。

一、设计资料

屋面构造及围护结构

屋面构造:APP 沥青卷材防水　　　　　　　　　　　　　0.45kN/m²

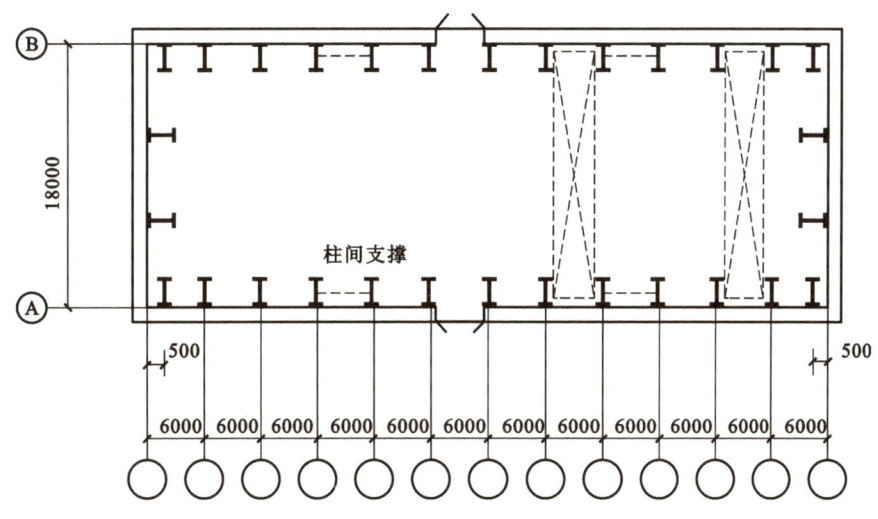

图 11.49 厂房平面图

20 厚水泥砂浆找平层	$0.40 kN/m^2$
80 厚沥青珍珠岩保温层	$0.50 kN/m^2$
沥青卷材隔气层	$0.05 kN/m^2$
20 厚水泥砂浆找平层	$0.40 kN/m^2$
预应力混凝土大型屋面板	$1.5 kN/m^2$（加灌缝）

围护结构：240mm 厚普通砖墙；

钢框玻璃窗 4800mm×4800mm；2100mm×4800mm；

钢窗自重 $0.45 kN/m^2$。

二、自然条件

基本风压 $0.35 kN/m^2$，基本雪压 $0.20 kN/m^2$，屋面活载 $0.5 kN/m^2$。

建筑场地为黏性土地基，根据经验初步假定基础埋置深度及宽度。经修正后的地基承载力特征值 $f_a = 180 kN/m^2$，地下水位低于自然地面 3.5m，本例不考虑地震作用。

三、吊车荷载

两台 A5 中级工作制吊车，$Q = 30t/5t$，具体参数见表 11.11、表 11.12。

表 11.11 吊车参数

吊车跨度	吊车跨度 $l_k = 16.5m$					
额定起重量 Q （t）	吊车宽度 B （m）	轮距 k （m）	吊车重 G （kN）	小车重 g （kN）	最大轮压 p_{max} （kN）	最小轮压 p_{min} （kN）
30/5	6.15	4.8	302	118	290	70

注：$p_{min} = \dfrac{(G+g+Q)}{2} - p_{max}$。

表 11.12 风压高度变化系数（B 类粗糙地面）

自然地面算起标高	10m	15m	20m	30m
μ_z	1.00	1.14	1.25	1.42

四、材料

钢筋:箍筋 HPB300 级,主筋 HRB400 级。

混凝土:基础采用 C20,柱采用 C30。

五、设计要求

1. 初步确定排架的截面尺寸;

2. 排架的荷载计算及内力分析;

3. 排架柱的配筋计算及施工图的绘制;

4. 柱下单独基础设计并绘制施工图。

【解】 (1) 结构方案及主要承重构件

根据厂房跨度、柱顶高度及吊车起重量大小,厂房温度要求,本车间采用钢筋混凝土排架结构,结构剖面如图 11.50 所示。

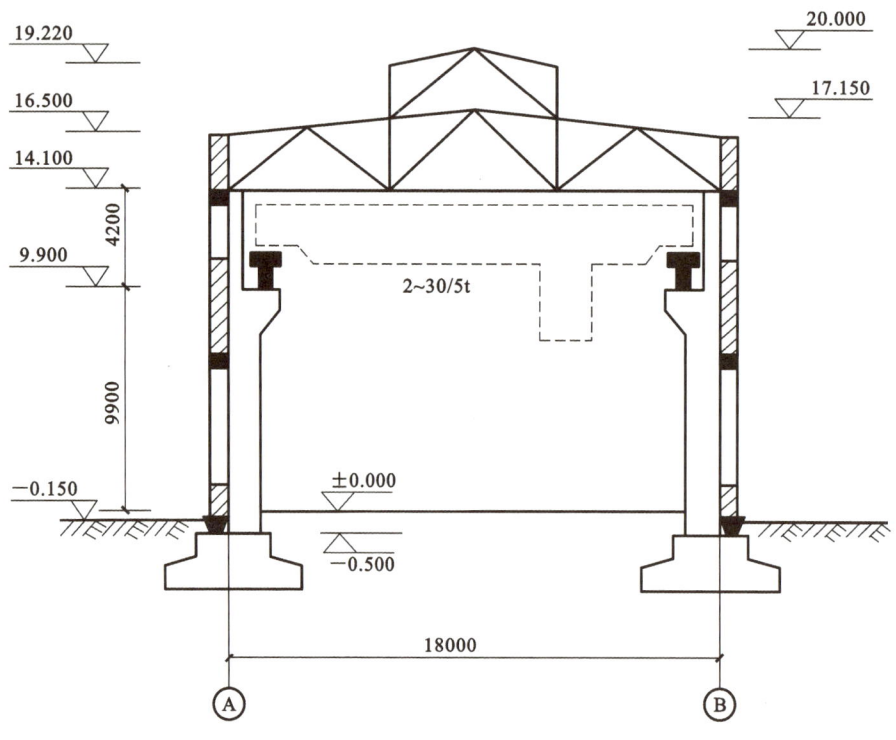

图 11.50　厂房剖面图

为保证屋盖的整体性及空间刚度,屋盖采用无檩体系。根据厂房具体条件,柱间支撑设置位置如图 11.49 所示。

① 屋面板:采用标准图集 G410 中的 1.5m×6m 预应力混凝土屋面板(Y-WB-3Ⅲ),板重标准值(包括灌缝在内)为 1.5kN/m²;

② 屋架:采用标准图集 G415 中的预应力混凝土折线形屋架(YWJ18-2Ab),其自重标准值为 65.5kN/榀;

③ 天窗架:采用钢筋混凝土门式天窗架(G316),每根天窗架支柱重力标准值为 26.2kN;

④ 吊车梁:采用标准图集 G323 中的钢筋混凝土吊车梁(中跨 DL-11Z、边跨 DL-11B),其高度 1.2m,自重标准值为 39.5kN/根(中跨),轨道及零件自重按 0.8kN/m 计算;

⑤ 屋盖支撑:屋盖支撑按一般原则布置,其自重为 0.05kN/m²(沿水平方向);

⑥ 基础梁:基础梁置于基础杯口上并靠近柱外边缘,设基础梁高为 400mm 的梯形截面钢筋混凝土梁。

(2) 计算简图及柱截面几何尺寸的确定

① 计算简图

本车间为机修车间,除局部温度稍高外,工艺无特殊要求。计算单元宽度 $B=6.0$m。

根据建筑剖面及其构造,确定厂房如图 11.51 所示的计算简图。

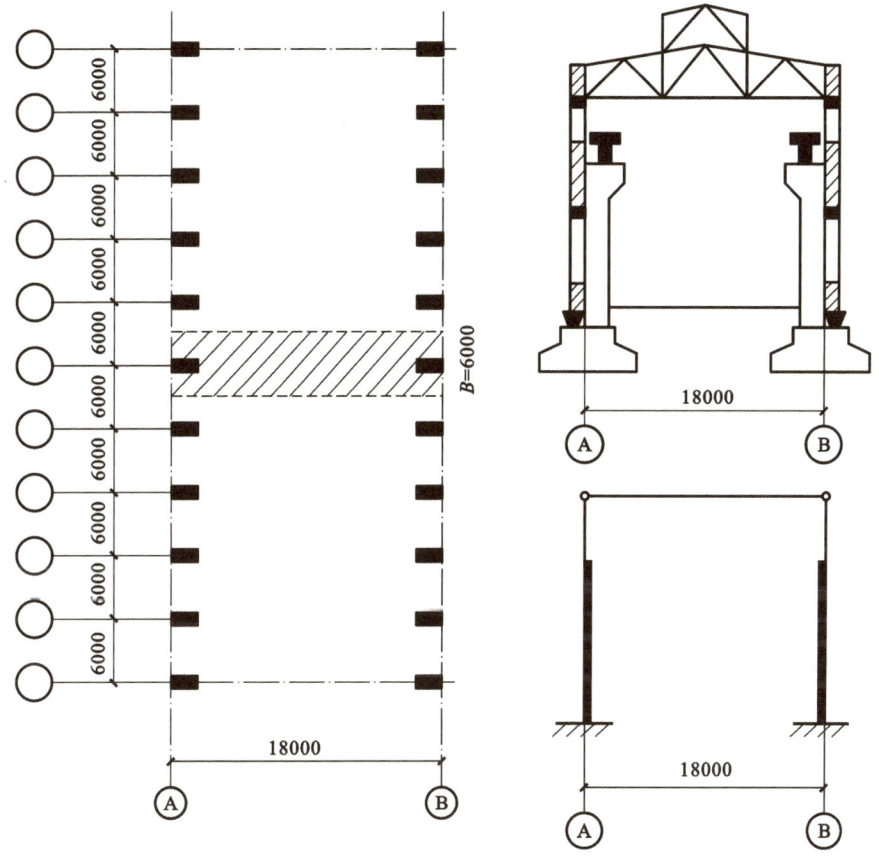

图 11.51 厂房计算简图

其中上柱高 $H_1=4.2$m,下柱高从牛腿顶面至基础顶面(设基础顶面标高为 -0.500m),则 $H_2=10.4$m,柱总高 $H=H_1+H_2=14.6$m。

② 柱截面几何参数

根据吊车起重量 Q、工作等级及轨道标高,厂房柱截面形式,参考表 11.3 初步确定柱截面几何参数分别为:

A、B 柱:上柱为矩形,$b×h=500$mm×500mm,面积 $A_1=2.5×10^5$mm²,惯性矩 $I_1=5.21×10^9$mm⁴。

下柱为工字形,$b×h×b_w×h_f=500$mm×1000mm×120mm×200mm,面积 $A_2=2.815×10^5$mm²,惯性矩 $I_2=35.6×10^9$mm⁴。

(3) 荷载计算(标准值)

① 恒荷载

(a) 屋盖结构自重

按屋盖结构原始资料加支撑自重共计 $3.35 \mathrm{kN/m^2}$

天窗架每支点重 $26.2 \mathrm{kN}$

屋架每支点重 $\frac{1}{2} \times 65.5 = 32.75 \mathrm{kN}$

屋面恒载为以上各荷载相加: $G_1 = 26.2 + 32.75 + 0.5 \times 6 \times 18 \times 3.35 = 239.85 \mathrm{kN}$,作用于柱顶,其偏心距:

按图 11.20, $e_1 = \dfrac{500}{2} - 150 = 100 \mathrm{mm}$。

(b) 柱自重

上柱 $A_1 = 2.5 \times 10^5 \mathrm{mm^2}$(略去截面翼缘斜坡部分)

$$G_2 = 2.5 \times 10^{-1} \times 4.2 \times 25 = 26.25 \mathrm{kN}$$

下柱 $A_2 = 2.815 \times 10^5 \mathrm{mm^2}$,初步确定牛腿尺寸如图 11.52 所示,则下柱自重为:

$$G_3 = \left[2.815 \times 10^{-1} \times 10.4 + \left(0.5 \times 0.5 \times 0.2 + \frac{1}{2} \times 0.2^2 \times 0.5 \right) \right] \times 25$$

$$= 74.69 \mathrm{kN}$$

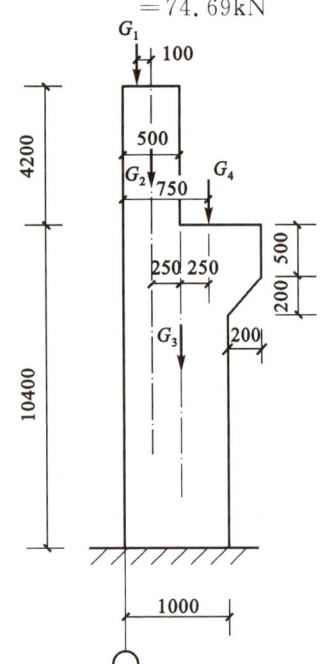

图 11.52 柱上荷载位置图

作用于下柱形心。(注:牛腿自重根据经验亦可取下柱自重 5%～10% 估算)

(c) 吊车梁及轨道零件自重

$$G_4 = 39.5 + 6 \times 0.8 = 44.3 \mathrm{kN}$$

各恒载作用位置如图 11.52 所示。

② 屋面活荷载

由《荷载规范》查得,不上人屋面活荷载标准值为 $0.5 \mathrm{kN/m^2}$,而雪载的基本值仅为 $0.2 \mathrm{kN/m^2}$,两者不能同时组合,故仅按屋面活载计算

$$Q_1 = \frac{1}{2} \times 6 \times 18 \times 0.5 = 27 \mathrm{kN}$$

屋面活荷载在柱顶的作用位置与屋面恒载 G_1 相同(图 11.52)。

③ 吊车荷载

从有关吊车样品中查得吊车资料见表 11.11。两台吊车在不利位置时吊车梁的支座反力影响线如图 11.53 所示。

作用于排架柱上的吊车竖向荷载为:

$$D_{\max} = \psi_c p_{\max} \sum y = 0.9 \times 290 \times (1 + 0.775 + 0.2) = 515.5 \mathrm{kN}$$

$$D_{\min} = \psi_c p_{\min} \sum y = 0.9 \times 70 \times (1 + 0.775 + 0.2) = 124.5 \mathrm{kN}$$

吊车竖向荷载作用于柱上的位置与吊车梁荷载位置 G_4 相同。

每一轮上吊车横向水平刹车力标准值[由式(11.5)求得]为

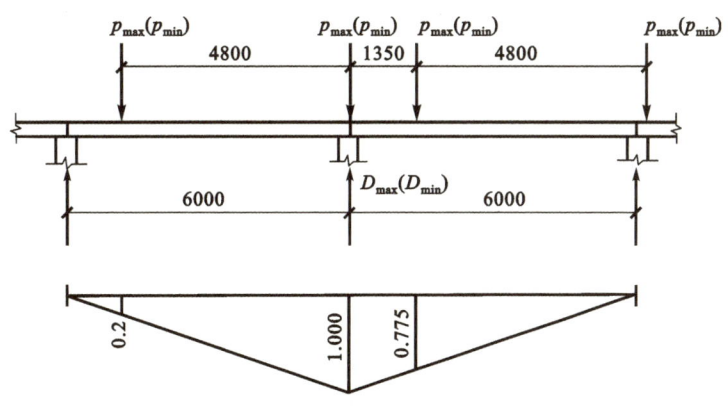

图 11.53 吊车梁支座反力影响线

$$T_Q = \frac{\alpha(Q+g)}{4} = \frac{0.1 \times (300+118)}{4} = 10.45\text{kN}$$

两台吊车横向水平刹车力作用于吊车梁顶面,其值为

$$T_{\max} = \psi_c T_Q \sum y = 0.9 \times 10.45 \times (1+0.775+0.2) = 18.57\text{kN}$$

④ 风荷载

由已知条件,该地区基本风压 $w_0 = 0.35\text{kN/m}^2$,风压高度系数按地面粗糙程度 B 类取:

柱顶(从自然地面算起):	$H = 14.1 + 0.15 = 14.25\text{m}, \mu_z = 1.131$
檐口高	$H = 16.5 + 0.15 = 16.65\text{m}, \mu_z = 1.176$
天窗架底高	$H = 17.15 + 0.15 = 17.30\text{m}, \mu_z = 1.191$
天窗架檐口高	$H = 19.22 + 0.15 = 19.37\text{m}, \mu_z = 1.248$
天窗架顶高	$H = 20 + 0.15 = 20.15\text{m}, \mu_z = 1.250$

风荷载体型系数由《荷载规范》查出,见图 11.54。

作用于排架柱 A 的风载标准值:

$$q_1 = \mu_s \mu_z w_0 B = 0.8 \times 1.131 \times 0.35 \times 6$$
$$= 1.90\text{kN/m}$$

作用于排架柱 B 的风载标准值:

$$q_2 = \mu_s \mu_z w_0 B = 0.5 \times 1.131 \times 0.35 \times 6$$
$$= 1.19\text{kN/m}$$

柱顶以上屋盖上的风载,将以集中力的形式作用于柱顶,其值 F_{wk} 为每段不同风载之和。每段风载均按 $\mu_s \mu_z w_0 h_1 B$ 计算(h_1、μ_s、μ_z 为不同

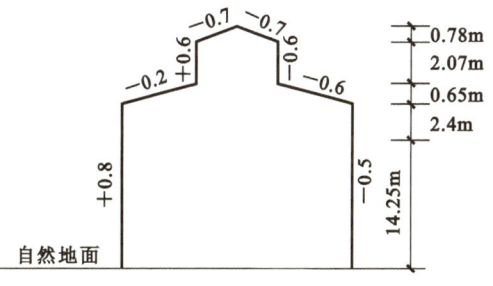

图 11.54 风荷载体型系数

高度及其体型系数与风压高度变化系数)。本例将已计算的结果列于图 11.55(a)中。

风载应考虑左、右两个方向风向,风向右时的荷载简图如图 11.55(b)所示。

(4)内力分析

内力分析的符号规定,按结构力学一般所指,截面的弯矩 M 与剪力 V 对截面顺时针转者为正号;反之为负号。

等高排架用剪力分配法进行内力分析,为计算基础使用,Ⅲ—Ⅲ截面应当计算剪力 V。

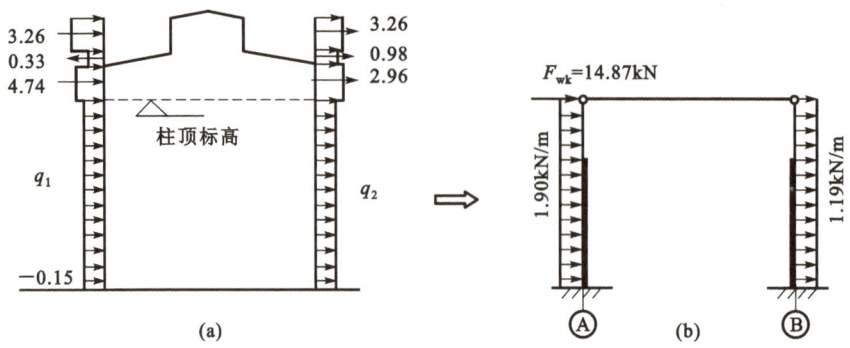

图 11.55 风载计算简图

① 剪力分配系数计算

A 柱与 B 柱相同,且为等高对称,剪力分配系数 $\eta_A = \eta_B = 0.5$。

上柱惯性矩:$I_1 = 5.21 \times 10^9 \text{mm}^4$

下柱惯性矩:$I_2 = 35.6 \times 10^9 \text{mm}^4$

$$n = \frac{I_1}{I_2} = \frac{5.21 \times 10^9}{35.6 \times 10^9} = 0.146$$

上柱高 $H_1 = 4.2\text{m}$,全柱高由柱顶至基础顶面 $H = 4.2 + 9.9 + 0.5 = 14.6\text{m}$。

$$\lambda = \frac{H_1}{H} = \frac{4.2}{14.6} = 0.288$$

② 恒(永久)荷载

(a) 柱及吊车梁自重作用下的内力

由于柱、吊车梁和轨道安装时尚未吊装屋架,此时各柱顶间无相互连系,尚未形成排架,其内力按独立的悬臂柱计算(图 11.56)。

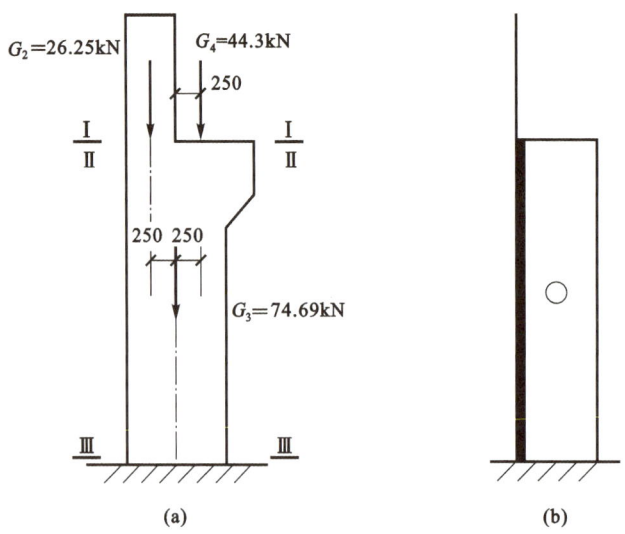

图 11.56 柱自重及吊车梁自重作用内力计算简图

(a) 计算简图;(b) 弯矩图

弯矩

$$M_{\mathrm{I}\,k} = 0$$

$$M_{\mathrm{II}\,k} = -26.25 \times 0.25 + 44.3 \times 0.25 = 4.51 \mathrm{kN \cdot m} \quad (\curvearrowleft)$$

$$M_{\mathrm{III}\,k} = 4.51 \mathrm{kN \cdot m} \quad (\curvearrowleft)$$

(注:在以后的计算中,所有的 M、V 均看下部截面。)

剪力

$$V_{\mathrm{III}\,k} = 0$$

轴力

$$N_{\mathrm{I}\,k} = 26.25 \mathrm{kN}$$

$$N_{\mathrm{II}\,k} = 26.25 + 44.3 = 70.55 \mathrm{kN}$$

$$N_{\mathrm{III}\,k} = 70.55 + 74.69 = 145.24 \mathrm{kN}$$

(b)屋盖自重作用

由于屋盖自重为对称荷载,排架无侧移,故柱顶为不动铰支座。由图 11.52,$e_1 = 0.1 \mathrm{m}$,$G_1 = 239.85 \mathrm{kN}$,其计算简图如图 11.57 所示。

$$M_{1k} = 239.85 \times 0.1 = 23.99 \mathrm{kN \cdot m} \quad (\curvearrowright)$$

$$M_{2k} = 239.85 \times 0.25 = 59.96 \mathrm{kN \cdot m} \quad (\curvearrowright)$$

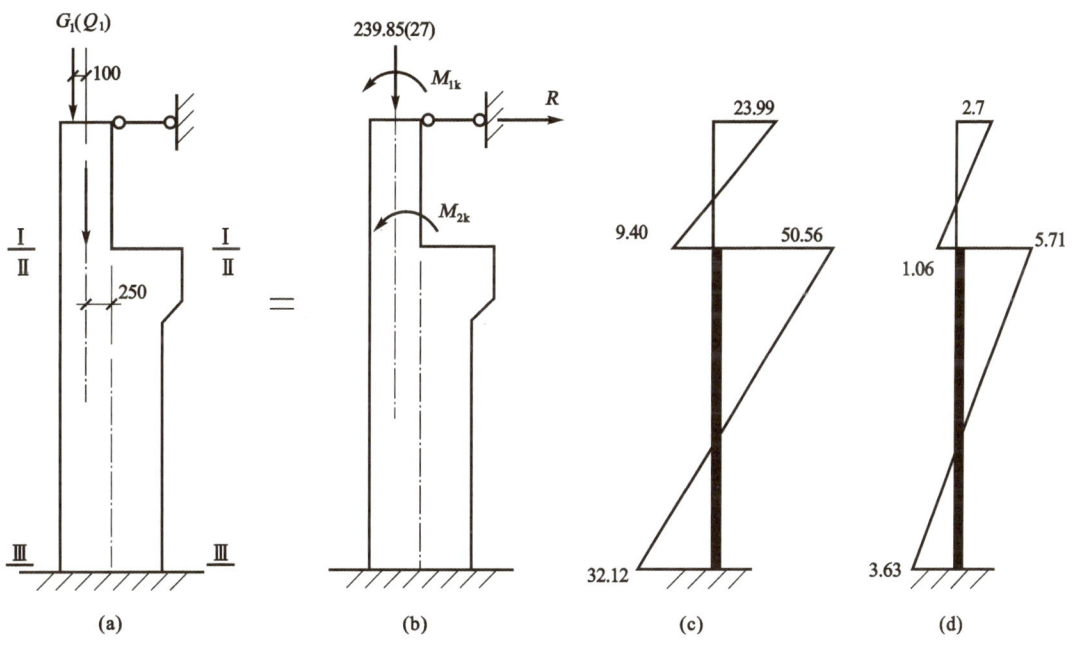

图 11.57　屋盖恒载(活载)内力计算简图

(a)、(b) 计算简图;(c) 恒载弯矩图;(d) 活载弯矩图

从附图 11.2 及附图 11.3,根据 $n = 0.146$,$\lambda = 0.228$ 查得 $C_1 = 1.820$,$C_3 = 1.207$,则不动铰支座反力

$$R = C_1 \frac{M_{1k}}{H} + C_3 \frac{M_{2k}}{H} = 1.820 \times \frac{23.99}{14.6} + 1.207 \times \frac{59.96}{14.6} = 7.95 \mathrm{kN}(\longrightarrow)$$

弯矩

$$M_{\mathrm{I}\,k} = 7.95 \times 4.2 - 23.99 = 9.40 \mathrm{kN \cdot m} \quad (\curvearrowleft)$$

$$M_{\text{II}k} = 7.95 \times 4.2 - 23.99 - 59.96 = -50.56 \text{kN} \cdot \text{m} \quad (\curvearrowleft)$$

$$M_{\text{III}k} = 7.95 \times (4.2 + 10.4) - 23.99 - 59.96 = 32.12 \text{kN} \cdot \text{m} \quad (\curvearrowright)$$

剪力

$$V_{\text{I}k} = V_{\text{II}k} = V_{\text{III}k} = 7.95 \text{kN} \ (\longrightarrow)$$

轴力

$$N_{\text{I}k} = N_{\text{II}k} = N_{\text{III}k} = 239.85 \text{kN}$$

③ 屋盖活荷载

屋盖活载 Q_1 与屋盖恒载 G_1 位置相同,作用点一致,内力成比例,故可将恒载内力乘以比例系数 n_1,即可得屋盖活载内力,其弯矩图详见图 11.57(c)。

$$n_1 = \frac{Q_1}{G_1} = \frac{27}{239.85} = 0.113$$

弯矩

$$M_{\text{I}k} = 0.113 \times 9.40 = 1.06 \text{kN} \cdot \text{m} \quad (\curvearrowright)$$

$$M_{\text{II}k} = 0.113 \times (-50.56) = -5.71 \text{kN} \cdot \text{m} \quad (\curvearrowleft)$$

$$M_{\text{III}k} = 0.113 \times 32.12 = 3.63 \text{kN} \cdot \text{m} \quad (\curvearrowright)$$

剪力

$$V_{\text{I}k} = V_{\text{II}k} = V_{\text{III}k} = 0.113 \times 7.95 = 0.90 \text{kN} (\longrightarrow)$$

轴力

$$N_{\text{I}k} = N_{\text{II}k} = N_{\text{III}k} = 27 \text{kN}$$

④ 吊车垂直轮压

(a) $D_{\max}$ 在 A 柱

计算吊车轮压的柱顶剪力时,系将偏心轮压 $D_{\max}$、$D_{\min}$ 分别作用于 A、B 柱牛腿上,并将其简化为轴力 N、弯矩 M,平移至下柱轴线,由图 11.52 及图 11.53,则

A 柱:轴向压力 $N = D_{\max} = 515.5 \text{kN}$

力矩 $M = D_{\max} \times 0.25 = 515.5 \times 0.25 = 128.88 \text{kN} \cdot \text{m} \quad (\curvearrowright)$

B 柱:轴向压力 $N = D_{\min} = 124.5 \text{kN}$

力矩 $M = D_{\min} \times 0.25 = 124.5 \times 0.25 = 31.13 \text{kN} \cdot \text{m} \quad (\curvearrowleft)$

荷载作用如图 11.58 所示。此乃任意荷载作用于排架,按 11.3.3.3 节所述,计算其柱顶剪力时,先将荷载作用的排架顶端加一水平链杆,求其水平反力,然后再拆除水平链杆,并将水

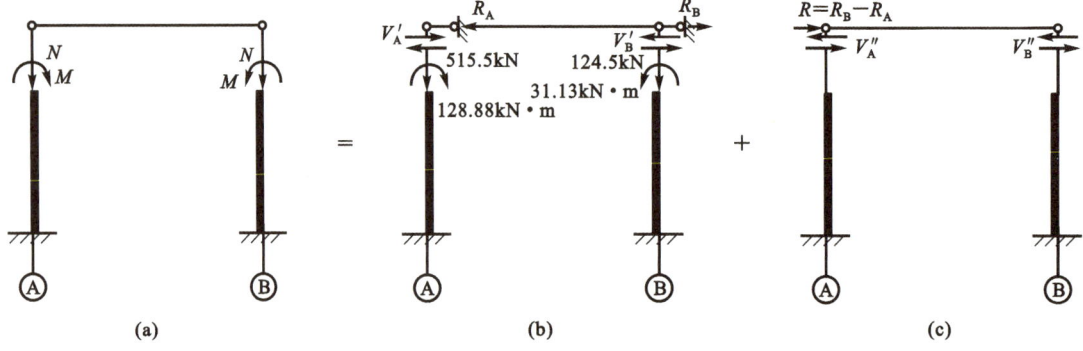

图 11.58 $D_{\max}$ 在 A 柱的柱顶剪力计算

平反力反向加于柱顶,分别求出柱顶剪力,再代数相加,即为柱顶剪力。

水平支点反力:

$$\text{A 柱}\quad R_A = C_3 \frac{M}{H} = 1.207 \times \frac{128.88}{14.6} = 10.65\text{kN} \ (\leftarrow)$$

$$\text{B 柱}\quad R_B = C_3 \frac{M}{H} = 1.207 \times \frac{31.13}{14.6} = 2.57\text{kN} \ (\rightarrow)$$

柱顶剪力:

$$V_A' = -10.65\text{kN} \ (\leftarrow), \quad V_B' = 2.57\text{kN} \ (\rightarrow)$$

撤除柱顶水平支座,将反力 $R = -10.65 + 2.57 = -8.08\text{kN}$,反向加于柱顶[图 11.58 (c)],则柱顶剪力为

$$V_A'' = \eta_A R = 0.5 \times 8.08 = 4.04\text{kN} \ (\rightarrow)$$

$$V_B'' = \eta_B R = 0.5 \times 8.08 = 4.04\text{kN} \ (\rightarrow)$$

最终柱顶剪力

$$V_A = V_A' + V_A'' = -10.65 + 4.04 = -6.61\text{kN} \ (\leftarrow)$$

$$V_B = V_B' + V_B'' = 2.57 + 4.04 = 6.61\text{kN} \ (\rightarrow)$$

A 柱的内力为[图 11.59(a)]

$$M_{Ik} = -6.61 \times 4.2 = -27.76\text{kN·m} \ (\curvearrowleft)$$

$$M_{IIk} = -6.61 \times 4.2 + 128.88 = 101.12\text{kN·m} \ (\curvearrowright)$$

$$M_{IIIk} = -6.61 \times 14.6 + 128.88 = 32.37\text{kN·m} \ (\curvearrowright)$$

$$V_{Ik} = V_{IIk} = V_{IIIk} = -6.61\text{kN} \ (\leftarrow)$$

$$N_{Ik} = 0 \qquad N_{IIk} = N_{IIIk} = 515.5\text{kN}$$

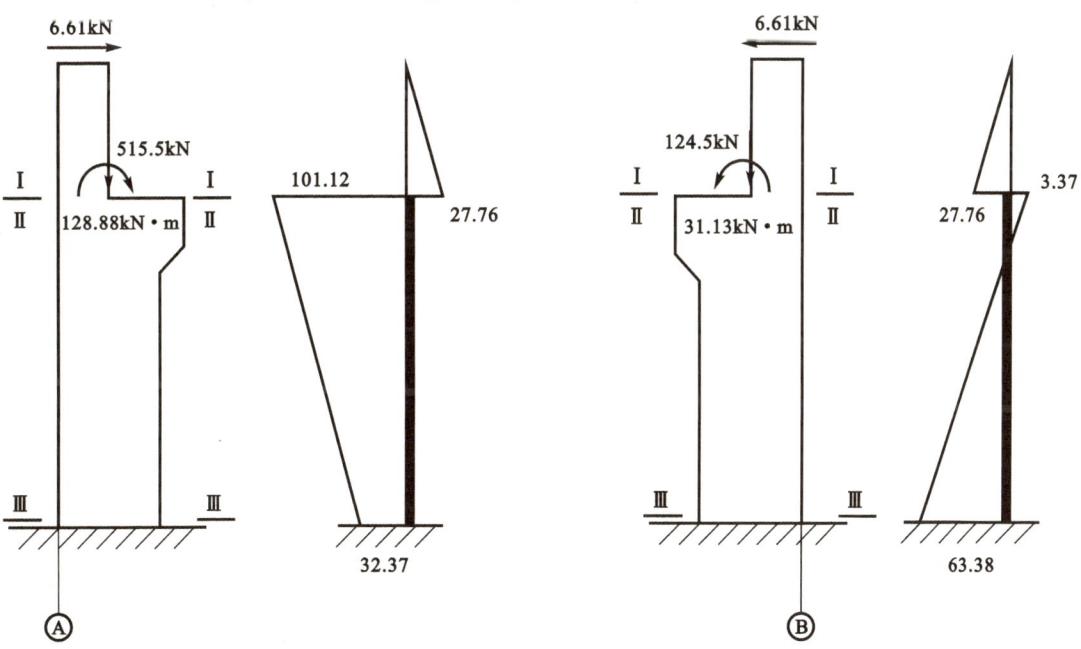

(a)　　　　　　　　　　　　　　　　　　　　　　　　(b)

图 11.59 D_{max} 在 A 柱的内力图

(a) A 柱内力;(b) B柱内力

B柱的内力为[图11.59(b)]

$$M_{\text{I}k} = 6.61 \times 4.2 = 27.76 \text{kN} \cdot \text{m} \quad (\curvearrowleft)$$

$$M_{\text{II}k} = 6.61 \times 4.2 - 31.13 = -3.37 \text{kN} \cdot \text{m} \quad (\curvearrowright)$$

$$M_{\text{III}k} = 6.61 \times 14.6 - 31.13 = 63.38 \text{kN} \cdot \text{m} \quad (\curvearrowleft)$$

$$V_{\text{I}k} = V_{\text{II}k} = V_{\text{III}k} = 6.61 \text{kN} \quad (\longrightarrow)$$

$$N_{\text{I}k} = 0 \qquad N_{\text{II}k} = N_{\text{III}k} = 124.5 \text{kN}$$

(b) $D_{\min}$ 作用于 A 柱

此时 A～B 柱内力与图11.59的内力各自反向且符号相反(图11.60)。

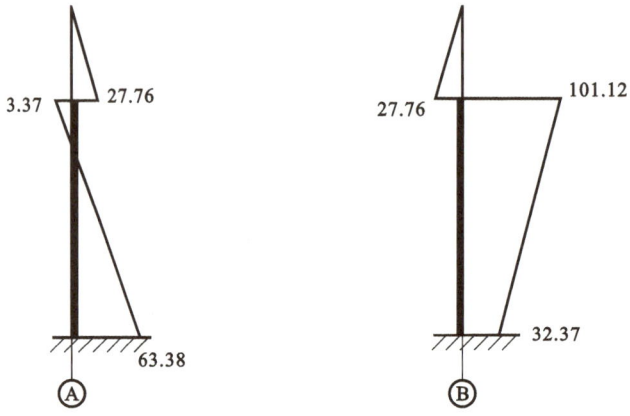

图 11.60　$D_{\min}$ 在 A 柱的内力图

⑤ 吊车横向水平荷载 $T_{\max}$ 作用(不考虑空间作用)

计算简图如图11.61所示,$T_{\max} = 18.57 \text{kN}$。

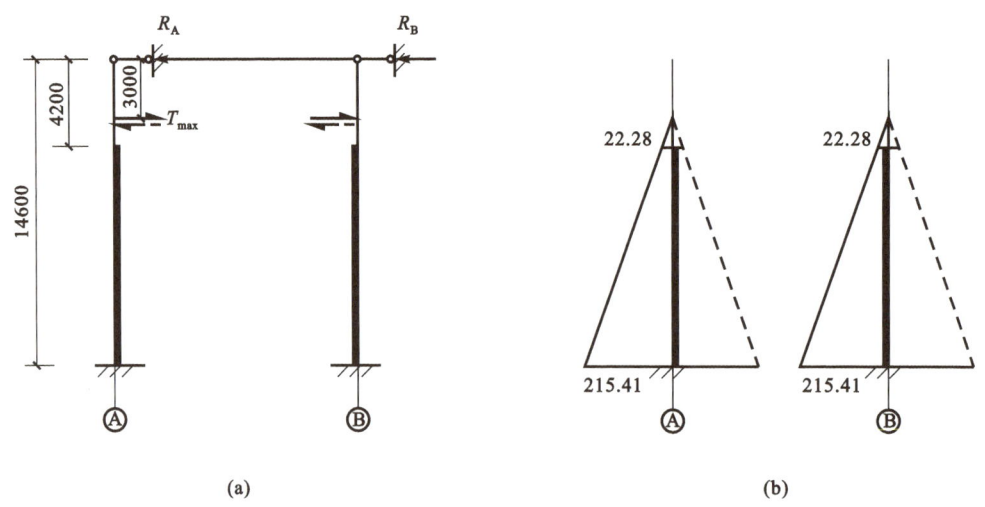

图 11.61　吊车横向水平荷载作用

(a) 计算简图;(b) 弯矩图

柱顶不动铰支座反力:由 $n = 0.146$,$\lambda = 0.288$,$\dfrac{y}{H_1} = \dfrac{3.0}{4.2} = 0.714(y = 0.714H_1)$。查本章

附图11.5、附图11.6,并用插入法求得 $C_5 = 0.593$,柱顶不动铰支座反力为

$$R_A = R_B = C_5 T_{max} = 0.593 \times 18.57 = -11kN (\leftarrow)$$
$$V_A' = V_B' = -11kN (\leftarrow)$$

再将柱顶反力 $R = R_A + R_B = 22kN$ 反向加于柱顶,进行剪力分配,则

$$V_A'' = V_B'' = \eta_A R = 0.5 \times 22 = 11kN (\rightarrow)$$

柱顶总剪力:

$$V_A = V_A' + V_A'' = -11 + 11 = 0$$
$$V_B = V_B' + V_B'' = -11 + 11 = 0$$

A、B 柱内力为

$$M_{Ik} = M_{IIk} = T_{max}(4.2 - 3) = 18.57 \times 1.2 = 22.28kN \cdot m \quad (\curvearrowright)$$
$$M_{IIIk} = 18.57 \times (14.6 - 3) = 215.41kN \cdot m \quad (\curvearrowright)$$
$$V_{Ik} = V_{IIk} = V_{IIIk} = 18.57kN \quad (\rightarrow)$$
$$N_{Ik} = N_{IIk} = N_{IIIk} = 0$$

横向刹车力 T_{max} 也可以向左。其弯矩图如图 11.61 虚线所示。

⑥ 风荷载作用

风向右吹,计算简图如图 11.62 所示。

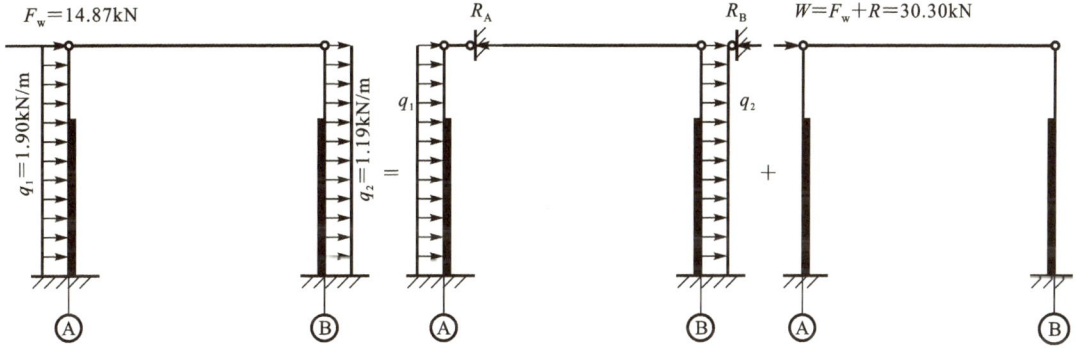

图 11.62　风向右吹计算简图

计算柱顶水平支座反力:A 柱反力 R_A 由 $n = 0.146, \lambda = 0.288$ 查本章附图 11.8 得 $C_{11} = 0.342$。

$$R_A = C_{11} q_1 H = 0.342 \times 1.90 \times 14.6 = 9.49kN \quad (\leftarrow)$$

同理,B 柱柱顶水平反力

$$R_B = C_{11} q_2 H = 0.342 \times 1.19 \times 14.6 = 5.94kN \quad (\leftarrow)$$

两柱顶反力合力

$$R = R_A + R_B = 9.49 + 5.94 = 15.43kN (\leftarrow)$$

柱顶不动时的柱顶剪力:

$$V_A' = R_A = -9.49kN \quad (\leftarrow); \quad V_B' = R_B = -5.94kN \quad (\leftarrow)$$

撤除支座,将支座反力 R 反向并与原柱顶水平集中力加于柱顶,则柱顶集中力为 $W = F_w + R = 14.87 + 15.43 = 30.30kN (\rightarrow)$,见图 11.62。

柱顶剪力

$$V_A'' = \eta_A R = 0.5 \times 30.30 = 15.15kN \quad (\rightarrow)$$

$$V''_{\mathrm{B}} = \eta_{\mathrm{B}}R = 0.5 \times 30.30 = 15.15\mathrm{kN}\ (\longrightarrow)$$

柱顶总剪力

$$V_{\mathrm{A}} = V'_{\mathrm{A}} + V''_{\mathrm{A}} = -9.49 + 15.15 = 5.66\mathrm{kN}\ (\longrightarrow)$$
$$V_{\mathrm{B}} = V'_{\mathrm{B}} + V''_{\mathrm{B}} = -5.94 + 15.15 = 9.21\mathrm{kN}\ (\longrightarrow)$$

A 柱内力

弯矩：

$$M_{\mathrm{Ik}} = 5.66 \times 4.2 + 1.90 \times \frac{4.2^2}{2} = 40.53\mathrm{kN}\cdot\mathrm{m}\ (\frown)$$

$$M_{\mathrm{IIk}} = 40.53\mathrm{kN}\cdot\mathrm{m}\ (\frown)$$

$$M_{\mathrm{IIIk}} = 5.66 \times 14.6 + 1.90 \times \frac{14.6^2}{2} = 285.14\mathrm{kN}\cdot\mathrm{m}\ (\frown)$$

剪力：

$$V_{\mathrm{Ik}} = 5.66 + 1.9 \times 4.2 = 13.64\mathrm{kN}\ (\longrightarrow)$$
$$V_{\mathrm{IIk}} = V_{\mathrm{Ik}} = 13.64\mathrm{kN}\ (\longrightarrow)$$
$$V_{\mathrm{IIIk}} = 5.66 + 1.9 \times 14.6 = 33.40\mathrm{kN}\ (\longrightarrow)$$

轴力：

$$N_{\mathrm{Ik}} = N_{\mathrm{IIk}} = N_{\mathrm{IIIk}} = 0$$

风向右吹的内力图如图 11.63 所示。

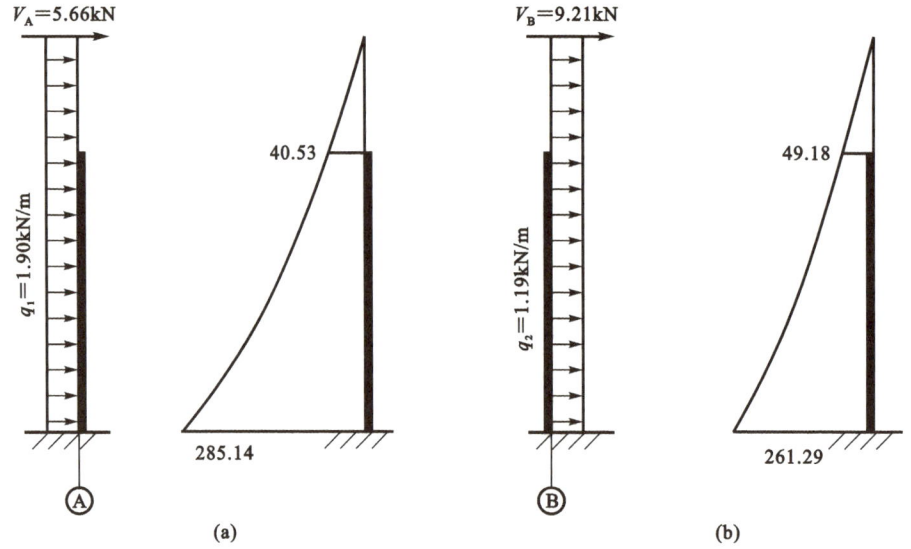

图 11.63　风向右吹的内力图

B 柱内力

弯矩：

$$M_{\mathrm{Ik}} = 9.21 \times 4.2 + 1.19 \times \frac{4.2^2}{2} = 49.18\mathrm{kN}\cdot\mathrm{m}\ (\frown)$$

$$M_{\mathrm{IIk}} = M_{\mathrm{Ik}} = 49.18\mathrm{kN}\cdot\mathrm{m}\ (\frown)$$

$$M_{\mathrm{IIIk}} = 9.21 \times 14.6 + 1.19 \times \frac{14.6^2}{2} = 261.29\mathrm{kN}\cdot\mathrm{m}\ (\frown)$$

剪力

$$V_{\mathrm{I\,k}}=V_{\mathrm{II\,k}}=9.21+1.19\times4.2=14.21\mathrm{kN}(\longrightarrow)$$
$$V_{\mathrm{III\,k}}=9.21+1.19\times14.6=26.58\mathrm{kN}(\longrightarrow)$$

轴力

$$N_{\mathrm{I\,k}}=N_{\mathrm{II\,k}}=N_{\mathrm{III\,k}}=0$$

风向左吹时与风向右吹内力图相反,如图 11.64 所示。

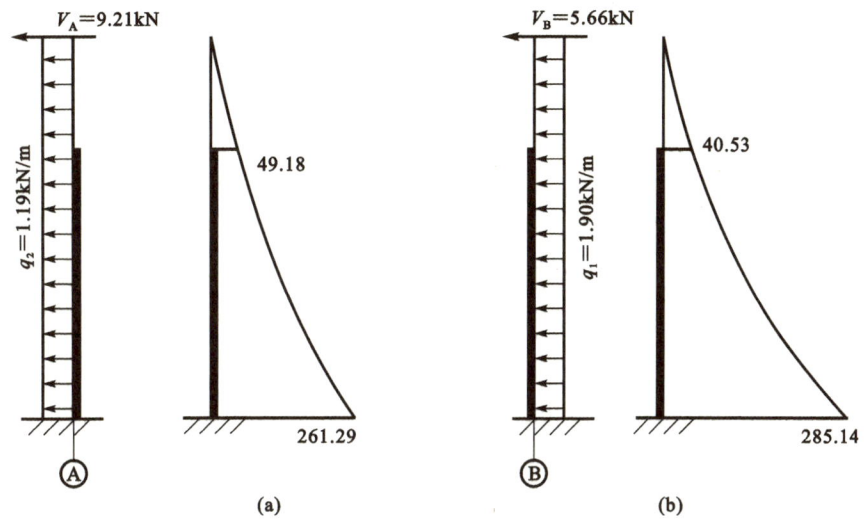

图 11.64　风向左吹内力图

（5）内力组合

单跨排架计算单元对称,承受荷载 A 柱与 B 柱最终相同,故仅对 A 柱在各种荷载作用下的内力进行组合。

A 柱的内力汇总详见表 11.13。

表 11.13　A 柱各种内力标准值汇总

截　　面	内　力	恒　载	屋盖活载	吊车荷载			风荷载	
				$D_{\max}$	$D_{\min}$	$T_{\max}$	向　右	向　左
项　　次		1	2	3	4	5	6	7
I－I	M_{k}	+9.40	+1.06	-27.76	-27.76	±22.28	+40.53	-40.18
	N_{k}	266.10	27	0	0	0	0	0
II－II	M_{k}	-46.05	-5.71	+101.12	+3.37	±22.28	+40.53	-49.18
	N_{k}	310.40	27	515.5	124.5	0	0	0
III－III	M_{k}	+36.63	+3.63	+32.37	-63.38	±215.41	+285.14	-261.29
	N_{k}	385.09	27	515.5	124.5	0	0	0
	V_{k}	+7.95	+0.90	-6.61	-6.61	±18.57	+33.40	-26.58

注:① 恒载内力系指柱自重、吊车梁重与屋面恒载之代数和;
　　② 内力单位,轴力、剪力为 kN,弯矩为 kN·m;
　　③ 内力符号,弯矩、剪力对杆端顺时针为正,反之为负。轴向压力为正。

表 11.14 为内力标准组合,以备基础底面计算及柱正常极限状态验算;表 11.15 为内力的

基本组合,作为柱承载能力极限状态计算之用。

六、A 柱截面设计

1. 上柱

(1) 内力挑选　上柱应从表 11.15 在 Ⅰ—Ⅰ 截面中挑选控制组合内力进行截面配筋计算。根据第 6 章 6.2.6 节所述,在大偏心受压中,当弯矩(绝对值)一定的条件下,N 值愈小愈不安全;相反,在小偏心受压条件下,M(绝对值)一定时,N 值愈大愈不安全。本例 Ⅰ—Ⅰ 截面各种组合几个轴力 N 都近似相等,故取 M 最大的值作为控制内力,即

$$M = 109.58 \text{kN} \cdot \text{m}(\text{绝对值}) \qquad N = 345.93 \text{kN}$$

表 11.14　A 柱荷载效应标准组合

截　　面		Ⅰ—Ⅰ		Ⅱ—Ⅱ		Ⅲ—Ⅲ		
组合荷载	组合内力	M_k	N_k	M_k	N_k	M_k	N_k	V_k
荷载效应的标准组合 $S_{GK}+S_{Q1K}+\sum\limits_{i=2}^{n}\psi_{ci}S_{QiK}$ 由《工程结构通用规范》查出,组合系数 ψ_{ci} 活载　0.7 风载　0.6 吊车　0.7	$M_{k,max}$ 与相应的 N_k	1+6+0.7×2		1+3+5+6×0.6		1+6+0.7×(2+3+5)		
		50.67	285.0	101.67	825.90	497.76	764.84	50.35
	$M_{k,min}$ 与相应的 N_k	1+7+0.7×(3+5_)		1+7+(2+4+5_)×0.7		1+7+0.7×(4+5_)		
		−65.81	266.0	−112.46	416.45	−419.81	472.24	−36.26
	$N_{k,max}$ 与相应的 M_k	1+2+0.7×(3+5_) +0.6×7		1+3+5+0.7×2 +0.6×6		1+3+5+0.7×2+0.6×6		
		−48.68	293.10	97.67	844.80	458.04	919.49	40.58
	$N_{k,min}$ 与相应的 M_k	1+7+0.7×(3+5_)		1+7		1+6		
		−65.81	266.10	−95.23	310.40	321.77	385.09	41.35

注:① 单位:弯矩为 kN·m,剪力为 kN,轴力为 kN;

　　② 第五项有 5_,表示取该项负值;

　　③ Ⅲ—Ⅲ 截面的剪力随组合项取值,尽量与弯矩符号相同。

表 11.15　A 柱荷载效应基本组合

截　　面		Ⅰ—Ⅰ		Ⅱ—Ⅱ		Ⅲ—Ⅲ		
组合荷载	组合内力	M	N	M	N	M	N	V
荷载效应的基本组合 $\gamma_G S_{GK}+0.9\times\sum\limits_{i=1}^{n}\gamma_{Qi}S_{QiK}$	M_{max} 与相应的 N	1.3×1+0.9 ×1.5×(2+6)		1.3×1+0.9 ×1.5×(3+5+6)		1.3×1+0.9 ×1.5×(2+3+5+6)		
		68.37	382.38	161.44	1099.45	771.96	1232.99	72.79
	M_{min} 与相应的 N	1.3×1+0.9 ×1.5×(3+5_+7)		1.3×1+0.9 ×1.5×(2+4+5_+7)		1.3×1+0.9 ×1.5×(4+5_+7)		
		−109.58	345.93	−159.50	608.05	−681.49	668.69	−59.54
	N_{max} 与相应的 M	1.3×1+0.9×1.5 ×(2+3+5_+7)		1.3×1+0.9 ×1.5×(2+3+5+6)		1.3×1+0.9 ×1.5×(2+3+5+6)		
		−108.15	382.38	153.73	1159.41	771.96	1232.99	72.79
	N_{min} 与相应的 M	1.3×1+0.9×1.5 ×(3+5_+7)		1.3×1+1.5×7		1.3×1+1.5×6		
		−109.58	345.93	−133.64	403.52	475.33	500.62	60.44

注:① 单位:弯矩为 kN·m,剪力为 kN,轴力为 kN;

　　② 第 5 项有 5_,表示取该项负值;

　　③ Ⅲ—Ⅲ 截面剪力随组合项取值;

　　④ 当可变荷载只有一项时,按式(2.11)的说明,不取组合系数。

（2）配筋计算

由表 11.7 查得有吊车厂房上柱排架方向的计算高度为：

$$l_0 = 2H_u = 2 \times 4200 = 8400 \text{mm}$$

$$e_0 = \frac{M}{N} = \frac{109.58 \times 10^6}{345.93 \times 10^3} = 316.8 \text{mm}$$

附加偏心距取 20mm 和 $\dfrac{h}{30} = \dfrac{500}{30} = 16.7 \text{mm}$ 中的较大值，故：

$$e_a = 20 \text{mm}$$

$$e_i = e_0 + e_a = 316.8 + 20 = 336.8 \text{mm}$$

$$\zeta_c = \frac{0.5 f_c A}{N} = \frac{0.5 \times 14.3 \times 2.5 \times 10^5}{345.93 \times 10^3} = 5.17 > 1.0, 取 \zeta_c = 1.0$$

$$h_0 = 500 - 40 = 460 \text{mm}$$

$$\eta_s = 1 + \frac{1}{1500 e_i / h_0} \left(\frac{l_0}{h} \right)^2 \zeta_c = 1 + \frac{1}{1500 \times 336.8/460} \times \left(\frac{8400}{500} \right)^2 \times 1.0 = 1.257$$

采用对称配筋

$$x = \frac{N}{\alpha_1 f_c b} = \frac{345.93 \times 10^3}{1.0 \times 14.3 \times 500} = 48.4 < 2a_s' = 80 \text{mm}$$

属于大偏心受压，取 $x = 2a_s' = 80 \text{mm}$，则

$$e_0 = \frac{\eta_s M}{N} = \frac{1.257 \times 109.58 \times 10^6}{345.93 \times 10^3} = 398 \text{mm}$$

$$e_i = e_0 + e_a = 398 + 20 = 418 \text{mm}$$

$$e' = e_i - \left(\frac{1}{2} h - a_s' \right) = 418 - \left(\frac{500}{2} - 40 \right) = 208 \text{mm}$$

$$A_s = A_s' = \frac{Ne'}{f_y (h_0 - a_s')} = \frac{345.93 \times 10^3 \times 208}{360 \times (460 - 40)} = 476 \text{mm}^2$$

配置 3 Φ 18 钢筋（$A_s = 763 \text{mm}^2$），则 $\rho = A_s / bh = 763/500 \times 500 = 0.31\% > 0.2\%$，全部纵筋配筋率为 $0.61\% > 0.55\%$，满足要求。

2. 下柱

下柱的控制截面为Ⅱ—Ⅱ、Ⅲ—Ⅲ，由内力组合表所见，经过分析比较，可能的最不利内力为

$$\text{I} \begin{cases} M = 771.96 \text{kN} \cdot \text{m} \\ N = 1232.99 \text{kN} \end{cases} \quad \text{II} \begin{cases} M = 475.33 \text{kN} \cdot \text{m} \\ N = 500.62 \text{kN} \end{cases} \quad \text{III} \begin{cases} M = 681.49 \text{kN} \cdot \text{m} \\ N = 668.69 \text{kN} \end{cases}$$

下柱计算高度

$$l_0 = 1.0 H_l = 1.0 \times 10.4 = 10.4 \text{m}$$

截面面积

$$A = 2.815 \times 10^5 \text{mm}^2$$

① 按第 I 组内力计算

$$e_0 = \frac{M}{N} = \frac{771.96 \times 10^6}{1232.99 \times 10^3} = 626.1 \text{mm}$$

$$e_a = \frac{h}{30} = \frac{1000}{30} = 33.3 \text{mm} \qquad h_0 = 1000 - 40 = 960 \text{mm}$$

$$e_i = e_0 + e_a = 626.1 + 33.3 = 659.4\text{mm}$$

$$\zeta_c = \frac{0.5 f_c A}{N} = \frac{0.5 \times 14.3 \times 2.815 \times 10^5}{1232.99 \times 10^3} = 1.63 > 1.0, \text{取} \ \zeta_c = 1.0$$

$$\eta_s = 1 + \frac{1}{1500 e_i / h_0} \left(\frac{l_0}{h} \right)^2 \zeta_c = 1.105$$

$$x = \frac{N}{\alpha_1 f_c b_f'} = \frac{1232.99 \times 10^3}{1.0 \times 14.3 \times 500} = 172\text{mm} < h_f' = 200\text{mm}$$

属大偏心受压,且中和轴位于翼缘内。

$$e_0 = \frac{\eta_s M}{N} = 691.8\text{mm}$$

$$e_i = e_0 + e_a = 691.8 + 33.3 = 725.1\text{mm}$$

$$e = e_i + \frac{h}{2} - a_s = 725.1 + \frac{1000}{2} - 40 = 1185.1\text{mm}$$

$$A_s = A_s' = \frac{Ne - \alpha_1 f_c b_f' x \left(h_0 - \dfrac{x}{2} \right)}{f_y (h_0 - a_s')}$$

$$= \frac{1232.99 \times 10^3 \times 1185.1 - 1.0 \times 14.3 \times 500 \times 172 \times \left(960 - \dfrac{172}{2} \right)}{360 \times (960 - 40)} = 1167\text{mm}^2$$

② 按第 Ⅱ 组内力计算

$$e_0 = \frac{M}{N} = \frac{475.33 \times 10^6}{500.62 \times 10^3} = 949.5\text{mm}$$

$$e_i = e_0 + e_a = 949.5 + 33.3 = 982.8\text{mm}$$

$$\zeta_c = \frac{0.5 f_c A}{N} = \frac{0.5 \times 14.3 \times 2.815 \times 10^5}{500.62 \times 10^3} = 4.02 > 1.0, \text{取} \ \zeta_c = 1.0$$

$$\eta_s = 1 + \frac{1}{1500 e_i / h_0} \left(\frac{l_0}{h} \right)^2 \zeta_c = 1.070$$

$$x = \frac{N}{\alpha_1 f_c b_f'} = \frac{500.62 \times 10^3}{1.0 \times 14.3 \times 500} = 70\text{mm} < 2a_s' = 80\text{mm}$$

$$e_0 = \frac{\eta_s M}{N} = \frac{1.07 \times 475.33 \times 10^6}{500.62 \times 10^3} = 1016.0\text{mm}$$

$$e_i = e_0 + e_a = 1016.0 + 33.3 = 1049.3\text{mm}$$

$$e' = e_i - \left(\frac{h}{2} - a_s' \right) = 1049.3 - \left(\frac{1000}{2} - 40 \right) = 589.3\text{mm}$$

$$A_s = A_s' = \frac{Ne'}{f_y (h_0 - a_s')} = \frac{500.62 \times 10^3 \times 589.3}{360 \times (960 - 40)} = 891\text{mm}^2$$

③ 按第 Ⅲ 组内力计算

$$e_0 = \frac{M}{N} = \frac{681.49 \times 10^6}{668.69 \times 10^3} = 1019.1\text{mm}$$

$$e_i = e_0 + e_a = 1019.1 + 33.3 = 1052.4\text{mm}$$

$$\zeta_c = \frac{0.5 f_c A}{N} = \frac{0.5 \times 14.3 \times 2.815 \times 10^5}{668.69 \times 10^3} = 3.01 > 1.0, \text{取} \ \zeta_c = 1.0$$

$$\eta_s = 1 + \frac{1}{1500 e_i / h_0}\left(\frac{l_0}{h}\right)^2 \zeta_c = 1.066$$

$$x = \frac{N}{\alpha_1 f_c b_f'} = \frac{668.69 \times 10^3}{1.0 \times 14.3 \times 500} = 93.5\text{mm} < h_f' = 200\text{mm}$$

$$e_0 = \frac{\eta_s M}{N} = \frac{1.066 \times 681.49 \times 10^6}{668.69 \times 10^3} = 1086.4\text{mm}$$

$$e_i = e_0 + e_a = 1086.4 + 33.3 = 1119.7\text{mm}$$

$$e = e_i + \left(\frac{h}{2} - a_s\right) = 1119.7 + \frac{1000}{2} - 40 = 1579.7\text{mm}$$

$$A_s = A_s' = \frac{Ne - \alpha_1 f_c b_f' x\left(h_0 - \dfrac{x}{2}\right)}{f_y(h_0 - a_s)}$$

$$= \frac{668.69 \times 10^3 \times 1579.7 - 1.0 \times 14.3 \times 500 \times 93.5 \times \left(960 - \dfrac{93.5}{2}\right)}{360 \times (960 - 40)} = 1346\text{mm}^2$$

通过三组内力计算,最终由第Ⅲ组内力(弯矩较大,轴向压力相对较小)算得的钢筋作为下柱的配筋,选用 $2\,\Phi\,20 + 3\,\Phi\,18$，$A_s = 1391\text{mm}^2$，经验算配筋率满足要求。

同时可看出,三组内力算得的钢筋比较接近。因此,当不能确切肯定哪组内力最危险时,应按各组内力分别计算钢筋,以免丢掉对配筋起控制作用的危险内力。

A 柱吊装验算(略)。

3. 牛腿设计

设牛腿高度 $h = 700\text{mm}$，根据吊车梁支承位置,牛腿尺寸初步拟定如图 11.65 所示。

(1) 牛腿高度验算

作用于牛腿顶部由吊车梁及吊车传来的竖向荷载标准值 $F_{vk} = D_{max} + G_4 = 515.5 + 44.3 = 559.8\text{kN}$；水平荷载标准值为 $F_{hk} = T_{max} = 18.57\text{kN}$。

牛腿的有效高度

$$h_0 = 700 - 50 = 650\text{mm}$$

对支承吊车梁的牛腿,由式(11.18),取裂缝控制系数 $\beta = 0.65$。

竖向荷载 F_{vk} 作用点位于下柱截面以内，$a < 0$，按规定取 $a = 0$。则

$$\beta\left(1 - 0.5 \times \frac{F_{hk}}{F_{vk}}\right)\frac{f_{tk} b h_0}{0.5 + \dfrac{a}{h_0}}$$

$$= 0.65 \times \left(1 - 0.5 \times \frac{18.57}{559.8}\right) \times \frac{2.01 \times 500 \times 650}{0.5}$$

$$= 835140\text{N} = 835.14\text{kN} > F_{vk} = 559.8\text{kN}$$

抗裂度符合要求。

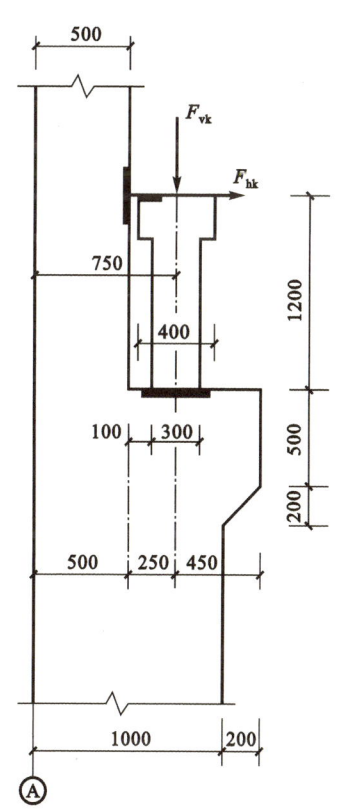

图 11.65　A 柱牛腿尺寸图

（2）牛腿顶面水平钢筋计算

由于 $a=0<0.3h_0$，按规定取 $a=0.3h_0=195mm$。

按式（11.19）

$$A_s=\frac{F_v a}{0.85f_y h_0}+1.2\frac{F_h}{f_y}=\frac{1.5\times559.8\times10^3\times195}{0.85\times360\times650}+1.2\times\frac{1.5\times18.57\times10^3}{360}$$

$$=916mm^2$$

按构造要求，采用 $4\,\underline{\Phi}\,18（A_s=1017mm^2）$ 的钢筋置于牛腿顶面。

A 柱配筋详见图 11.66 所示。

七、A 柱柱下单独基础设计

1. 基础底部面积

（1）荷载及内力标准值

① 由表 11.14，取Ⅲ—Ⅲ截面标准组合中的三组内力对基础底面进行计算。

$$\mathrm{I}\begin{cases}M_k=-419.81kN\cdot m\\N_k=472.24kN\\V_k=-36.26kN\end{cases}\quad\mathrm{II}\begin{cases}M_k=458.04kN\cdot m\\N_k=919.49kN\\V_k=40.58kN\end{cases}\quad\mathrm{III}\begin{cases}M_k=497.76kN\cdot m\\N_k=764.84kN\\V_k=50.35kN\end{cases}$$

② 根据构造要求，拟定基础高度

柱截面 $h=1000mm$，由表 11.8 的要求，柱插入杯口的深度 $h_1=0.9h=900mm$，杯底厚度 $a_1=350mm$。

基础高度　　　　　　　$h=h_1+a_1=900+350=1250mm$

基础顶面标高　　　　　$-0.5m$

基础埋置深度　　　　　$d=h+500=1250+500=1750mm$（忽略室内外高差 150mm）

③ 基础梁传至基础顶面的外墙及钢窗自重标准值

$$G_{wk}=[(16.5+0.5)\times6-(4.8\times4.8)-(2.1\times4.8)]\times0.24\times19$$
$$+[(4.8\times4.8)+2.1\times4.8]\times0.45$$
$$=329.16kN\quad（参看图 11.50 及设计资料）。$$

基础梁荷载至下柱中心线的偏心距

$$e_w=\frac{0.24+1.0}{2}=0.62m$$

对Ⅲ—Ⅲ截面的弯矩

$$M_{wk}=329.16\times0.62=-204.08kN\cdot m\quad（\curvearrowleft）$$

（2）初步拟定基础底面积尺寸

拟定基础底面尺寸时，采用组合内力中的最大轴力 919.49kN 与基础梁传来的荷载 $G_{wk}=329.16kN$ 相加，按轴心受压基础估算

$$A=(1.2\sim1.4)\frac{919.49+329.16}{f_a-\gamma_m\cdot d}=(1.2\sim1.4)\times\frac{1248.65}{180-20\times1.750}$$

$$=(10.33\sim12.06)m^2$$

考虑到基础梁传来的荷载产生较大偏心距，基础底面拟定为 $A=a\times b=4.5\times3=13.5m^2$（$a$ 为弯矩方向，b 为垂直弯矩方向）。

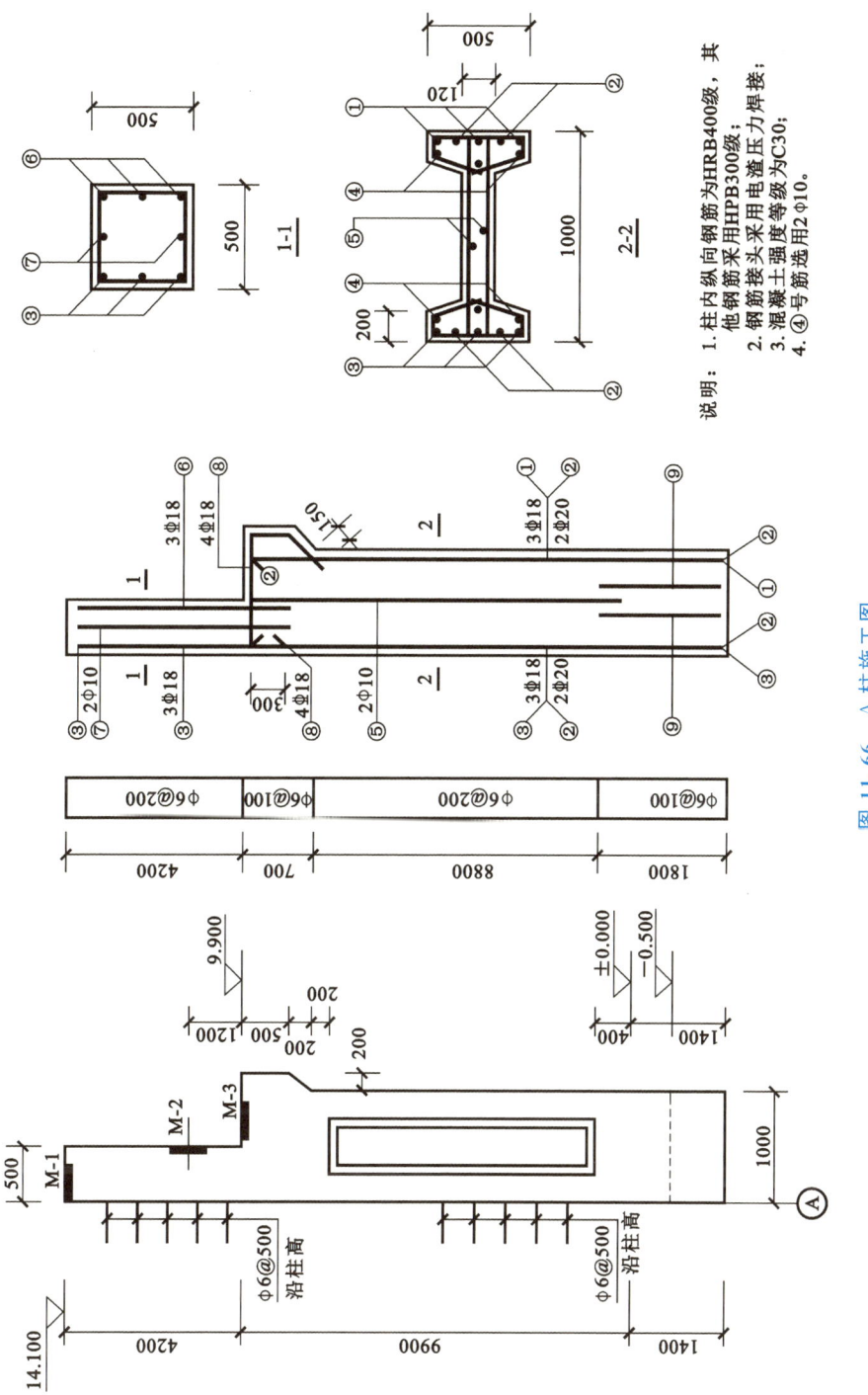

说明：1. 柱内纵向钢筋为HRB400级，其他钢筋采用HPB300级；
2. 钢筋接头采用电渣压力焊接；
3. 混凝土强度等级为C30；
4. ④号筋选用2Φ10。

图11.66 A柱施工图

基础底面截面抵抗矩

$$W = \frac{b \cdot a^2}{6} = \frac{3 \times 4.5^2}{6} = 10.13 \text{m}^3$$

基础和其上土自重标准值

$$G_k = \gamma_m \times a \times b \times d = 20 \times 4.5 \times 3 \times 1.75 = 472.5 \text{kN}$$

2. 地基承载力验算

根据基础顶面的内力组合,考虑基础梁传来的荷载及基础自重,计算基础底面形心处的弯矩 M_{bot} 和轴向压力 N_{bot} 以及由此产生的地基反力 $p_{k,\max}$、$p_{k,\min}$。

(1) 按第 I 组内力组合值计算(图 11.67)

$$M_{kbot} = -M_{Ik} - M_{wk} - V_{Ikh}h = -419.81 - 204.08 - 36.26 \times 1.25$$
$$= -669.22 \text{kN} \cdot \text{m} \quad (\curvearrowleft)$$

$$N_{kbot} = 472.24 + 329.16 + 472.5 = 1273.9 \text{kN}$$

$$\begin{aligned} p_{k,\max} \\ p_{k,\min} \end{aligned} = \frac{N_{kbot}}{A} \pm \frac{M_{kbot}}{W} = \frac{1273.9}{4.5 \times 3} \pm \frac{669.22}{10.13} = \begin{aligned} 160.43 \text{kN/m}^2 < 1.2 f_a = 1.2 \times 180 = 216 \text{kN/m}^2 \\ 28.30 \text{kN/m}^2 > 0 \end{aligned}$$

$$\frac{p_{k,\max} + p_{k,\min}}{2} = \frac{160.43 + 28.30}{2} = 94.37 \text{kN/m}^2 < f_a = 180 \text{kN/m}^2$$

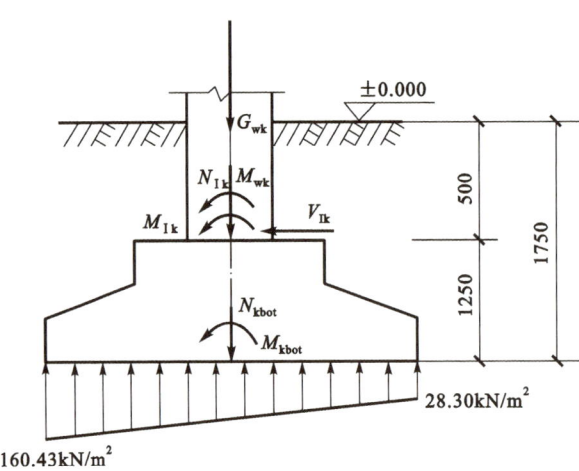

图 11.67　第 I 组内力组合值基底应力

(2) 按第 II 组内力组合值计算(图 11.68)

$$M_{kbot} = M_{IIk} - M_{wk} + V_{IIk}h = 458.04 - 204.08 + 40.58 \times 1.25 = 304.69 \text{kN} \cdot \text{m} \quad (\curvearrowright)$$

$$N_{kbot} = N_{IIk} + G_{wk} + G_k = 919.49 + 329.16 + 472.5 = 1721.15 \text{kN}$$

$$\begin{aligned} p_{k,\max} \\ p_{k,\min} \end{aligned} = \frac{N_{kbot}}{A} \pm \frac{M_{kbot}}{W} = \frac{1721.15}{4.5 \times 3} \pm \frac{304.69}{10.13} = \begin{aligned} 156.90 \text{kN/m}^2 < 1.2 f_a \\ 96.75 \text{kN/m}^2 > 0 \end{aligned}$$

$$\frac{p_{k,\max} + p_{k,\min}}{2} = \frac{156.90 + 96.75}{2} = 126.83 \text{kN/m}^2 < f_a$$

(3) 按第 III 组内力组合值计算(图 11.69)

$$M_{kbot} = M_{IIIk} - M_{wk} + V_{IIIk}h = 497.76 - 204.28 + 50.35 \times 1.25 = 356.42 \text{kN} \cdot \text{m} \quad (\curvearrowright)$$

$$N_{kbot} = N_{IIIk} + G_{wk} + G_k = 764.84 + 329.16 + 472.5 = 1566.5 \text{kN}$$

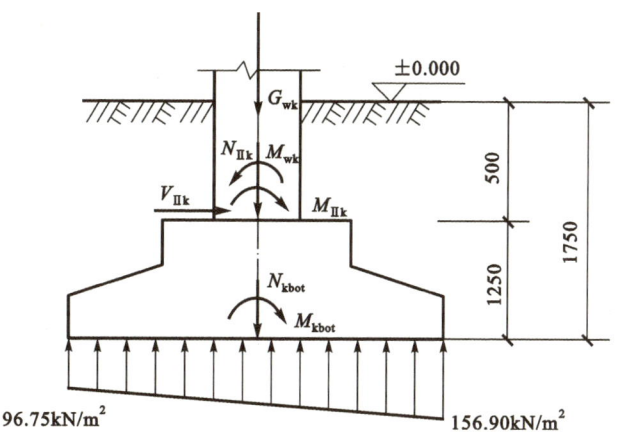

图 11.68　第Ⅱ组内力组合值基底应力

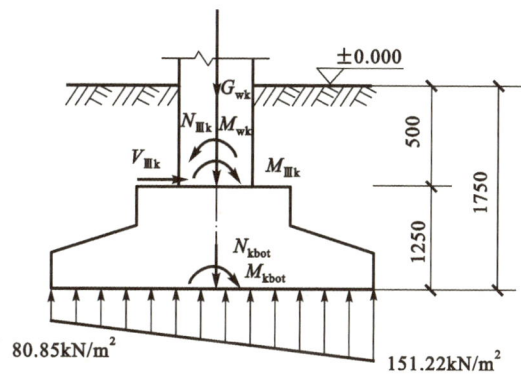

图 11.69　第Ⅲ组内力组合值基底应力

$$\begin{matrix} p_{k,\max} \\ p_{k,\min} \end{matrix} = \frac{N_{kbot}}{A} \pm \frac{M_{kbot}}{W} = \frac{1566.5}{4.5 \times 3} \pm \frac{356.42}{10.13} = \begin{matrix} 151.22\text{kN/m}^2 < 1.2f_a \\ 80.85\text{kN/m}^2 > 0 \end{matrix}$$

$$\begin{matrix} p_{k,\max} \\ p_{k,\min} \end{matrix} = \frac{151.22 + 80.85}{2} = 116.04\text{kN/m}^2 < f_a$$

经过三组不利内力组合值验算,基础底面 $A = 4.5\text{m} \times 3\text{m}$ 符合要求。

3. 基础外形尺寸的确定

杯壁厚度 t　由表 11.9,取 $t = 350$,则基础顶面突出柱边宽度(上阶台阶宽度为 $350 + 75 = 425\text{mm}$)。

杯壁高度 h_2　取 $h_2 = 400\text{mm}$。柱为大偏心受压,$t > 0.75h_2 = 300\text{mm}$,故杯壁不配钢筋。

杯口深度 h_1　柱插入基础深度为 900mm,柱下有 50mm 厚的高强细石混凝土垫层,因此杯口深度 $h_1 = 900 + 50 = 950\text{mm}$。

杯底厚度 a_1　由表 11.9,当柱截面高度 $h = 1000\text{mm}$ 时,杯底厚度应大于 250mm,现取 $a_1 = 300\text{mm}$。

已如前述:基础高度 $h = 1250\text{mm}$,基础底面 $a \times b = 4.5\text{m} \times 3\text{m}$,详细尺寸如图 11.70 所示。

4. 基础高度验算

由地基承载力验算知,在基础梁传来的荷载与Ⅲ—Ⅲ截面的第Ⅰ组和第Ⅱ组组合内力作

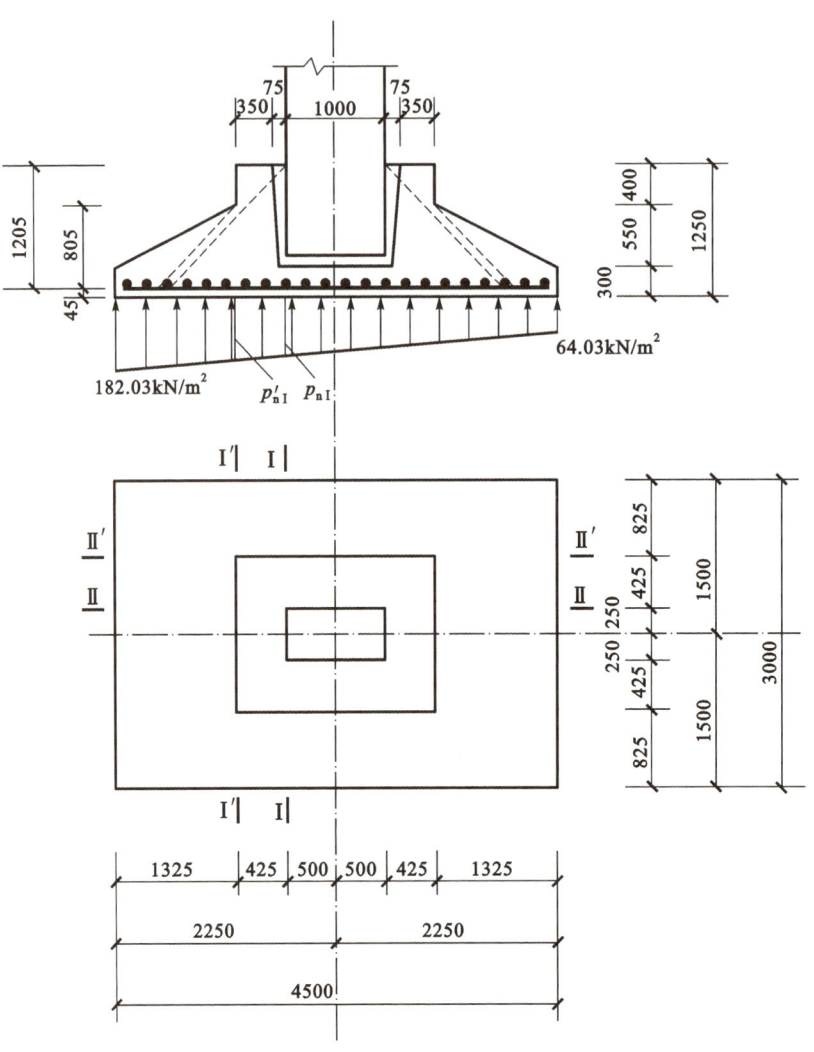

图 11.70 基础尺寸及冲切验算

用下,地基反力最大。

基础高度由冲切验算确定,冲切验算时,采用地基净反力的设计值(不考虑基础及其上土的自重),由表 11.15,Ⅲ—Ⅲ截面基本组合中挑选出起控制作用的两组内力对基础高度进行验算:

$$\mathrm{I} \begin{cases} M = 771.96\mathrm{kN} \cdot \mathrm{m} \\ N = 1232.99\mathrm{kN} \\ V = 72.79\mathrm{kN} \end{cases} \qquad \mathrm{II} \begin{cases} M = -681.49\mathrm{kN} \cdot \mathrm{m} \\ N = 668.69\mathrm{kN} \\ V = -59.54\mathrm{kN} \end{cases}$$

基础梁传来的荷载设计值

$$G_{\mathrm{w}} = 1.3 \times G_{\mathrm{wk}} = 1.3 \times 329.16 = 427.91\mathrm{kN}$$

(1)地基净反力(设计值)计算

第Ⅰ组组合内力及基础梁传来荷载在基础底面形心处所产生的弯矩及轴向压力(有关基础尺寸详见图 11.70)。

$$M_{\mathrm{bot}} = 771.96 + 72.79 \times 1.25 - 427.91 \times 0.62 = 597.64\mathrm{kN} \cdot \mathrm{m}$$

$$N_{bot} = 1232.99 + 427.91 = 1660.9 \text{kN}$$

基础底面净反力：

$$\frac{p_{n,max1}}{p_{n,min1}} = \frac{1660.9}{4.5 \times 3} \pm \frac{597.64}{10.13} = 123.03 \pm 59.00 = \frac{182.03 \text{kN/m}^2}{64.03 \text{kN/m}^2}$$

第 Ⅱ 组组合内力及基础梁传来荷载在基础底面的净反力：

$$M_{bot} = -681.49 - 59.54 \times 1.25 - 427.91 \times 0.62 = -1021.22 \text{kN} \cdot \text{m}$$

$$N_{bot} = 668.69 + 427.91 = 1096.6 \text{kN}$$

$$\frac{p_{n,max2}}{p_{n,min2}} = \frac{1096.6}{4.5 \times 3} \pm \frac{1021.22}{10.13} = 81.23 \pm 100.81 = \frac{182.04 \text{kN/m}^2}{-19.58 \text{kN/m}^2}$$

由于最小净反力为负值，地基最大净反力应按式(11.24)计算。

$$e_0 = \frac{M_{bot}}{N_{bot}} = \frac{1021.22}{1096.6} = 0.931 \text{m}，基底受压范围长度为：$$

$$a' = 3\left(\frac{a}{2} - e_0\right) = 3 \times \left(\frac{4.5}{2} - 0.931\right) = 3.957 \text{m}$$

$$p_{n,max2} = \frac{2N_{bot}}{3b\left(\frac{a}{2} - e_0\right)} = \frac{2 \times 1096.6}{3 \times 3.957} = 181.75 \text{kN/m}^2$$

由于 $p_{n,max2} < p_{n,max1}$，因此，基础高度及基础底部钢筋均按第 Ⅰ 组内力组合值计算，其基底应力分布如图 11.70 所示。

（2）基础高度验算

基础底面下设置 100mm 厚的 C15 素混凝土垫层，基底钢筋保护层厚度 40mm，$a_s = 45 \text{mm}$，则基础在柱边 Ⅰ—Ⅰ 截面的有效高度 $h_0 = h - 45 = 1250 - 45 = 1205 \text{mm}$，变阶处有效高度 $h_{01} = 850 - 45 = 805 \text{mm}$。

柱的截面
$$a_t \times b_t = 1000 \text{mm} \times 500 \text{mm}$$
$$b = 3\text{m} > b_t + 2h_0 = 0.5 + 2 \times 1.205 = 2.91\text{m}$$

由式(11.29)

$$A_1 = \left(\frac{a}{2} - \frac{a_t}{2} - h_0\right)b - \left(\frac{b}{2} - \frac{b_t}{2} - h_0\right)^2$$

$$= \left(\frac{4.5 - 1.0}{2} - 1.205\right) \times 3 - \left(\frac{3 - 0.5}{2} - 1.205\right)^2$$

$$= 1.633 \text{m}^2$$

由式(11.30)

$$A_2 = (b_t + h_0)h_0 = (0.5 + 1.205) \times 1.205 = 2.055 \text{m}^2$$

$$F_l = p_{n,max1}A_1 = 182.03 \times 1.633 = 297.25 \text{kN}$$

由已知条件，基础混凝土采用 C20，则

$$0.7\beta_{hp}f_t A_2 = 0.7 \times 1.0 \times 1.10 \times 2.055 \times 10^6$$
$$= 1582 \text{kN} > F_l，基础高度满足要求。$$

基础变阶处有效高度验算

台阶尺寸
$$a_1 = 1.0 + 2 \times 0.425 = 1.85 \text{m}；\quad b_1 = 0.5 + 2 \times 0.425 = 1.35 \text{m}$$

该处有效高度

$$h_{01} = 0.805 \text{m}$$

$$b = 3\text{m} > b_1 + 2h_{01} = 1.35 + 2 \times 0.805 = 2.96\text{m}$$

$$A_1 = \left(\frac{a}{2} - \frac{a_1}{2} - h_{01}\right)b - \left(\frac{b}{2} - \frac{b_1}{2} - h_{01}\right)^2$$

$$= \left(\frac{4.5 - 1.85}{2} - 0.805\right) \times 3 - \left(\frac{3 - 1.35}{2} - 0.805\right)^2 = 1.56\text{m}^2$$

$$A_2 = (b_1 + h_{01})h_{01} = (1.35 + 0.805) \times 0.805 = 1.734\text{m}^2$$

$$F_l = p_{\text{n,max1}} \times A_1 = 182.03 \times 1.56 = 283.97\text{kN}$$

$$0.7\beta_{\text{hp}}f_t A_2 = 0.7 \times 1.0 \times 1.1 \times 1.734 \times 10^6$$

$$= 1335.2\text{kN} > F_l，变阶高度亦满足要求。$$

5. 基础底部钢筋计算

（1）基础长边方向钢筋

基础底部钢筋计算，仍采用图 11.70 的最不利应力图形。在柱边 I—I 截面及变阶 I′-I′截面处地基净反力，由相似三角形关系，其值为

$$p_{\text{n,I}} = 64.03 + \frac{(182.03 - 64.03) \times (4.5 - 1.75)}{4.5} = 136.14\text{kN/m}^2$$

$$p_{\text{n,I}'} = 64.03 + \frac{(182.03 - 64.03) \times (4.5 - 1.325)}{4.5} = 147.29\text{kN/m}^2$$

由式（11.40），相应截面的弯矩为

$$M_{\text{I}} = \frac{1}{12}a_b^2[(2b + b_t)(p_{\text{n,max}} + p_{\text{n,I}}) + (p_{\text{n,max}} - p_{\text{n,I}})b]$$

$$= \frac{1}{12} \times 1.75^2 \times [(2 \times 3 + 0.5) \times (182.03 + 136.14) + (182.03 - 136.14) \times 3]$$

$$= 562.93\text{kN} \cdot \text{m}$$

$$M_{\text{I}}' = \frac{1}{12} \times 1.325^2 \times [(2 \times 3 + 1.35) \times (182.03 + 147.29) + (182.03 - 147.29) \times 3]$$

$$= 369.37\text{kN} \cdot \text{m}$$

I—I 截面钢筋

$$A_{\text{sI}} = \frac{M_{\text{I}}}{0.9h_0 f_y} = \frac{562.93 \times 10^6}{0.9 \times 1205 \times 360} = 1442\text{mm}^2$$

I′—I′截面钢筋

$$A_{\text{sI}}' = \frac{M_{\text{I}}'}{0.9h_{01} f_y} = \frac{369.37 \times 10^6}{0.9 \times 805 \times 360} = 1416\text{mm}^2$$

选用 15 ⏀12（或⏀12@200），$A_s = 1695\text{mm}^2$。

（2）基础短边方向钢筋

在柱边缘 II—II 截面的弯矩，由式（11.41）

$$M_{\text{II}} = \frac{p_{\text{n}}}{48}(b - b_t)^2(2a + a_t')$$

$$= \frac{1}{48} \times (182.03 + 64.03) \times (3 - 0.5)^2 \times (2 \times 4.5 + 1.0) = 320.39\text{kN} \cdot \text{m}$$

变阶处 $\text{II}'\text{-}\text{II}'$ 截面的弯矩

$$M_{\text{II}}' = \frac{1}{48} \times (182.03 + 64.03) \times (3 - 1.35)^2 \times (2 \times 4.5 + 1.85) = 151.42 \text{kN} \cdot \text{m}$$

相应截面的钢筋

$$A_{s\text{II}} = \frac{M_{\text{II}}}{0.9(h_0 - 10)f_y} = \frac{320.39 \times 10^6}{0.9 \times (1205 - 10) \times 360} = 827 \text{mm}^2$$

$$A_{s\text{II}}' = \frac{M_{\text{II}}'}{0.9(h_{01} - 10)f_y} = \frac{151.42 \times 10^6}{0.9 \times (805 - 10) \times 360} = 588 \text{mm}^2$$

按构造选用 $30\,\underline{\Phi}\,8$(或$\underline{\Phi}\,8\,@150$), $A_s = 1507.5 \text{mm}^2$。

基础配筋如图 11.71 所示。

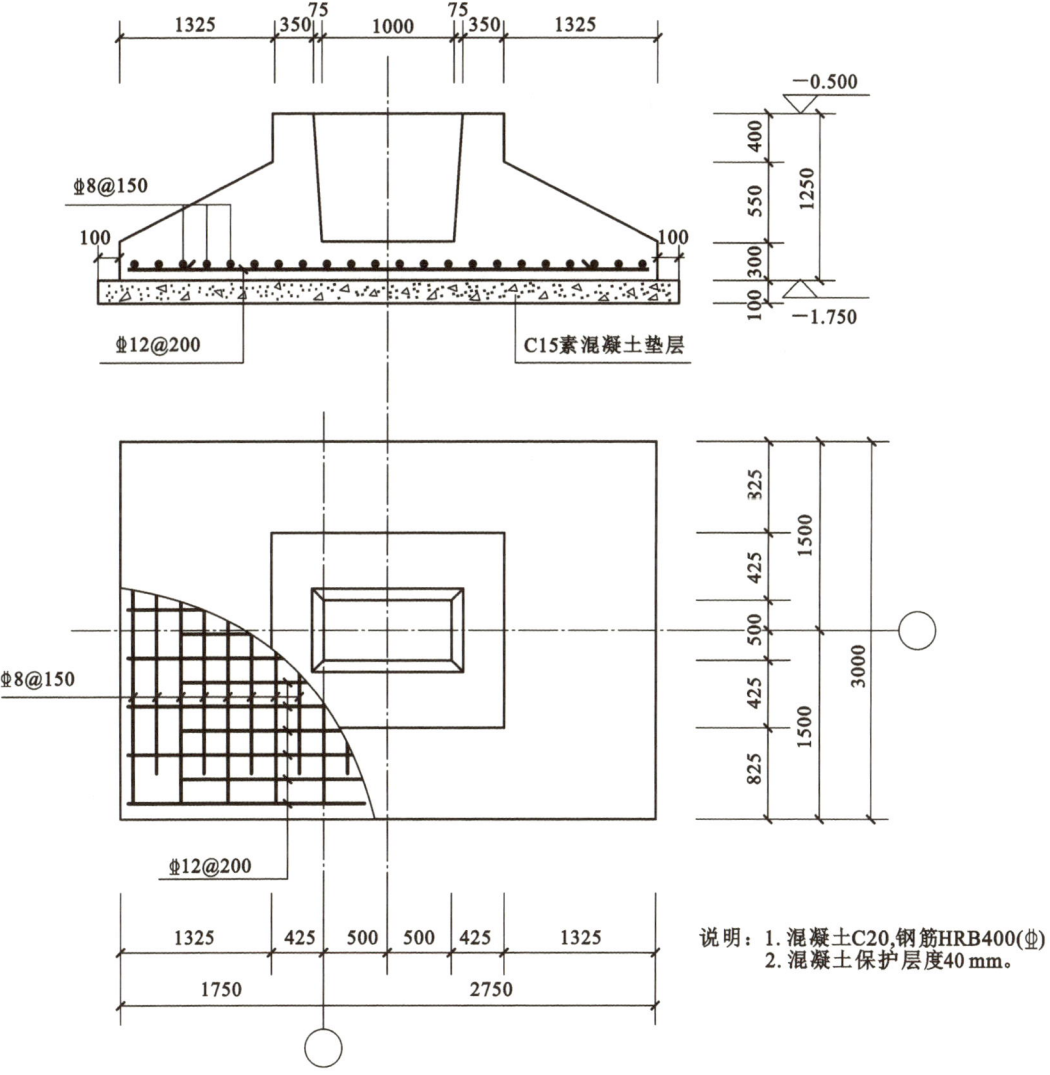

图 11.71 基础施工图

本 章 小 结

单层工业厂房横向排架内力分析与组合,是为排架及柱基的设计提供内力依据,必须重点掌握。其内容包括:确定排架计算简图、排架荷载计算、排架内力分析与排架内力组合等。排架计算简图,是排架计算单元(通过任意相邻排架的轴线截取的一部分厂房)假设横梁刚度无限大、横梁铰接于柱顶、柱固定于基础顶面而形成的简图。

排架上的荷载有:恒载(屋盖、吊车梁及柱自重),屋面活载(雪荷载、屋面均布荷载与积灰荷载),吊车荷载(垂直轮压、横向水平刹车力)以及风荷载等。排架上的荷载分别作用于计算简图上,对等高排架用剪力分配法计算柱顶剪力,用剪力代替柱顶铰支承,则排架柱为一静定结构,可根据柱顶剪力与排架上的荷载,求得控制截面的内力(M、V、N)。

最不利内力组合有标准组合和基本组合两类,标准组合用于柱正常使用极限状态及基础底面积计算;基本组合用于柱及基础承载能力极限状态计算。危险内力(起控制作用)应在内力组合中去筛选。当不能确切肯定哪组内力最危险时,应同时对各组内力分别计算。

单层工业厂房上的活荷载均有不同特点,书中已提出组合时注意事项,概括地亦可这样讲:"恒载不丢要牢记,有 T 必有 D,有 D 不一定有 T,左风、右风取一种,轴力为零有时应取弯矩。"

柱上一般设置短牛腿,用以支承吊车梁和屋架,短牛腿破坏时可简化为铰接三角形桁架,以便计算牛腿内的水平钢筋。

柱下单独基础是一重要的结构构件,作用于厂房结构上的全部荷载都要通过它传到地基中去。单独基础底面按地基承载力计算,基础高度由冲切条件确定,基础底面下的钢筋按悬臂板的弯矩计算。

实例是单层工业厂房柱设计的全面总结,亦可供工程技术人员参考。

思 考 题

11.1　单层工业厂房结构是由哪几部分组成的?

11.2　单层工业厂房的平、剖面尺寸是根据什么原则确定的?

11.3　单层工业厂房中有哪些支撑系统?它们各起什么作用?

11.4　单层工业厂房排架结构的计算简图做了哪些基本假定?

11.5　作用在厂房排架上的荷载有哪些?试绘出各种荷载单独作用下的结构计算简图。

11.6　采用剪力分配法计算等高排架有哪些基本步骤?

11.7　排架柱进行最不利的内力组合时,如何组合各种荷载引起的内力?应进行哪几种内力组合?

11.8　单层工业厂房的整体空间作用的含义是什么?整体空间作用只有在什么情况下才考虑?

11.9　牛腿的受力特点有哪些?牛腿有哪几种主要破坏形态?

11.10　试绘出牛腿的计算简图。牛腿的配筋有哪些构造要求?

11.11　单层工业厂房柱下单独基础的底面尺寸如何确定?对基础高度、基础配筋如何进行计算?

11.12　为什么在确定基底尺寸时要采用全部地基反力?而在确定基础高度和基础配筋时又采用地基净反力(不考虑基础及其台阶上回填土自重)?

习　　题

11.1　某单跨厂房柱为 6m,内设两台 A4 级桥式吊车,起重 $Q=300/50kN$,若水平制动力按一台考虑,求柱承受的吊车最大垂直荷载和水平荷载设计值。吊车数据如表 11.16 所示。

表 11.16　习题 11.1 附表

起重量 (t)	跨度 (m)	最大轮压 (kN)	卷扬机小车自重 (kN)	总重力 (kN)	轮距 (mm)	吊车宽 (mm)
30/5	22.5	297	107.6	370	5000	6260

11.2　用图乘法推导单阶悬臂柱在 $F=1$(图 11.72)作用下水平位移的计算公式。

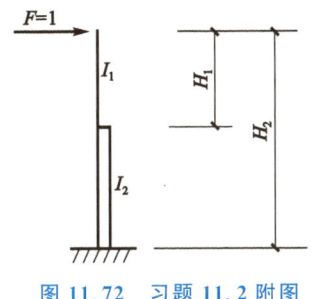 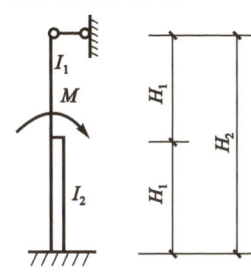

图 11.72　习题 11.2 附图　　　　　　　　　图 11.73　习题 11.3 附图

11.3　用力法求图 11.73 所示结构铰支端的反力。M 作用在牛腿顶面处。

11.4　已知单层工业厂房柱距为 6m,基本风压 $w_0=0.35kN/m^2$,其体型系数和外形尺寸如图 11.74 所示,求作用在排架上的风荷载。

11.5　如图 11.75 所示的两跨排架,在 A 柱牛腿顶面处作用的力矩 $M_{max}=211.1kN \cdot m$,在 B 柱牛腿顶面处作用的力矩 $M_{max}=134.5kN \cdot m$,$I_1=2.13 \times 10^9 mm^4$,$I_2=14.52 \times 10^9 mm^4$,$I_3=5.21 \times 10^9 mm^4$,$I_4=17.76 \times 10^9 mm^4$,上柱高 $H_u=3.8m$,全柱高 $H=12.9m$,求排架内力。

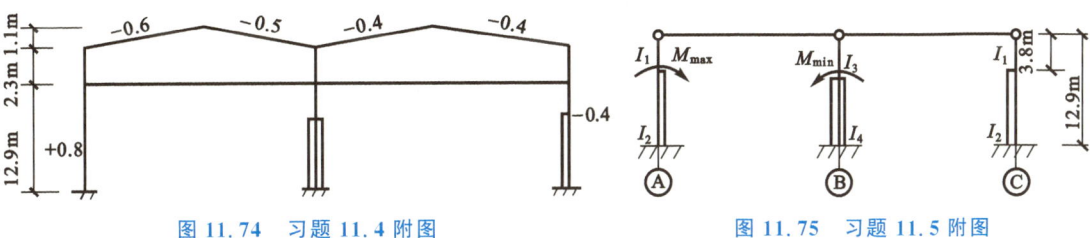

图 11.74　习题 11.4 附图　　　　　　　　　图 11.75　习题 11.5 附图

11.6　某单层工业厂房柱网布置和排架尺寸如图 11.76 所示,厂房内设有两台 $Q=20/5t$,跨度 $l=16.5m$ 的中级工作制吊车:$p_{max}=202kN$,$p_{min}=60kN$,$B=5600mm$,$K=4400mm$,已知 $I_1/I_2=0.144$,$\lambda=H_u/H$。试求最大 D_{max} 作用在 A 柱上的排架内力。

11.7　某厂房中柱,上柱截面为 $500mm \times 600mm$,下柱截面尺寸为 $600mm \times 1000mm$,混凝土强度等级为 C30,柱左边牛腿承受重级工作制吊车,最大垂直荷载设计值(包括吊车梁及轨道等)$D_{max}=710kN$,试确定中柱左边牛腿尺寸及配筋(图 11.77)。

11.8　某单层工业厂房柱(截面 $400mm \times 800mm$)下单独基础,杯口顶面承受内力的标准值为 $N_k=625.7kN$,$M_k=271kN \cdot m$,$V_k=20.5kN$,地基承载力特征值 $f_a=180kN/m^2$,基底埋深 $d=1.55m$,混凝土强度等级为 C20,HPB300 级钢筋,垫层厚 100mm,试设计该基础(基础及其台阶上回填土平均重度为 $20kN/m^3$)。

11.9　某柱内力汇总详见表 11.17,试对Ⅲ—Ⅲ截面进行内力标准组合与基本组合。

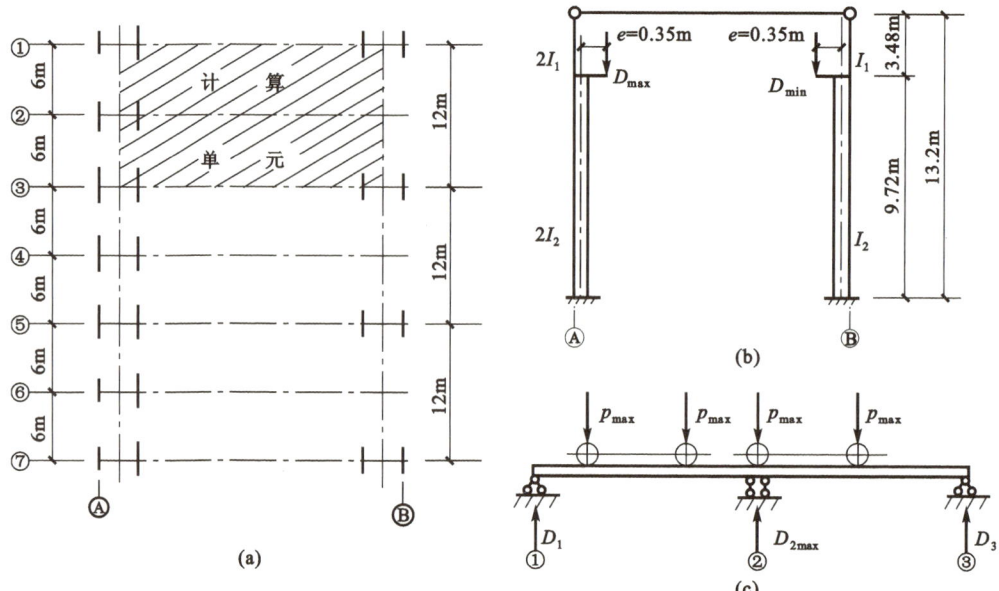

图 11.76　习题 11.6 附图

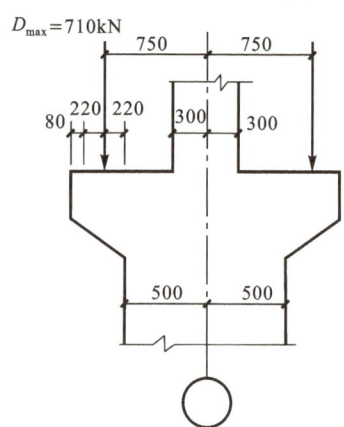

图 11.77　习题 11.7 附图

表 11.17　某柱Ⅲ—Ⅲ截面内力汇总表

内　力	恒　载	屋盖活载	吊车荷载			风　载	
			D_{max}	D_{min}	T_{max}	右风	左风
项　次	1	2	3	4	5	6	7
M_k	24	1.3	28	−52	±66	162	−147
N_k	240	22	224	45	0	0	0
V_k	3	0.5	−6	−6	±8	29	−22

注：$M_k(kN \cdot m)$，$N_k(kN)$，$V_k(kN)$。

本章练习

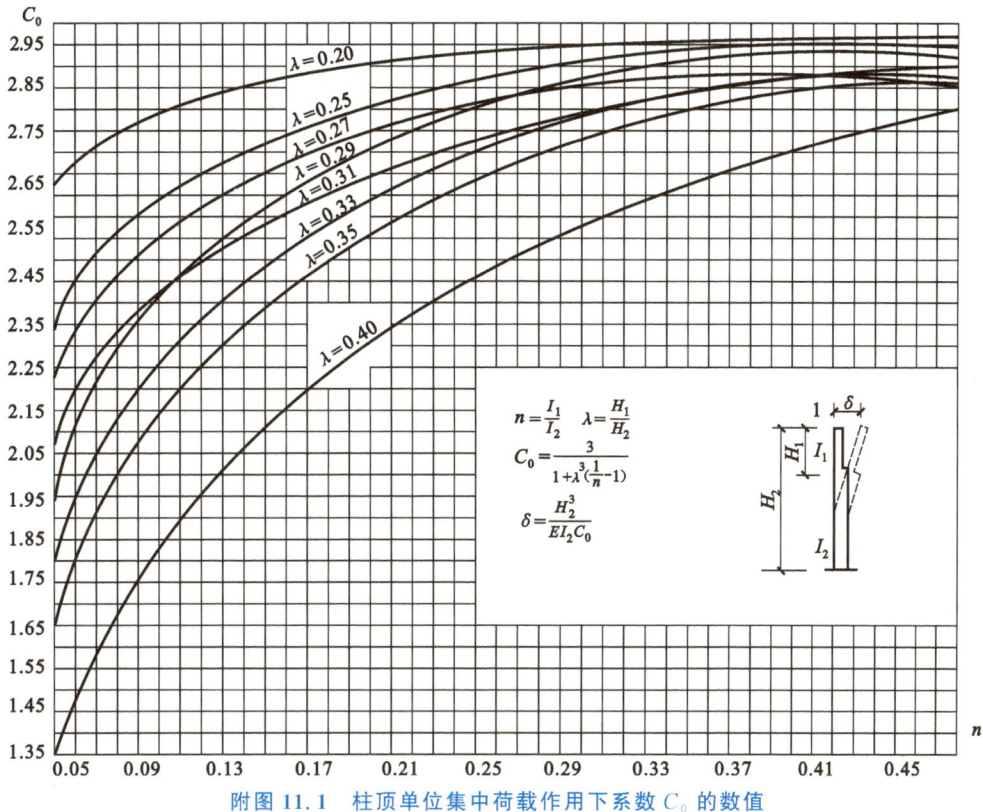

附图 11.1　柱顶单位集中荷载作用下系数 C_0 的数值

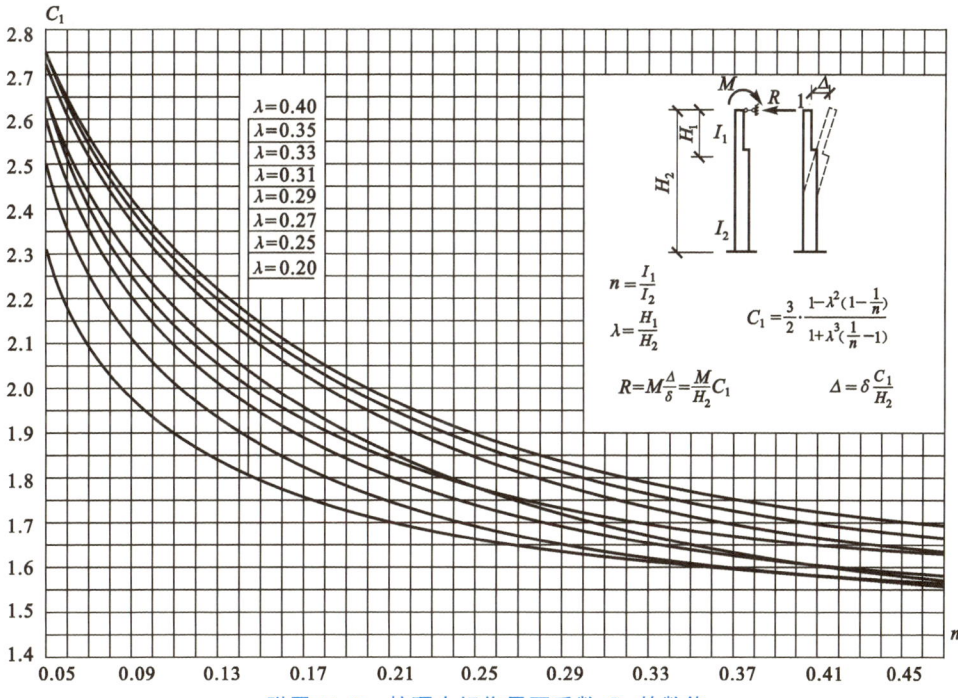

附图 11.2　柱顶力矩作用下系数 C_1 的数值

附图 11.3 力矩作用下牛腿面系数 C_3 的数值

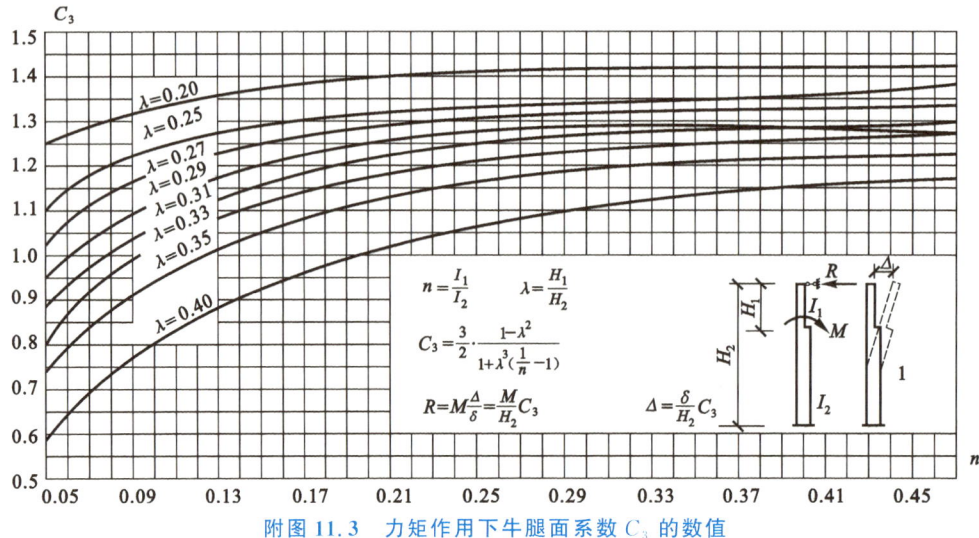

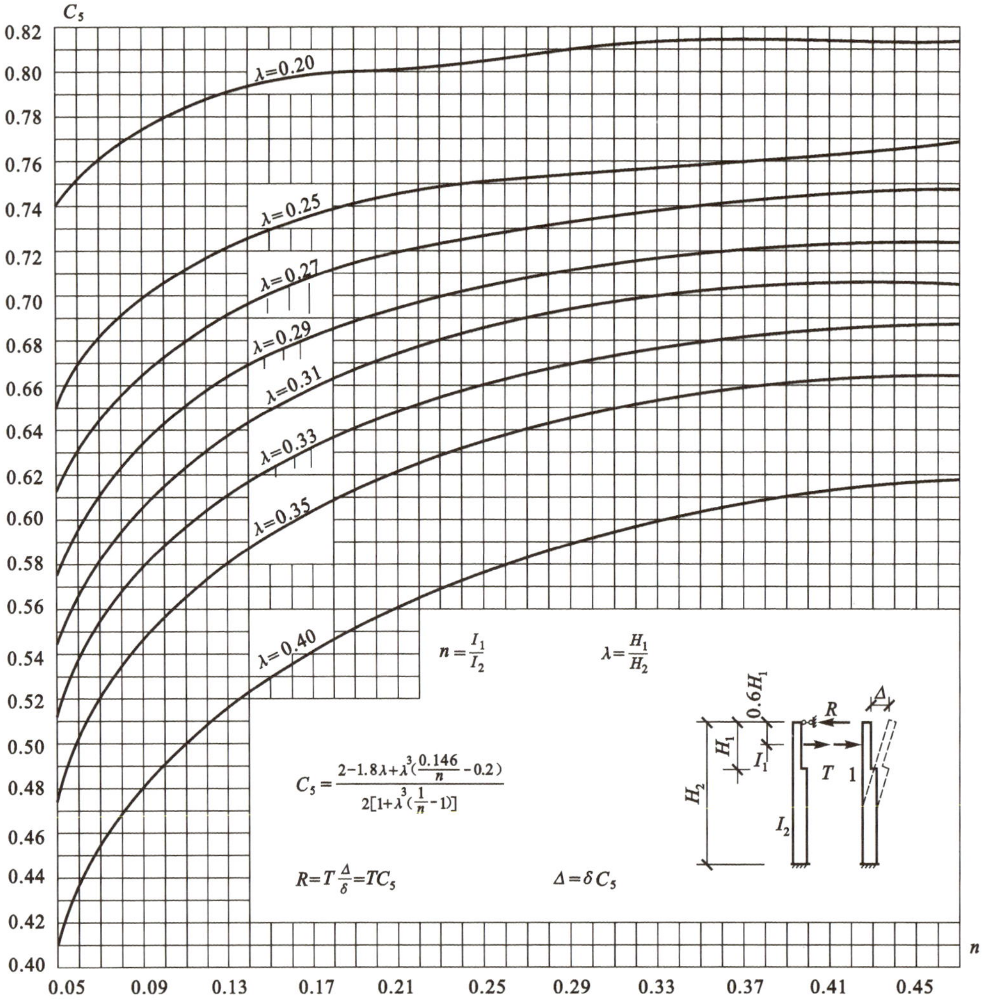

附图 11.4 集中荷载作用在上柱($y=0.6H_1$)系数 C_5 的数值

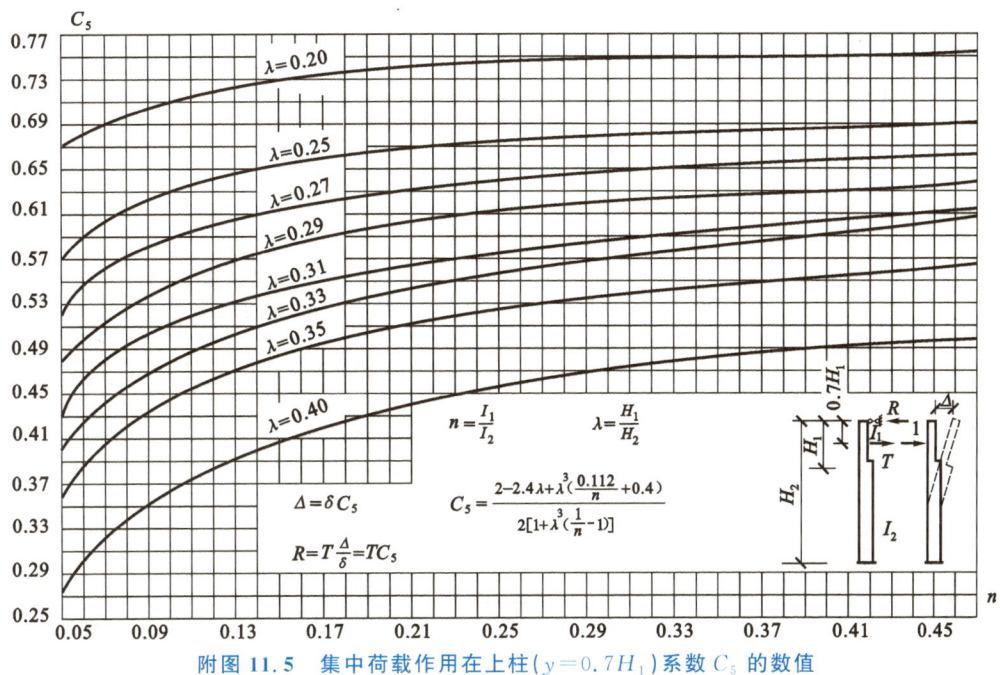

附图 **11.5**　集中荷载作用在上柱($y=0.7H_1$)系数 C_5 的数值

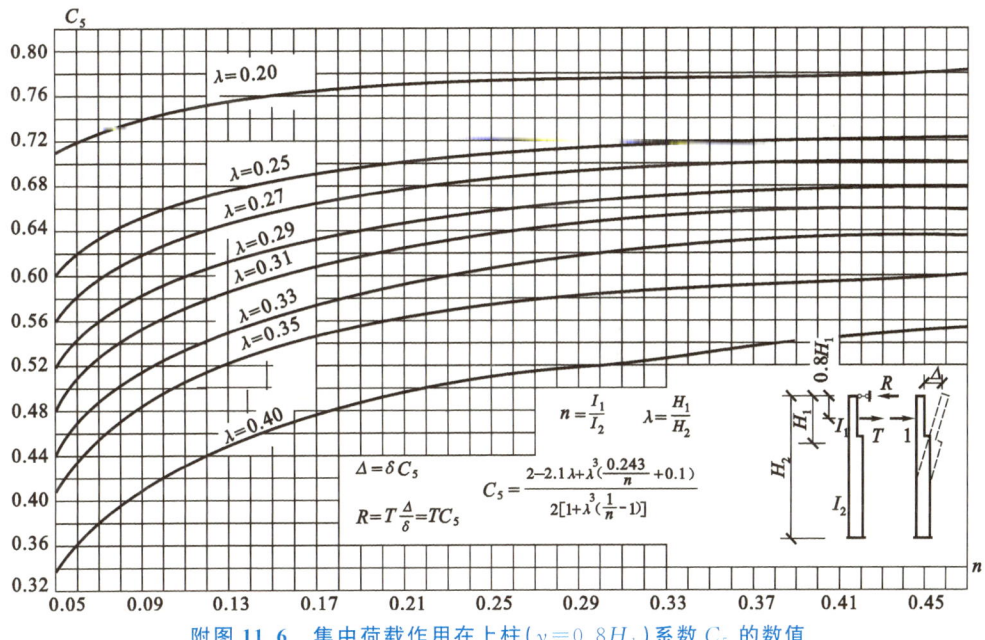

附图 **11.6**　集中荷载作用在上柱($y=0.8H_1$)系数 C_5 的数值

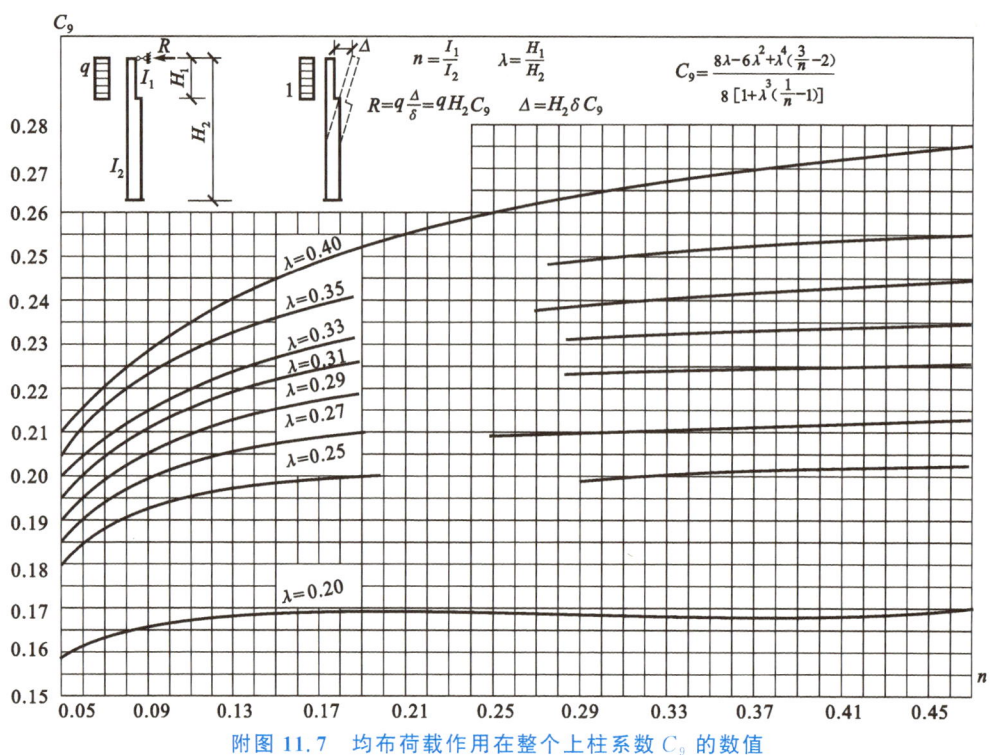

附图 11.7　均布荷载作用在整个上柱系数 C_9 的数值

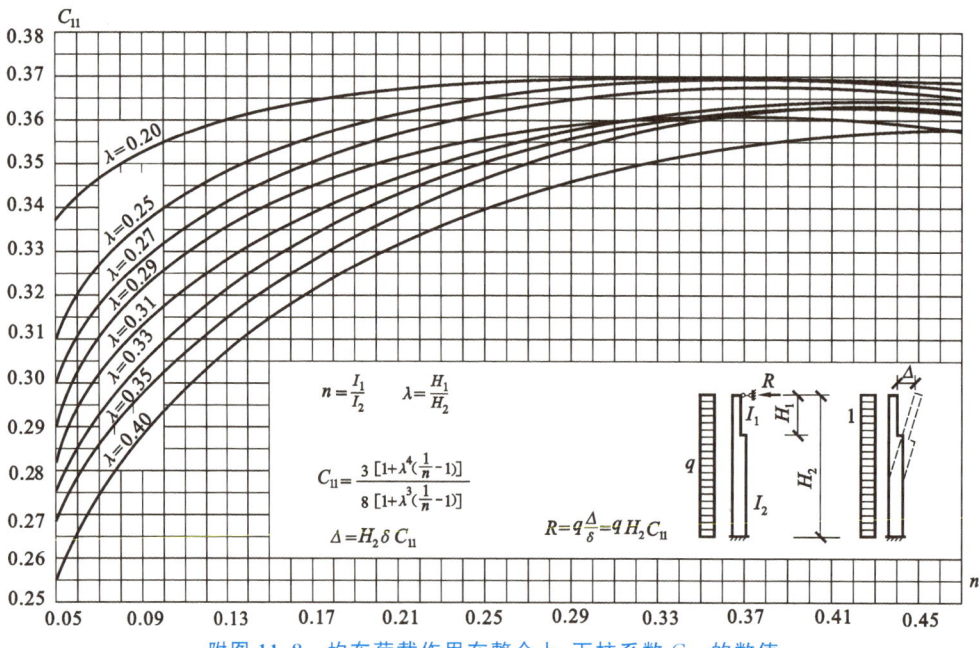

附图 11.8　均布荷载作用在整个上、下柱系数 C_{11} 的数值

参 考 文 献

[1]　中华人民共和国国家标准.混凝土结构设计规范:GB 50010—2010(2024 年版)[S].北京:中国建筑工业出版社,2016.

[2]　滕智明,张惠英.混凝土结构及砌体结构.北京:中央广播电视大学出版社,1995.

[3]　滕智明.混凝土结构及砌体结构学习指导.北京:清华大学出版社,1994.

[4]　侯治国,杨锡琪.钢筋混凝土结构.北京:冶金工业出版社,1996.

[5]　天津大学,同济大学,东南大学.混凝土结构.北京:中国建筑工业出版社,1994.

[6]　车宏亚,于庆荣.钢筋混凝土结构原理.天津:天津大学出版社,1993.

[7]　沈蒲生,罗国强.混凝土结构.武汉:武汉工业大学出版社,1993.

[8]　丁大钧.混凝土结构学.北京:中国铁道出版社,1991.

[9]　王祖华.混凝土与砌体结构.广州:华南理工大学出版社,1992.

[10]　中华人民共和国住房和城乡建设部.建筑结构荷载规范:GB 50009—2012(2016 年版)[S].北京:中国建筑工业出版社,2016.

[11]　中华人民共和国住房和城乡建设部.建筑地基基础设计规范:GB 50007—2011[S].北京:中国建筑工业出版社,2012.

[12]　中华人民共和国住房和城乡建设部.建筑结构可靠性设计统一标准:GB 50068—2018[S].北京:中国建筑工业出版社,2018.

[13]　中华人民共和国住房和城乡建设部.混凝土结构通用规范:GB 55008—2021[S].北京:中国建筑工业出版社,2021.

[14]　中华人民共和国住房和城乡建设部.工程结构通用规范:GB 55001—2021[S].北京:中国建筑工业出版社,2021.